电气自动化新技术丛书

通用变频器及其应用

第4版

满永奎　王　旭　边春元　李　岩　蔡　看　杜远鹏
张秀明　李明星　闫　东　徐　彬　杨　杰　编著

机械工业出版社

本书针对电气工程技术人员在使用通用变频器中遇到的理论与实践方面的实际问题，阐述了变频器的原理，论述了结合生产工艺选用变频器及其外围设备和电动机的方法，并以最新型变频器为例就变频器的使用、维护及应用实例等方面进行了详细的介绍。

本书1~3版累计发行7万多册，深受读者欢迎。考虑到该书早已售缺，同时，由于变频器技术发展很快，第3版的某些内容也已经不能反映这种发展变化，为此对全书进行更新、增补和删除等，以满足读者需要。

本书可作为电气传动自动化专业的工程技术人员、大专院校师生的参考书，也可供变频器厂家和用户等作为培训教材。

图书在版编目（CIP）数据

通用变频器及其应用/满永奎等编著．—4版．—北京：机械工业出版社，2020.7（2022.8重印）

（电气自动化新技术丛书）

ISBN 978-7-111-66084-2

Ⅰ．①通…　Ⅱ．①满…　Ⅲ．①变频器—基本知识　Ⅳ．①TN773

中国版本图书馆CIP数据核字（2020）第122918号

机械工业出版社（北京市百万庄大街22号　邮政编码100037）
策划编辑：罗　莉　责任编辑：罗　莉　杨　琼
责任校对：李　杉　封面设计：鞠　杨
责任印制：单爱军
北京虎彩文化传播有限公司印刷
2022年8月第4版第2次印刷
169mm×239mm · 28印张 · 587千字
标准书号：ISBN 978-7-111-66084-2
定价：149.00元

电话服务　　网络服务
客服电话：010-88361066　　机　工　官　网：www.cmpbook.com
010-88379833　　机　工　官　博：weibo.com/cmp1952
010-68326294　　金　书　网：www.golden-book.com

机工教育服务网：www.cmpedu.com

第7届电气自动化新技术丛书
编辑委员会成员

电气自动化新技术丛书
序言

科学技术的发展，对于改变社会的生产面貌，推动人类文明向前发展，具有极其重要的意义。电气自动化技术是多种学科的交叉综合，特别是在电力电子、微电子及计算机技术迅速发展的今天，电气自动化技术更是日新月异。毫无疑问，电气自动化技术必将在国家建设、提高国民经济水平中发挥重要的作用。

为了帮助在经济建设第一线工作的工程技术人员能够及时熟悉和掌握电气自动化领域中的新技术，中国自动化学会电气自动化专业委员会和中国电工技术学会电控系统与装置专业委员会联合成立了电气自动化新技术丛书编辑委员会，负责组织编辑“电气自动化新技术丛书”。丛书将由机械工业出版社出版。

本丛书有如下特色：

一、本丛书专题论著，选题内容新颖，反映电气自动化新技术的成就和应用经验，适应我国经济建设急需。

二、理论联系实际，重点在于指导如何正确运用理论解决实际问题。

三、内容深入浅出，条理清晰，语言通俗，文笔流畅，便于自学。

本丛书以工程技术人员为主要读者，也可供科研人员及大专院校师生参考。

编写出版“电气自动化新技术丛书”，对于我们是一种尝试，难免存在不少问题和缺点，希望广大读者给予支持和帮助，并欢迎大家批评指正。

电气自动化新技术丛书
编辑委员会

前　言

变频技术的飞速进步和变频器大规模的应用，增强了《通用变频器及其应用》一书改版的迫切性。该书自 1995 年以来已经出版了 3 个版次，印刷发行了 7 万余册，受到了学术界、工程界广大读者的普遍欢迎和关爱，我们深表感谢。

为了适应新技术的发展需要，经电气自动化新技术丛书编辑委员会和机械工业出版社研究决定编写第 4 版。其目的仍是为广大读者提供一本变频调速最新技术的参考书，而特点仍然是以解决应用方面的问题为重点。

考虑到变频调速的基本原理和知识的连贯性，第 4 版仍然包括电力电子器件、通用变频器原理、通用变频器构成的调速系统、通用变频器运行及维护和应用实例等方面的内容。与第 3 版比较，第 4 版有以下变动：

目前的通用变频器广泛使用 IGBT 器件，占绝对的主导地位。但是从原理上来说，BJT 的某些特性与 IGBT 有关，因此在第 1 章电力电子器件中，进一步压缩了 BJT 的某些内容，仅保留了与 IGBT 有关的内容。在更新 IGBT 内容的基础上，增添了 IPM 智能模块的最新技术。由于新材料的使用，增添了 SiC 制成的 MOSFET 器件，体现出性能更优良和发展趋势。由于 IGBT 的耐电压和电流都在扩大，性能也在提高；同时考虑到压缩全书的总字数，对于其他可关断器件 GTO 晶闸管、MCT、IGCT 等，在第 3 版的基础又有进一步压缩。

第 2 章前 9 节的基本原理部分做了适当调整，内容进一步压缩，删除了个别过时的例子。后两节关于高性能变频器的内容，综合到第 5 章高性能变频器中。

第 3 章未做大的改动，但是突出了更先进的控制方式：直接转矩控制和 SVPWM 控制等。

第 4 章介绍通用变频器的一般应用技术，进行了重新编写，主要以英国英泰（Invertek）公司应用步骤非常简捷的第三代矢量控制变频器为例进行介绍。变频器的电磁兼容和认证是厂家重视的问题，也是用户关注的问题，本章增加了这方面的内容简介。

第 5 章高性能变频器，将第 3 版的第 2 章中的高性能变频器的理论移到本章。结合市场最新型号变频器，介绍工程型高性能通用变频器及其使用。

对第 6 章内容进行了整理和补充，6.6 节中增加了高压变频器的现场应用的相关介绍，将东芝三菱电机工业系统（中国）有限公司（TMEIC）的应用案例放在本节。

完全重新编写了第 7 章，全部使用最新变频器系列，在有代表性的应用实例中，尽量采用最新型号的变频器。

由于技术的发展，变频器运行的网络化发展很快，因此重新编写了第8章。

本书由满永奎、王旭主编，第1章由杜远鹏、杨杰编写；第2、3章由沈阳理工大学李岩编写；第4章由蔡看、满永奎编写；第5章由徐彬编写；第6章由王旭编写；第7章由蔡看、李岩、闫东、李明星编写，蔡看、满永奎组稿，张春友、王崔合、邵贤强、曹永刚、范少泉、李海涛、靳义新、李彬等参与了本章资料的整理工作；第8章由边春元、张秀明编写；同时感谢闫东、刘尚玥、贾玉龙、邢海洋、高东旭对资料的收集、排版、整理等做出的努力。

全书由东北大学满永奎教授和王旭教授主审。

编写过程中，电气自动化新技术丛书编辑委员会和机械工业出版社电工电子分社给予了极大的关心和支持。得到了东北大学信息科学与工程学院、沈阳科来沃电气技术有限公司，以及东北大学变频器研究与应用中心同志的大力支持和协助。

本书在编写过程中，得到了安森美公司、三垦电气公司、嘉兴斯达公司在电力半导体开关器件资料的支持和资金支持。在变频器应用和通信章节中得到了变频器厂家名录中各公司的大力支持。

在此，作者向上述单位、专家、同行、同学致以由衷的谢意。

新版中难免有谬误及不尽人意之处，恳请批评指正。来信请寄：沈阳市东北大学信息科学与工程学院电气工程系，电话13840388226。

满永奎

2020年3月

目　录

第 1 章

电力电子器件及其应用

1.1 概述

电力电子技术是现代电子学的重要分支，是一门研究如何利用电力电子器件对电能进行控制、变换和传输的学科。电力电子器件是电力电子技术的物质基础和技术关键。通用变频器日新月异的发展，离不开电力电子器件性能的提高和门类的更新。作为研究通用变频器的基础知识，本章从应用的角度出发，对电力电子器件的种类、性能及其在变频器中的应用进行必要的说明。

电力电子器件，即通常所说的电力半导体器件，种类繁多、发展迅速、技术内涵相当丰富。在电气传动中，它主要用于开关工作状态：导通时，输出级饱和，具有尽可能低的饱和电压，使其器件的损耗功率尽可能小；关断时，输出级截止，输出级电流趋近于零，同样使其器件的损耗功率尽可能小。这就是我们所说的开关工作状态的基本含义。关于开关损耗（导通和关断时的瞬间损耗）的基本概念，将在 1.4.4 节 IGBT 的开关特性中介绍。

总体上，电力电子器件可以从三个角度对其进行分类，如图 1-1 所示的电力电子器件“树”。对其中的二极管我们不作说明，除二极管外，其余均为三端器件。下面的分类主要是针对三端器件而言的。

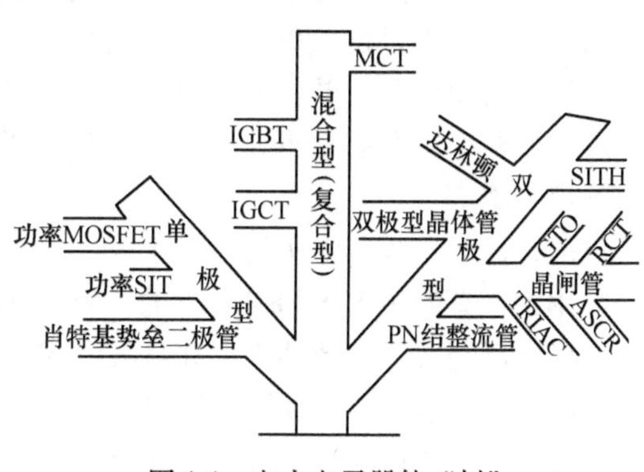

图 1-1　电力电子器件“树”

根据器件的可控能力不同，开关特性可以分成两大类型：半控型器件和全控型器件。通过门极信号只能控制其导通而不能控制其关断的器件称为半控型器件；通过门极信号既能控制其导通又能控制其关断的器件，称为全控型器件。图 1-1 中普通晶闸管（SCR）及其派生器件，如逆导晶闸管（RCT）、不对称晶闸管（ASCR）和双向晶闸管（TRIAC）为半控型器件。其余三端器件均为全控型器件。

根据半导体内部电子和空穴两种载流子参与导电的情况，众多的电力电子器件可以分成单极型、双极型和混合型三种类型。凡由一种载流子参与导电的称为单极型器件，图1-1中功率MOSFET、静电感应晶体管（SIT）属单极型器件；凡由电子和空穴两种载流子参与导电的称为双极型器件，图1-1中PN结整流管、普通晶闸管及其派生器件、双极晶体管（BJT）等属于双极型器件，值得强调的是静电感应晶体管（SITH）也是双极型器件（与SIT不同）；由单极型和双极型两种器件组成的复合器件称为混合型器件，图1-1中绝缘栅双极型晶体管（IGBT）、集成门极换向晶闸管（IGCT）和MOS门极晶闸管（MCT）属于混合型器件。

除上述两种分类方法外，根据控制极（包括门极、栅极或基极）信号的不同性质，电力电子器件还被分成电流控制型和电压控制型两种类型。电流控制型器件一般通过从控制极注入或抽出控制电流的方式来实现对导通或关断的控制；电压控制型器件是指利用场控原理控制的电力电子器件，其导通或关断是由控制极上的电压信号控制的，控制极电流极小。

图1-1所示的“树”中，单极型器件MOSFET和SIT都是电压控制型的；双极型器件基本上是电流控制型的（仅SITH属电流控制型）。

单极型器件只有一种载流子（多数载流子）参与导电，具有控制功率小、驱动电路相对简单、工作频率高、无二次击穿问题和安全工作区宽等显著特点；其缺点是通态压降大、导通损耗大。

双极型器件中两种载流子都参与导电，具有通态压降小、导通损耗小的显著特点；其缺点是控制功率大、驱动电路较复杂、工作频率较低以及有二次击穿问题等。

混合型器件又称复合型器件，是人们在比较单极型和双极型器件的优缺点之后，基于两者互为短长的事实，取两者所长而制成的一类新型器件。利用双极型器件作为它的输出级、单极型器件作为输入级，所得到的复合型器件发扬了两者的优点，摒弃了两者的缺点，称为一代新型的场控复合型器件。其典型代表就是IGBT和IGCT。

目前，通用变频器中所使用的主开关器件基本上是IGBT，在一些小功率低电压的应用中，有使用MOSFET器件的。由于IGBT的性能大大优于BJT，而其电压、电流指标也已超过了其他器件，并且技术成熟，因此IGBT器件在电力电子技术中成为核心器件。以IGBT为基础的智能功率模块Intelligent Power Model（IPM）和Power Integration Model（PIM）等，在通用变频器中也得到了很多应用，在小功率变频器中已经占有了相当大的市场。

针对上述情况，本章着重介绍IGBT和以IGBT为主的开关器件的IPM和PIM。

1.2 双极晶体管（BJT）

作为大功率的开关器件，高击穿电压、大容量的双极型晶体管称为电力晶体管。当在电力电子学的范围内讨论问题时，欧美国家习惯用BJT（Bipolar Junction

Transistor）来代表电力晶闸管，而在我国和日本等国家的文献资料中，某些作者习惯于用 GTR（Giant Transistor）来代表电力晶体管，在本书中用 BJT 代表电力晶体管。

电力电子器件发展到今天，几乎已看不到人们在变频器中使用电力 BJT 了，主要原因是 BJT 是电流控制器件，控制功率大。但是，它的输出极的饱和压降低，这是其优点，当前普遍使用的 IGBT 的输出级是吸收了 BJT 的优点制成的，所以本节着重介绍和 IGBT 有关的特性。

1.2.1　BJT 的发展

电力晶体管基本有 3 种类型。一种是最先发展的单管非隔离型 BJT，其特点是散热片未经过隔离，而是晶体管的一个极，其内部结构是单晶体管。另一种是非隔离型达林顿电力晶体管，除了散热片与上一种相同未经隔离之外，其不同之处是内部结构为两级或三级甚至四级晶体管的复合结构，采用了这种技术，使管子的放大倍数提高很多，增加了电路的控制能力，减少了控制电路的功率。最后一种是模块型电力晶体管，这种电力晶体管的 3 个极与散热片隔离，也就是说散热片上不带电。这种隔离技术使变频器的散热更均匀、更容易、结构更趋于小型化和合理化。模块型晶体管的内部结构既有单管型，也有达林顿复合型。为了使用上的方便，使装置集成度更高、体积更小，模块型电力器件在一个模块的内部有一单元结构、二单元结构、四单元结构和六单元结构。所谓一单元结构就是在一个模块内有一个开关管和一个续流二极管反向并联。二单元结构是两个一单元串联做在一个模块内，构成一个桥臂。四单元结构是由两个二单元组成，可以构成单项桥式电路。而六单元结构是由 3 个二单元并联，构成三相桥式电路。不同单元的简化结构如图 1-2 所示。为了满足控制电动机的需要，有的厂家将制动单元的开关管和续流二极管也同时集成在模块之内。上面介绍的单元串并联的简单概念，对于 IGBT 等电力电子器件也是适用的。

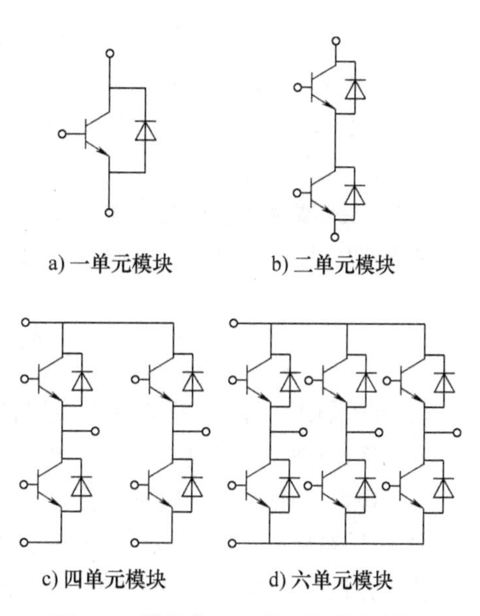

a) 一单元模块　b) 二单元模块　c) 四单元模块　d) 六单元模块

图 1-2　模块化 BJT 的内部简化结构

1.2.2　BJT 的主要参数

对于线路设计者而言，首先遇到的问题就是要根据 BJT 的参数选择开关管。下面简单介绍 BJT 的主要参数及其含义。

（1）开路阻断电压：开路阻断电压体现了BJT的耐压能力，通常BJT的参数给出3个阻断电压值。其一是发射极开路时，集电极-基极间能承受的电压 U_{CBO}。第二是基极开路时，集电极-发射极间能承受的电压 U_{CEO}。这两个阻断电压反映的是一次击穿对应的电压。除了这两个电压之外，还有一个电压值用 $U_{CEO(SUS)}$ 表示，它的含义是当基极-发射极开路时，集电极-发射极间能承受的持续电压。通常 $U_{CEO(SUS)} \leqslant U_{CEO}$。以上3个阻断电压值反映了BJT的最大耐压能力（后面介绍的IGBT的输出级采用BJT的机理，这些电压的意义相同）。在通用变频器中，用于380V交流电网时，大多使用1200V电压等级的器件，这个电压对应的是 $U_{CEO(SUS)}$。

（2）集电极最大持续电流 $I_{C(co)}$：集电极最大持续电流是当基极正向偏置时集电极能流入的最大电流，开路阻断电压和集电极最大持续电流体现了BJT的容量。比如说1200V/300A的BJT，是指基极开路时，集电极-发射极间耐压 $U_{CEO(SUS)}$ 为1200V，集电极最大持续电流为300A。通用变频器中采用模块，其电流值的大小依变频器的容量而定。

（3）电流增益 h_{FE}：电流增益 h_{FE} 有时也称为电流放大倍数或电流传输比。它的定义为集电极电流与基极电流的比值，即

$$h_{FE} = \frac{I_C}{I_B} \tag{1-1}$$

在变频器中，BJT都是当作开关器件使用，因此，集电极电流 $I_C \leqslant h_{FE} I_B$，其中 I_C 的实际值取决于具体电路和工作环境。h_{FE} 是一个重要参数，它的值越大，管子的驱动电路功率越小，这是线路设计者所期望的。

（4）开关频率：电力电子器件在通用变频器及其他很多应用场合都是作为开关器件工作的，因此，他的开关频率是所有用户关心的重要参数。但是在各厂家的使用说明中，往往不直接给出开关频率这个参数，而是给出开通延迟时间 $t_{d(on)}$、上升时间 t_r、关断延迟时间 t_s 和下降时间 t_f 等，通过这几个时间值，可以估算出BJT的最高工作频率。

BJT是电流控制型器件，正向基极电流控制它的导通，反向基极电流控制它的关断。由于BJT不是理想的开关器件，它内部PN结处电荷的聚集和扩散总是需要一定的时间，因此在开关过程中有一定的过渡过程。

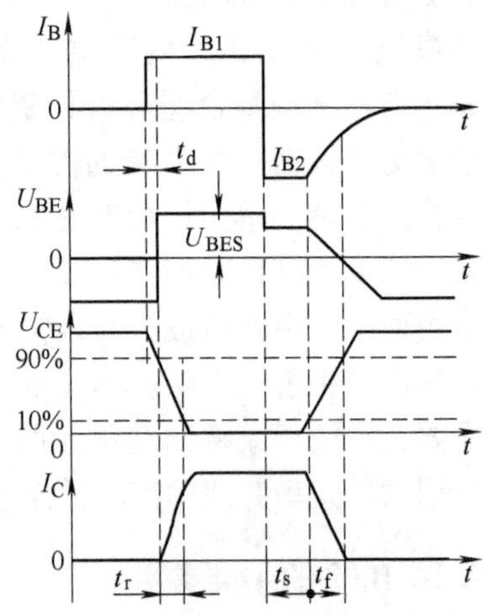

图1-3　BJT开关运行时的波形

图1-3所示为BJT在电阻负载时的典型开关过程。假设基极电流为正向阶跃信号 I_{B1} 时，经过一段时间 $t_{d(on)}$ 延迟后，基极-发射极电压 U_{BE} 才上升到饱和值 U_{BES}，同时集电极-发射极电压

U_{CE} 从 100%下降到 90%，这段时间为开通延迟时间 $t_{d(on)}$。此后，集电极-发射极电压迅速下降到 10%，而集电极电流 I_C 上升到稳态值的 90%，这段时间定义为上升时间 t_r，而开通时间 t_{on} 是延迟时间 $t_{d(on)}$ 和上升时间 t_r 之和，即

$$t_{on} = t_{d(on)} + t_r \tag{1-2}$$

当 BJT 关断时，基极控制电流为负跳跃，这时，由于饱和作用，少数载流子正在中和，集电极-发射极电压 U_{CE} 仍保持饱和导通值。当 U_{CE} 退出饱和时，其电压值开始上升。从反向基流注入开始，到 U_{CE} 上升至 10%的时间，叫做存储时间（下降延时）t_s。然后 U_{CE} 继续上升到 90%，I_C 下降到 10%，这段时间称为下降时间 t_f。而 BJT 的关断时间 t_{off} 是这两部分时间之和，即

$$t_{off} = t_s + t_f \tag{1-3}$$

1.2.3　BJT 的安全工作区

BJT 的另一个重要性质是二次击穿效应。目前，在 BJT 的使用中，二次击穿对管子的损害最大，是最令人头疼的问题。晶体管 PN 结处的雪崩击穿称为一次击穿，他对管子的损坏威胁不大。所谓二次击穿是指管子在强大的电场作用下，由于发射结电荷的聚集效应，使集电极电流集中在反向偏置的集电结的很小范围内，其结果将产生过热点，由于负温度系数的特性，局部过热将加剧电流的集中，以致最后烧坏管子。类似的问题也可能发生在关断过程中。

为了用户能更好地使用各类电力电子器件，生产厂家往往提供导通时的安全工作区（FBSOA）和关断时的安全工作区（RBSOA）。

还有一点需要注意的是给这些特性曲线规定的管子结温 T_C = 25℃，随着结温的升高，安全工作区将明显缩小。

当 BJT 用于电力开关时，存储时间和开关损耗是两个重要参数。如果存储时间不能压缩到较小的数值，则管子的关断损耗将明显地增大。图 1-4 所示为 BJT 在电感负载下的典型关断过程。由于 t_s 和 t_f 的存在，管子在关断过程中同时承受较大的 I_C 和较高的 U_{CE}，如果在关断过程中出现的损耗值 $I_C U_{CE}$ 超过安全工作区所限定的界限，管子将损坏。

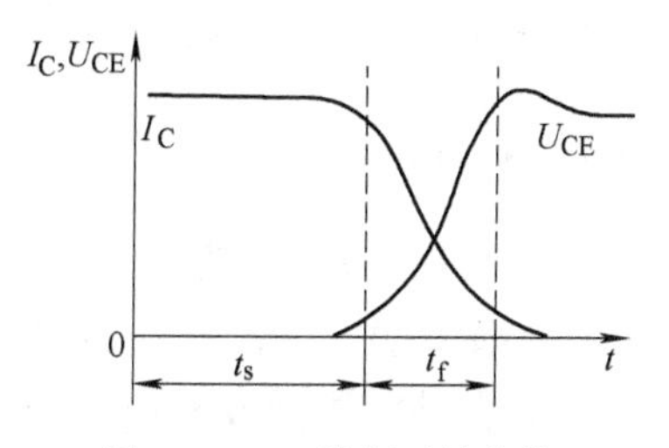

图 1-4　BJT 关断时的曲线

安全工作区的概念适合各类电力电子器件，我们会在 IGBT 一节中做详细介绍。

基极驱动信号对 BJT 的正常运行起着极其重要的作用，正确设计驱动信号对每一个使用者都是重要的，而且是不可避免的问题，但是，由于 BJT 是电流型驱动器件，目前使用得不多，并且和 IGBT 驱动级的原理也不同，本书不做深入介绍。

1.3　电力 MOS 场效应晶体管（MOSFET）

电力 MOSFET（金属-氧化物-半导体场效应晶体管）也是靠 MOS 电容器引起沟道反型及恢复来实现开、关的器件。电力 MOSFET 是 IGBT 发展的基础，IGBT 的开发及应用在某些场合代替了电力 MOSFET，但是，就目前来看，电力 MOSFET 在高速开关、开关电源和变频器等方面，特别是小功率领域，还有很多应用。

最早的 MOS 器件及其在集成电路中的应用结构，都是平面横向布局的，即它的源极、栅极和漏极 3 个电极都布置在同一表面上。但是随着向大功率发展，电流垂直流向的三维结构布局是不可避免的。这样的话，漏极就布置到源极、栅极相反的另一表面上。于是采用多元胞并联以增加通态电流，引入体 PN 结来承受电压，还设置了高阻厚外延 N^- 层，用来提高电压。这就是垂直导电的双扩展 MOS 管，称作 VDMOS。现在电力 MOSFET 器件主要都是 VDMOS 结构。

功率 MOSFET 比 BJT 工作速度快，是电压控制型器件。施加一个正电压到 MOSFET 的栅极，使其导通。栅极为零偏压时，i_D 被 MOSFET 内部的 P 型体区阻隔，漏源之间的电压 U_{DS} 加在 PN^- 反向结上，整个器件处于阻断状态。当栅极正偏压超过阈值电压 $U_{GS(th)}$ 时，沟道由 P 型变为 N^+ 型，这个反型的沟道成为 i_D 电流的通道，整个器件又处于导通状态。它靠 N^+ 型沟道来导电，故称为 N 沟道 MOSFET。MOSFET 的符号如图 1-5a 所示。当器件内寄生有反向二极管时，符号如图 1-5b 所示，这种集成结构，正是某些变频器线路中需要的，二极管起续流保护作用。

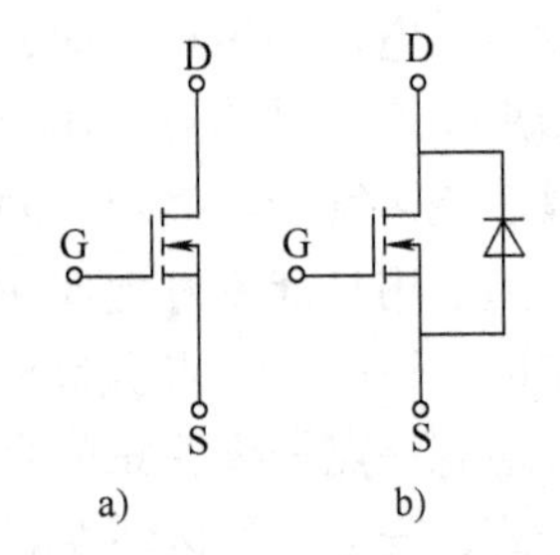

图 1-5　MOSFET 的电路符号

1.3.1　特性及参数

MOSFET 的正向伏安输出特性如图 1-6 所示。由图 1-6 可见，当 $U_{GS} < U_{GS(th)}$ 阈值电压时，器件漏源间没有电流流过，处于截止状态，直到 U_{DS} 上升到 PN 结雪崩击穿，进入雪崩区为止。当 $U_{GS} > U_{GS(th)}$ 时，沟道反型层开始出现，I_D 开始流过管子。I_D 的大小即为该管子的导电能力，取决于栅极电压 U_{GS}。在高于 $U_{GS(th)}$ 值的栅极电压下，其输出曲线从欧姆电阻区转向有源区。进入有源区时，漏极电流几乎保持不变。在正常情况下，不应使管子进入雪崩击穿区。MOSFET 的主要参数如下：

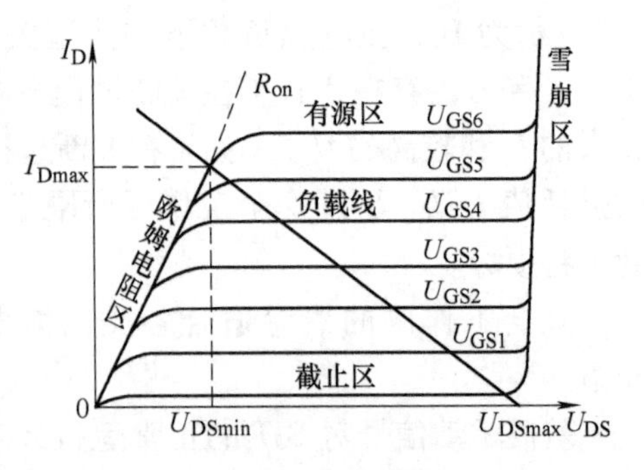

图 1-6　输出特性

（1）最大漏极电流 I_{Dmax}：参数 I_{Dmax} 给出的是管子的连续电流的额定值。它与管子内部的沟道宽度、沟道长度等结构有关，还与栅极所加的电压和阈值电压的差值有关，也就是说，使用时，栅极电压必须超过阈值电压。至于栅极-源极电压应加多少，留待参数阈值电压 $U_{GS(th)}$ 中叙述。在作为高频开关器件使用时，由于MOSFET的开关损耗要比双极晶体管的损耗低得多。所以MOSFET选择时，余量可以小一些。例如：9~13W节能灯镇流器，当用双极型开关管时，应选用2~4A的器件，而用MOSFET选0.5A就足够了。

（2）漏极-源极间击穿电压 U_{DS}：体内击穿主要取决于高阻厚外延 N^+ 层的电阻率、厚度及其均匀性；而表面击穿则由专门的、合理的电场环、场板等设计来保证。在MOSFET使用手册中给出的是漏极-源极间的最大维持电压。目前，电力MOSFET的击穿电压值已经达到1000V以上。

（3）导通电阻 R_{on}：MOSFET的导通电阻 R_{on} 决定了它的通态损耗，相当于BJT的饱和电阻。R_{on} 主要取决于体内的分布扩展电阻、沟道电阻及漂移区体电阻等。从器件的外特性看，导通电阻 R_{on} 可以从它的伏安特性曲线上测出。图1-6中欧姆电阻区临界线的斜率即是导通电阻 R_{on} 的值。导通电阻 R_{on} 具有正的电阻温度系数。当电流增大时，附加发热使 R_{on} 自行增大，对电流的增加有抑制作用。这种自限流能力，在器件的并联应用有自动均衡电流的效果。

（4）阈值电压 $U_{GS(th)}$：阈值电压 $U_{GS(th)}$ 是沟道体区表面实现强反型所需要的最低栅源电压。实际使用时，所加栅源电压是阈值电压的1.5~2.5倍，以利于沟道充分反型，获得较小的沟道压降。通常，用作逻辑接口等的高速器件，$U_{GS(th)}$ 为0.8~2.5V，而MOSFET的 $U_{GS(th)}$ 为2~6V。因此，MOSFET有较高的阈值电压，也就是说有较高的噪声容限和抗环境干扰能力，这给电路设计提供了方便。目前，世界上各大公司生产的电力MOSFET的阈值电压值为2~6V，所以，几乎所有的栅源驱动电压都设计为15V。

（5）开关频率：MOSFET的开关速度和工作频率比BJT要高1~2个数量级，它的开关时间和频率响应主要取决于栅极输入端电容的充放电时间。作为一级近似，器件的开关时间可由输入电容和栅极回路等效电阻的乘积来决定。新的MOSFET器件的开关时间已经是纳秒级，开关频率要高得多，可达1MHz以上。

1.3.2　使用注意事项

MOS器件应该存放在抗静电包封袋、导电材料或金属的容器中。取用器件时，应拿在壳件部位而不是引线部位。

当栅极-源极间的阻抗过高时，漏极-源极间的电压 U_{DS} 的变化会耦合到栅极而产生相当高的电压过冲。例如，U_{DS} 的300V的突变在最恶劣的环境下会引起大约50V的栅极电压尖峰。这一电压会引起栅极氧化层的永久性损坏，而且正方向的

U_{GS}瞬态电压会导致器件的误导通。解决的方法是要适当降低栅极驱动电路的阻抗，在栅极-源极之间并接阻尼电阻，或在栅极-源极间并接约20V的齐纳二极管。另外，特别要防止栅极开路工作。

当器件接有感性负载，在关断时，漏极电流的突变（du/dt）可能产生过电压而击穿管子。当器件接有电动机负载，在起动和停止时，可能产生过电流而烧毁管子。因此，对过电压和过电流都应有适当的保护措施。

1.3.3 新材料碳化硅制成的MOSFET器件

近几十年来，硅材料在半导体器件中占据主导地位。但是随着技术的发展，半导体复合材料（也叫作宽禁带材料）越来越显示出它的优越性。其中一种就是碳化硅材料制成的功率器件。这种材料制成的半导体器件，具有更高的电子流动性和更高的能量，因此，由宽禁带材料制成的半导体器件，具有更高的耐电压、承受更高的温度和更高的开关频率，而且这种材料制成的器件的通态电阻。比硅材料制成的MOSFET通态电阻更小，所以它的效率更高。由于这些优点，宽禁带材料替代硅材料制成MOSFET，具有明显的趋势。

安森美半导体公司在开发宽禁带材料IGBT方面走在前面，已经有工业产品。图1-7所示为安森美碳化硅IGBT产品之一：型号为NVHL080N120SC1。该器件的耐电压达到1200V、动态电阻为80mΩ、最大的漏极电流可以达到44A。

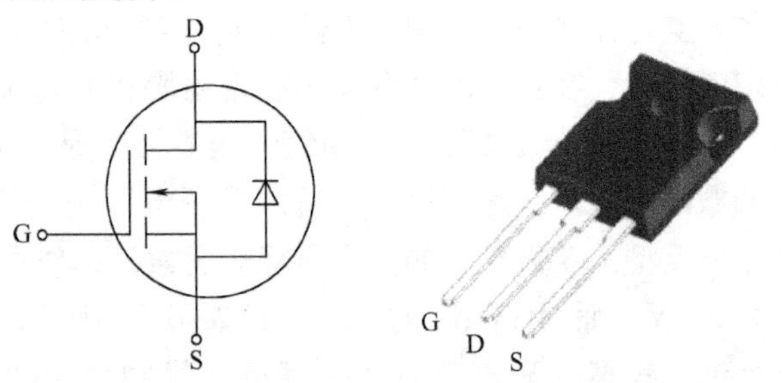

图1-7 安森美碳化硅材料的IGBT产品NVHL080N120SC1

表1-1所示为NVHL080N120SC1产品的时间特性，可见比目前广泛使用的硅材料的IGBT的开关速度更快。

表1-1 NVHL080N120SC1的时间特性

符号	参数	测试条件	最小值	典型值	最大值	单位
$t_{d(on)}$	开通延时	$V_{CG}=800V. I_C=20A$ $V_{GS}=5/20V. F_G=4.7\Omega$ 感性负载 $T_C=25℃$	—	6.2	13	ns
t_f	上升时间		—	5.8	12	ns
$t_{d(off)}$	关断延时		—	28	45	ns
t_f	下降时间		—	8	16	ns

关于NVHL080N120SC1的更多信息，请参见安森美半导体公司的NVHL080N120-SC1-D技术文档。

1.4　绝缘栅双极型晶体管（IGBT）

随着电力电子学的发展，IGBT（Insulated Gate Bipolar Transistor）以优良的性能，占据了变频器设计使用的主导地位，所以我们用稍微多一些的篇幅介绍。IGBT 综合了 MOS 场效应晶体管（MOSFET）和双极晶体管（BJT）两者的优点。IGBT 栅极输入高阻抗，是场控器件，这一点是 MOSFET 的特性；另外，IGBT 的输出特性饱和压降低，这一点是 BJT 的特性。目前，IGBT 的电压等级达到 6500V，电流等级达到 3600A 以上，而且它的驱动简单、保护容易、不用缓冲电路以及开关频率高，这些都使 IGBT 在变频器中的使用有更大的吸引力。

1.4.1　IGBT 产品简介

由于 IGBT 的优良性能和市场需求的旺盛，它的发展十分迅速。目前市场上常见的应用于变频器的 IGBT 模块的电压等级为 600V、1200V、1700V、3300V、4500V 和 6500V 系列产品。IGBT 模块的电流等级从 10~6000A 分布有 20 多个等级。

另外，以 IGBT 为主开关器件的智能功率模块使用已经相当普遍，特别是在小功率场合。这方面内容将在本章 1.6 节中简单介绍。

1.4.2　IGBT 的原理与符号简介

IGBT 的栅极利用 MOS 电容引起的沟道反型及恢复，完成对 IGBT 导通和关断的控制。下面首先讨论“金属-二氧化硅（SiO_2）-半导体”构成的 MOS 结构。这里仅讨论半导体层为 P 型硅的情况，因为多数功率场控器件中的 MOS 结构都是这样配合的（见图 1-8）。

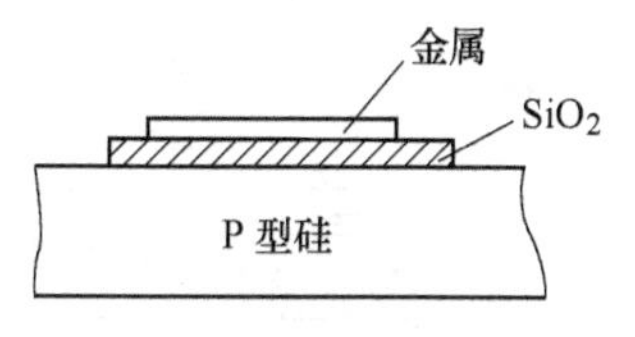

图 1-8　MOS 电容器结构

假设 SiO_2 氧化层是一个理想的绝缘体，不允许金属和半导体之间有丝毫电荷传输，那么，显然这是一个以 SiO_2 薄膜为绝缘介质、以金属和半导体为极板的 MOS 电容器。在金属电极上施加不同偏置电压 U，按照电容器的特点，可以看到如下现象：

（1）负片压下的积累区：U 取负值，那么 P 型硅里带正电的多数载流子（空穴）就会被吸引到 SiO_2-Si 界面的硅一侧而富集起来，于是在紧贴 SiO_2 膜的硅表面出现一个空穴积累层。

（2）正偏压下的耗尽层：U 取正值，当 U 不够大时，P 型硅的多数载流子（空穴）就会被推斥到远离 SiO_2-Si 界面，也就是说，在紧贴 SiO_2 膜的硅表面出现一个载流子缺乏的表面耗尽层。

（3）强正偏压下的反型层：U 取正值，P 型硅里的少数载流子（电子）会被吸引到 SiO_2-Si 界面来，在达到某临界值时，表面薄层的电子浓度将等于体内空穴

（多数载流子）的浓度。这种情况称为“反型”。这个临界电压值称为阈值电压。一旦 U 超过阈值电压，在紧贴 SiO_2 膜的硅表面会出现表面反型层，即N型层。反型层中的电荷在确定MOS场效应管的电流输运中，起到关键作用。

MOS电容器上偏压的变化，是硅表面的反型层出现或消失，就成为VDMOS和IGBT等器件开通或关断的基本机制。这个反型层又称之为“沟道”。为使沟道电阻尽量小，除了应设法缩短长度之外，MOS电容器上应施加大于阈值电压的正偏压，使之进入强反型状态。

IGBT的栅极是利用上面所述的MOS电容器的沟道反型及恢复控制原理，它的基本结构如图1-9所示。从直观来看，它是一个栅极为MOS结构（即绝缘栅）的晶体管，所以称之为绝缘栅双极型晶体管（IGBT名称的由来），因此，有如图1-10a所示的等效电路。

从另一方面看，它又寄生着一个同MOS场效应晶体管并联、其基极又同PNP晶体管互补连接的NPN晶体管。这种连接方法恰恰是PNPN四层的晶闸管等效电路，从这个意义上讲，它又是绝缘栅晶闸管（与普通晶闸管不同的是，它是从N基区引出栅极），因此有如图1-10b所示的等效电路。图1-10c所示为常用IGBT的电路符号，箭头指向为导通电流正方向。

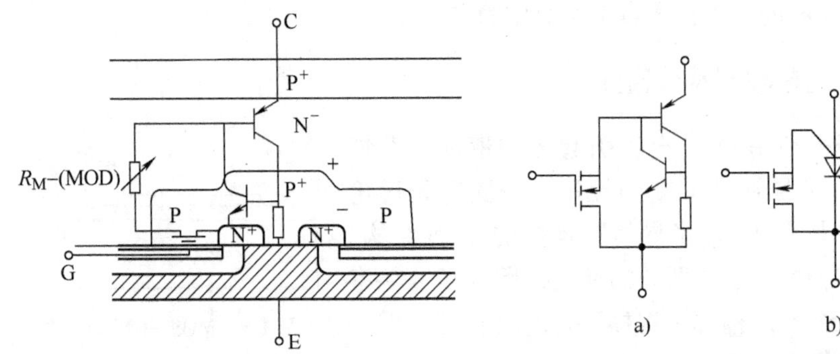

图1-9 IGBT基本结构

图1-10 IGBT等效电路和符号

1.4.3 IGBT的主要参数

通常IGBT的使用手册给出如下的几个主要参数：

（1）集电极-发射极额定电压 U_{CES}：这个电压值是厂家根据器件的雪崩击穿电压而规定的，是栅极-发射极短路时IGBT能承受的耐电压值，也就是说 U_{CES} 值小于等于雪崩击穿电压。

（2）栅极-发射极额定电压 U_{GES}：IGBT是电压控制器件，靠加到栅极的电压信号控制IGBT的导通和关断，而 U_{GES} 就是栅极控制信号的电压额定值。目前，IGBT的 U_{GES} 值大部分为+20V，在使用中，设计的控制电压值不能超过该值。

（3）额定集电极电流 I_C：该参数给了IGBT在导通时能流过管子的持续最大

电流。

（4）集电极-发射极饱和电压 $U_{CE(sat)}$：此参数给出 IGBT 在正常饱和导通时集电极-发射极之间的电压降，此值越小，管子的功率损耗越小。安森美半导体公司 FSBB15CH1200D 模块是 15A/1200V 的 IGBT，它的 $U_{CE(sat)}$ 的典型值为 1.6V。

（5）开关频率：IGBT 的开关频率是所有的用户关心的重要参数。但是在各厂家的使用说明中，并不直接给出开关频率这个参数，而是给出开通延迟时间 $t_{d(on)}$、上升时间 t_r、关断延迟时间 $t_{d(off)}$ 和下降时间 t_f 等，通过这几个时间值，可以估算出 IGBT 的最高工作频率。一般器件生产厂家也给出参考工作频率，比如 FSBB15CH1200D 模块参考使用频率是 20kHz。

IGBT 的开关时间还与集电极电流 I_C、运行温度和栅极电阻 R_G 有关。当 R_G 增大、运行温度升高时，开关时间增大，开关频率降低。此外，IGBT 的驱动电路都有时间延迟，因此，IGBT 的实际工作频率都在 100kHz 以下，即使这样，它的开关频率、动作速度也比 BJT 快得多，可达 30~40kHz。

1.4.4 IGBT 的基本特性

IGBT 的输出特性类似于 BJT。图 1-11 所示为某模块在壳温 T_C 为 25℃时的伏安特性。由图可见，栅极-发射极电压越低时，IGBT 的饱和导通压降越高，损耗越大，因此栅极控制电压 U_{GE} 应该为 15~20V。此外，IGBT 的输出特性还与温度有关，温度升高时，集电极-发射极饱和压降也随着升高。

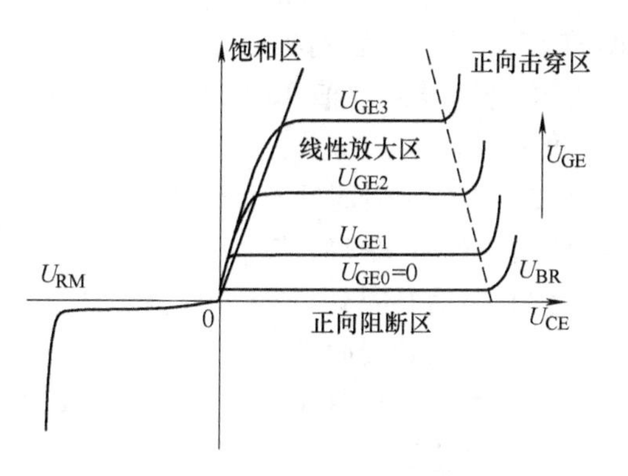

图 1-11　IGBT 伏安特性图

1. IGBT 静态特性

IGBT 的静态特性是指栅极驱动电压为某一值时，IGBT 的集电极电流 I_C 与集电极-发射极电压 U_{CE} 之间的关系曲线。如图 1-11 所示 IGBT 的伏安特性通常分为饱和区、线性放大区、正向阻断区和正向击穿区 4 个部分。在集电极-发射极电压 U_{GE} 不变时，集电极电流的变化与栅极驱动电压 U_{GE} 有关。U_{GE} 越大，I_C 也越大。当 IGBT 导通时，IGBT 应工作于饱和区内；当 IGBT 在关断状态下时，IGBT 应工作在正向阻断区内。此时集电极-发射极电压的最大值不应该超过击穿电压 U_{BR}。

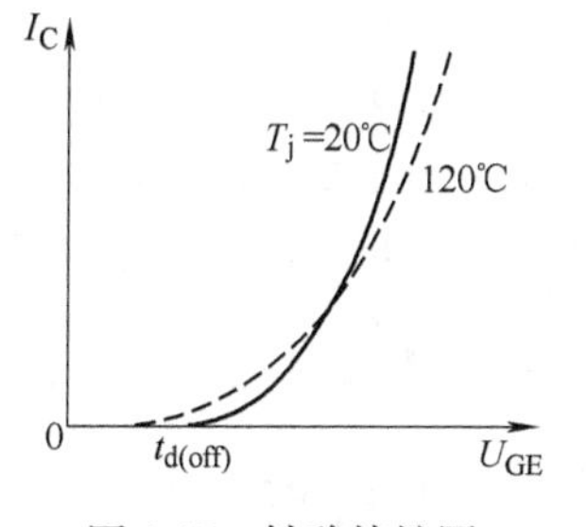

图 1-12　转移特性图

2. IGBT 转移特性

IGBT 的转移特性表示了集电极电流 I_C 与栅极电压 U_{GE} 之间的关系。如图 1-12 所示为转移特性图，由图可知，栅极电压 U_{GE} 与 I_C 在大部分情况下接近线性关系，只有在门槛电压 $U_{GE(th)}$ 附近时呈非线性特性。当 $U_{GE} < U_{GE(th)}$ 时，IGBT 处于关断状态；当 $U_{GE} > U_{GE(th)}$ 时，IGBT 的集电极电流随着 U_{GE} 的增加而变大。由于 U_{GE} 对 I_C 有控制作用，所以最高栅极驱动电压受最大漏极电流限制，一般最佳值在 15V 左右。此外，IGBT 的转移特性还受温度影响，由于受到 IGBT 内部电导调制作用的影响，在 U_{GE} 不变的条件下，温度越高，集电极电流越小。

3. IGBT 的开关特性

IGBT 的开关特性主要指如下两个：一个是开关速度，主要指标是开关过程中各部分的时间；另一个是开关过程中的损耗。

如图 1-13 所示，在整个 IGBT 的开关过程可由 7 个时间段的工作状态解释。分别为：

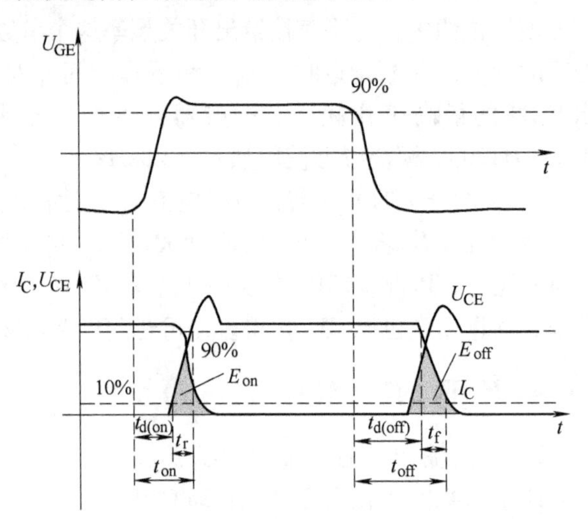

图 1-13 IGBT 开关特性波形图

（1）开通延迟时间 $t_{d(on)}$：IGBT 产生开通信号到集电极电流 I_C 上升至导通幅值 10%时所经过的时间。

（2）电流上升时间 t_r：I_C 从导通时的 10%~90%所需时间。

（3）开通时间 t_{on}：从开通信号到器件完全导通的时间，$t_{on} = t_{d(on)} + t_r$。

（4）二极管反向恢复时间 t_{rr}。

（5）关断延迟时间 $t_{d(off)}$：门极驱动电压 U_{GE} 下降到 90%时到集电极电流 I_C 下降到 90%为止所经过的时间。

（6）电流下降时间 t_f：导通电流从幅值的 90%下降到 10%时所需时间。

（7）关断时间 t_{off}：从关断信号产生到 IGBT 关断（I_c 下降到幅值 10%）的时间，$t_{off} = t_f + t_{d(off)}$。

IGBT 的开关过程并不是瞬间完成的，而是需要一定的时间。由图 1-13 可见，开通时，IGBT 的集电极-发射极电压 U_{CE} 与集电极电流 I_C 存在重叠时间。在这段时间内，由于 U_{CE}、I_C 均不为零，其乘积的积分就为 IGBT 的开通损耗 E_{on}；IGBT 在关断过程中承受的电压 U_{CE} 与集电极电流 I_C 也存在重叠时间，在关断时间内，对 U_{CE}、I_C 乘积的积分称为 IGBT 的关断损耗 E_{off}。

1.4.5 IGBT 的选择与保护

1. IGBT 的选择

IGBT 的选择工作就是使 IGBT 的性能参数能够满足使用条件，当 IGBT 应用于通用变频器时，主要的参数选择是电压等级和集电极的电流等级，而其他的参数则很容易确定。

通用变频器主电路包括接到交流电网上的二极管整流桥、直流回路电容滤波环节和逆变环节。IGBT和续流二极管构成逆变环节，而逆变环节的输入电压为经过整流滤波后的直流电压，用 U_d 来表示，则直流电压 U_d 可用下式求得：

$$U_d = \sqrt{2}U_{in}K\beta_v \tag{1-4}$$

式中 K——电源干扰因子，选 $K=1.1$；

β_v——电压安全系数，选 $\beta_v=1.1$；

U_{in}——输入变频器的交流电网电压（V）。

当直流电压升高，超过一定数值时，应该进行过电压保护，取过电压保护动作值为直流电压的1.15倍；同时考虑到IGBT关断时的电压尖峰脉冲为100V，则IGBT承受的电压峰值 U_{CEP} 为

$$U_{CEP} = (1.15U_d + 100)\beta_v \tag{1-5}$$

β_v 为安全系数，选为1.1。IGBT的阻断电压值 U_{CEO} 和 $U_{CEO(sus)}$ 都应大于 U_{CEP}，由此原则选择IGBT的电压值。

IGBT还需要根据电流等级做出选择，假设变频器的设计容量为 P，那么应该有如下关系：

$$P = \sqrt{3}I_0U_0 \tag{1-6}$$

式中 P——设计容量，即变频器的输出功率（W）；

I_0——变频器交流输出的线电流有效值（A）；

U_0——变频器交流输出的线电压有效值（V）。

取变频器输出电压比输入电压降低10%，则有

$$U_0 = 0.9U_{in} \tag{1-7}$$

根据式（1-6）、式（1-7），得到电流有效值 I_0 为

$$I_0 = \frac{P}{\sqrt{3}U_0} = \frac{P}{\sqrt{3}\times 0.9U_{in}} \tag{1-8}$$

而电流关系如下：

$$I_C \geqslant \sqrt{2}I_0K_1\beta_I \tag{1-9}$$

式中 I_C——IGBT的集电极电流（A）；

$\sqrt{2}I_0$——变频器输出交流线电流最大值（A）；

K_1——过载能力系数，选为1.5倍额定值，即 $K_1=1.5$；

β_I——电流安全系数，选 $\beta_I=1.5$。

【例1-1】 已知变频器的交流电网为 $U_{in}=440$V，变频器的设计容量为 $P=45$kW，试选择IGBT的电压和电流等级。

解：

（1）电压等级选择：根据式（1-4）和式（1-5）有

$$U_{CEP}=(1.15U_d+100)\beta_v=(1.15\times753+100)\times1.1\text{V}=1063\text{V}$$

所以，选择1200V的管子可以满足要求。

（2）电流等级选择：根据式（1-6）~式（1-9）有

$$I_C\geqslant\sqrt{2}\times1.5\times1.5\times65.5\text{A}=209\text{A}$$

可见，所选IGBT的集电极电流I_C应该大于209A，而IGBT的电流等级为200A和300A。如果设计的变频器的控制对象为风机水泵类负载，可以选200A的管子，比如斯达公司的GD200HFX120C2S模块。如果设计的变频器的控制对象有大起动转矩要求，选300A的较为合适。对于300A的IGBT，斯达公司生产的1200V/300A模块GD300HFX120C2S是很好的选择对象。

目前，斯达公司的最新一代X系列IGBT产品，采用沟槽和场截止技术，具有优化的导通损耗和开关损耗。电压等级为650V、1200V和1700V的IGBT模块，适合220V、380V、660V及高压变频器等级的应用场合，实现性能和成本的优化。

2. IGBT的保护

为了使IGBT在生产厂家规定的安全工作区内可靠地工作，必须对IGBT采取必要的保护措施，比如过电压保护、过电流保护和过热保护等，以便增加系统的可靠性。

（1）过电压保护：由于IGBT的开关频率较高，在IGBT关断或反向二极管FWD反向恢复时，会产生很大的di/dt，会对周边的配线电感产生很高的浪涌电压。关断时浪涌电压的峰值可由下式求出：

$$U_{CESP}=E_d+(-L_s\text{d}I_C/\text{d}t)$$

式中 E_d——直流电源电压；

L_s——主电路的寄生电感；

dI_C/dt——关断时集电极电流变化率的最大值；

U_{CESP}——集电极-发射极的峰值电压。在实际使用中，一定要保证器件两端的这个峰值电压低于产品允许的额定电压U_{CES}，防止损坏。

抑制产生过电压即抑制浪涌电压的方法有下面几种：

1）在IGBT中加上保护电路（即缓冲电路），吸收浪涌电压。在缓冲电路的电容器中使用薄膜电容，并配置在IGBT附近，用其吸收高频浪涌电压。

2）调整IGBT的驱动电路的U_{GE}和R_G，减小di/dt。

3）尽量将电解电容器配置在IGBT的附近，减小配线电感，如果使用低阻抗型的电容器则效果更佳。

4）为了减低主电路和缓冲电路的配线电感，配线要更粗、更短。在配线中使用铜条，另外，进行并列平板配线（分层配线），使配线低电感化将有很大的效果。

缓冲电路分为两种：一种是在所有的原件上一对一地安装缓冲电路；另一种是在直流母线间集中安装的集中式缓冲电路。最近，以简化缓冲电路为目的，采用集中式缓冲电路的情况正在增多，图 1-14 所示为集中式缓冲电路的两种应用于变频器的实例图。对于 C 缓冲电路，电路结构简单，但是主电路电感与缓冲电容易产生 LC 谐振，使母线电压产生振荡；采用另一种 RC-VD 缓冲电路可以降低母线电压的振荡，在母线配线长的情况下效果明显，但是缓冲二极管选择错误，则会产生高尖峰电压，或者缓冲二极管的反向恢复时电压也可能产生振荡。

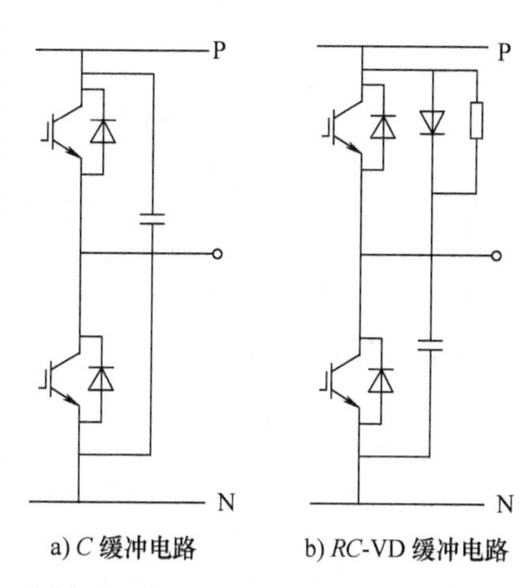

a) C 缓冲电路　　b) RC-VD 缓冲电路

图 1-14　集中式缓冲电路实例图

（2）过电流保护：IGBT 在使用中损坏最多的原因是过电流而将管子烧坏。导致过电流的原因有许多，表 1-2 所示为 IGBT 在通用变频器中的过电流现象产生原因。

表 1-2　变频器的过电流原因

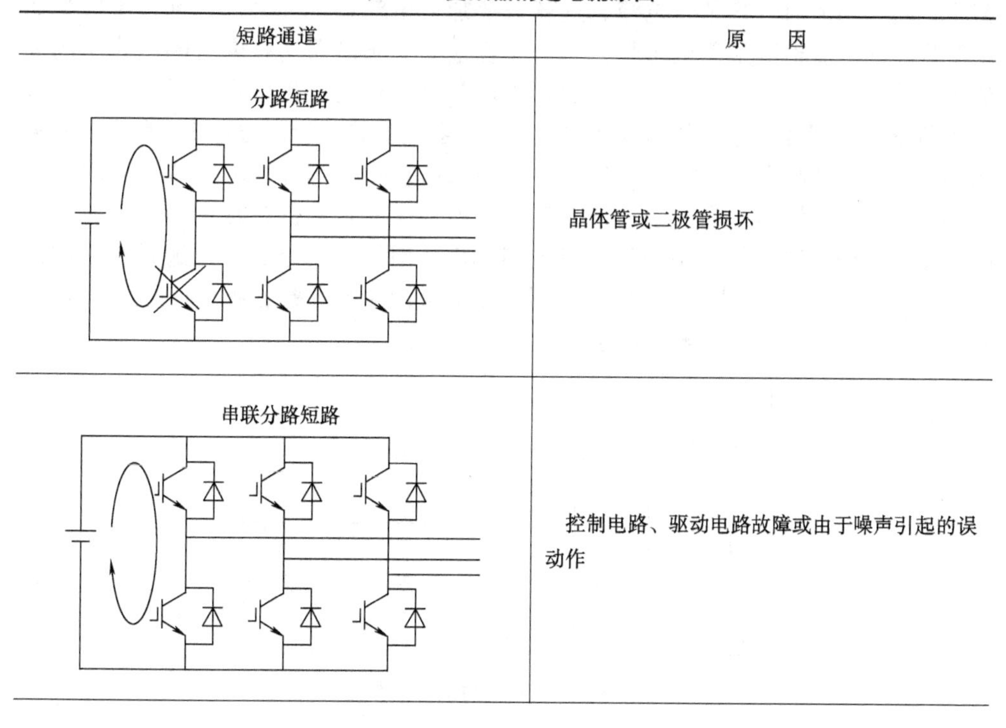

短路通道	原　因
分路短路	晶体管或二极管损坏
串联分路短路	控制电路、驱动电路故障或由于噪声引起的误动作

（续）

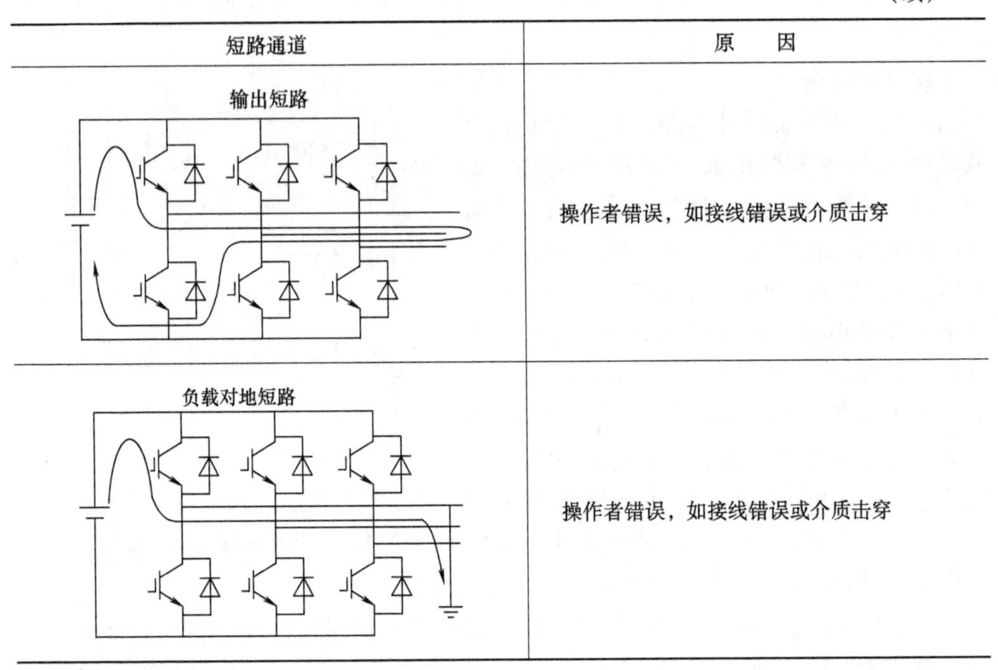

短路通道	原　　因
输出短路	操作者错误，如接线错误或介质击穿
负载对地短路	操作者错误，如接线错误或介质击穿

IGBT在过电流时，瞬间损耗非常高，其速度特别快，不可能像晶闸管那样用快速熔断器来保护，广泛使用的方法是使过电流的IGBT很快截止。要想使它很快截止，就要知道何时管子过电流，这就需要加入电流检测元件。目前，小容量通用变频器的电流检测采用电阻器，中、大容量的变频器采用有电流隔离作用的电流检测器。由于电流检测器安装的位置不同，电流检测准确度和方式也不同。图1-15所示为通用变频器的基本电路和电流检测器的安装位置。方法1：在逆变侧输入端，仅用一个检测器可检测到表1-2中所列的过电流；方法2：接在变频器的输出端，用单个检测器可高准确度地检测不包括一个桥臂短路造成的过电流，在实际的变频器中，往往仅采用两只电流检测元件，而另一路电流可以通过检测的两路计算得出；方法3：与每个IGBT串联，用6个检测器可高准确度地检测出表1-2列出的任何原因引起的过电流现象。

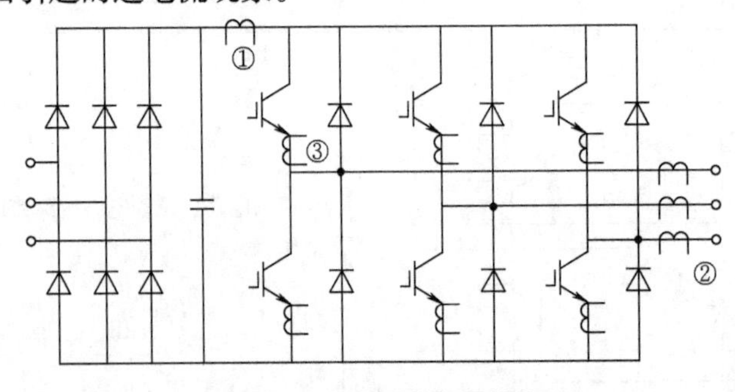

图1-15　电流检测器的安装位置

一般来说，过电流有两种情况：一种是正常过电流，当电流超过设计者限定的电流时，电流检测器检测到过电流信号，反馈给控制电流，使 IGBT 截止以减小电流；另一种是不正常的短路，这时，来自电流检测器的反馈信号，产生截止信号，使所有的 IGBT 关断。对于前一种过电流情况，一般的电流检测器如电流互感器可以满足要求；但对于短路型过电流，其电流上升很快，电流互感器还没有反应过来，管子可能已经烧坏了。因此，要使用快速电流检测元件，如分流电阻器或霍尔元件。在通用变频器中，除了使用电流检测元件进行过电流检测之外，还采用某些具有过电流保护功能的驱动电路。

图 1-16 所示为一种典型的过电流保护电路，它的工作原理如下。

电路通过 VD_1 对 IGBT 的集电极-发射极间电压进行常时监视，当导通的时段中 IGBT 的集电极-发射极间的电压超出 VD_2 设定的电压时，被认为是处于短路状态，则 V_1 导通，V_2、V_3 关断。此时，门极存储的电荷通过 R_{GE} 缓慢放电，从而抑制了 IGBT 关断时产生过高的尖峰电压。

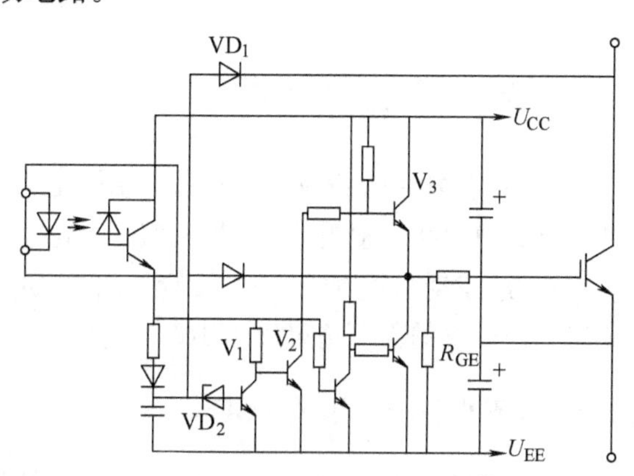

图 1-16　过电流保护电路实例

1.4.6　使用 IGBT 的注意事项

为了安全使用 IGBT，有如下几点是需要注意的：

1）一般 IGBT 的驱动级正向驱动电压 U_{GE} 应该保持在 15~20V，这样可使 IGBT 的 U_{GE} 饱和值较小，降低损耗，又不至于损坏管子。

2）使 IGBT 关断的栅极驱动电压 $-U_{GE}$ 应高于 5V，如果这个负电压值太低，可能因为集电极电压变化率 du/dt 的作用使管子误导通或不能关断。如图 1-17 所示，集电极 C 和栅极 G 之间相当于有一个等效电容，当管子从导通变为截止时，电压上升产生的 du/dt 使 C-G-E 间有一个小的感应电流 I_d，它可能使管子误导通。如果 $-U_{GE}$ 能保证高于 5V，则感应电流通过电源放掉，如图中的 I_d，避免了管子的误导通。

3）使用 IGBT 时，应该在栅极和驱动信号之间加一个栅极驱动电阻 R_G，如图 1-18 所示。这个电阻值的大小与管子的额定电流有关，可以在 IGBT 的使用手册中查到推荐的电阻值。如果不加这个电阻，当管子导通瞬间，可能产生电流和电压颤动，会增加开关损耗。

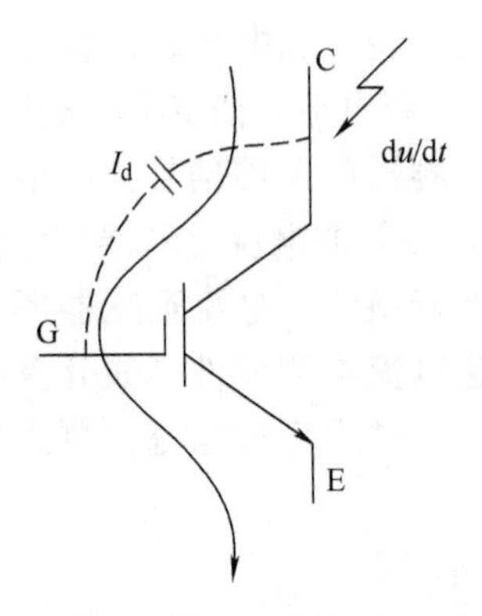

图 1-17 IGBT 的误导通

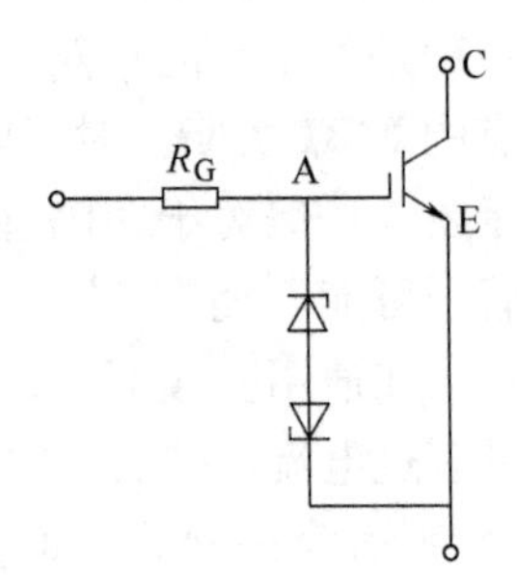

图 1-18 IGBT 的栅极稳压保护

4）当设备发生短路时，I_C 电流会急剧上升，它的影响会使 U_{GE} 电压产生一个尖峰脉冲，这个尖峰脉冲会进一步增加电流 I_C，形成正反馈的效果。为了保护管子，在栅极-发射极间加稳压二极管，箝制 G-E 电压的突然上升，当驱动电压为 15V 时，二极管的稳压值可以为 16V。这样，能起到一定的电流短路保护作用。

1.4.7 IGBT 安全工作区（SOA）

安全工作区（Safe Operation Area）是指在不损坏 IGBT 的前提下，器件在开关运行或通态运行时，保持器件安全运行的各种临界极限围成的区域。该区域的确定是根据最大集电极电流 I_{CM}、最高集射极电压 U_{CEM} 和最大集电极功耗 P_{CM} 三条曲线。对 IGBT 的安全工作区可分为导通时的正向偏置安全工作区（FBSOA）和关断时的反向偏置安全工作区（RBSOA）。

器件所处的工作温度，对额定集电极电流 I_C 有一定影响。当工作温度升高后，允许的额定 I_C 会降低。IGBT 的正向偏置安全工作区由最大集电极电流 I_{CM}、最高集射极电压 U_{CEM} 和最大集电极功耗 P_{CM} 三条边界极限围成。最大集电极电流 I_{CM} 由避免 IGBT 发生动态擎住而限制，最高集射极电压 U_{CEM} 是由 IGBT 中 PN 结 J_2 所能承受的最大电压所限制，最大集电极功耗 P_{CM} 是由最高允许结温所决定。器件导通时间越长，发热越严重，结温上升，安全工作区越窄，直流工作时，器件工作时间最长，所以其安全工作区最窄。

当驱动电压为负值时，器件承受高压，只有空穴电流通过 IGBT，器件进入反向偏置状态，其安全工作区界定发生变化，由最大集电极电流 I_{CM}、最高集射极电压 U_{CEM} 和允许的最大集射极电压上升率 dU_{CEM}/dt 确定。最高集射极电压上升得很快，那么功率损耗所产生的温度不足以引起热击穿，反向偏置安全工作区较大。如果高电压和大电流存在时间长、变化率低，则产生热量较大，安全工作区变小，甚至引起 IGBT 的热击穿。

1.4.8　IGBT的驱动

IGBT正日益广泛地应用于低噪声和高性能的电源、通用变频器、伺服控制器、不间断电源（UPS）和电焊机等。由于IGBT的迅速普及，用于栅极控制的驱动模块也应运而生，它的研制是针对IGBT的所有优点而开发的专用驱动芯片。

IGBT器件与MOSFET一样是电压型控制器件，其发射极和栅极间的二氧化硅结构使直流电不能通过，因而在低频时驱动功率近似为零。而在高频时，栅极和发射极之间相似于一个电容，因而在开关状态时需要一个驱动功率。对于大功率的绝缘栅功率器件，栅极电容较大，驱动功率要求更大。驱动电路的选择和设计直接关系到IGBT构成的系统运行的可靠性，所以设计合理的驱动电路非常重要。

我们希望驱动电路能为IGBT提供一定幅值的反向偏置电压 V_{GE}，由于当栅极驱动电压降为零时，IGBT关断。但是，为了避免IGBT的 du/dt 可能引起器件误导通，必须施加反向电压，采用反向压降还能够减小关断损耗。另外，对于理想的驱动电路，我们要求驱动电路具有隔离的输入、输出信号功能，同时要求在驱动电路内部信号传输无延时或延时很短。与IGBT开关特性有关的驱动条件还有栅极驱动电阻 R_G，在栅极回路中必须串联合适的栅极电阻 R_G，用以控制 V_{GE} 的前后沿陡度，进而控制IGBT期间的开关损耗。栅极串联电阻 R_G 越小，栅极-发射极之间电容的充放电越快，陡度变大，从而减小开关时间，也减小了开关损耗。

NCV57001是安森美半导体公司，专门为驱动IGBT设计的一款高性能、高可靠性的驱动芯片。它的输入控制电压可以是5V或者是3.3V。这款驱动芯片的内部配置有可以耐受5000V的光电隔离器，使器件达到大于1200V的耐压能力。专门设计的能够达到8mm的爬电距离，增强了安全绝缘需求。

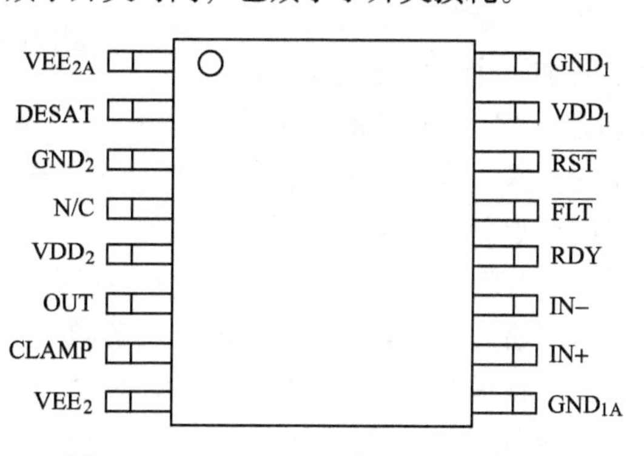

图1-19　NCV57001驱动芯片的引脚定义

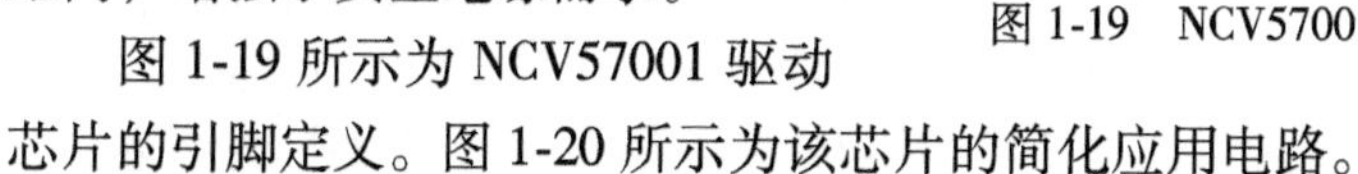
图1-19所示为NCV57001驱动芯片的引脚定义。图1-20所示为该芯片的简化应用电路。

该驱动芯片集成的功能包括互补输入IN+和IN-，清除故障功能的复位RST输入。当RDY输出一个高有效信号时，说明电源 VDD_2 正常。驱动芯片的输出自然有控制IGBT栅极的控制端OUT。当IGBT电流超过正常工作值时，集电极的电压上升，退饱和保护管脚DESAT感测到过电流信号，从FLT管脚输出一个低有效的故障信号，通知控制系统IGBT有故障出现，同时，从CLAMP端子输出箝位信号，使IGBT关断。

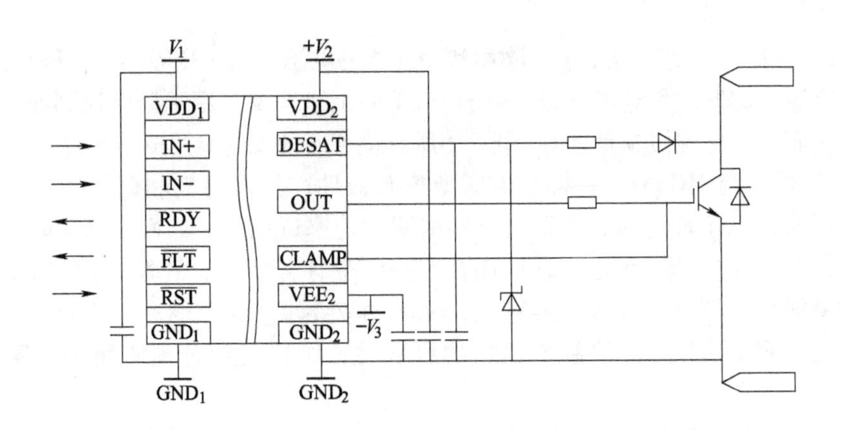

图 1-20 NCV57001 驱动芯片的简化应用电路

互补输入 IN+和 IN−信号，只有当 IN+为高电平，IN−为低电平时，输出 OUT 才输出高电平触发 IGBT 导通。在其他 IN+和 IN−信号的所有组合，OUT 都输出“低”信号，IGBT 不导通。

为了保证输入信号有好的质量和好的噪声抑制效果，应该在控制处理器和驱动芯片输入控制信号管脚之间加一个 *RC* 滤波器，如图 1-21 所示。*RC* 滤波器的数值，根据系统的要求，输入频率范围、周期和时间延迟等来确定。这个 *RC* 滤波器的位置应该尽可能靠近驱动芯片的管脚。

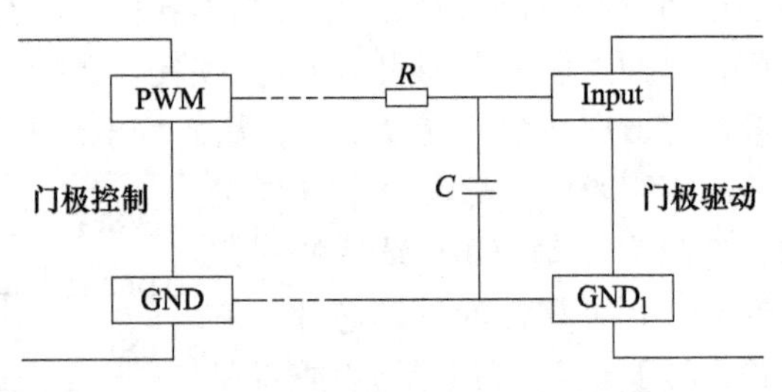

图 1-21 *RC* 滤波器的安放位置

对于输入偏置电压，还应该使用解耦电容器。对于输出的正向和负向偏置电源，也应该使用解耦电容器。详细内容请参见安森美半导体公司的技术文档 AND9949-D。

1.4.9 IGBT 的并联运行

由于 IGBT 对过电压比较敏感，一般来说 IGBT 是不进行串联运行的。并联运行的目的是增加电流容量，电流的平衡是至关重要的，一旦不平衡情况严重，将烧坏管子。电流的平衡包括静态和动态平衡，动态平衡即导通瞬间和关断瞬间的平衡，静态平衡为导通状态下的平衡，这些平衡问题应该在应用中加以考虑。影响电流平衡的因素较多，表 1-3 所示为在不同的运行状态时影响电流平衡的主要因素。

表 1-3　IGBT 并联驱动时的影响因素

运 行 状 态	影响电流不平衡的因素
稳态导通	（1）集电极-发射极饱和电压 $U_{CE(sat)}$ （2）主电路配线电阻
导通、关断瞬间	（1）元件特性 （2）主电路配线电感

以下对并联运行的某些具体问题进行简单介绍。

1. 并联运行时的不平衡因子

IGBT 的并联运行通常采用直接并联的方法，即 IGBT 的门极、集电极和发射极端子分别直接连接，图 1-22 所示为两个 IGBT 的直接并联图。IGBT 并联后，因并联连接的 IGBT 的输出特性的差异，发生电流不完全平衡。

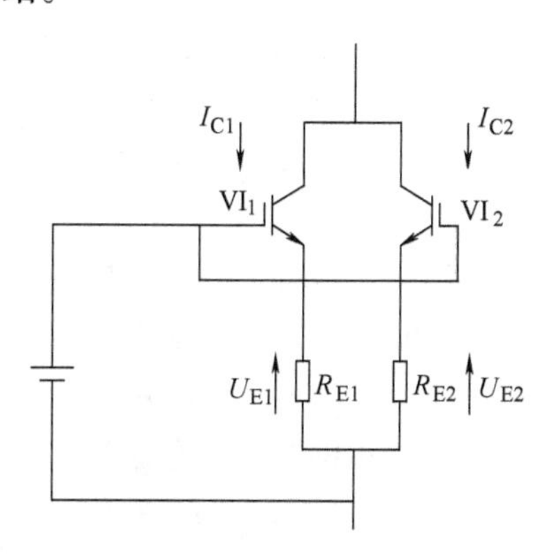

图 1-22　两个 IGBT 的并联

其不平衡情况是否严重，用不平衡因子度量。假设有 n 个 IGBT 并联，如果 $I_{C(ave)}$ 表示各集电极电流的平均值，则其值如下：

$$I_{C(ave)} = \frac{I_{C1} + I_{C2} + \cdots + I_{Cn}}{n} \tag{1-10}$$

式中　I_{C1}——第 1 个 IGBT 的集电极电流；

I_{C2}——第 2 个 IGBT 的集电极电流；

I_{Cn}——第 n 个 IGBT 的集电极电流。

当不平衡出现时，其中有一个 IGBT 的集电极电流将达到最大，用 $I_{Ci(max)}$ 表示，这时，不平衡因子 α 定义如下：

$$\alpha = \left(\frac{I_{Ci(max)}}{I_{C(ave)}} - 1\right) \times 100\% \tag{1-11}$$

α 的值越大，说明越不平衡，$\alpha = 0$ 时为绝对平衡。在并联运行时，有一个 IGBT 的集电极电流达到最大，它的值是 $I_{Ci(max)}$，此值绝对不允许超过集电极电流 I_{CN}，即应该满足：

$$I_{Ci(max)} \leqslant I_{CN} \tag{1-12}$$

将式（1-12）代入式（1-11），可以得到：

$$I_{C(ave)} = \frac{I_{Ci(max)}}{\alpha + 1} \leqslant \frac{I_{CN}}{\alpha + 1} \tag{1-13}$$

因此，可以得到并联后总的最大集电极电流 $I_{Ci(pa)}$ 如下：

$$I_{Ci(pa)} = nI_{C(ave)} \leqslant \frac{nI_{CN}}{\alpha + 1} \tag{1-14}$$

也就是说，在IGBT并联运行时，如果预先知道不平衡因子α，那么由式（1-14）可以求出并联后的最大电流。

2. 稳态导通时的电流平衡

并联运行的IGBT在稳态导通时，影响电流不平衡的因素有集电极-发射极饱和电压$U_{CE(sat)}$的不均性造成电流的不均衡、主电路配线电阻部分的不均性。

（1）集电极-发射极饱和电压$U_{CE(sat)}$的不均性：如图1-23所示，可得VI_1和VI_2的输出特性方程为

$$U_{CEQ1} = U_{01} + r_1 I_{C1} \tag{1-15}$$

$$U_{CEQ2} = U_{02} + r_2 I_{C2} \tag{1-16}$$

其中r_1、r_2为斜率的倒数，由图1-23得

$$r_1 = \frac{U_1}{I_{C1} - I_{C2}} \tag{1-17}$$

$$r_2 = \frac{U_2}{I_{C1} - I_{C2}} \tag{1-18}$$

设VI_1+VI_2并联总电流为

$$I_C = I_{C1} + I_{C2} \tag{1-19}$$

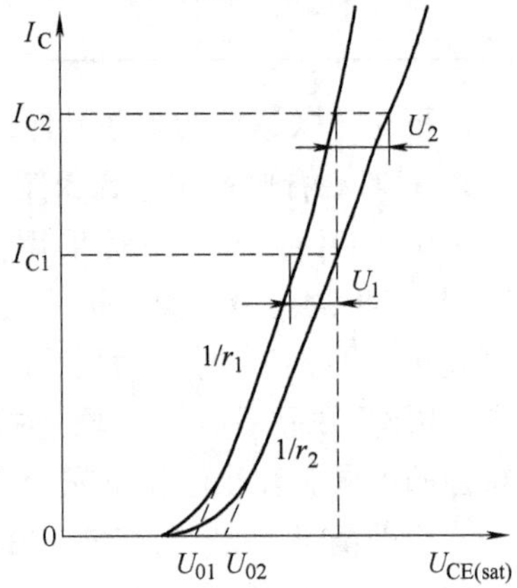

图1-23 IGBT输出特性图

则，联立式（1-15）~式（1-19）有

$$I_{C1} = \frac{U_{02} - U_{01} + r_2 I_C}{r_1 + r_2} \tag{1-20}$$

$$I_{C2} = \frac{U_{01} - U_{02} + r_1 I_C}{r_1 + r_2} \tag{1-21}$$

由式（1-20）和式（1-21）可见，由于U_{CEQ1}、U_{CEQ2}的不均性，造成$I_{C1} \neq I_{C2}$，电流不平衡。因此，要得到良好的电流分配，需要将$U_{CE(sat)}$不均性小的元件并联在一起。

（2）主电路配线电阻部分的不均性：图1-23中表示出了主电路配线的电阻部分，由于发射极侧的电阻相对集电极侧电阻对电流分配影响非常小，可以忽略不计。由于电阻的存在，使IGBT的输出特性向$U_{CE(sat)}$侧倾斜，集电极电流变小。另一方面由于电阻部分由集电极电流流过，产生电位差，使门极-发射极电压的实际值变小，由图1-11可知，门极-发射极电压越小其输出特性越平缓，集电极电流越小。因此，如果$R_{E1} > R_{E2}$，VI_1的输出特性曲线比VI_2平缓，进而$I_{C1} < I_{C2}$，产生电流分配不平衡问题。为了降低这种不平衡，集电极侧的配线需要尽量缩短并均等化。

3. 导通、关断瞬间电流平衡

这里所说的导通瞬间是指并联的IGBT在开关方式运行时，从截止状态到导通状态或由导通状态到关断状态的过渡瞬间。在IGBT并联运行时主要有两个因素影

响导通关断瞬间集电极电流的不平衡分配。这两个因素是元件特性和主电路配线电感。

由于IGBT切换时的电流不均衡基本上可认为是导通状态的电流不均衡，因此控制了导通状态下的电流不均衡，就能同时控制交换时的电流不均衡。

另一方面，主电路配线电感不均衡对电流分配有影响。与电阻部分相类似，可将图1-22中的电阻换为电感进行考虑。IGBT进行切换时，由于集电极电流变化剧烈，在集电极电感的两端产生电压。由于电感电压是阻碍交换工作的，从而延缓了交换时间。因此当电感相差较大时，交换时间会产生偏差，使电流在某一段时间内集中在某个元件上，造成器件损坏。为了降低这种不平衡，发射极侧的配线需要尽量缩短，并且分别均等化。

4. 并联运行小结

一般来说，在使用IGBT模块并联运行时，应该注意以下几点：

1）适当安排发射极的连接导线，以减小线路电感，并联的IGBT模块尽可能紧密地配置，配线要尽可能均等化。

2）并联接线理想原则为“均一并最短”，在实际中应尽量向理想化下功夫。

3）为了防止门极配线电感和IGBT输入电容可能产生的寄生振荡，要在IGBT各门极上串联门极电阻。

4）为避免集电极和发射极的伸出线相互感应，不要将集电极和发射极的伸出线平行配线。

除了要注意以上几点之外，还要根据具体情况，进行如下的计算：

1）当IGBT的额定值和管子并联的数量已知时，并联后允许流通的最大电流$I_{C(pa)}$计算如下：

假设电流额定值$I_{CN}=100A$，6个管子并联，即$n=6$，$\alpha=15\%$，则将这些值代入式（1-14）得

$$I_{C(pa)} \leqslant \frac{6 \times 100}{\frac{15}{100}+1} A = 521.7A \tag{1-22}$$

这说明6个100A的管子并联，最大电流为521.7A。

2）当电路要求的电流和并联的IGBT的数量已知时，选择管子电流的方法如下：

由式（1-14）可推导出

$$I_{CN} \geqslant \frac{I_{C(pa)}(\alpha+1)}{n} \tag{1-23}$$

设电路电流为1000A，6个IGBT并联，则$I_{C(pa)}=1000A$，$n=6$，$\alpha=15\%$，那么

$$I_{CN}=\frac{1000\times\left(\frac{15}{100}+1\right)}{6}A=192A \tag{1-24}$$

3）当电路电流和管子的电流额定值已知时，确定并联管子数目的方法如下：

由式（1-23）得

$$n\geqslant\frac{I_{C(pa)}(\alpha+1)}{I_{CN}} \tag{1-25}$$

若要求电路电流为1000A，使用300A的管子，将$I_{C(pa)}=1000A$、$I_{C(N)}=300A$，$\alpha=15\%$代入式（1-25）得

$$n=\frac{1000\times\left(\frac{15}{100}+1\right)}{300}=3.83 \tag{1-26}$$

这说明有4个300A的管子并联才能满足要求。

1.4.10 高压IGBT

近年以来，IGBT通过在低压变频器及实际中的广泛应用证明了它的可靠性，但由于耐电压低，限制了其在大功率高电压场所的应用。在实际应用中，为了安全运转，绝缘同步开通是很必要的。所以为了取得较高的输出电压，需要串联多个低压IGBT。

新一代1200A/3300V高压IGBT模块的采用，最终使建立不高于6.6kV的中压变频装置成为可能。与1600V的IGBT相比较，其饱和压降相近的情况下，有较好的短路耐量。由于栅极采用RC阻容回路，所以可以对电流和电压的变化率（di/dt和du/dt）进行调节，从而使开关损耗能够在安全工作区内找到最低值。

对于高压IGBT而言，短路电流I_{SC}越大，耗散损耗越大，对于1200A/3300V高压IGBT要想得到与1600V IGBT相同的损耗，必须降低短路电流，一般在器件制作过程中通过优化高压元胞结构，例如采用GTO阳极短路结构使注入到N极区的少子电荷通过阳极短路区排出而使IGBT短路电流快速衰减，以有效降低IGBT的关断损耗P_{off}。

高压型IGBT门极输入和反馈电容的变化，使其表现出不同的输入特性，在设计门极驱动时务必加以考虑。由于门极采用RC回路（阻容回路），故单位时间里电流和电压的变化量（di/dt和dv/dt）可以被独立地调整，从而实现在IGBT和二极管的安全工作区里使开关损耗降到最小。

在栅极-发射极电压U_{GE}小于阈值电压U_{th}时，当器件的集电极电流I_C和集电极-发射极电压U_{CE}均保持不变时，其导通延迟时间$t_{d(on)}$由栅极发射极电容C_{GEI}决定；当栅极-发射极电压U_{GE}等于阈值电压U_{th}时，IGBT开始导通，其电流上升速率di/dt的大小与栅极-发射极电压U_{GE}和器件的跨导g_{fs}的关系为$dI_C/dt=g_{fs}(I_C)\times$

dU_{GE}/dt。其中，dU_{GE}/dt 由器件的栅极电阻 R_G 和栅极-发射极电容 C_{GEI} 所决定（对于高压型 IGBT 来说，栅极-集电极电容 C_{GEI} 可忽略不计）；当集电极电流达到最大值 I_{Cmax}（FWD 的逆向峰值电流 I_{RM} 加上负载电流 I_L）时，IGBT 的集电极-发射极电压 U_{CE} 开始下降。随着 U_{CE} 的下降，栅极-集电极电容 C_{GC} 迅速增大。当栅极-发射极驱动电压 U_{GE} 保持恒定时，所有的栅极电流对增长的 C_{GC} 充电。时间常数由栅极电阻和场电容 C_{GC} 决定，时间常数变大，则器件的电压变化速率 dU_{CE}/dt 变小，导通损耗变大。

普通 IGBT 一般采用 R 栅极驱动方式，而这种方式采用在高压 IGBT 可能出现较高的负 di/dt 值，从而在杂散电感的作用下导致器件过压；另外还会引起 du/dt 值的减小，引起高的开关损耗。因此，高压 IGBT 在栅极和发射极之间再接入附加电容 C_{GE}，采用 RC 栅极驱动，这样，在栅极电阻 R_G 确定之后，就可通过调节外接的 C_{GE} 来设定合适的 di/dt 值，不会引起 dU_{GE}/dt 的改变。适当地选择 RC 值可使器件的开通损耗大量降低甚至超过 50%。

场电容增加，栅极-发射极电容减小，这样的 IGBT 若使用一般的 R 栅极驱动方式，将导致 di/dt 值的增加和 du/dt 值的减小。di/dt 的增大导致在 FWD 反向恢复期间器件承受较高的电压，以及由于二极管的恢复可能出现较高的负 di/dt 值，从而在杂散电感的作用下导致器件过压；而低的 du/dt 值将引起高的开关损耗。因而，唯有通过改变栅极电阻 R_G 的大小才能化解 di/dt 与 du/dt 大小的冲突。R_G 的取值务必保证 di/dt 的调节始终处于器件的安全工作区内，但这样一来 du/dt 的值就会很低，导致不能接受的开通损耗。因此，解决的方法是采用 RC 栅极驱动，即在 IGBT 的栅极和发射极之间再接入附加电容 C_{GE}。通过该电容来调节上述开通第二过程中栅极-发射极电压和电流变化率 di/dt 的上升，不过 C_{GE} 对开通的第三过程没什么影响，因为没有引起 dU_{GE}/dt 的改变。dU_{CE}/dt 升高使得器件的开通损耗减少，控制栅极电阻使 FWD 上的 du/dt 的变化值不超过其临界值。栅极电阻 R_G 确定之后，使器件工作在安全工作区内，就可通过调节外接的 C_{GE} 来设定合适的 di/dt 值。采用 RC 栅极驱动时，di/dt 的设定值约为 5kA/μs，而不同的 dU_{CE}/dt 值由不同的 RC 值所决定。适当地选择 RC 值可使器件的开通损耗大量降低甚至超过 50%。由于受高压 IGBT 和高压 FWD 的安全工作区的限制，而采用带 3 个无源组件（R_{on}、R_{off} 和 C_{GE}）的 RC 栅极驱动方式，通过调节来控制电压和关断电流斜率的变化。不同的输入和传输特性所引起的在栅极和发射极之间以及栅极和集电极之间的容抗变化率，可由采用 RC 栅极驱动的方案得以补偿。

1.5 其他电力半导体器件

目前，通用变频器使用的主要开关器件是 IGBT。但是其他电力开关器件也各有特点，有些器件在一定范围内正得到应用；有些属于新型器件，以显示出良好的性能，并且正在开发应用和推广之中。下面对这些器件给以简单的介绍。

1.5.1 门极关断（GTO）晶闸管

普通晶闸管（SCR）在整流器、交-交变频器及某些有源逆变电路中，扮演了很好的角色。这是由于交流电源每进入负半周时，SCR 承受反向而自行关断。但是，在具有中间直流回路的逆变器中，SCR 两端承受的是极性不变的直流电压，因此无法自行关断，必须依靠辅助环节进行强迫关断。门极关断晶闸管不需要上述的辅助换向电路，使逆变器、斩波器等装置的主电路大大简化，减小了体积，降低了成本。目前，已经上市的 GTO 容量为 600~3000kVA。因此，GTO 是大中容量变频器选用的电力半导体器件。

GTO 与 SCR 在体内结构方面都是 PNPN 四层半导体三引出端的结构，它们的导通机理是相同的，只要在阳极与阴极间加正向电压，门极与阴极间加正向触发信号，则器件导通。下面简单叙述 GTO 的关断原理。

图 1-24 所示为 GTO 的工作电路简图。A、K 和 G 分别为 GTO 的阳极、阴极和门极，E_A 和 R_K 分别为工作电压和限流电阻；E_{G1} 和 R_{G1} 分别为反向关断电压和限流电阻。当 S 置于“1”时，GTO 导通，阴极电流 $I_K = I_A + I_G$；当 S 置于“2”时，GTO 关断。GTO 也是有很多个元胞并联组成，每个元胞的阴极均被周围的门极所包围，图 1-25 所示为器件内一个元胞的剖面图，他也是一个四层三端结构。

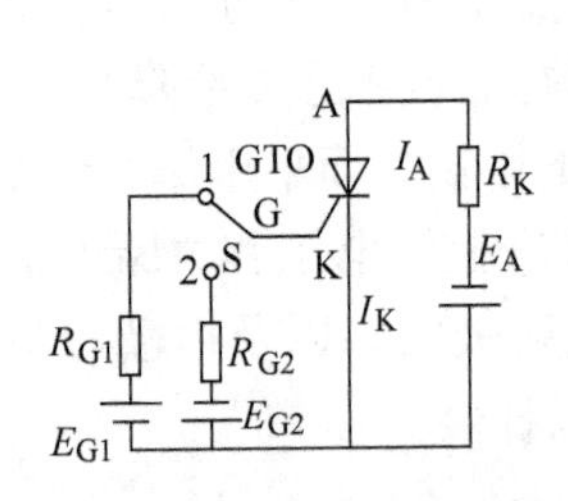

图 1-24 GTO 工作电路简图

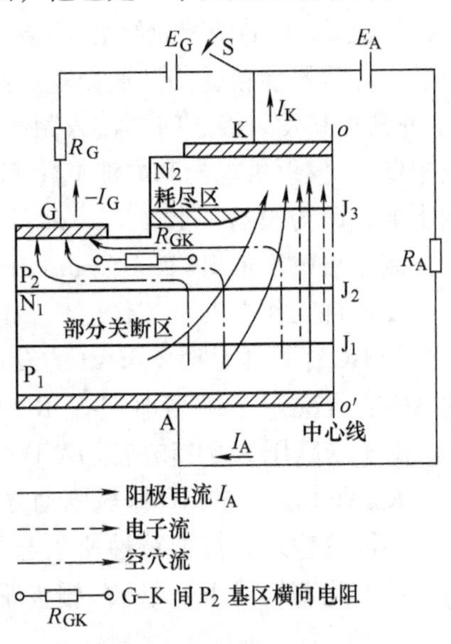

图 1-25 GTO 的关断原理

在 GTO 进行门极关断时，必须在门极 G 和阴极 K 之间施加反向电压 $-E_G$，此时，从门极 G 向外流出电流，即反向门极电流 $-I_G$，反向门极电压 $-E_G$ 排除了 P_2

区非平衡空穴载流子的积累，还阻止了 N_2 区发射极非平衡电子流的注入。反向门极电流 $-I_G$ 的流动意味着 P_2 基区中的过剩空穴通过门极流出器件，而电子则通过 J_3 结从阴极排出。随着空穴和电子被排出，在 J_3 结的附近形成了耗尽层。此耗尽层从阴极靠近门极的区域逐渐向阴极中心部分扩展。这样，从 N_2 发射区没有电子注入 P_2 基区，在 P_2 区与 N_2 区中的过剩载流子一直复合到消灭为止，J_3 结如能维持反偏置状态，为 J_3 结迅速恢复阻断能力创造条件，只要 J_3 结恢复了反向阻断能力，GTO 就被关断。实际上，控制 GTO 的关断是比较复杂的。关键是它关断时需要施加一个较大的反向门极电流，例如 4000V/3000A 的 GTO，它的门极关断电流需要-750A，才能将其可靠关断。关断时，由于阳极电流的下降速度很快，即使在缓冲器中有很小的漏感，也会引起阳极的尖峰电压，这个尖峰电压会产生二次击穿。此外，GTO 关断时，在阳极-阴极间的电压上升时，阳极的拖尾电流会引起较大的功率损耗。所以，GTO 电路设计时应有适当的缓冲器，以避免上述问题。由于较高的缓冲器损耗，使 GTO 的开关频率限制在 1~2kHz。为了解决这个问题，有人正在研究无损耗的缓冲器。

GTO 的详细参数较多，下面介绍几个主要参数：

（1）可关断峰值电流 I_{TGQM}：用门极控制可关断（或称可控制）的最大阳极电流值；

（2）通态有效值电流 $I_{T(rms)}$：管子在通态时能承受的最大有效值电流；

（3）维持电流 I_H：在规定的门极条件和负载条件下，从较大的通态电流下降至保持 GTO 导通状态所需要的最小通态电流值；

（4）断态重复最高电压 U_{DRM}：在断态时管子能承受而不被击穿的最大重复瞬时电压；

（5）通态电压 U_T：GTO 导通时，阳极与阴极间的电压降。

此外，还有门级正向最大触发电流、反向最大电流、导通时间、关断时间、电流上升率和电压上升率等参数，这里不赘述。

1.5.2　场控晶闸管（MCT）

MCT 即 MOS 栅极控制晶闸管，这是一种处于前期开发阶段的新型电力半导体器件，目前已经显示出了极好的性能，可望在今后具有较强的竞争能力。

MCT 能由门极很小的脉冲信号控制它的导通和关断。负电压脉冲控制它的关断，不过，对于 MCT 期间所说的电压脉冲极性是对其阳极而言，并不是对它的阴极。图 1-26 所示为 MCT 等效电路图，它也是类似晶闸管的 PNPN 四层

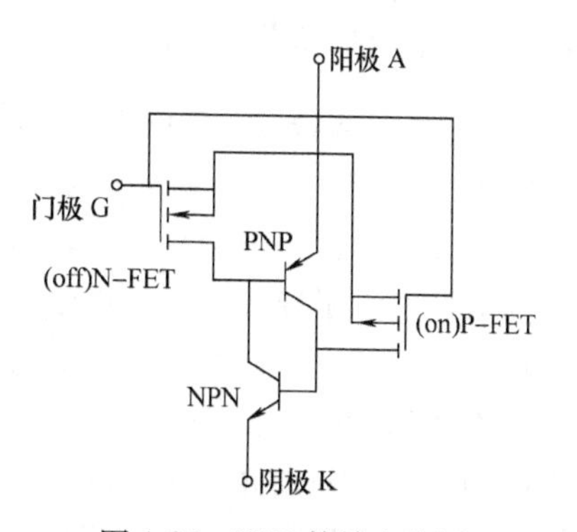

图 1-26　MCT 等效电路图

三端结构，它寄生着PNP和NPN两个晶体管的再生反馈效应，触发器件导通。如果门极为正电压脉冲时，它短路了PNP晶体管的发射结，断开了再生反馈回路，此时器件关断。其关断过程完全是N、P层中少数载流子的复合效应。与IGBT相比MCT有如下优点：

1）电流密度大，约为IGBT的1.7倍；电压高、电流容量大，阻断电压已达3000V，峰值电流达1000A，最大可关断电流密度为6000kA/m^2。

2）导通压降小，仅为1.1V，触发功率小。

3）可承受极高的电压变化率和电流变化率，dv/dt已达20kV/μs，di/dt为2kA/μs。

4）开关速度快，开关损耗小，当开关频率超过200kHz后，其关断损耗比IGBT与BJT要小。

5）可运行在150℃，甚至更高的温度，一般规定额定结温为150℃。

图1-27所示为MCT内的一个微胞结构，实际上，在器件中并联了很多这样的微胞，因此它的结构相当复杂。尽管MCT的安全工作区（SOA）有限，其开关电流有效范围小，不如IGBT。但是，通过添设容性缓冲电路，即使一个小电容器也可改善其SOA。另外，因为这种器件的频率可以与IGBT相比，并且导通压降更小，仅为1.1V，触发功率小，还可以运行在150℃甚至更高的温度下。此外，MCT容易串并联使用，以满足更大功率的要求。

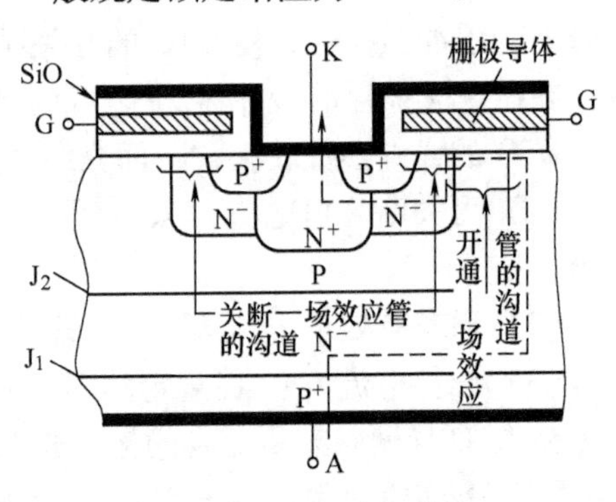

图1-27　MCT内部结构

从20世纪末以来，MCT一度成为研究的热点。但多年过去，其各项指标均未达到其预期数值，电压和电流容量都没有大的突破，技术进展未见端倪，而其竞争对手IGBT技术成熟，所以，目前IGBT的使用还是占统治地位。

1.5.3 集成门极换向晶闸管（IGCT）

IGCT（Integrated Gate Commutated Thyrister）是在晶闸管技术的基础上结合IGBT和GTO等技术开发的新型器件，结合了IGBT的稳定关断能力和GTO的正向特性的优点。适用于中高压大容量变频系统中，是一种用于巨型电力电子成套装置中的新型电力半导体器件，使变流装置在功率、可靠性、开关速度、效率、成本、重量和体积等方面都取得了巨大进展，给电力电子成套装置带来了新的飞跃。

IGCT是四层三端器件，内部由几千个微元组成，它们之间共用一个阳极，而阴极和门极则分别并联在一起，有利于实现门极关断控制，结构由5部分组成，分为硅片、阳极和阴极亮铜、铜片、门极环和门极环端子，如图1-28所示。

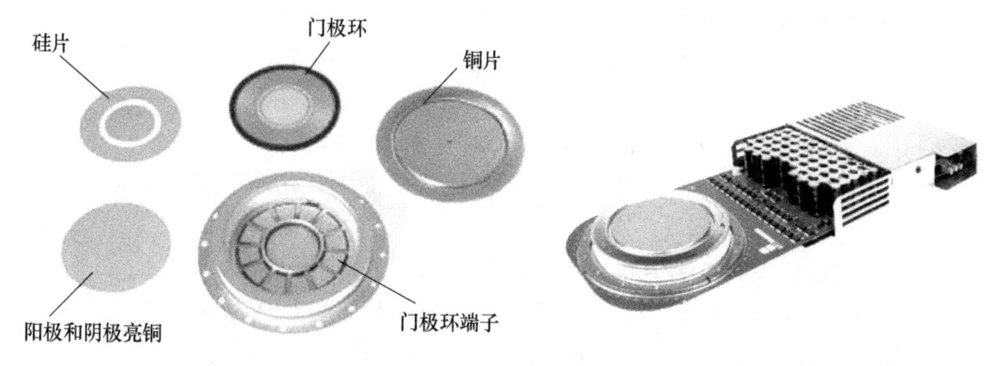

图 1-28 IGCT 外形结构图

当 IGCT 导通时，与 GTO 的导通原理相同，在晶闸管内部形成一个正反馈过程，阳极电流逐渐增长，携带的电流能力强，通态压降较小。在关断状态下，IGCT 门极-阴极间的 PN 结提前进入反向偏置，并有效地退出工作，整个器件呈晶体管方式工作，该器件在这两种状态下的等效电路如图 1-29 所示。

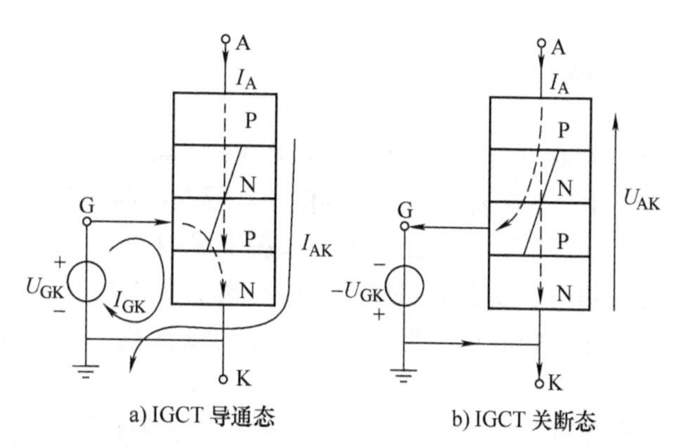

图 1-29 IGCT 的导通态和关断态的工作原理

IGCT 关断时，与阴极串联的门极 P 沟道 MOSFET 先导通，阴极 N 沟道 MOSFET 关断，使阳极电流由阴极转变为从门极流出。转换时间非常短，门极和阴极间的 PN 结反向偏置，迅速退出工作区。这样便把 GTO 转化成为一个无接触基区的 PNP 晶体管，消除了载流子的收缩效应，不但能够使 IGCT 快速关断，还可以使它的最大关断电流比传统 GTO 的额定电流高出许多。很强的反向门电流使 IGCT 的所有微元几乎同一时间关断，这样就缓和了局部的电流集中，而无须浪涌电路。

由于 IGCT 的关断过程是以晶体管模式进行关断，关断过程中允许更高的阳极电压上升率。另外，IGCT 门级驱动单元的特殊设计，关断时所能承受的 di/dt 可以比标准的 GTO 驱动大两个数量级。关断动作更加可靠。因此 IGCT 兼有晶闸管的低通态压降和高阻断电压，以及晶体管稳定的关断特性，是一种比较理想的大功率半导体开关器件。目前，已经成为大功率、高电压和低频换流器的优选功率器件之一。

IGCT 的主要参数如下：

（1）断态重复峰值电压 U_{DRM}：IGCT 门极能承受的最高重复反向电压。

（2）断态重复峰值电流 I_{DRM}：在重复峰值电压下IGCT的正向漏电流。

（3）最大通态平均电流 I_{TAM}：正弦半波电流管温为85℃时，IGCT所能允许的最大平均电流。

（4）通态压降 U_T：额定通态电流下，IGCT的管压降。

（5）最大通态电流的上升率 di/dt_{erit}：在规定条件下，允许的最大通态电流的上升速度。

（6）最大可控关断电流 I_{TGQM}：IGCT可关断的最大电流。

其中，IGCT的安全工作区由直流电压、最大可控关断电流 I_{TGQM}、断态重复峰值电压 U_{DRM}，最大通态电流上升率 di/dt_{erit} 4个界限围成。

目前，IGCT的等级已经达到6000V/6000A。

1.6 模块化器件

智能电力模块（Intelligent Power Module，IPM或Smart Power Module，SPM）专指IGBT及其辅助器件与其保护和驱动电路的芯片的集成，也称智能IGBT。

在性能上，一方面是进一步提高器件的容量和工作频率、降低通态压降、减小驱动功率、改善动态性能，提高现有新颖器件的性价比；另一方面是进行器件的复合化、智能化与模块化以及专门设计化。比如专门开发适合于变频器的智能模块。

在IGBT使用时，必须要有驱动电路（或触发电路）、控制电路和保护电路的配合，才能按人们的要求实现一定的电力控制功能。随着技术的发展，集成化的程度越来越高，电力电子器件及其配套控制电路集成在一个芯片上形成所谓的功率集成电路，可以集成多种功率器件及其控制电路所需的有源或无源器件，比如功率二极管、IGBT、高低压电容、高阻值多晶硅电阻、低阻值扩散电阻以及各元件之间的链接等。由于高度集成化，使设备体积更小，可靠性提高，避免了由于分布参数、保护延迟等所带来的一系列技术难题。

从应用的角度看，IGBT的生产厂家为了满足电动机的控制要求，集成生产了典型的六单元（集成制动开关管时也称做七单元）模块。下面简单介绍两款目前市场上使用量较大的模块。

1.6.1 三垦公司的SCM127xMF系列

SCM127xMF系列是三垦公司新一代智能功率模块。该智能模块具有很多优良的特性，适合于小型电动机的控制。其优良的特性包括：温度检测功能、CMOS 3.3V或者5V输入电压的兼容性、符合RoHS认证、隔离电压达到2500V、具有故障保护功能等。

（一）产品外观和引脚

SCM127xMF 系列的电压等级为 600V，电流等级由 x 决定，分别代表 10A、15A、20A 和 30A。对于这些不同的电流等级，具有相同尺寸的封装。外形如图 1-30 所示。表 1-4 所示为 SCM127xMF 的引脚名称和说明。

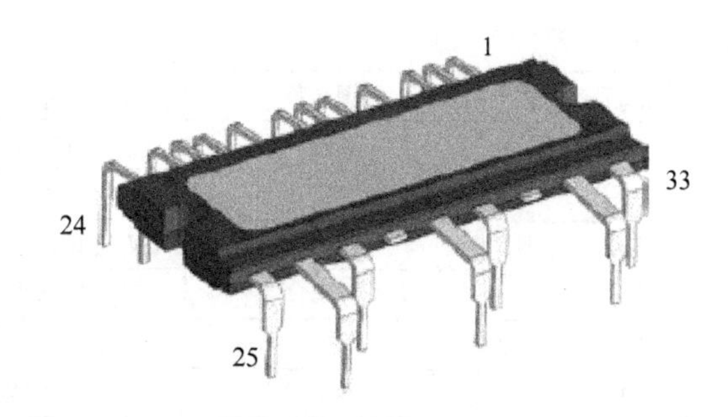

图 1-30　SCM127xMF 系列智能模块的外形和引脚布局

表 1-4　SCM127xMF 引脚名称和说明

引脚号	引脚名称	说　明
1	FO_1	U 相故障输出信号和关断输入信号
2	OCP_1	U 相过电流保护输入信号
3	LIN_1	U 相低端门极驱动输入
4	COM_1	U 相逻辑地
5	HIN_1	U 相高端门极驱动输入
6	VCC_1	U 相控制电源电压
7	VB_1	U 相高端浮动电源电压
8	HS_1	U 相高端浮动电源接地
9	SD	V 相关断信号输入
10	VT	温度检测电压输出
11	LIN_2	V 相低端门极驱动输入
12	COM_2	V 相逻辑地
13	HIN_2	V 相高端门极驱动输入
14	VCC_2	V 相控制电源电压
15	VB_2	V 相高端浮动电源电压
16	HS_2	V 相高端浮动电源接地
17	FO_3	W 相故障输出信号和关断输入信号
18	OCP_3	W 相过电流保护输入信号
19	LIN_3	W 相低端门极驱动输入
20	COM_3	W 相逻辑地
21	HIN_3	W 相高端门极驱动输入
22	VCC_3	W 相控制电源电压
23	VB_3	W 相高端浮动电源电压
24	HS_3	W 相高端浮动电源接地
25	VBB	正直流母线电压
26	W	W 相输出
27	LS_3	W 相 IGBT 发射极

（续）

引脚号	引脚名称	说　明
28	VBB	正直流母线电压
29	V	V相输出
30	LS_2	V相IGBT发射极
31	VBB	正直流母线电压
32	U	U相输出
33	LS_1	U相IGBT发射极

1. 大电流引脚

（1）直流母线电压正端引脚VBB：内部连接到高端IGBT集电极的引脚，由于是3个桥臂，3个管脚分别是25、28和31。

（2）IGBT发射极引脚LS_1、LS_2和LS_3：可以串联电阻检测电流信号。

（3）逆变器功率输出引脚U、V和W：连接负载的逆变器输出引脚，比如连接电动机。

2. IGBT驱动需要的偏压引脚

（1）低端控制电源电压引脚：VCC_1、VCC_2、VCC_3和COM_1、COM_2、COM_3。这些管脚的电源端和接地端需要在外部PCB板上分别连接到一起。

（2）高端IGBT浮动电源电压引脚：VB_1、VB_2、VB_3和HS_1、HS_2、HS_3。模块本身具有电压自举功能，在VBx和HSx之间需要接入自举电容Cbootx。

（3）控制内置IGBT运行的输入信号引脚：HIN_1、HIN_2、HIN_3控制高端IGBT控制器的信号和LIN_1、LIN_2、LIN_3控制低端IGBT控制器的信号。必须注意：在高端控制信号和低端控制信号之间，必须要加入死区控制，避免桥臂短路直通。另外，控制信号的布线应该尽可能短，防止干扰。

（4）报警信号和关断信号引脚：FO_1、FO_3和SD。

FO_1和FO_3既是报警输出信号也是输入关断信号。由于引脚的开路漏极特性，在使用时，这个引脚应该外接上拉电阻。SD是对应V相的输出关断信号，当检测到故障信息需要保护时，该信号有效关断V相IGBT。

（二）SCM127xMF智能模块的内部电路及特性

SCM127xMF智能模块的内部电路框图如图1-31所示。此模块设计内容考虑周到，功能强大。比如，模块内部的六单元IGBT，是每两个单元构成一个桥臂。桥臂高端的IGBT控制信号的参考电位是IGBT的发射极。也就是说，高端IGBT的控制电压需要浮动。传统的控制需要独立的电源，这就使电路非常复杂。SCM127xMF智能模块采用了内部的电压自举电路，使控制大大简化。

电源电压的自举电路如图1-32所示。电源U_{CC}加到外电路连接的自举电容C_{boot1}上，当下端的IGBT导通时，电源通过模块内部的二极管VD_{boot1}和自举电阻R_{boot1}，给

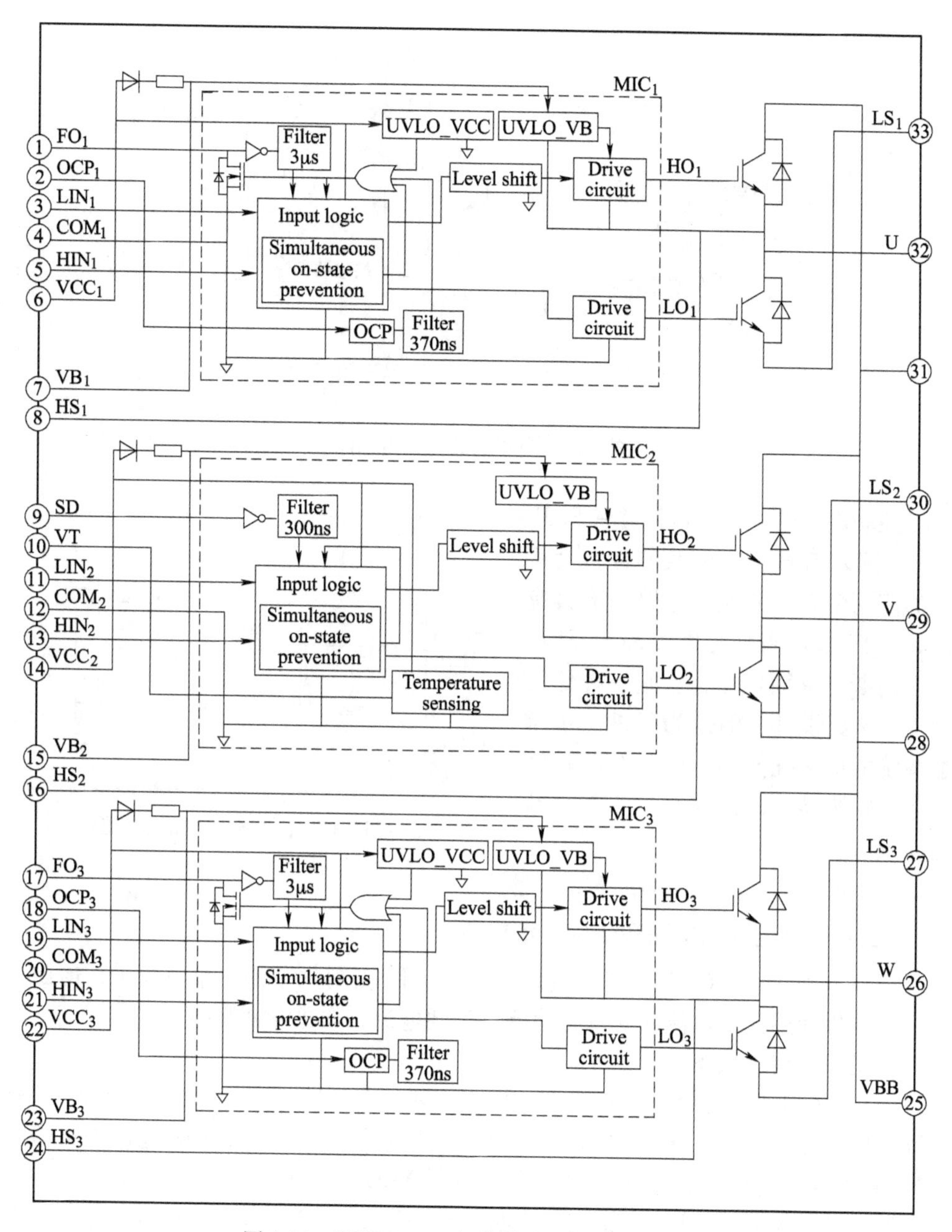

图 1-31　SCM127xMF 智能模块的内部电路框图

自举电容充电。因为同一个桥臂的两个 IGBT 不可能同时导通，当下端 IGBT 关断时，自举电容充电完毕。当下端 IGBT 关断时，自举电容储存的能量，完全可以保证上端 IGBT 控制信号电源的要求。这种设计的巧妙带来了电路上的简化。为了保证控制的需求，自举电容的选择需要精心计算（见下一节的注意事项）。

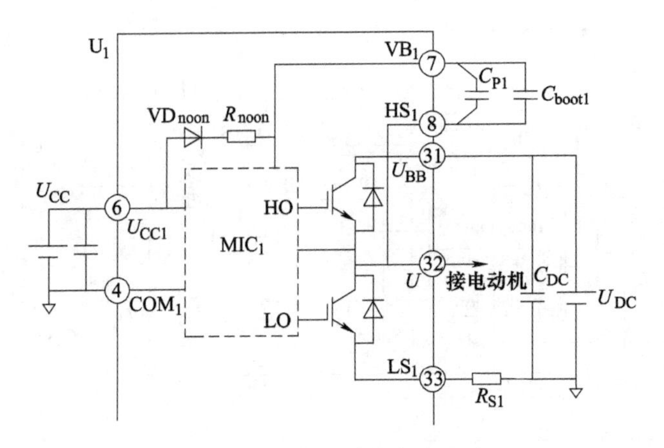

图 1-32 自举电路的充电通路

控制电路的设计，可以接受3.3V和5V输入信号。这种兼容性，为用户的使用带来了方便。电路内部具有22kΩ的下拉电阻（见图1-33），然后输入到斯密特触发器。这是一种比较稳定的电路设计，但是为了进一步增加系统的抗干扰能力，建议在芯片输入信号管脚接RC滤波器（见下一节的注意事项）。

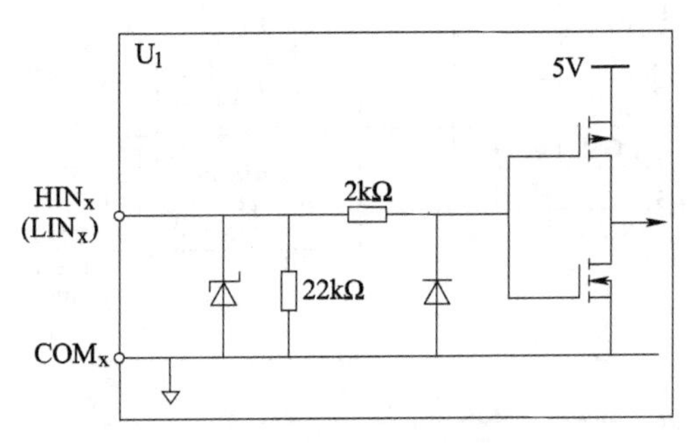

图 1-33 输入信号端的内部电路图

在下面一节中介绍更多的芯片功能。

（三）典型的应用电路和使用注意事项

图1-34所示为SCM127xMF典型应用接线图，是针对使用一个电流采样电阻的情况。如果使用3个电流采样电阻检测三相的电流，详见参考文献［16］。

使用注意事项如下：

1）为了模块能够稳定运行，上电之后，不要马上在VBB、HIN_x 和 LIN_x 引脚施加电压，必须等到 VCC_x 的电压≥12.5V，达到稳定之后。在关断过程中也需要HINx和LINx引脚首先达到低电平，然后降低 VCC_x 引脚的电压。

2）VB_1、VB_2 和 VB_3 是高端的浮动电压，应该保持在13.5~16.5V。在每一相都应该有自举电容器 C_{BOOTx}。自举电路的充电通路如图1-34所示。电容值的选择应该满足下面两个条件：

$$C_{BOOTx}(\mu F) > 800t_{L(OFF)}(s) \tag{1-27}$$

$$10\mu F \leqslant C_{BOOTx} \leqslant 220\mu F \tag{1-28}$$

当根据上两式选择电容值时，还应该考虑电容器的误差和直流总线的电压特性。式（1-27）中的 $t_{L(OFF)}$ 是低端IGBT的关断时间，也就是自举电容器 C_{BOOTx} 不充

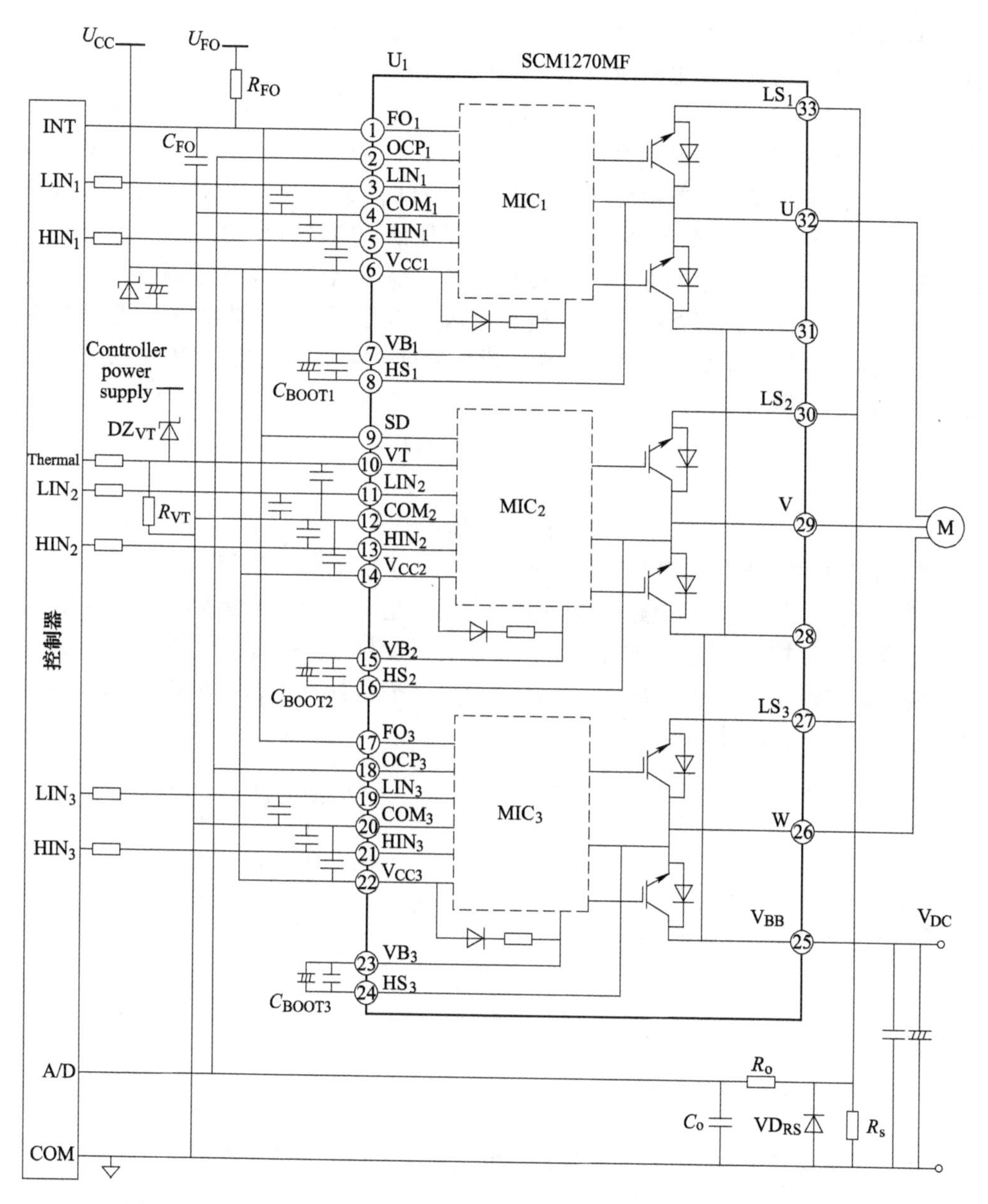

图 1-34　SCM127xMF 的典型应用接线图（使用一个电流采样电阻的情况）

电的时间。当低频运行或者是在起动时间内，这个不充电的时间是最长的，也就是最恶劣的情况。如果自举电容两端的电压低于 12V，那么 IGBT 将偏离最佳工作状态，产生额外的热量损坏芯片。为了防止这种情况发生，控制芯片会产生一个锁定信号，保护器件的安全。关于自举电容值和充电时间常数的选择，请参见三垦公司该器件的技术资料。

3）COM_1、COM_2 和 COM_3 是驱动电路的逻辑地引脚，他们应该在外部 PCB 上连接，并且距离电流采样电阻应该尽可能的近。

4）输入控制信号 HIN_1、HIN_2 和 HIN_3 是高端 IGBT 的控制信号，LIN_1、LIN_2 和 LIN_3 是低端 IGBT 的控制信号。芯片内部是具有 22kΩ 下拉电阻的 CMOS 斯密特触发电路。注意在高端控制信号和低端控制信号间，需要设定死区时间。当 PWM 的调制频率越高，开关损耗就越多，这时需要保证运行的环境温度和结温有足够的余量。如果这些控制信号是来自于微处理器，那么微处理器的控制输出级应该有低输出阻抗特性。同时微处理器的输出管脚应该尽可能靠近芯片的控制信号输入。为了进一步增加系统的可靠性，功率模块的输入管脚应该接有 RC 滤波器，如图 1-35 所示。其参考值如下：

RIN1x：33～100Ω

RIN2x：1～10kΩ

CINx：100～1000pF

5）温度检测。SCM1270MF 本身不包括过高温度的保护功能，但是它提供温度检测输出信号 VT。控制电路可以根据检测到的超温信号，关断所有的 IGBT，对芯片本身进行保护。VT 引脚的温度输出电压有可能超过 3V，在最坏的情况下，有可能烧坏和它连接的微处理器控制芯片。为了保护微处理器，可以在该引脚连接稳压管进行保护，如图 1-36 所示。

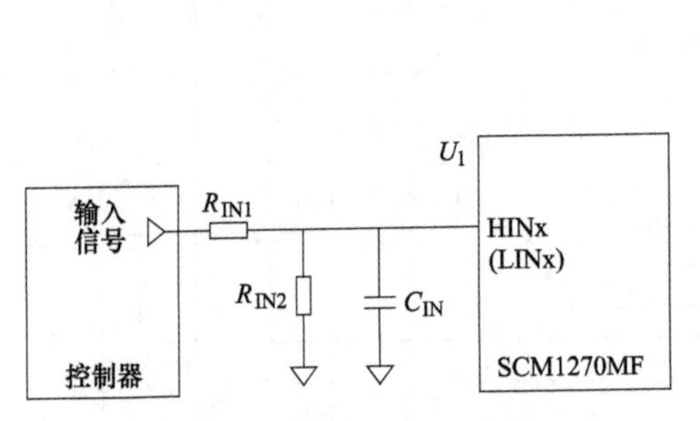

图 1-35　防干扰 *RC* 滤波器

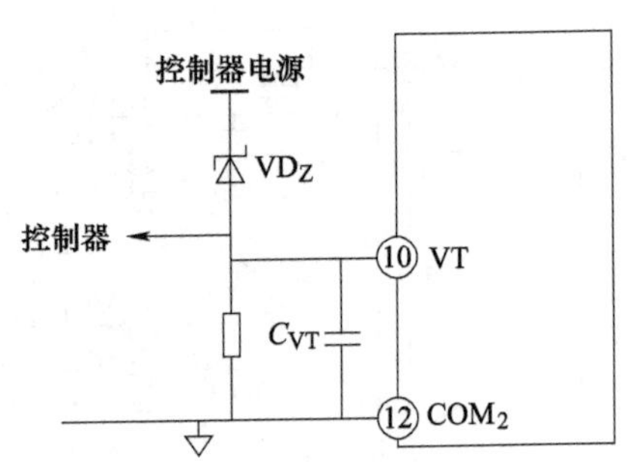

图 1-36　温度输出引脚 VT 的箝位

为了了解 SCM1270MF 的所有功能，请见三星公司的技术文档［17］。

1.6.2　安森美半导体公司的 SPM 系列

在电动机调速传动领域的许多应用中，要求噪声更低、效率更高、更小巧、更轻便、功能更先进、控制更精确而且成本要低。为了满足这些要求，安森美半导体公司开发出 DIP-SPM（双列直插智能功率模块）系列产品，该产品具有结构紧凑、功能强大和效率高的优点。基于 DIP-SPM 的变频器是一款极具吸引力，可替代常规的分立逆变器产品。它适用于采用低功率电动机驱动的产品，特别适合应用于洗衣机、空调器、电冰箱和水泵等设备。

DIP-SPM 组合了优化的保护电路和与 IGBT 开关特征相匹配的驱动。通过集成欠电压保护功能和短路保护功能，系统可靠性得到了很大程度的提高。内置高速 HVIC 提供了一种无须光耦隔离的 IGBT 驱动能力，大大降低了逆变器系统的总成本。此外，集成的 HVIC 允许使用无须负电源的单电源驱动的拓扑。

（一）产品外观和引脚

安森美半导体公司的 SPM 系列具体型号为 FSAMxxSM60A，其中数字 60 代表 600V 电压等级；xx 是电流信息，分别可以是 10A、15A、20A、30A、50A 和 75A。所有这些电流等级，采用相同尺寸的封装，为客户带来极大方便，大大降低了不同功率产品的复杂性。图 1-37 所示为外形结构图，图 1-38 所示为引脚布局。

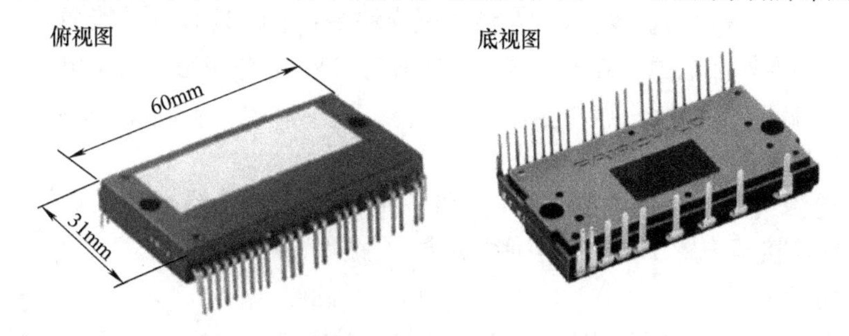

图 1-37　FSAMxxSM60A 智能模块的外观

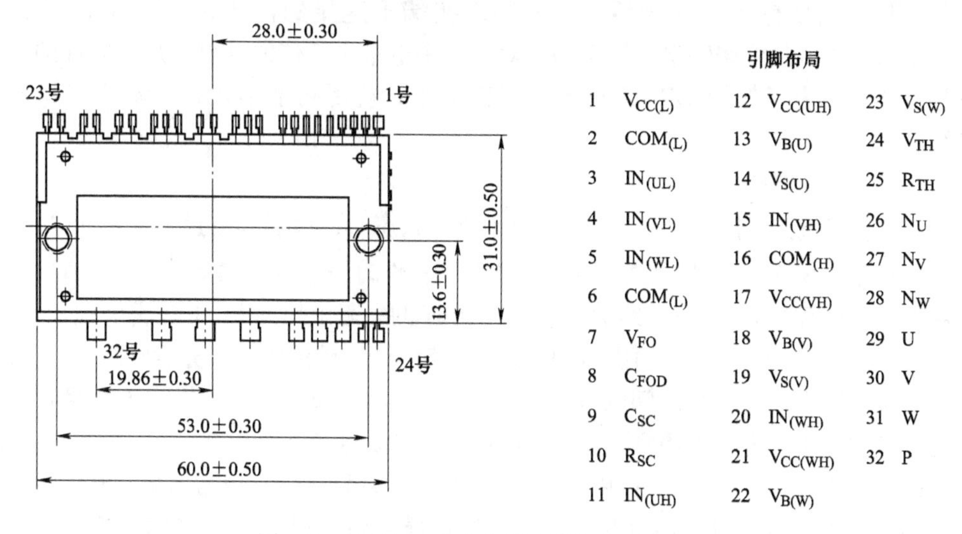

图 1-38　FSAMxxSM60A 智能模块的引脚布局

关于引脚的理解，可以参考下面的如图 1-39 所示的内部电路简图。

1. 大电流引脚

（1）直流母线电压正端引脚 P：连接逆变器直流母线电压正端引脚，内部连接到高端 IGBT 集电极的引脚。为了抑制由于直流线路或 PCB 电感带来的浪涌电压，在靠近引脚的地方连接一个滤波电容，常用金属薄膜电容。

（2）直流母线电压负端引脚 N_U、N_V 和 N_W：连接到每相的低端 IGBT 发射极的引脚。当需要使用串联电阻测量每一相的电流时，需要在此接入电阻器，检测电流信号。

（3）逆变器功率输出引脚 U、V 和 W：连接负载的逆变器输出引脚，比如连接电动机。

2. IGBT 驱动需要的电源电压引脚

（1）高端偏压引脚：高端 IGBT 有 3 个，每个控制电源需要相互独立，分别以每个 IGBT 的发射级为参考电位，因此就应该有 3 对偏置电压，他们分别是：$V_{B(U)}$-$V_{S(U)}$，$V_{B(V)}$-$V_{S(V)}$和 $V_{B(W)}$-$V_{S(W)}$。在该智能模块中：电路具有自举能力，不需要为高端 IGBT 提供外部电源。在低端 IGBT 导通时，V_{cc}电源向每个自举电容充电。

（2）低端/高端偏压引脚 $V_{CC(L)}$、$V_{CC(UH)}$、$V_{CC(VH)}$和 $V_{CC(WH)}$：内部 IC 的控制电源与外部连接的 4 个引脚。

（3）电源（公共）地引脚 $COM_{(H)}$和 $COM_{(L)}$：分别是高端和低端的公共接地引脚，分别连接至内置 IC 的控制接地引脚。

3. 信号输入引脚

控制内置 IGBT 运行的引脚 $IN_{(UL)}$、$IN_{(VL)}$、$IN_{(WL)}$、$IN_{(UH)}$、$IN_{(VH)}$和 $IN_{(WH)}$：这些引脚由电压输入信号激活。在内部这些端子连接到由 3.3V 和 5V 级别的 CMOS/TTL 构成的施密特触发器电路。对这两个电平可工作的兼容性是该器件的优良特性之一。为了保护 DIP-SPM 不受噪声影响，应尽可能缩短每个输入接口的连线。

4. 信号输出引脚

（1）故障输出引脚 V_{FO}：当 SPM 处于故障状态时，该引脚被置于有效低电平。当发生短路（SC）或低端偏置欠电压（UV）操作时，进入报警状态。V_{FO}输出采用集电极开路配置，V_{FO}信号线通过大约 4.7kΩ 的电阻上拉到 5V 的逻辑电源。

（2）低端 IGBT 传感器输出引脚 R_{SC}：电路设计人员需要插入分压电阻（R_{SC}），以实现该引脚和信号接地之间的电流感测。分压电阻（R_{SC}）的选择应该满足特定应用的检测水平。分压电阻和引脚 C_{SC}间的连线应该尽可能短。

（3）C_{SC}：在 SPM 的 LVIC 中，此引脚用于提供短路保护/检测功能。此引脚应连接到 R_{SC}引脚，RC 滤波器（R_F 和 C_{SC}）应被插入到引脚 C_{SC}和引脚 R_{SC}之间，以消除干扰。C_{SC}和滤波器间的连线应该尽可能短。

（二）FSAMxxSM60A 的内部电路及特性

图 1-39 所示为 DIP-SPM 器件 FSAMxxSM60A 的内部电路简图。可以看到，它由一个三相 IGBT 逆变器电路功率模块和四个用于控制功能的驱动 IC 组成。下面将详细阐述其特征和集成功能以及使用 DIP-SPM 可以获得的优势。

1）采用相同封装形式，电流为10~75A，具有统一的机械布局，大大简化了客户设计和生产的复杂性。紧凑和低功耗的封装，使得逆变器的设计更加小巧。

2）为电动机驱动应用而优化的高效低功耗IGBT和FRD。

3）全面的HVIC和IGBT协调控制，保证高可靠性，包括栅极驱动和保护用控制IC：高端用于控制电路欠电压保护；低端用于欠电压保护和短路保护。内置HVIC，提供单电源供电，无须光耦接口。

4）分立的3-N电源端子，提供方便且经济高效的相电流检测方案。

5）输入接口：3.3V、5V CMOS/TTL电平兼容。

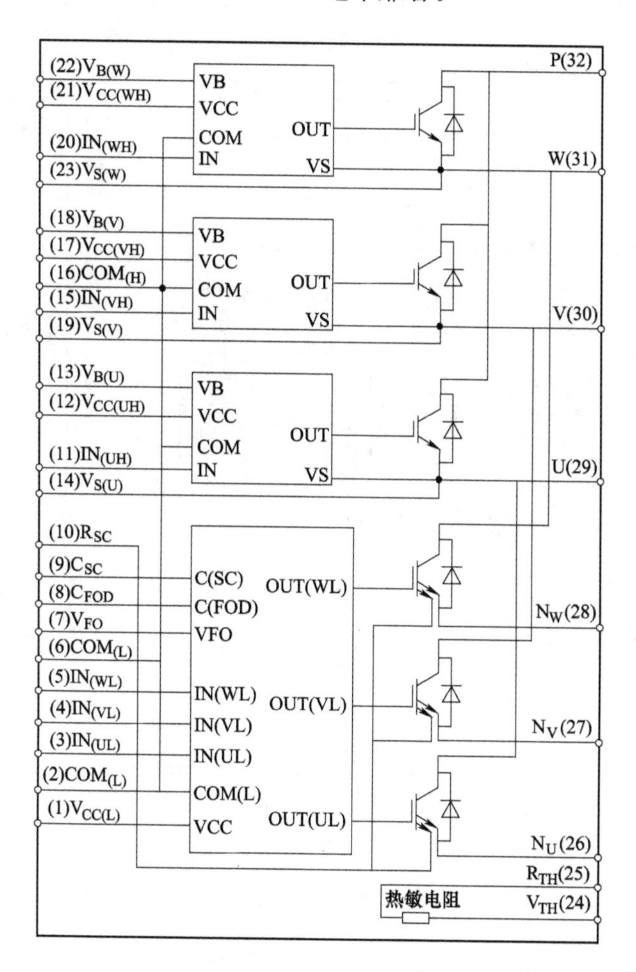

图1-39　DIP-SPM器件FSAMxxSM60A的内部电路简图

（三）典型的应用电路接口

图1-40所示为典型的应用电路接口示意图，其控制信号直接与CPU相连。

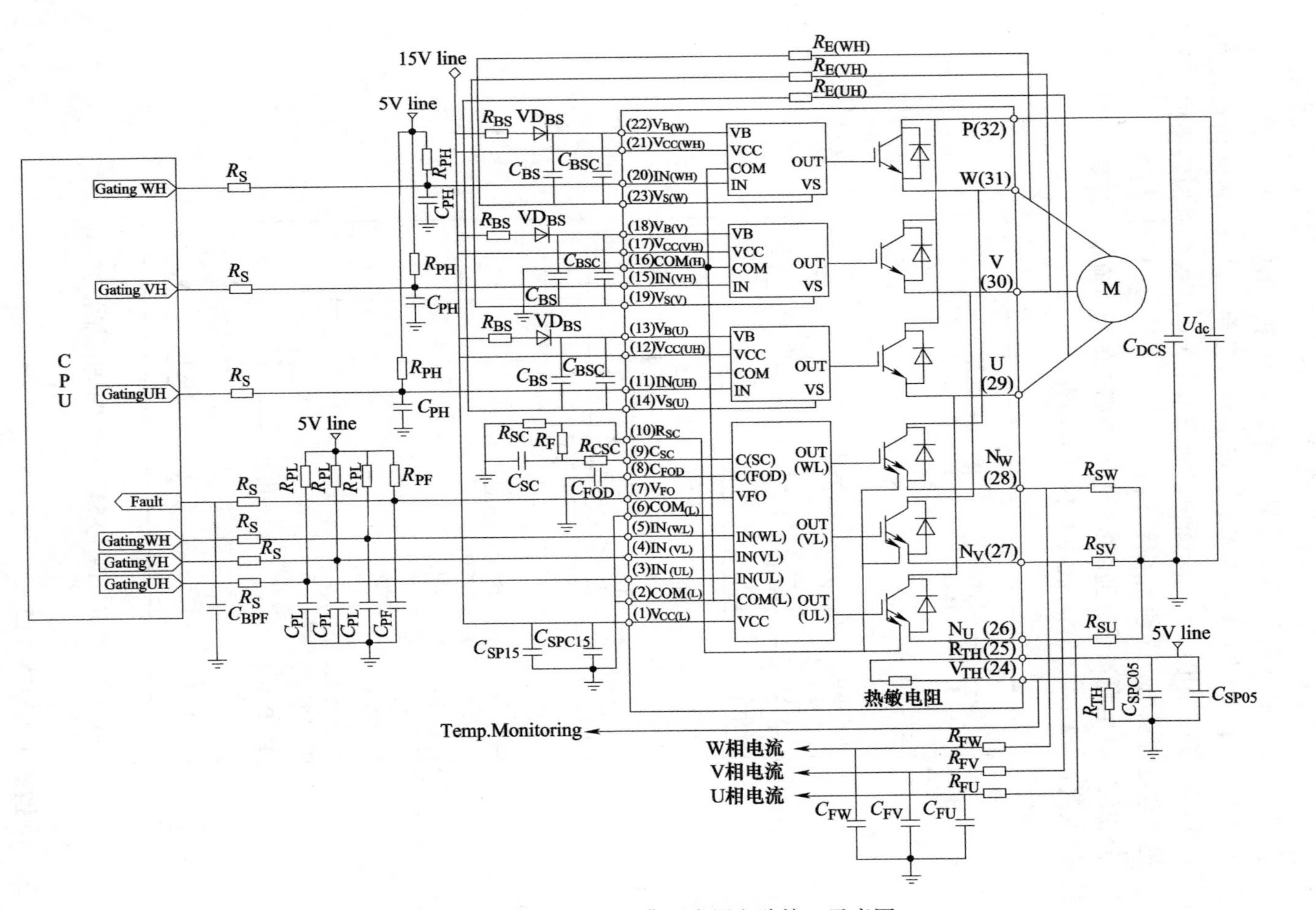

图 1-40 FSAMxxSM60A 典型应用电路接口示意图

注意事项：

1）为了防止输入信号的振荡，推荐在每个 SPM 输入端耦合 RC，而且滤波电路应该尽可能地靠近每一个 SPM 输入引脚。

2）因为 DIP-SPM 内部集成了一个具有特殊功能的 HVIC，接口电路与 CPU 终端的直接耦合是可行的，不需要任何光耦合器或变压器隔离。

3）V_{FO}输出为集电极开路。该信号线通过一个约 4.7kΩ 的电阻上拉到 5V 的外部逻辑电源电压的正极。

4）C_{SP15}的取值应大于自举电容 C_{BS}的 7 倍左右。

5）V_{FO}输出脉冲的宽度由一个外部电容（C_{FOD}）决定，该电容位于 C_{FOD}（引脚 8）和 COML（引脚 2）之间。示例：若 C_{FOD} = 33nF，则 t_{FO} = 1.8ms（典型值）。

6）每个输入信号都应该经过一个约 4.7kΩ（高端）或 2kΩ（低端）的电阻上拉到 5V。每一个电源接线终端需要一个 0.22~2nF 的旁路电容。

7）为避免保护功能出错，应尽可能缩短 R_{SC}、R_F 和 C_{SC}周围的连线。

8）每个电容都应尽可能地靠近 DIP-SPM 的引脚安装。为防止浪涌的破坏，应尽可能缩短滤波电容和 P 及 N 引脚间的连线。推荐在 P 和 N 引脚间使用 0.1~0.22nF 的高频无感电容。

9）在各种家用电器设备中，几乎都用到了继电器。在这些情况下，CPU 和继电器之间应留有足够的距离。建议距离至少为 50mm。

10）若分流电阻与 DIP-SPM 之间的连接导线过长，过大的电感会引发极大的浪涌电压，破坏 DIP-SPM 内部的 IC。因此，分流电阻与 DIP-SPM 之间的连接导线应尽可能地短。另外，C_{SPC15}（>1μF）应该尽可能地接近于 DIP-SPM 的引脚。

11）光耦合器能够用做电（电压）隔离。当使用光耦合器时，必须注意信号逻辑电平和光耦合器延迟时间。同样因为 V_{FO}输出电流的能力是 1mA（最大），它不能直接驱动一个光耦合器，需要在光耦合器的一次侧增加缓冲器电路。

关于 FSAMxxSM60A 系列产品的详细功能和使用，请参见参考文献 [18]。

1.6.3　PIM 模块和 PFC 功能

随着变频器在市场中地位的不断升高，在近几年产生了专供变频器主电路使用的综合集成功率器件——PIM 模块。这种器件包含了单相/三相输入整流桥、制动单元（或 PFC 功率因数单元）、六单元 IGBT 和 NTC 温度检测装置。市场上的产品有达到 1200V，150A 的 PIM 模块。有的产品将整流、制动、IGBT、保护、驱动和控制全部一体化集成模块，这样使用更方便、安全和可靠。其特点是：

1）集成全部器件及电路；

2）体积小、功率大、损耗低且较稳定；

3）优化内部布线，减少寄生噪声；

4）有完全的自保护电路，而且快速、灵敏；

5）其缺点是当其中有一个器件损坏时，将造成整体报废，不同于分离方式模块，只更新损坏器件即可。

1.7 基于宽禁带半导体材料的电力电子器件

禁带宽度（Band Gap）是指一个能带宽度［单位是电子伏特（eV）］。晶体中电子的能量是不连续的，而是一些不连续的能带。能带与能带之间隔离着禁带，要导电就要有自由电子存在，自由电子存在的能带称为导带（能导电）。被束缚的电子要成为自由电子，就必须获得足够能量从而跃迁到导带，这个能量的最小值就是禁带宽度。禁带非常窄就成为金属了，反之则成为绝缘体。半导体的反向耐电压，正向压降都和禁带宽度有关。

锗的禁带宽度为0.785eV；硅的禁带宽度为1.12eV；砷化镓的禁带宽度为1.424eV。而宽禁带半导体材料是指禁带宽度在3.0eV左右及以上的半导体材料，典型的是碳化硅（SiC）、氮化镓（GaN）和金刚石等材料。

宽禁带半导体有许多优点，如宽禁带、高熔点、高临界雪崩击穿电场强度、较高的热导率、小介电常数、大激子束缚能、大电压系数，以及较强的极化效应等。通常所说的宽禁带半导体还包括Ⅲ-Ⅴ族化合物半导体中的4种氮化物（即BN、AlN、GaN和InN，统称Ⅲ-N化合物）及其固溶物、Ⅱ~Ⅵ族化合物半导体中的ZnS、ZnXe、ZnTe及其固溶物以及氧化物半导体中的ZnO及其固溶体等。但并不是所有的宽禁带半导体材料都具有这些特点，ZnS、ZnXe、ZnTe及其固溶物由于其无法形成PN结且其热导率较低而不适合作为电力电子器件材料。ZnO是一种具有六方结构的自激活宽禁带半导体材料，室温下的禁带宽度为3.36eV，且其激子结合能达到60meV。另外它来源丰富、价格便宜，因此，具有很高的开发价值，但目前还主要停留在制备太阳能电池和紫外探测器的应用上。

基于宽禁带半导体材料（如碳化硅、氮化镓和金刚石等）的电力电子器件将具有比硅器件高得多的耐受高电压的能力、低能多的通态电阻、更好的导热性能和热稳定性以及更强的耐受高温和射线辐射的能力，许多方面的性能都是成数量级地提高。现在已被称为是继锗（Ge）、硅（Si）等元素半导体材料及砷化镓（CaAs）、磷化铟（InP）等化合物半导体材料之后的，很有发展前景的第三代半导体材料。

1.7.1 碳化硅（SiC）电力电子器件

SiC（碳化硅）是目前发展最成熟的宽禁带半导体材料，SiC器件具有耐高温（300~500℃）、高频、高电压、高热导率和抗辐射等优点，因此对于电气设备系统、汽车、火车及军事武器系统等设备都具有重要意义。Silicon（硅）基器件的禁带宽度只有碳化硅的1/3，在今后的发展空间已经相对窄小，SiC等下一代半导体材料具有很高的研究价值。采用 SiC 的新器件一旦出现，将对半导体材料产生革命性的影响。用这种材料制成的功率器件，与其他半导体器件材料相比，具有下列优异的物理特点：高禁带宽度、高载流子饱和漂移速度、高临界雪崩击穿场强、高热导率和热稳定性好。这些优点决定了采用 SiC 材料的器件可以应用在高电压、大电流和高温的场合。用碳化硅制造的电力电子器件，即使是没有电导调制效应的单极性器件，其同台压降也会比经过电导调制效应的双极性硅器件低。不但降低了通态比电阻，而且提高了工作频率。

随着 SiC 外延材料技术不断进步，主要发达国家竞相发展新型 SiC 电力电子器件。SiC 沟槽结势垒肖特基（TJBS）二极管在两侧 P+区的上方刻蚀出垂直槽，从而增加了 P+的注入结深，有效地屏蔽了肖特基结界面处电场，使反向泄漏电流降低，在保持低正向导通电阻的同时，反向击穿特性也得到进一步改善；可以将 SiC 肖特基二极管最高击穿电压提高到 10kV 以上。相比 Si 基 MOSFET，SiC MOSFET 的导通电阻更低、耐高温能力更强，且阻断电压明显提高。为将 SiC MOSFET 应用于更广阔的领域，提高电流承载能力，SiC MOSFET 模块化是目前主要的发展趋势。全 SiC 功率模块（SiC MOSFET 和 SiC SBD 集成）的优良特性使它具备在 10kV 以下的应用中取代硅基 IGBT 的巨大潜力，取代的速度和范围将取决于 SiC 材料和器件技术的成熟速度和成本下降的速度。SiC 电力电子器件率先在低压领域实现产业化，目前电压等级在 600~1700V 的 SiC MOSFET 和 SBD 已经实现商业化，开始替代传统硅功率器件。目前处在实验室阶段的高压 SiC 电力电子器件包括 27kV PiN 二极管、10~15kV MOSFET、20kV GTO、22kV ETO。SiC IGBT 的研究目前也已经提上日程。2014 年，Cree 公司与美国陆军研究所联合试制了耐电压 27kV、额定电流为 20A 的 N 沟道 SiC IGBT。Rohm 公司也推出两种击穿电压为 650V 的 IGBT 器件，一种具有低饱和电压特性（额定电流下为 1.6V），适用于开关电源和太阳能发电功率调节器，另外一种不仅具有低饱和电压特性，而且具备逆变器应用中所需的短路耐量保证，适用于空调器等家用电器。可再生能源系统、电动汽车、火车/轨道交通、更高效电网系统（包括电能存储）以及使数据中心和关键电气系统保持无缝运行的不间断电源的需求，促使 SiC 器件不断地适应时代的发展，向更耐高压大电流方向发展。

SiC 几乎可以用来制造各种类型的电力电子器件，例如 MOSFET、MESFET、JFET、BJT、GTO 和 IGBT 等。1.3.3 节介绍的是安森美半导体公司的碳化硅器件。

1.7.2　氮化镓（GaN）电力电子器件

宽禁带半导体材料除碳化硅外，现今研发的热门材料主要是 GaN 及其异质结构 AlGaN/GaN，与 GaAs 比较，禁带宽度是 GaAs 的 1 倍以上，临界雪崩击穿电场近 GaAs 的 10 倍，饱和漂移速度也更快。尽管 GaN 的电子迁移率比较低，但随着技术的不断进步，这个问题会逐步得到改善。目前，用作 GaN 衬底的材料有硅、碳化硅和蓝宝石等。硅材料尽管微管失配率较高，但是其大面积和低成本依然是不可超越的优势；相比硅材料，蓝宝石成本较高；而碳化硅材料衬底失配率低、热导性好，但由于技术依然不成熟，导致成本居高不下。

GaN 电力电子器件方面典型应用市场是电源设备。由于结构中包含可以实现高速性能的异质结二维电子团，GaN 器件相比于 SiC 器件拥有更高的工作频率，加之可承受电压要低于 SiC 器件，所以 GaN 电力电子器件更适合高频率、小体积、成本敏感、功率要求低的电源领域，如轻量化的消费电子电源适配器、无人机用超轻电源、无线充电设备等。GaN 非常适合提供毫米波领域所需的高频率和宽带宽，可以满足性能和小尺寸要求。但是在制造的过程中，仍存在着很大的挑战，比如基于 InAlGaN、AlN 等势垒材料是未来实现更高频率的选择，但这类高质量的外延层更难获得。另外，基于 2DEG 工作模式的器件，其线性问题会影响到器件在通信领域的应用。同样地，在军事领域，随着 GaN 器件晶圆直径（尺寸达到 6 寸）的增加、生产工艺（达到 2μm）的成熟、可靠性的提升都为 GaN 器件在下一代有源电子扫描阵列雷达、新电子战系统等武器装备中的应用奠定了基础。在射频前端应用中，氮化镓（GaN）的高频特性要优于砷化镓（GaAs）和 LDMOS，并且随着通信频段向高频迁移，基站和通信设备需要支持高频性能的射频器件，而 GaN 毫米波器件则具有高频、高效率、超宽频的特点，正符合 5G 通信的需求。

2015 年，美国圣母大学的 M. D. Zhu 等人通过采用具有双场板的埋入式阳极器件结构，实现了击穿电压为 1930V、导通电阻为 5.12mΩ · cm^2 的 GaN SBD 器件；美国 Avogy 公司的 I. C. Kizilyalli 等人利用自支撑 GaN 衬底，成功获得了低泄漏电流（<10nA）的垂直型 GaN PN 结二极管；2016 年，安森美半导体与 Transphorm 联合推出 GaN HEMT 和低压 MOSFET 组成的 600V Cascode 结构功率器件，极大地提高了驱动能力和可靠性。目前，商业化的 Si 衬底 GaN HEMT 最高电压为 650V，室温下最大电流可达 120A。商业化的 RF GaN HEMT 工作频率高达 25GHz，可以实现最大功率为 1800W。

1.7.3 金刚石电力电子器件

金刚石具有极高的硬度和极高的热导率的物理特性，一直以来作为钻头和刀具的优选材料。另外，金刚石由碳原子构成，纯净的金刚石是很好的绝缘材料，因此，一直以来金刚石被称为绝缘体。随着金刚石掺杂浓度的提高，其导电性变强，甚至如同良导体，现在已被普遍认为是半导体。如今大部分半导体金刚石中掺入的是硼或氮，这种传统的技术制造的半导体高点性能不理想。2006 年，法国国家科研中心在含有硼的 P 型金刚石半导体中掺入氢元素，发现材料转化为一种 N 型半导体，其导电性比过去高出近 1 万倍，这是金刚石半导体材料的一个重要进步，为电子元器件的开发提供了新材料。

金刚石作为半导体材料的优势在于它的禁带宽度很宽，达到 5.47eV，比 Si、

SiC 和 GaN 都要高；且具有宽禁带材料特有的优点，例如临界雪崩击穿电场高、载流子迁移率高和热导性好等。特别是在 2002 年，J. Isberg 等人在《自然》上发表了用 CVD 研制出的人造单晶金刚石，其高载流子迁移率达到 $4500cm^2/V \cdot s$。金刚石半导体器件主要是金刚石肖特基势垒二极管（SBD）和金刚石场效应晶体管（MISFET/MOSFET），前者为高功率器件，后者为高频电子器件。

由于 N 型金刚石膜的制备技术还不成熟，目前这种器件一般用掺杂浓度较高的 P 型金刚石膜制备，因此金刚石 PN 结二极管制备较少，一般为金刚石肖特基二极管。1996 年，最早的金刚石 SBD 诞生，该器件是以金和 Si 材料的欧姆接触为衬底的 P 型金刚石肖特基，其整流比在 50~500℃时较高，且正向电流密度临界击穿电场强度都较好。研究表明正向电流的大小与欧姆接触的金属材料选择有关，随后，Vescan、Zimmermann 等人先后对其进行了改进，使器件正常运行温度达到 1000℃以上，接近金刚石的理论稳定温度，提高了器件的热稳定性。

由 SiO_2 离子注入天然单晶金刚石制造的金属氧化物半导体场效应晶体管（MOSFET），无论是在饱和电流还是夹断沟道特性方面都表现出了非常完美的性质，但是，栅极漏电流和 SiO_2 堆积在界面状态限制了 FET 的耐高温特性。

现在设备的小型化趋势，要求 FET 横向和纵向尺寸都要减小，1981 年，Board 等人第一次提出了 δ-FET。这种器件能最小限度地实现晶体管外观的小型化却依然保证较高的载流子密度。这种结构由于 δ 掺杂层非常薄，仅有几个原子层。空穴在这样窄的 δ 掺杂层中会向两边的金刚石本征层扩散，这使得在 δ 掺杂层中电子迁移率比较低，而在未掺杂层中，电子迁移率与金刚石本征层相似，因而该结构的高频特性较好。目前，该器件的结构很多，各有优缺点，但总体来说，这种设计还存在一个共性不足，即如何将各层包括 δ 掺杂层在内的总体载流子迁移率提高到理论极限值，从而更大地改善频率特性。

从总体上看，金刚石材料半导体器件在高品质的技术、加工和材料研发等方面取得了举足轻重的进步。各个新器件的诞生，都为金刚石半导体器件的产业化提出了可能性。

参考文献

[1] 满永奎，韩安荣. 通用变频器及其应用［M］. 3 版. 北京：机械工业出版社，2011.
[2] SINGH M D. Power Electronics［M］. Tata McGraw-Hill Publishing，2009.
[3] 徐德鸿. 现代电力电子器件原理与应用技术［M］. 北京：机械工业出版社，2008.
[4] ZHU Z Q. Influence of PWM on the proximity loss in permanent magnet brushless AC machines［C］. IAS，2008.
[5] 赵争鸣. 对电力电子学的再认识——历史、现状及发展［J］. 电工技术学报，2017，32（12）.
[6] 赵善麒，等. 绝缘栅双极型晶体管（IGBT）设计与工艺［M］. 北京：机械工业出版社，2018.

[7] 钱照明．电力电子器件及其应用的现状和发展［J］．中国电机工程学报，2014（29）．
[8] 陈硕翼．碳化硅电力电子器件技术发展现状与趋势［J］．科技中国，2018.
[9] 杨同同．2kV 4H-SiC N沟道IGBT的设计与实现［J］．固体电子学研究与进展，2018.
[10] 陈思哲．高压SiC+JFET器件的设计、制备与应用研究［D］．杭州：浙江大学，2016.
[11] 孔德鑫．宽禁带电力电子器件综述—氮化镓器件［J］．变频器世界，2018（7，8）．
[12] Isolated High Current IGBT Gate Driver，NCV57001，安森美半导体，2019.
[13] Gate Driver Design Note，NCD（V）57000/57001，安森美半导体，2019.
[14] The Difference Between GaN and SiC Transistors，TND6299-D，安森美半导体，2019.
[15] MOSFET-Power，N-Channel，Silicon Carbide，TO-247-3L，NVHL080N120SC1，安森美半导体，2019.7.
[16] 600V High Voltage 3-phase Motor Driver ICs SCM1270MF Series，SANKEN ELECTRIC CO.，LTD. 2017.
[17] 产品说明书SCM1561M，LF No. 2551，SANKEN ELECTRIC CO，LTD. 2014.
[18] 智能功率模块Motion SPM DIP用户手册，AN-9043，安森美半导体，2013.
[19] 智能功率模块Motion 1200 V SPM 2系列用户手册，AN-9075/D，安森美半导体，2019.
[20] IGBT GD200HFX120C2S，STARPOWER Semiconductor Ltd，2018.

第 2 章

通用变频器的原理

2.1 概述

经过大约50年的发展，目前交流调速电气传动已经上升为电气调速传动的主流。在电气调速传动领域内，由直流电动机占统治地位的局面已经一去不复返了，而且交流调速电气传动正在完全取代直流调速电气传动。

目前，从数百瓦级的家用电器直到数千千瓦级乃至数万千瓦级的调速传动装置，都可以用交流调速传动方式来实现。交流调速传动已经从最初的只能用于风机、泵类的简单节能调速过渡到针对各类高精度、快响应的高性能指标的调速控制。从性能价格比的角度看，交流调速装置已经优于直流调速装置。

目前人们所说的交流调速传动，主要是指采用电力半导体变换器对交流电动机的变频调速传动。除变频以外的另一些简单的调速方案，例如变极调速、定子调压调速和转差离合器调速等，虽然仍在特定场合有一定的应用，但由于其性能较差，终将会被变频调速所取代。

交流调速传动控制技术之所以发展得如此迅速，和如下一些关键性技术的突破性进展有关，它们是电力电子器件（包括半控型和全控型器件）的制造技术、基于电力电子电路的电力变换技术、交流电动机的矢量变换控制技术、直接转矩控制技术、PWM（Pulse Width Modulation）技术以及以微型计算机和大规模集成电路为基础的全数字化控制技术等。

2.1.1 变频调速概况

众所周知，直流调速系统具有较为优良的静、动态性能指标。在很长的一个历史时期内，调速传动领域基本上被直流电动机调速系统所垄断。直流电动机虽有调速性能好的优势，但也有一些固有的难于克服的缺点，主要是机械式换向器带来的弊端。其缺点是：①维修工作量大，事故率高；②容量、电压、电流和转速的上限值，均受到换向条件的制约，在一些大容量、特大容量的调速领域中无法应用；③使用环境受限，特别是在易燃易爆场合难于应用。而交流电动机有一些固有的优点：①容量、电压、电流和转速的上限，不像直流电动机那样受限制；②结构简单、造价低；③坚固耐用、事故率低且容易维护。随着交流电动机调速的理论问题的突破和调速装置（主要是变频器）性能的完善，交流调速系统的性能已经可以和直流调速系统相匹敌，甚至可以超过直流系统。

交流电动机大多数调速方案的基本原理很早以前就已经确立了。仅是由于电力变换技术和控制手段的制约，有的被限制在实验室中，有的虽付诸实用也因稳定性、可靠性及维护等方面的某些不足，在当时历史条件下使用范围受到一定的限制。20世纪60年代中期，普通晶闸管、小功率晶体管的实用化，使交流电动机变频调速也进入了实用化。采用晶闸管的同步电动机自控式变频调速系统、采用电压型或电流型晶闸管变频器的笼型异步电动机调速系统（包括不属变频方案的绕线转子异步电动机的串级调速系统）等先后实现了实用化，使变频调速开始成为交流调速的主流。此后的20多年中，电力电子技术和微电子技术以惊人的速度向前发展，变频调速传动技术也随之取得了日新月异的进步。这种进步，突出表现在变频装置的大容量化、主开关器件的自关断化、开关模式的PWM化及控制方式的全数字化等方面。

1. 交流调速装置的大容量化

对一些大型生产机械的主传动，直流电动机在容量等级方面已接近极限值，采用直流调速方案无论在设计和制造上都已十分困难。某些大容量高速传动，过去只能采用增速齿轮或是直接以汽轮机传动，噪声大、效率低且占地面积大。特大容量交流传动装置的发展，填补了这方面的空白。

大容量交流电动机通常是高压的。为了适应高压电动机，大容量交-直-交电压型PWM变频器大致有两种类型：直接高压型和高-低-高型。其中直接高压型发展较迅速，包括三电平式，使用中点箝位式电路。这是高压变频器最基本的方案，由此还可以演化出多电平方案。电源侧和电动机侧都可以采用同样的电路，采用适当的PWM控制模式，可以得到极好的性能，即输入输出电流基本上为正弦，网侧功率因数可达到1，还可以向电网回馈能量而实现系统的四象限运行。

另外，采用常规的单相二电平变频器作为基本单元，多级串联起来构成多级多电平高压变频器（称为“单元串联式变频器”），其中每个单元变频器都是低压的。串联单元数越多，谐波成分越小，可以达到所谓“完美无谐波”。

严格地讲，高压大容量变频器已不属于我们所言的“通用变频器”了。鉴于其重要性，本书专设第6章予以介绍。

2. 开关器件的自关断化

近十几年，大功率自关断电力电子器件的发展十分迅速。至今，IGBT已经占据绝对市场，同时它的快速性、可靠性、低损耗和小体积等多项指标都显著提高。

据统计，目前变频器中的开关器件，在容量为2300kW以下的大多采用IGBT；更大容量的有采用GTO、IGCT或IEGT（详见第1章）。

3. 变频装置的高性能化

早期的变频调速系统，基本上是采用U/f控制方式，无法得到快速的转矩响应，低速特性也不好（负载能力差）。1971年德国西门子公司发明了所谓“矢量控制”技术，一改过去传统方式中仅对交流电量的量值（电压、电流和频率的量值）进行控制的方法，实现了在控制量值的同时也控制其相位的新控制思想。使用坐标变换的办法，实现定子电流的磁场分量和转矩分量的解耦控制，可以使交流电动机像直流电动机一样具有良好的调速性能。

多年来，人们围绕着矢量控制技术做了大量的工作，如今矢量控制这一新的交流电动机调速原理得到了广泛的实际应用，并相应地形成了许多系列化的实际装置。其性能指标已经完全可以做到与直流调速系统一样，甚至有所超过，完全可以取代直流调速系统。

在一些轧钢厂中，大型初轧机这类快速可逆系统，20 世纪 90 年代初采用了交-交变频矢量控制系统，到目前又开始采用交-直-交电压型变频器的矢量控制系统。三电平 IGBT 双 PWM 变频器广泛用于轧钢生产线。实践证明，它完全可以满足生产工艺的要求，达到了以往直流调速系统的性能指标。

4. PWM 技术的应用

自关断器件的发展为 PWM 技术铺平了道路。目前几乎所有的变频调速装置都采用这一技术。PWM 技术用于变频器的控制，可以改善变频器的输出波形，降低电动机的谐波损耗，并减小转矩脉动，同时还简化了逆变器的结构，加快了调节速度，提高了系统的动态响应性能。

PWM 技术除了用于逆变器的控制，还用于整流器的控制。PWM 整流器现已开发成功大量应用，利用它可以实现网侧输入电流正弦和电网功率因数为 1，并可将电动机的再生制动能量回馈到电网。人们称 PWM 整流器是对电网无污染的“绿色”变流器。西门子公司称之为 AFE（Active Front End），直译为“有源前端”，又称为自换向脉冲式整流回馈单元。

PWM 波形的生成方法有多种多样，有载波调制法、微机查表法（包括著名的谐波消去法及由此进化而来的优化法等）、电压矢量法，实时计算法和自激振荡法等。这些方法已趋成熟，在实际中均有应用。

PWM 控制方式在电气传动的许多方面都有成功的应用。本书着重研究的通用变频器就是一种 PWM 变频器，最常用的是 SPWM（Sinusoidal Pulse Width Modulation）和 SVPWM（Space Vector PWM）技术。

5. 全数字控制技术的应用

各类电气传动装置的控制器全面采用全数字控制，已经成为事实。交流调速传动也不例外，采用全数字控制方式的各类交流调速传动控制系统不断涌现，其性能也得到了很大的改善。

由变频器供电的调速系统是一个快速系统，在使用数字控制时要求的采样频率较高，通常高于 1kHz，需要完成复杂的操作控制、数学运算和逻辑判断，所以要求控制芯片具有较大的存储容量和较强的实时处理能力。随着半导体技术的飞速发展，芯片功能、速度和存储容量等大幅度提高，加之多芯片的同时使用，使得全数字控制方式达到了突飞猛进的发展。采用模拟控制方式无法实现的复杂控制在今天都已成为现实，使可靠性、可操作性和可维修性，即所谓的RAS（Reliability、Availability和Serviceability）功能得以充实。微处理机和大规模集成电路的引入，对于变频器的通用化起到了决定性的作用。

全数字控制具有如下特点：

（1）精度高：数字计算机的精度与字长有关，变频器中使用32位微处理器已经非常普遍，而且精度还在不断提高。

（2）稳定性好：由于控制信息为数字量，不会随时间发生漂移。与模拟控制不同，它一般不会随温度和环境条件发生变化。

（3）可靠性高：微型计算机采用大规模集成电路，系统中的硬件电路数量大为减少，相应的故障率大大降低。

（4）灵活性好：系统中硬件向标准化、集成化和专用化方向发展，可以在尽可能少的硬件支持下，由软件去完成复杂的控制功能。适当地修改软件，就可以改变系统的功能或提高其性能。

（5）存储能力强：存储容量大，存放时间几乎不受限制，这是模拟系统不能比拟的。利用这一特点可在存储器中存放大量的数据或表格，利用查表法简化计算，提高运算速度。

（6）逻辑运算能力强：容易实现自诊断、故障记录和故障寻找等功能，使变频装置可靠性、可使用性和可维修性大大提高。

（7）强实时运算能力：完成矢量控制系统的复杂电动机模型和控制算法的在线实时运算。

2.1.2 通用变频器概况

电力电子器件的自关断化、模块化，以及变流电路开关模式的高频化和控制手段的全数字化，促进了变频电源装置的小型化 、多功能化和高性能化。尤其是控制手段的全数字化，利用了微型计算机的巨大的信息处理能力，其软件功能不断强化，使变频装置的灵活性和适应性不断增强。目前，中小容量的一般用途的变频器已经实现了通用化。

采用大功率自关断开关器件作为主开关器件的正弦脉宽调制式（SPWM）变频器，已经成为通用变频器的主流。本书所涉及的通用变频器基本上是指这种变频器。国外在开发、生产和应用通用变频器方面以日本、德国最为突出。国内自身品牌的通用变频器近些年发展迅速，已经形成更激烈的竞争趋势。

1. 通用变频器的发展

20世纪80年代初，通用变频器实现了商品化。近40年左右的时间内，经历了由模拟控制到全数字控制和由采用BJT到采用IGBT两个大的进展过程。其发展情况可粗略地由以下几方面来说明。

（1）容量不断扩大：20世纪80年代初采用BJT的PWM变频器实现了通用化。到了20世纪90年代初，BJT通用变频器的容量达到600kVA，400kVA以下的已经系列化。1992年主开关器件开始采用IGBT，仅三四年的时间，IGBT变频器的单机容量已达1800kVA（适配1500kW电动机），随着IGBT容量的扩大，通用变频器的容量将随之扩大。

（2）结构的小型化：变频器主电路中功率电路的模块化、控制电路采用大规模集成电路（LSI）和全数字控制技术、结构设计上采用“平面安装技术”等一系列措施，促进了变频电源装置的小型化。另外，后期开发的混合式功率集成器件，采用厚薄膜混合集成技术，把功率电桥、驱动电路、检测电路和保护电路等封装在一起，构成了一种“智能电力模块”（Intelligent Power Module，IPM），这种器件属于绝缘金属基底结构，所以防电磁干扰能力强，保护电路和检测（传感）电路与功率开关间的距离可以尽可能地小，因而保护迅速且可靠，传感信号的响应也十分迅速。由于上述优点，现在IPM器件在中小功率的变频器中得到了普遍应用，并进一步实现小型化和智能化。

（3）多功能化和高性能化：电力电子器件和控制技术的不断进步，使变频器向多功能化和高性能化方向发展。特别是高性能半导体芯片DSP的应用，以其精练的硬件结构和丰富的软件功能，为变频器多功能化和高性能化提供了可靠的保证。

人们总结了交流调速电气传动控制的大量实践经验，并不断融入软件功能。日益丰富的软件功能使通用变频器的适应性不断增强，比如：转矩提升功能使低速下的转矩过载能力提高到150%甚至更大，使起动和低速运行性能得到很大的提高；转差补偿功能使异步电动机的机械特性 $n=f(T)$ 的硬度甚至大于工频电网供电时的硬度，额定转矩下的转速降可以得到完全补偿，提高了稳态下的转速稳定度（应该指出，这是用简单的开环控制达到的指标，并不需要闭环控制）；瞬时停电、短时过载情况下的平稳恢复功能防止了不必要的跳闸，保证了运行的连续性，这对某些不允许停车的生产工艺十分有意义；控制指令和控制参数的设定，可由触摸式面板实现，不但灵活方便，而且实现了模拟控制方式所无法实现的功能，比如多步转速设定、S形加减速控制和自动加减速控制等；故障显示和记忆功能，使故障的分析和设备的维修变得既准确又快速；灵活的通信功能，方便了可编程序控制器或上位计算机的接口，很容易实现闭环控制等。可以说，通用变频器的多功能化和高性能化为用户提供了一种可能，即可以把原有生产机械的工艺水平“升级”，达到以往无法达到的境界，使其变成一种具有高度软件控制功能的新机种。

8位CPU、16位CPU奠定了通用变频器全数字控制的基础。32位数字信号处理器（Digital Signal Processer，DSP）的应用将通用变频器的性能提高了一大步，实现了转矩控制，推出了“无跳闸”功能。目前，新型变频器采用专用的控制芯片，将指令执行时间缩短到纳秒级，实现专用的矢量处理算法，满足电动机特性控制的需要，节省硬件资源和简化软件编程。同时，多CPU的控制已经非常普遍，加之并行运算技术，保证了变频器控制的快速性、灵活性和可靠性等优良指标。

正是由于全数字控制技术的实现，并且运算速度不断提高，使得通用变频器的性能不断提高，功能不断增加。目前通用变频器基本都是具有“多控制方式”，例如：① 无PG（速度传感器）*U/f*控制；② 有PG *U/f*控制；③ 无PG矢量控制；④ 有PG矢量控制；⑤ 直接转矩控制等。通过控制面板，可以设定（即选择）多种控制方式中的一种，以满足用户的需要。英国英泰公司（Invertek Drives Ltd）的变频器，在一个标准通用变频器的硬件载体上，融合了控制异步电动机（感应电动机）、永磁电动机、无刷直流电动机BLDC和同步磁阻电动机的控制软件，可以通过参数选择，方便客户使用。总之，通用变频器在向高性能方向发展，完善的软件功能和规范的通信协议，使它自身可实现灵活的“系统组态”，上级控制系统可对它实现“现场总线控制”。它特别适合在现代计算机控制系统中作为传动执行机构，见第5章。

（4）应用领域不断扩大：通用变频器经历了模拟控制、数模混合控制直到全数字控制的演变，逐步地实现了多功能化和高性能化，进而使之对各类生产机械、各类生产工艺的适应性不断增强。最初通用变频器仅用于风机、泵类负载的节能调速和化纤工业中高速缠绕的多机协调运行等，到目前为止，其应用领域得到了相当的扩展。如搬送机械，从反抗性负载的搬运车辆，带式运输机到位能负载的起重机、提升机、立体仓库和立体停车场等都已采用了通用变频器；金属加工机械，从各类切削机床直到高速磨床乃至数控机床、加工中心超高速伺服机的精确位置控制都已应用通用变频器；在其他方面，如农用机械、食品机械、木工机械、印刷机械、各类空调器、各类家用电器甚至街心公园喷水池等，都已采用了通用变频器，可以说其应用范围相当广阔，并且还将继续扩大。

2. 通用变频器的技术动向

采用变频器的调速传动技术，近年来取得惊人的进步。

从技术发展动向看，大致有如下几个方面：

（1）IGBT的应用：最近几年，IGBT已经全面在变频器上获得应用。其显著的特点是：开关频率高、驱动电路简单。用于通用变频器时，有如下明显的效果：

1）由于载波频率的提高（16kHz或更高），负载电动机的噪声明显减小，实现了低噪声传动。电动机的金属鸣响声因振动频率超过了人耳可感知的程度而“消失”（见图2-1a）。

2）同样由于载波频率的提高，使电动机的电流（特别是低速时的电流）波形更加趋于正弦波，因而减小了电动机转矩的脉动和电动机的损耗（见图2-1b）。

3）由于IGBT为电压驱动型，因而简化了驱动回路，使整个装置更加紧凑，可靠性提高，成本降低。

4）主开关器件如果采用1.6节介绍的IPM，上述效果将更加明显。采用IPM已成为一种新趋势。

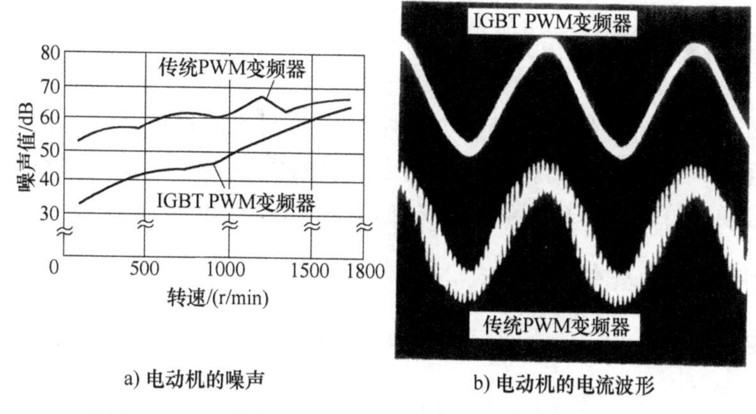

a) 电动机的噪声　b) 电动机的电流波形

图2-1　IGBT变频器供电的异步电动机的噪声和电流波形

（2）网侧变流器的PWM控制：目前上市的绝大多数通用变频器，其网侧变流器常采用不可控的二极管整流器。虽然控制简单、成本较低，但也有它的缺点。比如，网侧电流波形严重畸变，影响电网的功率因数；电动机的谐波损耗大，制动时的再生能量无法回馈给电网等。

现已开发出一种新型的采用PWM控制方式的自换相变流器（称为“AFE整流器”或“PWM整流器”，见2.5.2节），并已成功地用作变频器中的网侧变流器。电路结构形式与逆变器完全相同，每个桥臂均由两个自关断器件（由二极管反并联）串联组成，三个桥臂构成三相电路。其特点是：直流输出电压连续可调，输入电流（网侧电流）波形基本为正弦，功率因数可保持为1，并且能量可以双向流动。

网侧变流器采用PWM控制的变频器，又称为“双PWM控制变频器”。这种再生能量回馈式高性能通用变频器，代表着另一个新的技术发展动向，已经有了很多应用。它的大容量化，对于制动频繁的或可逆运行的生产设备十分有意义。价位高、初投资大也是一个现实问题，需要在工程上平衡其利弊，选择使用。

（3）矢量控制变频器的通用化：在造纸、轧钢等应用领域，要求高精度、快响应，一般型的通用变频器已经不能胜任，往往要采用矢量控制方案。但是矢量控制需要速度传感器，运算复杂、调整麻烦，对电动机的参数依赖性较大。目前，矢量控制变频器已经实现通用化。因此，对无速度传感器的矢量控制系统的理论研究和实用化的开发得到了重视和发展。

（4）DTC系统的通用化：直接转矩控制变频器采用逆变器的SVPWM控制，直接控制电动机的转矩。转矩动态响应快，适于大惯量、要求快速响应的系统。

（5）控制的网络化：通用变频器在系统中作为执行部件，施加给它的信号，由上级计算机系统和PLC提供，实现网络化控制。在自动化生产线中已广泛采用网络化控制。

2.2 变频器的简单原理

在交流异步电动机的诸多调速方法中，变频调速的性能最好，调速范围大，静态稳定性好，运行效率高。采用通用变频器对笼型异步电动机进行调速控制，由于使用方便、可靠性高并且经济、效益显著，所以得到推广。

2.2.1 变频调速的基本控制方式

异步电动机的同步转速，即旋转磁场的转速为

$$n_1 = \frac{60f_1}{n_p}$$

式中 n_1——同步转速（r/min）；

f_1——定子频率（Hz）；

n_p——磁极对数。

而异步电动机的轴转速为

$$n = n_1(1 - s) = \frac{60f_1}{n_p}(1 - s)$$

式中 s——异步电动机的转差率，$s = (n_1 - n)/n_1$。

改变异步电动机的供电频率，可以改变其同步转速，实现调速运行。

对异步电动机进行调速控制时，希望电动机的主磁通保持额定值不变。磁通太弱，铁心利用不充分，同样的转子电流下，电磁转矩小，电动机的负载能力下降；磁通太强，则处于过励磁状态，使励磁电流过大，这就限制了定子电流的负载分量，为使电动机不过热，负载能力也要下降。异步电动机的气隙磁通（主磁通）是定、转子合成磁动势产生的，下面说明怎样才能使气隙磁通保持恒定。简单地说，变频器必须实现频率电压的协调控制，即实现VVVF控制。

由电动机理论知道，三相异步电动机定子每相电动势的有效值为

$$E_1 = 4.44f_1N_1k_r\Phi_m$$

式中 E_1——定子每相由气隙磁通感应的电动势的方均根值（V）；

f_1——定子频率（Hz）；

N_1k_r——定子相绕组有效匝数；

Φ_m——每极磁通量（Wb）。

由上式可见，Φ_m的值是由E_1和f_1共同决定的，对E_1和f_1进行适当的控制，就可以使气隙磁通Φ_m保持额定值不变。下面分两种情况说明：

（1）基频以下的恒磁通变频调速：这是考虑从基频（电动机额定频率f_{1N}）向

下调速的情况。为了保持电动机的负载能力，应保持气隙主磁通 Φ_m 不变，这就要求降低供电频率的同时降低感应电动势，保持 E_1/f_1 = 常数，即保持电动势与频率之比为常数进行控制。这种控制又称为恒磁通变频调速，属于恒转矩调速方式。

但是，E_1 难于直接检测和直接控制。当 E_1 和 f_1 的值较高时，定子的漏阻抗压降相对比较小，如忽略不计，则可以近似地保持定子相电压 U_1 和频率 f_1 的比值为常数，即认为 $U_1=E_1$，保持 U_1/f_1 = 常数即可。这就是恒压频比控制方式，是近似的恒磁通控制。当频率较低时，U_1 和 E_1 都变小，定子漏阻抗压降（主要是定子电阻压降）不能再忽略。这种情况下，可以人为地适当提高定子电压以补偿定子电阻压降的影响，使气隙磁通基本保持不变。如图 2-2 所示，其中 1 为 $U_1/f_1=C$ 时的电压、频率关系，2 为有电压补偿时（近似的 $E_1/f_1=C$）的电压、频率关系。实际装置中 U_1 与 f_1 的函数关系并不简单的如曲线 2 所示。通用变频器中 U_1 与 f_1 之间的函数关系有很多种，可以根据负载性质和运行状况加以选择。

（2）基频以上的弱磁变频调速：这是考虑由基频开始向上调速的情况。频率由额定值 f_{1N} 向上增大，但电压 U_1 受额定电压 U_{1N} 的限制不能再升高，只能保持 $U_1=U_{1N}$ 不变。必然会使主磁通随着 f_1 的上升而减小，相当于直流电动机弱磁调速的情况，属于近似的恒功率调速方式。

综合上述两种情况，异步电动机变频调速时的控制特性如图 2-3 所示。

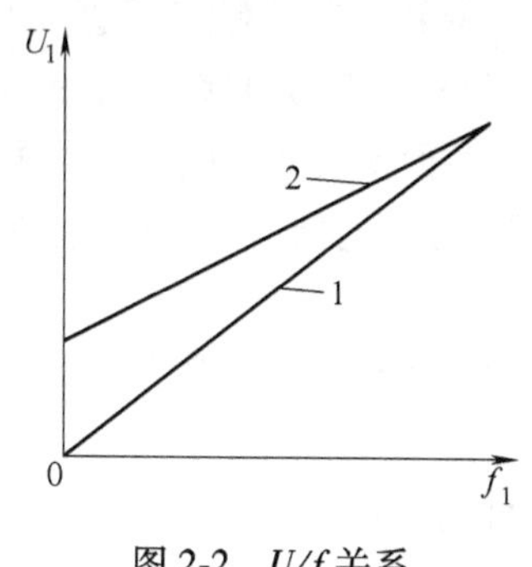

图 2-2　U/f 关系

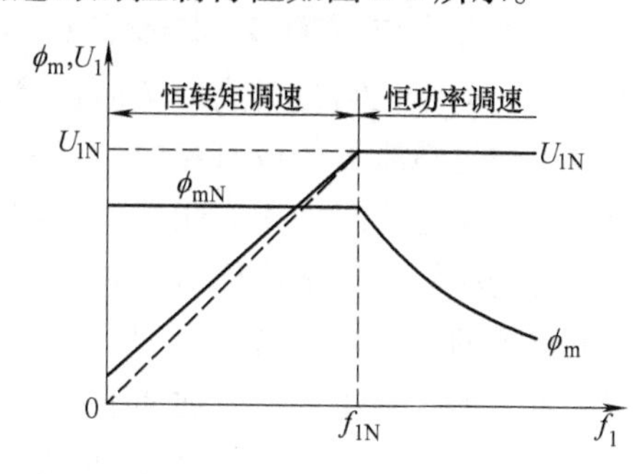

图 2-3　异步电动机变频调速时的控制特性

由上面的讨论可知，异步电动机的变频调速必须按照一定的规律同时改变其定子电压和频率，即必须通过变频装置获得电压频率均可调节的供电电源，实现所谓 VVVF（Variable Volage Variable Freqeney）调速控制。通用变频器可适应这种异步电动机变频调速的基本要求。

用 VVVF 变频器对异步电动机进行变频调速控制时的机械特性如图 2-4 所示。图 2-4a 表示在 $U_1/f_1=C$ 的条件下得到的机械特性。在低速区由于定子电阻压降的影响使机械特性向左移动，这是由于主磁通减小的缘故。图 2-4b 表示采用了定子电压补偿时的机械特性。图 2-4c 则示出了端电压补偿的 U_1 与 f_1 之间的函数关系。

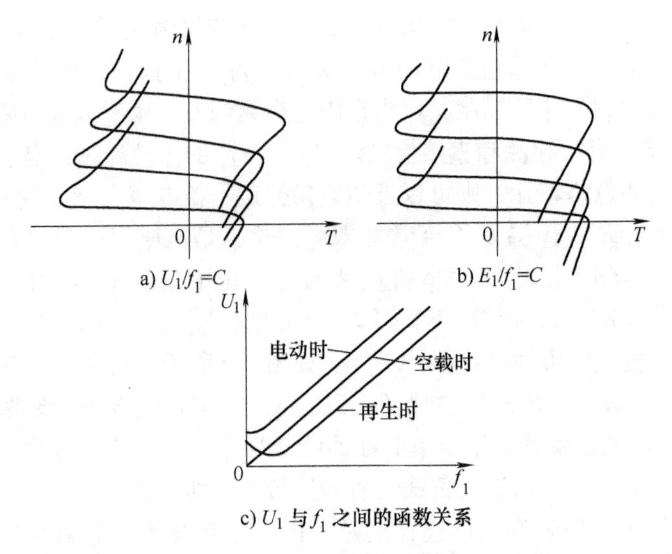

图 2-4　异步电动机变频调速控制时的机械特性

2.2.2　变频器的基本构成

变频器分为交-交和交-直-交两种形式。交-交变频器可将工频交流直接变换成频率、电压均可控制的交流，又称直接式变频器。而交-直-交变频器则是先把工频交流电通过整流器变成直流电，然后再把直流电变换成频率、电压均可控制的交流电，它又称为间接式变频器。我们的目的是研究通用变频器，所以主要研究交-直-交变频器（以下简称为变频器）。

变频器的基本构成如图 2-5 所示，由主电路（包括整流器、中间直流环节、逆变器）和控制电路组成，分述如下：

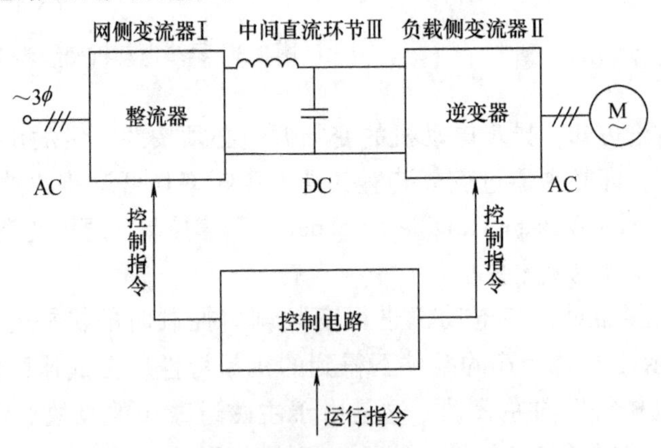

图 2-5　变频器的基本构成

（1）整流器：电网侧的变流器Ⅰ是整流器，它的作用是把三相（也可以是单相）交流电整流成直流电。

（2）逆变器：负载侧的变流器Ⅱ是逆变器。最常见的结构形式是利用六个半导体主开关器件组成的三相桥式逆变电路，有规律地控制逆变器中主开关器件的通与断，可以得到任意频率的三相交流电输出。

（3）中间直流环节：由于逆变器的负载为异步电动机，属于感性负载。无论电动机处于电动或发电制动状态，其功率因数总不会为1。因此，在中间直流环节和电动机之间总会有无功功率的交换。这种无功能量要靠中间直流环节的储能元件（电容器或电抗器）来缓冲。所以又常称中间直流环节为中间直流储能环节。

（4）控制电路：控制电路常由运算电路、检测电路、控制信号的输入、输出电路和驱动电路等构成。其主要任务是完成对逆变器的开关控制、对整流器的电压控制以及完成各种保护功能等。现代通用变频器目前已经采用微型计算机进行全数字控制，采用尽可能简单的硬件电路，主要靠软件来完成各种功能。由于软件的灵活性，数字控制方式通常可以完成模拟控制方式难以完成的功能。

（5）关于变流器名称的说明：对于交-直-交变频器，在不涉及能量传递方向的改变时，我们常简明地称变流器Ⅰ为整流器，变流器Ⅱ为逆变器（见图2-5），而把图中Ⅰ、Ⅱ、Ⅲ总起来称为变频器（日本资料则总称为逆变器）。实际上，对于再生能量回馈型变频器，Ⅰ、Ⅱ两个变流器均可能有两种工作状态：整流状态和逆变状态。当讨论中涉及变流器工作状态转变时，Ⅰ、Ⅱ不再简称为“整流器”和“逆变器”，而称为“网侧变流器”和“负载侧变流器”。

2.3　变频器的分类

这里主要就间接式变频器按不同角度进行如下分类。

2.3.1　按直流电源的性质分类

当逆变器输出侧的负载为交流电动机时，在负载和直流电源之间将有无功功率的交换。用于缓冲无功功率的中间直流环节的储能元件可以是电容或是电感，据此，变频器分成电压型变频器和电流型变频器两大类。

（1）电流型变频器：电流型变频器主电路的典型构成方式如图2-6所示。其特点是中间直流环节采用大电感作为储能环节，无功功率将由该电感来缓冲。由于电感的作用，直流电流I_d趋于平稳，电动机的电流波形为方波或阶梯波，电压波形接近于正弦波。直流电源的内

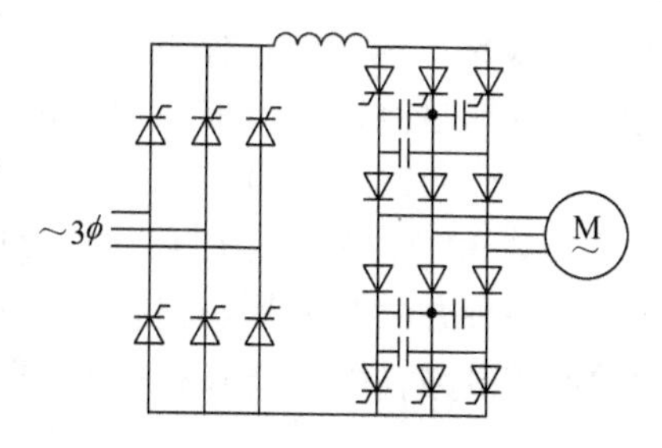

图2-6　电流型变频器的主电路

阻较大，近似于电流源，故称为电流源型变频器或电流型变频器。这种电流型变频器，其逆变器中晶闸管，每周期内工作120°，属120°导电型。

电流型变频器的一个较突出的优点是，当电动机处于再生发电状态时，回馈到直流侧的再生电能可以方便地回馈到交流电网，不需在主电路内附加任何设备，只要利用网侧的变流器改变其输出电压极性（控制角 $\alpha>90°$）即可。

这种电流型变频器可用于频繁急加减速的大容量电动机的传动。在大容量风机、泵类节能调速中也有应用。

（2）电压型变频器：电压型变频器典型的一种主电路结构形式如图2-7所示。图中逆变器的每个导电臂，均由1个可控开关器件IGBT和1个不可控器件（二极管）反并联组成。6个IGBT称为主开关器件，6个二极管起到续流和电压箝位作用。

该电路的特点是，中间直流环节的储能元件采用大电容，负载的无功功率将由它来缓冲。由于大电容的作用，主电路直流电压 E_d 比较平稳，直流电源内阻比较小，相当于电压源，故称为电压源型变频器或电压型变频器。

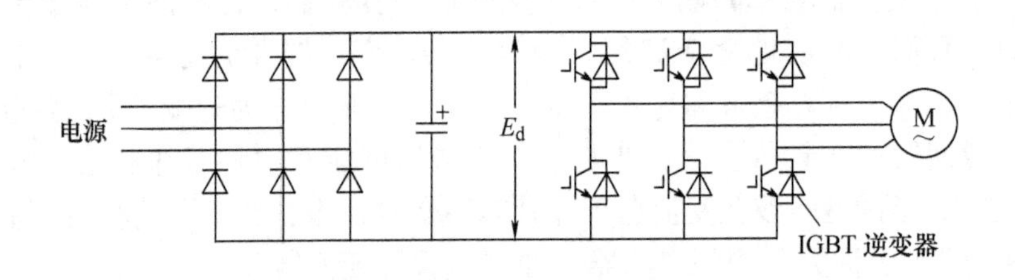

图2-7 电压型变频器的主电路

对负载电动机而言，变频器是一个交流电压源，在不超过容量限度的情况下，可以驱动多台异步电动机并联运行，具有不选择负载的通用性。

图2-7的电路整流侧是二极管整流桥，无法将电动机的再生发电能量返回到电网。

要实现这部分能量向电网的回馈，必须采用可逆变流器。如图2-8所示是由SCR构成的网侧变流器，采用两套全控整流器反并联。电动时电桥Ⅰ供电，回馈时电桥Ⅱ作有源逆变运行（$\alpha>90°$），将再生能量回馈给电网。另一种方法是采用与电动机侧相同的逆变电路，由6个IGBT开关管进行PWM控制，可以实现能量回馈功能，见2.5.2节。

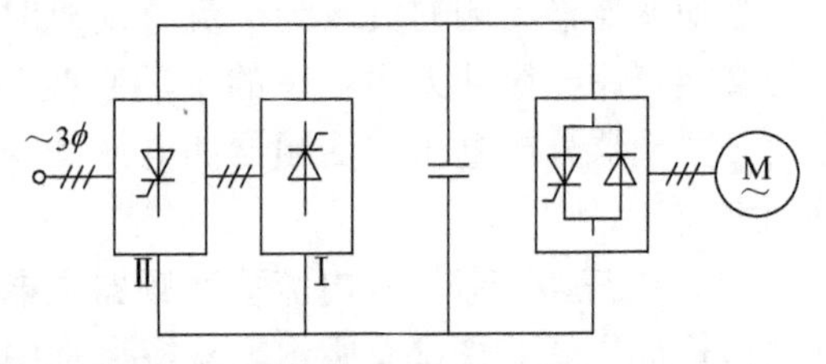

图2-8 再生能量回馈型电压型变频器

2.3.2　按输出电压调节方式分类

变频调速时，需要同时调节逆变器的输出电压和频率，以保证电动机主磁通的恒定。对输出电压的调节主要有两种方式：PAM方式和PWM方式。

（1）PAM方式：脉冲幅值调节方式（Pulse Amplitude Modulation），简称PAM方式，是通过改变直流电压的幅值进行调压的方式。在变频器中，逆变器只负责调节输出频率，而输出电压的调节可以由相控整流器或直流斩波器（见图2-9）通过调节直流电压E_d去实现。采用相控整流器调压时，网侧的功率因数随调节深度的增加而变低；而采用直流斩波器调压时，网侧功率因数在不考虑谐波影响时，可以达到$\cos\varphi_1\approx1$。

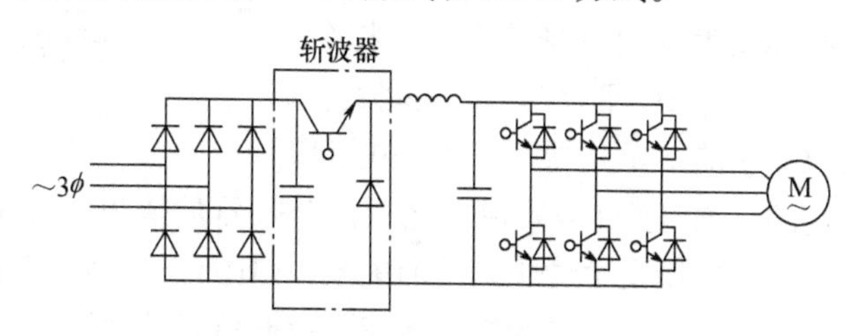

图2-9　采用直流斩波器的PAM方式

（2）PWM方式：脉冲宽度调制方式（Pulse Width Modulation）简称PWM方式。最常见的主电路如图2-10a所示。变频器中的整流器采用不可控的二极管整流电路。变频器的输出频率和输出电压的调节均由逆变器按PWM方式来完成。调压原理的示意图如图2-10b所示。利用参考电压波u_R与载频三角波u_o互相比较来决定主开关器件的导通时间而实现调压。利用脉冲宽度的改变来得到幅值不同的正弦基波电压。这种参考信号为正弦波、输出电压平均值近似为正弦波的PWM方式，称为正弦PWM调制，简称SPWM（Sinusoidal Pulse Width Modulation）方式。通用变频器中，采用SPWM方式调压，是一种常采用的方案。

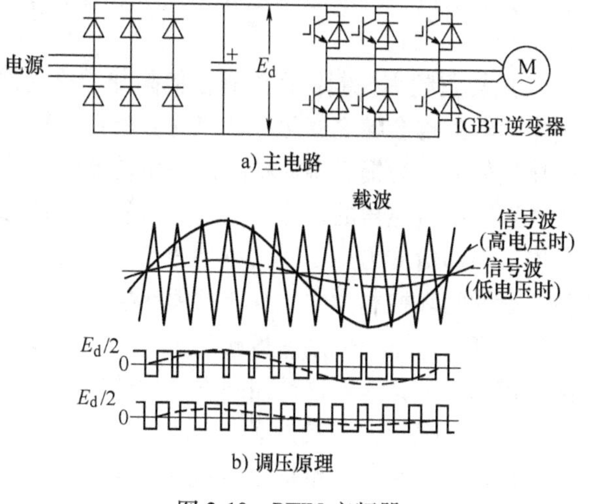

图2-10　PWM变频器

2.3.3　按控制方式分类

（1）U/f控制：按照图2-3所示的电压、频率关系对变频器的频率和电压进行控制，称为U/f控制方式。基频以下可以实现恒转矩调速，基频以上则可以实现恒功率调速。

U/f方式又称为VVVF（Variable Voltage Variable Freqency）控制方式，其简化的原理性框图如图2-11所示。用PWM方式进行控制，逆变器的控制脉冲发生器同时受控于频率指令f^*和电压指令U，而f^*与U之间的关系是由U/f曲线发生器（U/f模式形成）决定的。这样经PWM控制之后，变频器的输出频率f、输出电压U之间的关系，就是U/f曲线发生器所确定的关系。由图可见，转速的改变是靠改变频率的设定值f^*来实现的。电动机的实际转速要根据负载的大小，即转差率的大小来决定。负载变化时，在f^*不变条件下，转子转速将随负载转矩变化而变化，随着通用变频器的性能的提高，人们使用开环滑差补偿方式，得到尽可能的硬输出特性，减小控制误差。

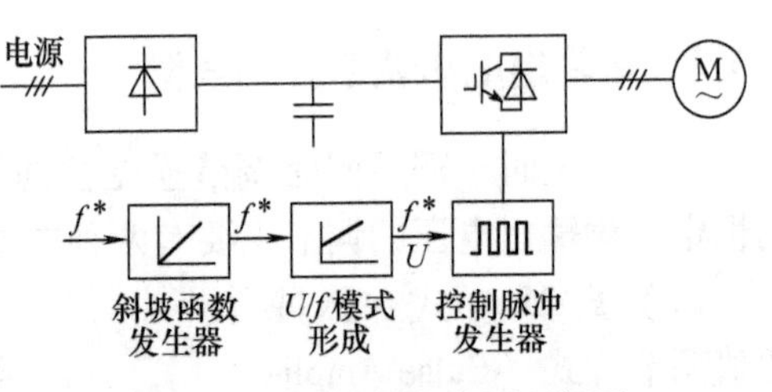

图2-11　U/f控制方式原理框图

U/f控制是转速开环控制，无须速度传感器，控制电路简单，负载可以是通用标准异步电动机，所以通用性强，经济性好，目前的通用变频器中都有这一控制方式。

（2）转差频率控制：在没有任何附加措施的情况下，U/f控制方式下，如果负载变化，转速也会随之变化，转速的变化量与转差率成正比。U/f控制的静态调速精度显然较差，为提高调速精度，采用转差频率控制方式。

根据速度传感器的检测，可以求出转差频率Δf，再把它与速度设定值f^*相叠加，以该叠加值作为逆变器的频率设定值f_1^*，这实现了闭环转差补偿。这种实现转差补偿的闭环控制方式称为转差频率控制方式。与U/f控制方式相比，其调速精度大为提高。但是，使用速度传感器求取转差频率，要针对具体电动机的机械特性调整控制参数，因而这种控制方式的通用性较差。

转差频率控制方式的原理框图如图2-12a所示。对应于转速的频率设定值为f^*，经转差补偿后定子频率的实际设定值则为$f_1^* = f^* + \Delta f$。

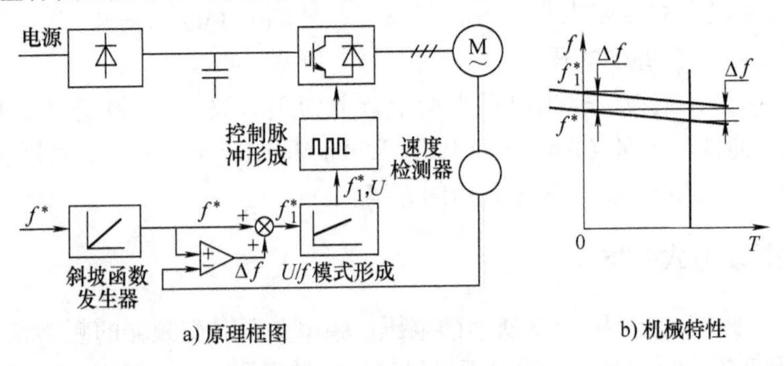

a) 原理框图　　b) 机械特性

图2-12　转差频率控制方式

由图 2-12b 可见，由于转差补偿的作用，调速精度提高了。

（3）矢量控制：上述的 U/f 控制方式和转差频率控制方式的控制思想都建立在异步电动机的静态数学模型上。因此，动态性能指标不高。对于轧钢、造纸设备等对动态性能要求较高的应用，可以采用矢量控制变频器。

采用矢量控制方式的目的，主要是为了提高变频调速的动态性能。根据交流电动机的动态数学模型、利用坐标变换的手段，将交流电动机的定子电流分解成磁场分量电流和转矩分量电流，并分别加以控制，即模仿自然解耦的直流电动机的控制方式，对电动机的磁场和转矩分别进行控制，以获得类似于直流调速系统的动态性能。

在矢量控制方式中，磁场电流和转矩电流的实际值可以根据可测定的电动机定子电压、电流的实际值经计算求得。磁场电流和转矩电流的实际值再与相应的设定值相比较并根据需要进行必要的校正。高性能速度调节器的输出信号可以作为转矩电流（或称有功电流）的设定值，如图 2-13 所示。动态频率前馈控制 df/dt 可以保证快速动态响应。

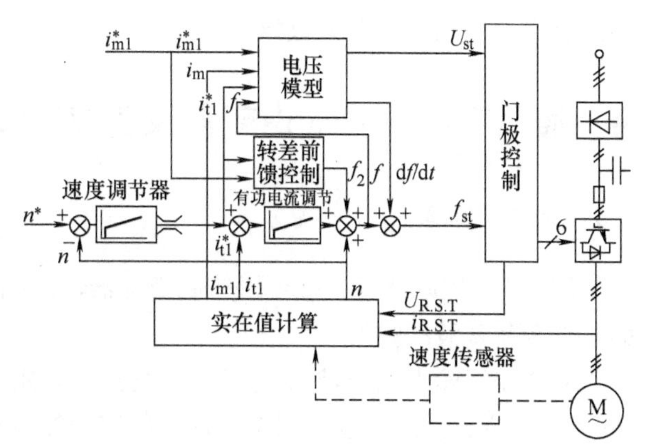

图 2-13　矢量控制原理框图

（4）直接转矩控制：DTC（Direct Torque Control）的控制思想也是建立在电动机动态模型的基础上，但仅在定子坐标系内进行控制。把逆变器和电动机视为一体，对逆变器进行两点式砰-砰控制去改变定子电压空间矢量，也就是改变逆变器的开关模式进而直接控制电动机的转矩。所组成的控制系统比矢量控制系统简单得多，在起动、制动和负载变化时，转矩的响应是很快的，系统的动态、静态性能是很高的。

2.3.4　按主开关器件分类

逆变器主开关器件的性能，往往对变频器装置的性能有较关键的影响。通用变频器中最常用的主开关器件都是自关断器件，主要有 IGBT、GTO 等。在变频器的发展历史中，BJT 作为变频器的主开关器件，曾经一枝独秀。时至今日，已经没有生产厂家出产 BJT 的变频器了。

在最近 30 年中，IGBT 已经发展了几代产品，到目前各器件生产厂商还在不断地改进设计思想和制造工艺，以提高其性能。GTO 的特点是电压高、电流大，主要用于高压大容量变频器。

就通用变频器来看，以IGBT变频器为主，中小功率采用IPM的应用较普遍。

IGBT变频器有如下特点：

1）可以制成所谓静音式变频器，使负载电动机的噪声降到工频电网供电时的水平。

2）电流波形更加正弦化，有利于减轻电动机转矩的脉动，并增加低速时的转矩。

3）用于矢量控制时，动态响应特性更快。

IGCT是为克服GTO缺点而开发的，它把门极驱动单元和器件本身集成在一起，所以称集成门极换流晶闸管。它低成本、高可靠、高效率、小体积、高频率，应用前景十分广阔，竞争力很强。

2.4 通用变频器中的逆变器及其PWM控制

2.4.1 PWM逆变器

使用PWM控制技术，既可以控制逆变器输出电压的频率，又可以控制输出电压的波形及其基波的幅值。

为使逆变器输出电压波形趋于正弦波，常采用SPWM（Sinusoidal Pulse Width Modulation）方式。通用变频器中常用全数字控制方式实现SPWM。图2-14所示为电压型SPWM变频器，有如下优点：

1）可以实现由逆变器自身同时完成调频和调压的任务，使线路简化，可实现小型化并降低成本。

2）输出电压的谐波含量可以极大地减少，特别是可以减小和消除某些较低次谐波。减小了电动机的谐波损耗和减轻了转矩脉动。即使在很低的转速下，也可以实现平稳运转。

3）由于主开关器件的开关频率足够高，可以实现快速电流控制。这对于矢量控制式高性能变频器是必不可少的。

另外，由于载波频率附近的谐波分量对总体性能有很大影响，如何选择载波频率以消除或减小该频率附近的谐波，是进一步提高PWM变频器性能的重要内容，它的不断发展，使现代变频器的性能得到很大提高。

2.4.2 SPWM控制

图2-14是SPWM变频器的原理框图。这种采用二极管组成不可控整流器及由自关断器件组成逆变器的主电路方案，是目前应用最多的一种方案。逆变器开关模式信号，通常情况下利用三相对称的正弦波参考信号与一个共用的三角波载频信号互相比较来生成，如图2-14b所示。

控制上常有单极性和双极性两种情况：

1）所谓单极性控制是指在输出的半个周波内，同一相的两个导电臂仅一个反复通断而另一个始终截止。例如 U 相的正半周波，图 2-14a 中的 V_1 反复通断，而 V_4 始终截止。单极性控制情况下，图 2-14b 中的 u_{RU}、u_c及 u_{gU}的波形如图 2-15a 所示。当 u_{RU}高于 u_c时，u_{gU}为“正”电平；当 u_{RU}低于 u_c时，u_{gU}为“零”电平。由于载频信号 u_c等腰三角波的两腰是线性变化的，它与光滑的正弦参考信号 u_{RU}相比较，得到的各脉冲的宽度也随时间按正弦规律变化，形成了 SPWM 的控制波形 u_{gU}。u_{gU}作为主电路中 V_1 的基极控制信号，控制 V_1 的反复通断。所以在正半周波内，图 2-14a 中的 U 相输出电位波形 u_{UN}与 u_{gU}是相似的。相对于直流中点而言，u_{UN}的幅度是 $E_d/2$，并且保持恒定，如图 2-15b 所示。以上分析的是正半周波的情况，负半周波与此类似。

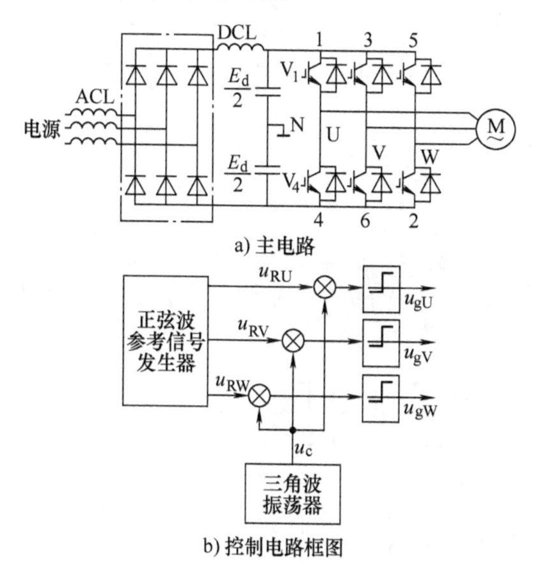

图 2-14　电压型 SPWM 变频器

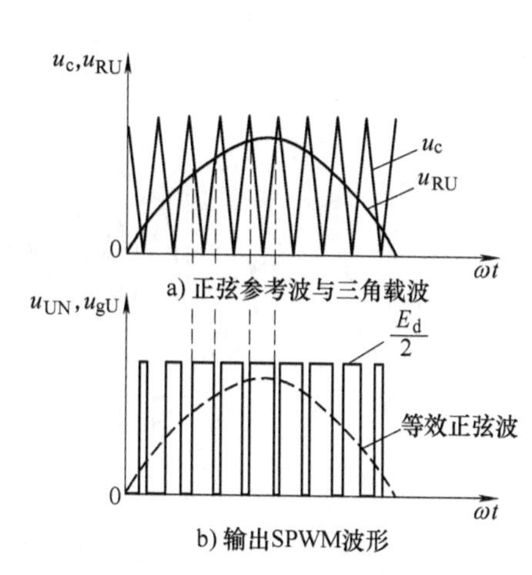

图 2-15　单极性脉宽调整方法与波形

2）所谓双极性调制是指在输出的半个周波内同一相的两个导电臂互补交替通断，例如 U 相的正半周波：

① $u_{RU}>u_c$时，V_1 通 V_4断，$u_{UN}=E_d/2$；

② $u_{RU}<u_c$时，V_4 通 V_1断，$u_{UN}=-E_d/2$。

这样即可得到双极性的 U 点电位 u_{UN}，如图 2-16b 所示。各脉冲的幅值$+E_d/2$ 和$-E_d/2$ 是以直流中点 N 为参考点得到的。

由图 2-15 及图 2-16 的波形图可以想象到：改变参考信号波 u_R的频率，输出频率会随之改变；改变 u_R的幅值，则输出电压的幅值亦会随

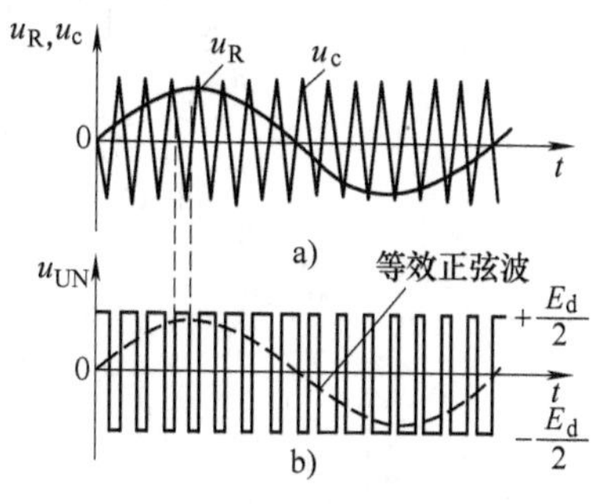

图 2-16　双极性调制

之改变。如果控制 u_R 使其频率、幅值协调变化，则可以按图2-2所示的关系对变频器进行 U/f 控制。这是变频器的PWM方式的最基本的概念。

通常情况下，单极性SPWM多采用单极性的载频三角波，双极性SPWM则采用双极性的载频三角波。从控制方法上看，采用单极性的载频三角波完全可以实现双极性控制，或者反过来采用双极性载频三角波也完全可以实现单极性控制。但如果这样，在其他条件相同的情况下，输出电压的谐波含量将有所增加。

图2-17a所示的三相SPWM变频器，其逆变器的控制采用双极性调制时，三相SPWM逆变器的波形图如图2-17b所示。图中线电压只画出了 u_{AB}，相电压只画出了 u_{AO}。

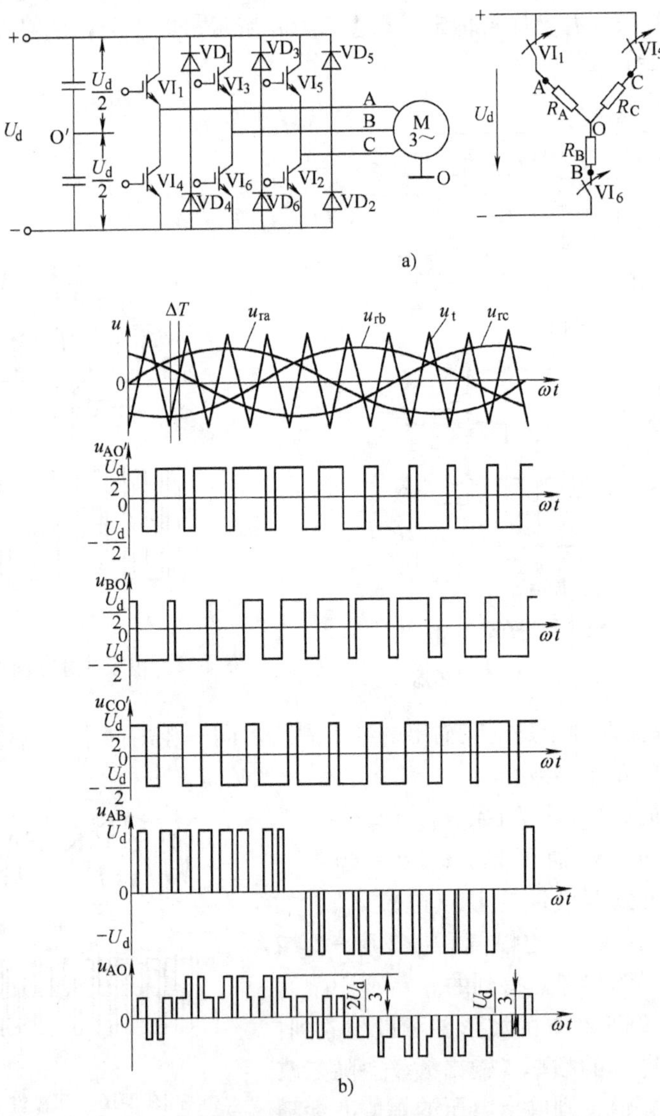

图2-17　双极性调制的三相SPWM变频器的输出波形

对图2-17说明如下。图中的波形是三相PWM控制形成的。载频三角波三相公用，而参考电压波是三相对称正弦波，为u_{ra}、u_{rb}和u_{rc}，波形u'_{AO}、u'_{BO}和u'_{CO}是A、B、C三个相端点的电位（以直流中点O′为参考点），并非电动机电压的物理波形，而u_{AB}、u_{AO}分别为电动机的线电压和相电压，它们才是物理波形。

线电压和相电压的波形是很容易由观察法得到的，例如在图2-17b中的ΔT时段内，由三角波和三相正弦参考波比较，可得ΔT时间内主电路中的5、6和1臂导通。如图2-17a中右图所示，该图表示5、6、1导通，因此可以判断$U_{AB}=+U_d$，$U_{BC}=-U_d$而$U_{CA}=0$；还可以利用三相对称负载的分压关系判断$U_{AO}=+U_d/3$、$U_{BO}=-2U_d/3$、而$U_{CO}=+U_d/3$。在图2-17b的ΔT时间内，U_{AB}、U_{AO}瞬时值可以在对应波形图上验证。

图中还出现若干个时间段，1、3、5或者4、6、2同时导通，电动机处于短路耗能状态，旋转磁场停转。在后文介绍的SVPWM章节中，这种情况下的电压空间矢量被称为零矢量。

2.4.3 同步调制与异步调制

SPWM逆变器的性能与两个重要参数有关，它们是调制比m和载频比K。其定义分别为

$$m=\frac{U_{Rm}}{U_{cm}}$$

$$K=\frac{f_c}{f}=\frac{\omega_c}{\omega}=\frac{T}{T_c}$$

式中 U_{Rm}、f（ω、T）——参考信号u_R的幅值、频率（角频率、周期）；

U_{cm}、f_c（ω_c、T_c）——载频信号u_c的幅值、频率（角频率、周期）。

在SPWM方式中，U_{cm}的值常保持不变，m值的改变由改变U_{Rm}来实现。

在调速过程中，根据载频比K是否改变，可以分为同步调制和异步调制两种方式：

（1）同步调制：在改变f的同时成正比地改变f_c，使K保持不变，则称为同步调制。采用同步调制的优点是可以保证输出波形的对称性。对于三相系统，为保持三相之间对称、互差120°相位角，K应取3的整数倍；为保证双极性调制时每相波形的正、负半波对称，则该倍数应取奇数。由于波形的对称性，不会出现偶次谐波问题。但是，受开关器件允许的开关频率的限制，保持K值不变，在逆变器低频运行时，K值会显得过小，导致谐波含量变大。使电动机的谐波损耗增加，转矩脉动相对加剧。

（2）异步调制：在改变f的同时，f_c的值保持不变，使K值不断变化，则称为异步调制。采用异步调制的优点是可以使逆变器低频运行时K值加大。相应地减小谐波含量，以减轻电动机的谐波损耗和转矩脉动。但是，异步调制可能使K值

出现非整数，相位可能连续漂移，且正、负半波不对称，相应的偶次谐波问题变得突出了。但是如果器件开关频率能满足要求，使得 K 值足够大，这个问题就不很突出了。采用IGBT作为主开关器件的变频器，已有采用全速度范围内异步调制方案的机种，这克服了下述的分段同步调制的关键弱点。

（3）分段同步调制：实用的逆变器常采用分段同步调制的方案。图2-18所示为一个例子，恒转矩区、低速段采用异步调制，高速段分段同步化，K 值逐级改变。到了恒功率区，取 $K=1$，可以获得最高输出电压。这样做的话，开关频率限制在一定的范围内，并且 f_c 相对变小后，在 K 为各个确定值的范围内，可以克服异步调制的缺点，保证输出波形对称。K 值的切换控制应注意两个问题：① K 值的切换不出现电压的突变；② 应在临界点处造成一个滞后区，以避免不同 K 值之间出现振荡。分段同步调制比较关键的弱点是在 K 值切换时可能出现电压突变乃至振荡。

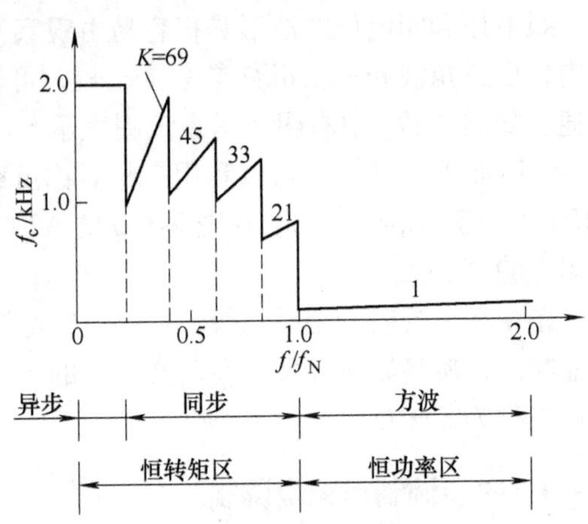

图 2-18 逆变器基波频率与载波频率的关系

2.4.4 谐波分析与输出电压调节

对异步调制方式，由于各周期内所包含的脉波数没有重复性，无法以参考信号的角频率 ω 为基准将PWM波形用傅里叶级数分解成 ω 倍数的谐波成分。必须以载波角频率 ω_c 为基准，考查其边频带的分布情况，以研究谐波的分布情况[10]。在此仅以同步调制的简单情况为例，以 ω 为基准来分析谐波的情况，以引出一些有用的概念。

图2-19a所示的双极性SPWM波形，在0~π（180°）域对π/2（90°）呈轴对称，若考虑在0~2π域，则对π呈中心对称。因此，谐波成分中不含直流分量及偶次谐波。其傅里叶级数表达式可以写成：

$$u_{UN}(t)=\sum_{n=1}^{\infty}B_n\sin n\omega t(n=1,\ 3,\ 5,\ \cdots)$$

式中

$$B_n=\frac{2E_d}{n\pi}\int_0^{\frac{\pi}{2}}u_{UN}(t)\sin\omega t\mathrm{d}(\omega t)(n=1,\ 3,\ 5,\ \cdots)$$

对图2-19的双极性SPWM波形而言，各次谐波的幅值为输出电压表达式为

$$B_n=\frac{2E_d}{n\pi}\left[1+2\sum_{i=1}^{M}(-1)^i\cos n\alpha_i\right] \tag{2-1}$$

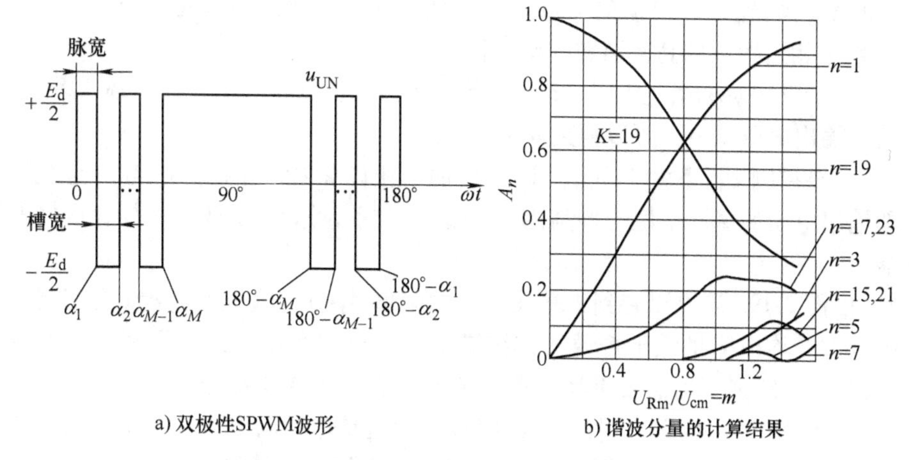

a) 双极性SPWM波形　　b) 谐波分量的计算结果

图 2-19　双极性 SPWM 波形及谐波分量的计算

式中　n——谐波的次数，$n=1$，3，5，…；

α_i——开关角，其中 $i=1$，2，3，…，M。

为了考查各次谐波的幅值，定义它们的相对值，令

$$A_n=\frac{B_n}{B_{10}}=\frac{1}{n}\left[1+2\sum_{i=1}^{M}(-1)^i\cos n\alpha_i\right] \tag{2-2}$$

式中，$B_{10}=\frac{2E_d}{\pi}$，如考虑线电压，则 $B_{10l}=\frac{2\sqrt{3}\,E_d}{\pi}$

B_{10}是在不进行 SPWM 控制，即图 2-19 的 u_{UN}波形变成方波时，该方波的基波分量的幅值。可见 A_n的意义是

$$A_n=\frac{\text{SPWM 方式下各次谐波的幅值}}{\text{方波方式下基波的幅值}}$$

由式（2-2）可见，A_n取决于各开关角 α_i的值，而在 SPWM 方式下各 α_i的值又决定于调制比 m 和载波比 K。所以，如果给定 K 值（同步调制），改变 m 可以求得一系列的 α_i值，α_i值再代回到式（2-2）中，则可以求出 $A_n=f(m)$。图 2-19b 是设定 $K=19$，通过计算求出的 A_n对于调制比 m 的关系曲线。

分析图 2-19b 所示的函数关系，可以得到关于 SPWM 控制情况下的谐波情况和关于输出（基波）电压调节的有用结论。

关于谐波含量，可以得出如下结论：

1）只要载频比 K 足够大，较低次谐波（通常对电动机的转矩脉动影响较大）就可以被有效地抑制。特别是深调节时更是如此。图 2-19 所示的 $K=19$ 的情况，当 $m<1$ 时，13 次以下的奇次谐波不再出现，仅当 $m>1$ 时 3、5、7 次谐波才重新出现。

2）深调节时，较高次谐波反而增加。即当 m 较小时，$A_{19}\approx 1$。这是由于 m 接

近于零时 $U_{Rm} \ll U_{cm}$，u_R和 u_c的交点贴近横轴，各调制脉冲的宽度近于不变，导致与 K 的数值相近次数的高次谐波的幅值很大。

3）用于三相对称系统中时，3 的整数倍次谐波可以自行消失，不必考虑。

关于输出电压调节，可以得到如下结论：

1）只要控制 U_{Rm}不大于 U_{cm}，即 $m<1$ 时，由图 2-19b 可见，A_1 与 m 呈线性关系，即输出电压的基波幅值与调制比 m 成线性关系，这说明 SPWM 具有良好的调压性能。

2）由图 2-19b 还可以看到，基波电压的幅值 $A_1<1$，这说明 PWM 逆变器输出电压的基波方均根值将低于普通的方波逆变器。换句话说，为了得到同样的输出方均根值，PWM 逆变器需要更高的直流输入电压 E_d（或用符号 U_d）。

3）对于 SPWM 而言，常控制 U_{Rm}使 $m<1$。但是也可以使 $m>1$，$m>1$ 时电压利用率将提高，但调压灵敏度下降且低次谐波成分有增加的趋势。

由上述可见，SPWM 方式下谐波较小，特别是低次谐波的影响显著减小，基波电压与 m 基本成正比。

下面介绍提高电压利用率的措施。

当 $m=1$ 时，基波线电压达到了线性调节范围内的最大可能值，可以证明基波线电压为

$$U_{o1} = m\frac{\sqrt{3}}{2}U_d\sin(\omega_1 t + \varphi)$$

式中 φ 为人为定义的初相位，与坐标原点的选择有关，可见其幅值为

$$U_{o1M} = m\frac{\sqrt{3}}{2}U_d$$

当取 $m=1$ 时

$$U_{o1M} = \frac{\sqrt{3}}{2}U_d$$

这是基波电压幅值线性调节的一个极限，如果超出这个极限值，则输出电压不再随 m 的值线性变化。输出电压会出现浪涌。把 $m=1$ 时的 U_{o1M}/U_d定义为直流电压利用率。可见 SPWM 方式控制下，直流电压利用率为 $\sqrt{3}/2=0.866$，比较低。

如果不是采用 SPWM 方式，而是六脉波方式，输出 120°方波电压时，其直流电压利用率为 $B_{101}=2\sqrt{3}/\pi=1.103$，见关于式（2-2）的说明。

可见式（2-2）的 A_1 为

$$A_1 = \frac{\sqrt{3}/2U_d}{2\sqrt{3}/\pi U_d} = \frac{0.0866}{1.103} = 0.787$$

查阅图 2-19b，可见当 $m=1$ 时，$A_1=0.787$。

直流电压利用率是 PWM 逆变器输出电压大小的一个度量，是逆变器线性调压

能力的一个表征。

SPWM 的电压利用率不高，当电网电压为 380V 时，用 SPWM 方法，当 $m=1$ 时逆变器输出电压仅能达到 329V，不能满足标准电动机的 380V 的要求。采取一定的措施，可以提高电压利用率实现逆变器的输出电压在零到电网电压之间线性可调。只要把电压利用率提高到 1 就可以了。

这些措施有三次谐波注入法、梯形 PWM 法和谐波消去法等，采用空间矢量脉宽调制（SVPWM）法也可以将电压利用率提高到 1。

提高电压利用率是很有意义的。接在标准电压的电网上的标准电动机用于变频调速时，在电网和电动机之间插入了通用变频器之后，仍然可以得到频率在 $f_1=0\sim f_{1N}$，$U=0\sim U_{1N}$的 VVVF 电压。市场上的通用变频器的输出电压都可以输出零到电网电压的可调电压。设想只利用单纯的 SPWM 控制，而不采取提高电压利用率的措施，输出电压只能达到电网电压的 0.866 倍。要想得到额定电压，只好在网侧设置升压变压器。因此使用通用变频器，必须增加网侧升压变压器的投资。

提高输出电压的措施说明如下。变频器的中间直流电压为 U_d，输出线电压基波幅值的最大值应该可以达到 U_d。为充分利用 U_d，可以采用三次谐波注入法。如图 2-20 所示，在正弦参考波上叠加 3 的整数倍的谐波作为参数波。由于三相线电压相位差为 2π/3，即使波形中含有 3 次谐波，输出线电压中 3 次谐波也会相互抵消，不会对电动机的运行造成不利影响。注入 3 次谐波后的马鞍波调制 $m=1$ 时，等效于 SPWM 调制时 $m>1$ 的情况。

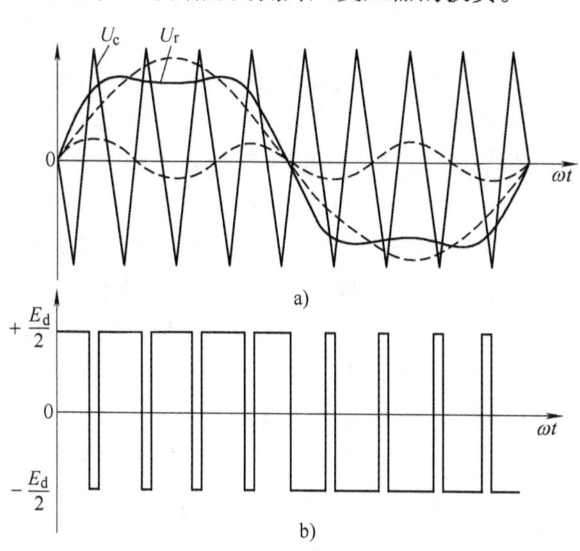

图 2-20　正弦参考信号加入 3 次谐波的脉宽调制波形

可以证明允许基波幅值增加到原来的 $2/\sqrt{3}$ 倍，即增加 15%。SPWM 时的直流电压利用率为$\sqrt{3}/2$ 增加到 $2/\sqrt{3}$ 倍，两相相乘，直流电压利用率变成了 1。

把图 2-20a 中的马鞍波近似成平顶的梯形波，只要合理安排梯形上底于下底的比例，也可以达到类似马鞍波的效果。

2.4.5　谐波消去法

谐波消去法，是在方波电压波形上设置一些槽口，通过合理安排槽口的位置与宽度，则可以达到既能控制输出基波电压分量，又能有选择地消除某些较低次谐波的目的。这种槽口的安排如图2-19a所示。图中决定槽口的开关角不再用参考信号和载频信号波形互相比较的方法来确定，而是利用输出电压波形的数学模型通过计算求得。这种计算是用电子计算机离线计算，计算的工作量通常比较大。但在PWM逆变器中，却可以只利用一台微型计算机通过查表迅速而准确地实时确定开关角的值。

如图2-19a那样的M个开关角，可以消除较低次的$M-1$种谐波。以$M=3$为例，令式（2-2）中$A_5=A_7=0$，即可消掉5、7次谐波。将式（2-2）写成：

$$A_1=(1-2\cos\alpha_1+2\cos\alpha_2-2\cos\alpha_3)$$

$$A_5=\frac{1}{5}(1-2\cos5\alpha_1+2\cos5\alpha_2-2\cos5\alpha_3)=0$$

$$A_7=\frac{1}{7}(1-2\cos7\alpha_1+2\cos7\alpha_2-2\cos7\alpha_3)=0$$

根据变频器的不同输出频率，可以分别确定基波幅值的相对值A_1。令$A_5=0$、$A_7=0$的条件下，可求出为消去5、7次谐波所需的开关角α_1、α_2、α_3。不同A_1值下，α_i的值如图2-21所示。

这是一种根据输出电压的数学模型直接确定开关角的方法，已经脱离了SPWM的范畴，属于一种优化PWM方法。其优点是利用较小的K值，可有效地抑制某些低次谐波。这种优化方法离开微型计算机，则比较难于实现。

结果表明，以消除5、7次谐波为目标设置开关角则可能使其他较关键的低次谐波被抬高。如图2-22a所示，11次谐波显著变大。

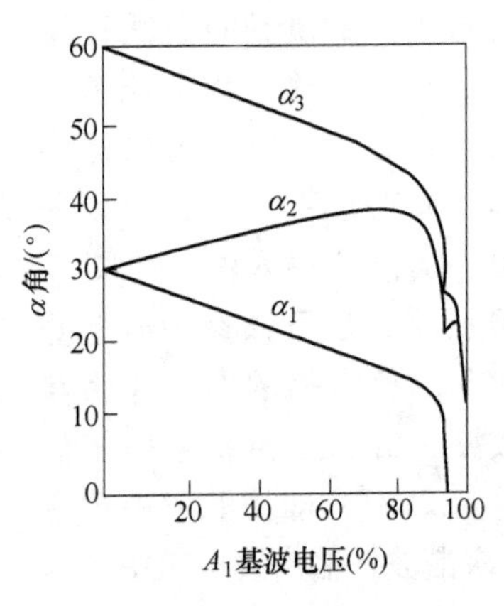

图2-21 抑制5、7次谐波时开关角α_i与基波电压的关系

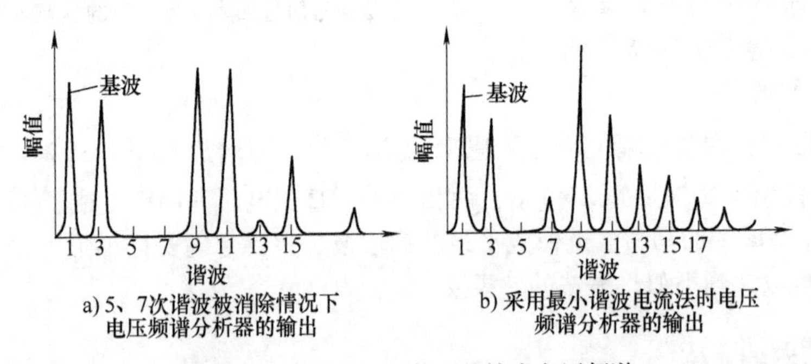

图2-22 不同目标函数下的输出电压频谱

由图 2-19a 可见，PWM 波中间部分未进行斩波调制，电压利用率必然提高。

优化的目标函数不是绝对的，另一种优化 PWM 是以谐波电流（或谐波损耗）最小为目标函数，将逆变器与负载电动机综合在一起加以考虑，得到的输出电压频谱如图 2-22b 所示。与图 2-22a 相比较，虽然 7 次谐波重新出现，但 11 次谐波却大为减小。在这个电压频谱的作用下，电动机谐波电流和谐波损耗却可以最小。另外，在三相系统中三倍频的谐波可以不考虑。

除了上述优化 PWM 方法外，还有以减小微型计算机存储容量为目标的等脉宽消谐波最佳 PWM 方法等，关于 PWM 优化的研究是当今 PWM 技术的一个重要课题。

2.4.6 瞬时电流跟踪控制

也称为自适应电流控制。以上对 PWM 的谐波问题的讨论，都是以理想直流电源为基础的，这与由整流器供电的情况相差较远。直流电压免不了会有一定纹波，在要求快速响应的情况下，这种纹波的影响是不可忽视的。在这里把控制的目标函数改作电流，如图 2-23 所示，正弦电流参考信号 i^* 与实际电流反馈信号 i 相比较其偏差送给滞环比较器。比较器的输出控制半桥中的两个高速开关，可以使 i 在 i^*+I_Δ 和 i^*-I_Δ 之间来回地进行跟踪控制。在要求快速响应的场合，只要开关速度足够即可。

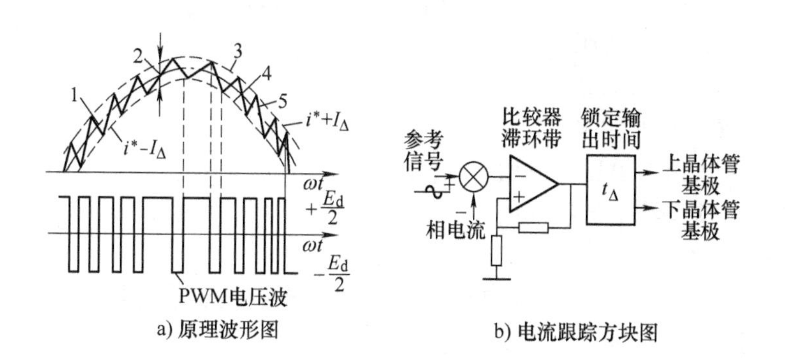

图 2-23 电流跟踪 PWM 控制

1—正弦参考电流 2—滞环带 3—上边限 4—下边限 5—有效电流 i

这种方式的特点是：①硬件十分简单；②电流控制响应快；③相对的电流谐波较大；④瞬时电流可以被限制，这对于半导体器件是一种自动保护作用；⑤控制回路略作变更，也可实现电压自动跟踪和磁通自动跟踪控制。

注意：在此应接着介绍 SVPWM，即空间矢量 PWM 法，因为这部分内容与直接转矩控制联系比较密切，所以移到第 5 章中介绍。

2.5 通用变频器中的整流器

2.5.1 二极管整流器

通用变频器中采用如图2-14a所示的二极管不可控桥式整流电路方案的占绝大多数。逆变器采用PWM方案的情况下，这是一种较好的方案。与晶闸管整流器相比，这种方案在全速度范围内网侧功率因数比较高。由于不必设置相应的控制电路，所以控制简单，成本也较低。

二极管桥式整流电路的工作原理十分简单，不必深入分析。这里主要就其用于通用变频器时的一些技术问题进行必要的说明。理论上讲，二极管整流器的网侧功率因数应该接近于1，但实际上，由于中间直流回路采用大电容作为滤波器。整流器的输入电流实际上是电容器的充电电流，呈较为陡峭的脉冲波，其谐波分量较大。虽然其基波功率因数 $\cos\varphi_1$ 接近于1，但总功率因数却不可能是1。根据定义，网侧的总功率因数 A 应为总有功功率和总视在功率之比，即

$$A=\frac{P}{\sqrt{3}UI}=\frac{\sum\limits_{n=1}^{\infty}U_nI_n\cos\varphi_n}{\sqrt{\sum\limits_{n=1}^{\infty}U_n^2}\times\sqrt{\sum\limits_{n=1}^{2}I_n^2}}$$

式中 U——额定输入电压；

I——额定输入电流；

P——额定输入功率；

U_n——n次谐波电压有效值；

I_n——n次谐波电流有效值；

$\cos\varphi_n$——n次谐波电压、电流间的功率因数。

这说明输入波形的畸变将影响输入侧的总功率因数。这种影响可用基波因数（原称畸变因数）来表示。基波因数定义为

$$\nu=\frac{I_1}{\sqrt{I_1^2+\sum\limits_{n=2}^{\infty}I_n^2}}$$

若令

$$\mu=\frac{\text{高次谐波有效值}}{\text{基波有效值}}=\frac{\sqrt{\sum\limits_{n=2}^{\infty}I_n^2}}{\sqrt{I_1^2+\sum\limits_{n=2}^{\infty}I_n^2}}$$

则网侧的总功率因数可以表示为

$$\lambda = \nu\cos\varphi_1 = \frac{1}{\sqrt{1+\mu^2}}\cos\varphi_1$$

对于二极管整流的情况，基波电压相电压和基波电流同相，$\cos\varphi_1 = 1$，所以有

$$\lambda = \frac{1}{\sqrt{1+\mu^2}}$$

可见这种情况下，网侧的总功率因数仅与高次谐波的含量有关。

通常情况下，电源设备的内阻抗可以起到缓冲直流滤波电容的无功功率的作用。这种内阻抗即变压器的短路阻抗，其相对值越大，则输入电流的谐波含量越小。即电源的容量相对较大（短路阻抗较小）时，将使谐波含量相对变大，如图 2-24 所示。

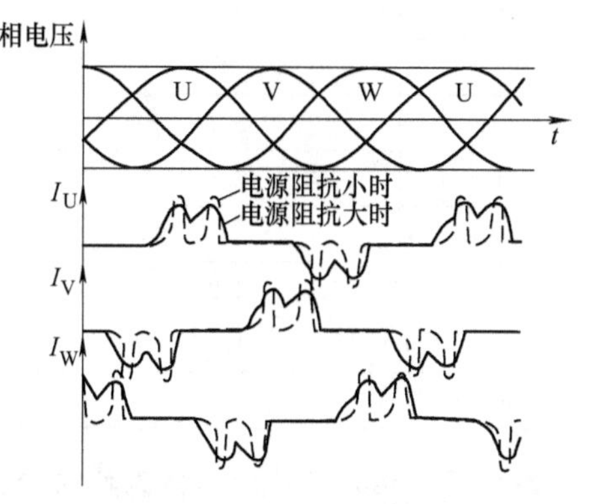

图 2-24 输入电压、电流波形

在需要时，可在电网侧接入 AC 电抗器（选购件）来减小网侧电流的谐波含量，表 2-1 说明了 AC 电抗器减小谐波含量的效果。

表 2-1 电源侧电流高次谐波含有率

高次谐波次数	高次谐波含有率（%）		
	100kVA 阻抗%X_T=7.5 无输入电抗器	100kVA 阻抗%X_T=7.5 输入电抗器 0.0747mH	100kVA 阻抗%X_T=7.5 输入电抗器 0.149mH
1	100	100	100
3	0	0	0
5	79.3	48.7	37.6
7	62.2	27.5	17.2
9	0	0	0
11	27.4	8.5	7.8
13	15.1	7.1	5.7
15	0	0	0
17	8.5	4.2	3.6
19	8.1	3.6	3.3
21	0	0	0
23	4.5	2.5	2

（续）

高次谐波次数	高次谐波含有率（%）		
	100kVA 阻抗%X_T=7.5 无输入电抗器	100kVA 阻抗%X_T=7.5 输入电抗器0.0747mH	100kVA 阻抗%X_T=7.5 输入电抗器0.149mH
25	3.6	2.2	2.1
27	0	0	0
29	3.3	1.4	1
31	2.8	1.5	1.3
33	0	0	0
35	1.9	1.1	0
37	1.9	1.1	0
39	0	0	0

高次谐波电流造成的不良影响简述如下：

（1）占用电网容量：一般情况下应考虑电源设备的裕量。

（2）引起电网电压波形畸变：电网容量越大，观察到的电流波形越陡峭，畸变越严重，如图2-24所示。与此相反，电网容量相对较小，电压波形的畸变较严重，如图2-25b所示。比较图2-25a与b，畸变程度与变频器的负载大小有关。由于电流、电压波形的畸变，同一供电线路上的其他设备必然受到影响，引起过热、噪声、振动甚至误动作。通用变频器的应用日益增多，对电网的污染问题不容忽视。

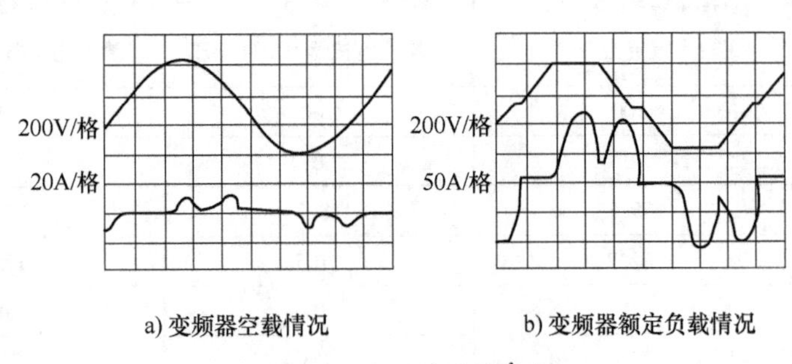

a) 变频器空载情况　　b) 变频器额定负载情况

图2-25　电压波形的畸变

（3）对改善功率因数用的电力电容器产生不良影响：当变频器单机容量或总和容量较大时，这种影响便会显现出来。一旦由于高次谐波而引起并联谐振，电力电容器则流入异常大的电流，引起过热或绝缘的损坏。图2-26a所示为接线示意图，图2-26b所示为等效电路。对于谐波电流 I_n 电源的谐波阻抗 Z_{on} 和电力电容器的谐波阻抗 Z_{cn} 相当于并联。

由等效电路，可以列出下式

$$I_{cn} = \frac{Z_{on}}{Z_{on} + Z_{cn}} I_n$$

因为

$$|Z_{on} + Z_{cn}| < |Z_{on}|$$

所以当

$$-2Z_{on} < Z_{cn} < 0$$

即 Z_{cn}为容性阻抗（为负值）的场合，下式

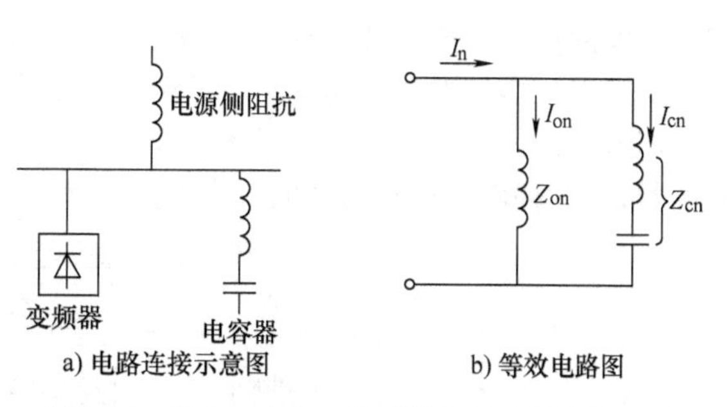

图 2-26 接有电力电容器时的电路及其等效电路

$$Z_{on} + Z_{cn} = 0$$

为并联谐振的条件。这种情况下，高次谐波电流的幅值将特别大，危及电力电容器的安全。解决的办法有如下几种：

1）改变电容器回路中电感的可调部分。

2）高次谐波含量较多时，增加电容回路串联电抗器的电抗值。

3）投入电力电容器的调整容量。

4）电力电容器设置位置适当改变。

（4）对各种保护电器（包括接触器、继电器）及各种指示仪表等的影响见参考文献［1］。

二极管三相桥式整流器用于通用变频器时，尽管电网侧由谐波含量引起了上述技术问题，但从总体上看，这种方案控制简单、成本较低，网侧总的功率因数较高，仍然具有较大优势。因此，目前通用变频器中这种方案应用最多。谐波对电网的污染以及对其他设备造成的影响，通常采用在逆变器的直流回路中接入直流电抗器（又称改善功率因数用直流电抗器）或在交流输入端串联电抗器（又称改善功率因数用交流电抗器）的办法予以解决。从实践上看，效果是令人满意的，成本也不太高。

2.5.2 斩控式整流器

1. 概述

上述二极管整流器不能实现功率的双向传递。为实现变频器再生能量向电网的回馈，网侧变流器应改成可逆变流器。传统的方式是采用晶闸管可逆变流器，如图 2-27 所示。电动运行状态下，由正桥Ⅰ向负载提供功率；再生制动状态下，由反并联的桥Ⅱ作有源逆变运行（α>90°），将功率回馈到交流电网。这种方式下采用相位控制方式

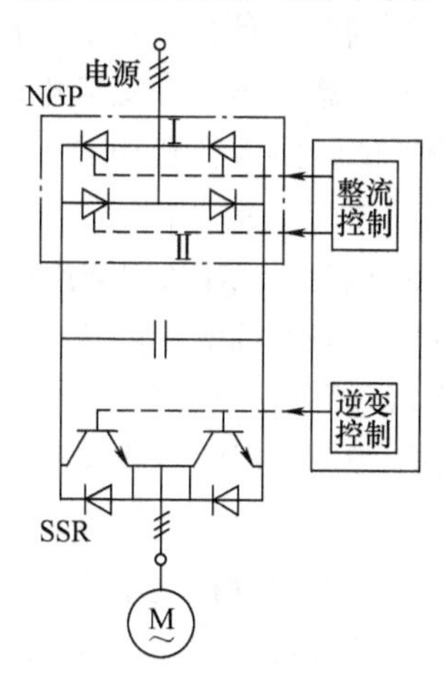

图 2-27 采用晶闸管的再生能回馈式变频器的网侧变流器

调压，电网换相，控制技术成熟。但也有相应的缺点，如深控时功率因数低、谐波含量高以及换相重叠引起电网电压波形畸变等。

随着全控式开关器件的实用化，开发出一种新型的斩控式整流器（又称PWM整流器）。这种斩控式整流器的一个应用实例如图2-28所示。

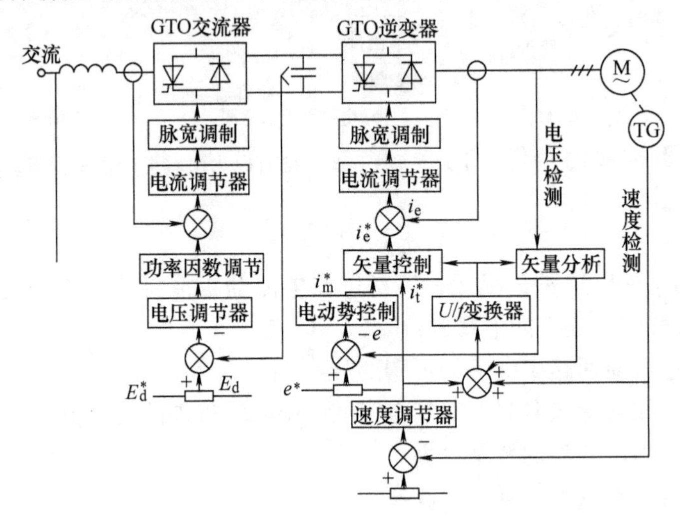

图2-28　斩控式整流器的应用

网侧变流器的结构与逆变器的结构完全相同，采用PWM控制方式。其控制电路包括控制直流电压的电压调节器；以交流电压波形为基准，提供变流器输入电流瞬时值指令模式信号的功率因数调节器；与此电流模式信号成正比的控制输入电流的调节器以及对变流器交流输入电压进行斩波控制的PWM控制器，即图中的“脉宽调制”。严格地讲，不能简单地把网侧变流器称为“整流器”，因为它既可以作为整流器工作，将交流电能转换为直流电能，又可以作为有源逆变器工作，将直流电能转换为交流电能。但为简单起见，在本节中我们暂称为斩控式整流器（PWM整流器）。由于采用了自关断器件GTO（中小功率都采用IGBT），通过恰当的PWM模式，对网侧交流电流的大小和相位进行控制，可以使交流输入电流接近正弦波并与电源电压同相位、系统的功率因数总是接近于1；当电动机减速制动从逆变器返回再生功率使直流电压升高时，又可以使交流输入电流的相位与电源电压相位相反，以实现再生运行并将再生功率回馈到交流电网去。系统仍能将直流电压保持在给定值上。这种情况下，斩控式整流器工作在有源逆变状态。

逆变器部分在此不重述。

这种方案实现了变频器的高性能化。由于采用PWM整流器，输入电流正弦化，并且功率因数接近于1；由于逆变器采用矢量控制的PWM方案，输出电流正弦，并且动态性能好。如果控制得当，这种双PWM变频系统的静、动态指标将高于晶闸管-直流电动机传动系统。

2. 斩控式整流器的原理

由上述应用实例可见，对斩控式整流器的性能提出了如下的要求：

1）输入电流的波形正弦。

2）保证网侧功率因数为1。

3）功率可以双向传递，具有再生能力。这就是说，如果设电网电压 u_N 为

$$u_N = U_{Nm}\sin\omega t$$

则电网电流 i_N 为

$$i_N = I_{Nm}\sin\omega t$$

并且功率因数 λ 为

$$\lambda \equiv 1$$

以上是不计PWM控制时的谐波含量时，对斩控式整流器所设定的目标函数。设计斩控式整流器的出发点，应基于上面三个式子所规定的关系。

斩控式整流器分为电压型和电流型两种方式。在此仅以电压型为例进行分析。

为简明计，以图2-29所示的单相斩控整流电路为例进行分析。这是一个单相全桥电路，其结构和单相全桥逆变电路完全一样。桥内各臂均由全控器件VT和不控器件VD反并联连接，构成一个不对称双向开关。按图中直流侧电流 i_o 的正方向，正向电流流经不控器件 VD_1 ~ VD_4，而反向电流流经可控器件 VT_1 ~ VT_4。如果不使各全控器件导通，则为一个常规的不控全波整流桥。如果按需要控制各全控器件的导通模式，即可实现斩控整流。

斩控情况下，和PWM逆变器一样，应该控制交流端口a、b间的输入电压波形 u_s，使之成为PWM斩波波形。为调整输出直流电压 E_d，用PWM方式来调节a、b间的输入电压 u_s 即可。

（1）开关模式的构想：采用正弦PWM方式，如果暂不考虑输入电感 L_N 的作用，定性地可以规定a、b间电压波形，如图2-30所示。当电路处于某稳定工作状态，E_d 的值为某一定值时，以N为参考点，PWM波形脉冲高度为 $+E_d$ 和 $-E_d$。各脉冲宽度以正弦规律随时间变化。认为 L_N 被短路则 u_s 的基波 u_{s1} 与电网电压 u_N 相同（图中虚线）。对照图2-30与图2-29，可以设计整流器的开关模式。从 u_s 的调制要

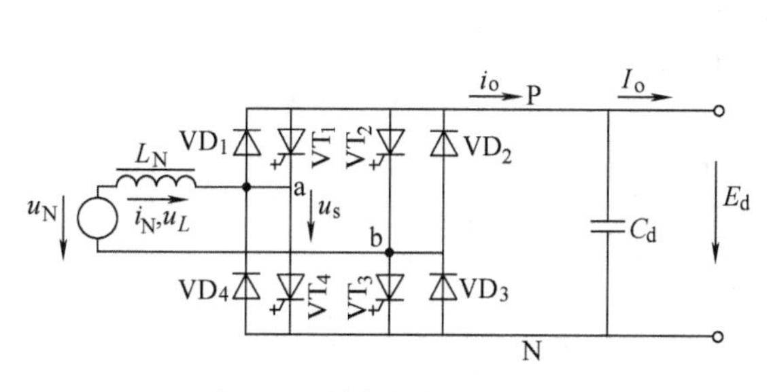

图2-29 单相斩控整流电路

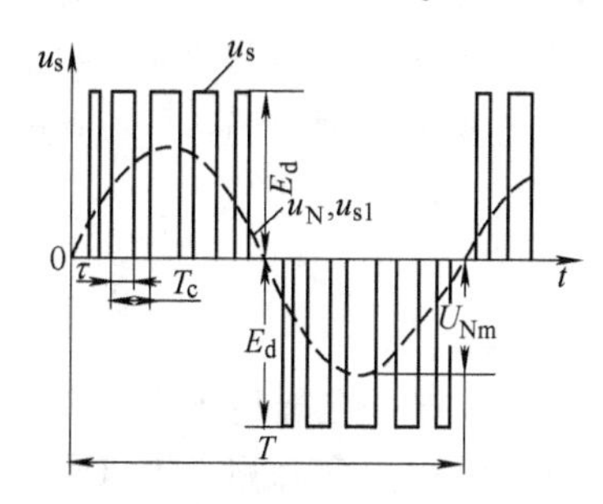

图2-30 不计 L_N 时的 u_s 波形

求出发，可分为三种模式：$u_s=0$ 模式（模式Ⅰ）；$u_s=+E_d$模式（模式Ⅱ）；$u_s=-E_d$模式（模式Ⅲ）。

$$\text{模式Ⅰ}\ (u_s=0\ \text{模式})\begin{cases}\text{VD}_1\ \text{与}\ \text{VT}_2\ \text{同时导通}\\ \text{VT}_1\ \text{与}\ \text{VD}_2\ \text{同时导通}\\ \text{VD}_3\ \text{与}\ \text{VT}_4\ \text{同时导通}\\ \text{VT}_3\ \text{与}\ \text{VD}_4\ \text{同时导通}\end{cases}\text{短接 L 储能}$$

$$\text{模式Ⅱ}\ (u_s=+E_d\text{模式})\begin{cases}\text{VD}_1\ \text{与}\ \text{VD}_3\ \text{同时导通} & \text{正向整流}\\ \text{VT}_1\ \text{与}\ \text{VT}_3\ \text{同时导通} & \text{正向回馈}\end{cases}$$

$$\text{模式Ⅲ}\ (u_s=-E_d\text{模式})\begin{cases}\text{VD}_2\ \text{与}\ \text{VD}_4\ \text{同时导通} & \text{反向整流}\\ \text{VT}_2\ \text{与}\ \text{VT}_4\ \text{同时导通} & \text{反向回馈}\end{cases}$$

如上三种模式共八种组合状态。在每瞬时电路中各器件的导通情况只能处于八种组合状态中的一种。每瞬时处于何种导通状态，由人为设计的 PWM 模式所决定的全控器件的门极信号的情况和电路所处的工作状态决定。问题就在于怎样合理地设计 PWM 模式。为合理地设计 PWM 模式，必须考虑输入电感的重要作用。如果不考虑 L_N，由图 2-29 和图 2-30 不难看出，u_s的谐波成分只能由电源变压器的漏感来缓冲，造成功率因数 $\lambda\neq1$，这是违背我们规定的目标函数的。因此，需要设置 L_N以缓冲 u_s中谐波的无功功率。从另一个角度观察，图 2-30 中 u_s和 u_N是有差别的，为使电路中各点电压平衡，也应设置 L_N。由此可见，L_N对电压型斩控整流器而言是必不可少的。根据图 2-29，有

$$u_L = u_N - u_s$$
$$i_L = i_N$$

所以对基波分量有

$$\dot{U}_{L1} = j\omega L_N \dot{I}_N = \dot{U}_N - \dot{U}_{s1}$$

切记目标函数 $\lambda\equiv1$，这是出发点，也就是说 $\dot{I}_N$ 与 $\dot{U}_N$ 同相是一个出发点。据此可以画出基波相量图（不计 L_N的线圈电阻），如图 2-31 所示。由图可见，u_s的基波 u_{s1}不再与 u_N同相，而是落后一个角度 ψ（$\psi>0$），而

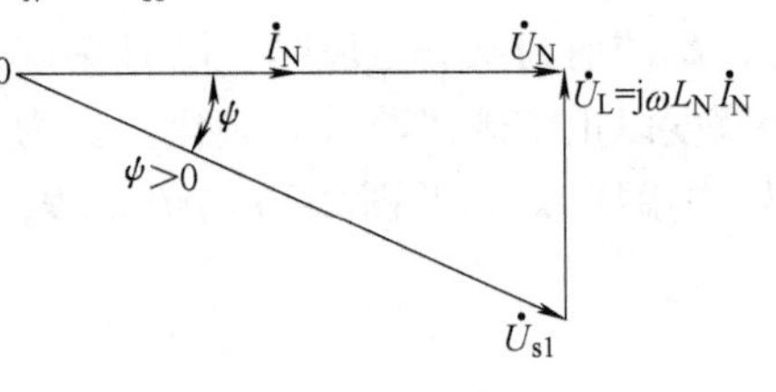

图 2-31 基波相量图

$$\psi = \arctan\frac{\omega L_N I_N}{U_N} = \arctan\frac{\omega L_N}{R_N}$$

式中 ω——电网角频率；

R_N——交流侧等效电阻，$R_N=U_N/I_N$；

I_N、U_N——网侧电流、电压方均根值。

由以上叙述得到一个重要概念，由于u_{s1}与u_N不再同相，那么SPWM控制方式中的正弦参考波u_R也不能与u_N同相。如图2-32所示，参考电压波u_R（见图2-32a）落后于电网电压u_N见图2-32e）的相位角为ψ。该ψ角的值根据L_N和负载的情况不难确定。

图2-32所示为图2-29的斩控式整流器工作于整流状态下的波形图。该图所对应的SPWM控制方式的载波比$K=f_c/f=5$，调制比$m=U_{Rm}/U_{cm}=0.8$。

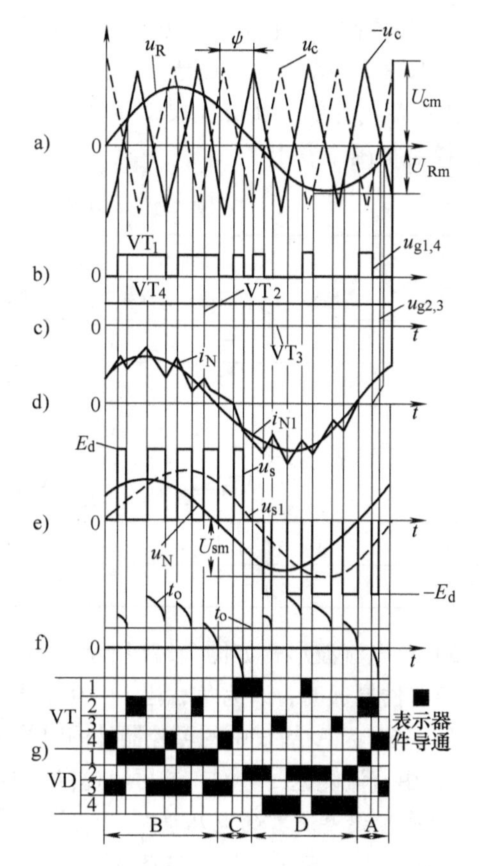

图2-32　斩控式整流器在整流状态下的波形图

图2-32a表示了SPWM信号的比较关系。其中u_R为正弦参考电压信号。与SPWM逆变器的方式不同，u_R的频率严格地与电网电压u_N的频率相同。在整流工作状态时，u_R落后于u_N一个角度ψ。载频信号u_c仍取三角波信号。两个载频信号u_c与$-u_c$在相位上相反。u_c与u_R比较，决定VT_1与VT_4的门极信号$u_{g1.4}$。$u_{g1.4}$高电平（$u_R>u_c$），VT_1有门极信号；$u_{g1.4}$为零电平，则VT_4有门极信号（见图2-32b）。$-u_c$与u_R比较决定VT_2与VT_3的门极信号$u_{g2,3}$。$u_{g2,3}$高电平（$u_R<-u_c$），VT_2有门极信号；$u_{g2.3}$为零电平，则VT_3有门极信号（见图2-32c）。可控器件有门极开通信号但不一定导通，是否导通还要看在具体瞬时管子承受电压的极性。

由PWM方式控制的各器件VT的控制信号和电路状态所决定的整流电路在各瞬时的开关模式见表2-2。其中按电路的工作情况划分为A、B、C、D四个时区。在图2-32中也标出了相应的时区，出于画图的需要，A时区画在图的右侧。

图2-32g具体地表示了斩控式整流器的开关模式，其实这种开关模式是由PWM的模式决定的。

（2）波形分析：根据表2-2不难分析图2-32中的各个波形。虽然开关动作频繁、具体，但开关状态是确定而明确的，在此不对具体波形按时间顺序具体分析，仅就概念上的需要指出如下几点：

1）u_{s1}与u_N的相位差角是ψ，如图2-32e所示。这是由取u_R与u_N的相位差为ψ决定的。

2）随器件开关状态的变化，u_s的波形也变化（$+E_d$、0、$-E_d$），因而i_N也相应变化，如图2-32d所示。由于L_N的存在，i_N不能突变，只能围绕正弦曲线上下起伏。该电流的控制，实际上类似于图2-23的电流跟踪方式。这一点，不难从图2-28的控制框图中看出。

表2-2 电压型整流电路的工作状态

i_N	+				−			
	短路	回馈	短路	整流	短路	回馈	短路	整流
u_s	0	$-E_d$	0	$+E_d$	0	$+E_d$	0	$-E_d$
i_o	0	−	0	+	0	−	0	+
u_L	u_N	u_N+E_d	u_N	u_N-E_d	u_N	u_N-E_d	u_N	u_N+E_d
导通器件	VT_4VD_3/VD_1VT_2	VT_2 VT_4	VT_4VD_3/VD_1VT_2	VD_1 VD_3	VT_1VD_2/VT_3VD_4	VT_1 VT_3	VT_1VD_2/VT_3VD_4	VD_2 VD_4
工作模式	Ⅰ	Ⅱ	Ⅰ	Ⅱ	Ⅰ	Ⅱ	Ⅰ	Ⅱ
运行时区	A		B		C		D	

3）i_o电流波形，如图2-32f所示。当一对不控器件同时导通时，i_o为正；当一对可控器件导通时，i_o为负；当$u_o=0$（模式Ⅰ）时，i_o为零。

4）在时区A及C中的可控器件同时导通的时区，i_o为负，直流瞬时功率$E_di_o<0$，能量由直流侧返回电网。这可以提供L_N所必需的无功功率，以保证$\lambda\equiv1$。

3. 斩控式整流器的电压调节

这里不准备深入分析，只从概念上说明调压原理。

计算表明，对于SPWM方式，在$m\leqslant1$时有

$$\frac{U_{s1m}}{E_d}=\frac{U_{Rm}}{U_{cm}} \tag{2-3}$$

由图2-31得

$$U_{s1m}=\frac{U_{Nm}}{\cos\psi} \tag{2-4}$$

式中 U_{Nm}——电网电压的幅值。

所以调制比

$$m=\frac{U_{Nm}}{E_d\cos\psi} \tag{2-5}$$

在U_{Nm}和ψ为定值的条件下

$$E_d\propto\frac{1}{m}$$

人为地改变m，可以调节E_d的值。m越小，E_d将越大。

这一结论也可以从观察图2-30的波形图得到。注意到式（2-4）的关系，在

U_{Nm}和ψ不变的条件下，u_{s1}的幅值U_{s1m}恒定不变。由图中不难看出，由于m减小时图中各脉冲将变窄，为保证U_{s1m}恒定，E_d必然要增大。

这就是说，直流电压E_d的调节，可以通过改变调制比m来实现。

由式（2-5）

$$E_d = \frac{U_{Nm}}{m\cos\psi} = \frac{\sqrt{2}}{m\cos\psi}U_N$$

式中　U_N——电网电压的方均根值。

由上式得

$$\frac{E_d}{U_N} = \frac{\sqrt{2}}{m\cos\psi}$$

因为$m\leqslant1$，当$m=1$时上式有最小值

$$\left(\frac{E_d}{U_N}\right)_{min} = \frac{\sqrt{2}}{\cos\psi}$$

而$\cos\psi<1$，所以

$$\left(\frac{E_d}{U_N}\right)_{min} > \sqrt{2}$$

$$E_{dmin} > \sqrt{2}\,U_N = U_{Nm}$$

即直流输出电压E_d大于电网电压的幅值。

以上分析是以ψ为常值作为出发点的。实际上ψ是随负载变化的。当$U_{Nm}=C$，且希望$E_d=C$时，要求$m\cos\psi$为常值。如果将m与ψ按一定规律协调控制，保证m与$\cos\psi$之积不变的话，则可以保证$E_d=C$。

4. 斩控整流电路的有源逆变工作状态

电网交流功率平均值P_N可以写成

$$P_N = \frac{1}{T}\int_0^T u_N\, i_N \mathrm{d}t = \lambda U_N I_N \tag{2-6}$$

式中　U_N——电网电压方均根值；

I_N——电网电流方均根值；

λ——电网功率因数，不计谐波λ即为基波的功率因数。

如果$\lambda U_N I_N > 0$，表示电网向负载输送有功功率，斩控整流器处于整流工作状态；如果$\lambda U_N I_N < 0$，表示电网由负载吸收有功功率，斩控整流器处于有源逆变工作状态。

我们希望不论整流还是逆变状态电网的功率因数都等于1，这是我们的目标。也就是说，整流状态下，希望u_N与i_N同相；而有源逆变状态下，希望u_N与i_N反相。

由前面的分析可知，在整流状态下，只要保证SPWM的参考信号u_R落后于电网电压u_N，即可实现i_N与u_N同相。那么，怎样保证在制动状态下i_N与u_N反相呢？

仍然可以用类似于图2-31的相量图来分析。希望i_N与u_N反相，相量图如图2-33所示。由图可见，u_{s1}超前于u_N一个角度ψ（$\psi<0$）。只要正确设计电路的开关模式，就可以保证$\psi<0$。不难分析，只要使PWM控制的参考信号u_R超前于电网电压u_N一个角度ψ，就可以了。

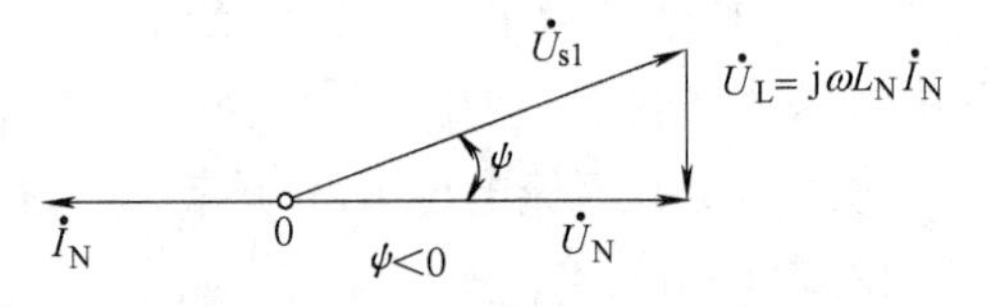

图2-33　逆变状态时的基被相量图

在$\psi<0$的情况下，可以保证有功功率由直流侧向电网传递，仍以图2-32的波形图为参照来说明其物理过程。图示的整流状态下，由于采取了$\psi>0$这样一种设置，使得在一个工作周期的范围内电路中各器件的开关工作模式如图2-32g所示。其中只有在两只可控器件同时导通的工作模式下，瞬时功率才有可能反向流动。整流状态下，仅在时区A及C的一小段时间内出现了这种工作模式，但所占比例极小。虽然在这两小段时间内直流侧电流瞬时值i_o为负值（见图2-32f），但是直流侧电流平均值I_o为正值，平均直流功率为正值，不难分析，对应的电网功率$\lambda U_N I_N$为正值。斩控整流器处于整流工作状态。

如果改变$\psi>0$的设置，使$\psi<0$，即让u_R的相位超前于u_N一个角度ψ。那么，由这种设置所确定的类似于图2-32g的各开关器件的开关模式将发生变化。两个可控器件同时导电的模式，在一个工作周期中所占比例必然变得相对较大。这样，直流侧电流i_o的平均值I_o将变为负值，直流平均功率也变成负值。相应的电网功率$\lambda U_N I_N < 0$，使斩控整流器工作在有源逆变状态。

上面对斩控整流器的分析，是针对主电路进行的，仅着重从概念上做了必要的说明。实际上，技术问题是十分具体的，不准备更深入地分析。在变频系统中，负载是变化的，ψ的大小和符号都可能是变化的。如果希望E_d保持在设定值上，必须对m和ψ进行协调控制，以实现在不同负载和不同运行状态下的连续调节。当载波信号的幅值保持不变时，m代表着参考信号的幅值，而ψ代表着u_R的相位。所谓m与ψ的协调，实际上归结为对参考信号u_R的幅值和相位的调节。这种调节由图2-28中的控制电路来完成，不再详述。

2.6　变频器传动中的制动状态

在通用变额器、异步电动机和机械负载所组成的变频调速传动系统中，当电动机减速或者所传动的位能负载下放时，异步电动机将处于再生发电制动状态。传动系统中所储存的机械能经异步电动机转换成电能。逆变器的六个回馈二极管将这种电能回馈到直流总线。此时的逆变器处于整流状态。如果在标准型的变频器（网侧变流器为不控的二极管整流桥）中不采取另外的措施，这部分能量将导致中间回路的储能电容器的电压上升。当电动机的制动并不太快，电容器电压升高的值并不十分明显，一旦电动机恢复到电动状态，这部分能量又被负载所重新利用。当制动较快，电容器电压升得过高。装置中的“制动过电压保护”将动作，以保护变频装置的安全。所以，当制动过快或机械负载为位能负载时，这部分再生能量的处理问题就应认真地对待了。

在通用变频器中，对再生能量的处理方式有三种：①耗散到直流回路中人为设置的与电容器并联的“制动电阻”中；②由并联在直流回路上的其他传动系统吸收；③使之回馈到电网。如果属于前两种工作状态，称为动力制动状态；如果属于后一种工作状态，则称为回馈制动状态（又称再生制动状态）。应该注意，这是从整个系统角度视再生电能是否能回馈到交流电网而定义的两种工作状态。在这两种状态下，异步电动机自身均处于再生发电制动状态。

关于上述的“动力制动”和“再生制动”，不同的资料有不同的提法。日本的资料，常将上述的“动力制动”称为“再生制动”，而将上述的“再生制动”称为“电源再生制动”。这是从电动机运行状态的角度命名的，电动机的再生电能如果不回馈到电网，则简单地称为“再生制动”；如果回馈到电网则称为“电源再生制动”。

另外，还有一种制动方式，即异步电动机定子通直流，实现电动机的能耗制动，在通用变频器的大多数资料中，常称为直流制动（DC 制动）。这种 DC 制动可以用于要求准确停车的情况或起动前制止电动机由外界因素引起的不规则旋转。

下面首先说明异步电动机再生制动时的情况。

为了处理电动机的再生电能，在通用变频器中，电路的构成分四种情况：①直流侧并联动力制动单元 PW，如图 2-34 所示；②网侧变流器改用晶闸管可逆变流器，如图 2-27 所示；③网侧变流器改用斩控式可逆变流器，如图 2-28 所示；④采用共用直流母线方式（条件是逆变器采用 PWM 方式，直流回路电压 E_d = C，对于通用变频器这不成为问题），如图 2-36 所示。值得一提的是，为了适应直流母线方式，最新系列变频器已经将整流器、逆变器分开，用户可以根据需要单独订货，比如订购一台整流器、多台逆变器，以构成直流母线供电方式。

2.6.1　动力制动

利用设置在直流回路中的制动电阻吸收电动机的再生电能的方式称为动力制动，如图 2-34 所示。制动单元中包括开关管 V_B、二极管 VD_B和制动电阻 R_B。如果回馈能量较大或要求强制动，还可以选用接于 H、G 两点上外制动电阻 R_{EB}。当电动机制动，能量经逆变器回馈到直流侧时，直流回路电容器的电压将升高，当该值超过设定值时，给 V_B施加基极信号使之导通，将 R_B(R_{EB}) 与电容器并联起来，存储在电容中的回馈能量经 R_B(R_{EB}) 消耗掉。基于这一事实，有的资料又称这种制动为“能耗制动”。由上可见，实际上制动电阻中的电流是间歇的，所以西门子公司的资料称制动电阻单元为“脉冲（调制）电阻”（Pulsed Resistor）。

在控制回路中，具有控制制动单元的软件功能，可以通过特定的功能码，予以恰当的设定。

对于大多数的通用变频器，图2-34中的V_B、VD_B都设置在变频器内部。甚至IPM组件中，也将制动IGBT集成在其中。制动电阻器R_B绝大多数放在变频器外，只有功率较小的变频器才将R_B置于变频器内部。关于制动电阻的计算后面详述。

有的日产变频器，将图2-34中的V_B、VD_B合起来称为“制动单元”，而将R_B称为“制动电阻”，作为两个选购件提供给用户。

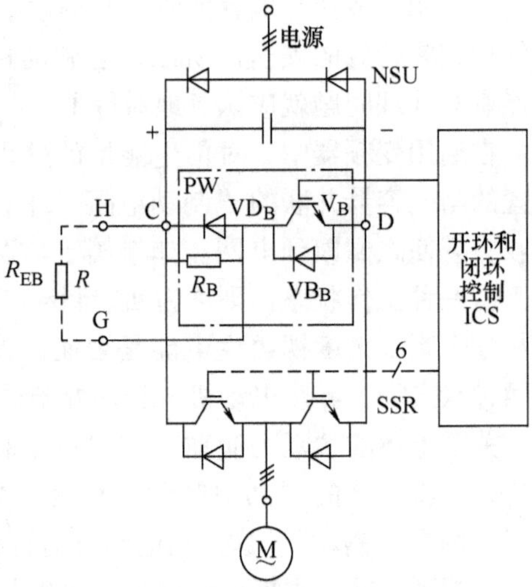

图2-34　动力制动单元

2.6.2　回馈制动

图2-35a所示，接入SCR有源逆变器（桥Ⅱ）可以将电动机再生制动时回馈到直流侧的有功能量回馈到交流电网。本小节用到的各种符号的意义如该图中所示。

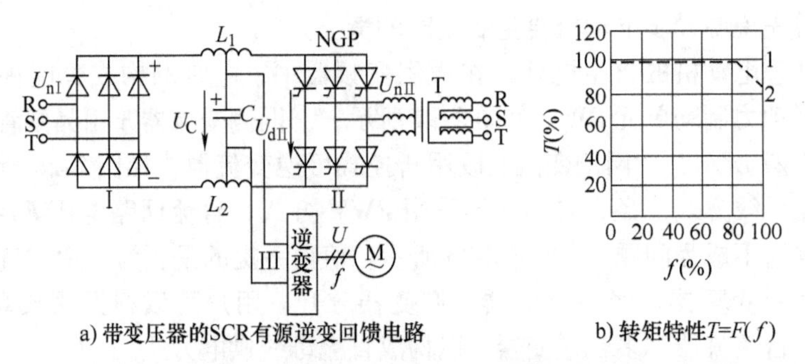

a) 带变压器的SCR有源逆变回馈电路　　b) 转矩特性$T=F(f)$

图2-35　再生能量回馈的原理图和转矩特性

1—矢量控制电动运行　2—矢量控制制动运行和U/f控制电动、制动运行

分析图2-3可见，当输出频率为基频$f_1=f_{1N}$（f_{1N}为电动机额定频率）时，变频器输出电压$U_1=U_{1N}$（U_{1N}为电动机额定电压），并且$U_1=U_{1N}$是变频器变频过程中的最大可能输出电压。由基频向下或向上调速，输出电压都不会超出U_{1N}。这个最大可能值U_{1N}是由相应的直流回路电压U_c($U_c=U_{CN}$）进而也是电网电压U_n($U_n=U_{nN}$）提供的。变频器控制电动机，电动机一旦选定，即U_{1N}为确定值时，U_{CN}及U_{nN}也是确定值，这时变频器的供电电压也就确定了。另外，只要电动机处于电动状态下，无论频率多高，U_c的值等于U_{CN}不变；只有电动机处于制动状态，U_c的值才因有功能量向直流侧的回馈，使得U_{CN}开始升高。基于上述原理我们来分析回馈制动的工作原理。

图2-35a中的SCR有源逆变器的控制角$\alpha>90°$（即$\beta<90°$）时，可使电动机的制动能量回馈到交流电网。电动状态与回馈状态的转换是有条件的，回馈制动的实现，可以通过控制β角来实现。

负载电动机电动时，图2-35a中仅正向桥Ⅰ应导通。由于Ⅰ桥是不可控的二极管桥，为了防止电源经Ⅰ、Ⅱ两个桥短路而出现直流环流，则应将

$$U_{d\mathrm{II}}>U_c$$

作为控制条件。按常规取$\beta_{min}=30°$，则

$$U_{d\mathrm{II}}=U_{d\mathrm{II}M}=1.35U_{n\mathrm{II}}\cos\beta_{min}=0.866\times(1.35U_{n\mathrm{II}})$$

而

$$U_c=U_{cN}=1.35U_{n\mathrm{I}}$$

显然，为使$U_{d\mathrm{II}}>U_c$，必须使$U_{n\mathrm{II}}>U_{n\mathrm{I}}$。可见图2-35a中升压变压器T是必不可少的。如果$U_{n\mathrm{I}}=U_{nN}$，则$U_{n\mathrm{II}}>U_{nN}$（U_{nN}为电网额定电压）。

负载电动机制动时，直流回路电容器上的电压U_c升高，当$U_c>\sqrt{2}U_{n\mathrm{I}}$（电容器上直流脉动电压的最大可能值）时，桥Ⅰ便截止，这时将SCR有源逆变器“投入”，可以产生逆变电流，将能量回馈到电网，并且因桥Ⅰ截止，不会出现直流环流而导致有源逆变的失败（颠覆）。

所谓有源逆变“投入”，即将β角加大，由β_{min}变成一个新的β角。此时，应保证

$$U_{d\mathrm{II}}=1.35U_{n\mathrm{II}}\cos\beta<U_c$$

只有这样，SCR有源逆变器才可以进入有源逆变状态。而电动时，$\beta=\beta_{min}$，SCR有源逆变器不产生逆变电流，实质上并没有“投入”，可以理解为一种待回馈状态。这与常规“待逆变”状态是有区别的。

以上所述的情况，需要接入升压变压器和限环流电抗器，装置体积变大，成本提高。图2-36中的“再生回馈”部分属于这种控制方式。

由于不用升压变压器，两桥网侧电压均为U_{nN}。对于桥Ⅱ，当$\beta=\beta_{min}=30°$时

$$U_{d\mathrm{II}}=1.35U_{nN}\cos30°=0.866\times(1.35U_{nN})$$

负载电动机电动时，仍应保证控制条件

$$U_{d\mathrm{II}}>U_c$$

这只能通过减小U_c来实现。实际方案中，选择了$U_c=0.85U_{cN}$。这是通过控制桥Ⅰ的α角来实现的。

$$U_c=0.85U_{cN}=0.85\times(1.35U_{nN})$$

相当于$\alpha_{min}=31.8°$，类似于SCR直流电动机可逆系统中的α略大于β控制方式，目的是避免直流环流。

这样选择U_c电压，相当于变频器输出85%基频频率时，直流回路电压U_c已达最大值。当频率高于85%时，电动机电压不再随之升高，处于弱磁状态，电动机电磁转矩将减小。

这种方案下，得到的转矩特性如图2-35b所示。采用U/f控制方式时，无论负载电动机是电动，还是制动，转矩特性均如图中曲线2所示；采用矢量变换控制方式进行闭环控制时，利用图2-27中桥Ⅰ的可控性，可以使电动状态下转矩特性如图2-35b中的曲线1所示，而制动状态下的转矩特性如曲线2所示。

为了补偿电动机的电压不足，或者说补偿电动机的转矩损失，可以不再遵循一般变频器输入与输出的“电动机电压多高，电网电压也取多高”的要求，适当地提高电网电压。这样可以防止电动机电压的不足，补偿转矩损失。例如，用500V的电网通过变频器向400V的电动机供电。由于Ⅰ、Ⅱ两桥均是全控桥，适当协调桥Ⅰ的α和桥Ⅱ的β，可以得到对转矩的全补偿。

至于利用图2-27实现回馈制动的物理过程类似于图2-35a。保持α_{I}不变，通过控制β_{II}角去实现。

两种方案相比较，各有利弊。第一种方案较常用。注意防止回馈过程中逆变电流的断续，以减小电网谐波成分，可以通过控制U_{dII}与U_{c}之间的合理差值来实现。第二种方案，正向桥Ⅰ由二极管桥改成晶闸管全控桥，导致网侧功率因数下降，谐波成分增加，控制也变得相对复杂。但是，可不用升压变压器及限环流电抗器。共同的优点是，可以回收制动能量，提高系统的效率，特别是对位能负载等，节能十分可观。

应该注意，只有在不易发生故障的稳定电网电压下（电网压降不大于10%），才可以采用这种回馈制动方式。在发电制动运行时，电网电压故障时间大于2ms，则可能发生换相失败，烧坏熔断器。对于接触式供电的电动机车，应特别防止接触的间断，如果不能保证这一点，建议采用脉冲电阻制动方式，以保证可靠性。

图2-28所示的利用斩控式整流器进行回馈制动的情况，性能优于NGP（见图2-27）方式，但控制复杂，成本高。由于性能最好，在实际中已逐步开始采用。

目前，各通用变频器厂家，都推出了PWM整流器，作为选购器件由用户选择，价格相对较高。我国近几年引进的轧钢生产线，均采用了这种方案。西门子称之为“AFE”，(Active Front End)。

2.6.3 采用共用直流母线的多逆变器传动

有些生产工艺，例如拉伸机，是一种多电动机传动系统，但每台电动机都要由一台变频器单独传动。其中每台电动机既可以单独处于电动状态，又可以单独处于制动状态，这是由生产工艺决定的。

采用通用变频器传动时，必须考虑再生能量的处理问题，除了前面所述的对每台单机都可以采用标准的制动电阻单元PW或再生能量回馈（NGP）方式以外，在特定的情况下，共用直流母线方式可以用于多机传动系统。

图2-36所示为共用直流母线的两种方式。图2-36a的方式为共用直流均衡母线（Common DC Equalizing Bus）；图2-36b为共用直流回路母线（Common DC LinkBus)。

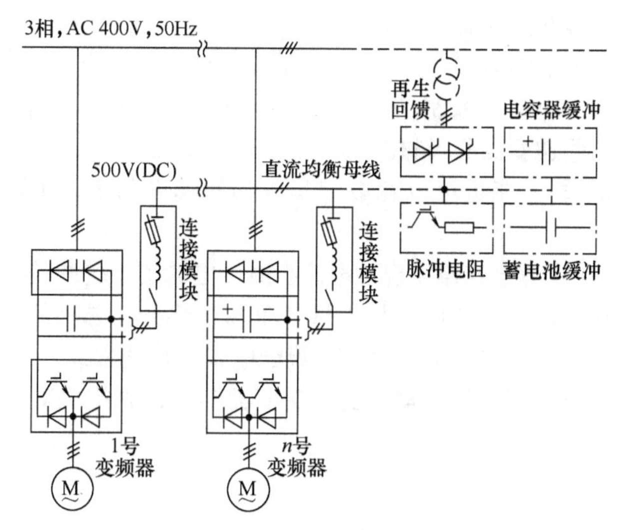

a) 多台变频器在共用直流均衡母线上控制多台电动机运行

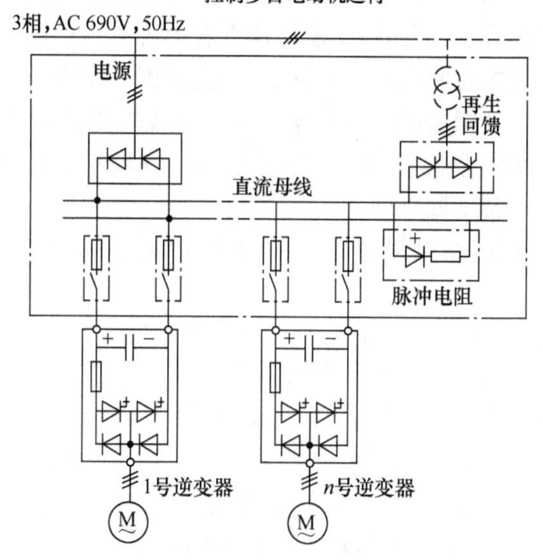

b) 多台变频器用共用直流回路母线方式控制多台电动机运行

图 2-36　共用母线方式

共用直流均衡母线方式是利用连接模块连到直流回路母线上。连接模块中包括电抗器、熔断器和接触器，它必须根据具体情况单独设计。每台变频器（而不是逆变器）具有相对的独立性，按需要可接入或切离直流母线。

共用直流回路母线方式，是仅将逆变器（而不是变频器）部分连接到一个公共的直流回路上。

由于 PWM 逆变器的中间直流电压是恒定的，所以上述方案是可行的。

共用直流均衡母线方式有如下的优点：

1）多机传动系统中每台单机的再生能量可以被充分利用，多台逆变器一般不会同时处于制动状态下，少数制动的逆变器回馈到直流侧的能量，可以被正处于电动状态下的另一些逆变器所吸收。

2）制动引起的再生能量可以耗散于集中的制动电阻上，也可以通过集中的NGP回馈给电网。

3）利用蓄电池或者电容器实现对电源瞬时停电的集中缓冲是可能的。

对于这种设计方案，制造厂家只提供各单独的部分，总体的设计不得不由用户自己完成。共用母线方式，又称为“直流配电式”传动方式。

目前西门子公司的订单已将整流器、逆变器分开，以提供对“共用母线”方式的技术支持。

2.6.4 直流制动

上面谈到的情况，制动中电动机均处于再生发电制动状态。下面说明电动机处于能耗制动状态的情况。通用变频器向异步电动机的定子通直流电时（这意味着逆变器中某3个桥臂短时间内斩波导通，不再换相），异步电动机便处于能耗制动状态。这种情况下，变频器的输出频率为零，异步电动机的定子磁场不再旋转，转动着的转子切割这个静止磁场而产生制动转矩。旋转系统存储的动能转换成电能消耗于异步电动机的转子回路中。

这种变频器输出直流的制动方式，在通用变频器的资料中称为“DC 制动”（即“直流制动”）。

这种 DC 制动方式的用途主要有两种：一是用于准确停车控制；二是用于制止在起动前电动机由外因引起的不规则自由旋转。

一种可能的准确停车方案如图 2-37 所示。图 2-37a 表示通用变频器的输出频率和 DC 制动中电动机转速随时间的变化规律，图 2-37b 为与图 2-37a 相对应的异步电动机的静态机械特性。如图 2-37a 所示，在运行信号的作用下，变频器首先开始连续降频，达到f_{DB}后则开始直流制动，使输出频率变为零。电动机则经历再生发电制动和能耗制动后最终停止。如果调整得当，生产机械将准确地停止在预定位置上。

通用变频器中对直流制动功能的控制，主要通过设定 DC 制动起始频率f_{DB}、制动电流I_{DB}和制动时间t_{DB}来实现，f_{DB}、I_{DB}和t_{DB}的意义如图 2-37a 所示。

通常情况下，起始制动频率不宜设定得太高。例如图 2-37a 中的f_{DB}是比较合适的。在这个f_{DB}下，电动机的运行情况如图 2-37b 所示，经历了 A→B→C→D→0 的减速停车过程。其中，B→C 的连续降频过程中，电动机处于再生发电制动状态，而频率小于f_{DB}的 D→0 阶段，电动机处于能耗制动状态（即所谓 DC 制动状态）。

如果起始制动频率取得太高，例如取成图 2-37 中的f_1，则不合理。由于制动

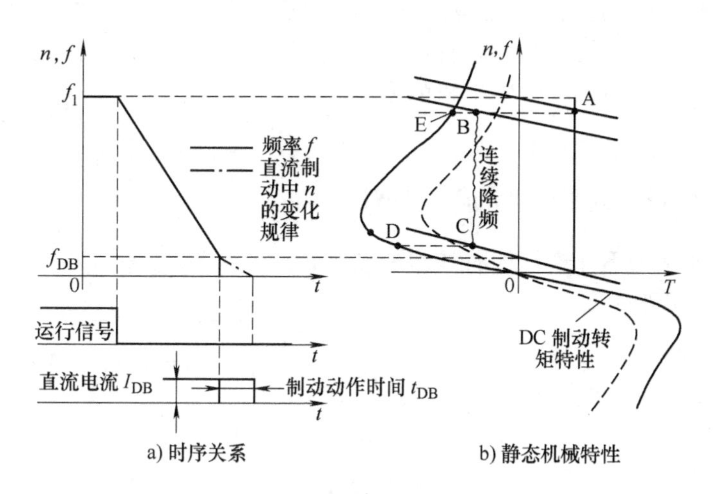

图 2-37　利用 DC 制动实现准确停车

直流电流 I_{DB}可以人为设定在一个恰当的值，使逆变器输出电流可以被限制在允许的范围内，单纯就逆变器而言，似乎是合理的；但是，对电动机而言，制动一开始其运行工作点将由图 2-37b 中的 A 点过渡到 E 点。而在 E 点，异步电动机的转子电流的频率和幅值都会很高，转子铁损耗也很大，导致电动机发热严重；但得到的制动转矩却并不太大。显然这是不合理的。如果生产机械要求频繁制动停车，更不宜将f_{DB}设定得太高，不然电动机将过热。

I_{DB}的设定，实际上是对异步电动机定子电流的设定。I_{DB}不同，异步电动机 DC 制动状态下的转矩特性亦不同。图 2-37b 中的两条转矩特性相比较，显然虚线所示的特性所对应的 I_{DB}比较小。

电动机由f_{DB}所对应转速减速到零所用的时间由旋转系统的 GD^2、生产机械的静阻力矩和变频器 I_{DB}设定值等共同决定。如果这个时间大于变频器的最大可能的 t_{DB}（见图 2-37a），电动机可能进入自由停车的滑行状态，这一点应当注意。

对于风机类负载，当处于停车状态时，电动机可能由于风筒中风压的作用而自由旋转，有时还可能反转。因此，对于这种情况，可以利用直流制动功能在起动前使其迅速静止下来，保证设备从零速开始起动。这就是有些资料中所说的 DC 制动功能在起动时的应用。

2.7　异步电动机变频调速时的转矩特性

变频是在近代对异步电动机进行起动和调速时所采用的主要方法。变频器作为一种变频电源具有很大的灵活性，其输出电压和频率之间的关系可以按人为设定的规律进行调节。人们不再追求只改变电动机定子频率 f_1 而保持其他参变量不变的调速方法，因为这样做，性能并不好。目前，保持异步电动机气隙磁链或转子全磁链恒定的控制方式是最流行的。因此，下面我们讨论以气隙磁链 Ψ_m 和以转子全磁链 Ψ_2 为参变量的异步电动机的变频人为转矩特性。

2.7.1 以气隙磁链为参变量的转矩特性

图2-38所示为不计铁损耗时异步电动机的T型等效电路。

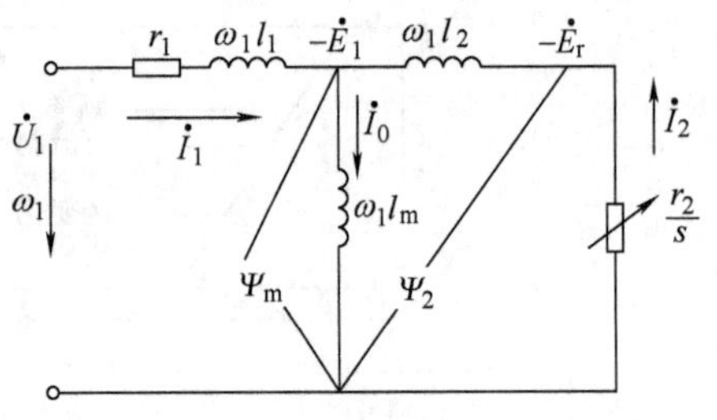

图2-38 异步电动机的T型等效电路

由等效电路可知

$$E_1 = \omega_1 \Psi_m \tag{2-7}$$

$$I_2 = \frac{E_1}{\sqrt{\left(\frac{r_2}{s}\right)^2 + (\omega_1 l_2)^2}} = \frac{E_1}{\frac{\omega_1}{\omega_2}\sqrt{r_2^2 + (\omega_2 l_2)^2}}$$

$$= \frac{\omega_2}{\sqrt{r_2^2 + (\omega_2 l_2)^2}}\left(\frac{E_1}{\omega_1}\right) \tag{2-8a}$$

$$= \frac{1}{2\pi}\frac{\omega_2}{\sqrt{r_2^2 + (\omega_2 l_2)^2}}\left(\frac{E_1}{f_1}\right) \tag{2-8b}$$

式中 E_1——定子相电动势；

ω_1——定子角频率；

I_2——转子相电流；

s——转差率，$s=\omega_2/\omega_1$；

ω_2——转差角频率；

r_2——转子相电阻的折算值；

l_2——转子相漏感的折算值。

由于异步电动机的电磁转矩等于电磁功率 P_m 除以同步角速度 Ω_1

$$T = \frac{P_m}{\Omega_1} = \frac{n_P}{\omega_1}P_m = \frac{n_P}{\omega_1}3I_2^2 P_m \frac{r_2}{s}$$

将 I_2 代入上式

$$T = \frac{3n_P}{r_2}\frac{\omega_2}{1 + \omega_2^2\left(\frac{l_2}{r_2}\right)^2}\left(\frac{E_1}{\omega_1}\right)^2 \tag{2-9a}$$

$$= \frac{3n_r}{r_2} - \frac{\omega_2}{1 + \omega_2^2\left(\frac{l_2}{r_2}\right)^2}\Psi_m^2 \tag{2-9b}$$

$$= \frac{3n_P}{4\pi^2 r_2} \frac{\omega_2}{1+\omega_2^2\left(\frac{l_2}{r_2}\right)^2}\left(\frac{E_1}{f_1}\right)^2 \tag{2-9c}$$

式中　n_P——极对数。

上述表达式是以转差角频率 ω_2 为自变量的转矩特性，T 是关于 ω_2 的二次曲线。令 $dT/d\omega_2=0$ 求出产生临界转矩时的临界转差角频率 ω_{2m}：

$$\omega_{2m} = \frac{r_2}{l_2} \tag{2-10}$$

ω_{2m} 代回到式（2-9）中，得临界转矩为

$$T_{max} = \frac{3n_P}{2l_2}\Psi_m^2 = \frac{3n_P}{2l_2}\left(\frac{E_1}{\omega_1}\right)^2$$

$$= \frac{3n_P}{8\pi^2 l_2}\left(\frac{E_1}{f_1}\right)^2 \tag{2-11}$$

画出 $T=f(\omega_2)$ 和 $I_2=f(\omega_2)$ 的关系曲线，如图 2-39a 所示。由图可见，在变频传动过载能力允许的范围（通常为 1.5~2.0 倍）内，$T=f(\omega_2)$ 和 $I_2=f(\omega_2)$ 基本上是直线。稳定运行时，ω_2 的大小代表着负载转矩 T 的大小。

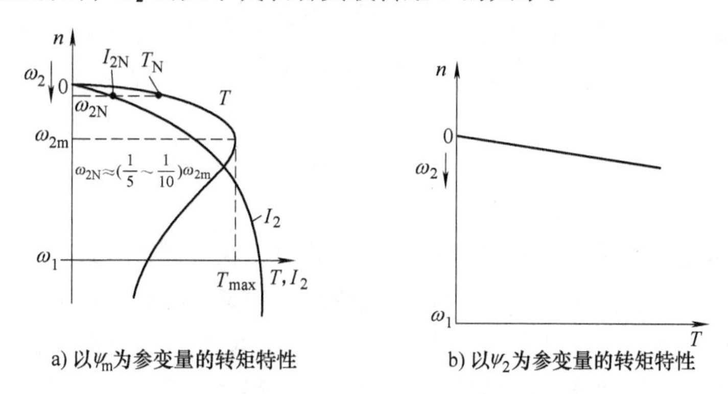

a) 以Ψ_m为参变量的转矩特性　　b) 以ψ_2为参变量的转矩特性

图 2-39　异步电动机的转矩特性

利用通用变频器对异步电动机变频调速时，和直流调速的概念一样，在基速以下通常是恒转矩调速方式，保持电动机的主磁通 Φ_m。［相当于式（2-9）中的 Ψ_m］为额定值 Φ_{mN}不变，即 $\Phi_m=\Phi_{mN}$。而在基速以上，则是恒功率调速方式，实际上电动机处于弱磁状态，$\Phi_m<\Phi_{mN}$。

对主磁通的控制，可以通过协调式（2-9）中 E_1 和 f_1 之间的关系来实现。下面就恒转矩调速和恒功率调速方式分别进行简要的说明。

（1）恒转矩调速：变频调速中，若保持 $E_1/f_1=C$ 的协调控制条件，可以满足 $\Phi_m=C$ 的要求，实现恒转矩调速方式。

变频过程中，如果主磁通保持恒定，由它去切割转子绕组，只要得到的转差

角频率 $\omega_2 = 2\pi/f_2$ 是相同的，笼型异步电动机的转子电阻、电抗参数，转子功率因数，转子电流和电磁转矩都将保持在原有值上，不会变化。因为站在转子上看，起作用的只是主磁通的幅值和它切割转子的相对速度（$\propto \omega_2 = 2\pi/f_2$），并不涉及主磁通的绝对转速（$\propto \omega_1 = 2\pi/f_1$）。如果负载转矩 T 保持在额定值不变，即 $\omega_2 = \omega_{2N}$ 不变，不论定子频率 f_1 设定在什么值上，电动机都可以运行在与额定工作点相类似的最佳状态，既可被充分利用，又不至于过热。恰好满足恒转矩调速方式的要求。

保持主磁通为常数，电动机的变频人为特性的形状将保持不变，不同定子频率下的机械特性平行，且临界转矩不变。

可以想到，保持 $E_1/f_1 = \mathrm{C}$，则 $\Phi_m = \mathrm{C}$，电动机不会出现欠励磁或过励磁所造成的不正常情况。另外，转子电流和电磁转矩都仅由 ω_2 决定，从低速到高速的范围内，两者之间保持着确定的关系，电动机的功率因数和效率在调速中变化不大，都将基本保持在额定运行时的水平上。

如2.2节所述，E_1 是电动机的内部电动势，难于直接检测与控制。通常是通过调整 U/f 函数曲线的模式来近似地保持 $E_1/f_1 = \mathrm{C}$ 的关系。

（2）恒功率调速：实现恒功率调速方式，也要靠协调 E_1 与 f_1 之间的关系来保证。协调控制条件是 $E_1^2/f_1 = \mathrm{C}$。

在式（2-9c）中，若保持 $E_1^2/f_1 = \mathrm{C}$，则 $T \propto 1/f_1$，即 $Tf_1 = C$，异步电动机的电磁功率

$$P_m = T\Omega_1 \propto T\frac{60f_1}{n_P} = C$$

是恒定的。因此，在 $E_1^2/f_1 = C$ 条件下，可以实现恒功率调速方式。

在式（2-9c）中，保持 $E_1^2/f_1 = C$，随着 f_1 的提高，在同样的 ω_2 下，T 将成反比地减小。反过来说，就是在同样的 T 值下，ω_2 将增大。即随着 f_1 的提高，转矩特性变软。另外，对于临界点而言，T_{max} 也随 f_1 的提高而成反比地减小。

当定子频率高于电动机的额定频率时，受额定电压的限制，不允许电动机的电压再提高。通常在 f_1 上升时，保持定子电压 $U_1 = U_{1N}$ 不变，这可以称为恒压运行方式。恒压运行方式属于近似的恒功率运行方式，说明如下。

由式（2-9c），把 $U_1 = \mathrm{C}$ 近似地看成是 $E_1 = \mathrm{C}$，则 $T \propto 1/f_1^2$。在 ω_2 保持不变时，随着 f_1 的上升，电磁转矩将按 f_1 二次方的关系迅速减小，这是问题的一个方面。另一方面，由式（2-8），当 $E_1 = \mathrm{C}$ 时，$I_2 \propto 1/f_1$。随着 f_1 的上升，T 与 I_2 的关系不再确定不变。当 f_1 上升时，在 ω_2 不变条件下，转子电流成反比地减小，若同时考虑到 f_1 上升、主磁通减小还要引起电动机励磁电流 I_o 减小，即是说 f_1 上升时电动机的定子电流在 ω_2 不变的条件下出现了一定的裕度。这就允许在运行中适当加大转差角频率 ω_2。ω_2 的加大，将使电磁转矩加大。可以脱离 $T \propto 1/f_1^2$ 的关系，而向

$T \propto 1/f_1$ 的方向靠拢。基于上述原因，人们认为恒压运行方式是近似的恒功率方式。技术资料中所说的恒功率调速一般是指恒压方式，而不是指 $E_1^2/f_1 = C$。

在这种情况下，随f_1 的上升，机械特性较 $E_1^2/f_1 = C$ 的情况硬度变得更小，临界转矩也将更小。

通常情况下，上述的恒转矩调速方式、恒功率调速方式，应与机械负载的转矩特性相匹配。这种匹配关系的一个例子如图 2-40 所示。

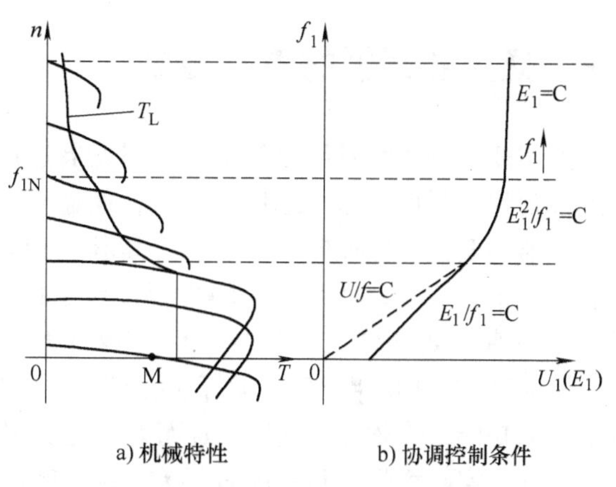

图 2-40　不同调速方式下的转矩特性

由于恒功率运行和恒压运行两种方式通常是在高速区。电动机的电压 U_1 和感应电动势 E_1 的值比较大，定子漏阻抗压降相对于 U_1 或 E_1 常可以忽略不计。因此，图 2-40 中的协调控制条件，$E_1^2/f_1 = C$ 可以用 $U_1^2/f_1 = C$ 或者 $U_1^2/n = C$（n 为电动机轴转速）的关系来近似。$E_1 = C, f_1\uparrow$ 也可以用 $U_1 = C, f_1\uparrow$ 来近似。

2.7.2　以转子全磁链为参变量的转矩特性

在图 2-38 所示的等效电路中，如果把着眼点放到转子全磁链 Ψ_2 上，则有

$$E_1 = \Psi_2\,\omega_1 = I_2\,\frac{r_2}{s}$$

$$I_2 = \Psi_2\,\frac{\omega_2}{r_2}$$

$$T = \frac{n_P}{\omega_1}3\,I_2^2\,\frac{r_2}{s} = \frac{3n_P}{r_2}\,\Psi_2^2\,\omega_2 \tag{2-12}$$

这是以转子磁链为参变量的转矩特性。如果能保持 $\Psi_2 = C$，则该特性与直流电动机的机械特性完全一样，T 与 ω_2 成直线关系，这种关系不因定子频率 f_1 的改变而改变，与 f_1 无关。

这是一种比较理想的特性，不论定子频率多大，T 总是与转差角频率成正比，如图 2-39b 所示。目前异步电动机的矢量控制方案中，大多采用转子磁链定向的方式，就是因为在这种情况下数学模型相对简单（其实也很复杂），且与直流电动机的转矩特性十分类似，矢量控制算法也相对简单的缘故。

值得注意的是，电动机可控制的量是 U_1 和 f_1，$\Psi_2 = C$ 的关系是由 U_1 与 f_1 之间的关系来保证的。Ψ_2 是气隙磁链 Ψ_m 和转子漏磁链 Ψ_{l2} 的矢量和。当负载增加时，

转子漏磁链的幅值随之增加，这会导致气隙磁链 Ψ_m 的增加。电动机的功率因数和效率都会变差，铁心可能进入高饱和。为此，应这样选择电动机的工作点：在输出最大转矩时，其铁心的饱和程度还是允许的。当然，负载较小时，主磁通较小，功率因数和效率都比较高。

2.8 通用变频器的 U/f 控制

通用变频器的发展历史并不长，但发展速度却很快。电力电子技术、微电子技术和现代控制理论综合运用的结果，使通用变频器的性能日新月异。特别是通用变频器的全数字化控制技术，在提高其性能方面起到了举足轻重的作用。在不太长的一个时期内，全数字化的进程经历了由 8 位 CPU 到 16 位 CPU 乃至 32 位 CPU 的卓有成效的转变。另外，串行运算的控制芯片让位于并行运算的 32 位 DSP，与 16 位 CPU 相比较，运算速度提高了几百倍。采用模拟控制方式所不能想象的控制功能，在软件的支持下轻而易举地实现了。通用变频器的性能不断提高，功能不断充实、增强。新一代的 U/f 控制变频器已经实现了转矩控制功能，具有无跳闸能力。由这种变频器驱动的通用异步电动机已经具备了挖土机特性，像直流电动机一样，可以人为地设定其极限输出转矩。微型计算机适时快速地完成复杂的矢量控制的控制算法，使矢量控制变频器的通用化迈开了可喜的一步。异步电动机的矢量控制，在动态性能方面已经赶上或超过了直流调速系统。

就通用变频器的产品来看，到目前为止，在世界范围内大体有三代。第一代是普通功能型 U/f 控制通用变频器，第二代是高功能型 U/f 控制通用变频器。第三代是高动态性能型矢量控制通用变频器。第一代不具有转矩控制功能，属一般型的 U/f 控制方式。第二代具有转矩控制功能，有“无跳闸”能力，输出静态转矩特性较第一代有很大改进，机械特性硬度高于工频电网供电的异步电动机，并且具有挖土机特性。第三代是高动态性能型矢量控制通用变频器和直接转矩控制变频器，具有较高的动态性能。

2.8.1 普通功能型 U/f 控制通用变频器

这属于第一代产品，属于近似的恒气隙磁链（恒 Ψ_m）控制方式。

所采用的控制方式是用如图 2-2 所示的函数关系（曲线 2）来协调 U_1 和 ω_1（f_1）之间的关系，在低频下提高定子电压，以加大临界转矩 T_{max} 扩大稳定运行范围，改善起动特性。国外各大公司将这种低频下补偿定子电阻压降以提高转矩的功能称为“转矩提升功能”，有时也称为“电压补偿功能”。这实际上是通过 U/f 曲线的模式实现 E/f=C 的控制方式。

为了适应不同型号的异步电动机和不同的生产机械，转矩提升功能的实现常有两种办法：一种办法是在存储器中存入多种 U/f 函数的不同曲线图形，由用户根据需要人为地选择最佳的曲线；另一种办法是根据定子电流的大小自动补偿定子电压。图2-41所示为日本三垦公司SAMCO-VF系列早期产品所提供的U/f曲线的模式，一共有16条曲线。图中②是基本的压频比选择U/f=C；⓪、①用于风机、泵类负载，实现节能控制；②~Ⓒ用于恒转矩负载的转矩提升；Ⓓ~Ⓕ是为适应某些特殊负载的需要，适当地改变电压与频率的比值。

普通功能型的U/f控制通用变频器，是一种频率开环控制系统，如图2-11所示。定子频率和电压之间的关系曲线的形状，即U/f模式，可以在控制面板上进行设定或选择。

U/f模式是普通功能型通用变频器的核心功能。为保证通用变频器的性能，通常还有瞬停再起动功能，变频器和电网间的自动切换功能，控制信号的设定、调整功能，联锁信号的输入和输出功能以及对变频器、电动机的保护功能，对故障信息的存储和显示功能等。

这种控制方式虽属普通功能型，但由于全数字控制方式软件的灵活性，也表现出较优异的功能和性能，有较强的通用性，得到了广泛的应用，特别是在风机、泵及木工机械等方面应用较多。

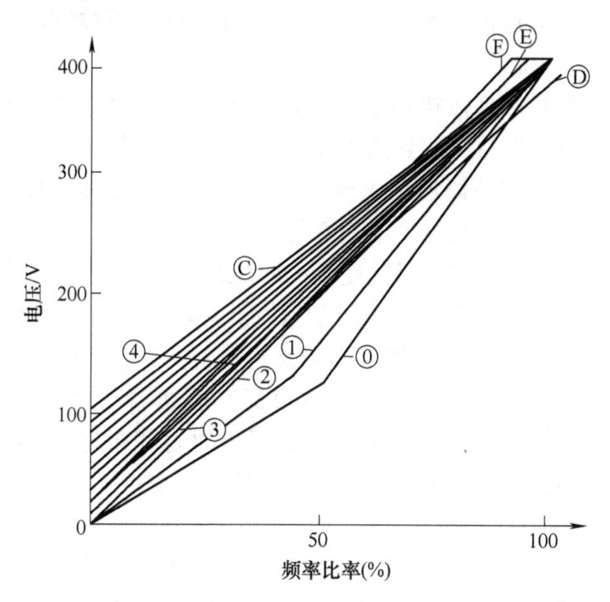

图2-41　日本三垦公司SAMCO-VF系列早期产品的U/f曲线模式（例）

注：图中16条曲线，按16进制编号。

采用U/f控制方式，利用人为选定的U/f曲线模式的方法，很难根据负载转矩的变化恰当地调整电动机的转矩。负载冲击或起动过快，有时会引起过电流跳闸。由于定子电流不总是与转子电流成正比，所以根据定子电流调节变频器电压的方法，并不反映负载转矩。因此，定子电压也不能根据负载转矩的改变而恰当地改变电磁转矩。特别是在低速下，定子电压的设定值相对较低，上述两种办法实现准确的补偿都是困难的。由于定子电阻压降随负载变化，当负载较重时可能补偿不足；负载较轻时可能产生过补偿，磁路过饱和。这两种情况均可能引起变频器的过电流跳闸。这是这种控制方式的第一个缺点。

采用*U/f*控制方式，无法准确地控制电动机的实际转速。由图2-11可见，设定值为定子频率而电动机的转速由转差率（负载）决定，则*U/f*控制方式的静态稳定性不高。这是它的第二个缺点。

转速很低时，转矩不足，这是它的第三个缺点。

2.8.2 高功能型*U/f*控制通用变频器

上述的普通功能型*U/f*控制通用变频器的缺点，都是由于变频器没有转矩控制功能引起的。为了提高静态稳定性、加大调速范围、改善起动性能，并避免不必要的过电流跳闸，人们采取一系列的措施，其着眼点都在于实现转矩控制功能。所谓高功能型通用变频器，是指具有转矩控制功能的（不用速度传感器）*U/f*控制式通用变频器。三垦公司的SAMCO-L系列均属于此类。采用32位DSP或双16位CPU进行控制，由于运算速度的大幅度提高，为实现转矩控制功能提供了必要的条件。

在此不准备说明某一具体机种的具体控制方案，仅举一例说明这种高功能通用变频器的主要控制思想及所达到的性能。这个例子是转子磁链恒定的控制方式，采用了磁通补偿器、转差补偿器和电流限制控制器，用以实现转矩控制功能。虽为一例，但足以说明这类变频器的控制思想。

采用这种控制方式，可使极低速度下的转矩过载能力达到或超过150%；频率设定范围达到1∶30；电动机的静态机械特性的硬度高于在工频电网上运行的自然机械特性的硬度，具有挖土机特性和“无跳闸”能力。一些技术资料称这种变频器为“无跳闸变频器”，“无跳闸”成了这种高功能通用变频器的代名词。在动态性能要求不高的情况下，这种通用变频器甚至可以替代某些闭环控制，实现闭环控制的开环化。其静态精度、限流功能在软件功能的支持下都显得十分优越。

1. 转矩控制功能

具有转矩控制功能的高功能型通用变频器，即所谓无跳闸变频器的原理框图如图2-42所示。控制电路中包括实现转矩控制和对逆变器进行PWM控制的两部分。对于后一部分不作具体说明，并认为它可以保证输出波形正弦，且具有足够的响应速度。

这种控制方式除需要定子电流传感器外，不再需要任何传感器，通用性强，适于各种型号的通用异步电动机。

转矩控制部分包括有功、无功电流检测器，磁通补偿器，转差补偿器和电流限制控制器。后三者的作用是根据定子电流的有功分量I_t和无功分量I_m去计算变频

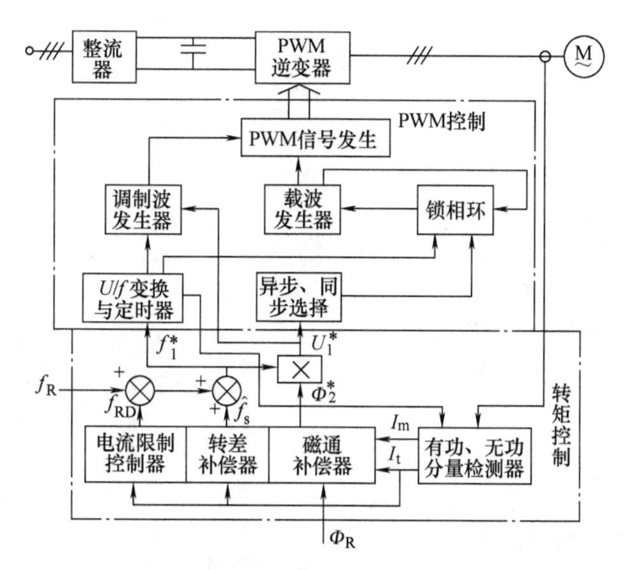

图2-42　无跳闸控制的原理框图

器的频率参考值和电压参考值，即图中的f_1^* 和 U_1^*。以保证转子磁场的恒定，并在负载出现冲击的情况下，适当地补偿ψ_1^*，以防止过电流跳闸。

（1）转矩控制功能：通用变频器驱动不同类型的异步电动机时，根据电动机的特性对压频比的值进行恰当的调整是十分困难的。一旦电压不足，电动机则不能产生与负载相适应的电磁转矩。出现过载则可能出现跳闸。因此，无论多大的负载转矩都必须使电动机产生的转矩随负载转矩变化。电动机的电磁转矩为

$$T \propto \frac{3n_P}{r_2}\phi_2^2\omega_2 \tag{2-13}$$

式中　ϕ_2——异步电动机转子全磁通；

ω_2——转差角频率；

n_P——磁极对数；

r_2——转子电阻。

如果转子磁通恒定而不随负载变化，电磁转矩T与转差角频率ω_2（即负载转矩）成正比。转矩控制部分利用磁通补偿器和转差补偿器来调整f_1^* 和 U_1^*，以保证转子磁通恒定。如果电动机的转矩增大到最大允许值以上时，电动机将失速，变频器也会跳闸。因此图2-42中设置了抑制过电流的电流限制控制器，它可以保证转矩或电流不超出允许值，实现挖土机特性。

（2）定子有功、无功电流的检测：为方便，将异步电动机的等效电路化成图2-43所示的形式。其中$\dot{I}_2'$是转子电流的有功分量，即转矩分量，$\dot{I}_m'$为磁场电流分量。相应的电路参数如图中所列。

根据上述等效电路，转差角频率ω_2和转子磁通ϕ_2可如下计算：

$$\omega_2 = k_s I'_2 \tag{2-14}$$

$$\phi_2 = \frac{L'_m I'_m}{1 + T_2 p} \tag{2-15}$$

式中 $k_s = r_2/(L_m + l_2)I'_m$；

$L'_m = L_m^2/(L_m + l_2)I'_m$；

T_2——是转子时间常数，$T_2 = (L_m + l_2)/r_2$；

p——拉普拉斯算子。

如果有功电流 I'_2 和磁场电流 I'_m 可以检测的话，则 ω_2 和 ϕ_2 可由上述两式求出。

ω_2 和 ϕ_2 的检测方法，通常是用定子三相电流瞬时值和转子磁通的空间相位角来计算。而该相位角的检测必须采用传感线圈或传感变压器等来实现，显然不适于通用变频器。

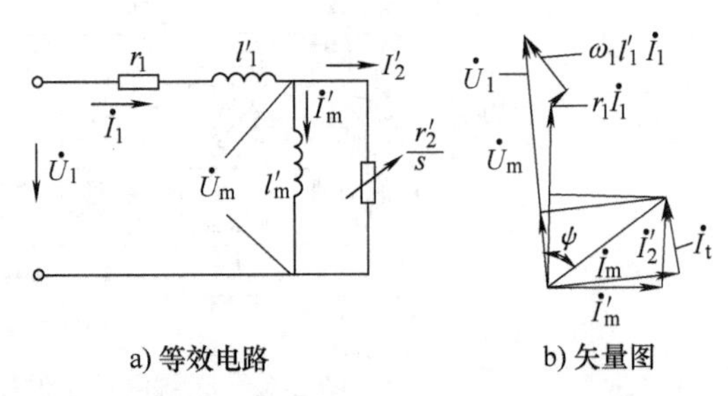

a) 等效电路　　b) 矢量图

图 2-43　经过变换的异步电动机的等效电路和矢量图

s—转差率　r_1—定子电阻　l_1—定子漏感

L_m—励磁电感　r_2—转子电阻　l_2—转子漏感

$L_1 = L_m + l_1$　$L_2 = L_m + l_2$　$r'_2 = (L_m/l_2)^2 r_2$

$l'_1 = l_1 + (L_m/l_2)l_1$　$L'_m = L_m^2/L_2$

这里采用了一种替代的方法，根据定子电压的相位把定子电流分解成与定子电压平行且与转子有功电流 I'_2 成比例的 I_t 和与定子电压垂直且与转子电流的无功分量 I'_m 成比例的 I_m，如图 2-43b 所示。由于定子电压的相位可由 PWM 控制电路中的调制波形的角度来获知，仅定子侧电流需要检测，这完全适合于通用变频器。

值得注意的是，这种将定子电流分成 I_m 和 I_t 的方法，绝不是单纯地检测定子功率因数角 Ψ，因为即使定子电流一定，定子角频率改变时，定子侧漏抗 $\omega_1 l'_1$ 和电阻 r_1 的比例关系也会改变，即 Ψ 角是随 ω_1 变化的。这就导致负载转矩不变时，I_m 和 I_t 也会随变频器的运行频率而变化。为避免这一问题，采用了一种特殊而较为简易的算法，图 2-44 所示为实验结果。图 2-44a 说明定子电流有功分量的变化与由负载决定的转差角频率成正比；图 2-44b 说明在 $\omega_2 = C$ 的条件下，尽管定子频率 f_1 由 3Hz 变

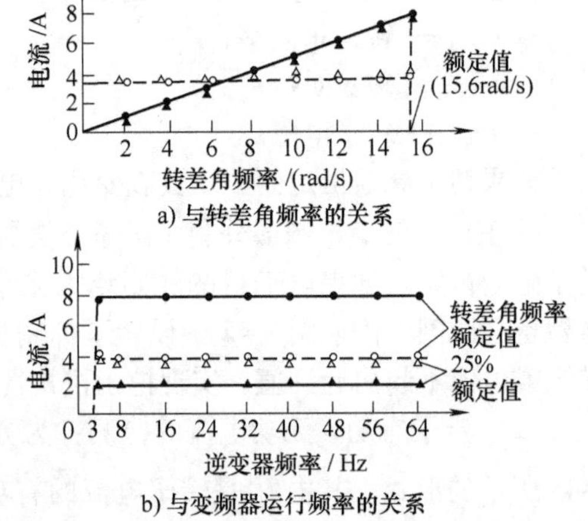

图 2-44　有功电流、无功电流检测器的特性

化到 60Hz，定子电流的有功分量也能保持恒定，不受 f_1 的影响。通过较详细的计算还表明 I_t、I_m 和 I'_2、I'_m 是成比例的。

在 I_t 和 I_m 的算法中，要求将电动机的容量、极数等有关数据输入到变频器的存储器中。

实现了定子电流的转矩分量和磁场分量的分解，I_t 和 I_m 可以作为负载转矩和转子磁通的实在值的检测信号来使用，这就便于控制式（2-14）和式（2-15）中的 ω_2 和 Φ_2。如果保持 $\Phi_2=C$，控制 ω_2 则可控制电磁转矩。

（3）磁通控制：图 2-42 中，进入磁通补偿器的信号 Φ_R 为转子磁通的设定值；I_m 作为转子磁通实在值的反馈信号；I_t 反映负载转矩并作为磁通补偿控制的控制信号使用。

控制电路中转子磁通的参考值 Φ'_2 由如下关系式决定：

$$\Phi'_2 = \Phi_R + \Delta\Phi'\left(\frac{I_t}{I_{to}}\right) \tag{2-16}$$

$$\Delta\Phi = \Phi_R - \frac{L'_m I_m}{1 + T_2 P} \tag{2-17}$$

式中　$\Delta\Phi'$ ——补偿 $\Delta\Phi$ 的 PI 调节器的输出值；

I_{to} ——定子电流有功分量的最大值；

Φ_R ——转子磁通的外部设定值。

磁通补偿器的结构如图 2-45 所示。

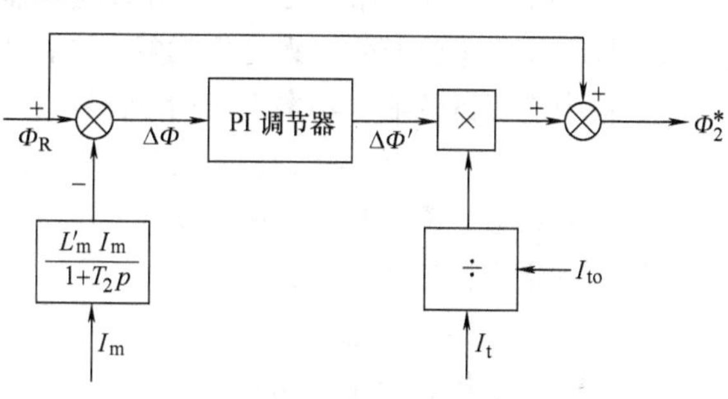

图 2-45　磁通补偿器的结构

磁通补偿的目的是，用补偿转子磁通的参考值 Φ_2^* 的方法去抑制由于负载冲击所引起的转子有功电流的突变，以使励磁电流不至于减小。当负载转矩在小于转子时间常数的较短时间内变化时，式（2-16）中的第二项随负载转矩的变化而变化，尽管 $\Delta\Phi'$ 变化较慢。

图 2-46 所示为磁通补偿抑制跳闸的原理。没有磁通补偿，转矩增加，定子电流迅速增加到图中负载转矩 T_{L2} 上的 C 点所示的值。这是由于负载增加励磁电流随之减小所造成的。由式（2-16）可知，尽管负载转矩突然增加，由于定子电流的有功分量 I_t 可以调节 Φ_2^*，所以可以防止励磁电流的减小，定子电流将由 A 点移到 B 点，跳闸受到了抑制。

即使负载转矩不变，由于变频器运行频率的减小也可能使磁通减小，但这种减小可由式（2-17）的关系得到补偿，保持电动机的 $\Phi_2=C$。

（4）转差补偿：如果转子磁通由于磁通补偿的结果总保持为常数，则电磁转矩可以和转差频率成正比。因此，靠变频器的频率参考信号f_1^*可以与负载转矩成正比地去调整电动机的电磁转矩。f_1^*的调整可由定子电流有功分量I_t（即负载转矩）所决定的转差频率的设定值$\hat{f}_s$来控制，且用如下两式计算：

$$\hat{f}_s = k_s' I_t \tag{2-18}$$

$$f_1^* = f_R + \hat{f}_s \tag{2-19}$$

式中 $k_s' = r_2/(L_m + l_2) I_m$

f_R——变频器频率的外部设定值。

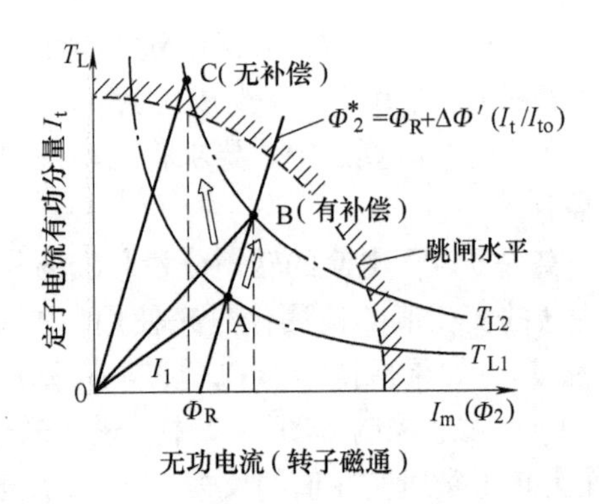

图2-46 当负载突然变化时磁通控制的原理

如图2-42所示，当$I_t < I_{t0}$时，转差频率的补偿按式（2-19）的关系进行，即负载增加，f_1^*随之自动增加，加大运行转差率提高电磁转矩。在恰当的补偿下，不用速度传感器，即可实现对转速较精确的控制。

（5）电流限制控制：这种控制的目的是使电动机能发出某一最大转矩，并且不论负载有多么重，变频器也不会出现跳闸，即实现挖土机特性。当负载特别重，比如说I_t已经大于可允许的I_{t0}，那么转差频率变得特别大，结果定子电流（$\propto \sqrt{1+(T_2\omega_2)^2}$将升到跳闸保护的水平，并且变频器发生跳闸。重载情况下，若采用电流限制控制器将十分有效，无论负载多么重，也不会跳闸。

变频器中逆变器的输入功率P_{in}由下式给出：

$$P_{in} = E_d I_d \approx \omega_r T = K_P(2\pi f_1^*)\Phi_2^2 I_t \tag{2-20}$$

式中 K_P——系数，$K_P = 3/(L_m + l_2) I_m$；

E_d——逆变器输入电压；

I_d——逆变器输入电流；

ω_r——电动机转子旋转角频率。

在式（2-20）中，实际是假定逆变器输入功率等于电动机的轴功率，忽略了逆变器和电动机的损耗；同时还假定同步角频率$\omega_1(2\pi f_1^*/n_P)$和转子旋转角频率ω_r相等，即认为逆变器运行频率远高于转差频率。由于问题的着眼点仅是抑制由于过载所造成的过电流跳闸，所以上述假定是允许的。

如果在直流侧大电容的作用下E_d恒定，并且在式（2-16）和式（2-17）的基础上，电动机的Φ_2也恒定，那么逆变器的输入电流I_d将与I_t、f_1^*两者之积成正比。因此无论负载怎样重，当I_t增加到大于I_{t0}时，随着I_t的增加协调地减小频率的设定值f_1^*，总可以使$I_d(\propto I_1 f_1^*)$限制在特定的水平以下，不致发生跳闸。

假定Φ_2恒定，当$I_t > I_{t0}$时利用如下两式实现电流限制功能：

$$f_1^* = f_R - f_{RD} \quad (I_t > I_{t0})$$

$$f_{RD}=\frac{f_R}{1+T_1P}$$

式中　$T_1=K_1\ (\mathrm{d}I_t/\mathrm{d}t)^{-1}$

其中的 K_1 是可由用户确定的可调增益，可根据所用电动机的特性适当改变。时间常数 T_1 随 I_t 的变化率而改变，当负载冲击剧烈而 $\mathrm{d}I_t/\mathrm{d}t$ 较大时，T_1 将减小，以加快 f_1^* 的跟踪速度，迅速地抑制逆变器输入电流 I_d 的增长。

电流限制器可以控制 I_t 电流，使之保持在最大可能值上，尽管很重的负载加到电动机上，电动机可以发出最大转矩 $T_{max}(\propto \Phi_2^2 I_{t0})$，并实现挖土机特性。

定子电流有功分量的最大值 I_{t0}，可根据电动机和变频器的容量人为地设定。变频器的主开关器件是半导体器件，承载能力是有限的，I_{t0} 的设定主要依据变频器的电流过载倍数。

很多资料中把这种挖土机特性称为“转矩限定功能”。

为保证上述转矩控制功能的实现，应恰当地调节定子电压和频率，参考值 U_1^* 由下式确定：

$$U_1^*=2\pi f_1^*\Phi_2^* \tag{2-21}$$

即转矩控制功能的实现是通过控制 U_1^* 和 f_1^* 之间的关系来实现的，仍属于 U/f 控制方式。

2. 高功能通用变频器的性能

图2-47所示为这种转矩控制功能的实际实验结果。图2-47a给出了在转差频率补偿不起作用的条件下电流限制器的特性。没有电流限制器，变频器出现跳闸；有电流限制器，电动机在恒定的转矩下减速，实现挖土机特性。

图2-47b表示低速（30r/min，相当于1Hz）下的转矩特性，电动机最大转矩大于150%。这是磁通补偿所收到的效果。

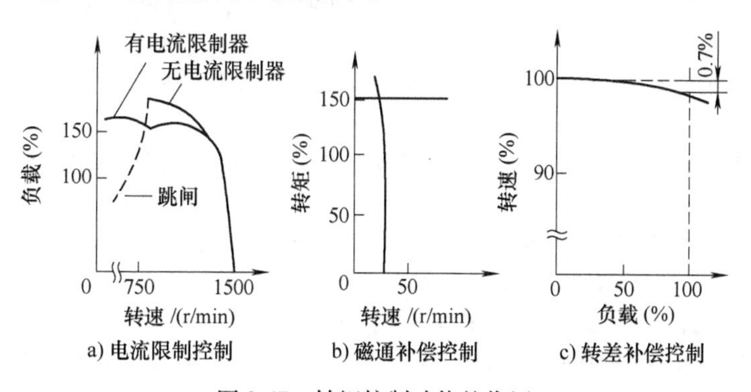

图2-47　转矩控制功能的作用

图2-47c给出了在1500r/min下，负载从0变化到100%时转速的变化情况，由于转差补偿的作用，速度变化被限制在0.7%以内。可见机械特性的硬度高于工频

额定电压运行时的情况。

具有转矩控制功能的高功能型 U/f 控制通用变频器的特点是，电动机机械特性硬度高，低速过载能力大，可实现挖土机特性，即具有过电流抑制功能。通常，这类变频器需要在 EPROM 中存入电动机的参数，以便根据电动机的容量和极数去选择这些参数。

具有一定转矩控制功能的不同厂家生产的通用变频器的不同机型，其硬件构成和控制算法都有一定的差别。上面所谈的控制思想并不代表某一具体机型。是否属于这一类变频器，主要从其性能是否具有上面所述的特点来区分。

参 考 文 献

[1] 满永奎，韩安荣．通用变频器及其应用［M］.3 版．北京：机械工业出版社，2011.

[2] 满永奎．Electric Machinery Fundamentals［M］.5 版．北京：清华大学出版社，2013.

[3] PAUL KPAUSE，OLEG WASYNCZUK，SCOTT SUDH．电机原理及驱动分析［M］.3 版．满永奎，边春元，译．北京：清华大学出版社，2015.

[4] 边春元，满永奎．电机原理与拖动［M］．北京：人民邮电出版社，2013.

[5] 刘宗富，等．现代电力电子器件与交流传动［M］．中国自动化学会电气自动化专业委员会，全国高校自动化专业教育委员会，1990.

[6] 陈坚．交流电机数学模型及调速系统［M］．北京：国防工业出版社，1989.

[7] 林渭勋，等．电力电子技术基础［M］．北京：机械工业出版社，1990.

[8] Simens. Voltage-Source DC Link Converters SIMOVERT P for Variable-Speed AC Drives. Catalog DA66.2，1993.

[9] Nobuyoshi Mutoh，et al. Tripless Control Method for General-Purpose Inverters［J］. IEEE Transactions. Indnstry Applications，1992，28（5）.

[10] 机械工程手册、电机工程手册编辑委员会．电机工程手册［M］．北京：机械工业出版社，1987.

[11] 天津电气传动设计研究所．电气传动自动化技术手册［M］．北京：机械工业出版社，1992.

[12] 三菱电机株式会社．变频调速器使用手册［M］．许振茂，等译．北京：兵器工业出版社，1992.

[13] 鲍斯 B K. 电力电子与交流传动［M］．朱仁初，等译．西安：西安交通大学出版社，1990.

[14] 佟纯厚．近代交流调速［M］.2 版．北京：冶金工业出版社，1995.

[15] 张兴，张崇巍．PWM 整流器及其控制［M］．北京：机械工业出版社，2003.

[16] ANDRZEJ M. TRZYNADLOWSKI. 异步电机的控制［M］．李鹤轩，等译．北京：机械工业出版社，2003.

[17] 吴守箴，等．电气传动脉宽调制控制技术［M］．北京：机械工业出版社，2003.

[18] 李永东．交流电机数字控制系统［M］．北京：机械工业出版社，2002.

[19] 胡崇岳．现代交流调速技术［M］．北京：机械工业出版社，1999.

第 3 章

通用变频器构成的调速系统

通用变频器的发展十分迅速，应用日渐广泛。利用通用变频器控制电动机所构成的调速控制系统，越来越发挥出巨大的作用。由于应用领域十分广阔、市场极大，生产厂家为了争取和占领市场，展开了技术上的竞争。二十几年来，通用变频器产品都几经改型换代，使性能和功能不断地提高和充实。通用变频器虽然种类繁多，功能上却基本类似。首先，通用变频器基本都含有高功能型 U/f 控制功能；然后，很多变频器都集成有无速度传感器，有速度传感器矢量控制功能，直接转矩控制功能，目前具有高动态性能通用变频器正迅速占领变频器市场。

由于强调通用性，不但从控制思想上极力提高通用变频器的内在性能，同时也将实用经验和技巧不断地融入软件功能中，使其 RAS 三性功能不断地得到充实。现在，通用变频器的功能项目包括多方面的内容，而且多数功能都是为组成一个高性能的传动系统而逐步开发出来的。

3.1 使用通用变频器的目的与效益

通用变频器在工业生产领域和民用生活领域都得到了广泛的应用。通用变频器控制异步电动机、永磁电动机和同步磁阻电动机等，实现对生产机械的调速传动控制，很多文献中都简单地称其为变频器传动。变频器传动具有它固有的优势，应用到不同的生产机械或设备上，可以体现出不同的功能，达到不同的目的，收到相应的效益。

变频器传动具有的效能，可从不同使用目的整理成表 3-1。

纵观表 3-1 中使用变频器的目的和应用领域举例，采用通用变频器有着广泛的应用范围和可观的社会、经济效益。目前，通用变频器正在中小容量设备上迅速普及。

表 3-1 使用变频器的目的和应用领域举例

序号	变频器传动的效能	应用领域	主要相关技术	适用变频器
1	节能	风扇、鼓风机、泵、提升机、挤压机、搅拌机、传送带、工业用洗衣机	为提高运行可靠性，台数控制和调速控制并用	通用变频器

（续）

序号	变频器传动的效能	应用领域	主要相关技术	适用变频器
2	提高生产率	提升机、起重机、机床、食品机械、挤压机和自动仓库中所需的传动	运行程序或加工工艺的最佳速度，原有设备的增速运行①，运转可靠性提高	通用变频器、专门用途的通用变频器
3	产品质量的提高	风扇、鼓风机、泵、机床、食品机械、造纸机、薄膜生产线、钢板加工生产线、印制电路板基板钻孔机、高速刻纹机	平滑加减速，加工对象所需最佳速度选定，高精度转矩控制，高精度定位停止，无转矩脉动，高速传动	通用变频器、系统用矢量控制式通用变频器、高速通用变频器
4	设备合理化 ·少维护 ·低成本 ·机载的标准化 ·机械的简单化 ·全自动化（FA化）	搬送机械、金属加工机械、纤维机械、造纸生产线、薄膜生产线、钢板加工生产线	原有设备的增速运行①，高精度转矩控制，多台电动机联动运行，多台电动机联动比例运行，提高运转可靠性，传送控制	通用变频器、通用矢量控制变频器、系统用矢量控制变频器
5	改善或适应环境	空调机、风扇、鼓风机、压缩机、电梯	静音化，平滑加减速，使用防爆电动机、安全性等技术	通用变频器、专用型通用变频器

① 注意校核是否过载。

下面就表3-1所列的各种应用目的的简单原理和应用例子作概要的说明。

3.1.1 节能应用

利用变频器实现调速节能运行，是变频器应用的一个最典型的例子。其中以风机和泵类机械的节能效果最为显著。另外，传送带、搅拌机等一类恒转矩负载的机械，如果能够在可能的较低转速下运行，也可以获得一定的节能效果。

一般情况下，生产设备的节能可以通过削减其输入功率或缩短其运行时间（亦可两者兼用）来实现。以风机、泵类为例，采用变频器调速可以减小输入功率；在生产工艺允许的条件下，使之间歇运转则可以缩短其运行时间。对于某些大容量设备，受电网容量的限制，有时不允许频繁地起停，若利用变频器实现调频软起动，以减小起动电流，则间歇运转也就可能了。

1. 风机的节能

风扇、鼓风机典型的风量-压力特性如图3-1所示，通常调节风量和压力的方法有两种：

1）控制输出或输入端的风门。

2）控制旋转速度。

图3-2a所示为采用第1种方法时的特性。管路的节流阻力改变时，可以得到所需的送风特性。采用这种方式的优点是，初投资少、控制简单。

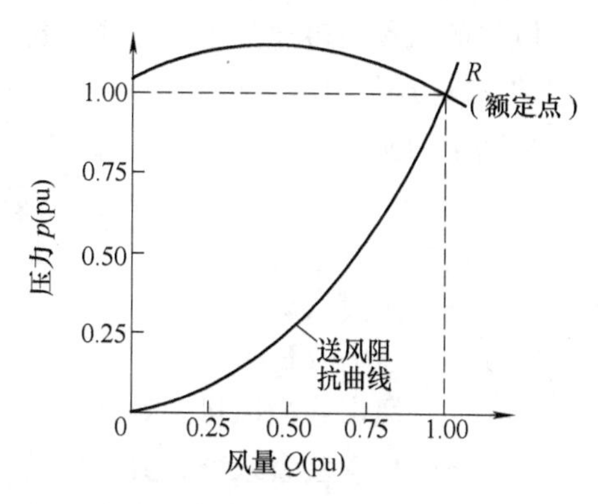

图3-1 风机的风量-压力特性

近年来，出于节能的迫切需要，加之采用变频装置容易操作，并可以实现高功能化，因而采用变频器驱动的方案开始逐步取代风门控制的方案。图3-2b所示为调速情况下风机的运行特性。各图中（pu）均表示标幺值。

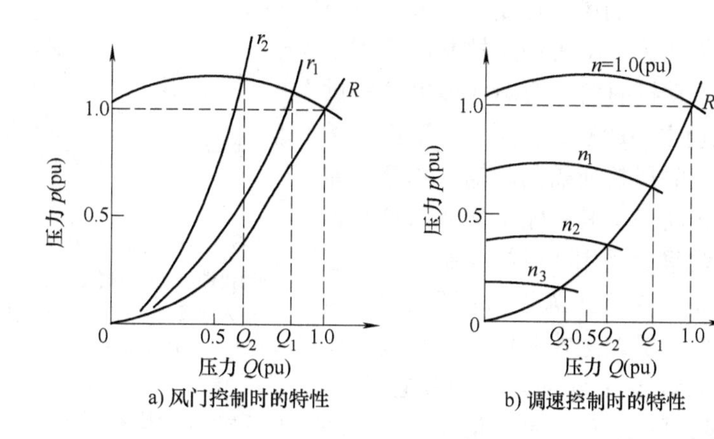

图3-2 调节风机工作点的方法

采用调速方法节能的原理是基于风量、压力、转速和转矩之间的关系，这些关系是：

$$\begin{cases} Q \propto n \\ p \propto T \propto n^2 \\ P \propto Tn \propto n^3 \end{cases} \tag{3-1}$$

式中 Q——风量；

p——压力；

n——转速；

T——转矩；

P——轴功率。

风机的风量与转速的1次方成正比，压力与转速的2次方成正比，而轴功率与转速的3次方成正比。

轴功率的实际值（kW）由下式给出：

$$P=\frac{Qp}{\eta_c\eta_b}\times 10^{-3} \tag{3-2}$$

式中　Q——风量（m^3/s）；

p——压力（Pa）；

η_b——风扇或鼓风机的效率；

η_c——传动装置效率，直接传动时为1。

图3-3所示为采用不同的调节方法时电动机的输入功率、轴输出功率（即风机轴功率）与风量的关系曲线。采用不同的调节方法，电动机的输入功率（即电源应提供的功率）也不同。图中比较了输出端风门控制、输入端风门控制、电磁转差调速电动机调速控制和采用变频调速控制的电动机的输入功率（即电源提供的功率）与风量之间的互相关系。最下面一条曲线为调速控制时风机所需的轴输入功率，即电动机的轴输出功率。其中输出端风门控制因其耗能大，通常很少采用，风门控制一般均在输入端进行。图3-4所示为输入端风门控制、电磁转差调速电动机调速控制以及变频调速控制方式下将风量调至0.5(pu）时的节电情况。图中画斜线部分的面积表示风量调节到0.5（pu）时的节电量。变频调速的情况，所需电源功率仅为全风量的12.5%。当然，这是理想情况下得到的结果。

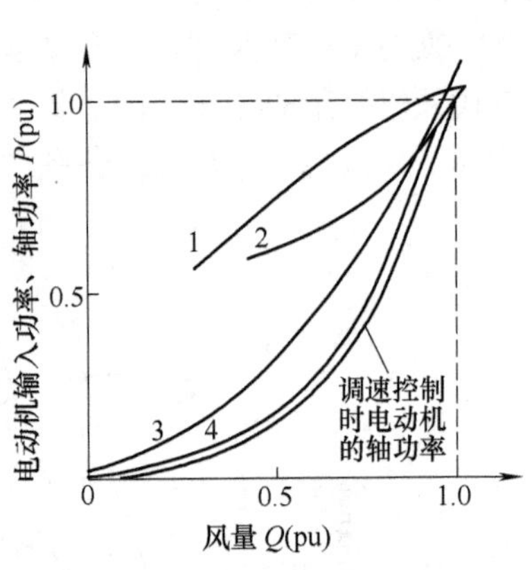

图3-3　风机的输入功率—风量特性

1—输出端风门控制时电动机的输入功率

2—输入端风门控制时电动机的输入功率

3—转差功率调速控制（采用转差电动机、液力耦合器）时电动机的输入功率

4—变频器调速控制时变频器的输入功率

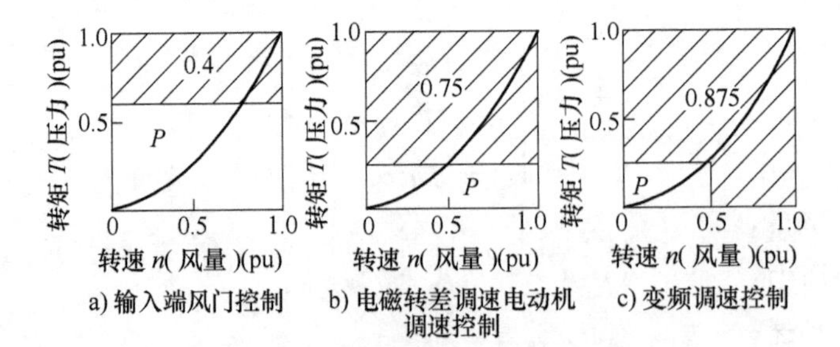

图3-4　风量为50%时可节约的电能

正方形面积—全风量时的电动机轴功率

2. 泵的节能

泵类所输送的是液态物质，例如水。泵装置中存在一个由吸入侧和排出侧之间液位差所造成的固定的管路阻抗分量，即实际扬程，如图3-5所示。所以其管路阻抗曲线不再通过原点，如图3-6所示的全扬程-流量特性中的管路阻抗曲线所示，实际扬程H_a为0.6（pu）。全扬程H表示为

$$H = H_a + H_l \tag{3-3}$$

式中　H_a——实际扬程（m）；

H_l——损失扬程（m）。

损失扬程中包括吸入管路损失水位差、排出管路损失水位差和剩余速度损失水位差三部分，如图3-5所示。

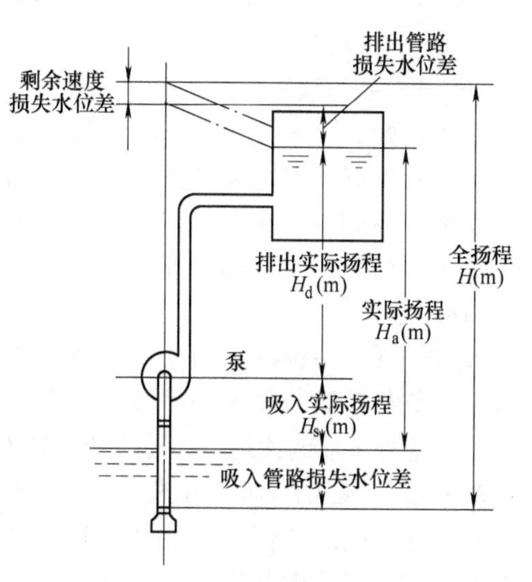

图3-5　泵装置模型

图3-6所示为以50%流量情况的运行特性。排出管路阀门控制的情况下工作点为A，转速控制情况下工作点为B（采用管端压一定的控制方式）。与全流量（工作点C）情况相比较，当50%流量时，工作点A及B所需轴功率都减小了，但工作点B（调速控制）所需轴功率更小。可见采用调速的方式节能效果大。轴功率P(kW)可由下式求得

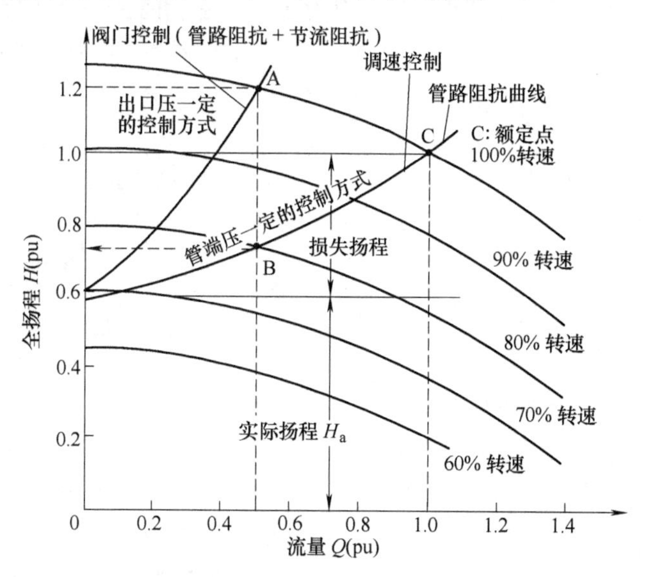

图3-6　水泵的全扬程—流量特性

[以实际扬程H_a=0.6（pu）为例]

$$P=\frac{\rho QH}{102\eta_c\eta_p} \tag{3-4}$$

式中 Q——流量（m^3/s）；

H——全扬程（m）；

ρ——液体的密度（kg/m^3）；

η_c——传动装置效率；

η_p——泵的效率。

图3-7所示为采用不同的调节方式时，电动机输入功率（即电源提供的功率）和轴输出功率（泵的轴功率）与流量之间的关系曲线。由图可见，变频器调速控制时，节能效果最好。

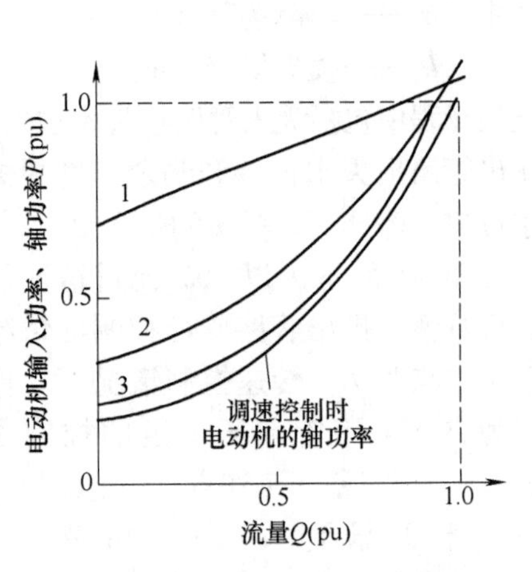

图3-7 泵的输入功率—流量特性

1—排出管路阀门控制时电动机输入功率

2—转差功率调速控制（采用转差电动机、液力耦合器）时电动机的输入功率

3—变频器调速控制时电动机的输入功率

风机、泵是一种减转矩负载，随着转速的降低，负载转矩与转速的平方成比例地减小。对于这种节能调速运行，通用变频器U/f曲线的图形（模式）应采用图3-8所示的专用模式。这种模式与恒转矩负载所采用的模式有所不同，这是因为电动机在低速时负载转矩变小，采用这种模式有利于节能。采用不同U/f模式时变频器和电动机总效率的差别如图3-9所示。

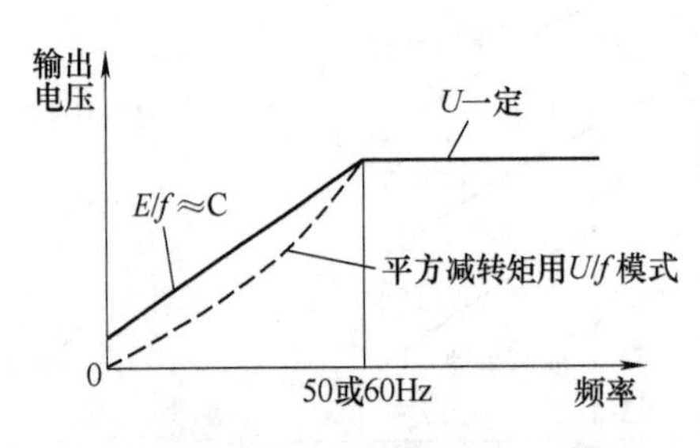

图3-8 风机、泵类节能用U/f模式

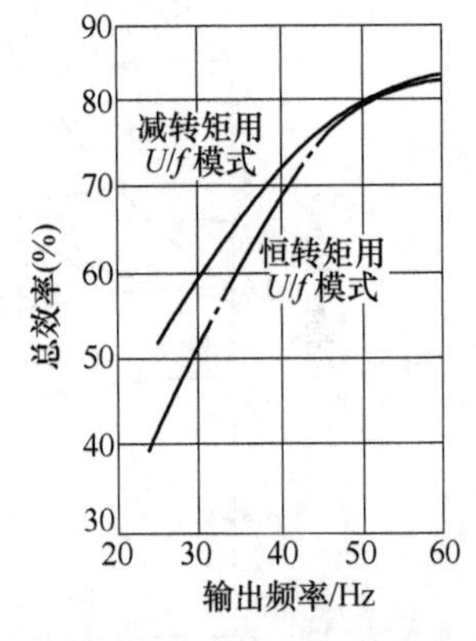

图3-9 不同U/f模式时变频器和电动机总效率的差别（对于风机负载）

3.1.2　提高生产率

提高生产率是变频器传动的另一个重要目的。提高生产率的措施有很多种，利用通用变频器可以实现以下措施：

（1）保证加工工艺中的最佳转速：恰当地选择食品加工机械、金属加工机械和工业洗衣机等在工艺过程中的转速，可以收到缩短运行时间、稳定产品质量的效果。加工工艺过程对具体的加工机械而言，往往具有它固有的一种或几种工作模式，利用通用变频器可以方便地设定这些工作模式。

以奶油加工这样一种简单的加工工艺为例，其典型的工艺过程如图3-10所示。当奶油品种不同，奶油制造机的转速模式也将不同。像图3-10这样的转速控制模式，利用通用变频器的多步转速设定功能可以方便地实现。

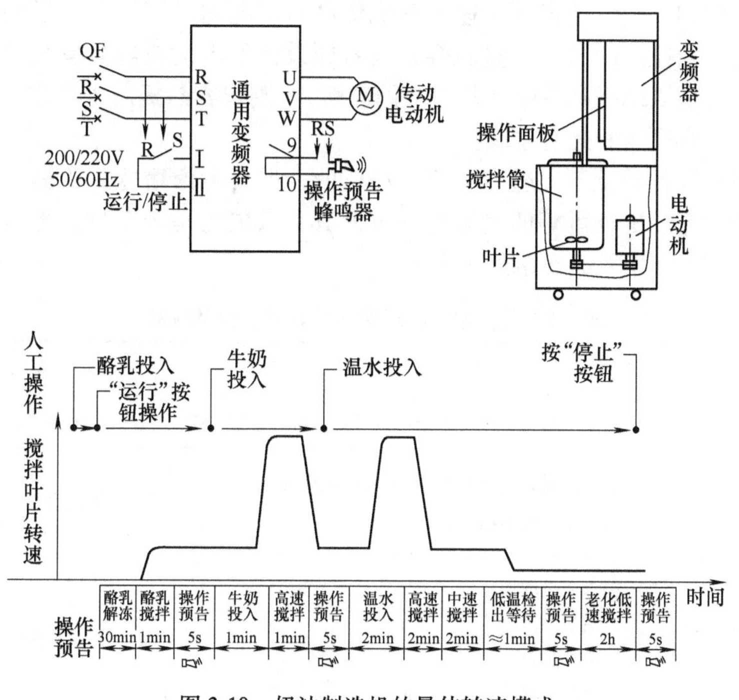

图3-10　奶油制造机的最佳转速模式

（2）适应负载不同工况的最佳转速：提升机和传送带、货物搬运车等的最恰当运行速度的确定，往往遇到快速搬运和准确停车之间的矛盾，故常可采用两段（或多段）速度运行。高速运行，可缩短搬运时间；低速运行速度虽慢但有利于提高定位停车的精度。

例如，自动仓库中货物存取中的输送过程，由行走机构的运行模式决定。仅考虑行走机构，典型的速度图如图3-11所示。货物存入的输送速度较低，而空车返回时的速度则较高，因空车惯量小、加速度较大。货物取出的过程恰与上述相反。

（3）原有设备的增速运转：各类搬送机械、金属加工机械等的运行速度往往直接关系到产品的产量。原来不调速的机械设备，其机械结构常由主机和传动机构（如带传动、齿轮传动）两部分组成，原动机则多数采用异步电动机。其运行速度常被异步电动机的额定速度所限制。

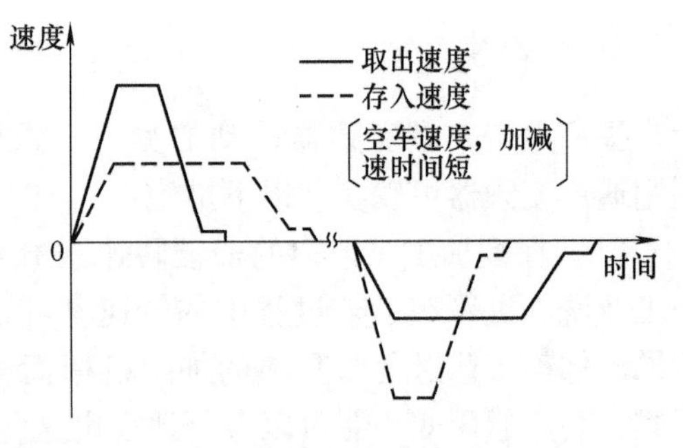

图 3-11　自动仓库货物存取的行走机构速度图

如果机械设备的工作情况总是保持在使异步电动机工作在额定状态下，则保持着最大生产能力。但实际上不可能如此，因为生产机械的轻载运行是很常见的一种工况。例如，当传送带以恒速电动机传动时，电动机容量由搬运的材料的最大重量决定。当搬运的材料重量较轻，或者原设计的电动机容量有裕量时，采用变频器传动，适当地提高转速（超过电网频率），则很容易提高生产率。企图增速提高生产率，必须校验是否过载。

原来恒速运行的设备，适当增速是可行的，但要考虑增速后机械上的种种问题，例如考虑电动机轴承等的耐高速程度及其负载能力是否允许。异步电动机增速后可能出现的问题及其对策见表 3-2。

表 3-2　异步电动机增速时的异常原因及对策

现　象	原　因	对　策
振动增加	因速度增加、转动部分的不平衡加剧	修正转动部分的不平衡
共振声音异常	运行频率与电动机的结构件及安装部位的固有振动频率相接近	增加安装部位强度
轴承寿命下降；烧坏	轴承受热增加 润滑油流出 冷却劣化 振动增加	换轴承，使用耐热润滑油
噪声增加	冷却风扇噪声、轴承噪声增加	改小风扇直径，改进轴承
电动机过热	风阻损耗、机械损耗、铁损耗增加	改进冷却系统
冷却风扇等旋转部件损坏	转速增加，离心力增加，共振	更换损坏部件

（4）高精度准确停车：提升机和自动仓库等在生产过程中间歇时间的缩短，对提高生产率起到很大的作用。在预定位置的准确停车，对减小间歇时间来说十

分必要。

水平方向运转的机械，像图 3-11 那样采用两段速度运行，即在到达预定停车位置之前以低速爬行一小段时间，再用直流制动进行制动，则可保证精确地停止在预定位置上。

提升机和自动仓库的升降机构的传动位能性负载的情况与上述类似，亦可以采用两段速度控制，但是停车时需要配以机械制动器，以免重物自由滑落。

3.1.3 提高产品质量

引入变频器传动，适应生产工艺的多方面要求，以提高产品质量的例子很多，列举如下：

（1）加工对象的最佳速度：车床等加工机械，大致分成工件旋转式和刀具旋转式两大类。不论哪一类，控制工件和刀具的相对速度对工件的质量都起关键作用。

根据工件的加工精度及表面粗糙度的要求，精细地控制工件和刀具的相对速度，可以使质量大幅度地提高。通用变频器用于机械加工中心以提高产品质量和提高加工效率的例子很多。

另外，印制电路板的基板钻孔机和木工机械中的高速刻纹机，其主轴的转速要足够高才能满足加工质量的要求。利用高速变频器即可满足这种要求。

（2）平滑的加、减速：以瓶装饮料生产为例，图 3-12 所示为瓶子传送带的软起动、软停止的不同模式。在加、减速过程中，根据所载重物的不同，加、减速的规律亦应适当地改变。这样才能满足某些被传送的重物不允许倾斜或倒塌的要求。

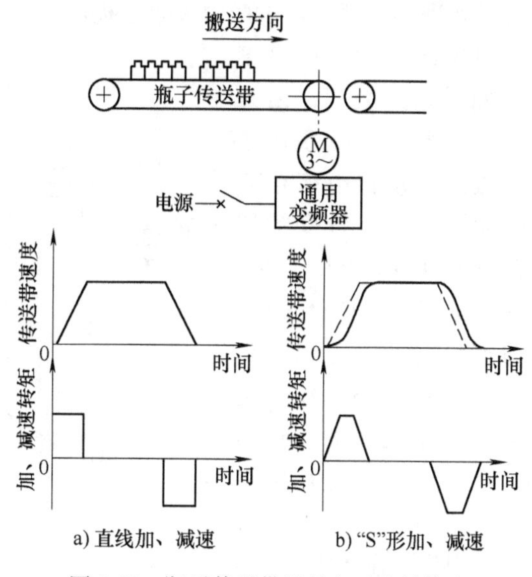

图 3-12　瓶子传送带的软起动和软停止

图 3-12a 为一般加、减速方式，加速度为常数，速度线性变化。图 3-12b 称为“S”形加、减速模式，传送带的加速起始点和最终点的加速度已经减小，使得速度随时间的变化变得相对缓和。载重物所受冲击力与电动机的加速转矩（或称动态转矩）有关。图 3-12a 的动态转矩为脉冲形，图 3-12b 的动态转矩则呈梯形。显然，后者对载重物的冲击得到缓和，起到了防倒塌的作用。

（3）高精度转矩控制：造纸、塑料薄膜、冷轧带钢等高性能的调速控制装置，对速度精度、转矩精度、动态响应等都有较高的要求。

为了保证产品质量，以往都采用直流电动机调速控制系统。目前，高性能的矢量控制型通用变频器的性能指标已经赶上和超过了直流调速装置，得到了广泛应用。

3.1.4 设备的合理化

如前所述，高性能的调速系统实现交流化，逐步取代直流电动机，以克服直流电动机电刷、换向器难于维护的困难，这是设备合理化的一个侧面。另一个侧面，则是充分利用通用变频器的功能，改造传统的恒速运行的异步电动机传动的生产机械，使大部分生产机械的功能得以“升级”。

（1）设备的自动化：通用变频器的使用，可以把诸如传送带、给料机、干燥机、烤炉、风扇、泵等多种机械，根据生产工艺的内在联系适当地组合起来，协调运行，实现自动化控制。某些生产过程已经实现了多机联动的自动化控制，生产设备实现了合理化，生产力大幅度提高。

图3-13所示是一种多原料配料输送装置，由几台振动供料机和一条传送带组成。该装置由多台变频器协调传动，各变频器之间的关系由PLC（Programmable Logic Controller）来协调，它可以完成原料配比的自动调整和输送速度与给料量之间的自动协调。这种给料装置是熔炼炉的矿石配料输送系统或家畜饲料生产设备中不可缺少的环节。

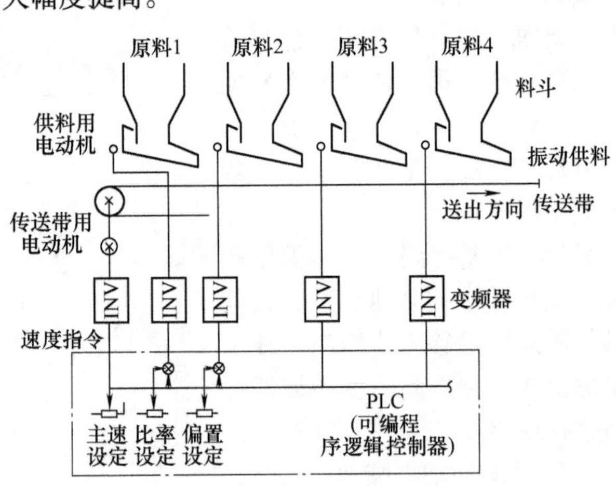

图3-13 多台变频器的协调传动

（2）多台电动机的统一控制：用一台变频器同时控制多台电动机，是U/f控制型通用变频器的一大特长。例如，轧钢厂中钢坯或成品的输送辊道就是用一台变频器传动多台异步电动机，而化纤厂中的计量泵，则是用一台变频器传动多台同步电动机同步旋转的例子。

（3）机械装置的简单化、标准化：以传统的工业洗衣机为例，原来的洗涤、清洗和脱水等不同工艺环节，由于转速差别较大，同一台洗衣机常需2~3台电动机按时间顺序切换运行。如果改用变频器传动，由于转速调节范围很宽，用一台电动机就足够了，机械装置可以相应地得到简化。

另外，如果电网频率不同（常见有50Hz和60Hz两种），电动机的选用和机械装置的设计都要有所区别。对于采用变频器传动的情况，则不必改变机械设备的结构和电动机的型号，即可在不同电网频率下实现可靠的调速传动运行，使机械设备的设计容易实现标准化。

（4）运行可靠性的提高：变频器调速传动装置的应用，不存在直流电动机传动情况下由电刷和换向器所引起的故障，可靠性大大提高。

目前的商用通用变频器，由于软件和硬件功能的充实，保护功能特别完善。对于电源瞬时停电和因噪声干扰引起的一次性异常，变频器可以自动诊断故障的来源，同时利用故障后再起动功能在不停车的情况下进行再起动。再起动成功后，故障的原因存储在内部存储器中，随时调出，可以显示故障原因以供分析和处理。

这些功能使运转可靠性大大提高，可以保证生产的连续性，甚至可以实现夜间无人运转。

3.1.5　适应或改善环境

对环境的适应性强，并且对环境引起的公害小，是变频器传动的又一个特点。

（1）对环境的适应性：某些有爆炸危险性的气体和可燃性溶剂的生产设备，其传动应采用防爆电动机，其他易燃、易爆场合的传动也应如此。对于直流防爆电动机而言，需要采用复杂而庞大的结构，造价相当高。而笼型异步电动机制成防爆结构则相对地简单、可靠，价格便宜，唯独其调速性能差。如果配以通用变频器，提高其调速性能，这种调速装置可以适用于环境恶劣的场合。

另外，有腐蚀性气体的场合，户外、极度潮湿的场合或者水中电动机的调速传动，一般都采用各种特殊型号的笼型异步电动机，调速传动时通用变频器也大有用武之地。

以往某些场合的机械装置采用油压传动。其中有些油压传动有改造成电气传动的趋势。电气传动与油压传动相比具有操作简单、不需特殊的消防措施等优点。

（2）静音化：现代通用变频器由于采用 IGBT（或 MOSFET）等作为主开关器件，将载波频率提高到 10~20kHz，甚至更高，电动机的运行声音已经接近在工频电网上运行的情况，即变频器传动实现了“静音化”。

3.2　使用通用变频器的技术优势

表 3-3 列出了应用通用变频器的优势、技术内容和主要注意事项。

表中所列仅为通用变频器的基本的技术优势。就表中所列各项简要说明如下：

1）节能用途是这种情况的一个最典型的例子。传送带和搅拌机等一些具有恒转矩特性的机械，低速时负载转矩较大和电动机散热能力下降是矛盾的。这就需要所谓的电子热保护功能，以便切实地对电动机实行保护。

表 3-3 应用通用变频器的优势、技术内容和主要注意事项

序号	变频器的应用效能	技术内容	主要注意事项
1	原有恒速运行的异步电动机的调速控制	改变笼型异步电动机的频率和电压，实现调速运行	对标准型电动机：低速时散热能力变坏，应注意温升，频率较低时适当减轻负载
2	实现软起动和软停车	采用变频起动或停车。可预先设定加、减速时间	根据负载的运行情况恰当地设定加、减速时间
	实现频繁的起动、停车	如果用工频电源直接起动，则起动电流大；利用变频器起动，则可以在较小的电流下实现快加、减速，电动机的发热较小	加、减速时的动态转矩，会增加电动机和变频器的容量负担，应事先考查 GD^2 和加、减速时间
3	不用主电路接触器即可实现正、反转控制	主电路中主开关的切换顺序决定了输出相序。避免了使用主电路接触器进行机械式切换的弊端。可以可靠地实现正、反转之间的联锁	用于升降机等的控制，当升、降方向改变时，需要采用机械制动，实现静止保持
4	可方便地实现电气制动	机械能经电动机转变成变频器内部的电能时，电动机则自动产生自动转矩	靠变频器自身，制动转矩可达20%。如果接制动电阻器，制动转矩可以提高，但应注意制动电阻的容量
5	可实现恶劣环境下电动机的调速运行	一般采用通用笼型异步电动机，特殊情况下也可以选用防爆型、防水型、户外型等特殊类型电动机	防爆电动机与变频器配合时，有时需要普通防爆电动机经过另外认证
6	实现高频电动机的高速运行	工频的电动机同步转速最高3000r/min（50Hz）或3600r/min（60Hz）。利用高频变频器为高频电动机供电，转速可以达到180000r/min（3000Hz）	电动机的输出能力是由频率和电压的正确关系保证的。通用异步电动机的供电频率一般限制在120%的范围。对于再高速需求，电动机需要专门设计
7	多台电动机可用一台变频器同时传动，实现调速运行	通用变频器是一种为电动机提供电源的装置。在容量允许条件下，可以并联多台电动机，各台电动机的容量不必相同	若采用异步电动机，各电动机的运行速度可能不相同。如果采用同步电动机，则各台电动机的转速是相同的
8	变频起动电动机时，电源的容量可以减小	用工频电源直接起动异步电动机，起动初始电流可达4~7倍额定值。如果低频起动，可以使电流限制在100%~150%	电源变压器的容量可以限制到电动机容量的1.5倍
9	在整个速度范围内，电网的功率因数都可以保持较高的值（采用二极管不可控整流器）	采用三相全波整流电路将交流电变换成直流电，电流的相位基本没有滞后，功率因数较高	电动机的输入侧，不能接改善功率因数用电容器，因电容器可流入过大的高次谐波电流，并因此而损坏，甚至损坏变频器

2）解决异步电动机的起动方法问题。某些情况下，如果起动转矩不足，为了顺利而可靠地完成起动过程，自动转矩提升功能和加减速过程中的防失速功能就是十分必要的了。

3）利用变频器中半导体器件的开关功能，实现电动机正、反转的切换控制是很容易的，并且可以省掉用在主电路中的价格较高的电磁接触器等。特别是起重机、小型提升机等应用场合，由于有的通用变频器，已经把“起重机专用软件”存在其软件库中了，因而起重机的程序控制用开关器件均可以省掉，得到一种高可靠而廉价的传动装置。

4）变频器传动时很容易实现电动机的电气制动。在很多情况下，例如水平传送带、风机、水泵等大多数机械设备的机械式制动器可以省掉。但是，在提升机、起重机和斜面传送带的应用中，为产生静止时的保持转矩，且符合国家/国际标准，应与机械式制动器配合使用。

电气制动包括动力制动、电源再生制动和直流制动三种制动方式。其中直流制动是指电动机定子绕组通入直流，电动机处于能耗制动状态的情况，此时变频器的输出频率为零。一般情况下，某些机床、大型起重机、高速电梯等为了有效地利用再生电能常采用电源再生制动方式。小型升降机等则采用电路结构相对简单的动力制动（采用制动电阻）方式。制动频度很低的一类生产机械，当仅要求制动停车时，有时也可以采用全范围直流制动方式。

5）电磁转差调速电动机和直流电动机一般难于用到环境恶劣的场合。这项功能使得使用防爆电动机在技术上的复杂性大大降低。

6）可实现高速传动是变频器和笼型异步电动机的特长之一。直流电动机由于电刷和换向器的限制，高速化是很困难的。特殊设计的高速异步电动机利用高频变频器传动，转速可达每分钟十几万转。

高速电动机在高频变频器驱动的场合，变频器的压频关系应该按高速电动机固有的 U/f 关系来决定。如果标准电动机升速运行，电动机的使用受到轴承的结构、强度及其他旋转部分的动平衡性能的限制，必要时应由电动机制造厂家认定。

7）变频器的多电动机传动方式，是用一台变频器同时为多台电动机供电。多用于轧钢的辊道和纤维机械中的卷筒等的传动。电动机可以采用异步电动机，也可以采用同步电动机。如果采用异步电动机，各电动机的转速可能因为转差率的不同而略有差异；而采用同步电动机时，各电动机的转速则完全相同。

多台同步电动传动方式中，如果在运行中有一台电动机突然接入，则必须考虑新接入的电动机起动时和接近同步时的过大电流对运行中的其他电动机的冲击。

8）电动机采用降压、降频方式起动时，比常规的减压起动方式优越。起动电流可以大大减小，但起动转矩却足够大，起动时电网的负担较直接起动时大大减小。

3.3 通用变频器的功能

3.3.1 概述

经历了多年的发展历程，通用变频器的功能不断丰富，性能不断提高，由最初的模拟控制，到8位CPU、16位CPU乃至32位DSP为核心的微型单片计算机的全数字控制，再到多CPU控制，并行控制，可以说全数字控制技术已经发展到了非常成熟的阶段。微处理器运算速度的提高和位数的增加，以及芯片的专用化，为通用变频器功能的完善和性能的提高奠定了坚实的基础。

如2.8节中所叙述的，通用变频器产品大致分为三代：普通功能型 U/f 控制通用变频器、高功能型 U/f 控制通用变频器以及高动态性能型矢量控制通用变频器和直接转矩控制变频器。其中，第二代产品已经具备了初步的转矩控制功能，可以实现转矩限制，具有“无跳闸”能力。第三代产品，采用矢量控制方式，具有较好的动态性能，可以替代高精度直流调速系统。目前我们研究通用变频器的功能，立足点应放在第三代产品上。

近几年，通用变频器产品出现了一种“多控制方式”的趋势。西门子公司的S120系列、ABB公司的ACS880系列、丹佛斯公司的NXP、iC7系列变频器以及英泰公司的P2等都属于“多控制方式”通用变频器。在这里，以英泰变频器为背景，从总体概念上介绍通用变频器的功能，并不准备详细剖析英泰变频器各类控制功能的细节。以英泰P2系列变频器（重载高性能矢量控制变频器）为例，它们都有7种控制功能，针对异步电动机传动的为3种，而针对同步电动机传动的为4种。

感应电动机（IM电动机）用的控制模式：

0：感应电动机矢量速度控制具有转矩限制

适用于交流感应电动机，矢量速度控制提供巨大的低速转矩和高性能的大负载变化情况下的速度调控。变频器在控制速度模式，电动机速度由所选择的速度命令源控制为主。当输出转矩达到最大转矩限制时，变频器将减低电动机速度以符合转矩限制要求。出厂转矩设定允许最大转矩限制为150%，由参数P4-07控制。

1：感应电动机矢量转矩控制具有速度限制

适用于交流感应电动机，当选择矢量转矩控制模式，变频器主要运行在转矩模式，此时电动机将依据转矩设定源的设置保持相应转矩输出。此功能将导致电动机加速，当加速到最大速度限制，电动机将不会继续加速到最大速度之外。速度限制源由参数P1-12和P1-13选择，转矩设定源由参数P4-06设定。

2：速度控制（加强 V/F）

此运行模式适合通用用途标准感应电动机。该模式用于不要求快速响应和非常精确速度控制的所有变速控制以及用一台变频器连接多台电动机的用途。电动机参数不明确或不能进行自学习时也使用该模式。

3：永磁电动机矢量控制的速度控制模式

等效于设定为0，但是用于控制永磁电动机。可发挥PM电动机的节能特性。

4：永磁电动机矢量控制的转矩控制模式

等效于设定为1，但是用于控制永磁电动机。该控制模式用于使用PM电动机时需要高精度控制的恒定转矩用途，以及转矩响应快、需要高性能转矩控制的所有变速控制。开环与闭环都可以很好地运行。

5：直流无刷电动机矢量控制的速度控制模式

用于控制BLDC直流无刷电动机。

6：同步磁阻电动机矢量控制的速度控制模式

用于同步磁阻电动机SynRM控制。

这7种运行方式，可以用操作面板选择。从上述功能看通用变频器的性能可以满足绝大多数工业生产及民用生活领域的需要。英泰公司P2系列变频器参数组参数结构概览见表3-4，参数组1-基本参数见表3-5。

表3-4　英泰公司P2系列变频器参数组参数结构概览

参数组	范围	名称	访问级别	访问类型
组0	P0-01 到 P0-50	基本监测	扩展	只读
组0	P0-51 到 P0-80	高级监测	高级	只读
组1	P1-01 到 P1-14	快速启动菜单	基本	读/写
组2	P2-01 到 P2-40	扩展参数	扩展	读/写
组3	P3-01 到 P3-12	PID 控制器	扩展	读/写
组4	P4-01 到 P4-12	电动机控制	扩展	读/写
组5	P5-01 到 P5-10	通信	扩展	读/写
组6	P6-01 到 P6-30	高级功能	高级	读/写
组7	P7-01 到 P7-10	高级电动机数据	高级	读/写
组8	P8-01 到 P8-10	特定应用组	高级	读/写
组9	P9-01 到 P9-30	可编程逻辑	高级	读/写

注：通过设置参数P1-14访问所有参数组：

P1-14 = P2-40（出厂设置：101）允许访问扩展参数；

P1-14 = P6-30（出厂设置：201）允许访问高级参数。

表 3-5　参数组 1-基本参数

<table>
<tr><th>参数</th><th>名称</th><th>最小值</th><th>最大值</th><th>默认值</th><th>单位</th></tr>
<tr><td rowspan="2">P1-01</td><td>最大值频率/速度限制</td><td>P1-02</td><td>500.0/30000</td><td>50.0（60.0）</td><td>Hz/Rpm</td></tr>
<tr><td colspan="5">最大值输出频率或者电动机速度限制 Hz or rpm</td></tr>
<tr><td rowspan="2">P1-02</td><td>最小值频率/速度限制</td><td>0.0</td><td>P1-01</td><td>0.0</td><td>Hz/Rpm</td></tr>
<tr><td colspan="5">最小值速度限制 Hz or rpm</td></tr>
<tr><td rowspan="2">P1-03</td><td>加速斜率时间</td><td colspan="2">见下文</td><td>5.0</td><td>s</td></tr>
<tr><td colspan="5">加速斜率时间从0到基本速度（P-1-09）以秒为单位
注释
对于 OptidrivesP2 机壳尺寸2和3型，参数范围是在0.00~600.0s
对于 OptidrivesP2 机壳尺寸4型以上，参数范围是在0.00~6000.0s</td></tr>
<tr><td rowspan="2">P1-04</td><td>减速斜率时间</td><td colspan="2">见下文</td><td>5.0</td><td>s</td></tr>
<tr><td colspan="5">减速斜率时间从基本速度（P1-09）到静止，以秒为单位。但设置为0，以无跳闸尽可能快的时间去减速
注释
对于 OptidrivesP2 机壳尺寸2和3型，参数范围是在0.00~600.0s
对于 OptidrivesP2 机壳尺寸4型以上，参数范围是在0.00~6000.0s</td></tr>
<tr><td rowspan="2">P1-05</td><td>停止模式</td><td>0</td><td>4</td><td>0</td><td>-</td></tr>
<tr><td colspan="5">0：减速停止。当使能信号移除后变频器将减速停止，减速斜率由参数P1-04控制。此模式下变频器制动单元（已经安装）被禁止
1：自由停止。当使能信号移除后，变频器输出立即禁止，并且电动机将自由停止。假如负载由于惯量能够持续旋转，并且变频器在旋转状态下可能再次起动，转速跟踪起动功能（P2-26）应该设置为允许。此模式下，变频器制动单元（已经安装）被禁止
2：减速停止。制动单元允许。当使能信号移除后，变频器将减速停止，减速斜率由P1-04控制。此模式下，制动单元将起作用
3：自由停止。制动单元允许。当使能信号移除后，变频器输出立即禁止，并且电动机将自由停止，假如负载由于惯量能够持续旋转，并且变频器在旋转状态下可能再次起动，转速跟踪起动功能（P2-26）应该设置为允许。此模式下，制动单元将起作用，然而只是在改变运行频率时起作用，停止时不起作用
4：交流磁通制动。交流磁通制动在停止和加速期间提供改进的制动转矩。在这种模式下，制动斩波器被禁用，但制动力矩得到改善</td></tr>
<tr><td rowspan="2">P1-06</td><td>能量优化</td><td>0</td><td>1</td><td>0</td><td>-</td></tr>
<tr><td colspan="5">仅在增强 V/F 电动机控制模式下起作用，即选择（P4-01 = 2）
0：无效
1：有效。当设置为有效，能量优化将试图降低恒速运行或轻载运行时的能量的消耗，变频器的输出电压降低。能量优化是在恒速运行或轻载运行时被注入的，无论恒转矩或变转矩</td></tr>
</table>

（续）

参数	名称	最小值	最大值	默认值	单位
P1-07	电动机额定电压	0	由功率决定	由功率决定	V
	当此参数被设为电动机铭牌电压、输出电压，变频器将不计输入电压或者直流母线电压变化，自动控制和保持正确的输出电压水平 当 P1-07 = 0，变频器电压补偿功能是无效的。施加在电动机上的输出电压将随着直流母线的电压波动而改变				
P1-08	电动机额定电流	-	-	由功率决定	A
	此参数应该被设为电动机的额定（铭牌）电流 出厂默认值被设定为变频器最大连续输出电流				
P1-09	电动机额定频率	10	500	50（60）	Hz
	此参数应该被设为电动机的额定频率（铭牌）				
P1-10	电动机额定速度	0	30000	0	r/min
	本参数可选择性设定电动机额定（铭牌）速度。当设为默认值零，所有相关速度的参数以频率 Hz 为单位，并且电动机滑差补偿无效。输入电动机铭牌额定速度，滑差补偿功能允许，并且 Optidrives 将以 Rpm 显示估计的电动机速度。所有速度相关参数，比如最小值和最大值速度、预置速度也将以 Rpm 显示				

3.3.2　变频器参数功能的类型

各厂家的产品对功能的分类方式不尽相同，但大致上类似。在此仅以英泰 P2 系列变频器为例概略地叙述如下，以建立总体的概念。

为了便于用户使用，根据变频器常规的运行程式、对用户负载进行控制的复杂程度及功能的性质，对 250 多个功能码进行了分类、分级。

根据变频器使用的常规程式参数分成 10 个参数组，访问级别分别为基本、扩展和高级模式。

参数组 0：“监测参数组”，通过此参数组可以监测变频器内部变量，可以掌握变频器运行和负载情况。

参数组 1：“快速启动菜单”，是基本参数组，通过此参数组可以设置变频器运行需要的基本参数。包括设置电动机铭牌参数、运行速度限制参数、起动停止时间和方式参数以及变频器命令控制源参数等。

参数组 2：“频率给定和模拟量输入输出参数组”，扩展参数组，设定预设值速度参数、模拟量输入设置参数、模拟量输出设置参数、继电器设置和主从参数设置参数等。

参数组 3：“PID 控制参数组”，用于 PID 控制时的设置参数。

参数组 4：“高性能电动机控制组”，与电动机控制相关的参数组。IM 电动机控制模式、PM交流永磁电动机和BLDC无刷直流电动机控制参数以及同步磁阻电动机控制参数。

参数组5："通信参数组"，P2变频器支持连接多种通信总线、外部面板、PC和蓝牙模块等选件的控制参数。

参数组6："高级配置参数组"，编码器参数、机械抱闸控制参数等。

参数组7："电动机控制参数组"，电动机定转子参数、自适应学习参数等电动机相关的设计参数。

参数组8："附加的加减速时间参数组"，可选择的加减速时间和速度设置参数。

参数组9："用户输入输出编程参数组"，用户可以在此参数组编写一些逻辑控制。

3.3.3 功能设定概述

变频器由于通用化和高性能化的需要，针对不同的客户应用，ABB的ACS880系列、Danfoss的NXP系列都采用应用宏的概念，就是对不同的工艺行业应用，开发了不同的应用程序成为应用宏。变频器硬件都是一样的，不同行业工艺的控制要在变频器内灌装不同的应用宏。而有的变频器厂家如英泰变频器、汇川变频器都是以专机的方式解决不同行业的应用要求。通用变频器的功能码也越来越多，随着变频器性能的提高，功能码也越来越复杂。所以生产厂家在功能码的编排上采取了一定的措施。除了一些小型专用变频器，采用所谓连续编码方式外，大多都对功能码进行了分类分组，划分了存取级别。以便用户更好地掌握和使用。

功能码的几种编排方式例子如下，仅供参考。

1）连续编排方式：主要以日系变频器为主，日本三菱公司的FR-A540系列就采取了连续编排方式。采用阿拉伯数字作为功能码的编号，由小到大排列下去。只不过相近功能的编号排在一起。比如0~9为基本功能。

一些简单的变频器或针对单一负载性质的小型专用变频器是这样编码的。由于功能码的总量不大，用起来也方便。

2）功能分类编号排列方式：Danfoss的NXP变频器的参数分为M1~M7参数组，M1为变频器测量值显示的监视菜单参数组，M2为变频器参数设置组，M3为控制面板参数组，M4为当前故障菜单，M5为历史故障菜单，M6为系统菜单，M7为选件板菜单。

3）分类编码、编排方式：英泰P2高性能变频器按照参数组编排，如前所述。

3.3.4 主要功能的说明

在本小节中，列出变频器的主要功能如下。功能的分类方法没有按某具体机种的具体分法进行。目的是为了突出关于功能的概念，而不是结合具体机型说明功能的设定方法。

变频器最基础的功能，试机时就要用到的基本功能罗列如下：

1）基本参数组设定：基频、最大频率、上限频率、下限频率、点动频率、起动频率、电网电压和电动机铭牌参数。

2）参数设定手段选择：控制面板或采用电脑软件。

3）给定值和控制信号通道选择：控制面板、控制端子或信号通信接口控制。

4）电动机类型选择：IM 电动机、PM 交流永磁电动机、BLDC 无刷直流电动机和同步磁阻电动机。

5）U/f 曲线设定。

6）加减速时间设定、防失速选择。

7）控制模式选择：U/f 控制、开环矢量速度控制、闭环矢量速度控制、开环转矩控制和闭环转矩控制。

8）载波频率选择。

9）主从同步控制。

上述基本功能，在试机时视变频器复杂程度及用户要求，可适当取舍。变频器的功能，大多数是根据组成变频器传动系统的需要而设计的。

变频器功能种类繁多，都是为组成高性能系统而设计的。还有如下特殊功能罗列如下，如有兴趣，请查阅相关资料。

1）零伺服功能（仅在有 PG 的闭环矢量控制方案下，为电动机提供堵转转矩，静止在固定位置）；

2）Droop 功能——下垂功能（双机拖动负载平衡）；

3）摆频功能（纺织专用）；

4）高转差制动（全速度范围内，实现 DC 减速停车）；

5）再生回避功能（减速时防失速，即防止电流过电压跳闸）；

6）UP/DOWN 功能（按端子开闭信号动作的升降频功能）；

7）安全停车功能（维修中，切断主开关器件的驱动电源，确保安全）。

变频器输出交流电，通常用于控制电动机。但变频器又是实现交流电-交流电变换的器件，可以输出设备需要的交流电，成为交流电源；现在技术的发展可以通过特殊软件，实现 DC-DC 的直流电压变换。

针对不同行业应用，特殊应用宏包括：

1）机械抱闸应用宏——用于带有控制机械抱闸的应用，如建筑起重机、立体库等；

2）高速应用宏——用于高速主轴控制，输出频率可达 7200Hz；

3）Crane 起重应用宏——用于起重机的高性能控制，带有防摇摆功能；

4）AFE 应用宏——用于发电回馈电网应用，如风力发电、孤岛发电、电动机回馈能量到电网等应用；

5）岸电应用宏——应用于港口的岸电，无扰动在线切换供电等；

6）轴发应用宏——船舶上的主轴发电应用；

7）电源同步切换宏——当变频器控制的大功率电动机切换到工频控制时，需要检测交流电源的频率和相位，保证变频器输出的频率和相位与电源一致后切换，对电网冲击小；

8）卷绕应用宏——用于收放卷的恒力矩控制；

9）速度主从同步应用宏——保证多台电动机速度同步或者成一定的比例控制、电动机的转矩按一定的比例输出控制等；

10）相位同步控制应用宏——实现多台变频器同时控制同一台大功率的多绕组不同相位的电动机；

11）位置控制应用宏——实现伺服系统的位置、同步控制；

12）DC-DC 应用宏——实现 DC-DC 电压变换，比如实现几十伏的电池电压转换到最高 DC1100V 的直流电压，或者用 DC1100V 的电压给几十伏的电池充电的相互电压变换控制；

13）DCGuard 应用宏——直流断路器，可以实现不同电压等级的 DC 电压网之间的保护。

3.4 生产机械的驱动

变频器传动系统，常由变频器、异步电动机和生产机械构成一个整体。为了研究这种传动系统，先来说明电动机和生产机械之间的关系。

就电动机和生产机械之间的关系看，多数情况下是通过一种机械传动装置互相连接起来。这种机械传动装置最简单的可以是靠背轮或联轴节，复杂的可以是一个变速箱。这样就构成了由电动机和生产机械及传动装置所组成的统一的旋转运动系统。这种机械运动系统的运行规律可以用运动方程式来描述：

$$T_{\mathrm{M}} - T_{\mathrm{L}} = \frac{GD^2 \mathrm{d}n}{375 \mathrm{d}t} \tag{3-5a}$$

亦可写成

$$T_{\mathrm{M}} = T_{\mathrm{L}} + \frac{GD^2 \mathrm{d}n}{375 \mathrm{d}t} \tag{3-5b}$$

式中 T_{M}——电动机产生的电磁转矩（N·m）；

T_{L}——折合到电动机轴上的静负载转矩（N·m）；

GD^2——折合到电动机轴上的总的飞轮惯量（$\mathrm{N \cdot m^2}$）；

n——电动机轴转速（r/min）；

t——时间（s）；

375——具有加速度量纲的系数。

上述运动方程式，实质上是旋转运动系统的牛顿第二定律。

将式（3-5a）写成如下形式：

$$T_M - T_L = T_d \tag{3-6}$$

式中　T_d——动态转矩或惯性转矩，$T_d = (GD^2/375)(dn/dt)$。

T_d 的大小与旋转系统的 GD^2 和旋转加速度 dn/dt 的乘积成正比。当旋转速度不发生变化时，惯性转矩为零；如果旋转速度发生变化，即有加速度或减速度时，惯性转矩就和加（或减）速度成比例地存在。这就是说，当旋转系统处于稳态时，惯性转矩为零；处于动态过程中，则产生惯性转矩。

式（3-6）中，电动机的转矩 T_M 是由电动机的类型及其控制方式决定的，而生产机械的负载转矩则是由生产机械的负载特性决定的，两者是互相独立的。如果人为地控制电动机的转矩 T_M，使之与 T_L 之间存在某种关系，则可以控制旋转系统的运转状态。例如，当 $T_M > T_L$，则系统处于加速状态；$T_M < T_L$，则系统处于减速状态；$T_M = T_L$，则系统处于稳速状态（或静止状态）。

以异步电动机驱动风机、泵类生产机械为例，电动机负担着由生产机械的转矩特性所决定的静负载转矩和电动机转子、联轴器（或变速箱）及制动轮等旋转部件在加（减）速过程中所需要的加（减）速转矩。以加速为例，电动机的转矩包括两部分：

电动机的转矩=负载静阻转矩+加速转矩

为说明方便，以加速转矩基本恒定的情况为例。加速运行的情况如图 3-14 所示。为使风机、泵类负载从速度 $n=0$ 加速到速度 $n=n_1$，必须控制电动机的转矩，使之大于负载的静阻转矩，以适应加速的需要。若保持加速转矩恒定，速度则随时间按直线规律上升（见图 3-14b 中实线），加速过程结束时，电动机的转矩在图 3-14a 中由 b 点变到 c 点。若使电动机转矩从图 3-14a 中的 a 点变化到 c 点，则电动机的转速随时间的变化规律则如图 3-14b 中的虚线所示。

为了按生产工艺的需要控制生产机械，必须根据生产机械的转矩特性和旋转系统的 GD^2 的具体情况，恰当地控制电动机的转矩。

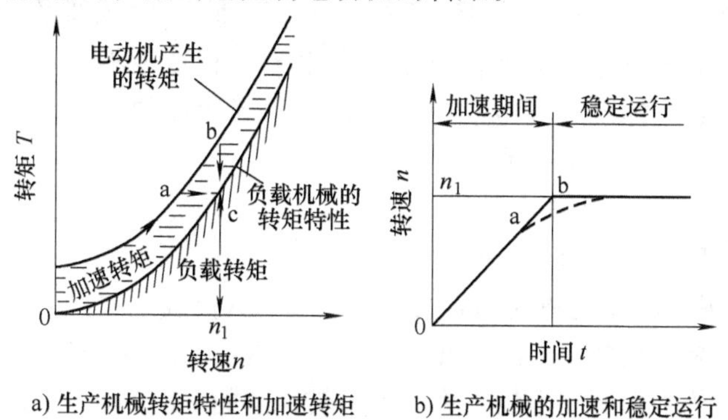

a) 生产机械转矩特性和加速转矩　　b) 生产机械的加速和稳定运行

图 3-14　生产机械运动时所需的转矩

3.4.1 生产机械的转矩特性

生产机械的转矩特性是指负载静阻转矩与转速之间的关系，即 $T_L=f(n)$。生产机械的种类繁多，性能及工艺要求各异，其转矩特性是复杂的。人们在实践中大体将生产机械的转矩特性分成三种类型：恒转矩负载、恒功率负载和风机、泵类负载。

（1）恒转矩负载：负载转矩 T_L 与转速 n 无关，任何转速下 T_L 总保持恒定或基本恒定，这类负载称为恒转矩负载。传送带、搅拌机、挤压机等摩擦类负载，起重机、提升机等重力负载（或称位能负载），都属于恒转矩负载，图 3-15a 所示为摩擦类负载，图 3-15b 所示为位能类负载。由于功率与转矩、转速两者之积成正比，所以生产机械所需的功率与转速成正比，如图 3-15a 中所示。电动机的功率应与最高转速下的负载功率相适应。

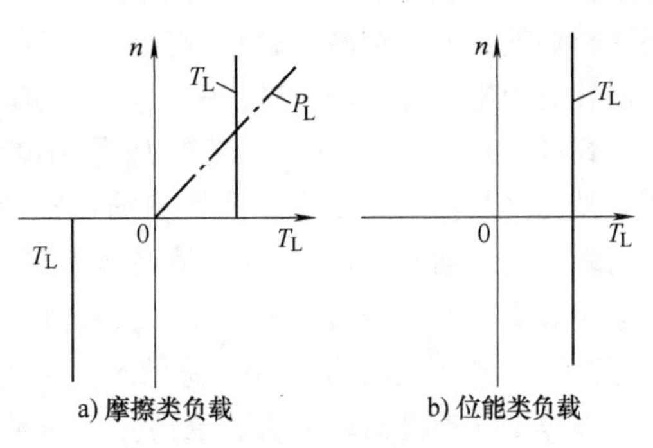

图 3-15 生产机械的恒转矩特性

摩擦负载静阻转矩的作用方向总是与旋转方向相反，旋转方向改变后，负载转矩的方向也随之改变。位能负载是由重力引起的，其方向不因转速的方向的改变而改变。

变频器驱动恒转矩性质的负载时，低速下的转矩要足够大，并且有足够的转矩过载能力。对于 U/f 控制方式的变频器而言，应有低速下的转矩提升功能。前面曾经分析过，低速下如果 U/f 的值不足，电动机产生的转矩可能无法满足起动或低速稳速运行的需要。如果 U/f 的值过大，又可能使电动机出现高饱和。因此，对 U/f 特性的仔细调整是十分必要的。通用变频器的转矩提升强度是可以人为设定和调整的。如果采用具有转矩控制功能的第二代通用变频器，对恒转矩负载就更合适。这类变频器具有 U/f 模式的自动调整功能，低速下的过载能力比较大。

如果需要在低速下稳速运行，应该考虑由于负载转矩不变，电动机定子电流亦基本不变，而通用标准异步电动机的散热能力却变坏的因素，为了避免引起电动机的温升过高。采取如下措施：

1）考虑采用强迫通风式电动机。

2）改造原有设备，另设恒速风扇。

3）适当地提高电动机和变频器的容量，减小其负载系数。

（2）风机、泵类负载：在各种风机、水泵、油泵中，随叶轮的转动，空气或液体在一定的速度范围内所产生的阻力大致与转速 n 的 2 次方成正比。随着转速的减小，转矩按转速的 2 次方减小，日本的资料称为“2 次方递减转矩负载”，如图

3-16所示。

这种负载所需的功率与速度的3次方成正比。当所需风量、流量减小时，利用变频器通过调速的方式来调节风量、流量，可以大幅度地节约电能。由于低速下负载转矩减小，这最适合通用的 U/f 变频器。当惯量 GD^2 较大且起动较快时，还应事先校核起动转矩是否满足要求。

考虑电动机的容量时，应按流体机械最高可能转速（一般为额定转速）下的功率来决定。

由于高速时所需功率随转速增长过快，与 n^3 成正比，所以通常不应使风机、泵类负载超工频运行。

（3）恒功率负载：机床主轴和轧钢、造纸机、塑料薄膜生产线中的卷取机、开卷机等所要求的转矩，大体与转速成反比，这就是所谓的恒功率负载，如图3-17所示。其中（pu）表示标幺值。

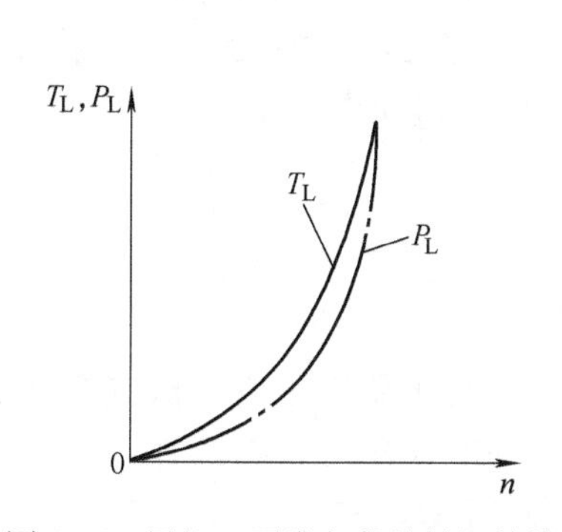

图3-16　风机、泵类负载的转矩特性

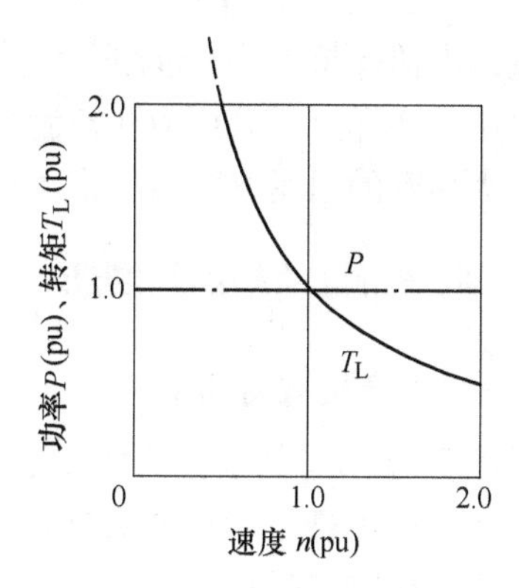

图3-17　恒功率负载

负载的恒功率性质应该是就一定的速度变化范围而言的。当速度很低时，受机械强度的限制，T_L 不可能无限增大，在低速下则转变为恒转矩性质。负载的恒功率区和恒转矩区对传动方案的选择有很大的影响。电动机（无论是直流电动机还是异步电动机）在恒磁通调速时，最大允许输出转矩不变，属于恒转矩调速；而在弱磁调速时，最大允许输出转矩与转速成反比，属于恒功率调速。如果电动机的恒转矩和恒功率调速的范围与负载的恒转矩和恒功率范围相一致时，即所谓"匹配"的情况下，电动机的容量和供电装置（例如通用变频器）容量均是最小。但是，如果负载要求的恒功率范围很宽，要维持低速下的恒功率关系，对变频调速而言，电动机和变频器的容量不得不很大，装置的成本会加大。在可能的情况下，尽量采用一种折衷方案，适当地缩小恒功率范围（当然是以满足生产工艺要求为前提），以减小电动机和变频器的容量，降低成本。这种折衷方案应在对生产工艺仔细分析之后决定实施。

利用变频器、异步电动机传动恒功率负载时，通常考虑在某个转速以下采用恒转矩调速方式，而在高于该转速时才采用恒功率调速方式。如图3-18所示，将恒转矩和恒功率范围的分界点的转速作为基速速度的标幺值取为 $n(\text{pu})=1.0$。当 $n(\text{pu})<1.0$ 采用恒转矩方案，对 U/f 控制变频器采用 $E_1/f_1=\text{C}$ 的协调控制方式；当 $n(\text{pu})>1.0$ 采用恒功率方案，变频器采用 $E_1^2/f=\text{C}$（即 $E_1/\sqrt{f}=\text{C}$）或者恒压运行（即 f_1 上升而 E_1 保持不变）的协调控制方式。这就是常说的，基速以下恒转矩，基速以上恒功率。

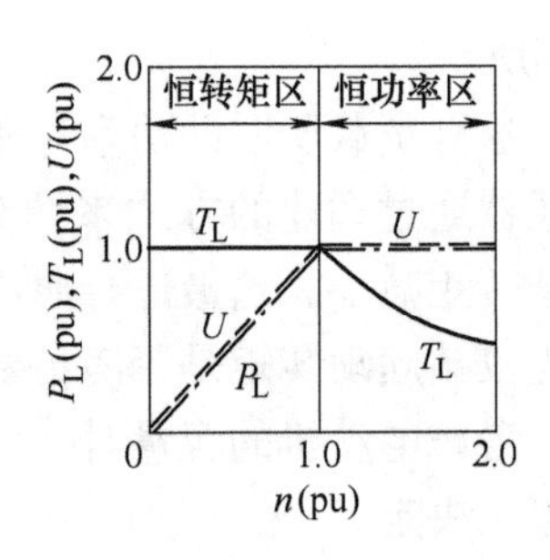

图3-18　恒功率负载的传动方式

在基速 $n(\text{pu})=1.0$ 以上直到 $n(\text{pu})=\alpha$ 的范围内进行恒功率控制的情况下（$\alpha>1.0$），恒功率调速范围为 $1:\alpha$，可以称为 $1:\alpha$ 恒功率调速。

图3-18给出了在基速下变频器输出最大电压；而在基速以上的恒功率区，变频器输出电压保持不变的恒压运行方式下的输出特性。在最高转速 $n(\text{pu})=2.0$ 下的电压，实际上，采用 U/f 控制变频器时，可得到图3-18所示的恒功率特性。

对大多数的通用变频器，常可保证图3-18所示的恒功率特性。

3.4.2　生产机械的起动与制动

（一）生产机械的起动

以图3-14所示的情况为例，电动机的起动转矩起码要大于生产机械的静阻转矩，才有可能由静止状态开始转动起来。电动机的起动转矩包括两部分：一部分克服生产机械的静阻转矩；另一部分克服系统的惯性转矩产生 $\text{d}n/\text{d}t$。后一部分称为动态转矩。动态转矩（在此也可称为加速转矩）的大小及其在起动过程中的变化规律决定了起动过程的快慢和转速随时间的变化规律。举例说，为了使转速按图3-14b实线所示的直线规律起动，则必须使动态转矩在整个起动过程中保持为常数，即

$$T_\text{d}=(GD^2/375)(\text{d}n/\text{d}t)=\text{C}$$

不同的生产机械，要求的起动转矩是不同的。3.4.1节所述的几种生产机械的负载转矩特性虽然很有代表性，但是在起动过程中生产机械所呈现的静阻转矩常与之有一定的差别，这一点应该注意。图3-15所示为摩擦负载在运转当中所呈现的静阻转矩，但起动初期由于滑动轴承中的油膜尚未形成，呈现出的静摩擦阻力矩较图3-15所示的动摩擦阻力矩为大。又例如在挤压机中被加工的物料的温度高低、量的多少、起重机等搬送机械荷重的大小、索道的情况等都影响起动转矩，类似以上的一些因素都应该事先有所预料。这是起动中所遇到的静阻力矩的因素。另外，对起动过程中电动机的运行状况也应有所考虑。比如对空载起动的一些生产机械，例如大多数的机床主轴和某些风机等，利用额定磁通下的恒转矩特性去

起动并不一定是合理的，电动机在起动中的运行效率将变低。这是因为在起动中生产机械对起动转矩的要求并不高，当用额定磁通起动时，电动机的铁损耗将远大于铜损耗，总损耗增大，效率变低。如果适当地减小磁通，则可以使铜损耗接近于铁损耗，得到一种损耗最小、效率最高的起动方案。对于要求快速起动和满载起动的情况，则应保持电动机的主磁通为额定值。在变频的软起动过程中，目标常是尽量减小起动电流，这样可以减小变频器的容量。对起动时间的设定并不追求越短越好，如果保证主磁通为额定值，并通过恰当地设定起动时间，相当于间接地选择了起动过程中的动态转矩，可以减小起动电流和起动损耗。

变频起动中，是通过控制异步电动机的定子电压和定子频率来获得所需的起动性能。根据工程的需要，起动时常有几种情况：或起动电流最小，或起动损耗最小，或起动时间最短。另外，还要考虑避免过大的机械冲击，使起动过程缓和、平滑等。根据通用变频器的功能有如下几种起动方式可供选择：

（1）限流加速：对于有转矩控制功能的变频器和矢量控制式变频器，由于具有快速的电流限制功能，即使转速指令设定成阶跃指令，变频器本身也能把电流限制在允许值以内。就是说可以用变频器的允许最大转矩，实现尽可能快的起动过程而起动中电流可以被限制在人为设定的范围以内。

（2）限时加速：U/f 控制式变频器，多数不具备限制电流的功能，电流冲击过大，可能造成过电流跳闸。对于阶跃式的转速设定，往往在变频器的内部将其变换成随时间线性上升的指令。为了防止过电流，常要调整起动时间，使之与生产机械相适应。以期在不出现过电流的前提下，尽量缩短起动时间，这就是起动时间设定所要遵循的一般原则。

（3）S 形加速：通过抑制起动转矩变化率的方式实现 S 形加速在本章 3.1 节中已有叙述。S 形加速的目的是使加速过程变得缓和些。为了使电梯乘员感到舒适或者使传送带所载的物料不致倒塌，常采用这种 S 形加速方式。在起动初期和起动末了的加速度，随时间有一个渐变的过程。

上述三种起动方式的性能与用途的比较见表 3-6。

表 3-6　变频起动的三种方式

加速方式	控制方式	说明图	备注
限流加速	加速中电流被抑制在固定值上，可以实现对变频装置和生产机械的过载与冲击的限制	电流限制 可调整 速度 电流速度 t_a 0 时间	加速中，电动机转矩保持恒定；矢量控制变频器常采用

（续）

加速方式	控制方式	说明图	备注
限时加速	阶跃的速度指令变换成随时间线性变化的指令，是一种加速度限制控制方式	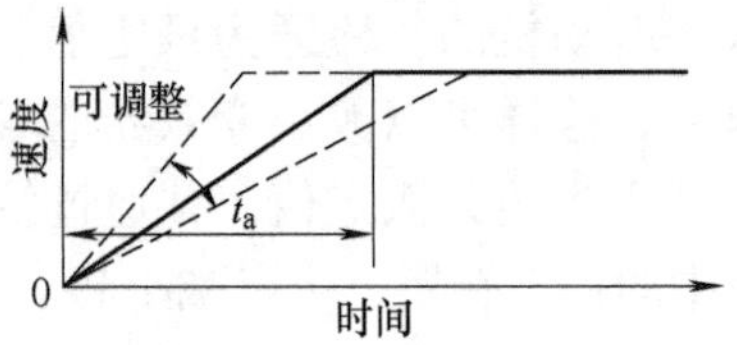 速度 可调整 t_a 0 时间	加速转矩一定；U/f控制和矢量控制变频器中采用
S形加速	在上面的基础上限制转矩的变化率，可以实现平滑的起动	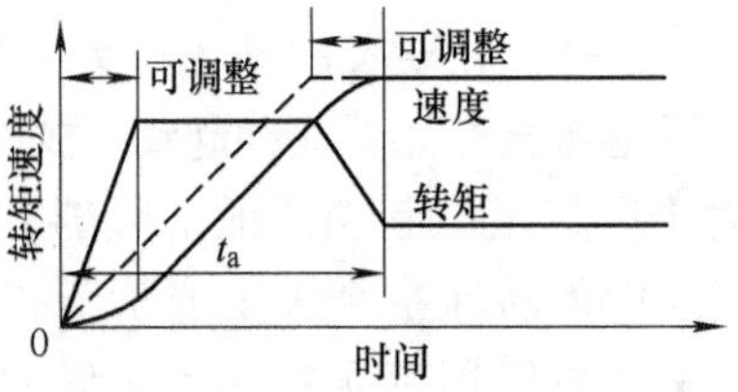 转矩速度 可调整 可调整 速度 转矩 t_a 0 时间	U/f控制和矢量控制变频器中采用

这里说明一个问题，通用变频器中的加、减速时间设定功能所设定的时间，是指从零频率上升到变频器最高频率和从变频器最高频率下降到零频率的时间。加速时间设定的约束是将电流限制在过电流容限之内，不应使过电流保护动作；减速时间设定的约束是防止直流回路（滤波电容器）电压过高，不应使过电压保护动作。加速时间的设定，如果频率范围是从 n_a 到 n_b（不是从零到最高转速），加速时间的设定值必须进行换算。这种换算是一种线性关系，即

$$t_A = \frac{n_{max} - 0}{n_b - n_a} t_{sl}$$

式中 n_{max} ——最高转速；

t_{sl} ——从 n_b 加速到 n_a 用户希望的加速时间；

t_A ——换算后的设定时间。

对于减速时间，也有类似的关系。

（二）生产机械的制动

当异步电动机处于再生发电状态时，则产生对生产机械的制动转矩。在制动过程中，电动机的再生能量的处理方式如第2章2.6节中所述，不再重复。这里仅将生产机械几种制动情况下的制动转矩罗列如下：

1. 稳速运行的制动转矩

1）起重机或提升机下放重物时，维持稳定转速使用的制动转矩。

2）造纸机、塑料膜、钢板、电线加工线等，传动中维持张力所需的制动

转矩。

2. 减速过程中的制动转矩

1）为减小大惯量机械设备自由停车时间而采用电气制动时所需的制动转矩。

2）准确停车的控制方式下，为使停止位置准确、减速时速度时间比（减速率）一定所需的制动转矩。

3. 机械在停止状态下所需的制动转矩

变频器驱动的生产机械，在运转或减速中的制动转矩，可以利用异步电动机的发电制动状态。当用于定位停车时，则是在异步电动机发电制动减速到某一较低转速之后，在停车前改用直流制动即异步电动机定子通直流的能耗制动。

以上的制动转矩都是电动机在旋转过程中产生的，均属于电气制动方式。当生产机械静止，需要保持静止的制动时，则应采用机械制动。例如起重机提升机构，重物在空中静止的工况常采用机械制动器实现静止保持。如果机械制动器仅在静止时使用，则具有闸衬（闸皮）磨损少、易维护的优点。作为静止保持或者万一变频器等出现故障的一种补救措施，机械制动器是必不可少的。

3.5 异步电动机的选择

电动机的选择，应根据生产机械的情况恰当地选择其容量，还应根据用途和使用环境选择适当的结构形式、通风方式和防护等级等。

通用的标准电动机，用于变频调速时，由于变频器的性能和电动机自身运行工况的改变等原因，确定电动机的容量时还必须考虑一些恒速运行时从未考虑过的一些新问题。

3.5.1 异步电动机形式与容量的选择

异步电动机的选择涉及的问题是多方面的，在此只能概括地说明，详细内容可参考有关资料。

（1）异步电动机形式的选择：电动机形式的选择除了根据使用状况和被传动机械的要求合理选择结构形式、安装方式（如轴的方向和轴伸、底脚安装或凸缘安装等）以及与传动机械的连接方式（直接连接、齿轮箱、带轮、链条传动）外，还应根据温升情况和使用环境选择合适的通风方式和防护等级等。在此就电动机的防护等级说明如下。

电动机的防护等级有：①防止人体接触电动机内带电或转动部分和防止固体异物进入电动机内的防护等级；②防止水进入电动机内的防护等级。

防护标志由特征字母 IP 和 2 个表示防护等级的表征数字组成。表征数字的意义见表 3-7 和表 3-8。根据需要还常采用附加特征字母，例如：

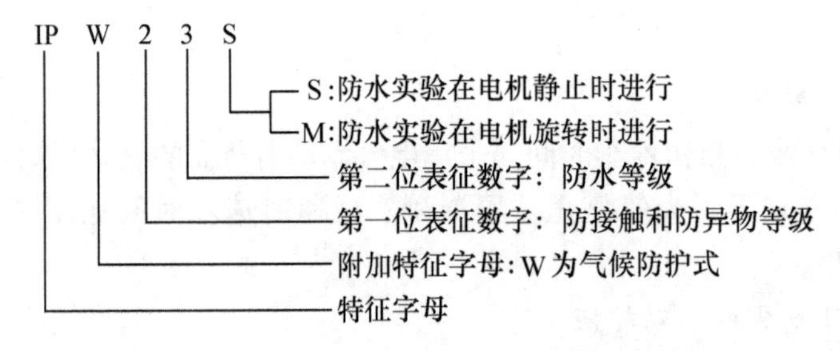

表3-7 第一位表征数字表示的防护等级

第一位表征数字	防护等级	
	简述	定义
0	无防护	无专门防护
1①	防止大于50mm固体进入的电动机	能防止大面积的人体（如手）偶然或意外地接触及接近机内带电或转动部件（但不能防故意接触）；能防止直径大于50mm的固体异物进入机内
2①	防止大于12mm固体进入的电动机	能防止手或长度不超过80mm物件触及或接近机内带电或转动部件；能防止直径大于12mm的固体异物进人机内
3①	防止大于2.5mm固体进入的电动机	能防止直径大于2.5mm的工具或导线触及或接近机内带电或转动部件；能防止直径大于2.5mm的固体异物进入机内
4①	防止大于1mm固体进入的电动机	能防止直径或厚度大于1mm的导线或金属条触及或接近机内带电或转动部件；能防止直径大于1mm的固体异物进入机内
5②	防尘电动机	能防止触及或接近机内带电或转动部件。不能完全防止尘埃进入，但进入量不足以影响电动机的正常运行

① 如固体的三个相互垂直的尺寸大于“定义”栏中规定的数值时，能防止形状规则和不规则的固体异物进入。

② 这是一条一般规定，当规定了尘埃的性质（如颗粒大小、性质如纤维粒等）时，试验条件可由用户和制造厂协商确定。

表3-8 第二位表征数字表示的防护等级

第二位表征数字	防护等级	
	简述	定义
0	无防护电动机	无专门防护
1	防滴电动机	垂直滴水应无有害影响
2	15°防滴电动机	当电动机从正常位置倾斜至15°以内任意角度时，垂直滴水应无有害影响
3	防淋水电动机	与垂线成60°以内任一角度的淋水应无有害影响
4	防溅水电动机	任何方向的溅水应无有害影响

（续）

第二位表征数字	防护等级	
	简述	定义
5	防喷水电动机	用喷水将水从任何方向喷向电动机时，应无有害影响
6	防海浪电动机	在猛烈的海浪冲击或强烈喷水时，电动机的进水量不应达到有害的程度
7	防浸水电动机	电动机在规定的压力下和时间内浸入水中时，电动机的进水量不应达到有害的程度
8	潜水电动机	按制造厂规定的条件，电动机可连续浸在水中

根据使用环境可按表3-9选择电动机的类型，其中防爆型等级的意义见参考文献［4］。

表3-9　按环境条件选择电动机的类型

<table>
<tr><th colspan="2">环境条件</th><th>要求的防护类型</th><th>可选用的电动机类型举例</th></tr>
<tr><td colspan="2">正常环境条件</td><td>一般防护型</td><td>各类普通型电动机</td></tr>
<tr><td colspan="2">湿热带或潮湿场所</td><td>湿热带型</td><td>1. 温热带电动机
2. 普通型电动机加强防潮处理</td></tr>
<tr><td colspan="2">干热带或高温车间</td><td>干热带型</td><td>1. 干热带型电动机
2. 采用高温升等级绝缘材料的电动机或外加管道通风</td></tr>
<tr><td colspan="2">粉尘较多的场所</td><td>封闭型或管道通风型</td><td></td></tr>
<tr><td colspan="2">户外、露天场所</td><td>气候防护型，外壳防护等级不低于IP23，接线盒应为IP54。封闭型电动机外壳防护等级应为IP54</td><td></td></tr>
<tr><td colspan="2">户外，有腐蚀性及爆炸性气体</td><td>户外、防腐、防爆型防护等级不低于IP54</td><td>YBDF-WF</td></tr>
<tr><td colspan="2">有腐蚀性气体或游离物</td><td>化工防腐型或采用管道通风</td><td></td></tr>
<tr><td rowspan="5">有爆炸危险的场所</td><td>0区</td><td>隔爆型、防爆通风充气型</td><td rowspan="5">YB、BJ03、JBR、JB、JBJ等</td></tr>
<tr><td>1区</td><td>任意防爆类型</td></tr>
<tr><td>2区</td><td>防护等级不低于P43</td></tr>
<tr><td>10区</td><td>任意一级隔爆型、防爆通风充气型</td></tr>
<tr><td>11区</td><td>防护等级不低于IP44</td></tr>
<tr><td rowspan="3">有火灾危险的场所</td><td>21区</td><td>防护等级至少应为IP22</td><td rowspan="3"></td></tr>
<tr><td>22区</td><td>防护等级至少应为IP44</td></tr>
<tr><td>23区</td><td>防护等级至少应为IP44</td></tr>
<tr><td colspan="2">水中</td><td>潜水型</td><td>J0S、JQB、QY、L、B2、J0SY</td></tr>
</table>

（2）异步电动机容量的选择：电动机容量选择的方法及步骤如图3-19所示。在校核电动机的温升、最小起动转矩、允许最大飞轮转矩等项目时，应从生产机械负载图中选择最繁重的条件进行计算。事先应根据负载图的情况，尽可能准确地确定电动机处于何种工作制下。如果根据负载图很难明确，则应考虑电动机S1~S9的工作制，选择的工作繁重程度应不低于实际运行情况。

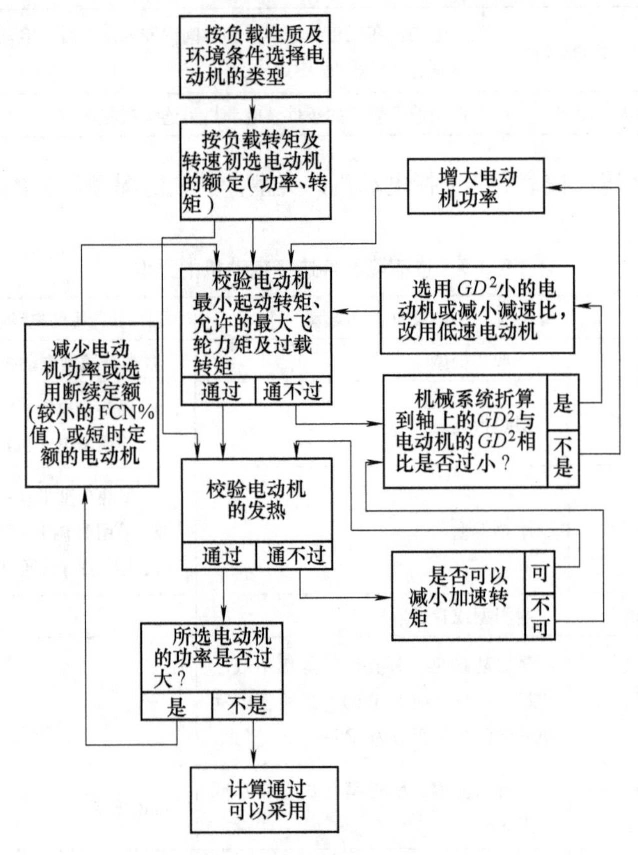

图3-19 选择电动机的步骤

按图3-19选择电动机的容量是一种十分复杂的过程，电动机的选择往往是在对类似机械设备进行多方面的实地调查和统计的基础上，才能得出用于容量计算所必需的数据，在此基础上才可以开始按照程序：画出生产机械负载图——预选电动机——画出电动机负载图——利用等值法校核发热（有时还要校核起动能力和过载能力）来确定电动机的容量。其中，等值法的应用还应注意各种等值法使用的限制条件及依环境条件和运行状态的不同而进行必要的修正等。关于容量选择的具体问题，很多资料都有较详细的说明，这里不再具体叙述，可见参考文献［4］。

在选定电动机容量时，必须考虑下述各点：

1）所选择的电动机容量，应大于负载所需功率。

2）电动机的起动转矩必须大于负载所需起动转矩。

3）电源电压下降10%的情况下，转矩仍能满足起动或运行中的需要。

4）考虑传动装置的效率和负载波动等因素，必须留有一定的裕量。

5）从电动机温升角度考虑，为了不降低电动机的寿命，温升必须在绝缘所限制的范围以内。

6）与负载性质相配合，对电动机应选用合适的工作制（连续定额、短时定额和重复短时定额）。

3.5.2　负载功率的计算

负载种类相当多，计算功率所考虑的因素也各不相同，下面仅就常见的几种负载简述如下：

（1）重力负载：起重机、提升机等负载作垂直移动的设备所需的功率（见图3-20）为

$$P = \frac{Wv}{\eta} \times 10^{-3} \tag{3-7}$$

式中　P——电动机功率（kW）；

W——额定载荷重力加吊钩重力加钢绳重力之和（N）；

v——提升速度（m/s）；

η——机械效率。

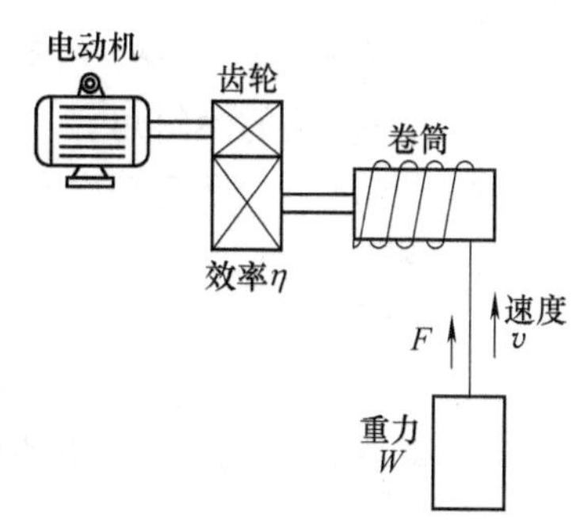

图3-20　重力负载

机械效率主要考虑各种齿轮箱的传动效率；一般情况下为0.9左右，如果利用蜗轮传动则效率较低（<0.8）。

图3-21所示为η=0.75条件下所需提升功率和不同的提升力、提升速度之间的关系曲线。例如，由该曲线可以查得，当v=0.1m/s、W=9800N时所需电动机的容量为1.5kW。

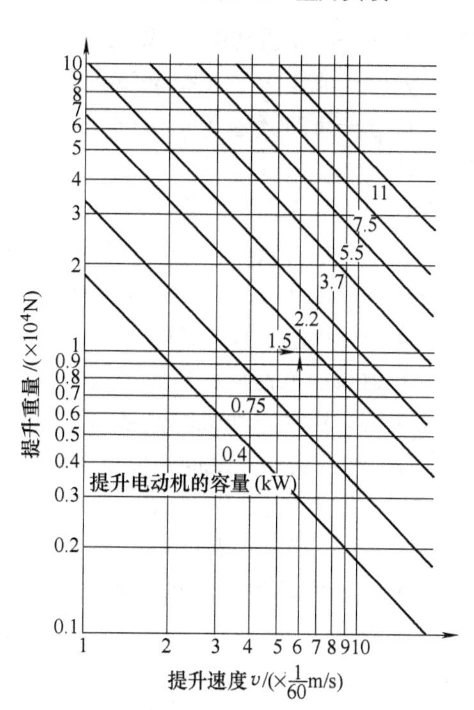

图3-21　η=0.75条件下提升所需的功率

（2）摩擦负载：起重机的平移机构、轨道上移动的水平台车等搬送机械。其负载与重力负载不同之处在于负载的运动方向不同，功率计算中需要考虑摩擦系数μ（见图3-22）：

$$P = \frac{\mu Wv}{\eta} \times 10^{-3} \tag{3-8}$$

式中 P——电动机功率（kW）；

W——负载重力（N）；

v——负载移动速度(m/s)；

μ——摩擦系数；

η——机械效率。

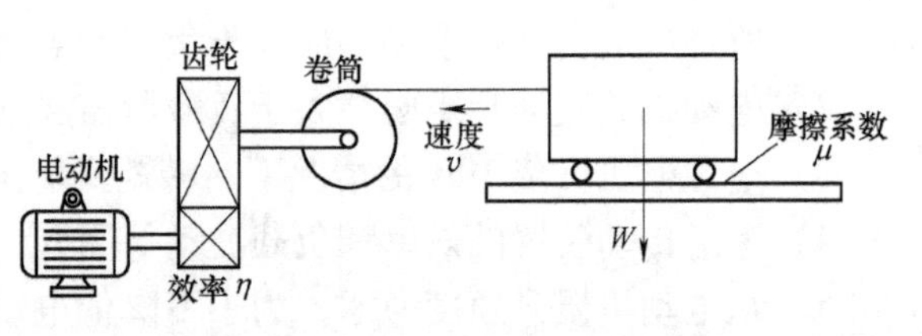

图 3-22 摩擦负载（水平运动）

如图 3-23 所示，斜面上的移动台车，一定速度行走时牵引钢绳的张力为

$$F = W(\sin\theta + \mu\cos\theta) \quad (3\text{-}9)$$

式中 θ——斜面的倾斜角。

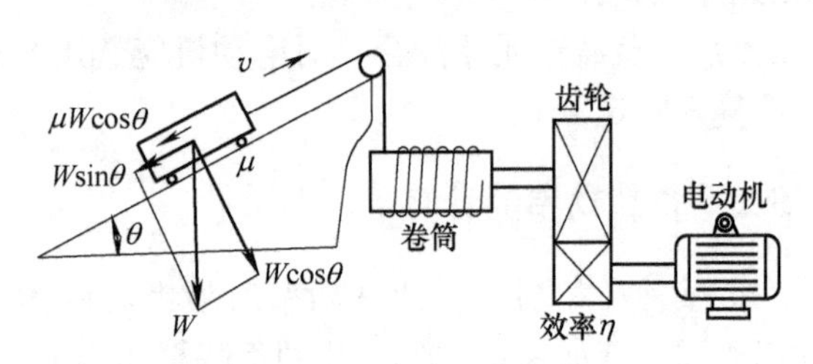

图 3-23 摩擦负载（斜面运动）

在这种情况下，所需功率则为

$$P = \frac{Wv}{\eta}(\sin\theta + \mu\cos\theta) \quad (3\text{-}10)$$

（3）离心式泵：所需的驱动功率，即电动机功率为

$$P = \frac{k\gamma Q(H + \Delta H)}{102\eta\eta_c} \quad (3\text{-}11)$$

式中 P——电动机功率（kW）；

γ——流体密度（kg/m^3）；

Q——泵的流量（m^3/s）；

H——水头（m）；

ΔH——主管损失水头（m）；

η——泵的效率，一般取 0.6~0.84；

η_c——传动效率，如果与电动机直接连接则 $\eta_c = 1$；

k——裕量系数，常取 1.05~1.7，功率越小，该数应取得越大。

当管道长、流速快、弯头与阀门数量较多时，裕量系数还应酌情放大。

为离心泵选择电动机时，必须注意转速的配合。因为其水头 H、流量 Q、转矩 T、轴功率 P 与转速 n 之间有以下关系：

$$\frac{H_1}{H_2} = \frac{n_1^2}{n_2^2} \quad \frac{Q_1}{Q_2} = \frac{n_1}{n_2} \quad \frac{T_1}{T_2} = \frac{n_1^2}{n_2^2} \quad \frac{P_1}{P_2} = \frac{n_1^3}{n_2^3}$$

（4）离心式风机：功率计算式为

$$P = \frac{kQH}{\eta\,\eta_c} \times 10^{-3} \quad (3\text{-}12)$$

式中 P——电动机功率（kW）；

Q——送风量（m^3/s）；

H——空气压力（Pa）；

η——风机效率0.4~0.75；

η_c——传动效率，直接传动时$\eta_c=1$；

k——裕量系数，容量为5kW以上k取1.15~1.10；小于5kW取1.25~2。

（5）离心式压缩机：功率计算式为

$$P=\frac{Q(A_d+A_r)}{2\eta}\times 10^{-3} \tag{3-13}$$

式中 P——电动机功率（kW）；

Q——压缩机生产率（m^3/s）；

A_d——压缩$1m^3$空气至绝对压力p_1的等温功（N·m）；

A_r——压缩$1m^3$空气至绝对压力p_1的绝热功（N·m）；

η——压缩机总效率，约0.62~0.8。

A_d、A_r值与终点压力P_1的关系见表3-10。

表3-10 A_d与A_r值与终点压力P_1的关系

P_1大气压	1.5	2.0	3.0	4.0	5.0
A_d(N·m)	39717	67666	107873	136312	157887
A_r(N·m)	42169	75511	126506	167694	201036
P_1大气压	6.0	7.0	8.0	9.0	10.0
A_d(N·m)	175539	191230	203978	215746	225553
A_r(N·m)	230456	255954	280470	301064	320677

3.5.3 选用异步电动机时的注意事项

笼型异步电动机由通用变频器传动时，由于高次谐波的影响和电动机运行速度范围的扩大，将出现一些新的问题，与工频电源传动时有较大的差别。在此就这方面的问题说明如下。

（1）谐波的影响：采用通用PWM变频器对笼型异步电动机供电时，定子电流中不可避免地含有高次谐波，电动机的功率因数和效率都会变差。

从损耗的角度看，电动机的损耗主要是定转子铜损耗、铁损耗和机械损耗。高次谐波损耗基本与负载大小无关。空载情况下，谐波损耗所占比例相对较大，其影响也相对较大。空载运行时电动机的功率因数和效率将更低。

高次谐波损耗主要包括铜损耗和铁损耗两部分，其中铁损耗是磁感应强度和频率的函数，由于PWM变频器中含有载波频率，与谐波有关的铁损比较大。

作为一个例子，采用BJT的通用PWM变频器传动一台15kW、4极全封闭外扇（自通风）式电动机的实际运行数据见表3-11。统计规律表明，电动机在额定运转状态下（电动机的电压、频率、输出功率均为额定值），用变频器供电与用工频电网供电相比较，电动机电流增加10%，而温升增加20%左右。

表 3-11 负载特性的比较（50Hz 传动）

电源种类	工频电源	PWM 变频器
电压/V	200	194
电流/A	54.5	58.8
输入功率/kW	16.5	17.1
转速/(r/min)	1453	1450
输出功率/kW	14.92	14.89
效率（%）	90.8	87.5
功率因数（%）	87.5	86.6
线圈温升/℃	58	77

注：电动机为全封闭外扇（自通风）式、15kW、4极、200V/200V、50Hz/60Hz；负载转矩为98N·m。

选择电动机时，应考虑这种情况，适当留有裕量，以防温升过高，影响电动机使用寿命。

（2）散热能力的影响：通用的标准笼型异步电动机的散热能力，是按额定转速下且冷却风扇是装在电动机轴上的（即自扇式）冷却风量考虑的。当调速运行时，速度降低的情况下冷却风量将变小，散热能力变差。电动机的温升与冷却风量之间的关系如式（3-14）所示。

$$\theta \propto \frac{1}{Q^{0.4\sim0.5}} \propto \frac{1}{n^{0.4\sim0.5}} \tag{3-14}$$

式中 θ——电动机的温升；

Q——冷却风量；

n——电动机转速。

当电动机损耗不变时，温升与转速的0.4~0.5次方成反比。因此通用标准电动机实际应用时，低速下必须限制负载转矩，以抑制其温升。

图3-24所示为变频传动情况下通用标准异步电动机的允许连续运行转矩和允许短时过载转矩的一例。

变频器在60Hz（或50Hz）以上的情况下，输出电压通常保持不变，由于U/f的值减小，转速升高，冷却风量增加，温升不会有问题。

当频率在图示的f_1~60Hz（或50Hz）之间，如仍按恒转矩方式考虑，由于转速降低冷却风量变小，将出现不允许的温升，且连续运行的允许转矩变小。

6~f_1Hz范围内，电动机的冷却风量更小，连续运行允许转矩更加大幅度变小。

另一方面，短时运行的转矩，是由变频器的瞬时过电流能力决定的。频率降低，在U/f一定的方式下，电动机的临界转矩变小。这就要求转矩提升功能起作

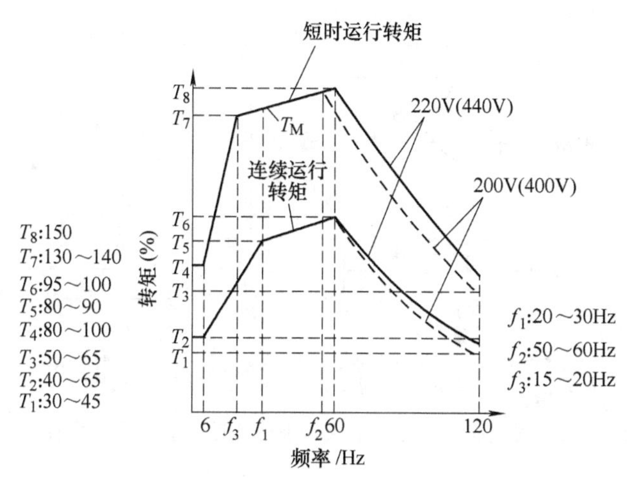

a) 电源为60Hz，200/220V(400/440V)时的情况，转矩以60Hz的额定转矩为100%

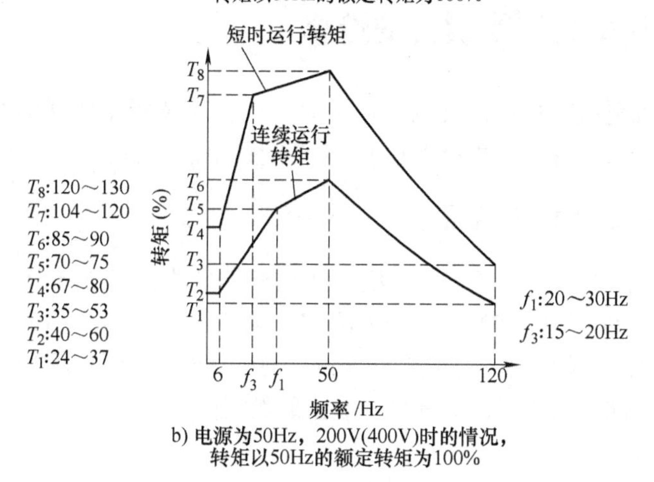

b) 电源为50Hz，200V(400V)时的情况，转矩以50Hz的额定转矩为100%

图 3-24　通用标准异步电动机变频调速时的输出转矩特性

用。由于是瞬时过载，温升并不是决定因素。

如果需要在额定速度以下连续运行，实现恒转矩输出，必须改善低速下的散热能力或提高绝缘等级。图 3-25 所示为采取强迫通风或提高绝缘等级等措施所得到的电动机恒转矩输出特性。若是原有设备的改造，采用另外设置恒速冷却风扇的办法，可以保证低速下的允许输出转矩。不失为一种简单易行的办法。

变频器生产厂强调使用的“变频器专用电动机”不需要我们人为采取措施，即可得到如图 3-25 所示的输出转矩特性。另外，还推出所谓“矢量控制专用电动机”，它特性更好。把图 3-25 中槽轴标出的“6”和“5”改为“0. 6”和“0. 5”以后，就成为了矢量控制专用电动机的输出转矩特性。

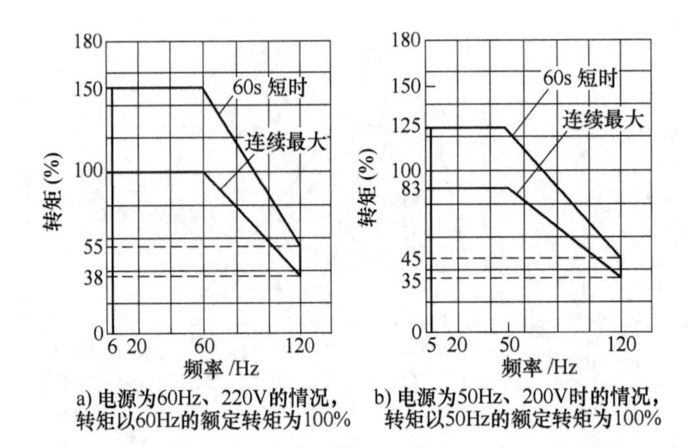

图 3-25 采取强迫通风或提高绝缘等级措施后电动机的输出转矩特性

3.6 变频器及其外围设备的选择

异步电动机利用变频器进行调速传动时，应合理选择变频器的容量和合理地选用外围设备（选购件），本节就其中的主要问题予以说明。

3.6.1 通用变频器的标准规格

通用变频器的选择，包括变频器型式选择和容量选择两个方面。西门子 S120、ABB 公司的 ACS880、英泰 P2 系列变频器、Danfoss 公司的 NXP、iC7 系列变频器都属于“多控制方式”的、集 *U/f* 控制和矢量控制方式于一体的高性能型通用变频器。

关于变频器的标准规格，或者说变频器的额定值，说明如下几个问题。

1. 变频器的容量

大多数变频器的容量均从三个角度予以表达：

（1）额定输出电流：为输出线电流，单位用 A 表示。这是反映变频器容量的最关键的量，是逆变器中半导体开关器件所能承受的电流耐量，通常是不允许连续过电流运行的。负载电动机的选择，无论是拖动单电动机还是拖动多电动机，均应以连续运行总电流不超过变频器额定电流为原则。

（2）可用电动机的功率：以电动机的额定功率（kW）表示。这种表达方式是有条件的，对电动机有严格的限制。日本产的变频器所标出的 kW 值，是以变频器输出额定电流时可以拖动的日产（甚至是变频厂家自产）的 4 极标准（普通型）电动机的 kW 值标出的，也就是说，是针对一种特定电动机标出的，仅可视为一种参考值。非日本标准的异步电动机自不必说，即使是日本标准的，特种用途异步电动机或 6 极以上异步电动机的额定电流都有可能大于上述特定电动机的额定电流。从常识上看，6 极以上异步电动机在同样功率下的效率，特别是功率因数，都低于 4 极异步电动机的，另外，P 一定，n 低则 T 大，其额定电流自然要大一些。重要的是，看变频器额定电流是否大于电动机额定电流。在为现场原有电动机选配变频器时，绝不可仅看 kW 值是否一致，盲目地选用变频器。选用时主要应考察额定电流。

（3）额定容量：日系变频器以变频器输出的视在功率（kVA）表示，是指额定输出电流与电压下的三相视在功率。例如变频器最大输出电压为 3 相，200～240V（视电网电压而不同），电压不同，额定电流只有一个值。则输出视在功率也不同。另外，电网电压下降时，变频器输出电压会低于额定值，这种情况下输出 kVA 值会随之减小。可见变频器的 kVA 值很难确切表达变频器的能力。所以，变频器的额定容量只能作为变频器负载能力的一种辅助表达手段。

由上可见，选择变频器时，只有变频器额定电流是一个反映半导体变频装置负载能力的关键量。负载总电流不超过变频器额定电流，是选择变频器的基本原则。

2. 变频器的输出电压

变频器输出电压的等级是为适应异步电动机的电压等级而设计的。通常等于电动机的工频额定电压。实际上，变频器的工作电压是按 U/f 曲线关系变化的。变频器说明书中给出的输出电压，是变频器的可能最大输出电压，即基频下的输出电压。

3. 瞬时过载能力

考虑到成本，基于主回路半导体器件的过载能力，通用变频器的电流瞬时过载能力常设计成 150%额定电流持续 1min 或 120%额定电流持续 1min。与标准异步电动机（过载能力通常 200%左右）相比较，变频器的过载能力较小，允许过载时间亦很短。因此，变频器传动的情况下，异步电动机的过载能力常得不到充分的发挥。另外，如图 3-24 所示，考虑到通用电动机的散热能力的变化，在不同转速下电动机的转矩过载能力还要有所变化。

3.6.2　变频器类型的选择

通用变频器有四种基本类型：

1）普通功能型 U/f 控制变频器；

2）具有转矩控制作用的高功能 U/f 控制变频器；

3）具有高动态性能的矢量控制或直接转矩控制变频器；

4）针对典型机械的专用变频器。

其中专用变频器大致有风机泵类用、电梯用和起重机用、纺织用、注塑机用、张力控制用等。一般都针对负载机械设置了某些专用功能，针对性强。选用变频器，首先应考虑专用变频器。

变频器类型的选择，要根据负载的要求来进行。

风机、泵类负载。$T_L \propto n^2$，低速下负载转矩较小，通常可以选择普通功能型。

恒转矩类负载，例如挤压机、搅拌机、传送带、厂内运输电车、起重机的平移机构、起重机的提升机构和提升机等，则有两种情况。采用普通功能型变频器的例子不少，为了实现恒转矩调速，常采用加大电动机和变频器容量的办法，以提高低速转矩；如果采用2.8.2节的具有转矩控制功能的高功能型变频器实现恒转矩负载的调速运行，则是比较理想的。因为这种变频器低速转矩大，静态机械特性硬度大，不怕冲击负载，具有挖土机特性。从目前看，这种变频器的性能价格比还是相当令人满意的。

恒转矩负载下的传动电动机，如果采用通用标准电动机，则应考虑低速下的强迫通风冷却。新设备投产，可以考虑专为变频调速设计的加强了绝缘等级并考虑了低速强迫通风的变频专用电动机。

轧钢、造纸、塑料薄膜加工线这一类对动态性能要求较高的生产机械，原来多采用直流传动方式。目前，矢量控制型变频器已经通用化，加之笼型异步电动机具有坚固耐用、不用维护、价格便宜等一些优点。对于要求高精度、快响应的生产机械，采用矢量控制高性能型通用变频器是一种很好的方案。

3.6.3 变频器容量的计算

1）连续恒载运转时所需的变频器容量（kVA）的计算式

$$P_{CN} \geqslant \frac{k P_M}{\eta \cos\varphi} \tag{3-15}$$

$$P_{CN} \geqslant k \times \sqrt{3}\, U_M I_M \times 10^{-3} \tag{3-16}$$

$$I_{CN} \geqslant k I_M \tag{3-17}$$

式中 P_M——负载所要求的电动机的轴输出功率；

η——电动机的效率（通常约0.85）；

$\cos\varphi$——电动机的功率因数（通常约0.75）；

U_M——电动机电压（V）；

I_M——电动机电流（A），工频电源时的电流；

k——电流波形的修正系数（PWM方式时取1.05~1.0）；

P_{CN}——变频器的额定容量（kVA）；

I_{CN}——变频器的额定电流（A）。

2）一台变频器传动多台电动机并联运行，即成组传动时，变频器容量的计算当变频器短时过载能力为150%、1min时，如果电动机加速时间在1min以内

$$1.5P_{CN} \geqslant \frac{kP_M}{\eta \cos\varphi}[n_r + n_s(K_s - 1)] = P_{CN1}\left[1 + \frac{n_s}{n_r}(K_s - 1)\right]$$

即

$$P_{CN} \geqslant \frac{2}{3}\frac{k P_M}{\eta \cos\varphi}[n_r + n_s(K_s - 1)]$$

$$= \frac{2}{3} P_{CN1}\left[1 + \frac{n_s}{n_r}(K_s - 1)\right] \tag{3-18}$$

$$I_{CN} \geqslant \frac{2}{3} n_r I_M \left[1 + \frac{n_s}{n_r}(K_s - 1)\right] \tag{3-19}$$

当电动机加速时间在 1min 以上时

$$P_{CN} \geqslant \frac{kP_M}{\eta\cos\varphi}[n_r + n_s(K_s - 1)] = P_{CN1}\left[1 + \frac{n_s}{n_r}(K_s - 1)\right] \tag{3-20}$$

$$I_{CN} \geqslant n_r I_M \left[1 + \frac{n_s}{n_r}(K_s - 1)\right] \tag{3-21}$$

式中　P_M——负载所要求的电动机的轴输出功率；
n_r——并联电动机的台数；
n_s——同时起动的台数；
η——电动机效率（通常约 0.85）；
$\cos\varphi$——电动机功率因数（通常约 0.75）；
P_{CN1}——连续容量（kVA），$P_{CN1} = kP_M n_r/(\eta\cos\varphi)$；
K_s——（电动机起动电流）/（电动机额定电流）；
I_M——电动机额定电流（A）；
k——电流波形的修正系数（PWM 方式时取 1.05~1.10）；
P_{CN}——变频器容量（kVA）；
I_{CN}——变频器额定电流（A）。

3）大惯性负载起动时变频器容量的计算

$$P_{CN} \geqslant \frac{k\, n_M}{9550\eta\cos\varphi}\left(T_L + \frac{GD^2\, n_M}{375\, t_A}\right) \tag{3-22}$$

式中　GD^2——换算到电动机轴上的总 GD^2（$N \cdot m^2$）；
T_L——负载转矩（N·m）；
η——电动机效率（通常约 0.85）；
$\cos\varphi$——电动机功率因数（通常约 0.75）；
t_A——电动机加速时间（s），据负载要求确定；
k——电流波形的修正系数（PWM 方式取 1.05~1.10）；
n_M——电动机额定转速（r/min）；
P_{CN}——变频器容量（kVA）。

变频器与异步电动机组成不同的调速系统时，变频器容量的计算方法也不同。适用于单台变频器为单台电动机供电连续运行的情况。式（3-15）、式（3-16）和式（3-17）三者是统一的，选择变频器容量时应同时满足三个算式的关系。尤其变频器电流是一个较关键的量。本小节第 2 款所列，适用于一台变频器为多台并联电动机供电的情况。选择逆变器容量，无论电动机加速时间在 1min 以内或以上，都应同时满足容量计算式和电流计算式。本小节第3款，是针对大惯量负载的情况，例如起重机的平移机构、离心式分离机、离心式铸造机等，负载折算到电动机轴上的等效 GD^2 比电动机转子的 GD^2 大得很多。这种情况下则应按式（3-22）选择变频器的容量。

分析变频器容量与电动机匹配关系，可以得到如下概念：

1）变频器驱动匹配电动机时，允许电动机长时恒载以额定功率运行。风机、泵类（$T \propto n^2$）负载的特点是连续运行，除起动外，无瞬时过载问题。变频器传动时，电动机的最大轴功率基本上等于电动机额定功率（或略大于额定功率，不超过1.1倍），其中 $T \propto n^2$。

2）恒转矩由工频向下调速情况。变频器与电动机匹配关系不变前提下，电动机转速范围不同，允许最大轴功率也不同。转速范围越大，允许最大轴功率越小。无论是低速稳态工况造成的散热能力变差，还是频繁起制动造成的瞬时过载，都会引起电动机温升的增高。温升限制了允许最大轴输出功率。速度比为1∶2情况下，允许最大轴功率基本等于电动机额定功率。速度比为1∶5和1∶10两种情况下，允许最大轴功率都将减小。其中1：10情况下，允许最大轴功率减小到额定功率的70%~80%，对容量较小的电动机，减小的程度较大。

风机、泵类负载不经常起制动，基本上没有瞬时过载问题。低速稳态运行时负载与 n^2 成比例减小，虽然散热能力变差，但温升不会有太大变化，不会因调速而影响电动机允许最大轴输出功率。

通常，可以用增强电动机的绝缘等级和加强通风散热能力的办法，防止因变频器供电引起的电动机允许最大轴功率的下降。

3.6.4 变频器的外围设备及其选择

变频器的运行离不开某些外围设备。这些外围设备通常都是选购件。选用外围设备常是为了下述目的：①提高变频器的某种性能；②变频器和电动机的保护；③减小变频器对其他设备的影响等。

1. 变频器外围设备的种类与用途

变频器的外围设备如图3-26所示，下面分别说明用途与注意事项等。

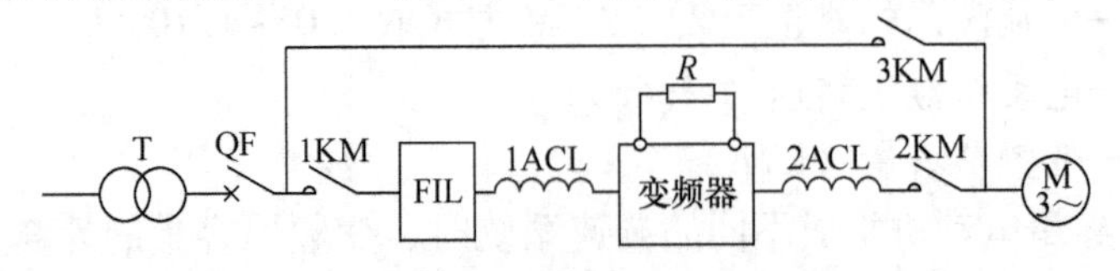

图3-26 变频器的外围设备

T—电源变压器 QF—电源侧断路器 1KM—电源侧电磁接触器 FIL—无线电噪声滤波器
1ACL—电源侧交流电抗器 R—制动电阻 2KM—电动机侧电磁接触器
3KM—工频电网切换用接触器 2ACL—电动机侧交流电抗器

（1）电源变压器T：电源变压器用于将高压电源变换到通用变频器所需的电压等级，例如200V量级或400V量级等。由2.5节知，变频器的输入电流含有一定量的高次谐波，使电源侧的功率因数降低，若再考虑变频器的运行效率，则变压器的容量常按下式考虑：

$$\text{变压器的容量（kVA）}=\frac{\text{变频器的输出功率}}{\text{变频器输入功率因数}\times\text{变频器效率}}$$

其中，变频器功率因数在有输入交流电抗器1ACL时取0.8~0.85，无输入电抗器1ACL时则取0.6~0.8。变频器效率可取0.95，变频器输出功率应为所接电动机的变频器生产厂家所推荐的变压器容量的参考值，常按经验取变频器容量的130%左右。在中小功率的变频器实际使用中，人们也经常不使用电源变压器，以降低成本。

（2）电源侧断路器QF：用于电源回路的开闭，并且在出现过电流或短路事故时自动切断电源，以防事故扩大。如果需要进行接地保护，也可以采用漏电保护式断路器。使用变频器无例外地都应采用QF。

（3）电磁接触器1KM：用于电源的开闭，在变频器保护功能起作用时，切断电源。对于电网停电后的复电，可以防止自动再投入以保护设备的安全及人身安全。

（4）无线电噪声滤波器FIL：用于限制变频器因高次谐波对外界的干扰，可酌情选用。

（5）交流电抗器1ACL和2ACL：1ACL用于抑制变频器输入侧的谐波电流，改善功率因数。选用与否视电源变压器与变频器容量的匹配情况及电网电压允许的畸变程度而定。一般情况以采用为好。2ACL用于改善变频器输出电流的波形，降低电动机的噪声。

（6）制动电阻单元R：用于吸收电动机再生制动的再生电能，可以缩短大惯量负载的自由停车时间；还可以在位能负载下放时，实现电动机的再生运行。电动机再生，系统能耗。

（7）电磁接触器2KM和3KM：用于变频器和工频电网之间的切换运行。在这种方式下2KM是必不可少的，它和3KM之间的联锁可以防止变频器的输出端接到工频电网上。一旦出现变频器输出端误接到工频电网的情况，将损坏变频器。如果不需要变频器—工频电网的切换功能，可以不要2KM和3KM。注意，有些机种要求2KM只能在电动机和变频器停机状态下进行通断。

2. 制动电阻的计算

在异步电动机因设定频率突降而减速时，如果轴转速高于由频率所决定的同步转速，则异步电动机处于再生发电运行状态。运动系统中所存储的动能经逆变器回馈到直流侧，中间直流回路的滤波电容器的电压会因吸收这部分回馈能量而提高。如果回馈能量较大，则有可能使变频器的过电压保护功能动作。利用制动电阻可以耗散这部分能量，使电动机的制动能力提高。制动电阻的选择，包括制动电阻的阻值及容量的计算，可按如下步骤进行。

（1）制动转矩的计算：制动转矩 T_B(N·m) 可由下式算出：

$$T_B = \frac{(GD_M^2 + GD_L^2)(n_1 - n_2)}{375T_s} T_L \quad (3\text{-}23)$$

式中 GD_M^2——电动机的 GD^2(N·m²)；

GD_L^2——负载折算到电动机轴上的 GD^2(N·m²)；

T_L——负载转矩（N·m）；

n_1——减速开始速度（r/min）；

n_2——减速完了速度（r/min）；

T_s——减速时间（s）。

（2）制动电阻阻值的计算：在附加制动电阻进行制动的情况下，电动机内部的有功损耗部分，折合成制动转矩，大约为电动机额定转矩的20%。考虑到这一点，可用下式计算制动电阻的值（Ω）：

$$R_{B0} = \frac{U_C^2}{0.1047(T_B - 0.2T_M)\,n_1} \quad (3\text{-}24)$$

式中 U_C——直流回路电压（V）；

T_B——制动转矩（N·m）；

T_M——电动机额定转矩（N·m）；

n_1——开始减速时的速度（r/min）。

如果系统所需制动转矩 $T_B < 0.2\,T_M$，即制动转矩在额定转矩的20%以下时，则不需要另外的制动电阻，仅电动机内部的有功损耗的作用，就可使中间直流回路电压限制在过电压保护的动作水平以下。

由制动开关管和制动电阻构成的放电回路中，其最大电流受制动开关管的最大允许电流 I_C 的限制。制动电阻的最小允许值 R_{min}(Ω) 为

$$R_{min} = \frac{U_C}{I_C} \quad (3\text{-}25)$$

式中 U_C——直流回路电压（V）。

因此，选用的制动电阻 R_B 应按

$$R_{min} < R_B < R_{B0} \quad (3\text{-}26)$$

的关系来决定。

变频器的制动电阻的最小允许值视其容量不同而不同。

（3）制动时平均消耗功率的计算：如前所述，制动中电动机自身损耗的功率相当于20%额定值的制动转矩，因此制动电阻器上消耗的平均功率 P_{ro}(kW) 可以按下式求出：

$$P_{ro} = 0.1047(T_B - 0.2T_M)\frac{n_1 + n_2}{2} \times 10^{-3} \quad (3\text{-}27)$$

（4）电阻器额定功率的计算：视电动机是否重复减速，制动电阻器额定功率的选择是不同的。图 3-27 所示为电动机减速模式。当非重复减速时，如图 3-27b 所示，制动电阻的间歇时间（$T-t_s$）>600s。通常采用连续工作制电阻器，当间歇制动时，电阻器的允许功率将增加。允许功率增加系数 m 与减速时间的关系如图 3-28b 所示。重复减速情况下，允许功率增加系数 m 和制动电阻使用率 $D=t_s/T$ 之间的关系曲线如图 3-28a 所示。$D=t_s/T$ 意义如图 3-28a 所示。

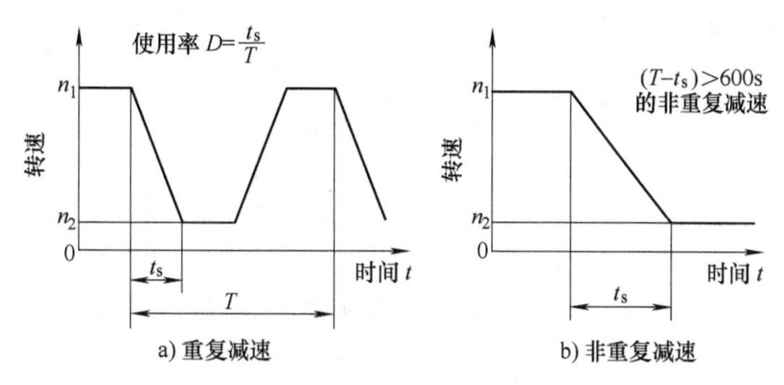

图 3-27　电动机减速模式

根据电动机运行的模式，可以确定制动时的平均消耗功率和电阻器的允许功率增加系数，据此可以按下式求出制动电阻器的额定功率 P_r（kW）：

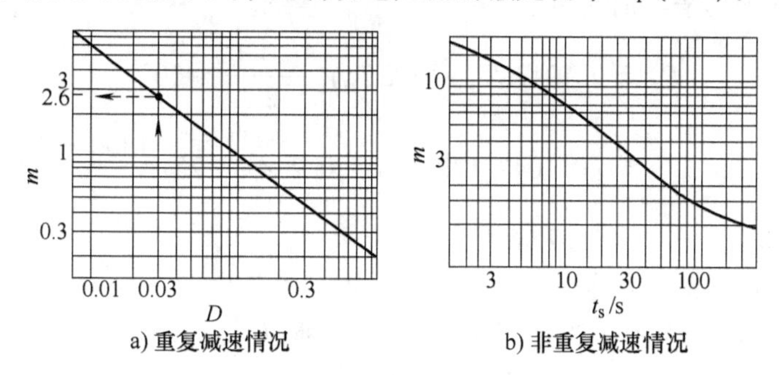

图 3-28　制动电阻允许功率增加系数

$$P_r=\frac{P_{ro}}{m}\tag{3-28}$$

根据如上计算得到的 R_{BO} 和 P_r，可在市场上选择合乎要求的标准电阻器。

【例 3-1】 作为一个例子，制动电阻的选择步骤如下：

设所选电动机为 45kW，额定转矩 $T_M=238.75\text{N}\cdot\text{m}$，电压 $U_N=440$V，极数 $P=4$，飞轮力矩 $GD_M^2=12.74\text{N}\cdot\text{m}^2$；负载：速度范围 1800~0r/min，$GD_L^2=98\text{N}\cdot\text{m}^2$，负载静阻转矩 $T_L=4.9\text{N}\cdot\text{m}$；重复减速：$T=100$s，$t_s=3$s，制动电阻使用率 $D=t_s/T=3/100=0.03$。

制动电阻的计算：

（1）制动转矩

$$\begin{aligned}T_{B}&=\frac{(GD_{M}^{2}+GD_{L}^{2})\times(n_{1}-n_{2})}{375t_{s}}-T_{L}\\&=\left[\frac{(12.74+98)\times(1800-0)}{375\times3}-4.9\right]\mathrm{N\cdot m}\\&=172.284\mathrm{N\cdot m}\end{aligned}$$

（2）制动电阻

$$\begin{aligned}R_{BO}&=\frac{U_{c}^{2}}{0.1047(T_{B}-0.2T_{M})\times n_{1}}\\&=\left[\frac{760^{2}}{0.1047(172.284-0.2\times238.75)\times1800}\right]\Omega\\&=24.6\Omega\end{aligned}$$

其中，直流电压 U_C，对于200V级变频器，取 $U_C=380V$；400V级取 $U_C=760V$。

查VS-616G3变频器手册得出45kW变频器最小制动电阻为12.8Ω。按 $R_{min}<R_B<R_{BO}$ 关系表示为

$$12.8\Omega<R_B<24.6\Omega \qquad \text{选择条件1}$$

（3）制动中的平均消耗功率

$$\begin{aligned}P_{ro}&=0.1047(T_{B}-0.2T_{M})\frac{n_{1}+n_{2}}{2}\times10^{-3}\\&=\left[0.1047(172.284-0.2\times23.75)\frac{1800+0}{2}\times10^{-3}\right]\mathrm{kW}\\&=11.7\mathrm{kW}\end{aligned}$$

（4）制动电阻额定功率

根据 $D=0.03$，由图3-28a，查得 $m=2.6$。所以

$$P_{r}\geqslant\frac{P_{ro}}{m}=\frac{11.7}{2.6}\mathrm{kW}=4.5\mathrm{kW} \qquad \text{选择条件2}$$

由以上计算选择的制动电阻器如下：

$P_r=600W\times8$（只）$=4.8kW>4.5kW$

$$R_{B}=8\Omega\times\frac{4\text{ 串联}}{2\text{ 并联}}=16\Omega$$

即选8只8Ω、600W电阻。4个串成一组，两组再并联起来。

【例3-2】 立体库提升机构制动电阻选择，某立体库：载货台重量+额定载重=3000kg，负载提升和下放速度为40m/min=0.67m/s。提升异步电动机：AC380V，32kW，2529rpm，87Hz；提升变频器功率：380V，37kW；英泰变频器型号：ODP-2-64045-3KF42-MN

水平行走异步电动机：AC380V，6.9kW，2503rpm，87Hz；行走变频器功率：15kW。图3-29所示为物料提升示意图。

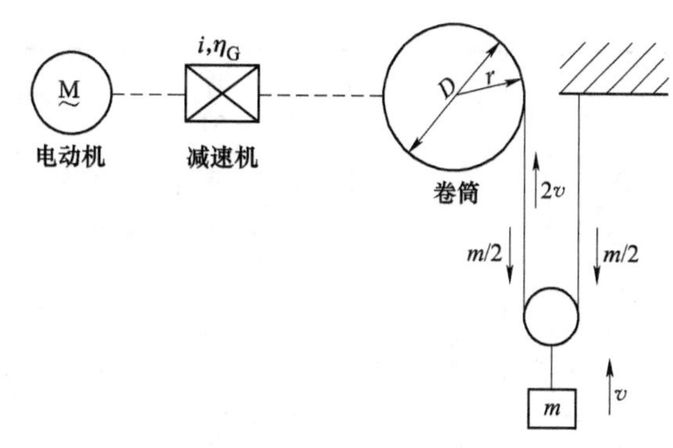

图3-29　物料提升示意图

公式1：$P_{Gen.stat} = \eta mgv = \eta_{Mechanic} \times \eta_{Gear} \times \eta_{Motor} \times \eta_{Inverter} \times m \times g \times v$

效率η包括机械效率$\eta_{Mechanic}$、减速机效率η_{Gear}、电动机效率η_{Motor}、变频器效率$\eta_{Inverter}$；

其中机械效率与滚筒和滑轮及钢丝绳的材料、安装方式有关。减速机效率、电动机效率、变频器效率都可以从产品样本上查到，为了简便，分别取：

假设机械效率$\eta_{Mechanic}=0.9$，减速机效率$\eta_{Gear}=0.96$，电动机效率$\eta_{Motor}=0.9$，变频器效率$\eta_{Inverter}=0.97$；

效率$\eta=0.9\times0.96\times0.9\times0.97=0.75$

公式2：$P_{Gen.mean} = \eta_{Gen.stat} \times T_r$

式中　$P_{Gen.mean}$——平均制动功率；

T_r——下放工作时间占总的循环工作的比例。为简便，取0.4。

所以负载要求的平均制动功率大约为

$P_{Gen.mean} = \eta mgv \times T_r = 0.75 \times 3000\text{kg} \times 9.8\text{m/s}^2 \times 0.67\text{m/s} \times 0.4 \approx 5900\text{W} = 5.9\text{kW}$

查英泰变频器样本资料得制动电阻额定值为6Ω，可选取制动电阻6Ω，8kW。制动电阻选择表380V 3相输入P2系列变频器见表3-12。

表3-12　制动电阻选择表380V 3相输入P2系列变频器

尺寸	功率		输入电流	保险丝或微断MCB（Type B）		最大电缆尺寸		额定输出电流	最大电机电缆长度		建议的制动电阻值
	kW	HP	A	Non UL	UL	mm	AWG/kcmil	A	m	ft	Ω
2	0.75	1	2.4	10	6	8	8	2.2	100	330	400
2	1.5	2	5.1	10	10	8	8	4.1	100	330	200
2	2.2	3	7.5	10	10	8	8	5.8	100	330	150
2	4	5	11.2	16	15	8	8	9.5	100	330	100
3	5.5	7.5	19	25	25	8	8	14	100	330	75
3	7.5	10	21	25	30	8	8	18	100	330	75
3	11	15	28.9	40	40	8	8	24	100	330	40

（续）

尺寸	功率		输入电流	保险丝或微断MCB（Type B）		最大电缆尺寸		额定输出电流	最大电机电缆长度		建议的制动电阻值
	kW	HP	A	Non UL	UL	mm	AWG/kcmil	A	m	ft	Ω
4	15	20	37.2	50	50	16	5	30	100	330	22
4	18.5	25	47	63	60	16	5	39	100	330	22
4	22	30	52.4	63	70	16	5	46	100	330	22
5	30	40	63.8	80	80	35	2	61	100	330	12
5	37	50	76.4	100	100	35	2	72	100	330	12
6	45	60	92.2	125	125	150	300MCM	90	100	330	6

对于外围设备的选择，涉及的问题较多。如果需要，应具体地针对某种特定的变频器，根据其说明书尽量选用厂家推荐的外围设备。

参考文献

[1] 满永奎，韩安荣．通用变频器及其应用［M］.3版．北京：机械工业出版社，2011.

[2] 满永奎．Electric Machinery Fundamentals［M］.5版．北京：清华大学出版社，2013.

[3] PAUL KRAUSE，OLEG WASYN CZUK，SCOTT SUDH. 电机原理及驱动分析［M］.3版．满永奎，边春元，译．北京：清华大学出版社，2015.

[4] 英泰驱动控制有限公司．P2变频器中文说明书V3.0，2019.

[5] 边春元，满永奎．电机原理与拖动［M］. 北京：人民邮电出版社，2013.

[6] 丹佛斯自动控制管理（上海）有限公司．VACON® NXP用户手册，2019.4．

[7] 西门子公司．SINAMICS S120高性能驱动系统914398_5004.

[8] 陈国呈．PWM模式与电力电子变换技术［M］. 北京：中国电力出版社，2016.

[9] 张兴，张崇巍．PWM整流器及其控制［M］. 北京：机械工业出版社，2017.

[10] 马骏杰．逆变电源的原理及DSP实现［M］. 北京：北京航空航天大学出版社，2018.

[11] 佟纯厚．近代交流调速［M］.2版．北京：冶金工业出版社，1995.

[12] 李永东．交流电机数字控制系统［M］. 北京：机械工业出版社，2017.

[13] 陈永真．整流滤波与DC-Link：电容器特性、工作状态分析．选型［M］. 北京：科学出版社，2013.

[14] 斯蒂芬·乌曼．电机学［M］.7版．刘新正，苏少平，高琳，译．北京：清华大学出版社，2014.

第 4 章 通用变频器的使用与维护

通用变频器经过不断地更新换代，在产品性能和可靠性方面都有了很大提高。国内市场上流行的通用变频器种类非常多，如欧美的品牌有西门子、ABB、英泰、丹佛斯、施耐德等公司；日本的品牌有富士、三菱、三垦、安川等公司；国产品牌有汇川、库马克、普传、德瑞斯、韵升、科来沃等公司。各公司生产的变频器在功能、操作、维护，以及应用注意事项方面基本相同，所以为了更加具体地介绍通用变频器的应用和注意事项，本章主要以英泰（Invertek）变频器进行介绍。

4.1 通用变频器使用的一般知识

4.1.1 通用变频器的铭牌

图 4-1 所示为英泰公司的 ODP-2-24075-3KF42-SN 变频器铭牌。

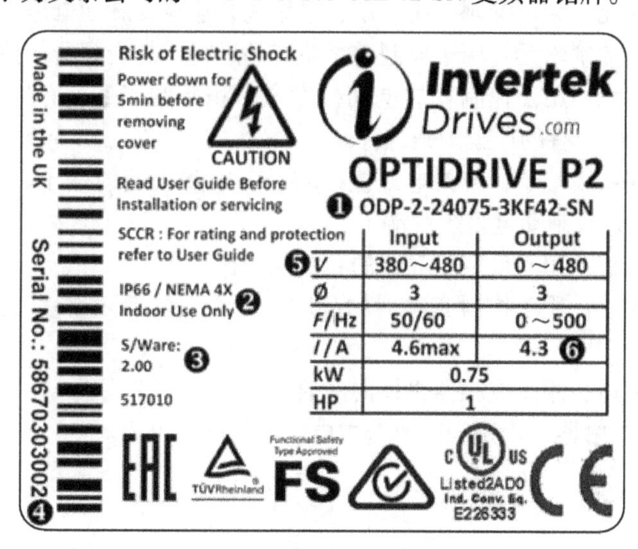

图 4-1 变频器的额定铭牌

图 4-1 所示的变频器铭牌上包含以下信息：

① 变频器型号：如变频器型号 ODP-2-24075-3KF42-SN 代表 Optidrive P2 系列中的 2 型 380V/0.75kW 变频器。

② 防护等级：IP66。

③ 软件版本和生产日期。

④ 序列号：58670303002。

⑤ 额定输入和输出：输入电压为380~480V，输入频率为50/60Hz，最大输入电流为4.6A。输出电压为0~480V，输出频率为0~500Hz，额定输出电流为4.3A，额定输出功率为0.75kW。

⑥ 最大连续输出电流4.3A。

一般通过铭牌数据能直接读取输入电源的额定电压、电流、相数、频率；输出的电压、频率范围、最大电流、相数。不同厂商的变频器命名方法虽然不同，但是在铭牌数据中一般都包含以上信息。

4.1.2 变频器的结构

通用变频器一般由下面几部分构成：

（1）整流单元：最近大量使用的一般为二极管三相桥式整流模块，它把工频电源电压变换为直流电源电压。也有用IGBT整流器构成可逆整流器，由于其功率方向可逆，可以进行再生运行。

（2）逆变单元：逆变器是将直流功率变换为所要求频率的交流功率，以确定的时间使6个开关器件导通、关断就可以得到三相交流输出。

（3）滤波单元：为了抑制电压波动，采用电容器吸收脉动电压。

（4）计算机控制单元：用于控制整个系统的运行，是变频器的控制核心。

（5）制动单元：用于控制释放电动机发电时积蓄的能量。有的厂家将制动单元集成在变频器内，有的厂家则是选件。

（6）主电路接线端子：包括电源接线端子、电动机接线端子、直流电抗器接线端子、制动单元或制动电阻接线端子。

（7）操作面板：用于设定变频器的功能及操作模式。

（8）控制端子：用于控制变频器的起动、停止、外部频率信号给定、故障报警输出等。

（9）冷却风扇：用于变频器机体内的通风。

（10）旁路接触器：用于旁路直流主电路中的限流电阻。

4.1.3 电磁兼容性

地球是一个巨大的磁场，所以地球表面到处存在着电磁波。电磁波无时无刻不在影响着电气设备的正常工作。其他电气设备也会产生电磁波，对变频器的正常运行产生影响。此外，变频器也会产生电磁波影响其他设备。根据电磁兼容性国际标准，电磁兼容性（EMC）的定义是：设备或系统在其电磁环境中能正常工作，且不对该环境中其他电气设备构成不能承受的电磁骚扰的能力。EMC包括电磁干扰（EMI）及电磁耐受性（EMS）两部分，所谓EMI是指电气设备本身在执行应有功能的过程中所产生不利于其他系统的电磁噪声；而EMS是指电气设备在执行应有功能的过程中不受周围电磁环境影响的能力。

所有的电磁干扰是由3个基本要素组合产生的，它们是：电磁干扰源、对该干扰源敏感的设备、传输通道。相应地对抑制所有电磁干扰的方法也应该从这3个要素着手解决。电磁兼容性控制技术，即电磁干扰控制技术，大体可分为如下6类：

（1）传输通道抑制方法：具体方法有滤波、屏蔽、搭接、接地、合理布线。

（2）空间分离：地点位置控制、自然地形隔离、方位角控制、电场矢量方向控制。

（3）时间分离：时间共用准则、雷达脉冲同步、主动时间分隔、被动时间分隔。

（4）频谱管理：频谱规划/划分、制定标准规范、频率管制等。

（5）电气隔离：变压器隔离、光隔离、继电器隔离、DC-DC变换。

（6）其他技术：如干扰对消与限幅等。

电磁兼容是一个人们早已发现的古老问题，随着人们认识的深入，国际上和国内慢慢形成了一些与电磁兼容标准相关的组织。

（1）国际电工委员会（IEC）：IEC是世界上成立最早的非政府性国际电工标准化机构，是联合国经济社会理事会的甲级咨询组织。IEC目前有104个技术委员会、143个分技术委员会。中国于1957年成为IEC的执委会成员。IEC对于电磁兼容方面的国际标准化活动有着特殊重要的作用，承担研究工作的主要是电磁兼容咨询委员会（ACEC）、无线电干扰特别委员会（CISPR）和电磁兼容技术委员会（TC77）。在IEC中，协调CISPR、TC77及其他TC和国际组织在电磁兼容领域的协作关系的机构是ACEC。它们负责制定4类电磁兼容出版物和标准：

1）基础电磁兼容标准；

2）通用类电磁兼容标准；

3）产品类电磁兼容出版物；

4）产品电磁兼容标准。

（2）国际电信联盟（ITU）：ITU是联合国的一个专门机构，简称“国际电联”或“电联”。这个国际组织成立于1865年5月17日，是由法、德、俄等20多个国家在巴黎会议为了顺利实现国际电报通信而成立的国际组织，定名“国际电信联盟”。ITU由三大技术部门组成，它们是电信标准部（ITU-T）、无线电通信部（ITU-R）和电信发展部门（ITU-D）。各部门都可制定与电磁兼容性相关的标准。

（3）美国电气与电子工程师学会（IEEE）：IEEE于1963年由美国电气工程师学会和美国无线电工程师学会合并而成，是美国规模最大的专业学会。IEEE制定的标准覆盖了电力、电子、信息等广泛领域，包含电力电子设备电磁标准、试验方法、电磁抗干扰标准、元器件符号以及测试方法。IEEE的出版物有专门的EMC

分册。

（4）美国国家标准学会（ANSI）：美国国家标准学会是非营利性质的民间标准化团体，但它实际上已成为美国国家标准化中心，美国各界标准化活动都围绕它进行。ANSI 协调并指导美国全国的标准化活动，给标准制定、研究和使用单位以帮助，提供国内外标准化信息，同时又起着行政管理机关的作用。ANSI 参与了国际标准化组织（ISO）的78%的技术委员会的项目和91%的 IEC 技术委员会的项目，并领导了许多关键的技术委员会和分委会的工作。

（5）欧洲电信标准化学会（ETSI）：ETSI 是由欧共体委员会于 1988 年批准建立的一个非营利性的电信标准化组织，总部设在法国南部的尼斯。ETSI 的标准化领域主要是电信业，并涉及与其他组织合作的信息及广播技术领域。ETSI 下设的委员会中，主要涉及电磁兼容技术的是 TCERM 无线及电磁兼容技术委员会。

（6）欧洲电工标准化委员会（CENELEC）：欧洲电工标准化委员会成立于 1973 年，总部设在比利时的布鲁塞尔。CENELEC 得到欧盟的正式认可，是电工领域而且是按照欧盟 83/189/EEC 指令开展标准化活动的组织。其中涉及电磁兼容领域的主要是 210 技术委员会（TC210）。按照 IEC 与 CENELEC 之间的协议，TC210 主要是尽可能地在电磁兼容领域与 IEC 联系，以促进其表决过程，提出建议或者修正，以及按 CENENEC 的需要向 IEC 提出有关标准的准备等。

（7）我国从事电磁兼容技术标准研究制定的主要组织机构：主要有全国无线电干扰标准化技术委员会、全国电磁兼容标准化技术委员会、中国通信学会电磁兼容委员会和中国电子学会电磁兼容分会。2001 年 12 月，国家发布《强制性产品认证管理规定》，英文缩写简称为“CCC”，简称为“3C”认证，3C 认证对电子产品的电磁兼容性、防电磁辐射等方面都有详细规定。

我国的电磁兼容技术标准和国际上的一样，也分为 4 类：基础标准、通用标准、产品类标准和系统间电磁兼容标准。标准与规范的种类和数目是相当多的，就其涉及的内容特点而言，主要有以下 5 个方面：

1）规定了各种非预期发射的极限值；

2）统一规定了测量方法；

3）统一规定电磁兼容领域的名词术语；

4）规定了设备、系统的电磁兼容性要求及控制方法；

5）国家 EMC 标准与国际 EMC 标准接轨。

4.1.4 通用变频器的认证

产品认证作为国际贸易中普遍被接受和使用的证明手段，已广泛被制造商接受。通过认证，变频器可得到包括国际市场在内的市场认可，增强产品竞争力。现在国际公认的认证有 CE、UL、CUL、CCC、GS、GOST、ROHS 等。

（1）CE 认证：CE 标志是安全合格标志而非质量合格标志，它是一个代表该产品已符合欧洲的安全/健康/环保/卫生等系列的标准及指令的标记。在欧盟销售的所有产品都要强制性地打上CE标志。CE认证为各国产品在欧洲市场进行贸易提供了统一的技术规范，简化了贸易程序。欧盟的法律、法规和协调标准不仅数量多，而且内容十分复杂，因此取得欧盟指定机构帮助是一个既省时、省力，又可减少风险的明智之举。获得由欧盟指定机构的CE认证证书，可以最大程度地获取消费者和市场监督机构的信任，CE认证标志如图4-2所示。

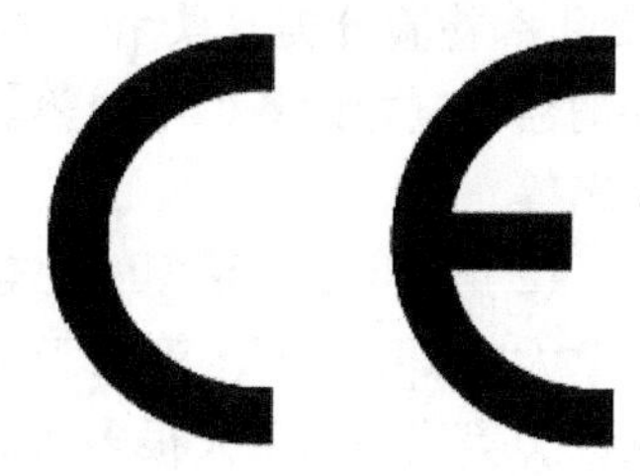

图4-2　CE认证标志

CE认证对产品的要求相当严格。对于变频器而言，必须要通过符合低电压指令93/68/EEC的欧洲标准的严格考核和测试。前者包括元器件的选择、印制电路板（PCB）的布局、整机的防触电保护及结构设计，后者包括环境测试（干热、湿热）、机械试验（倾斜、振动）、电气试验（脉冲电压、电气强度、局部放电、绝缘电阻等）、结构检查（外壳的防护等级、带电体的不同触及性、电气间隙与爬电距离）、EMC系统级测试、非正常试验等。

由中国任何具有技术能力的试验室进行检测和颁发该试验室的CE证书，费用低，时间也相对少。但是，对于没有获得欧洲实验室资格认可（如DATech认可）的实验室出具的CE报告或证书获欧盟经销商的认可程度低，经常有不被进口商接受或不被管理机构认可的情况发生。

（2）UL认证：UL是美国认证，UL即Underwriter Labortories lnc.（保险商实验室）的缩写。UL主要从事产品的安全认证和经营安全证明业务，其最终目的是为市场得到具有相当安全水准的商品，为人身健康和财产安全得到保证做出贡献。UL标志通常标识在产品和（或）产品包装上，用以表示该产品已经通过UL认证，符合安全标准要求。

UL标志分为3类，分别是列名、分级和认可标志，这些标志的主要组成部分是UL的图案，它们都注册了商标。详细类别如图4-3所示。分别应用在不同的服

标记种类	分级标志		列名标志				认可认证标志		
认证标记	CLASSIFIED UL	CLASSIFIED c UL	CLASSIFIED c UL US	UL ®	c UL LSIED	c UL US ISIED	RU	c RU US	c RU
性质	自愿性		自愿性				自愿性		
标准要求	安全		安全				安全		
工厂检查	需要		需要				需要		
适用范围	美国	加拿大	美国、加拿大	美国	加拿大	美国、加拿大	美国	加拿大	美国、加拿大

图4-3　UL认证标记

务产品上，是不通用的。某个公司通过UL认可，并不表示该企业的所有产品都是UL产品，只有佩带UL标志的产品才能被认为是UL跟踪检验服务下生产的产品。UL是利用在产品上或产品相关地使用的列名、分级、认可标志来区分UL产品。UL跟踪检验分类R类和L类。L类主要用于与生命安全有关的产品，如灭火器、探测器、电力设备、电线等。R类产品主要是电气设备，如电视、电扇、吹风机、烤箱等。

（3）CUL认证：UL是美国认证，CUL前面的C代表加拿大，就是说CUL是加拿大的UL认证，等同于加拿大标准协会（Canadian Standards Association CSA）认证。美国和加拿大很多认证是可以同时申请的。针对UL认证，如到时把美国和加拿大的认证都得到认可，则就是CULUS，UL的左边是C代表加拿大，右边是US代表美国。

ULCSA是北美知名的产品安全认证机构，如果产品需要进入北美市场，那么必须符合美国和加拿大的安全法规。CSA成立于1919年，是加拿大首家专为制定工业标准的非营利性机构。在北美市场上销售的电子、电气等产品都需要取得安全方面的认证。目前CSA是加拿大最大的安全认证机构，也是世界上最著名的安全认证机构之一。CSA已为遍布全球的数千厂商提供了认证服务，每年均有上亿个附有CSA标志的产品在北美市场销售。

现在CSA International已被美国联邦政府认可为国家认可测试实验室。这意味着能根据加拿大和美国的标准对产品进行测试和认证，同时保证认证得到联邦、州、省和地方政府的承认。有了CSA有效的产品安全认证，想要进入世界上最为坚韧而广阔的北美市场就轻而易举了。CSA能够帮助您的产品迅速有效地打入美国和加拿大市场。

（4）CCC认证：我国政府为兑现入世承诺，于2001年12月3日对外发布了强制性产品认证制度。从2002年5月1日起，国家认证认可监督委员会开始受理第一批列入强制性产品目录的19大类132种产品的认证申请，变频器并不属于这第一批强制产品。我国产品有更多机会进军国际市场。CCC认证标志如图4-4所示。

图4-4 CCC认证标志

CCC认证，就是中国强制性产品认证（China Compulsory Certification，CCC）。CCC认证的全称为“强制性产品认证制度”，它是政府为保护消费者人身安全和国家安全、加强产品质量管理、依照法律法规实施的一种产品合格评定制度。CCC认证制度是为了保护广大消费者切身利益的一种产品认证制度，针对CCC认证的特点及其功能现归纳其特点如下：

1）强制性；

2）统一性；

3）必要性。

（5）GS认证：GS的含义是德语“Geprufte Sicherheit”（安全性已认证），也有“Germany Safety”（德国安全）的意思。GS认证以德国产品安全法（SGS）为依据，按照欧盟统一标准EN或德国工业标准DIN进行检测的一种自愿性认证，是欧洲市场公认的德国安全认证标志。

GS安全认证标志是德国劳工部授权TüV、VDE（德国电气工程师协会）等机构颁发的安全认证标志，是被欧洲广大顾客接受的安全标志，GS认证图标如图4-5所示。GS标志表示该产品的使用安全性已经通过公信力的独立机构的测试。GS标志虽然不是法律强制要求，但是它确实能在产品发生故障而造成意外事故时，使制造商受到严格的德国（欧洲）产品安全法的约束。所以GS标志是强有力顾客的市场工具，能增强顾客的信心及购买欲望。虽然GS是德国标准，但欧洲绝大多数国家都认同。而且满足GS认证的同时，产品也会满足欧共体的CE标志的要求。和CE不一样，GS标志并无法律强制要求，但由于安全意识已深入普通消费者，一个有GS标志的电器在市场可能会较一般产品有更大的竞争力。

（6）GOST认证：GOST认证是俄罗斯联邦内的一个有效的质量认证体系（也叫做GOST-R认证）。根据产品可能对消费者造成的危害，俄罗斯国家标准化委员会将产品认证分为强制认证和自愿认证两类。家用电器、视听类电子产品等均在俄罗斯强制认证产品范围内。根据俄罗斯法律，产品如果属于强制认证范围，不论是在俄罗斯生产的，还是进口的，都应依据现行的安全规定通过认证，并获得GOST证书。GOST证书是办理对俄出口商品海关手续和在俄罗斯市场销售时必不可少的文件，俄罗斯市场没有GOST证书产品根本不准上市销售，进口商对领取GOST合格证非常重视。GOST认证图标如图4-6所示。

图4-5 GS认证图标

图4-6 GOST认证图标

（7）ROHS认证：ROHS是《电气、电子设备中限制使用某些有害物质指令》（the Restriction of the use of certain hazardous substances in electrical and electronic equipment）的英文缩写。

ROHS一共列出6种有害物质，包括铅（Pb）、镉（Cd）、汞（Hg）、六价铬（Cr6+）、多溴二苯醚（PBDE）和多溴联苯（PBB）。

ROHS指令明确了电子及电气设备中含有禁用物质的不准在欧盟市场销售，并于2006年7月1日起强制执行。一般来说，金属材质需检测四种禁用重金属（Cd/Pb/Hg/Cr6）；非金属材质除了检测这四种禁用重金属外，还需检测溴化阻燃剂［多溴联苯（PBB）/多溴联苯醚（PBDE）］，同时对不同材质的包装材料也需要分别进行包装材料重金属的检测（94/62/EEC）。

此外，还有其他认证机构，下面是一些常见国家和地区的安全质量认证标志：

（1）CECC认证：欧洲电工认证标志。

（2）BEAB认证：英国保险商实验室的检验合格标志。这个标志在世界许多国家通告具有权威性。

（3）AS认证：澳大利亚标准协会（SAA）使用于电器和非电器产品的优质标志。英联邦商务条例对其保障，国际通用。

（4）JIB认证：日本标准化组织（JIB）对其检验合格的电气产品、纺织品颁发的标准。

这些安全质量认证标准，对电气产品的材料、绝缘、强度、耐压、安全保护等都有详细的强制性规定和要求。

4.2 通用变频器的安装

4.2.1 变频器的防护等级

IP（International Protection，国际防护）防护等级系统是由IEC（International Electrotechnical Commission）起草的。将电器依其防尘防潮的特性加以分级。这里所指的外物含工具、人的手指等均不可接触到电器内的带电部分，以免触电。IP防护等级是由两个数字所组成，第一位特征数字表示对接近危险部件的防护和对固体异物进入的防护等级，第二位特征数字表示外壳阻止由于进水而对设备造成有害影响的防护等。

两个特征数字所表示的防护等级参见3.5.1节表3-7和表3-8所示。安装在不同环境中时，变频器防护等级要相应配合。通常采用的保护等级有IP00开启式、IP20一般封闭式、IP55密封式、IP66密闭式。一般需要根据工作环境选择符合要求的变频器。

4.2.2 变频器的安装环境

变频器是精密的电工设备，为了确保其稳定运行，计划安装时，应对其工作的场所和环境进行考虑。

1. 设置场所和环境的要求

下面列出了安装变频器时对场所条件的要求：

1）安装场所或电气室的湿气少，无水浸的可能；

2）无易燃、易爆气体，无腐蚀性气体、液体，粉尘少；

3）变频器易于搬入和搬出；

4）易于进行定期的维修和检查；

5）备有通风口或换气装置；

6）应与易受谐波干扰的装置隔离。

2. 使用条件

下面列出了变频器长期可靠运行的条件：

（1）环境温度：-10~50℃（不结冰）。

（2）相对湿度：20%~90%RH（不结霜）。

（3）海拔：1000m以下。1000m以上时，每超过100m，额定容量减少1%。

（4）振动：设置场所的振动加速度应该限制在0.6g以内，振动超值时会使变频器的紧固件松动，继电器和接触器等的触头部件误动作，导致不稳定运行。对振动场所应采取防振措施，并定期检查和维护。比较安全的方法是对振动的场所进行测量，测出振幅和频率，然后按下式计算振动加速度：

$$G = 2\pi f \frac{A}{9800} \tag{4-1}$$

式中 A——振幅（m）；

f——频率（Hz）。

3. 变频器的长期存放

一般各公司的变频器使用手册中都对变频器的长期存放条件有规定：

1）环境温度：如对于英泰公司P2系列变频器规定的贮存温度为-40~60℃。

2）相对湿度：20%~90%RH（不结霜）。

3）存放场所：无腐蚀气体、无粉尘、无阳光直射处。

4）定期通电：每年通电一次，通电时间保持30~60min。变频器内有很多电解电容器，定期通电可使其自我修复，改善劣化特性。

4.2.3 安装空间

变频器运行时，会产生热量。为了便于通风，使变频器散热，变频器应垂直安装，不可倒置，并且安装时要使其距离其他设备、墙壁或电路、管道有足够的距离。变频器工作时其散热片的温度有时可高达90℃，故安装底板必须为耐热材料。

很多生产现场将变频器安装在电控柜内，这时应该注意散热问题。变频器的最高允许环境温度为$T_i = 50℃$，如果电控柜的周围温度$T_a = 40℃(\max)$，则必须使柜内温度在$T_i - T_a = 10℃$以下。

（1）电控柜如果不采用强制换气时：变频器发出的热量，经过电控柜内部的空气，由柜表面自然散热，这时散热所需要的电控柜有效表面积S用下式计算：

$$S = \frac{Q}{n(T_i - T_a)} = \frac{Q}{50} \tag{4-2}$$

式中 Q——电控柜总热流量（W），即电控柜内所有设备的热流量；

n——散热系数 $[W \cdot (m^2 \cdot K)^{-1}]$；

S——电控柜有效散热面积（m^2），要去掉靠近地面、墙壁的面积、并列柜时的并排柜面积等不能散热的面积以及其他影响散热的面积；

T_i——电控柜表面温度（℃）；

T_a——周围温度（℃）。

依据式（4-2），如果要求输出功率为22kW、电源电压为200V的变频器柜，设其发热量为3.6MJ，则变频器柜的面积为$20m^2$，或需要宽为4m、高为2m、厚为1m尺寸的电控柜，可见只靠电控柜自然散热进行设计，其结构将大得惊人。

（2）设置换气扇采用强制换气时：在电控柜内产生的热量虽然也可由自然对流从柜面散热，但是采用换气扇的散热效果则更佳，这是自然对流散热无法比拟的。

必要的换气量P用下列公式计算：

$$P = \frac{Q \times 10^{-3}}{\rho c(T_0 - T_a)} \tag{4-3}$$

式中 Q——电控柜内总热流量（W）；

ρ——空气密度，$\rho = 1.057 kg/m^3$（50℃时）；

c——空气的比热容，$e = 1.0 kJ/(kg \cdot K)$；

P——流量（m^3/s）；

T_0——排气口的空气温度（℃），$T_0 = 50℃$；

T_a——周围温度（在给气口的空气温度）（℃），$T_a = 40℃$。

也就是说，当1kW的热量要散掉时，需要$0.1m^3/s(6m^3/min)$的换气扇。式（4-3）可用于计算选择换气扇容量，例如，用于22kW变频器的电控柜，假设散热量为3.6MJ，考虑到20%的裕量，估算需用$7.2m^3/min$能力的风扇，则其存放柜的尺寸高为1.6m、宽为0.6m、厚为0.6m。这种尺寸可以制作成使用型柜。

使用强迫换气时，应注意以下几点：

1）使电控柜强制换气时，随着从外部吸入的空气，也会同时吸入尘埃，所以在入口处应设有空气过滤器，在门扉部有屏蔽垫，在电缆引入口设有精梳板，当引入电缆后，就会封闭起来。

2）有空气过滤器时，如吸入口的面积太小，则吸入的风速增高，以致使过滤器在短时间内堵塞；而且压力损失增高，导致降低换气扇的换气能力。

3）因担心由于电源电压的波动而使换气扇的能力减低，应该选定约有20%裕量的换气扇。

4）因热空气会从下往上流动，所以应采用使换气从电控柜的下部供给空气，并向上部排气的结构。

需要在邻近并排安装两台或多台变频器时，必须留有足够的距离，竖排安装时，其间隔至少为 150cm，两台变频器之间加隔板，以增加上部变频器的散热效果。如图 4-7 所示。

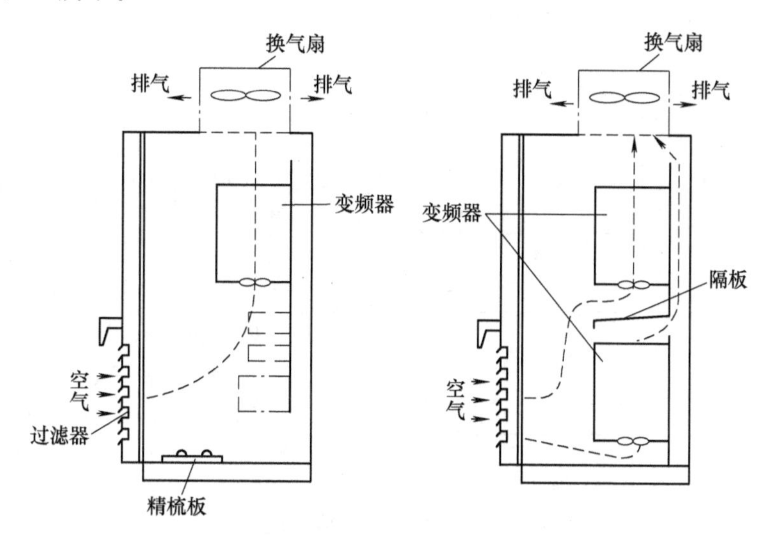

图 4-7　电控柜强制换气安装

4.3　通用变频器标准接线与端子功能

4.3.1　基本原理接线图

各种系列的变频器都有其标准接线端子，这些接线端子与其自身功能的实现密切相关。用户需严格按照使用手册中的接线图来接线。一般来说，变频器接线主要有两部分：一部分是主电路接线；另一部分是控制电路接线。

下面以英泰公司生产的 P2 系列变频器为例简单介绍变频器的基本原理接线图，如图 4-8 所示。对于不同容量的变频器各端子排列可能有所不同，但是各端子的功能是不变的。

4.3.2　主电路接线

（1）变频器的输入端子（L1、L2、L3）：变频器的输入端子即主电路电源端子，应通过断路器连接到三相（单相）电源，连接时无须考虑相序。为了使变频器保护功能作用时能切除电源和防止故障扩大，一般要求在电源电路中连接一个电磁接触器。

（2）变频器的输出端子（U、V、W）：变频器的输出端子应按正确的相序连接到三相电动机。当运行命令和电动机的旋转方向不一致时，可在 U、V、W 三相中任意更改两相接线。不要将功率因数校正电容器或浪涌吸收器连接至变频器的输出端，更不要将交流电源连接至变频器的输出端，这样会损坏变频器。

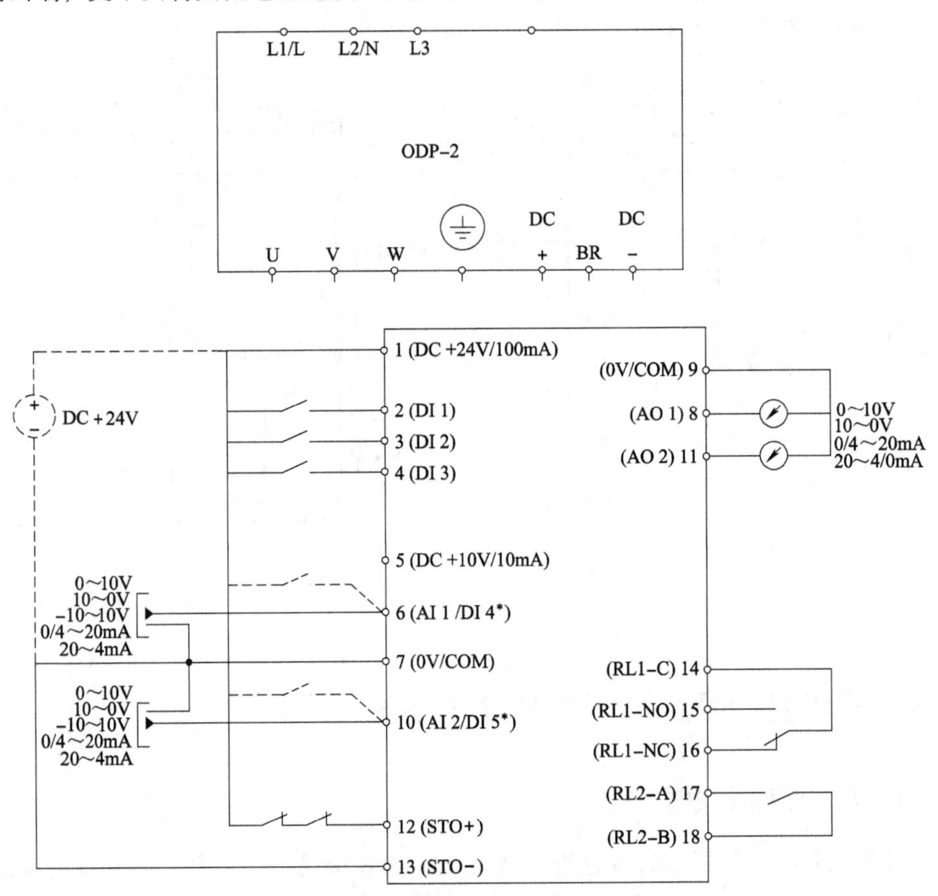

图 4-8 P2 系列变频器基本接线端子图

变频器和电动机之间的连线很长时，电线间的分布电容会产生较大的高频电流，可能会导致变频器过电流跳闸、漏电流增加，电流显示准确度变差等。因此，3.7kW 以下的电动机连线一般不要超过 50m，3.7kW 以上的不要超过 100m。如果连线必须很长，需增设线路滤波器。

（3）控制电源辅助输入端（L1/L、L2/N）：这两个端子即使不连接电源，变频器也能照常工作。当变频器的保护功能动作时，如使变频器电源侧的电磁接触器断开，变频器控制电路将失去电源，系统出现报警，输出无法保持。为防止这种情况发生，将和主电路电源相同的电压输入至控制电源辅助输入端（L1/L、L2/N）。当变频器连接无线电干扰滤波器时，控制电源辅助输入端应接在滤波器输出侧的电源上，以获得抗干扰效果。当 22kW 以下的变频器连接剩余电流（漏电）断路器时，控制电源辅助端子应连接在剩余电流断路器的输出侧。

（4）外部制动电阻连接端子（+DC、BR）：如果需要安装制动电阻，制动电阻连接到变频器的+DC、BR 上。注意配线长度应不超过 5m，用双绞线或将双线密排并行配线。

（5）模拟/数字输入连接端子：如图 4-8 中 1、2、3、4、5、6、7、10 所示，这些端子提供模拟/数字预定值的设定。

（6）接地端子：为了安全和减少噪声，变频器接地端子必须接地。接地导线应尽量粗些，距离尽量短些，并采用变频器系统的专用接地方式。

（7）模拟量输出：如图 4-8 中 8、9、11 所示，提供模拟量的输出。

（8）继电器连接端子：大多数变频器都有输出继电器，通常用于运行指示和故障报警，也可连接到主控系统用于整个控制系统的联锁控制。图 4-8 中 14、15、16、17、18 提供连接继电器的连接端子。

4.3.3　控制电路接线

通过利用控制电路的接线端的控制信号，可以完成变频器的控制功能和显示功能等。P2 系列变频器的控制电路端子的排列如图 4-9 所示。

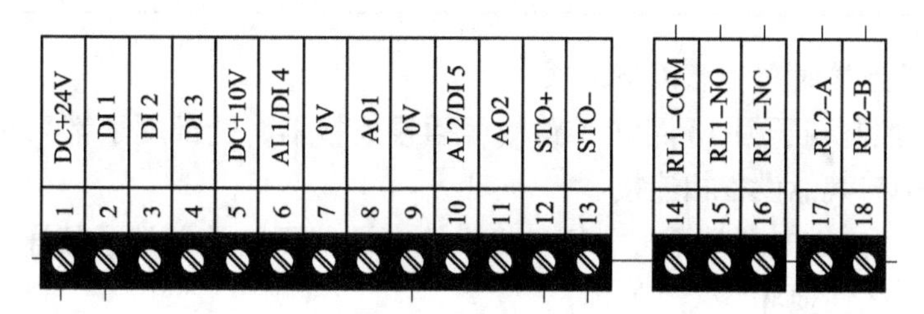

图 4-9　控制电路连接端子的排列

其各端子接线及功能描述见表 4-1。

表 4-1　控制端子定义⊖

Key			Default Function	
			Open	Closed
1	DC +24V	DC 24 Volt Input/Output	On-board+DC 24V Supply（100mA）or External DC 24V Input	
2	DI 1	Digital Input 1（Run Enable）	STOP	RUN
3	DI 2	Digital Input 2	FORWARD	REVERS
4	DI 3	Digital Input 3	P1-12 Reference	Preset Speeds
5	DC +10V	+DC 10Volt Output	On-board+DC10V Supply（10mA）	
6	AI 1/DI 4	Analog Input 1/Digital Input 4	Speed Reference 1（0~10V）	
7	0V/COM	0 Volt Common	0V Common for AI/AO/DI/DO	

⊖ 为方便读者对控制端子定义的理解更直观，此处直接列出原说明书定义，未翻译。

（续）

Key			Default Function	
			Open	Closed
8	AO1	Analog Output 1	Motor Speed（0~10V）	
9	0V/COM	0 Volt Common	0V Common for AI/AO/DI/DO	
10	AI 2/DI 5	Analog Input 2/Digital Input 5	P2-01 Speed Ref.	P2-02 Speed Ref.
11	AO2	Analog Output 2	Motor Current（0~10V）	
12	STO+	STO+DC 24V Connection	InHibit	Run Permit
13	STO-	STO 0 Volt Connection		
14	RL1-COM	Auxiliary Relay Output 1 Common		
15	RL1-NO	Auxiliary Relay Output 1 Normally Open	Drive Healthy	Drive Faulty
16	RL1-NC	Auxiliary Relay Output 2 Normally Closed	Drive Faulty	Drive Healthy
17	RL2-A	Auxiliary Relay Output 2	Drive Stopped	Drive Running
18	RL2-B	Auxiliary Relay Output 2		

控制端子连接时需注意以下事项：

1）用户控制端子为13路和5路的可插拔连接器，全部端子都采用了隔离措施，允许直接与其他设备相连接。

2）除了用户继电器端子外，切勿将供给电源与任何控制端子相连接，否则将导致变频器永久性损坏。

3）除了用户继电器端子外，其他控制端子可耐受最大30V的直流电压。

4）用户可以自行设置端子的输入输出功能。全部操作模式可以通过参数列表设置。

5）用户+24V电压端子可以提供最大100mA的电流输出能力。模拟量输出端子，可以提供最大20mA的电流输出能力。

目前的通用变频器除了有主电源端子外，有的还根据需要加了控制电源和辅助电源的端子，如图4-10所示。

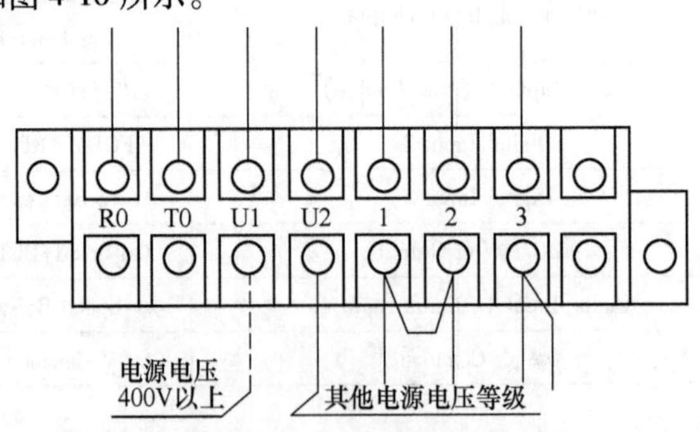

图4-10 控制电源和辅助电源端子

（1）控制电源端子：变频器的控制电源取自变频器主电路的直流侧。当变频器发生故障报警而跳闸时，主接触器有可能被断开。此时，变频器主电路直流侧断电，从而使控制电源无法供电。这样就会导致故障报警指示灯熄灭。为了避免这种现象的发生，在断路器和接触器之间，引电源至 R0 和 T0 端子，如图 4-10 所示。

（2）辅助电源端子：U1 和 U2 端子仅为电压为 400V 系列变频器提供。当主电路输入电压处在表 4-2 所示的范围内，辅助电源端应该接至 U1 或 U2 上。变频器出厂时，已接至 U2 端。

表 4-2　辅助电源端子接线

接至端子	电源电压/V(50Hz)	电源电压/V(60Hz)
U1	400~420	430~480
U2	400 以下	430 以下

（3）冷却风扇电源端子：冷却风扇电源端子 1、2、3 是为维修和更换冷却风扇时使用的，其他情况下，最好不使用这些端子。更换冷却风扇时，请参阅有关变频器随机手册。

4.3.4　制动单元和制动电阻的选择

变频器运行时，当需要进行频繁制动或高转矩制动时，如果变频器没有内置制动单元，则应该按规定连接制动单元和制动电阻。英泰公司 P2 系列变频器集成有内置的制动单元，使用时将制动电阻连接到+和 BR 端子即可。

变频器在连接制动单元和制动电阻时，应根据其使用率、放电能力和最大制动转矩来选择。通常变频器的说明书会给出制动电阻的阻值选择，制动电阻的功率根据不同应用所需的制动功率选择。制动电阻的选择和计算请参见 3.6.4 节变频器的外围设备及其选择。

4.4　变频器的运行

变频器在安装之后，需要进行调试和相关检查才能投入正式使用。

4.4.1　通电前的检查

变频器在通电之前，通常应进行下列检查：

（1）变频器外观接线检查：首先检查变频器的安装空间和安装环境是否符合要求，检查变频器的铭牌数据是否与所驱动的电动机匹配。然后检查变频器的主电路接线和控制电路接线是否符合要求。这应对照变频器使用说明书和系统设计图样进行。在检查接线过程中，主要注意以下几个方面的问题：

1）交流电源不要接到变频器的输出端上；

2）变频器与电动机之间的接线不能超过变频器允许的最大布线距离，否则应加交流输出电抗器；

3）交流电源线不能接到控制电路端子上；

4）主电路接地线和控制电路接地线、公共端、零线的接法是否合乎要求；

5）在工频与变频相互转换的应用中，应注意电气与机械的互锁。

（2）电源电压、电动机和变频器控制信号测试：检查电源电压是否在容许电源电压值以内，测试变频器的控制信号（模拟量信号、开关量信号）是否满足工艺要求。

4.4.2 系统功能的设定

一台新的变频器在通电时，输出端可以先不接电动机，而对它进行各种功能参数的设置。

（1）控制模式的选择：变频器在正式运行之前，为系统调试的方便，通常设定为外部控制模式。正式运行时，应根据系统工作的要求设定控制模式。通过对应的功能码P1-12来设定。

（2）频率的设定：变频器的频率设定有两种方式：一种方式可以通过功能单元上的增（↑）/减（↓）键来直接输入变频器的运行频率；另一种方式可以在RUN或STOP状态下，通过外部信号输入端子直接输入变频器运行频率。两种方式的频率设定只能选择其中之一，这通过对应的功能码P1-13来设定。

（3）可定义功能端子的设定：各个制造厂商生产的变频器都有一些可定义的功能端子。正确设定这些端子的功能是变频器正常工作的重要保障。

（4）最高频率的设定（功能码P1-01）：变频器驱动的电动机都有最高转速的限制，按照变频调速原理，变频器的最高输出频率对应电动机的最高转速。

（5）基本频率（P1-09）：这项功能是通过设定变频器U/f曲线来设定电动机的恒转矩和恒功率控制区域。不同的系统工艺要求，设定的值也不同。一般应该按照电动机的额定频率来设定。

（6）额定电压（P1-07）：额定电压通常对应基本频率，当频率增加时，输出电压也增加。但是变频器的输出电压达到额定值之后，不论频率增加与否，变频器的输出电压都不会再增加了。

（7）加速/减速时间（P1-03/P1-04）：加减速时间的选择决定了调速系统的快速性，如果选择较短的加速/减速时间，意味着生产率的提高，但可能引起电动机频率下降得太快，使电动机进入再生制动状态，甚至可能发生过电压跳闸现象。加速/减速时间的合理选择与电动机所带的负载大小和飞轮力矩GD^2有关。一种方法是通过计算系统的GD^2来设定变频器的加速/减速时间；另一种是实验室的方法，在满足工艺要求的时间内，以变频器不发生跳闸为依据来设定。当变频器的加速/减速时间满足不了系统的工艺要求时，可考虑增加制动电阻。

（8）过载输出继电器：P2变频器有两个输出继电器，可以设定为过载输出，通过设定过载继电器具体的保护值后，当电动机出现过电流而过载时，就能避免变频器和电动机的损坏。因电动机的过载能力比较强，故该值一般均设定为变频器额定值的105%，但当变频器和电动机容量不匹配时，应根据具体情况设定。

（9）转矩限制（P4-07）：对转矩的限制实际上就是限制变频器的过电流。设定的范围为变频器额定电流的120%~180%。该项功能有效时，为使转矩不超过设定值，电动状态时可使输出频率下降，制动状态时可使输出频率上升，但最多只能相对于设定频率下降或上升5Hz。

4.4.3　试运行

变频器在投入正式运行之前，应驱动电动机空载运行几分钟。试运行可以由低速到高速设定几个频率点进行，实验的主要内容有以下几点：

1）设置电动机的功率、调速级数，要综合考虑变频器的工作电流、容量和功率，根据系统的工作电流、容量和功率、工作状况要求来选择设定功率和过载保护值。

2）设定变频器的最大输出频率、基频。

3）设置变频器的操作模式，按运行键、停止键，观察电动机是否能正常地起动、加速、降速、停止。

4）掌握变频器运行发生故障时保护代码，观察热保护继电器的出厂值，观察过载保护的设定值，需要时可以修改。

5）检查电动机是否有不正常的振动和噪声，电动机轴旋转是否平稳。

变频器的空载实验步骤如下：

1）合上电源后，先将频率设置为0，慢慢增大运行频率，观察电动机的起动、旋转情况，以及旋转方向是否正确。如方向反向，则调换电动机任意两相的接线，或者更改参数P4-13改变输出相序。

2）将频率上升至额定频率，让电动机运行一段时间，如果一切正常，再选若干个常用的工作频率，让电动机运行一段时间。

3）将给定频率信号突降至零（或按停止按钮）观察电动机的制动情况。

4.4.4　负载运行

手动操作变频器面板的运行停止键，观察电动机运行停止过程及变频器的显示窗，看是否有异常现象；如果起动/停止过程中，变频器出现过电流保护，须重新设定加/减速时间。起停实验的具体做法是：使工作频率从0Hz开始慢慢增加，观察拖动系统能否起动和运转；在多个频率下起动和运转；如果起动和运转比较困难，应设法加大起动转矩或采取其他措施。变频器带动电动机在起动过程中达不到预设速度，可能有两种情况：

1）系统发生机电共振，这可通过听电动机运转的声音进行判断。采用设置频率跳跃值的方法，可以避开共振点。

2）电动机的转矩输出能力不够。不同品牌的变频器出厂参数设置不同，可能造成在相同的条件下，电动机的带负载能力不同；也可能因变频器控制方法不同，造成电动机的带负载能力不同；或因系统的输出效率不同，造成带负载能力有所不同。对于这种情况可以增加转矩提升量。如果达不到要求，可使用手动转矩提升功能，但不要设定得过大，否则这时电动机的温升会增加。如果仍然不行，可改用新的控制方法。

停机实验，将运行频率调至最高工作频率，按停止键，观察拖动系统的停机过程。观察是否出现因过电压或过电流而跳闸。如有，则应适当延长降速时间。观察当输出频率为0Hz时，拖动系统是否有爬动现象，如果有，则应适当加入直流制动。

负载试验的主要内容有：

1）如$f_{max}>f_N$，则应进行最高频率时的带负载能力试验，即在正常负载下，最高频率能否驱动。

2）在负载的最低工作频率下，应考虑电动机的发热情况。使拖动系统工作在负载所要求的最低转速下，在该转速下施加最大负载，按负载所要求的连续运行时间进行低速连续运行，观察电动机的发热情况。

3）过载试验可按负载可能出现的过载情况及持续时间进行试验，观察拖动系统能否继续工作。

4.5 变频器的某些特殊功能

4.5.1 电动机转矩提升的设定

为满足工业实际生产需求，有些厂商生产的通用变频器设置转矩提升功能，为不同的负载提供不同的转矩提升曲线。在不同的转矩提升曲线中，为不同的低频提供了不同的转矩提升量。在变频器调试时，选择不同的转矩提升曲线，可以实现对不同负载在低频段的补偿。

变频器调试时，应按照电动机运行时的负载特性曲线进行调整转矩提升曲线。为使电动机合理运行，在$f=0$Hz时，电压U为某一确定的大于零的值，此时的点为A点。该点电压值的大小与负载性质有关，如果A点选择过高，系统效率就会降低，电动机容易发热；如果A点选择偏低，电动机的低频转矩变小。因此人们

也把 U/f 曲线称为转矩提升曲线。在使用变频器时，应根据应用手册提供的功能码对变频器进行转矩提升。

例如，对于一个230V，50Hz 的交流感应电动机，电动机额定电压（P1-07）应该设置为230V，电动机额定频率（P1-09）应该设置为50Hz 。如果想增加低频输出转矩，应该增加参数 P1-11 的值。图 4-11 所示为变频器参数 P1-11 设置为 20%的 V/F 曲线。

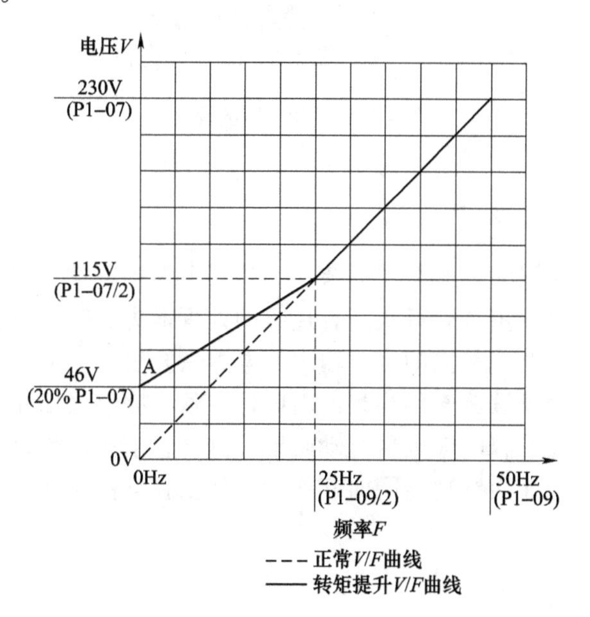

图 4-11　变频器转矩提升曲线

4.5.2　跳跃频率

变频器驱动电动机时，系统可能发生振荡现象，使变频器过电流保护或者系统跳闸。发生振荡的原因有两个：其一是电气频率与机械频率发生共振；另一是纯电气电路引起的，比如功率开关的死区控制时间、中间直流回路电容电压的波动及电动机滞后电流的影响等。振荡现象在如下的情况下容易发生：

1）轻负载或无负载；

2）系统机械惯量小；

3）变频器 PWM 波形的载波频率高；

4）电动机和负载连接松动。

振荡现象发生在某些频率范围内，为了避免其发生，通用变频器都设有跳跃频率，以避开那些振荡频率。跳跃频率宽度以设定值（P2-09）为中心，频率宽度为 P2-10 设置的值。跳跃频率的设定如图 4-12 所示，假设 P2-09 = 25Hz，P2-10 = 10Hz。

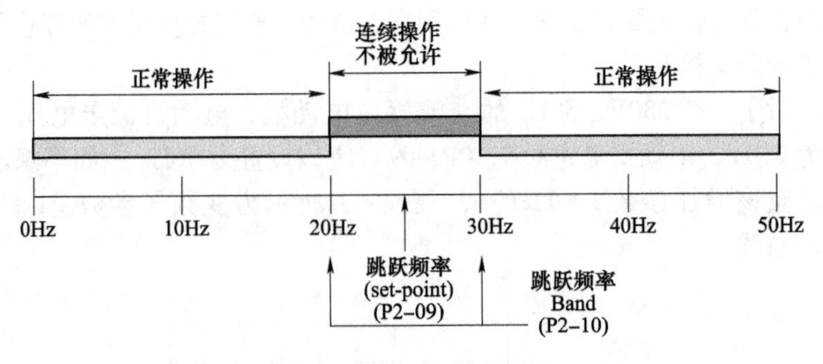

图4-12　跳跃频率的设定

4.5.3　瞬时停电再起动

变频调速系统应用的工业现场复杂，工艺要求多样，除正常运行时的性能要求外，还要求具备对不正常运行状态有足够的处理能力。当发生供电系统瞬时停电或欠电压时，变频器一般立即停止输出。电源恢复后，电动机特别是带大转动惯量负载的电动机会继续旋转相当长的时间，导致变频器无法正常起动。为防止这一现象，变频器需有瞬时停电再起动功能。这样，当电源恢复时，变频器瞬时停电再起动功能和电流限制功能同时起作用，使正在自由旋转的电动机平滑地再起动。

4.5.4　第二电动机功能

变频器第二电动机功能主要用于一台变频器驱动两台电动机时的分时工作，若第二台电动机的一些工作特征不同于第一台电动机时，需另设定一套参数与之配合，称这套参数为第二电动机功能。应用第二电动机功能时，变频器的某些功能会失效。

4.5.5　火灾模式

当“火灾模式”被激活时，此功能将保证英泰P2变频器能连续运行而不中断。“火灾模式”将使非严重的跳闸功能无效，使变频器继续运行直到变频器本身、电动机或电缆被火烧坏为止。

当“火灾模式”被激活时，变频器的正常报警跳闸功能被禁止，这有可能因压力过大而损坏通风系统，也可能损坏变频器和电动机。

4.6　变频器的维护与故障处理

变频器是一种精密的电子装置，虽然在制造过程中，厂商进行了可靠性设计，但如果使用不当，仍可能发生故障或出现运行不佳等情况，因此日常维护与检查是必不可少的。

4.6.1　日常维护与检查

即使是最新一代的变频器，由于长期使用，以及温度、湿度、振动、尘土等环境的影响，其性能都会有一些变化，如果使用合理、维护得当，则能延长使用寿命，并减少因突然故障造成的生产损失。

对变频器进行日常维护和定期检查时，操作者必须熟悉变频器的基本原理、功能特点、指标等，并具有变频器的运行经验。操作前必须切断电源，还要注意主电路电容器充分放电，确认电容放电完成后再作业。操作测量仪表的选择应符合厂商的规定，必要时可以向厂商询问。

变频器的日常维护包括不停止通用变频器运行或不拆卸其盖板进行通电和起动试验，通过目测变频器的运行状况，确认有无异常情况，通常需检查：

1）安装地点的环境是否有异常；

2）变频器、电动机、变压器、电抗器等是否过热、变色或有异味；

3）冷却系统是否正常；

4）变频器和电动机是否有异常振动、异常声音；

5）变频器是否有聚集尘埃的情况；

6）导线连接是否牢固可靠；

7）滤波电容是否有异味；

8）各种显示是否正常。

定期检查时要切断电源，变频器停止运行，并卸下变频器的外盖，主要检查不停止运转而无法检查的地方或日常检查难以发现问题的地方，以及电气特征的检查、调整等。检查周期根据变频调速系统的重要性来选择，一般为6~12个月。检查的内容通常包含以下几个方面：

（1）内部清扫：首先对变频器内部各部分进行清扫，最好用吸尘器吸取内部尘埃，吸不掉的东西用绸布擦拭，清扫时应自上而下。在清扫过程中，如果发现可疑故障点，应该做好标记，以便进一步确认。

（2）紧固检查：由于变频器运行过程中温度上升、振动等原因，常常引起主电路器件、控制电路各端子及引线松动，发生腐蚀、氧化、断线等，所以需要进行紧固检查。同时还应注意框架结构件有无松动，导体、导线有无破损等。

（3）电容器检查：检查滤波电容器有无漏液，电容量是否降低。高性能的通用变频器带有自动显示滤波电容器电容量的功能，由面板可显示出电容量，即出厂时该电容器电容量初始值，并显示电容量降低率，由此可推算出电容器的寿命。一般来说，电容量降低至初始电容量的85%以下时，应予以更换。

（4）控制电路板的检查：对于控制电路板的检查，应该注意连接有无松动、电容器有无漏液、板上线条有无锈蚀、断裂等。控制电路中的电阻、电感线圈、继电器、接触器的检查，主要看有无松动和断线。

（5）绝缘电阻的测定：变频器的绝缘电阻在工作后性能可能改变，容易损坏变频器，所以定期检测需要对变频器中的绝缘电阻进行测试。绝缘电阻的测试可以每三年进行一次。

（6）保护电路动作检查：在上述检查项目完成之后，应进行保护电路动作检查。使保护电路经常处于工作安全状态，这是很重要的。因此必须检查保护功能在给定值下的动作可靠性，通常应当主要检查的保护功能如下：

1）过电流保护功能的检测；

2）断相、欠电压保护功能的检测。

变频器日常定期维护检查内容和时间见表4-3。

表4-3 变频器日常定期维护检查内容和时间表

环境、电缆、连接	检查周期	维 护 事 项
设备安装环境	1年	检查环境是否符合变频器要求，例如：温度、湿度、灰尘、振动
清洁	1年	变频器清洁要用抗静电的吸尘器
清洁散热风道	1年	检查散热风道的灰尘，如果灰尘很多需要清理
柜体滤网	3个月	根据现场情况检查和更换滤网。滤网至少一年换一次
密封性	1年	检查柜体及变频器的密封性。例如：变频器进线及出现上套的密封橡胶垫的密封性
电缆的外观	1年	视觉检查电缆的外观是否损坏
紧固螺栓及排线连接	1年	检查电缆及排线的连接是否松动。检查直流排与交流排连接螺栓是否松动

变频器定期更换易损件检查和时间见表4-4。

表4-4 变频器定期更换易损件检查和时间表

变频器、柜内	检查周期	维护内容
直流风扇、交流风扇、风扇电容	1年	风扇是否有异响、振动是否大。建议5年更换
母线电解电容	3年	使用寿命与负载及环境温度有关。一般重载变频器8年更换，轻载变频器12年更换
电路板	1年	电路板是否有器件变形毁坏，电路板上灰尘是否严重
电解电容的充电时间间隔（配件及库房中备件变频器）	1年	电解电容1年至少充一次电，每次充电大约5~6h
柜内辅助设备（接触器、开关、继电器、按钮、指示灯等）	1年	接触器是否有异响等。指示灯亮度是否有变化

4.6.2　变频器本身的保护功能

通常变频器本身都有比较完善的保护功能，熟悉这些功能对于正确使用变频器极其重要。

1. 过电流保护

当变频器的输出侧发生短路或者电动机堵转时，变频器将流过很大的电流，从而造成电力电子器件的损坏。为了防止过电流，变频器设置有过电流保护电路。当电流超过某一数值时，变频器通过自关断电力电子器件切断输出电流，或者调整电动机的运行状态，减小变频器的输出电流。例如电动机的起动时间设置过短或转动惯量太大时，起动时常会发生过电流，这时可以重新设置起动时间。对于新型变频器，允许变频器运行一段时间，变频器的输出频率保持不变。

变频器为了实现过电流保护，需要从变频器的硬件和软件两个方面采取措施。例如，变频器逆变桥中同一桥臂的上下两个逆变器件在不断交替导通的工作过程中出现异常，使一个器件已经导通，而另一个器件还未来得及关断，引起两个器件间“直通”，使直流电压的正、负极间处于短路状态。此时，主电路电力电子器件驱动电路中的过电流检测和保护电路动作，封锁驱动信号，对变频器实现快速保护。同时，保护电路向 CPU 发出中断信号，CPU 据此进行相应的处理。

2. 过载保护

过载保护功能主要是保护电动机的。通常在电动机控制电路中，采取具有反时限特性的热继电器来进行过载保护。当流经热继电器中双金属片的电流所产生的热效应超过一定值以后，双金属片由于膨胀系数的差异将切断主电路，从而保护电动机不至损坏。热继电器具有反时限功能。

在使用变频器的系统中，可以在系统软件中设置热继电器保护功能。其原理是对变频器的输出电流在一定时间间隔内进行积分处理，积分值反映电动机发热的积累效应。当积分值超过一定值以后，变频器的保护功能开始发挥作用。

3. 电压保护

电压保护分为过电压保护和欠电压保护。

（1）过电压保护：当电源电压突然升高，或者电动机降速时，反馈能量来不及释放，使电动机的再生电流增加，主电路直流电压超过过电压检测值，形成再生过电压。另外，在 SPWM 控制方法中，电路是以系统脉动的方式进行工作的，由于电路中存在着绕组电感和线路分布电感，在每个脉冲的上升和下降过程中，会产生峰值很大的脉冲电压，这个脉冲电压叠加到直流电压上，就形成具有破坏作用的脉冲高压。在以上几种情况下，变频器的过电压保护功能动作。

对于电源电压的上限，一般规定不超过电网额定电压的 10%，例如电源线电压为380V时，其上限值为420V。有些进口变频器的最高工作电压可达500V。对于降速时的过电压，可以采取暂缓降速的方法来防止变频器跳闸。用户可以设定一个电压的限定值U_{set}。在降速过程中，直流电压$U_D>U_{set}$时，则暂停降速，当U_D降至U_{set}以下时，再继续降速。而对脉冲过电压的保护，通常采用吸收电路的方法来解决。

（2）欠电压保护：变频器产生欠电压的原因主要有以下几个方面：

1）电源电压过低，主电路直流电压降到欠电压检测值以下；

2）对于没有瞬停再起动功能的变频器，出现瞬间停电的情况；

3）变频器中的电子元器件损坏，限流电阻长时间接入，负载电流得不到及时补充，导致直流电压下降而引起欠电压。

欠电压首先会引起电动机的转矩下降，然后使电动机的电流急剧增大。新型变频器都有较完善的欠电压保护功能，一般欠电压不到15ms时，变频器仍能继续运行，若超过15ms，变频器将停止。

4. 其他保护

（1）反接保护：所谓反接，是指将变频器的输入端接交流电动机，而将变频器的输出端接工频电源。当输出端接入三相工频电源时，逆变桥的续流二极管构成三相整流桥。在没有充电电阻时，直接对电容进行充电，由于有极性电容的静态电阻很小，充电电流非常大，往往在上电的瞬间就将续流二极管损坏。对于采用数字化控制技术的变频器，系统上电后，CPU首先执行“反接保护”程序，根据检测到的异步电动机定子的电压、频率，进行相应的处理：或者使系统正常运行，或者进行重合闸转速追踪处理，或者进行反接保护处理。当进行反接保护处理时，用户可以根据系统提供的信息，将变频器的主电路电源断开，并将输入输出端重新接线。

（2）制动电阻过热保护：制动电阻的标称功率是按短时运行选定的，所以，一旦通电时间过长，就会过热，这时应暂停使用，待电阻冷却后再使用。

（3）逆变功率模块的过热保护：逆变功率模块是变频器内产生热量的主要部件，也是变频器中最重要的电子器件，所以各变频器都在其散热板上配置了过热保护器件。

（4）负载侧接地保护：当电动机的绕组或变频器到电动机之间的传输线中有一相接地，将导致三相电流的不平衡，变频器一旦检测出三相电流不平衡时，将立即进行保护。

4.6.3 常见故障检查与处理

当变频器出现保护功能显示时，说明变频器保护功能动作，这时应该检查原因，及时处理。表4-5所示是英泰P2变频器的故障代码及解决办法。

表 4-5　英泰 P2 变频器的故障代码及解决方法

故障显示	代码	描述	措　施
no-flt	00	无故障	在 P0-13 中显示记录
Oi-b	01	制动单元过电流	确保连接的制动电阻大于最小的允许阻值 检查制动电阻和接线是否短路
Ol-br	02	制动电阻过载	变频器检测到制动电阻过载之后会跳闸来保护制动电阻，在改变参数或系统设计前确保制动电阻运行在设计参数范围内 减小负载，增加减速时间，减小负载惯量或者增加并联更多的制动电阻并且确保大于变频器允许的最小阻值
O-i	03	变频器输出瞬时过电流电动机过载	**故障发生在变频器使能** 检查电动机和电动机接线电缆是否存在相-相短路或者相-地短路 检查机械负载是否存在卡死、停顿和缠绕的情况 确保电动机铭牌上的参数正确地输入到变频器：P1-07、P1-08、P1-09 如果运行在矢量模式（P4-01＝0 或 1），检查电动机功率因数和确保自检测能成功完成 减少电压提升设置 P1-11 增加加速时间 P1-03 如果电动机有抱闸，确保抱闸连接正确并能正确地释放 **故障发生在运行中** 如果运行在矢量模式（P4-01＝0 或 1），减小速度环增益 P4-03
I. t-trp	04	输出电流大于 P1-08 一段时间的过载报警	如果变频器显示中的小数点闪烁（变频器过载），增加加速时间或者减少负载 检查电动机电缆是否超出长度限制 确保电动机铭牌上的参数正确地输入到变频器：P1-07、P1-08、P1-09 如果运行在矢量模式（P4-01＝0 或 1），检查电动机功率因数和确保自检测能成功完成 检查机械负载，确保没有卡住、缠绕或其他机械问题存在
Ps-trp	05	硬件过电流	检查电动机和电动机接线电缆是否存在相-相短路或者相-地短路。断开电动机重新测试，如果没有连接电动机依然跳闸，在更换新的变频器之前必须检查整个系统并重新测试
o-uolt	06	直流母线过电压	直流母线电压值在 P-20 中显示 P0-36 在跳闸前每 256ms 记录一次直流母线电压值 当连接的是大惯量或者重型牵引类负载时，这个故障一般是由于负载侧再生能量返送回变频器导致的 如果故障发生在停止或者减速期间，增加减速时间 P1-04 或者变频器加一个合适的制动电阻 如果运行在适量模式，减小速度环增益 P4-03 如果运行在 PID 控制模式，通过减小 P3-11 确保变频器加减速时间使能

（续）

故障显示	代码	描述	措　施
u-uolt	07	直流母线欠电压	这一般发生在变频器电源断开时 如果发生在运行中，检查供电电压，以及检查所有连接变频器输入侧的器件，比如熔断器、接入器等
o-t	08	散热器温度过高	散热器温度在P0-21中显示 P0-38在跳闸前每30s记录一次散热器温度值 检查变频器环境温度 确保变频器内部风扇正常运行 确保变频器安装所需的空间和空气流通符合要求 减小P2-24的载波频率值 减少负载
u-t	09	温度过低	当环境温度低于-10℃时变频器会低温报警，起动变频器前确保环境温度大于-10℃
p-def	10	恢复出厂设置	按STOP键（红色）返回
e-trip	11	外部跳闸	这个报警需要有信号输入到控制端子，根据P1-13的设置，外部信号需要通过一个常闭触点连接到变频器输入端子（一般是+24V），一旦外部设备有故障需要变频器跳闸，就应该断开这个触点 如果连接的是电动机热敏电阻，检查电动机是否过热
Sc-obs	12	通信故障	变频器与计算机或外部面板通信失败，检查外部设备和连接线缆
Flt-dc	13	直流母线电压值波动过大	直流母线电压波动值在P0-16中显示 P0-37在跳闸前每20ms记录一次波动值 检查供电电源三相正常，并且在允许的不平衡度（3%）以内 减少电动机负载 如果故障依然存在，联系当地经销商
p-loss	14	输入缺相	对于三相供电的变频器，检测到有一相断开
h o-i	15	变频器输出瞬间过电流	参考上面的故障3
th-flt	16	变频器热敏电阻故障	联系英泰经销商
data-f	17	内部寄存器故障	参数未保存，默认重载再次重试，如果问题依然存在联系当地经销商
4-20f	18	4~20mA信号故障	模拟量输入1或2（端子6或10）信号低于3mA，检查信号源和接线
data-e	19	内部寄存器故障	再次重试，如果问题依然存在联系当地经销商
u-def	20	用户参数初始化	默认加载用户设定参数，按STOP键返回

（续）

故障显示	代码	描述	措　施
f-ptc	21	电动机 PTC 温度过高	电动机 PTC 设备温度报警
Fan-f	22	冷却风扇故障	检查/更换变频器内部冷却风扇
o-heat	23	环境温度过高	检测的环境温度高于变频器运行允许的温度 确保变频器内部风扇运行正常 确保变频器安装所需的空间和空气流通符合要求 增加变频器通风量 减小 P2-24 的载波频率值 减少负载
o-torq	24	超出最大转矩限制	输出转矩限制超出了变频器容量或跳闸阈值 减少电动机负载，或者增加加速时间
u-torq	25	输出转矩过低	仅当提升抱闸控制使能时起作用（P2-18 = 8），抱闸释放时电动机转矩小于设定的转矩值，获得更多提升应用信息
Out-f	26	变频器输出故障	变频器输出故障
Sto-f	29	内部 STO 电路故障	联系当地经销商
Enc-01	30	编码器反馈故障	编码器通信/数据丢失
Sp-err	31	速度错误	测量的编码器速度或者估算的转子速度大于预设限制允许值
Enc-03	32	编码器反馈故障	PPR 参数设置不正确
Enc-04	33	编码器反馈故障	编码器 A 通道故障
Enc-05	34	编码器反馈故障	编码器 B 通道故障
Enc-06	35	编码器反馈故障	编码器 A&B 通道故障
atf-01	40	自检测失败	测量的电动机定子相间电阻不同，确保电动机接线正确并且没有故障存在，检查电动机绕组正常且相间阻抗平衡
atf-02	41		测量的电动机定子电阻太大，确保电动机接线正确并且没有故障存在，确保变频器功率等级和电动机匹配
atf-03	42		测量的电动机电感太低，确保电动机接线正确并且没有故障存在
atf-04	43		测量的电动机电感太大，确保电动机接线正确并且没有故障存在，确保变频器功率等级和电动机匹配
atf-05	44		测量的电动机参数不是收敛的，确保电动机接线正确并且没有故障存在，确保变频器功率等级和电动机匹配
Ph-seq	45	输入相序不正确	仅适用外壳尺寸为 8 的变频器，说明电源输入相序不正确，调换任意两相线序
Out-ph	49	输出缺相	电动机有一相没有连接到变频器
Sc-f01	50	Modbus 通信故障	在 P5-05 设置的看门狗时间内没有收到有效的 Modbus 报文 检查网络中主机/PLC 是否运行正常 检查连接的线缆 增加 P5-05 的值

（续）

故障显示	代码	描述	措　施
Sc-f02	51	CAN Open 通信故障	在 P5-05 设置的看门狗时间内没有收到有效的 Modbus 报文 检查网络中主机/PLC 是否运行正常 检查连接的线缆 增加 P5-05 的值
Sc-f03	52	通信选件故障	变频器和选件之间的内部通信故障 检查选件模块是否正确安装
Sc-f04	53	IO 卡通信故障	变频器和选件之间的内部通信故障 检查选件模块是否正确安装

4.7 使用变频器时的注意事项

本节叙述计划和实施变频器的安装与接线时的注意事项和抗干扰的对策，以及用于特殊电动机时的注意事项。

4.7.1 接线与防止噪声时的注意事项

接线与防止噪声时的注意事项如下：

1）选用在输出侧最大电流时的电压降为额定电压2%以下的电缆尺寸。

2）弱电控制线距离电力电源线至少100mm以上，绝对不可以放在同一导线槽内；另外控制电路配线相交时要成直角，如图4-13a所示。

3）控制电路的配线应该采用屏蔽双绞线，双绞线的节距应该在15mm以下，如图4-13b所示。

4）为了防止多路信号的相互干扰，信号线宜采用分别绞合为宜，如图4-13b所示。

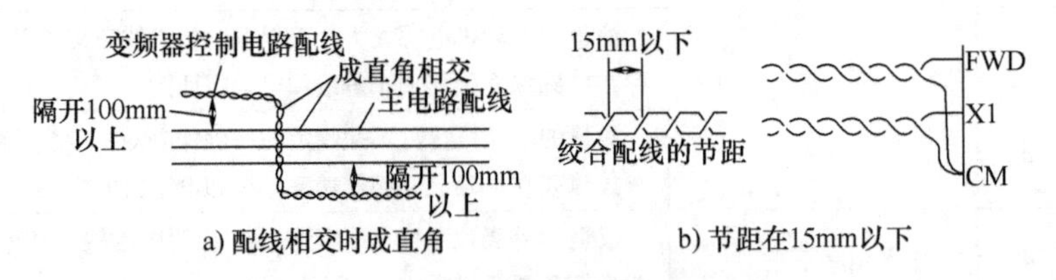

图4-13　防止电磁噪声的布线方法

5）如果操作指令来自远方，需要控制电路配线变长时，可以采用中间继电器控制，如图4-14所示。

6）接地线除了可防触电之外，对防止噪声也很有效，所以请务必接地。

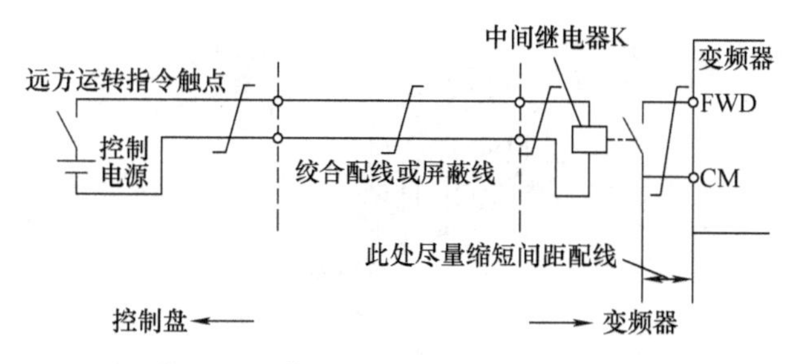

图 4-14 使用中间继电器的连接方法

4.7.2 关于输入与输出的注意事项

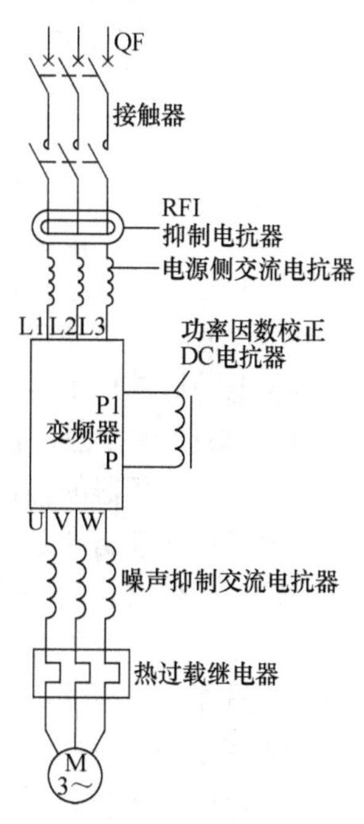

图 4-15 各种电抗器的连接

虽然变频器有很多优点，但也可能引起一些问题，比如产生谐波对电源产生干扰、功率因数降低、无线电干扰、噪声、振动等。为了避免这些问题的发生，必须在变频器的主电路中安装适当的电抗器。图 4-15 所示为变频器的电抗器的连接图，说明如下：

1）在变频器中使用电力晶体管或 IGBT 高速开关可能引起噪声，对附近 10MHz 以下频率的无线电测量及控制设备等无线电波产生影响，必要时选用无线电干扰（RFI）抑制电抗器，能降低这类噪声。RFI 抑制电抗器的连接方法因变频器的容量不同而异。小容量时，每相导线按相同方向绕 4 圈以上，如图 4-16a 所示；容量变大时，若导线线径太大不好绕，则将四个电抗器固定在一起，三相导线按同方向穿过其内孔，如图 4-16b 和图 4-16c 所示。

2）图 4-17 所示的电抗器中以电源侧 AC 电抗器最为重要。当电源容量大（即电源阻抗小）时，会使输入电流的谐波增高，使整流二极管或电解电容器的损耗增大而发生故障。为了减少外部干扰，在电源容量为 500kVA 以上，并且是变频器额定容量的 10 倍以上（见图 4-17 所示的容量范围），请选购连接电源侧的 AC 电抗器。

3）功率因数校正 DC 电抗器用于校正功率因数，校正后的功率因数为 0.9～0.95。

4）由变频器供电的电动机振动和噪声比通用常规电网供电的要大，这是因为变频器输出的谐波增加了电动机的振动和噪声。如在变频器和电动机之间加入降低噪声用电抗器，则具有缓和金属音质的效果，噪声可降低 5dB 左右。

5）输入电压不能超过最大值，200V 系列的极限是 242V，400V 系列的极限是 418V，如果主电路外加输入电压超过极限，即使变频器没运行也会有问题发生。

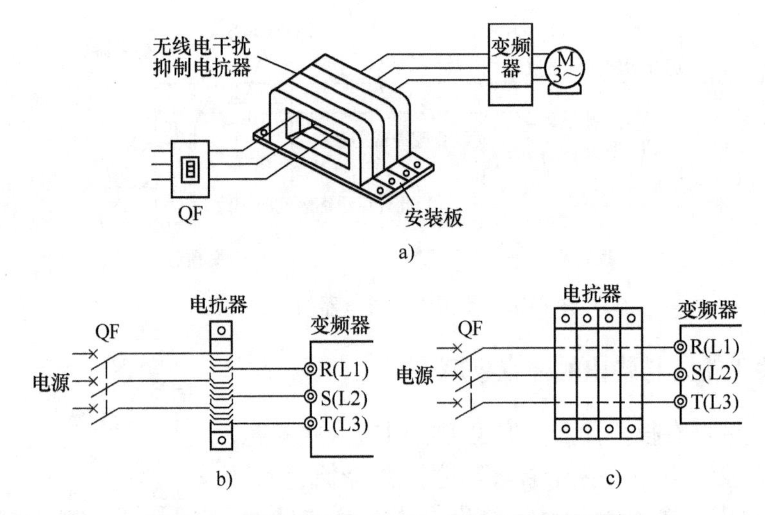

图4-16　无线电干扰（RFI）抑制电抗器的连接

输入电压过低时，会使最大输出电压降低，所以在高速时会造成电动机转矩不足的现象。

6）功率因数补偿可以如3）中所述使用DC电抗器，绝不可在变频器的输出端连接电容器以补偿功率因数，因为变频器输出的是PWM电压，含有很多次谐波，一旦连接有电容器，由于谐波作用，将增加变频器输出电流，可能会损坏变频器的大功率开关器件和所连接的电容器。另外，变频器的输入侧功率因数取决于变频器的AC-DC变换电路系统，绝不取决于电动机的功率因数，所以在变频器的输出端连接电容器，不能改善输入功率因数。

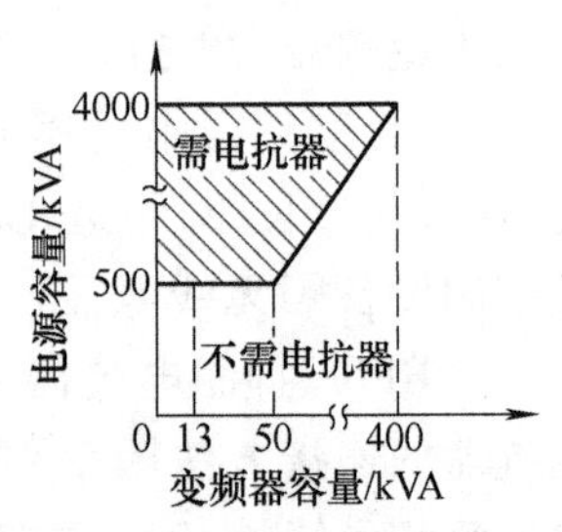

图4-17　需要AC电抗器的容量范围

7）当电动机运行于恒转矩范围内时，电动机电流（变频器输出电流）基本恒定，所以铜损耗不变。然而，当电动机转速下降时，电动机自冷却电扇的冷却效果将会下降，所以用户使用时应该注意。或者说，当频率下降时，由于散热变差，允许的电动机连续运行电流下降，也即转矩下降，这是在变频器驱动系统中必然遇到的情况。

4.7.3　用于特殊电动机时的注意事项

用于特殊电动机时的注意事项如下：

1）高速电动机的电抗小，谐波亦会增加电流值，因此选择用于高速电动机的变频器时，应选择比普通电动机稍大容量的变频器。在驱动系统GD^2一定情况下，高速电动机的调速范围宽，加/减速时所需的时间较长，因此设定加速/减速时间要稍长。

2）变频器用于变极电动机时，在要求速度范围更宽时可以使用，但是必须充分注意选择变频器的容量，使其最大额定电流在变频器的额定输出电流以下。另外，在运行中进行极数转换时，请先停止电动机工作，若在运行工作中进行转换的话，有可能会使过电压保护或过电流保护动作，造成电动机空转，恶劣时会造成变频器损伤。

3）变频器供电给防爆电动机时，若变频器没有采用防爆结构，应将变频器设置于危险场所之外。

4）用变频器供电给齿轮减速电动机时，使用范围受到齿轮转动部分润滑方式的制约。润滑油润滑时，在低速范围内没有限制；在超过额定转速以上的高速范围内，有可能发生润滑油用完的危险，因此请不要超过最高速转速允许值。油循环方式下，在低速范围或额定以上的变速范围里，润滑明显下降，还有齿轮发生的声响问题，都应该引起注意。

5）变频器供电给绕线转子异步电动机时，大多是利用已有的电动机。绕线转子异步电动机与通用的笼型电动机相比，其绕组的阻抗小，因此容易发生由于纹波电流而引起过电流跳闸现象，所以应选择比通常容量稍大的变频器。一般绕线转子异步电动机多用于飞轮力矩 GD^2 较大的场所，请在设定加速/减速时间时多注意。

6）驱动同步电动机时，与工频电源相比，降低输出容量 10%~20%，变频器的连续输出电流要大于同步电动机额定电流与同步牵入电流的标幺值的乘积。

7）对于压缩机、振动机等转矩波动大的负载和液压泵等有峰值负载情况下，如果按照电动机的额定电流或功率值决定变频器的话，有可能发生因峰值电流导致过电流保护现象。因此，应调查工频运行时的电流波形，选用比其最大电流更大的额定输出电流的变频器。

8）变频器驱动潜水泵电动机时，因为潜水泵电动机的额定电流比通用电动机的额定电流大，所以选择变频器时，其额定电流要大于潜水泵电动机的额定电流。

4.7.4 通用变频器的可靠性

可靠性是指产品在规定的条件下和规定时间（产品寿命期）内完成规定功能的能力，有时也特指产品在规定时间内无故障完成规定功能的能力（可靠性）、可用性、维修性、耐久性等，它们表征了产品质量随着时间变化的属性。作为一种比较典型的电控设备，它是由大量电力电子器件、阻容元件、高低压电器、微机系统、变压器、仪表等组装而成的。由于各种工业应用现场对通用变频器的要求越来越严格，因此对通用变频器进行可靠性分析与设计，提高产品的可靠性也越来越被人们所重视。

可靠性指标主要是针对某一批产品所规定的一个指标。产品可靠性分析过程中常用到以下一些可靠性参数及指标。

（1）元器件的失效率：工作到某时刻尚未失效的元器件，在该时刻后，单位时间内失效的概率。考虑到大多数元器件的失效曲线为浴盆曲线，若不考虑早期失效阶段和耗损失效阶段，可以认为在正常工作期间，该元器件的失效率近似为常数。它通常用10^{-9}/h为单位，称为菲特（Fit）。1菲特表示在10^{9}h内故障一次。

（2）元器件的可靠度函数$R(t)$：在考虑元器件的故障率为常数的情况下，元器件的可靠度函数$R(t)$通常指的是按指数分布的可靠度函数，$R(t)=\mathrm{e}^{-\lambda_c}t$。从该表达式也可以看出，元器件的可靠度是随着时间的增加而逐渐降低的。

（3）元器件的平均无故障工作时间$\mathrm{MTBF_c}$：假定失效率λ_c为常数，$\mathrm{MTBF_c}$。可以简单地表示为λ_c的倒数。当失效率λ_c不是常数时，一般定义为

$$\mathrm{MTBF_c}=\int_0^{\infty}R(t)\,\mathrm{d}t=\frac{1}{\lambda} \tag{4-4}$$

（4）系统的统计参数：假定一个包含m个部分的系统，每部分对应的失效率分别为λ_m，各个部分需要正常工作时系统才能运转。假定各部分的失效率相互独立，则这个串联系统的可靠度函数为各部分可靠度函数的乘积，即

$$R_s(t)=\mathrm{e}^{-(\sum_{i=0}^{m}\lambda_i)}(t) \tag{4-5}$$

（5）系统的平均无故障工作时间$\mathrm{MTBF_s}$：通用变频器作为可修复产品，平均无故障工作时间，即两次相邻故障间正常工作的平均时间的计算公式为

$$\mathrm{MTBF_s}=\int_0^{\infty}R(t)\,\mathrm{d}t=\frac{1}{\lambda} \tag{4-6}$$

（6）系统的可用度：电控设备属于可维修产品，用户既关心其发生故障概率的高低，同时也关心其发生故障后能否迅速修复，因此可用性（即有效性）综合体现了可靠性，起定量化表现就是可用度，即

$$\text{可用度}=\frac{\text{平均故障检测时间}}{\text{平均故障检测时间}+\text{平均修复时间}} \tag{4-7}$$

式中，平均修复时间=维修时间+其他停机时间。

由于通用变频器结构复杂、功率等级多、电压跨度大、批量小、工况复杂且差异大，这给确定其可靠性指标体系带来复杂性。通过对同类电动机控制设备进行参考，可以基本确认该产品的可靠性主要从5方面来体现：产品的耐久性、无故障性、维修性、有效性和经济性。平均无故障工作时间是变频器常用到的基本指标。

4.8 变频器的测量与实验方法

由于通用变频器的波形是斩波波形，PWM波形是最常见的波形，这使变频器的输入和输出含有谐波，所以在选择测量仪表的测试方式时应该区分不同的情况。

4.8.1　目前常见的测量仪表

（1）电磁系仪表：这种仪表测量的是有效值，它的值是由固定线圈的磁场与其内的可动铁片之间的相互作用的电磁力所产生的偏转角度所确定的。读数误差是由可动铁片的磁饱和以及谐波对线圈内的电感的影响所引起的。仪表准确度等级一般都是0.5级。

（2）整流系仪表：交流电流经整流然后作用于电磁系表头，按交流电流的有效值确定刻度。其有效值是由整流平均值乘以波形系数求出的。市场上可以买到的该种仪表基本是用于测量正弦电流的。而正弦电流的波形系数是 $\pi/(2\sqrt{2})=1.11$。

因此在测量非正弦电流的波形时，应该注意波形系数。典型的仪表准确度等级是1.0级。

（3）热电系仪表：温升与测量电流产生的热量成正比，这个温升被热电偶转换成为直流电动力，其电流有效值由直流毫伏表指示。

（4）电动系仪表：电流指示值具有均匀的刻度，其指针偏转角度等于两个线圈间的力，也就是它的驱动转矩（$\frac{I_m I_F \mathrm{d}T}{\mathrm{d}\theta}$，电流 I_F 是与负载串联的固定线圈内的电流；电流 I_m 正比于动圈中的电压）。典型准确度等级为0.5级。

（5）谐波分析仪：输入信号由高速A/D采样，存储于缓冲存储器内，结果显示在屏幕上。可测量电压、电流、功率等基波值和谐波值，并显示其曲线。

4.8.2　变频器的测量与仪表的选择

对变频器进行测量的电路如图4-18所示。仪表选择影响到测量的准确度，以下对于变频器的测量与普通交流50Hz电源的测量的不同方面加以说明。

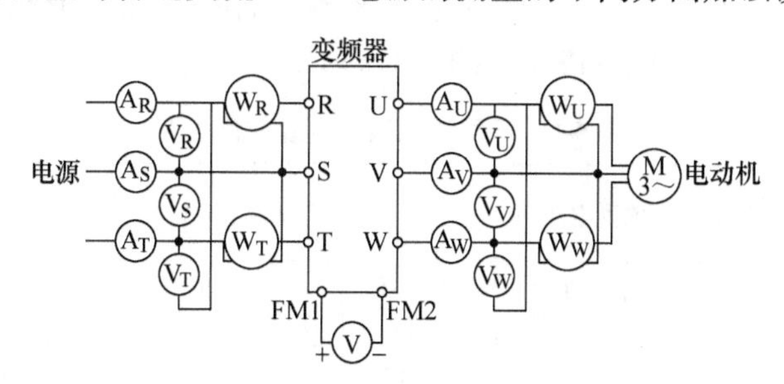

图4-18　变频器的测量电路

（1）变频器的输出电流：变频器的输出电流与电动机铜损耗引起的温升有关，仪表的选择应该能精确测量出其畸变电流波形的有效值，可以使用热电系电流表，但必须小心操作。而使用电磁系仪表是最佳选择。

（2）变频器的输出电压：电动机的输出转矩取决于电压基波有效值。由于PWM变频器的电压平均值正比于其输出电压基波有效值，那么测量输出电压的最合适的方法是使用整流系电压表，并考虑到适当的转换因子表示其实际基波的有效值。

（3）变频器的输入/输出功率：可以用三个功率表分别测量各相的功率。当三相不对称时，用两个功率表测量将会带来误差。当不平衡率>5%额定电流时，请使用三个功率表测量。

4.8.3 输入侧的测量

变频器输入电源是50Hz交流电源，其测量基本与标准的交流工业电源的测量相同，但是由于变频器的逆变侧得到的PWM波形影响到一次侧的波形，因此应该注意以下几点：

（1）输入电流的测量：使用电磁系电流表测量有效值。当输入电流不平衡时，测量三相电流，取其平均值，用下式计算：

$$I_{\text{ave}} = \frac{I_{\text{R}} + I_{\text{S}} + I_{\text{T}}}{3} \tag{4-8}$$

（2）输入功率的测量：使用电动系功率表测量输入功率，通常可以采用图4-18所示的两个功率表测量。如果额定电流不平衡率超过5%，请使用三个功率表测量。电流不平衡率用下式求出：

$$\text{电流不平衡率} = \frac{\text{最大电流} - \text{最小电流}}{\text{三相平均电流}} \times 100\% \tag{4-9}$$

（3）输入功率因数的测量：由于输入电流包括谐波，测量输入电流时会产生较大误差，因此用下列表达式获得输入功率因数：

$$\text{输入功率因数} = \frac{\text{输入功率}}{3 \times \text{输入电压} \times \text{输入电流(三相平均值)}} \tag{4-10}$$

表4-6所示为使用不同电源系统测量的例子。

表4-6 不同电源系统测量的例子

系统结构	输出频率/Hz	电动机负载率(%)	输入电压/V			输入电流/A				输入功率/kW		功率因数
			R-S	S-T	T-R	R	S	T	a	b	c	d
没有电抗器系统	60	100	200	200	198	11.2	12.7	11.8	11.9	2.8	2.82	99
	60	0	200	200	199	1.1	1.35	1.3	1.25	0.22	0.22	96
	30	100	200	200	198	7.45	8.3	7.8	7.85	1.72	1.74	98
	30	0	200	200	199	1.15	1.45	1.4	1.33	0.24	0.24	95
有交流电抗器系统	60	100	200	200	198	8.65	9.15	9.65	9.15	2.73	2.74	99
	60	0	200	200	199	0.85	1.1	1.05	1	0.22	0.22	96
	30	100	200	200	198	5.55	5.85	6.25	5.88	1.6	1.62	99
	30	0	200	200	199	0.85	1.15	1.1	1.03	0.23	0.23	97

（续）

系统结构	输出频率/Hz	电动机负载率(%)	输入电压/V			输入电流/A				输入功率/kW		功率因数
			R-S	S-T	T-R	R	S	T	a	b	c	d
有直流电抗器系统	60	100	200	200	198	8.25	8.55	8.8	8.53	2.76	2.78	100
	60	0	200	200	199	0.7	0.98	0.98	0.89	0.21	0.2	96
	30	100	200	200	198	4.95	5.4	5.5	5.28	1.62	1.64	100
	30	0	200	200	199	0.77	1.01	1	0.93	0.22	0.22	98

注：a—三相电流平均值；b—用三个功率表的测量值；c—用两个功率表的测量值；d—功率因数测量值。

（4）电源阻抗的影响：在测量时需要注意电源阻抗值的大小，它影响输入功率因数和输出电压。有条件时，最好进行精确的测量，采用谐波分析仪对各次谐波进行分析，然后对系统进行综合分析判断，其标准为下式综合电压畸变率 D：

$$D = \frac{U_1^2 + U_2^2 + U_3^2 + \cdots}{U_1} \times 100\% \tag{4-11}$$

式中 U_1——基波电压；

U_2——二次谐波电压；

U_3——三次谐波电压。

作为对低压配电线的高次谐波的管理指导值，电压的综合畸变率 D 应在5%以下。所以当 D 为5%以上时，请接入交流电抗器或直流电抗器，以抑制高次谐波电流。

4.8.4 输出侧的测量

变频器的输出因频率变化而有一些特点需要注意：

（1）输出电压的测量：变频器的输出为PWM波形，含有谐波，而电动机转矩主要取决于基波电压有效值。在常用仪表中，整流系电压表是最适合的选择，使用整流系电压表的测量结果最接近谐波分析仪测量的基波电压值，而且结果与变频器的输出频率有极好的线性关系。

（2）输出电流的测量：输出电流需要测量包括基波和其他次谐波在内的总有效值。因此常用的仪表是电动系电流表（在有电动机负载时，基波电流有效值和总电流的有效值的差别不大）。当考虑到测量方便而采用电流互感器时，在低频情况下电流互感器可能饱和，所以必须选择适当容量的电流互感器。

（3）输出功率与功率因数：如上所示，功率测量可以采用两个功率表进行测量，但是当电流不平衡率超过5%时，请使用三个功率表进行测量。

对变频器而言，通常不使用标准的功率因数，因为变频器的输出电压随着频率而变化。功率因数可以像式（4-12）那样求出，但是，由于其随频率变化，所以在实际中往往不测量变频器的输出功率因数。

（4）变频器的效率：变频器的效率需要经过输入、输出实验。测出有功功率，然后根据下式求出：

$$变频器的效率 = \frac{输出有用功率}{输入有用功率} \times 100\% \tag{4-12}$$

参 考 文 献

[1] 满永奎，韩安荣．通用变频器及其应用［M］.3版．北京：机械工业出版社，2011.
[2] 杨克俊．电磁兼容原理与设计技术［M］. 北京：人民邮电出版社，2011.
[3] 杨耕，罗应立．电机与运动控制系统［M］. 北京：清华大学出版社，2006.
[4] 赵争鸣，袁立强．电力电子与电机系统集成分析［M］. 北京：机械工业出版社，2009.
[5] 边春元，满永奎．电机原理与拖动［M］. 北京：人民邮电出版社，2013.
[6] 丹佛斯自动控制管理（上海）有限公司．VACON® NXP 用户手册，2019.
[7] 咸庆信．变频器故障诊断与维修135例［M］. 北京：中国电力出版社，2013.
[8] 吴忠智，吴加林．变频器应用手册［M］. 北京：机械工业出版社，2008.
[9] IEC60529：2001. 国际电工技术委员会，2001.
[10] 尹天文．低压电器技术手册［M］. 北京：机械工业出版社，2014.
[11] 英泰驱动控制有限公司．P2变频器中文说明书 V3.0，2019.
[12] 吴群，傅佳辉．电磁兼容原理与技术［M］. 哈尔滨：哈尔滨工业大学出版社，2010.

第 5 章

高性能通用变频器的运行

目前，市场上流行的变频器大多分为两类：一类是适于一般负载的普通通用变频器；另一类是适于高精度控制的高性能通用变频器。高性能通用变频器与普通通用变频器相比，在以下几方面具有良好的性能：

1）宽的调速范围为 1∶100 以上；

2）良好的低频起动特性；

3）额定电压下的全范围恒转矩输出；

4）变频器系统具有良好的静态特性和动态特性；

5）完整和快速的故障诊断、保护和报警功能；

6）具有网络通信功能；

7）变频器和其驱动的电动机噪声低。

具有这些性能指标的变频器主要有西门子公司 SINAMICS S 系列变频器、ABB 公司 ACS880 系列变频器、施耐德公司 Altivor66 系列变频器、罗克韦尔公司 A-B PowerFlex 系列变频器等。本章主要以西门子公司 SINAMICS S 系列变频器为例介绍高性能通用变频器的运行。

5.1 高性能通用变频器的结构类型

高性能通用变频器的核心硬件原理结构与普通通用变频器基本相同。高性能通用变频器为了满足不同的工程需要，有几种硬件结构：独立式变频器、公共直流母线式变频器和带能量回馈单元的变频器。独立式变频器是将整流单元和逆变单元放置在一个机壳内，是目前应用最多的变频器，一般只驱动一台电动机，用于一般的工业负载。公共直流母线式变频器是将变频器的整流单元和逆变单元分离开来，分别放置在各自的机壳内；整流单元的功能是将电压和频率不变的交流电转换成电压恒定的直流电，形成公共直流母线；逆变单元挂到公共直流母线上，其功能是将电压恒定的直流电转换成电压和频率均可调的交流电，用于驱动电动机。公共直流母线式变频器的最大特点是一个整流单元可下挂多个逆变单元，驱动多台电动机，特别适用于生产线上的辊道传动。高性能通用变频器驱动电梯、升降机、可逆轧机等负载时，都要求四象限运行，所以必须配置能量回馈单元。能量回馈单元的功能是将电动机制动时产生的再生能量回馈给电网。能量回馈单元不单独使用，必须接到变频器上才能运行。

随着应用需求的不断变化，各大变频器厂家推出的最新一代高性能通用变频器的普遍做法是以模块式提供变频器，用户可根据应用需求选取不同的模块并组合，实现在独立式变频器、公共直流母线式变频器和带能量回馈单元的变频器三种形式之间转换。例如，西门子公司推出的新一代 SINAMICS S 系列高性能变频器。该系列变频器是6SE70系列变频器的替代产品，是西门子公司推出的全新的集 V/F、矢量控制及伺服控制于一体的驱动控制系统，它不仅能控制普通的三相异步电动机，还能控制同步电动机、力矩电动机及直线电动机。其强大的定位功能将实现进给轴的绝对、相对定位。内部集成的 DCC（驱动控制图表）功能，用 PLC 的 CFC 编程语言来实现逻辑、运算及简单的工艺等功能。西门子公司 SINAMICS S 系列变频器家族的性能特点与应用场景对比见表5-1。

表5-1 西门子公司 SINAMICS S 系列变频器家族的性能特点与应用场景

型号	SINAMICS S110	SINAMICS S120	SINAMICS S150
概述	用于基本定位任务的变频调速器，单轴应用	高性能单/多机传动变频调速装置/柜	高性能、复杂应用单机传动变频调速柜
特点	• 灵活而模块化 • 在功率、功能、轴数、性能上可以扩展 • 调试简单快速，自动组态 • 面向将来可以安全使用的创新系统结构 • 灵活整流/回馈概念 • 电动机品种多样 • 与 SIMOTION、SIMATIC 和 SINUMERIK 实现最佳协同 • SINAMICS 的集成安全功能	• 灵活而模块化 • 在功率、功能、轴数、性能上可以扩展 • 调试简单快速，自动组态 • 面向将来可以安全使用的创新系统结构 • 灵活整流/回馈概念 • 可拖动几乎所有种类的电动机 • 与 SIMOTION、SIMATIC 和 SINUMERIK 实现最佳协同 • SINAMICS 的集成安全功能 • 采用风冷却和水冷却	• 标准四象限运行 • 高控制精度和动态性能 • 低谐波，远远低于 IEEE 519 所规定的总谐波失真 • 能够容忍电网电压波动 • 可进行无功功率补偿 • 调试简便而快速 • 交钥匙型变频器 • 与 SIMATIC 实现最佳协同 • SINAMICS 的集成安全功能
应用重点	尽可能简单地对机器轴进行快速和精确定位的工业应用领域中的机器与设备	工业领域中的机器与设备（包装、塑料、纺织、印刷、木材、玻璃、陶瓷、压机、造纸、升降机、半导体、装配与检验机械手、搬运、机床）	过程与制造工业领域内的机器与设备：食品与饮料、汽车、钢铁、采矿/露天开采、船舶制造、升降机、输送技术（带能量回馈的高动态单机传动）

西门子公司 SINAMICS S 系列变频器单轴应用模式对应独立式变频器模式，多轴应用模式对应公共直流母线式变频器，如图5-1、图5-2所示分别为 SINAMICS

S120 变频器的单轴应用模式和多轴应用模式的配置。

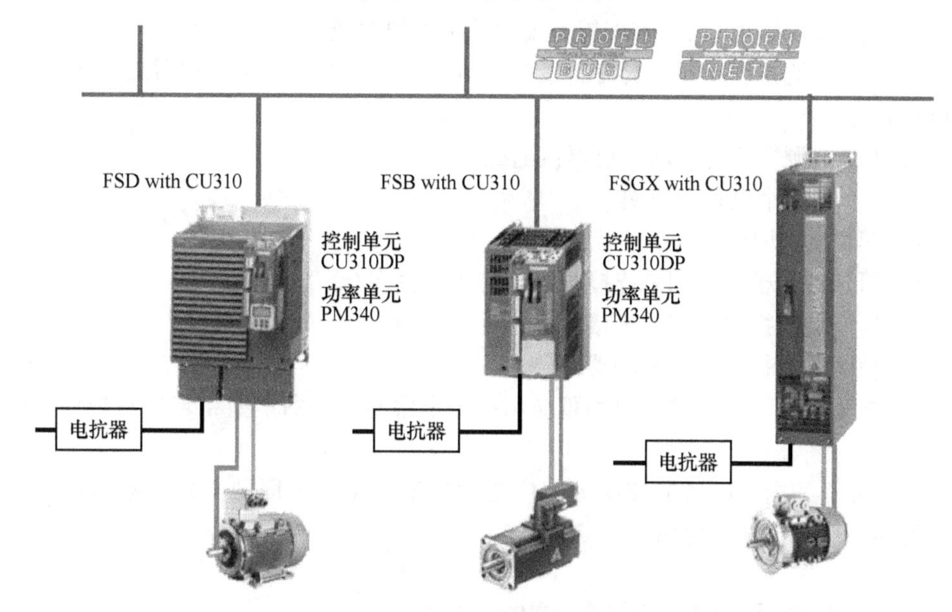

图 5-1　SINAMICS S120 单轴 AC/AC 应用模式

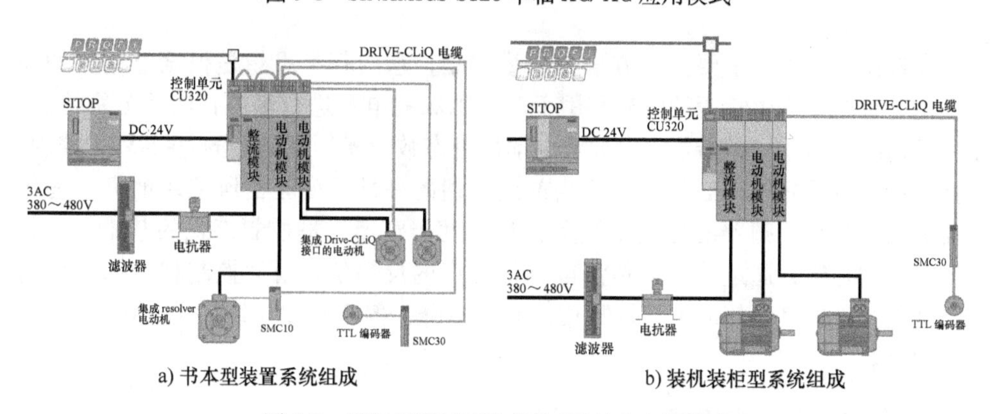

a) 书本型装置系统组成　　b) 装机装柜型系统组成

图 5-2　SINAMICS S120 多轴 DC/AC 应用模式

（1）AC/AC 单轴驱动器：指整流逆变一体结构，其结构形式为电源模块和电动机模块集成在一起，特别适用于单轴的速度和定位控制。S120 交流驱动器由 1 个控制单元和 1 个功率模块组成。控制单元为 CU310 DP 或者 CU310 PN，1 个控制单元仅能控制 1 个轴。

（2）DC/AC 多轴驱动器：指整流与逆变都是独立的模块的公共直流母线形式，其结构形式为电源模块和电动机模块分开，1 个电源模块将三相交流电整流成 540V 或 600V 的直流电，将电动机模块（1 个或多个）都连接到该直流母线上，特别适用于多轴控制，尤其是造纸、包装、纺织、印刷、钢铁等行业。优点是各电动机轴之间的能量共享，接线方便、简单。S120 系列多轴驱动模式的控制单元采用 CU320，1 个控制单元 CU320 可以同时控制 1 个整流、4 个矢量轴或者 6 个伺服轴。多轴应用的模块式驱动器配置方案由以下模块组成：

1）1 个智能控制单元负责控制整个驱动器组（包括与上位控制器或 HMI 的通信接口）；

2）1 个电源模块为驱动器组提供电源；

3）1 个或多个电动机模块；

4）简洁的 DRIVE-CLiQ 连接；

5）可选的端子模板用来连接编码器和扩展输入/输出通道；

6）所有通信接口所需的连接电缆；

7）使用电子铭牌检测驱动器组件；

8）电动机模块和电源模块均可应用在书本紧凑型、书本型和装机装柜型驱动器中。

本章后面的内容以目前应用更为广泛的单轴应用模式即独立式变频器模式介绍高性能通用变频器的应用。

5.2 高性能通用变频器的控制方法

高性能变频器的主要控制方法是矢量控制，它的基本思想是根据电动机的动态模型，将用于产生转矩的电流和用于产生磁场的电流进行解耦，然后分别控制。相比于传统的通用变频器建立在异步电动机稳态数学模型基础上的直接 V/F 控制，矢量控制具有更好的动态性能。而当前最普遍的高性能变频器所采用的无速度传感器的矢量控制变频器的控制模式是在有速度传感器矢量控制模式的基础上，去掉转速检测环节，通过计算来估测电动机速度的反馈值。虽然控制精度和系统的动态性能和带速度闭环的矢量控制相比有所下降，但变频器系统简单、操作方便、价格便宜。

5.2.1 矢量控制基本原理

异步电动机的矢量控制是建立在动态数学模型的基础上的。数学模型的推导是一个专门性的问题，不准备具体说明，仅就矢量控制的概念作简要的说明。

直流电动机之所以动态性能好，是由于在采用补偿绕组的条件下，它的电枢反应磁动势对气隙磁通 Φ 没有影响，而电磁转矩 $T = C_T\Phi I_a$ 不考虑磁路饱和，磁通 Φ 正比于励磁电流 I_f。保持 I_f 恒定时，电磁转矩与电枢电流成正比。影响电磁转矩的控制量 I_f 和 I_a 是互相独立的，也可以说是自然解耦的。I_a 的变化并不影响磁场，因此可以以控制电枢电流 I_a 的速度去控制电磁转矩。而 I_a 的变化所遇到的仅是电枢漏电感，所以响应速度很快。可以实现转矩的快速调节，获得理想的动态性能。

直流电动机的磁通 Φ 和电枢电流 I_a 可以独立进行控制，是一种典型的解耦控制。异步电动机的矢量控制就是仿照直流电动机的控制方式，把定子电流的磁场分量和转矩分量解耦开来，分别加以控制。这种解耦，实际是把异步电动机的物理模型设法等效地变换成类似于直流电动机的模式。这种等效变换是借助于坐标变换来完成的。等效的原则是，在不同坐标系下电动机模型所产生的磁动势相同。

异步电动机的三相静止绕组 U、V、W 通以三相平衡电流 i_U、i_V、i_W，产生合成旋转磁动势 F_1。F_1 以同步角速度 ω_1 按 U-V-W 的相序所决定的方向旋转，如图 5-3a 所示。产生同样的旋转磁动势 F_1 不一定非要三相，用图 5-3b 所示的两个互相垂直的静止绕组 α 和 β，通入两相对称电流同样可以产生相同的旋转磁动势 F_1。只不过 $i_{\alpha1}$、$i_{\beta1}$和 i_U、i_V、i_W 之间存在某种确定的换算关系而已。找到这种关系，就完成了三相静止坐标系到两相静止坐标系的变换，即 U、V、W 轴系到 α、β 轴系之间的坐标变换。如果选择互相垂直且以同步角频率 ω_1 旋转的 M、T 两相旋转绕组，如图 5-3c 所示，只要在其中通以直流电流 i_{m1} 和 i_{t1}，也可以产生相同的旋转磁动势 F_1。显然 i_{m1}、i_{t1} 和 $i_{\alpha1}$、$i_{\beta1}$ 之间也存在确定的变换关系。找到这种关系，则可以完成 α、β 两相静止坐标系到 M、T 两相旋转坐标系之间的坐标变换。站到 M、T 坐标系中去观察，M 和 T 绕组是通以直流的静止绕组。如果人为控制全磁链 Ψ_2 的位置使之与 M 轴相一致，则 M 轴绕组相当于直流电动机的励磁绕组，T 轴绕组相当于直流电动机的电枢绕组。

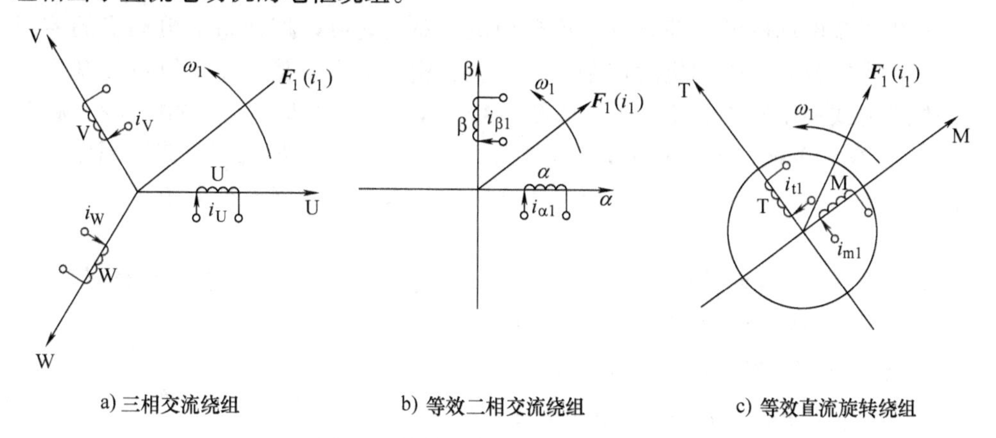

图 5-3　等效的交流电动机物理模型

在进行异步电动机的数学模型变换时，定子三相绕组和转子三相绕组都得变换到等效的两相绕组上去。等效的两相模型之所以相对简单，主要是由于两轴互相垂直，它们之间没有互感的耦合关系，不像三相绕组那样任意两相之间都有互感的耦合。等效的两相模型可以建立在静止坐标系（即 α、β 坐标系）上，也可以建立在同步旋转坐标系（M、T 坐标系）上。建立在同步旋转坐标系上的模型有一个突出的优点，即当三相变量是正弦函数时，等效的两相模型中的变量是直流量。如果再将两相旋转坐标系按转子磁场定向时，即将 M、T 坐标系的 M 轴取在转子

全磁链 Ψ_2 的方向上，T轴取在超前其90°的方向上。则在M、T坐标系中电动机的转矩方程式可以简化得和直流电动机的转矩方程十分相似。

根据上述坐标变换的设想，三相坐标系下的交流电流U、V、W通过三相/两相变换可以等效成两相静止坐标系下的交流电流 $i_{\alpha1}$、$i_{\beta1}$；再通过按转子磁场定向的旋转变换，可以变换成同步旋转坐标系下的直流电流 i_{m1}、i_{t1}。如果站在M、T坐标系上，观察到的便是一台直流电动机。上述变换关系用结构图的形式表示在图5-4中右侧的双线框内。从整体看U、V、W三相交流输入，得出转速 ω_r 输出，是一台异步电动机。从内部看，经过三相/两相变换和同步旋转变换，则变成一台输入为 i_{m1}、i_{t1}，输出为 ω_r 的直流电动机。

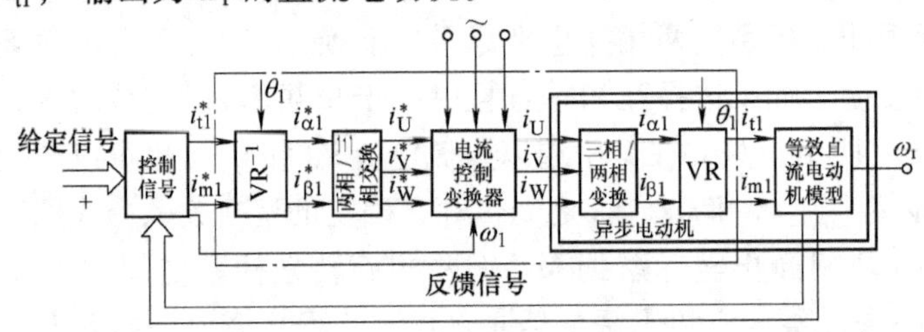

图5-4 矢量变换控制的构想

VR—同步旋转变换 θ_1—M轴与a轴（U轴）间夹角 VR^{-1}—反旋转变换

既然异步电动机可以等效成直流电动机，那么就可以模仿直流电动机的控制方法，求得等效直流电动机的控制量。再经过相应的反变换，就可以按控制直流电动机的方式控制异步电动机了。如图5-4所示，点画线框内所示的两相/三相变换和三相/两相变换、VR^{-1}和VR变换实际上互相抵消了。如果再忽略变频器本身可能产生的滞后，那么点画线框以内完全可以删去。点画线框外则成了一个直流调速系统。

图5-4所示的控制器类似于直流调速系统中所用的控制器，它综合给定信号和反馈信号，产生励磁电流给定值 i_{m1} 和电枢电流给定值 i_{t1}^*，经过反旋转变换 VR^{-1} 得到 $i_{\alpha1}^*$ 和 $i_{\beta1}^*$，再经过两相/三相变换得到 i_U^*、i_V^* 和 i_W^*。带电流控制的变频器根据 i_U^*、i_V^*、i_W^* 和 ω_1 信号，可以输出异步电动机所需的三相变频电流。

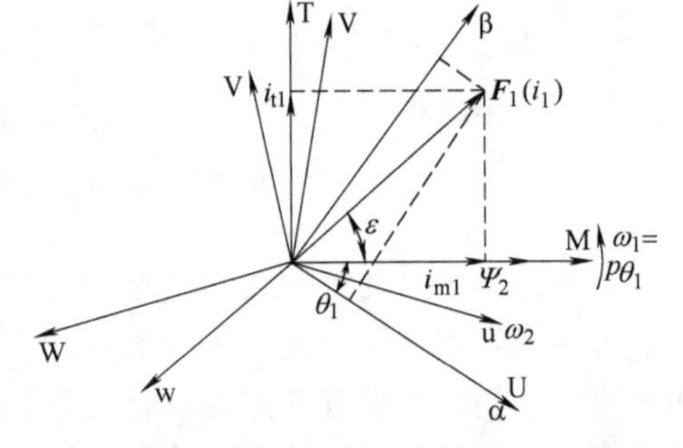

图5-5 U、V、W、α、β和M、T坐标系与磁动势空间矢量

目前最常用的矢量控制方案，是按转子磁场定向的矢量控制。如图5-5所示，取α轴与U轴相重合，M轴与转子全磁链 Ψ_2 相重合。M轴与U轴（α轴）之间的相角用 θ_1 表示，则 $\theta_1=\int\omega_1 dt$。$\omega_1=2\pi f_1$ 是定子电流的角频率。代表定子磁

动势的空间矢量电流为 i_1，被分解为 M 轴方向上的励磁分量 i_{m1} 和 T 轴方向上的 i_{m1}。可以证明异步电动机电磁转矩为

$$T = n_p \frac{L_m}{L_r} \Psi_2 i_{t1} \tag{5-1}$$

而转子磁链为

$$\Psi_2 = \frac{L_m}{1 + T_2 p} i_{m1} \tag{5-2}$$

式中　L_m——定转子之间的互感；

L_r——转子电感，$L_r = L_m + l_2$（l_2 为转子漏电感）；

T_2——转子时间常数，$T_2 = L_r / r_2$。

在转子磁场定向中，如能保持式（5-2）中的 i_{m1} 恒定，即保持 Ψ_2 恒定，则电磁转矩与定子电流的有功分量 i_{t1} 成正比。在旋转坐标系中，对电磁转矩的控制与对直流电动机的控制完全相类似。要知道，对于异步电动机，可检测、可控制的量是定子三相电流 i_U、i_V 和 i_W。所以必须经过类似于图 5-4 所示的坐标变换，才能在控制电路中按控制直流量 i_{m1}、i_{t1} 的方式进行调节控制，而在电动机端则再回到对交流量的控制。

5.2.2　采用 PWM 变频器的矢量控制框图

图 5-6 所示为采用电压型 PWM 变频器所构成的转子磁场定向的矢量控制系统。

下面给出图中点画线框①、②中的矢量变换部分的各个运算单元的运算公式，只给出结论不作推导和证明。

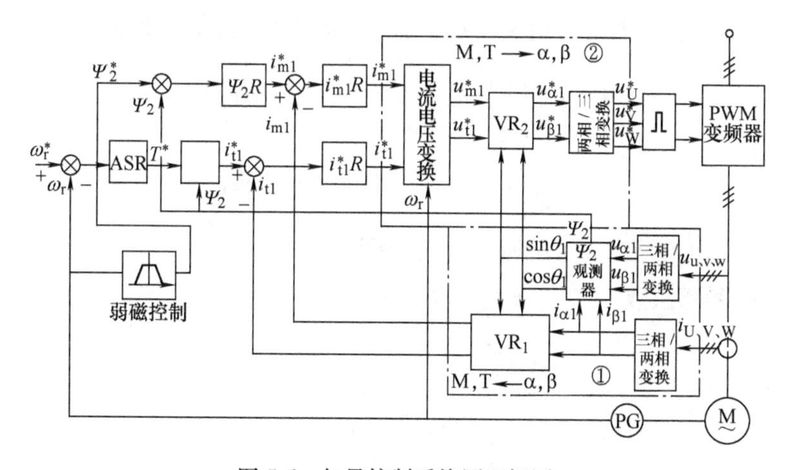

图 5-6　矢量控制系统原理框图

点画线框①中，相当于图 5-4 中的直流电动机模型的部分。其中三相/两相变换器实现 i_U、i_V、i_W 到 $i_{\alpha1}$、$i_{\beta1}$ 之间的变换：

$$\begin{bmatrix} i_{\alpha 1} \\ i_{\beta 1} \end{bmatrix} = \sqrt{\frac{2}{3}} \begin{bmatrix} 1 & -\frac{1}{2} & -\frac{1}{2} \\ 0 & \frac{\sqrt{3}}{2} & -\frac{\sqrt{3}}{2} \end{bmatrix} \begin{bmatrix} i_{\mathrm{U}} \\ i_{\mathrm{V}} \\ i_{\mathrm{W}} \end{bmatrix} \tag{5-3}$$

类似地

$$\begin{bmatrix} u_{\alpha 1} \\ u_{\beta 1} \end{bmatrix} = \sqrt{\frac{2}{3}} \begin{bmatrix} 1 & -\frac{1}{2} & -\frac{1}{2} \\ 0 & \frac{\sqrt{3}}{2} & -\frac{\sqrt{3}}{2} \end{bmatrix} \begin{bmatrix} u_{\mathrm{U}} \\ u_{\mathrm{V}} \\ u_{\mathrm{W}} \end{bmatrix} \tag{5-4}$$

系数$\sqrt{2/3}$是基于功率不变约束而引入的系数。

矢量回转器 VR_1，实现 $i_{\alpha 1}$、$i_{\beta 1}$到 i_{m1}、i_{t1}之间的变换：

$$\begin{bmatrix} i_{\mathrm{m1}} \\ i_{\mathrm{t1}} \end{bmatrix} = \begin{bmatrix} \cos\theta_1 & \sin\theta_1 \\ -\sin\theta_1 & \cos\theta_1 \end{bmatrix} \begin{bmatrix} i_{\alpha 1} \\ i_{\beta 1} \end{bmatrix} \tag{5-5}$$

式中 θ_1——$\boldsymbol{\Psi}_2$（即 M 轴）与 U 轴（α 轴）的夹角，是转子磁链的空间相位角，为时间变量

$$\theta_1 = \int \omega_1 \mathrm{d}t$$

为了进行转子磁链定向的矢量控制，关键是需要知道 $\boldsymbol{\Psi}_2$ 的瞬时空间位置 θ_1 及其幅值 $|\boldsymbol{\Psi}_2|$。直接检测 $\boldsymbol{\Psi}_2$ 在技术上是比较困难的，所以往往要通过特定的数学模型（称为观测模型）经过运算而间接地求得。$\boldsymbol{\Psi}_2$ 观测模型有多种，图 5-6 中的 $\boldsymbol{\Psi}_2$ 观测器所用数学模型是所谓 $\boldsymbol{\Psi}_2$ 观测的电压模型法，运算关系为

$$\boldsymbol{\Psi}_{\alpha 2} = \frac{L_{\mathrm{r}}}{L_{\mathrm{m}}}\left[\int (u_{\alpha 1} - r_1 i_{\alpha 1})\mathrm{d}t - L_{\mathrm{s}}\sigma i_{\alpha 1}\right] \tag{5-6}$$

$$\boldsymbol{\Psi}_{\beta 2} = \frac{L_{\mathrm{r}}}{L_{\mathrm{m}}}\left[\int (u_{\beta 1} - r_1 i_{\beta 1})\mathrm{d}t - L_{\mathrm{s}}\sigma i_{\beta 1}\right] \tag{5-7}$$

式中 L_{s}——定子电感，$L_{\mathrm{s}} = L_{\mathrm{m}} + l_1$（$l_1$ 为定子漏感）；

σ——漏感系数，$\sigma = 1 - L_{\mathrm{m}}^2 / L_{\mathrm{s}} L_{\mathrm{r}}$。

$$|\boldsymbol{\Psi}_2| = \sqrt{\boldsymbol{\Psi}_{\alpha 2}^2 + \boldsymbol{\Psi}_{\beta 2}^2} \tag{5-8}$$

$$\sin\theta_1 = \frac{\boldsymbol{\Psi}_{\beta 2}}{|\boldsymbol{\Psi}_2|} \tag{5-9}$$

$$\cos\theta_1 = \frac{\boldsymbol{\Psi}_{\alpha 2}}{|\boldsymbol{\Psi}_2|} \tag{5-10}$$

图 5-6 中点画线框②的部分是给定参考值构成部分，相当于图 5-4 点画线框内的左半部。所不同的是为适应电压型 PWM 逆变器的需要增加了电流-电压变换器。

如果运行中 i_{m1} = const 为常数，$|\Psi_2|$也为常数，则

$$\omega_1 = \omega_r + \omega_2 = \omega_r + \frac{1}{T_2}\frac{i_{t1}}{i_{m1}} \tag{5-11}$$

u_{m1}^*和 u_{t1}^* 可由下两式求出：

$$u_{m1}^* = r_1 i_{m1}^* - \sigma L_s i_{t1}^* \left(\omega_r + \frac{1}{T_2}\frac{i_{t1}^*}{i_{m1}^*}\right) \tag{5-12}$$

$$u_{t1}^* = \left[r_1(1 + 2\sigma T_1 p) + \frac{L_s}{T_2}\right] i_{t1}^* + L_s i_{m1}^* \omega_r \tag{5-13}$$

式中　T_1——定子时间常数，$T_1 = \frac{L_s}{r_1} = (L_m + l_1)/r_1$；

ω_r——转子旋转角频率。

矢量变换器 VR_2，实现由 u_{m1}^*、u_{t1}^* 到 $u_{\alpha1}^*$、$u_{\beta1}^*$ 的变换，即

$$\begin{bmatrix} u_{\alpha1}^* \\ u_{\beta1}^* \end{bmatrix} = \begin{bmatrix} \cos\theta_1 & -\sin\theta_1 \\ \sin\theta_1 & \cos\theta_1 \end{bmatrix} \begin{bmatrix} u_{m1}^* \\ u_{t1}^* \end{bmatrix} \tag{5-14}$$

两相/三相变换器，实现由 $u_{\alpha1}^*$、$u_{\beta1}^*$到 u_U^*、u_V^*、u_W^* 之间的变换，即

$$\begin{bmatrix} u_U^* \\ u_V^* \\ u_W^* \end{bmatrix} = \sqrt{\frac{2}{3}} \begin{bmatrix} 1 & 0 \\ -\frac{1}{2} & \frac{\sqrt{3}}{2} \\ -\frac{1}{2} & -\frac{\sqrt{3}}{2} \end{bmatrix} \begin{bmatrix} u_{\alpha1}^* \\ u_{\beta1}^* \end{bmatrix} \tag{5-15}$$

为在动态过程中瞬时调节 Ψ_2，设置了 Ψ_2 调节器 Ψ_2R，它的输出作为定子电流励磁分量的给定值 i_{m1}^*。速度调节器 ASR 的输出是电磁转矩的给定值 T^*，T^*/Ψ_2 则是定子电流转矩分量的给定值 i_{t1}^*。经过 $i_{m1}R$ 和 $i_{t1}R$ 调节器以后的输出（仍用 i_{m1}^* 和 i_{t1}^* 表示）送给电流电压变换器，以控制 PWM 变频器的电压与频率，实现转子磁场定向的矢量控制。

图 5-6 中点画线框以外，可以看成带有磁通闭环和弱磁控制的直流双环（外环为速度环，内环为电流环）调速系统。

5.2.3　矢量控制相关概念

1. 开环和闭环控制的概念

开环和闭环控制的 4 种不同的形式已经编入最基本的单元软件中。这些软件可以由操作面板或者串行接口对其进行选择和起动。表 5-2 所示为各种控制方式的典型应用。

表 5-2　控制方式及应用

控制方式	应　用
有电流限制调节器的，由 U/f 特性提供参考电压的频率开环控制	用于对同步电动机及异步电动机的单电动机和多电动机传动系统的控制
具有电流和转矩限制的无速度传感器的速度闭环矢量控制	异步电动机的单电动机传动的标准形式。在 1∶120 的速度范围内，速度精度小于 1.6%
有电流和转矩限制的有速度传感器的速度闭环矢量控制	高动态响应的异步电动机的单电动机传动，即使在 1∶10000 速度范围内，速度精度小于或等于 0.01
有速度传感器的转矩闭环矢量控制	用于异步电动机的单电动机传动，从零速度开始具有高动态响应。如果需要，转矩闭环可以实现工艺程序控制

2. 无速度传感器的矢量控制的速度调节

由于软件功能的灵活性，矢量控制可以实现变结构控制：有速度传感器控制和无速度传感器控制。两种控制方式的变换，不必改变硬件电路。这种矢量控制调速装置，可以精确地设定和调节电动机的转矩，亦可实现对转矩的限幅控制，因而性能较高，受电动机参数变化的影响较小。当调速范围不大，即在 1∶10 的速度范围内，常采用无速度传感器方式；当调速范围较大，即在极低的转速下也要求具有高动态性能和高转速精度时，才需要有速度传感器方式。

这种控制方式下的原理性框图（由软件功能选定）如图 5-7 所示。这是对异步电动机进行单电动机传动的典型模式。主要性能如下：

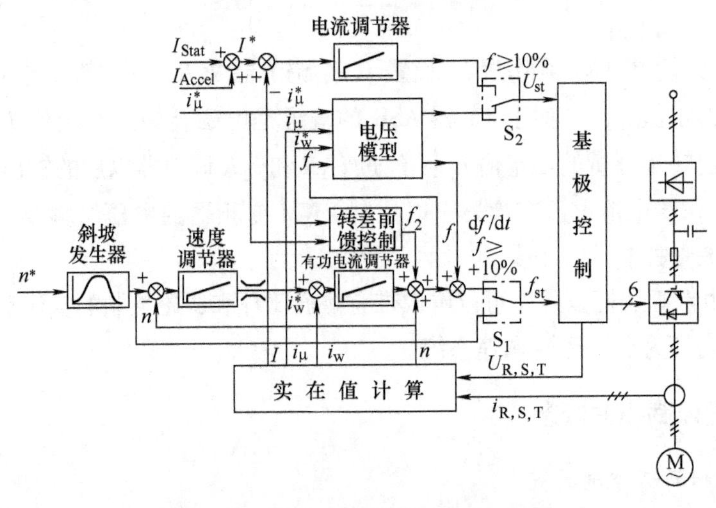

图 5-7　无速度传感器的矢量控制原理框图

1）在 1∶10 的速度范围内，速度精度小于 0.5%。

2）在 1∶10 的速度范围内，转速上升时间小于或等于 100ms。

3）在额定频率的 10%的范围内，采用带电流闭环控制的转速开环控制。

工作模式可以用软件功能选择。如图 5-7 所示，当工作频率高于 10%额定频率时，软件开关 S_1、S_2 置于图中所示的位置，进入矢量控制状态。转速的实际值可以利用由微型计算机支持的对异步电动机进行模拟的仿真模型来计算。

对于低速范围，频率在 0~10%额定频率的范围内，开关 S_1、S_2 切换到与图示相反的位置。这种情况下，斜坡发生器被切换到直接控制频率的通道。电流的闭环控制或者说电流的施加将同时完成。

两种电流设定值可根据需要设定：①稳态值必须设定得适合于有效负载转矩；②附加设定值只在加、减速过程中有效，可以设定得与加速或制动转矩相适应。

3. *有速度传感器的转速或转矩闭环矢量控制*

这种控制方式的主要特性是：

1）在速度设定值的全范围内，转矩上升时间大约为 15ms。

2）速度设定范围大于 1∶100。

3）对闭环控制而言，转速上升时间小于或等于 60ms。

这种控制的框图如图 5-8 所示。有功电流调节器仅在 10%额定频率以上时才运行，而在 10%以下则不起作用。直流速度传感器或者脉冲速度传感器 PG（脉冲频率为每转 500 到 2500 个脉冲的）均可以采用。这种控制方式亦可通过软件来选定。上述的调速性能指标，目前更加提高了。

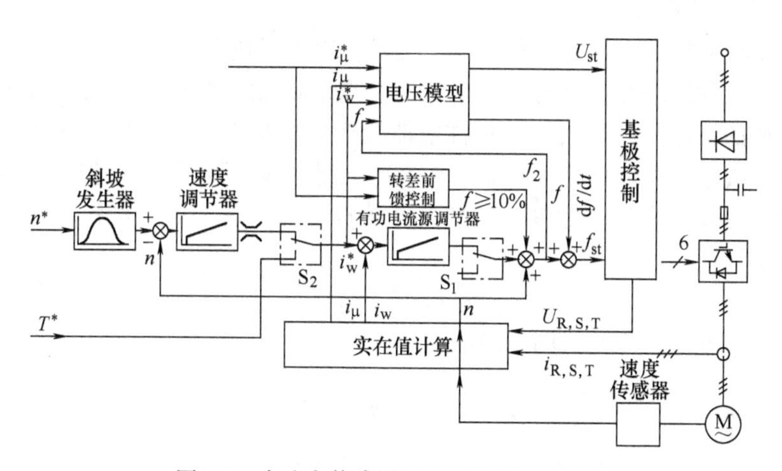

图 5-8　有速度传感器的矢量控制原理框图

目前，技术上最先进的变频器，利用计算机的强大功能，可以实现“系统组态”。在硬件不变条件下，可以利用软件功能设置或改变控制电路结构及相关参数，构成不同的控制系统。这类变频器，称为“工程型”变频器。与直流母线方式共用时，对各类生产工艺的适应性极强，可以实现多电动机或多机械的协调控制，完成车间自动化或工厂自动化。这种利用系统组态完成的“工程”控制（又称“公共传动”控制），显然是一种方向。

5.2.4 电压空间矢量PWM控制（SVPWM）

电压空间矢量PWM，（Space Vector Pulse Width Modulation，SVPWM）控制，是一种PWM的控制方法。可以用前面所述的各种控制方式。虽然SVPWM法与下节所述的异步机的直接转矩控制联系密切，但SVPWM方法也可以用在直接转矩控制以外的其他需要PWM控制的地方。

SPWM方法利用载波调制的方式，其着眼点是为逆变器输出电压的波形正弦化。SVPWM方法则不同，其着眼点是把逆变器和异步机视为一体，通过切换逆变器的开关状态来控制电动机的磁场。例如进行圆磁场轨迹控制。电动机的磁场可以直接影响它的电磁转矩，对电动机的磁场和转矩同时加以考虑，还可以实现所谓“直接转矩控制”。令人振奋的是，这种控制方式概念简捷、系统简单，静动态性能与转子磁链定向的矢量控制相比各有千秋，令人满意。

SVPWM法的目标定位在产生圆旋转磁场，即可以实现高性能的$E_1/f_1=C$的效果；目标定位于转矩的快速响应，即可以实现高动态性能的“直接转矩控制”。与SPWM相比较，SVPWM控制会使设计者的预见性更强，主动性更强。因为它使用的数学工具是空间矢量，研究的对象是电动机的磁场和转矩，而不单是给电动机施加的电压。

1. 电压空间矢量

下面要说明的是，在逆变器的开关模式作用下形成的异步机的电压空间矢量。异步电动机三相绕组在空间对称安放，三个绕组的轴线在空间依次互差120°电角度。最经典的情况是，通入三相对称电流会产生圆旋转磁场。旋转磁链可以用空间旋转矢量表达。相应的定子电流，外施电压也可以用空间旋转矢量表达。空间矢量有很多具体内容，在这里不准备展开。直接写出表达式，设定子全磁链空间矢量表达式为

$$\boldsymbol{\Psi}_s = |\boldsymbol{\Psi}_s| e^{j\omega_1 t}$$

不计定子电阻压降时，则外加电压

$$\boldsymbol{u}_s = \frac{d\boldsymbol{\Psi}_s}{dt} = \frac{d}{dt}(|\boldsymbol{\Psi}_s| e^{j\omega_1 t}) = j\omega_1 |\boldsymbol{\Psi}_s| e^{j\omega_1 t} = |\boldsymbol{U}_s| e^{j\omega_1 t + \frac{\pi}{2}} \tag{5-16}$$

其中，$|U_s| = \omega_1 |\Psi_s| = 2\pi f_1$，$|\Psi_s|$为电压空间矢量的模。

由式（5-16）可见电压空间矢量在空间引前于磁链矢量90°。

如图5-9所示的三相电压型逆变器可能的开关状态，只有$2^3=8$种状态。按180°导电型控制6个元件组合起来的开关状态为（6、1、2），（1、2、3），（2、3、4），（3、4、5），（4、5、6），（5、6、1），还有两种状态（4、6、2）和（1、3、5）。这8种开关状态，对应着8个电压空间矢量，用$\boldsymbol{u}_1$、$\boldsymbol{u}_2$、$\boldsymbol{u}_3$、$\boldsymbol{u}_4$、$\boldsymbol{u}_5$、$\boldsymbol{u}_6$和

$\boldsymbol{u}_0$、$\boldsymbol{u}_7$作为代号。我们通常还用二进制代码来表示它们。$\boldsymbol{u}_1$:（100）代表6、1、2导通，$\boldsymbol{u}_2$:（110）代表1、2、3导通，……。这意味着U、V、W三个端点的对应桥臂对，上桥臂导通为“1”状态，下桥臂导通为“0”状态。这些状态有8种，见表5-3。

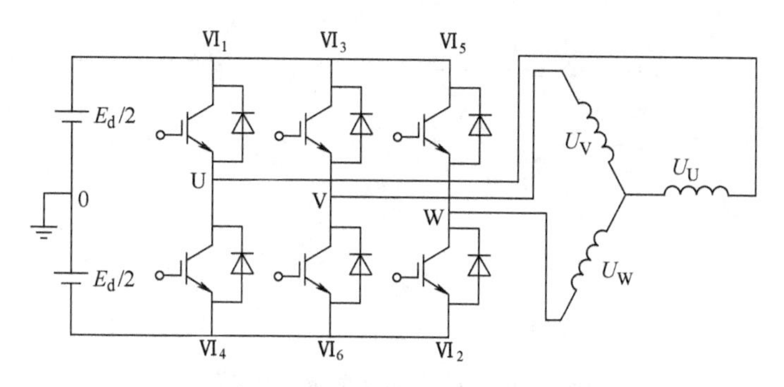

图5-9　变频器感应电动机系统

表5-3　逆变器的8种开关模式与合成电压空间矢量

开关模式	100	110	010	011	001	101	111	000
导通器件	$V_6V_1V_2$	$V_1V_2V_3$	$V_2V_3V_4$	$V_3V_4V_5$	$V_4V_5V_6$	$V_5V_6V_1$	$V_1V_3V_5$	$V_2V_4V_6$
合成电压空间矢量	$\boldsymbol{u}_1$	$\boldsymbol{u}_2$	$\boldsymbol{u}_3$	$\boldsymbol{u}_4$	$\boldsymbol{u}_5$	$\boldsymbol{u}_6$	$\boldsymbol{u}_7$	$\boldsymbol{u}_0$

下面我们画出8种开关状态所对应的电压空间矢量图。

如图5-10所示，在定子的三相静止坐标系内作图。以100开关模式为例，用相电压矢量来合成空间矢量。U相为“1”，画在U轴的正方向上，模为$E_d/2$，V相为“0”，画在V轴的反方向上，模为$E_d/2$，W相为“0”，画在W轴的反方向上。三个相电压矢量的合成矢量为电压空间矢量$\boldsymbol{u}_1$，在U轴的正方向上，模为E_d。用相类似的方法，画出110开关模式下的电压空间矢量如图5-10b所示，$\boldsymbol{u}_2$在V轴的反方向上，模为E_d。而000和111两种状态为零电压矢量，可以用图中O点（原点）表示。

六个非零矢量和两个零矢量画在一起，如图5-11a所示。

在图5-11b中，我们把电压空间矢量画成了闭合正六边形。实际上定子磁链空间矢量$\boldsymbol{\Psi}_s$的矢头轨迹就是这个正六边形。$\boldsymbol{\Psi}_s$旋转矢量的箭头端沿着6个电压空间矢量的箭头方向以ω_1角速度旋转，即逆时针方向旋转。再看图5-11c，如果改变6个空间电压矢量的切换顺序，由原来的1→变成6→的切换顺序，$\boldsymbol{\Psi}_s$将反转，即顺时针方向旋转。

式（5-16）的反运算，表达为

$$\boldsymbol{\Psi}_s=\int \mathrm{d}\boldsymbol{u}_s\mathrm{d}t=u_kt_k+\boldsymbol{\Psi}_{s0}=\Delta\boldsymbol{\Psi}_k+\boldsymbol{\Psi}_{s0}\qquad(k=0,\cdots,7)\tag{5-17}$$

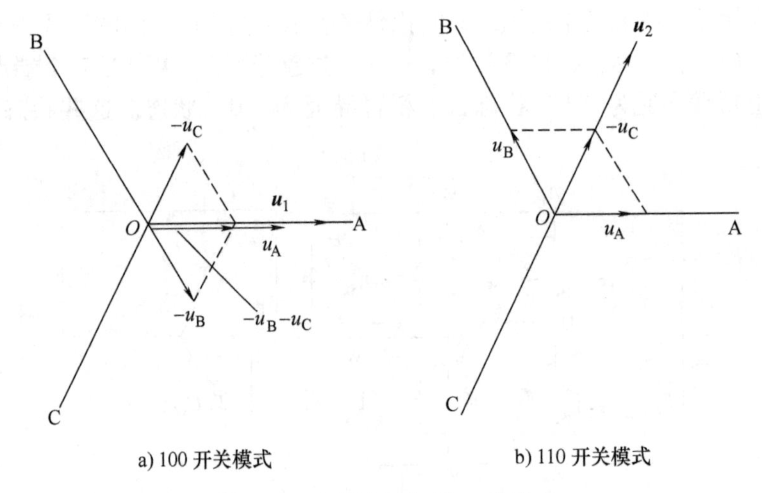

a) 100 开关模式　　b) 110 开关模式

图 5-10　电压空间矢量 $\boldsymbol{u}_i$ 的形成

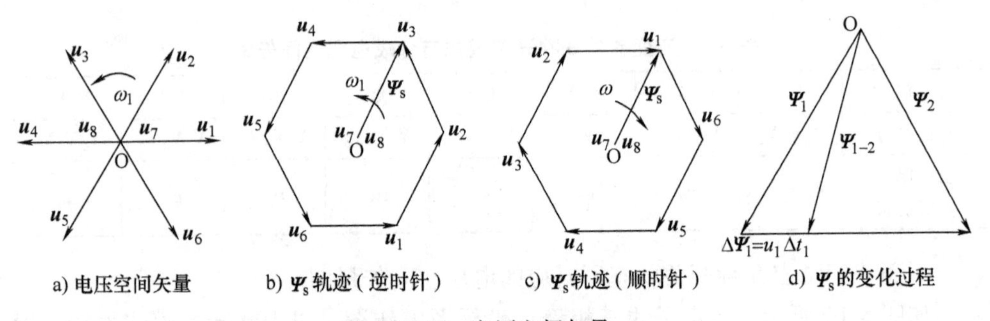

a) 电压空间矢量　　b) Ψ_s 轨迹（逆时针）　　c) Ψ_s 轨迹（顺时针）　　d) Ψ_s 的变化过程

图 5-11　电压空间矢量

上式说明，$\boldsymbol{\Psi}_s$ 的轨迹是 $\boldsymbol{u}_k$ 的不断切换决定的。

由上式可见，$\boldsymbol{\Psi}_s$ 的变化与 $\boldsymbol{u}_k$ 的作用时间有关，也与 $\boldsymbol{u}_k$ 的幅值有关。式（5-17）的矢量图图形表达见图 5-11d 所示。由电压空间矢量 $\boldsymbol{u}_6$ 切换成 $\boldsymbol{u}_1$ 的初瞬算起，经过时间 Δt_1 磁链的变化为

$$\Delta\boldsymbol{\Psi}_s = \boldsymbol{u}_1\Delta t_1 = \Delta\boldsymbol{\Psi}_1$$

即经过 Δt_1 时间，$\boldsymbol{\Psi}_s$ 由原来的 $\boldsymbol{\Psi}_1$ 变成 $\boldsymbol{\Psi}_{1\text{-}2}$。当 $\omega_1 t_1=\pi/3$，$\boldsymbol{\Psi}_s$ 由原来的 $\boldsymbol{\Psi}_1$ 变成 $\boldsymbol{\Psi}_2$。这表示在 $\omega_1 t_1=\pi/3$ 对应的时间内，由于 $\boldsymbol{u}_1$ 的作用 $\boldsymbol{\Psi}_s$ 沿 $\boldsymbol{u}_1$ 的方向前进了 $\pi/3$ 电角度。

另外，在这个 $\pi/3$ 区间内，严格地看 $\boldsymbol{\Psi}_s$ 并不绝对地落后于 $\boldsymbol{u}_1$ 以 90°，而平均地看才是落后 90°的。

图 5-12 所示为六脉波三相逆变器的磁场轨迹和相电压波形图。图 5-12a 中 $|\boldsymbol{\Psi}_s|^*$ 是磁链幅值的希望值，六边形磁场轨迹，使得 $|\boldsymbol{\Psi}_s|$ 是波动的。波形范围为 $\Delta|\boldsymbol{\Psi}_s|$。为了比较在图 5-12b 和图 5-12c 中分别画出了未插入零矢量和插入零矢量

的两种情况下的相电压波形。可见插入零矢量之后，由于 $\boldsymbol{\Psi}_s$ 出现停顿，$\boldsymbol{\Psi}_s$ 转速减慢，使得波形周期变大即频率变低，零矢量使电动机端短路，也必然使电压值减小。如图，周期增到5/3倍，频率和电压降到了原来的3/5。保证了 U/f= 常数的控制。

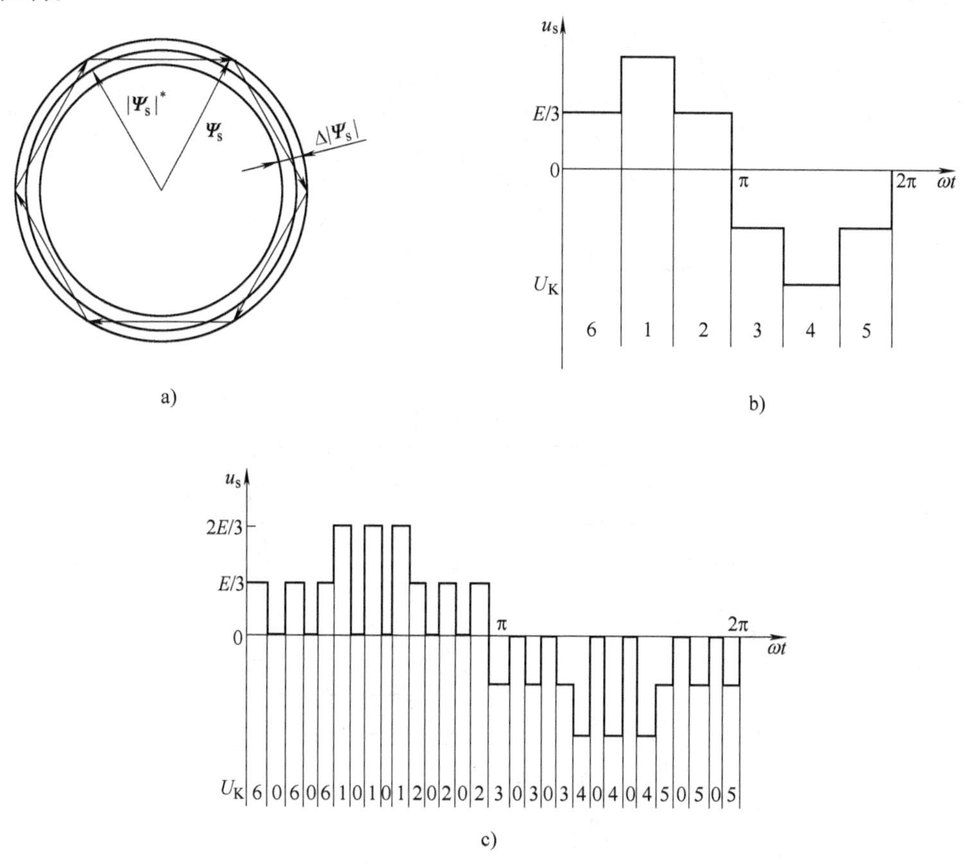

图5-12　六脉波电压空间矢量与波形

由式（5-17）可见，$\boldsymbol{\Psi}_s$ 的旋转角速度与 $\boldsymbol{u}_k$ 的幅值有关，也就是与 E_d 有关，调节 E_d 的大小自然可以调速，但大多数变频器的 E_d 是不可调的，因为 E_d 的调整需功率电路起作用是要增加成本的。所以用插入零矢量的办法调节转速是一个有效的办法。使用最多的SPWM控制中，插入零矢量的比例也是不小的。

2. SVPWM控制的概念

上节说明了电压空间矢量的概念，但用SVPWM控制方法解决问题，用六脉波逆变器是不能完全说清楚的。下面以圆磁场轨迹控制，说明利用逆变器开关模式得到的PWM控制效果。要想使电动机的磁场轨迹，由六边形向圆形转化，必须实现脉宽调制。用六个非零电压空间矢量和两个零矢量的不断切换才能实现脉宽调制。图5-13所示为一种圆磁场控制的方案。由图中的电压空间矢量图可见，六脉

波方式下 $\boldsymbol{u}_1$ 矢量的作用改由在 $\boldsymbol{u}_6$、$\boldsymbol{u}_1$、$\boldsymbol{u}_2$ 有规律切换的作用来代替，这样就使得六边形磁场轨迹变成了如图 5-13 所示的 18 边形，也使 $\boldsymbol{\Psi}_s$ 的轨迹向圆形靠近了一大步。实际上是把原来的六拍控制变成了 18 拍。前者称为 6 脉波，后者称为 18 脉波。

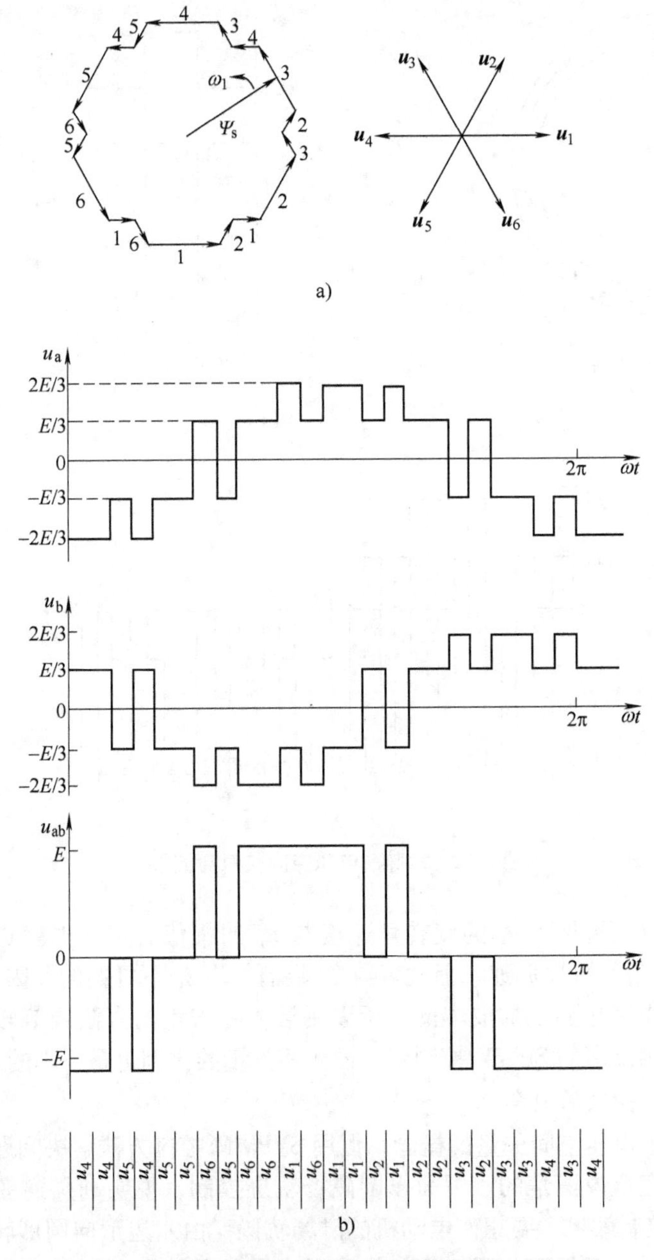

图 5-13　电压矢量与相电压和线电压波形的对应关系

18 脉波控制的电动机端电压波形如图 5-13b 所示。SVPWM 控制实现了电压空间矢量的进进退退，就使电压波形变成了 PWM 调制波形。比起六脉波情况电压的谐波会大幅度减小。电动机的转矩脉动和谐波损耗都得到了抑制。

观察线电压波形的半个周期，PWM 的开关槽口只在波形靠近 0 或 π 的两边出现，中间部分没有 PWM 开关槽口。显然这与三次谐波注入法的效果是类似的。可以证明，SVPWM 的电压利用率，也可以达到 1。基波线电压的幅值最大可以达到 E_d（直流侧电压）。

可以证明 SVPWM 的“折角控制”，当脉波数超过 40 时，较低次的谐波消减的程度是十分理想的。例如，图 5-14 所示的 42 脉波，恰当的选择槽口（α_1、α_2、α_3），电压的 5、7、11、13 次谐波幅值都减小到基波幅值的 2%以下。这与双极性 SPWM 中通过控制开关角调整“槽宽”的方法有异曲同工之妙。“折角控制”的名称是根据图 5-13a 的矢量图形象得到的，仿佛六边形的六个角向内折叠了。

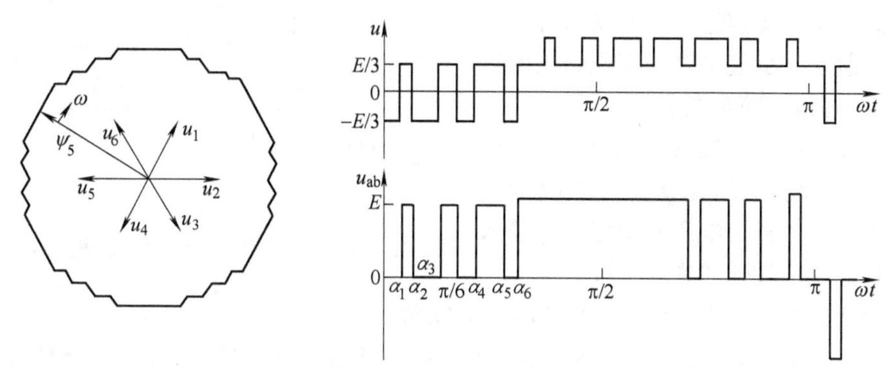

图 5-14　42 脉冲开关模式的矢量图与电压波形

下面研究一下 SVPWM 和 SPWM 的联系，实际上两者是相通的。SPWM 的开关信号是正弦参考电压波和三角载波互相比较产生的，而 SVPWM 的开关信号是由选择不同的电压空间矢量及其作用时间来决定的。选择的方法是多种多样的，得到电动机的运行性能也是不同的。

对照正弦 PWM 调制，取如图 5-15 所示的 T_0 时区。三角波和正弦波互相比较，u_{ra}、u_{rb}、u_{rc}如图中所示，在 T_0 时间内，把 u_{ra}、u_{rb}、u_{rc}看作常值，如图中虚线。用这三个常值与三角波比较，得到开关信号，这就是常规的规则采样法。通过比较就可以确定 T_0 内的各区段的导通模式。把 SPWM 所确定的导通模式标以电压空间矢量如图 5-15 所示。依时间顺序这些量是电压空间矢量 01277210 的顺序，也相当于一种 SVPWM 的方案，SVPWM 理论上把这种安排称为“七段式 SVPWM”。SVP-WM 的线性组合法磁场轨迹控制，就是针对七段式 SVPWM 展开研究的。基于我们这本书的宗旨，不准备深入研究。

SPWM 的目标是使逆变器的输出电压正弦，并通过参考正弦波的频率和幅值的协调变化，实现 E/f 恒定的恒磁通变频调速，达到消除谐波减小转矩脉动的效果。如果 SVPWM 以圆旋转磁场轨迹为目标，同样会保持磁通恒定，实现 E/f 恒定。自然与 SPWM 会有同样的效果。但后者概念清楚，设计者的主动性更强。

图 5-15 的情况，实际上是在非零电压空间矢量 $\boldsymbol{u}_1$ 和 $\boldsymbol{u}_2$ 所夹的扇区内取了一个小的 T_0 时间范围作为控制周期的。在 T_0 范围内反复地切换 $\boldsymbol{u}_1$ 和 $\boldsymbol{u}_2$ 并适量地插入零矢量，从控制效果看，使得磁场实现了进进退退，走走停停。效果是磁场是碎步前进，而不是六脉波那样大步跳跃。反过来说，实现磁场的进退走停，就是 PWM 控制。

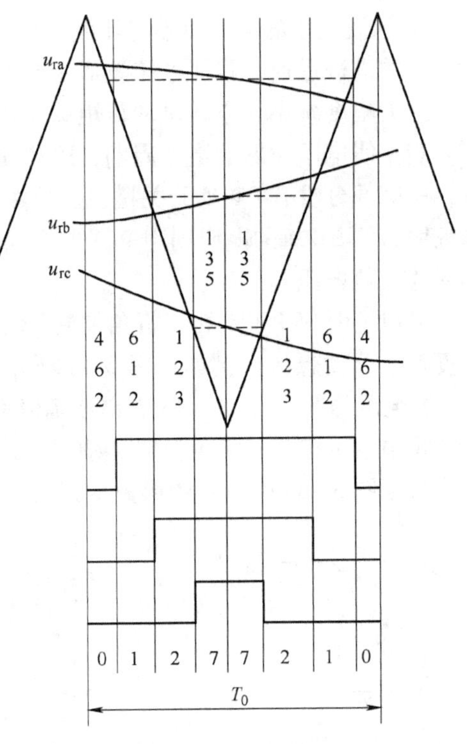

图 5-15　正弦 PWM 用电压空间矢量表达示意图

改变空间电压矢量的幅值，或改变插入零矢量的时间比例，可以改变转速。由于外加直流电压是恒定的，插入零矢量是改变转速的主要手段。

综上分析，可以得到 SVPWM 的如下概念：

1）电动机的磁场和转矩均可以通过控制逆变器的开关模式来控制。磁场轨迹 PWM、直接转矩控制和高压三电平变频器都可以用 SVPWM 方式作为控制手段。

2）SVPWM 与 SPWM 及优化 PWM 方法都有一定的内在联系。

3）SVPWM 调节输出电压及频率，可以通过插入零矢量的方法实现。

4）SVPWM 可以提高直流电压利用率，可以证明电压利用率可以达到 1。即输出线电压的幅值可以等于直流电压 E_d。

5.2.5　直接转矩控制（DTC）

直接转矩控制（DTC）于 1985 年由德国学者 M. Depenbrock 提出。它摒弃了矢量控制中的解耦思想，而是通过实时检测磁通幅值和转矩值，分别与磁通和转矩给定值比较，由磁通和转矩调节器直接输出所需要的电压矢量值。

转矩控制技术方案晚于矢量控制。转矩和磁链的控制采用双位式 bang-bang 控制，对 PWM 变频器直接用这两个控制信号产生 SVPWM 波形，从而避开了将定子电流分解成转矩和磁链分量的解耦控制，省去了旋转变换和电流控制。与矢量控制相比较大大地简化了控制系统的结构。直接通过逆变器开关模式的切换，控制电磁转矩，转矩响应更快。缺点是存在转矩脉动问题。而矢量控制却具有更好的低速稳定性，调速范围更宽。因而转矩控制适于需要快速响应的系统，而矢量控制适于宽调速范围的系统。

弄清直接转矩控制的原理，需要很大的篇幅。本小节的目的，是使变频器的使用者建立较为明确的简单概念。着重说明利用磁通和转矩的 bang-bang 控制，去直接控制电磁转矩的原理。

从电压矢量的概念我们看到，瞬时地改变电压空间矢量，电动机的磁动势一定会立即响应。因为不计定子电阻压降时，定子磁链空间矢量是电压空间矢量的积分：

$$\boldsymbol{\Psi}_{s} = \int d\boldsymbol{u}_{s} dt = \boldsymbol{u}_{k} t_{k} + \boldsymbol{\Psi}_{s0} = \Delta \boldsymbol{\Psi}_{sk} + \boldsymbol{\Psi}_{s0}$$

式中　$\boldsymbol{\Psi}_{s0}$——初始矢量。

上式表明，$\boldsymbol{\Psi}_{s}$ 的改变，是由于 $\boldsymbol{u}_{k}$ 及其作用时间决定的。采用图 5-13 所示的空间矢量的“折角控制”，则可以得到电动机端电压的 PWM 波形。这就是说，适当地反复切换空间矢量，使磁场进进退退，$\boldsymbol{\Psi}_{s}$ 的轨迹会像“圆”靠拢。如图 5-16 所示。为使 $\boldsymbol{\Psi}_{s}$ 的轨迹趋于圆形旋转磁势，可以使定子磁链的幅值 $|\boldsymbol{\Psi}_{s}|$ 与给定值 $|\boldsymbol{\Psi}_{s}|^{*}$ 之间的偏差处于允许偏差 $|\Delta\boldsymbol{\Psi}_{s}|$ 之内，满足：

$$|\boldsymbol{\Psi}_{s}|^{*} - \frac{|\Delta\boldsymbol{\Psi}_{s}|}{2} \leqslant |\boldsymbol{\Psi}_{s}| \leqslant |\boldsymbol{\Psi}_{s}|^{*} + \frac{|\Delta\boldsymbol{\Psi}_{s}|}{2}$$

这个容差范围可以用图 5-17 所示的两点式调节器的特性来设定，因为滞环的宽度是可以人为调节的。容差越小，电压空间矢量的切换越频繁，$|\boldsymbol{\Psi}_{s}|$ 越趋近于恒定，磁场轨迹越趋近于圆形。检测电动机的电压、电流，再通过电动机的磁链模型，可以求得磁链的实际值 $|\boldsymbol{\Psi}_{s}|$ 与 $|\boldsymbol{\Psi}_{s}|^{*}$ 相比较就可以实现闭环控制。

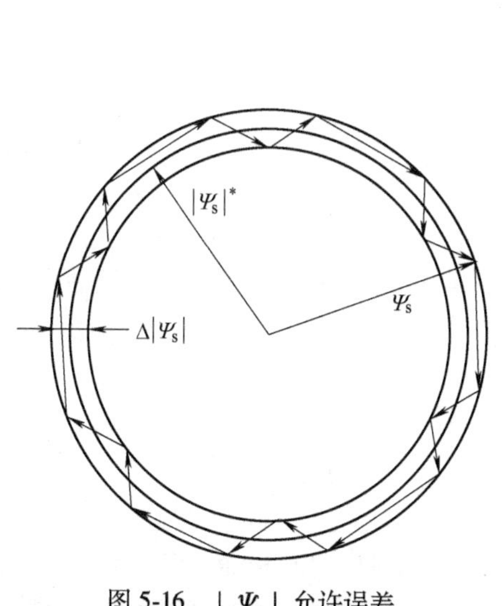

图 5-16　$|\boldsymbol{\Psi}_{s}|$ 允许误差

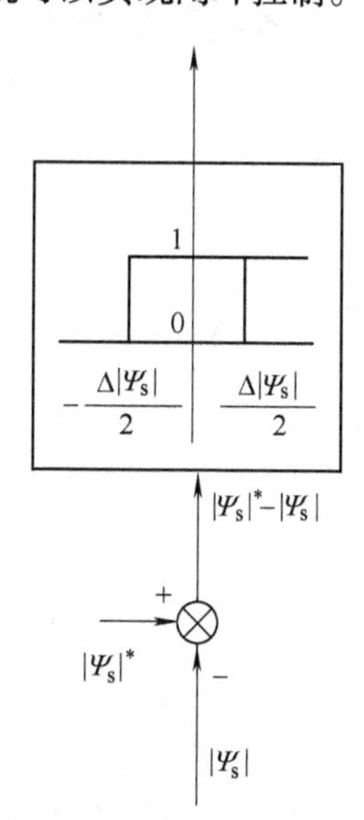

图 5-17　两点式调节器

如果控制 $|\boldsymbol{\Psi}_{\mathrm{s}}|$ 恒定，进而可以控制电动机的电磁转矩。由电动机理论，电动机的电磁转矩可以表示为

$$T_{\mathrm{em}} = k|\boldsymbol{\Psi}_{\mathrm{s}}||\boldsymbol{\Psi}_{\mathrm{r}}|\sin\theta_{\mathrm{sr}}$$

式中 $|\boldsymbol{\Psi}_{\mathrm{s}}|$——定子全磁链矢量的幅值；

$|\boldsymbol{\Psi}_{\mathrm{r}}|$——转子全磁链矢量的幅值；

θ_{sr}——两磁链的夹角。

利用上式，可以分析电压空间矢量，对电动机电磁转矩的“直接”控制功能。在足够短的采样周期内，可以忽略 $|\boldsymbol{\Psi}_{\mathrm{r}}|$ 的变化，因为 $\boldsymbol{\Psi}_{\mathrm{r}}$ 对电压空间矢量的反应要比 $\boldsymbol{\Psi}_{\mathrm{s}}$ 的反应缓慢。只看电压空间矢量对 $\boldsymbol{\Psi}_{\mathrm{s}}$ 的作用，即可判断转矩的变化趋势。

适当的选择电压空间矢量及其作用时间作用顺序，是直接转矩控制的关键，下面举例说明空间电压矢量的选择。

即时的选定电压空间矢量，与定、转子磁链 $\boldsymbol{\Psi}_{\mathrm{s}}$、$\boldsymbol{\Psi}_{\mathrm{r}}$ 的瞬时空间位置关系极大。为确定 $\boldsymbol{\Psi}_{\mathrm{s}}$、$\boldsymbol{\Psi}_{\mathrm{r}}$ 的空间位置，必须定义电压空间矢量图中的扇区。为了实现直接转矩控制，如图 5-18 所示定义扇区，会对分析问题带来很大方便（分析问题时，也可以用别的方式去定义）。显然 $u_k(k=1, \cdots, 6)$）处于对应扇区 $k(k=\text{I}, \cdots, \text{IV})$ 的正中央，是这种定义方式的特点。

在电动机定子的 α-θ 静止坐标系的复平面内，初始状态下的 $\boldsymbol{\Psi}_{\mathrm{s}}$ 和 $\boldsymbol{\Psi}_{\mathrm{r}}$，如图 5-19 所示。$\boldsymbol{\Psi}_{\mathrm{s}}$ 处于Ⅱ扇区内，θ_{sr}为转矩角。以 $\boldsymbol{\Psi}_{\mathrm{s}}$、$\boldsymbol{\Psi}_{\mathrm{r}}$ 逆时针旋转为例，分析问题。为了研究电压空间矢量如何选择，把电压空间矢量画在 $\boldsymbol{\Psi}_{\mathrm{s}}$ 的矢量头上。如前所述 $\boldsymbol{\Psi}_{\mathrm{r}}$ 是对定子电压空间矢量的响应，比 $\boldsymbol{\Psi}_{\mathrm{s}}$ 响应缓慢，在很小的采样周期内，认为 $\boldsymbol{\Psi}_{\mathrm{r}}$ 不变，无论是幅值和空间位置都不变。当改变电压空间矢量时，$\boldsymbol{\Psi}_{\mathrm{s}}$ 立即响应，我们仅仅根据 $\boldsymbol{\Psi}_{\mathrm{s}}$ 的变化，来研究电磁转矩的变化，这么做是不会影响物理本质的。

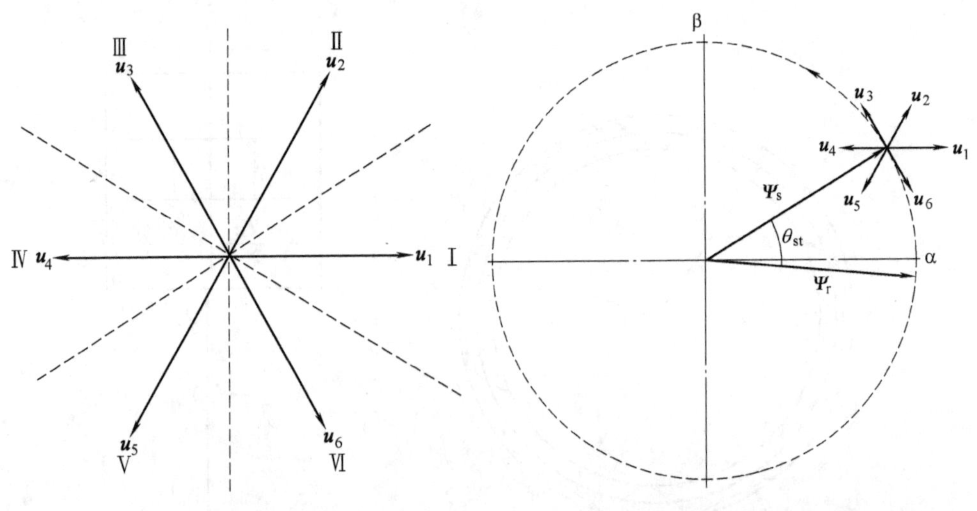

图 5-18 扇区的定义

图 5-19 定子磁通和所产生的转矩受逆变器状态选择的控制原理的说明

在第Ⅱ区，如果选择 U_2 矢量作用 Δt 时间，由图 5-20a 可见，$|\boldsymbol{\Psi}_s|$ 增加，转矩角 θ_{sr} 增加，转矩 T_{em} 增加；如果选择 U_1 矢量作用 Δt 时间，由图 5-20b 可见，$|\boldsymbol{\Psi}_s|$ 增加，转矩角 θ_{sr} 减小，转矩 T_{em} 减小。

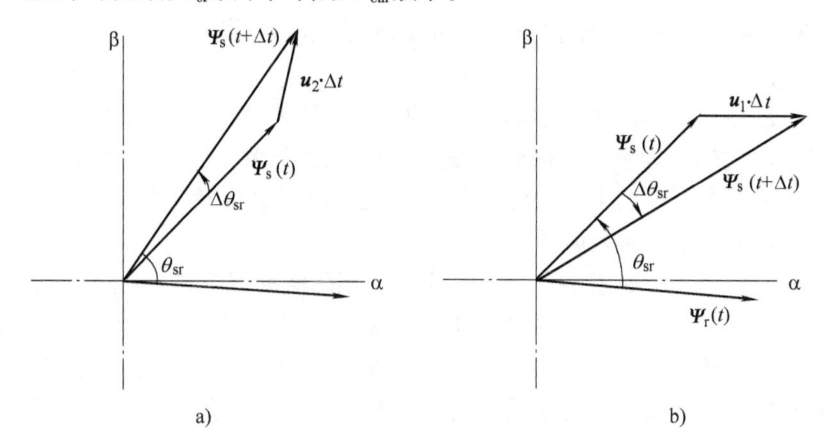

图 5-20　电动机定子电压对于定子磁通与转矩影响的说明

根据上面分析，对于所有扇区的各种不同情况见表 5-4。

表 5-4　各个电压矢量对定子磁通和所产生转矩的影响

	u_k	u_{k+1}	u_{k+2}	u_{k+3}	u_{k+4}	u_{k+5}	u_2(零矢量)
$\|\boldsymbol{\Psi}_s\|$	↗↗	↗	↘	↘↘	↘	↗	—
T_{em}	?	↗	↗	?	↘	↘	↘

在图 5-19 中，$\boldsymbol{\Psi}_s$ 转到 k 个扇区时，它与 u_k 矢量最靠拢，我们称 $\boldsymbol{\Psi}_s$ 与 u_k 相关。$\boldsymbol{\Psi}_s$ 转到Ⅱ扇区时与 u_2 相关，当 $\boldsymbol{\Psi}_s$ 的相位是 200°时，则 $\boldsymbol{\Psi}_s$ 与 u_4 相关。在特定的扇区内，选择 $\boldsymbol{\Psi}_s$ 的相关电压矢量时，实际上对转矩的影响是不定的。因为在扇区内，$\boldsymbol{\Psi}_s$ 是转动的，$\boldsymbol{\Psi}_s$ 与相关矢量的夹角是有一个范围的。比如在第Ⅱ扇区，$\boldsymbol{\Psi}_s$ 可能落后于、同相于或超前于 u_2 矢量。u_2 矢量对 T_{em} 的影响，可能使 T_{em} 增加、不变或者减小。在图 5-20 中，对应的仅是其中一种可能。因此在表 5-4 中，u_k 对转矩的影响用“?”表示。

我们不难得到如下重要概念：

1）定子磁链是定子电压的积分，它的大小强烈取决于定子电压。

2）产生的电磁转矩与定子磁链和转矩磁链之间夹角的正弦成正比。

3）转子磁链对电压矢量变化的反应，要比定子磁链缓慢。因而定子磁链和电磁转矩可以直接由定子电压空间矢量的恰当选择（即逆变器的开关状态的选择）来直接控制。

定子电压矢量的选择，可由下列概念来决定：

1）与 $\boldsymbol{\Psi}_s$ 矢量不对齐，且夹角不超过±90°的非零电压矢量引起磁势幅值增加。

2）与 Ψ_s 矢量不对齐，且夹角超过±90°的非零电压矢量引起磁势幅值减小。

3）与 Ψ_s 矢量不对齐，且夹角等于±90°的非零电压矢量引起磁势幅值基本不变。

4）零矢量 u_0 和 u_7（合理的短持续时间）实际上不影响定子磁动势，它停止转动。

5）依 Ψ_s 的转向为参考，超前于 Ψ_s 的非零电压矢量，使 T_{em}增加。

6）依 Ψ_s 的转向为参考，落后于 Ψ_s 的非零电压矢量，使 T_{em}减小。

根据上述概念，可以事先设计矢量选择表，用于直接转矩控制系统。该矢量选择表不难拟定，不再深入说明。

直接转矩控制系统如图 5-21 所示。可见利用磁链的双位式 bang-bang 控制器和转矩的双位式 bang-bang 控制器的输出信号，和检测得到的扇区角信号 θ_k，根据开关状态选择表选择逆变器的开关状态，即选择电压空间矢量。进而直接控制电动机的电磁转矩。实践表明，转矩的动态响应是很快的。适用于要求快速响应的大惯量电动机调速系统。

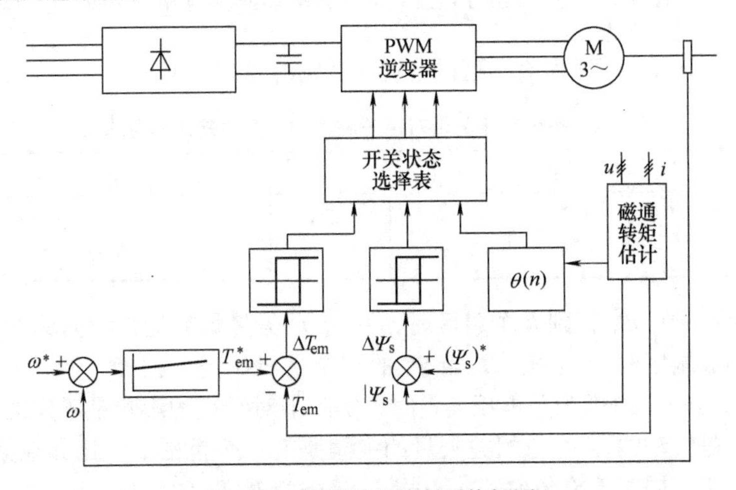

图 5-21 直接转矩控制系统框图

由图 5-21 可见，基于 SVPWM 的思维方式，利用定子电压空间矢量，直接对转矩进行控制，其控制系统比转子磁链定向的矢量控制系统简单得多，动态性能也比较好。但是必须指出这种控制的转矩脉动问题，必须予以足够的关注。

图 5-21 中的“磁通、转矩估计”功能框的算法并不复杂，这里并不介绍，请参阅有关文献。

直接转矩控制不需要任何电流调节器、坐标变换和 PWM 信号发生器（如不需要结果定时器）。尽管 DTC 结构简单，但它能获得优良的动、静态转矩控制性能。另外，相对于 DTC 控制的前身（即磁场定向控制 FOC），直接转矩控制对参数变化具有较强的不敏感性。然而，众所周知，直接转矩控制具有如下缺点：

1）极低速下难于控制转矩和磁通；

2）电流和转矩脉动大；

3）开关频率变化的特性；

4）低速下噪声大；

5）缺乏对电流的直接控制。

近年来，许多学者已经尝试解决前面提到的 DTC 控制方案存在的问题，并提出了以下解决方案：

1）使用改进的开关表；

2）使用二点式或三点式带滞环或不带滞环的比较器；

3）以 PWM 或 SVM 技术实现 DTC 固定开关频率运行的方案；

4）引入模糊或神经模糊技术；

5）使用精密的磁通观测器以提高低速性能。

虽然很多方案改进措施使 DTC 性能得到了提高，但同时也导致控制方案更复杂，失去了 DTC 最基本的特征——简单性。在每一循环周期时要求精确补偿磁通和转矩变化的定子磁通矢量变化的计算中，采用预检技术可以大大减小 DTC 方案的电流和转矩的脉动。为了应用这一原理，控制系统应能产生任一电压矢量（例如使用空间矢量调制技术）。通过在每一循环周期应用不同预定时段的电压矢量可以接近这种理想性能，这样就产生了离散空间矢量调制（DSVM-DTC）技术，它只需增加很少的计算时间。按照这一工作原理，根据基本 DTC 中使用的电压矢量能够合成新的电压矢量。图 5-22 所示为离散空间矢量调制（DSVM-DTC）的控制原理框图。

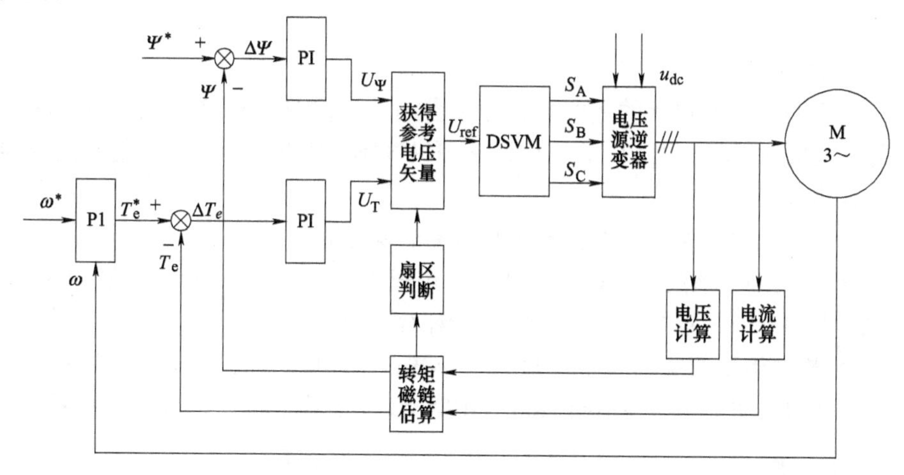

图 5-22　离散空间矢量调制（DSVM-DTC）控制原理框图

DSVM-DTC 控制技术将一个控制周期分为 m 个时间段，其中每个不同的时间段均通过判断计算得到一个合成电压空间矢量，以此在一个周期内能够合成多个电压空间矢量，进而降低转矩脉动。由于 m 越大，计算量就会越大，开关表就会越复杂，所以综合考虑选取 $m=3$。这样，相比于SVM，离散空间矢量调制技术在一个周期可选择的电压矢量要多得多。对于一个60°扇区，可以得到19个不同的电压矢量，其中11个电压矢量是逆变器输出非零矢量与零矢量的组合。这种把一个采样周期分为多个时间段，每个时间段输出不同的电压矢量，从而可以在一个周期内组合成多个不同的电压矢量，这就扩大了对电压矢量的选择范围，增大了选择合适电压矢量的机会。将一个采样周期分成的时间段越多，可以合成的电压矢量数目就越多，控制越精细，这就从一定程度上解决了常规DTC控制的缺点。而这种方案的核心思想是在SVM的基础上改进了开关表的设计，一定程度上维持了DTC控制的简单性。

5.3 高性能通用变频器的选型与接线

5.3.1 高性能通用变频器选型

模块化设计已经成为新一代高性能变频器的主流形式。西门子SINAMICS S120 AC/AC单轴驱动器由两部分组成：控制单元和功率模块。

（1）控制单元有三种形式：CU310DP、CU310PN和CUA31

1）CU310DP是驱动器通过Profibus-DP与上位的控制器相连；

2）CU310PN是驱动器通过ProfiNet与上位的控制器相连；

3）CUA31是控制单元的适配器，通过Drive-CLiQ与CU320或Simotion D相连。

需要注意的是：

CUA31只是控制单元的适配器，必须借助于主控单元CU320或Simotion D才能控制电动机的运动。而CU310DP和CU310PN本身就是主控单元，能直接控制电动机的运动。

（2）功率模块有两种形式：模块型和装机装柜型

1）模块型的功率范围为0.12~90kW；进线电压有单相200~240V及三相380~480V两种规格；有内置滤波器和不含滤波器两种形式。

2）装机装柜型的功率范围为110~250kW；进线电压为三相380~480V。

针对驱动电动机类型的不同，SINAMICS S120的选型步骤如图5-23所示。

5.3.2 主电路接线

西门子SINAMICS S120单轴交流变频器的功率模块（即：电源模块+电动机模块）有两种形式：模块型功率模块和装机装柜型功率模块。因结构形式不同，其接线端子的布置也不相同，图5-24所示为三相装机装柜型功率模块PM340主电路

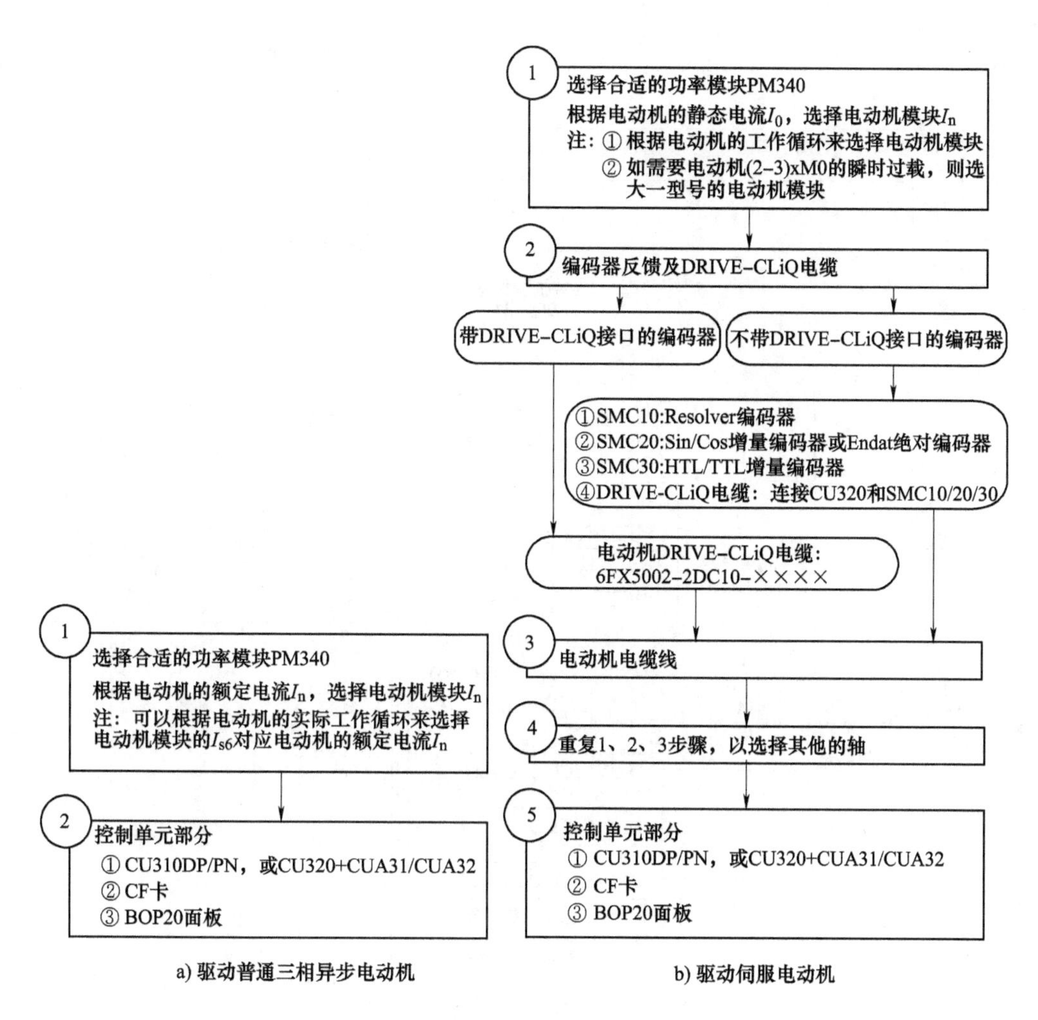

图 5-23　SINAMICS S120 单轴应用模式驱动系统选型步骤向导

接线原理图。类似的单相模块型功率模块 PM340 的主电路接线可参考相应手册。

5.3.3　控制电路接线

SINAMICS S120 系列单轴驱动器的控制单元有 CU310 DP 和 CU310 PN 两种，其中 CU310 DP 为带 Profibus-DP 接口的控制单元，CU310 PN 为带 ProfiNet 接口的控制单元。两者除了上位机通信接口形式差异外，其余接口一致。控制单元通过 PM-IF 接口控制模块型功率模块；通过 DRIVE-CLiQ 接口控制装机装柜型功率模块。图 5-25 所示为控制单元 CU310 DP 接线原理图，对于 CU310 PN 控制器，则是将 CU310 DP 控制单元上的 X21 的 Profibus 接口换成 X200 和 X201 的 ProfiNet 接口。

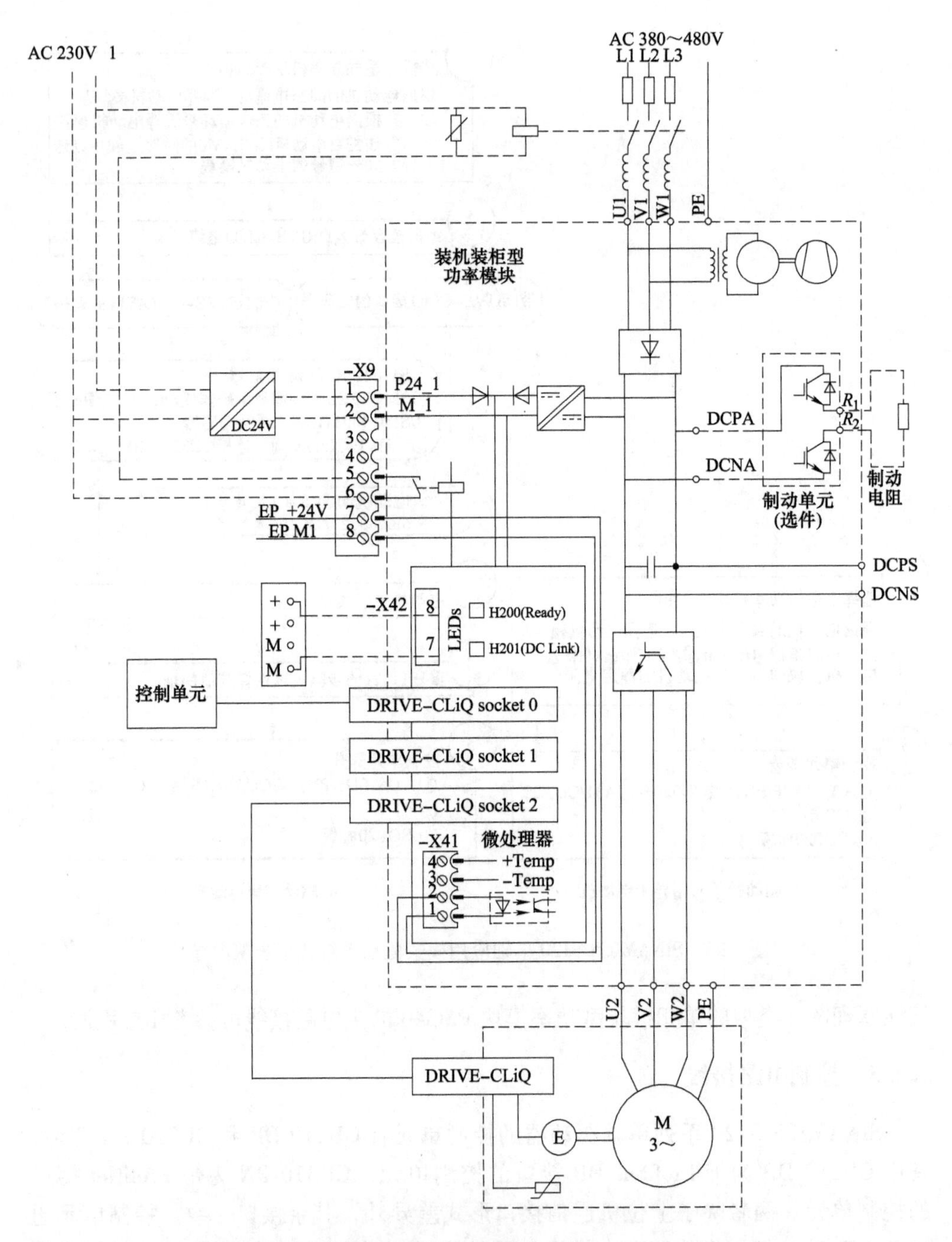

图5-24　三相装机装柜型功率模块PM340主电路接线原理图

以CU310 DP为例，在该控制器上，包含电位隔离/非电位隔离的数字量输入/输出、模拟量输入、温度传感器输入、测量端口和通信端口等众多接口，表5-5所

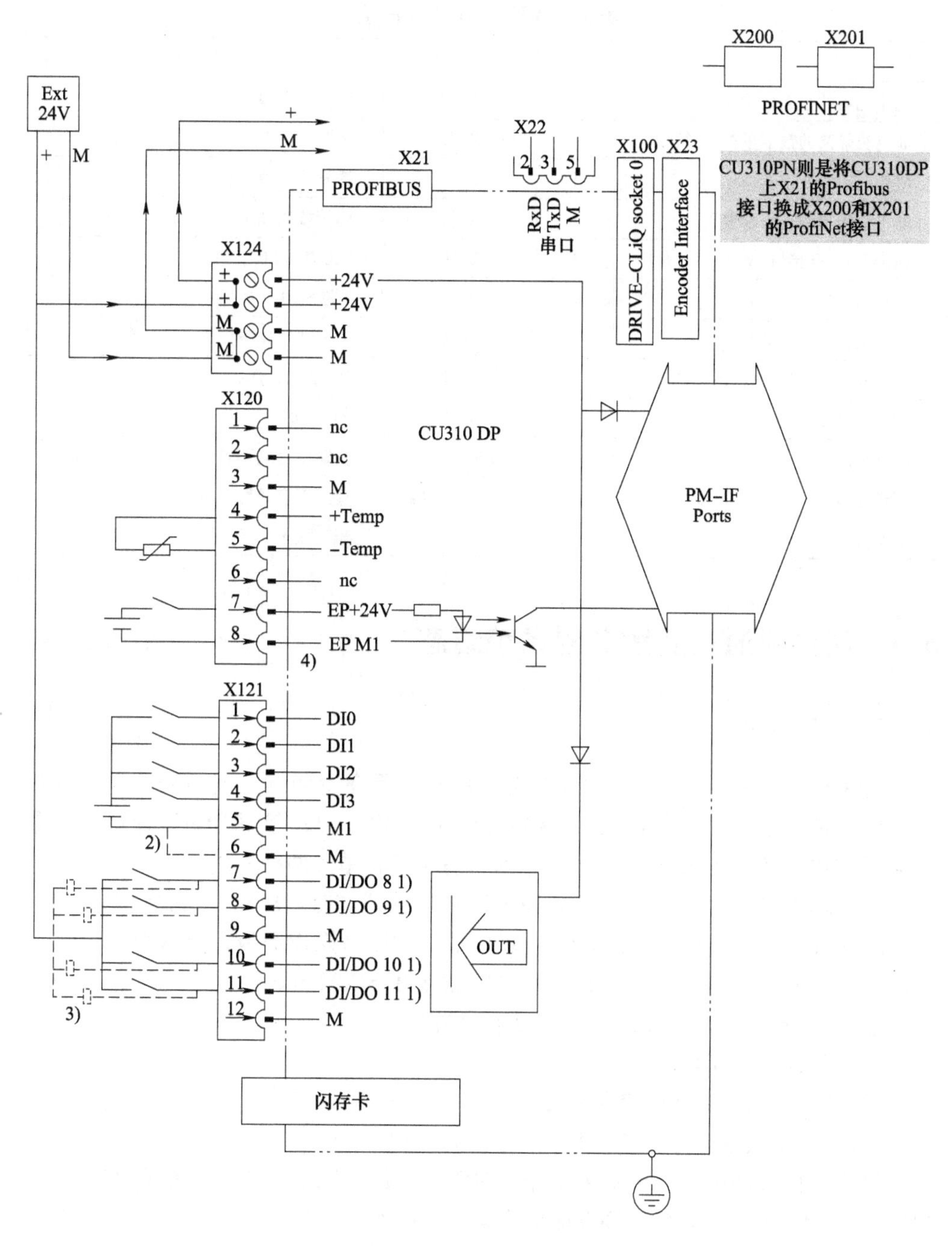

图 5-25　控制单元 CU310 DP 接线原理图

示为 CU310 DP 接口一览表。通过这些接口，可控制变频器的运行。具体各个接口的接线引脚，请参考相应的 SINAMICS S120 设备手册。

表5-5 CU310 DP接口一览

类型	数量	所在接口编号	接口形式
电位隔离的数字量输入	11	X120	弹簧压力端子
非电位隔离的数字量输入/输出	8	X121	弹簧压力端子
电位隔离的数字量输出	1	X130	弹簧压力端子
非电位隔离的模拟量输入	1	X131	弹簧接线端子
DRIVE-CLiQ接口	1	X100	DRIVE-CliQ插口
Profibus接口	1	X21	9芯SUB-D插孔
串行接口（RS-232）	1	X22	9针SUB-D插头
编码器接口（HTL/TTL/SSI）	1	X23	15芯SUB-D插孔
LAN（以太网网口）	1	X127	RJ45插头
温度传感器输入	1	X120或X23	弹簧压力端子或15芯SUB-D插孔
测量插口	3	T0、T1、T2	适用于直径为2mm的香蕉插头
电源接口	1	X124	螺钉端子

5.4 高性能通用变频器的系统组态

5.4.1 编程单元

高性能通用变频器的系统组态是应用编程单元在变频器上编制程序，完成变频器系统的设置，这个过程称为系统组态。SINAMICS S120变频器可以通过基本操作面板BOP20（Basic Operator Panel）和计算机编程单元两种方式。

（1）基本操作面板BOP：使用BOP20能够在调试时接通和关闭驱动以及显示和修改参数。可以诊断并应答故障。BOP是一款简易操作面板，有六个按键和一个使用背景照明的显示部件。BOP20可以插接在SINAMICS控制单元CU310 DP/PN上运行，如图5-26所示。它具有以下功能：

1）变频器的起动、停止；

2）变频器输入参数设定和激活功能；

3）显示变频器运行状态、参数、报警和故障。

BOP20面板调试CU310时不同于BOP20面板调试MM4变频器那样直接调用参数即可。CU310单元和PM340驱动模块有自己的参数列表，所以在BOP20面板的左上角有drive No.的字样进行标识，需要在按键组合中进行切换。

（2）计算机编程单元：计算机编程单元是装有Starter或者是Scout软件的计算机，其中Scout软件中包含Starter软件，二者不能同时安装。Scout软件需要授权，而Starter软件不需要授权。它和变频器之间采用Profibus、Profi Net、Ethernet、RS-

232、RS-485等通信方式。能够完成如下功能：

1）恢复出厂设置；
2）不同的操作向导；
3）配置驱动器并为驱动器设置参数；
4）虚拟控制面板，用于运转电动机；
5）执行跟踪功能，用于驱动控制器的优化；
6）创建和复制数据组；
7）将项目从编程器中装载到目标设备中；
8）将易失数据从RAM中复制到ROM；
9）将项目从目标设备中装载到编程器中；
10）设置并激活安全功能；
11）激活写保护。

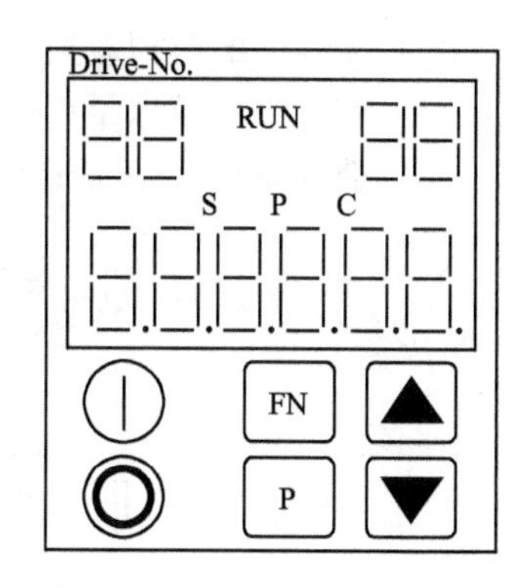

图5-26　BOP20显示和按键

5.4.2　输入输出端子功能的设定

西门子SINAMICS S系列变频器的中心控制单元CU提供了丰富的可连接的输入/输出数据和内部控制数据。利用BICO互联技术（Binector Connector Technology），可以对驱动设备功能进行调整，以满足各种应用的要求。通过BICO参数任意连接的数字和模拟信号，其参数名预设为BI、BO、CI或CO。这些参数在参数列表或功能图中也具有相应的标记。

1. 二进制接口

二进制接口是没有单位的数字（二进制）信号，其值可以为0或1。二进制接口分为二进制互联输入（信号汇点）和二进制互联输出（信号源）。其中BI为二进制互联输入Binector Input（信号汇点），可与一个作为源的二进制互联输出连接。二进制互联输出的编号必须作为参数值输入。BO为二进制互联输出Binector Output（信号源），可用作二进制互联输入的信号源。

2. 模拟量接口

模拟量接口是数字信号，例如以32位格式。可用于模拟字（16位）、双字（32位）或者模拟信号。模拟量接口分为模拟量互联输入（信号汇点）和模拟量互联输出（信号源）。其中CI为模拟量互联输入Connector Input（信号汇点），可与一个作为源的模拟量互联输出连接。模拟量互联输出的编号必须作为参数值输入。CO为模拟量互联输出Connector Output（信号源），可用作模拟量互联输入的信号源。

使用BICO技术互联信号必须将BICO输入参数（信号汇点）分配给所需的BICO输出参数（信号源），用于连接两个信号。如图5-27所示，连接二进制/模拟量互联输入和二进制/模拟量互联输出时，需要以下信息：

（1）二进制互联：参数编号、位编号和驱动对象ID。

（2）无索引的模拟量接口：参数编号和驱动对象 ID。

（3）有索引的模拟量接口：参数编号、索引和驱动对象 ID。

（4）数据类型（模拟量互联输出参数的信号源）。

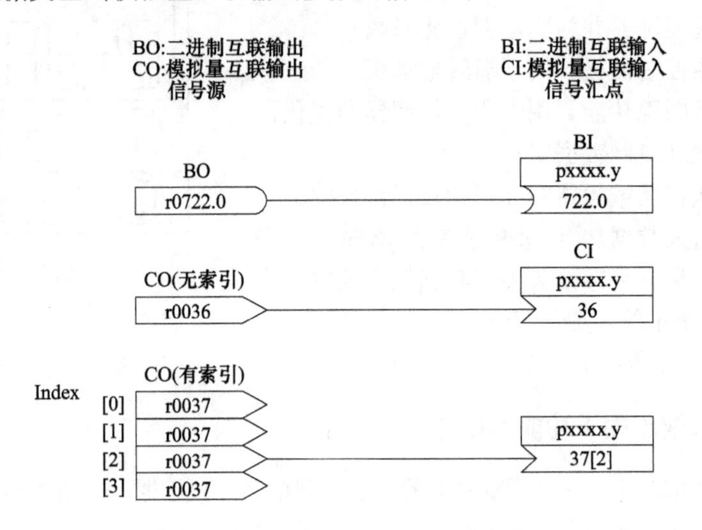

图 5-27 使用 BICO 技术互联信号

使用 BICO 互联的注意事项：模拟量互联输入（CI）不能与任意模拟量互联输出（CO，信号源）连接。这同样适用于二进制互联输入（BI）和输出（BO）。在参数列表中，每个 CI 和 BI 参数的“数据类型”下都指出了参数的数据类型和 BICO 参数的数据类型。CO 参数和 BO 参数只是 BICO 参数的数据类型。允许的 BICO 互联组合见表 5-6。

表 5-6 允许的 BICO 互联组合

	BICO 输入参数			
	CI 参数			BI 参数
BICO 输出参数	Unsigned32/Integer16	Unsigned32/Integer32	Unsigned32/FloatingPoint32	Unsigned32/Binary
CO：Unsigned8	×	×	—	—
CO：Unsigned16	×	×	—	—
CO：Integer16	×	×	r2050，r8850	—
CO：Unsigned32	×	×	—	—
CO：Integer32	×	×	r2060，r8860	—
CO：FloatingPoint32	×	×	×	—
BO：Unsigned8	—	—	—	×
BO：Unsigned16	—	—	—	×

（续）

BICO 输出参数	BICO 输入参数			
	CI 参数			BI 参数
	Unsigned32/ Integer16	Unsigned32/ Integer32	Unsigned32/ FloatingPoint32	Unsigned32/ Binary
BO：Integer16	—	—	—	×
BO：Unsigned32	—	—	—	×
BO：Integer32	—	—	—	×
BO：FloatingPoint32	—	—	—	—

注：×：允许 BICO 互联；—：不允许 BICO 互联；r××××：只允许为指定的 CO 参数使用 BICO 互联。

图 5-28 所示为一个互联数字信号的示例。假设需要通过控制单元的端子 DI0 和 DI1 这两个端子的数字输入信号来控制控制单元以 JOG1 和 JOG2 方式运行。在 S120 参数手册中找到 DI0 和 DI1 对应的 BICO 输出为 r0722（具体地，r0722.0 对应 DI0，r0722.1 对应 DI1），然后组态互联至 JOG1 和 JOG2 的 BI 输入 p1055 和 p1056。（具体地，p1055 对应 JOG1，p1056 对应 JOG2）

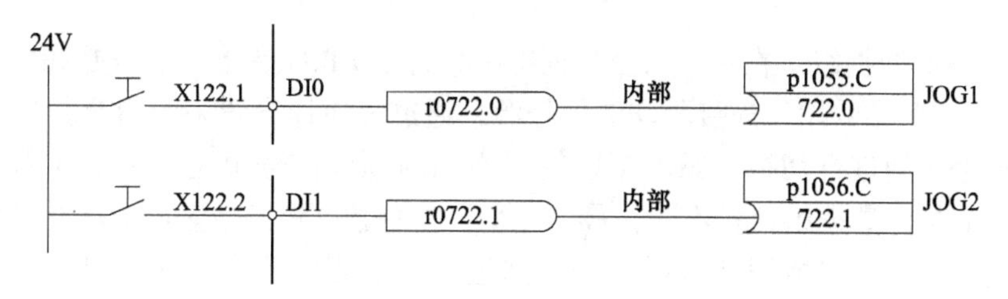

图 5-28　一个互联数字信号示例

对于模拟量信号，除了在参数手册中找到相应的参数编号外，还需注意该模拟量的单位定标信号，该信号影响了数值的单位/量纲。表 5-7 所示为常用模拟量输出的信号表，包括对应的定标信号。

表 5-7　常用模拟量输出的信号表

信　号	参数	单位	标准化（100%）
设定值滤波器前的转速设定值	r0060	rpm	p2000
电动机编码器转速实际值	r0061	rpm	p2000
转速实际值	r0063	rpm	p2000
驱动输出频率	r0066	Hz	基准频率
电流实际值	r0068	Aeff	p2002
直流母线电压实际值	r0070	V	p2001
总转矩设定值	r0079	Nm	p2003
有功功率实际值	r0082	kW	r2004
调节误差	r0064	rpm	p2000
调制度数	r0074	%	基准调制度数

（续）

信　号	参数	单位	标准化（100%）
转矩电流的设定值	r0077	A	p2002
转矩电流的实际值	r0078	A	p2002
磁通量设定值	r0083	%	基准磁通量
磁通量实际值	r0084	%	基准磁通量
转速控制器转矩输出 PI	r1480	Nm	p2003
转速控制器转矩输出 I	r1482	Nm	p2003

5.4.3 变频器的功能数据组、功能单元块与控制系统结构

高性能变频器的控制系统是通过功能单元块和数据组组态而成的，每个单元块和数据组中又包含了多个功能码，系统组态时，根据实际负载需要，将符合要求的功能数据组和功能单元块经过某种组合，最后形成一个完整的控制系统。西门子 SINAMICS S120 系列变频器的功能数据组和功能单元块有：指令数据组（Command Data Set，CDS）、驱动数据组（Drive Data Set，DDS）、编码器数据组（Encoder Data Set，EDS）、电动机数据组（Motor Data Set，MDS）以及相应的功能图和参数。

（1）CDS 数据组：在一个指令数据组中集合了 BICO 参数（二进制和模拟量互联输入）。这些参数用于连接驱动的信号源，通过相应地设置多个指令数据组并在这些数据组之间进行切换，驱动可以使用不同的预设信号源运行。不同驱动对象可以管理的指令数据组数量不同，最多 4 个。指令数据组的数量由 p0170 设置。在矢量模式中，以下参数用于选择指令数据组和显示当前的指令数据组：二进制互联输入 p0810~p0811 用于选择指令数据组，这些输入以二进制形式（最高值位为 p0811）表示指令数据组的编号（0~3）。

（2）DDS 数据组：包含各种设置参数，用于驱动闭环控制和开环控制，包括分配的电动机数据组和编码器数据组的编号的参数 p0186~p0189 以及各种控制参数，例如：转速固定设定值（p1001~p1015）、转速限值最小/最大（p1080、p1082）、斜坡函数发生器参数（p1120）、控制器参数（p1240）等。

可设置多个驱动数据组。这样可使各种驱动配置（控制类型、电动机、编码器）之间的切换更为简易，只需要选择相应的驱动数据组。一个驱动对象最多可以管理 32 个驱动数据组，驱动数据组的数量由 p0180 设置。

（3）EDS 数据组：编码器数据组中包含连接的编码器的各种设置参数，用于对驱动进行配置。例如：编码器接口组件号（p0141）、编码器组件号（p0142）、选择编码器类型（p0400）。在参数列表中，编码器数据组中包含的参数标有“EDS 数据组”，并且具有索引 [0，1，…，n]。每个通过控制单元控制的编码器都需要一个独立的编码器数据组。通过参数 p0187、p0188 和 p0189 可为一个驱动数据组最多分配 3 个编码器数据组。注意，只能通过 DDS 切换进行编码器数据组切换。

（4）MDS 数据组：包含连接的电动机的各种设置参数，用于对驱动进行配置。此外还包含一些显示参数和计算得到的数据，分为设置参数和显示参数两类数据。每个由控制单元通过电动机模块控制的电动机都需要一个独立的电动机数据组。电动机数据组通过参数 p0186 分配至驱动数据组。只能通过 DDS 切换进行电动机数据组切换。电动机数据组切换可用于在不同电动机间进行切换、在电动机的不同绕组间进行切换（例如星形-三角形切换）、电动机数据的自适配等情形。如果需要在一个电动机模块上交替运行多个电动机，必须设置相应数量的驱动数据组。一个驱动对象可以管理最多 16 个电动机数据组。p0130 中电动机数据组的数量不可以大于 p0180 中驱动数据组的数量。

从控制系统的角度看待变频器系统，变频器控制系统的组成分五部分：设定值通道、反馈通道、控制器、功率单元（即主电路）和输出通道，如图 5-29 所示。

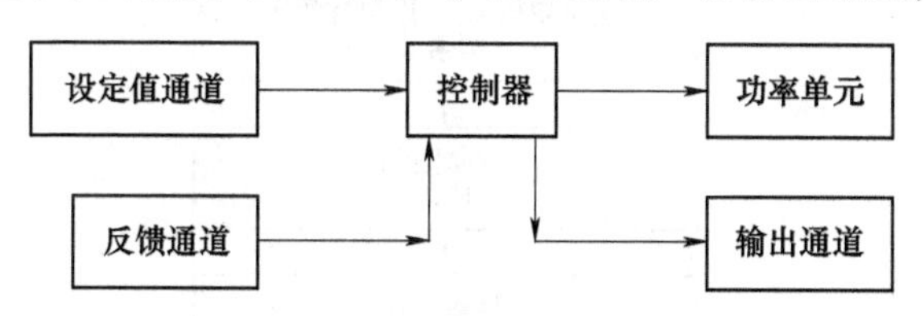

图 5-29　变频器控制系统的组成

（1）设定值通道：用于接受速度或频率的设定，并对其滤波和限幅。

（2）反馈通道：用于接受闭环系统的速度反馈值。

（3）控制器：对主要控制量如速度、频率、电流等进行 PID 调节和其他方式的转换。

（4）功率单元：用于接受电压和频率信号，以产生 PWM 波形。

（5）输出通道：用于显示和输出系统的变量值，如频率、电压、电流等。

设定值通道是控制变频器的必要的基本设定，主流的高性能变频器都支持多源控制设定。SINAMICS S120 系列变频器的设定值通道是一个支持多个设定源的扩展的设定值通道，可以对各个设定值源发出的、用于电动机控制的设定值进行处理。用于电动机控制的设定值也可以来自工艺控制器。图 5-30 所示为 SINAMICS S120 的扩展设定值通道的构成。

设定值分为主设定值和附加设定值两类，附加设定值可用于添加源自下级控制系统的补偿值。这可以通过设定值通道中主/附加设定值的相加点来执行。此时这两个值通过两个独立的源读入，并在设定值通道中相加。在静止到设定转速的范围内，一个驱动支路上（如电动机、联轴器、芯轴、机械设备）可能有一个或多个共振点。这些共振点会导致振动，此时，回避带可以避免共振频率内的运动，可通过 p1080 和 p1082 设置频率限值。此外在运行期间还可通过模拟量互联 p1085 和 p1088 对此限值进行控制。斜坡功能发生器可以在设定值剧烈变化时限制加速度，从而避免整个驱动支路上出现负载冲击。通过斜坡上升时间 p1120 或斜坡下降

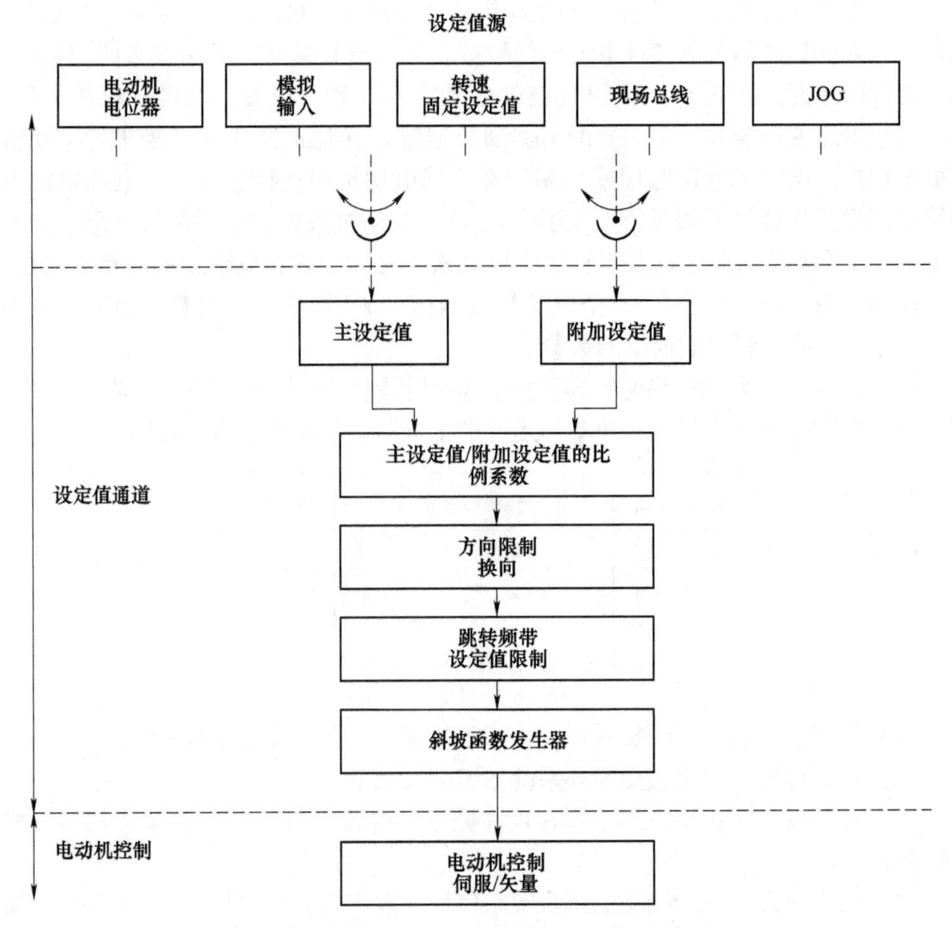

图 5-30 SINAMICS S120 的扩展设定值通道的构成

时间 p1121 可以单独设置一个上升斜坡或下降斜坡，从而可以控制设定值改变时的速度过渡特性。斜坡函数发生器有两种类型：基本斜坡函数发生器、扩展斜坡函数发生器。在基本斜坡函数发生器中，可以通过参数 p1120 设置斜坡上升时间 T_{up}，通过参数 p1121 设置斜坡下降时间 T_{dn} 等基本参数，在扩展斜坡函数发生器中，还可额外通过参数 p1134 选择斜坡函数发生器平滑类型，通过参数 p1130 设置开始端平滑 IR，通过参数 p1131 设置结束端平滑 FR 等。

除了上述基本的运行参数组态外，根据控制模式的不同，用户还可进一步设置组态更多参数。下面以矢量控制模式为例，介绍变频器控制系统的组态过程。

5.4.4 矢量控制的系统组态

高性能变频器驱动电动机时，当有较高动态特性和较高速度精度要求时，必须采用矢量控制模式，这样才能充分发挥高性能变频器的优点。西门子 SINAMICS

S120系列变频器支持有速度传感器的矢量控制和无速度传感器的矢量控制。在不带编码器的矢量控制中（SLVC：Sensorless Vector Control），实际磁通或电动机的实际转速原则上须通过一个电气电动机模型计算得出，该模型借助电流或电压进行计算。在0Hz附近的低频区内，模型无法足够精确地计算出电动机转速。因此在低频范围内矢量控制会从闭环切换为开环。开环控制和闭环控制之间的切换是由时间条件和频率条件（p1755、p1756和p1758）控制的。如果斜坡函数发生器输入端的设定频率和实际频率同时低于“p1755×[1-(p1756/100%)]”的乘积，则时间条件无效。如图5-31所示。

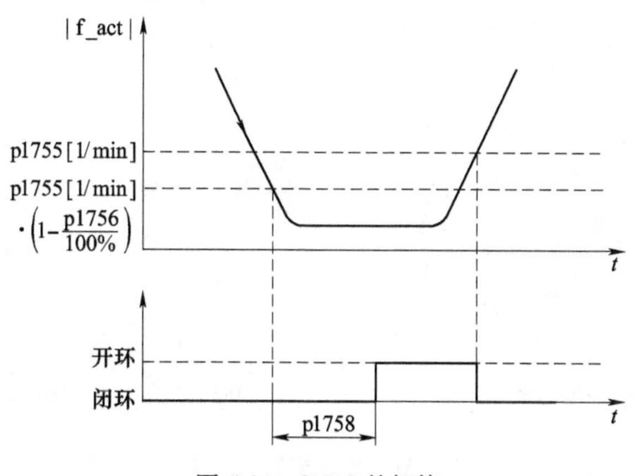

图5-31　SLVC的切换

而在带编码器的矢量控制中，转速可在闭环中降至0Hz（静止状态），可在额定转速范围内保持恒定转矩，相对于不带编码器的转速控制，由于直接测量转速并且集成入电流分量的建模，驱动的动态特性显著提升，转速精度更高。

不论有编码器或无编码器的矢量控制技术，根据控制量的不同又可分为转速控制和转矩控制。在无编码器转速控制SLVC（p1300=20）和带有编码器的转速控制VC（p1300=21）中，可通过BICO参数p1501切换至转矩控制（跟随驱动）。当通过p1300=22或23直接选择了转矩控制时，不可在转速控制和转矩控制间进行切换。转矩设定值或转矩附加设定值可通过BICO参数p1503（CI：转矩设定值）或p1511（CI：转矩附加设定值）输入。附加转矩在转矩控制和转速控制时都生效。根据此特性，可在转速控制中通过转矩附加设定值实现转矩的前馈控制。需要注意的是，“真正的”转矩控制（转速自动设置）仅在闭环控制中可行，在不带编码器的矢量开环控制（SLVC）不可行。下面以有编码器和无编码器转速控制为例介绍矢量控制的系统组态。

有编码器和无编码器（VC，SLVC）的控制技术具有相同的转速控制器结构，转矩设定值由输出变量的总和构成，并由转矩设定值限制降低为允许的值。转速控制器从设定值通道接收设定值r0062，在带编码器转速控制（VC）中直接从转速实际值编码器接收实际值 r0063；或在无编码器转速控制（SLVC）中间接通过电动机模型接收。控制偏差通过 PI 控制器增益，并同前馈控制一起生成转矩设定值。软化功能生效时，负载转矩增加时转速设定值按比例减少，当转矩过大时，会减轻驱动组（两个或多个机械连接的电动机）内单个驱动上的负载。图 5-32 所示为矢量控制的转速控制器结构的原理框图。

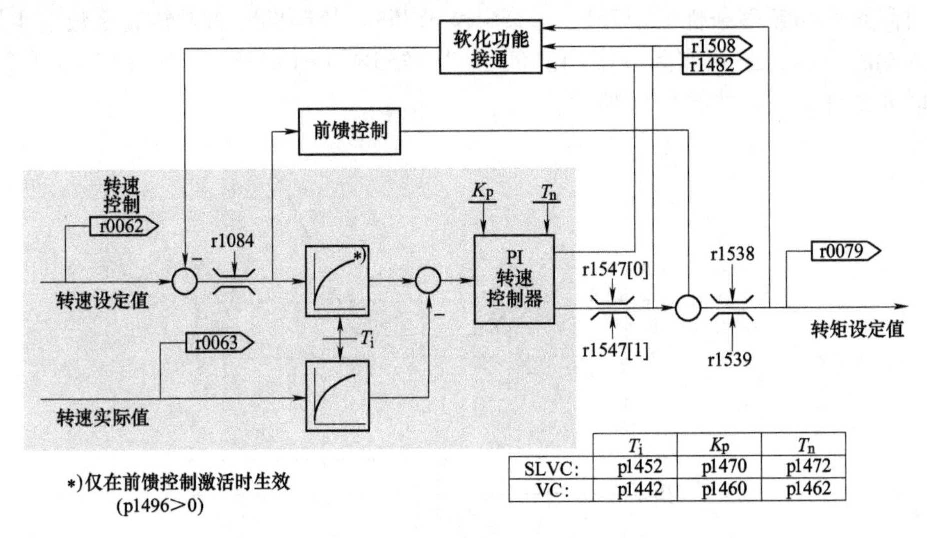

	T_i	K_p	T_n
SLVC:	p1452	p1470	p1472
VC:	p1442	p1460	p1462

图 5-32 矢量控制的转速控制器结构（简易模型）

带有/不带编码器的转速控制器实现的矢量控制相关的重要组态参数见表 5-8。

表 5-8 矢量控制相关的重要组态参数

参数	说明
r0062	CO：滤波后的转速设定值
r0063	CO：转速实际值
p0340	自动计算电动机参数/闭环控制参数
r0345	电动机额定起动时间
p1442	转速控制器转速实际值平滑时间（有编辑器）
p1452	转速控制器转速实际值平滑时间（无编码器）
p1460	转速控制器适配转速区的比例增益
p1462	转速控制器适配转速区前的积分时间
p1470	转速控制器无编码器运行时的比例增益
p1472	转速控制器无编码器运行时的积分时间
p1475	CI：转速控制器，电动机抱闸的转矩设置值
p1478	CI：转速控制器，积分器设置值
r1482	CO：转速控制器转矩输出 I
r1508	CO：加上附加力矩前的转矩设定值
p1960	旋转测量选择

由图 5-32 可以看出，转速控制器结构包含三个核心组件：PI 转速控制器、转

速控制器前馈控制和软化功能。

（1）PI转速控制器：PI转速控制器的核心是一个标准PI控制器，可通过自动转速控制器优化（p1900=1，旋转测量）确定转速控制器的最优设置。如果设置了转动惯量，可通过自动参数设定（p0340=4）自动计算转速控制器（K_p、T_n）。如果在这些设置下产生振动，应手动降低转速控制增益K_p。也可以提高转速实际值平滑时间（通常通过无齿轮或者高频的抗扭振动）和重新调用控制计算，因为该值也用于计算K_p和T_n。手动设置转速控制时最简单的方法是，先通过K_p（和转速实际值平滑时间T_i）确定动态响应，这样就可以尽可能地减少积分时间。此时必须注意，即使在弱磁范围中控制也要保持稳定。为了抑制转速控制器中发生的振动，通常需要提高p1452（无编码器运行）或p1442（带编码器运行）中的平滑时间，或者降低控制器增益。转速控制器的积分输出可查看r1482，受限的控制器输出可查看r1508（转矩设定值）。除此以外，还可通过转速控制器适配抑制当前可能出现的转速控制器的振荡。和转速相关的Kp_n/Tn_n适配在出厂设置中激活。如果仍然出现转速振荡，还可以通过自由Kp_n适配优化Kp_n分量。自由Kp_n适配通过在p1455上连接一个信号源激活，由此得出的系数再和与转速相关的适配Kp_n值相乘。参数p1456~p1459用于设置自由Kp_n适配的作用范围。另外可以设置p1400.6=1优化和转速相关的Tn_n适配分量，该Tn_n值除以自由适配的系数，设置p1400.5=0可以禁用Kp_n/Tn_n适配。

（2）转速控制器前馈控制：转速控制器前馈控制是通过转速设定值计算加速转矩并将它预连到转速控制器，可以提高转速环的控制特性。转矩设定值mv通过适配环节直接作为附加的控制量连接到电流控制器上，即直接由电流控制器预先控制（通过p1496使能）。在调试时或完整地设定参数（p0340=1）时会直接计算电动机转动惯量p0341。总转动惯量J和电动机转动惯量之间的系数p0342手动或通过转速控制器优化确定。而加速度由dn/dt时间段内的转速差计算得出。执行了正确适配时，转速控制器只需稍稍修改调节量，便可对其控制环中的干扰量进行补偿。而转速设定值修改会绕过转速控制器，因此能够更快地被执行。通过加权系数p1496可根据应用情况调节前馈控制变量的控制效果。设置p1496=100%时，根据电动机和负载转动惯量（p0341，p0342）计算前馈控制。系统会自动使用平衡滤波器，以防止转速控制器违反连接的转矩设定值运行。平衡滤波器的时间常量等于转速环的等效延迟时间。如果转速控制器的积分分量（r1482）在n>20%×p0310的斜坡升降中保持不变，则表示转速控制器前馈控制已正确设置（p1496=100%，通过p0342校准）。通过前馈控制还可以无过冲地逼近新的转速设定值。

（3）软化功能：软化功能（通过p1492使能）可以确保在负载力矩增加时转速设定值按比例降低。软化功能会限制机械相连、但以另一转速旋转的驱动的转矩，比如：货车上的导辊。因此，当它和转速受控的主驱动的转矩设定值综合应用时，也可以实现有效的负载分配；与转矩控制以及采用过调制和限幅的负载分配方式相比，该功能在设置合理时甚至可“软化”机械连接，控制滑差。该方法只适用于经常需要进行急剧加速和制动的驱动。比如：在两个或多个电动机机械连接或者在一根轴上工作，并且满足上述要求时，可使用软化。该功能会相应地调节单个电动机的转速，从而限制可能由机械连接产生的转矩差值，并且在转矩过大时减轻驱动负载。

5.5 高性能通用变频器的功能模块

SINAMICS S120控制单元自身继承了丰富的接口，同时还提供1个DRIVE-CLiQ插口，用于支持与DRIVE-CLiQ电动机以及其他DRIVE-CLiQ节点（例如编码器模块或端子模块）的通信。此外，对于单轴运行的CU310控制单元，通过控制单元适配器CUA31/32可以将PM-IF接口转换为DRIVE-CLiQ接口，实现模块型功率模块也可以接入多轴控制单元（CU320-2或SIMOTION D）上运行。此时，从控制单元的角度看，控制单元适配器CUA31/32是DRIVE-CLiQ连接上的最后一个节点。

5.5.1 端子模块TM

通过端子模块TM可以扩展驱动系统内部已有数字量和模拟量的输入/输出的数量以及温度传感器输入通道。根据数字量和模拟量通道数的不同，西门子提供了表5-9所示的多种可选TM模块。

表5-9 端子模块TM规格参数一览

模块名称	规格参数
TM15	• 24路双向数字量输入/输出（分为电气隔离的3组，每组8通道）
TM31	• 8路数字输出 • 4路双向数字量输入/输出 • 2路带转换触点的继电器输出 • 2个模拟量输入 • 2个模拟输出 • 1路温度传感器输入，用于KTY84-130、Pt1000或者PTC
TM41	• 4路双向数字量输入/输出 • 4路数字量输入（电位隔离） • 1路模拟量输入 • 1个用于TTL增量编码器仿真的接口（RS-422）
TM54F	• 4路故障安全数字量输出 • 10路故障安全数字量输入
TM120	• 4个适用于KTY84-130、Pt1000或PTC的温度传感器输入
TM150	• 6~12个温度传感器输入

5.5.2　电压监控模块 VSM

电压监控模块 VSM10 可精确采集电源电压特性并能在供电情况不佳的情况下（例如：出现严重的电压波动或短时中断）确保电源模块的顺利运行。电压监控模块 VSM10 集成在装机装柜型调节型接口模块和装机装柜型非调节型电源模块中。所有书本型调节型电源模块以及 16kW 和 36kW 的非调节型电源模块均可选用该模块。电压监控模块 VSM10 标配了以下接口：

1）1 个用于直接检测电源电压的接口，最大电压 690V；

2）1 个用于通过变压器检测电源电压的接口，最大电压 100V；

3）2 路模拟量输入（预留用于监控装机装柜型调节型接口模块中的共振）；

4）1 路温度传感器输入，用于 KTY84-130、Pt1000 或者 PTC。

5.5.3　编码器模块 SMC/SME

将编码器系统连接至 SINAMICS S120 时，建议优先采用 DRIVE-CLiQ。带有 DRIVE-CLiQ 接口的电动机可直接通过所提供的 MOTION-CONNECT DRIVE-CLiQ 电缆连接到相应的电动机模块上。这种电缆在电动机侧的连接达到防护等级 IP67。不带 DRIVE-CLiQ 接口的电动机的编码器信号和温度信号，以及外部编码器，都应通过编码器模块进行连接。可选用防护等级为 IP20 的电柜安装式编码器模块（SMC），用于安装在控制柜中；或者可采用防护等级为 IP67 的外部安装式编码器模块（SME）。

5.5.4　DRIVE-CLiQ 集线器模块 DMC/DME

DRIVE-CLiQ 集线器模块 DMC20/DME20 用于实现 DRIVE-CLiQ 线路的星形拓扑。两个 DRIVE-CliQ 集线器模块 DMC20/DME20 可以串联（级联）在一起。DRIVE-CLiQ 集线器模块 DMC20/DME20 提供 6 个 DRIVE-CLiQ 插口，用于连接 5 个 DRIVE-CLiQ 设备。

5.6　使用高性能变频器时的注意事项

5.6.1　变频器选型时的注意事项

高性能变频器的选型主要应根据它所驱动的负载类型来选择，但是对于变频器来说，它所驱动的负载无论是何种类型，在变频器输入电压恒定的情况下，主要考虑变频器的额定输出电流、最大电流和最小电流。

（1）变频器连续工作时的额定电流：西门子变频器的额定电流是以 400V 电源电压为基准、按西门子公司 6 级标准电动机的额定电流来定义的。不同厂家的变频器，其额定电流的定义也不相同。另外，变频器主电路部分一般都通过 I^2t 监视器进行过载保护。当变频器的输出电流小于或等于其定义的额定电流时，变频器可连续工作。如果变频器的输出电流超过其定义的额定电流，运行一定时间后，变频器将达到它的最大允许工作温度，因而不允许再过载或 I^2t 监视器将不允许再继续运行下去。所以在变频器选型时，其连续工作的额定电流必须小于或等于负载电流。高性能变频器为了降低电动机噪声和改善输出波形，一般都将变频器的调制频率设定得很高，但这样就不可避免地造成了线路损耗过大和线间分布电容的产生，所以当调制频率设定值不同，针对不同容量的变频器选型时，要适当地减载。

（2）变频器的过载能力：西门子变频器将输出电流定义为额定电流、基本负载电流和过载电流。变频器的额定电流定义如前所述；变频器的基本负载电流定义为额定电流的0.91倍；变频器的过载电流是指变频器驱动的电动机在短时制工作时具有的过载电流，一般用变频器额定电流的倍数来表示。当变频器根据负载情况在短时制工作且需要过载运行时，必须使变频器的输出电流在过载前为基本负载电流。如果定义变频器的工作周期为300s，当过载时间小于或等于60s时，其过载倍数可达到额定电流的1.36倍；当过载时间小于或等于30s时，其过载倍数可达到额定电流的1.6倍，如图5-33所示。

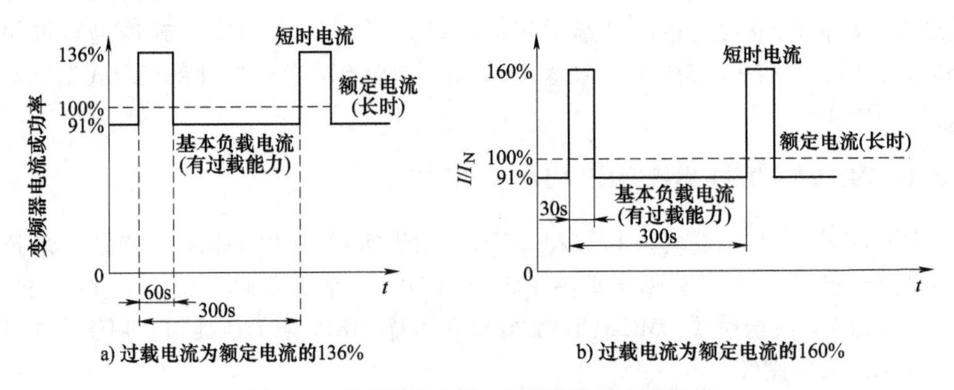

图5-33　变频器额定值、过载值和基本负载值

5.6.2　变频器系统组态时的注意事项

高性能变频器进行简单应用时，使用固定设置或简单功能设定即可，但是进行复杂应用时，必须进行系统组态。变频器系统组态时应注意以下问题：

（1）控制系统类型的选择：高性能变频器的系统组态是硬件系统选择完成后而进行的软件编程。编程时，首先根据现场的工艺要求，确定控制系统的类型，然后才能进行详细的功能码设定。西门子变频器根据负载类型的不同，可选择组成不同类型的控制系统。U/f 控制模式系统适于控制精度一般、系统低频特性要求不高的调速场合，矢量控制模式系统适于恒转矩负载的场合，特别是要求低频转矩大的场合。

（2）电动机参数的调整：变频器在出厂时，已对控制系统组态完成，其所使用的电动机参数一般是该变频器厂家的4、6极标准电动机。而目前市场上高性能变频器驱动的电动机不一定是该变频器厂家生产的电动机，有时电动机极数也有所变化，这在一定程度上降低了高性能变频器的控制精度，所以系统组态时，必须对这部分参数进行调整，具体如下：

1）异步电动机的定子接线分为星形联结和三角形联结，根据联结不同，其额定输入电压也不一样，所以系统组态时，变频器额定输出电压值，应根据电动机联结类型进行设定。

2）变频器驱动的电动机一般分为标准电动机和变频专用电动机。而对变频专用电动机，都进行强制通风，这样在电动机铭牌上有两个不同的额定电流值，系统组态时，应选择恒转矩输出的那个电流值。

3）一台变频器驱动多台电动机进行成组传动时，变频器额定电流要设定为所有电动机额定电流的总和。

4）如果已知电动机额定励磁电流，应将其输入到变频器中，这样变频器在对电动机的其他参数进行自动辨识时，才能更精确。但大多数情况下，电动机额定励磁电流是不知道的，这时可以通过往变频器中输入电动机功率因数，计算得到电动机的额定励磁电流，然后对计算值进行适当的修改。根据经验，对于西门子6SE70系列变频器，当电动机大于800kW时，其计算值偏大，而在电动机功率小于800kW时，其计算值偏小。

5）对于低频恒转矩电动机，当电动机额定频率低于8Hz时，则变频器中关于电动机额定频率的值一定要设定为8Hz，电动机额定电压按U/f=const的比率做相应设定。

5.7　高性能变频器举例

5.7.1　ABB ACS880系列变频器

ACS880系列变频器是ABB公司采用直接转矩控制技术的全能型高性能变频器，替代原有ACS800系列变频器，功率覆盖0.55～3200kW。它具有宽的功率范围、优良的速度控制和转矩控制特性。可为使用者在各个行业和应用提供前所未有的兼容性和灵活性。提供壁挂或柜体式安装，满足多样的需求并提高灵活性和性能。可定制功能用来满足用户在石油、冶金、化工、水泥、电力、材料处理、制浆造纸、木工和船舶等行业中的精准控制需求。它基于ABB的通用传动平台打造，可在提升、起重机、挤出机、绞车、卷曲、传送带、搅拌机、压缩机、泵和风机等广泛的应用中实现精准控制。ACS880 系列包含单传动、多传动和传动模块。其主要特点如下：

（1）传动应用编程：基于 EC61131-3 编程工具的客户定制化功能有助于满足特定的应用需求。该传动还易于实现与 ABB 的 PLC 和 HMI 等其他产品的打包集成方案。

（2）可靠的安全性能：安全力矩中断作为标配功能。可选的安全功能模块可以提供扩展的安全功能，从而简化配置，减少安装空间。

（3）直接转矩控制（DTC）：ABB 独一无二的电动机控制技术，可为所有应用和几乎任何交流电动机提供精确的速度和转矩控制。

（4）可插拔式存储单元：将所有软件和参数配置存储在方便更换、方便安装的存储单元中。

（5）能效管理：提供能源优化功能和能效信息，帮助监控和节省工艺流程的能耗量。

（6）远程监控：内置网络服务器的 NETA-21 可实现在全球各地监控和访问传动模块。

（7）传动到传动的连接：可让变频器之间保持快速通信——包括主从配置，无须任何额外的硬件。

（8）现场总线通信适配：现场总线通信适配器支持与所有主要自动化网络建立连接。

与西门子 S 系列变频器类似，ACS880 变频器也提供了单传动模块和多传动模块的模块式设计以满足单机应用和共母线式多机系统应用。下面结合 ACS880-01 壁挂式单传动变频器介绍 ABB 变频器的产品系列、接线端子和功能设定。ACS880-01 单传动装置经过优化的模块设计不仅可以简化机柜安装，最大限度降低机柜空间要求，而且在一个结构紧凑的模块中提供丰富的功能。该模块的功率范围为 0.55~250kW，电压范围为 230~690V，标配防护等级为 IP20。

（1）ABB 公司 ACS880-01 系列壁挂式单传动变频器规格型号：ACS880 系列变频器的额定电压有 230V、400V、500V、690V 四个级别。

（2）ABB ACS880 系列变频器控制端子：ACS880 传动模块可以提供各种标准接口。此外，它还有三个适用于实施扩展项目的插槽，包括现场总线适配器模块、输入/输出扩展模块、反馈模块和安全功能模块。与西门子 S 系列变频器的控制端子可配置类似，ACS880 系列变频器的控制端子都是可编程的，可根据控制系统的实际需要进行自由设定。ABB 变频器针对常见的各类应用，提供了几套模板式的端子配置方案（称为“宏”）。一般情况下，变频器出厂时对控制端子都进行了设定，请参阅标准应用宏中的“FACTORY MACRO”。ABB ACS880 工厂宏控制程序的默认 I/O 连接如图 5-34 所示。

ACS880 变频器的端子排中，XAI 为模拟量输入端子，XAO 为模拟量输出端

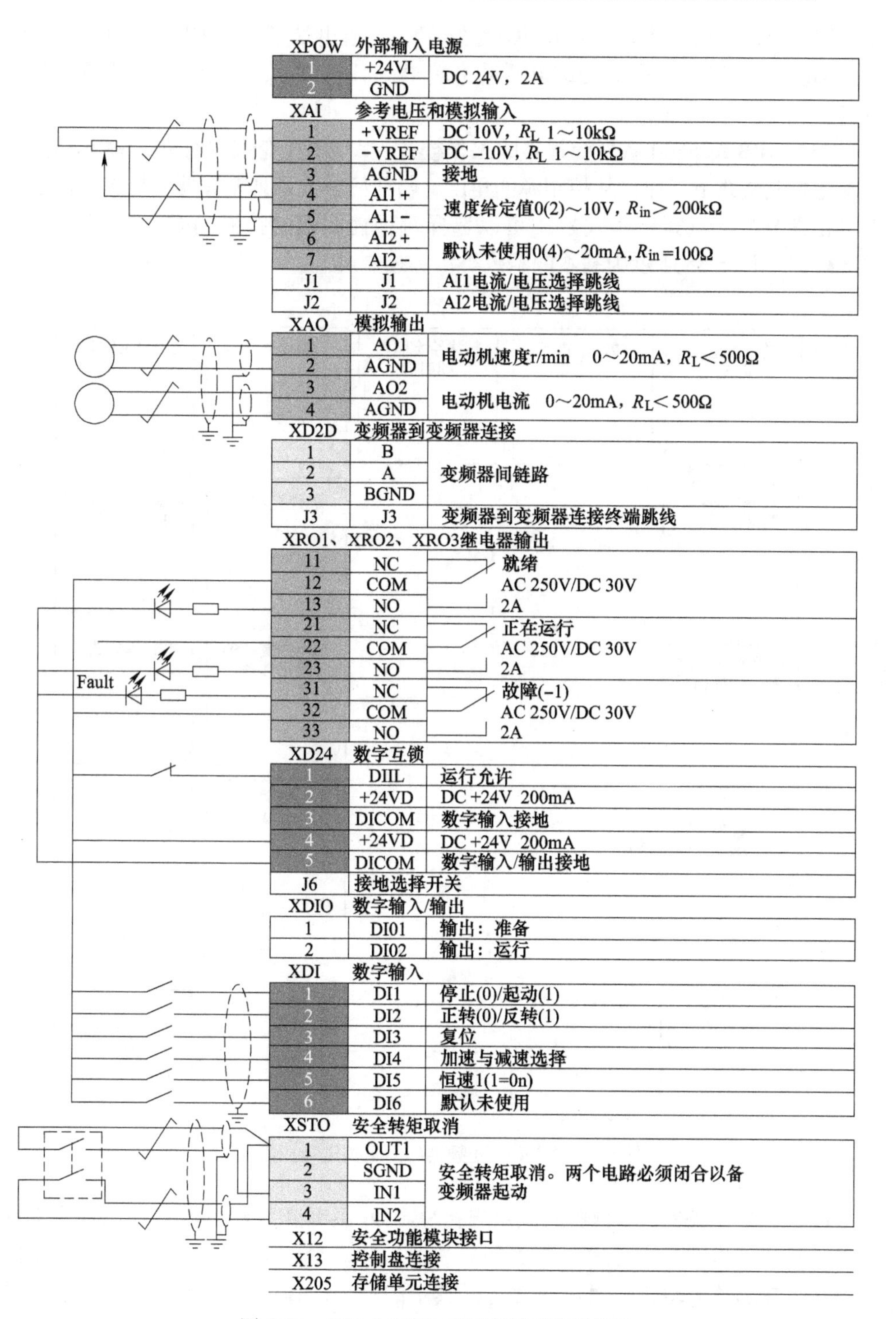

图 5-34　ABB ACS800 系列变频器接线端子

子，XDI 为开关量输入端子，XDIO 为数字输入输出端子，XPOW 为 24V 电源端子，XRO1、XRO2、XRO3 为继电器输出端子，XD2D 为变频器到变频器通信链路接口。

（3）ABB ACS880 系列变频器的工作模式：ACS880 变频器可在几种不同类型的给定控制模式下工作。从控制源的角度，与西门子 S 系列变频器支持多源设定类似，在参数组 19（运行模式）中可以选择每种控制地的控制模式（Local、EXT1 和 EXT2）。图 5-35 所示为基本的给定类型和控制链。

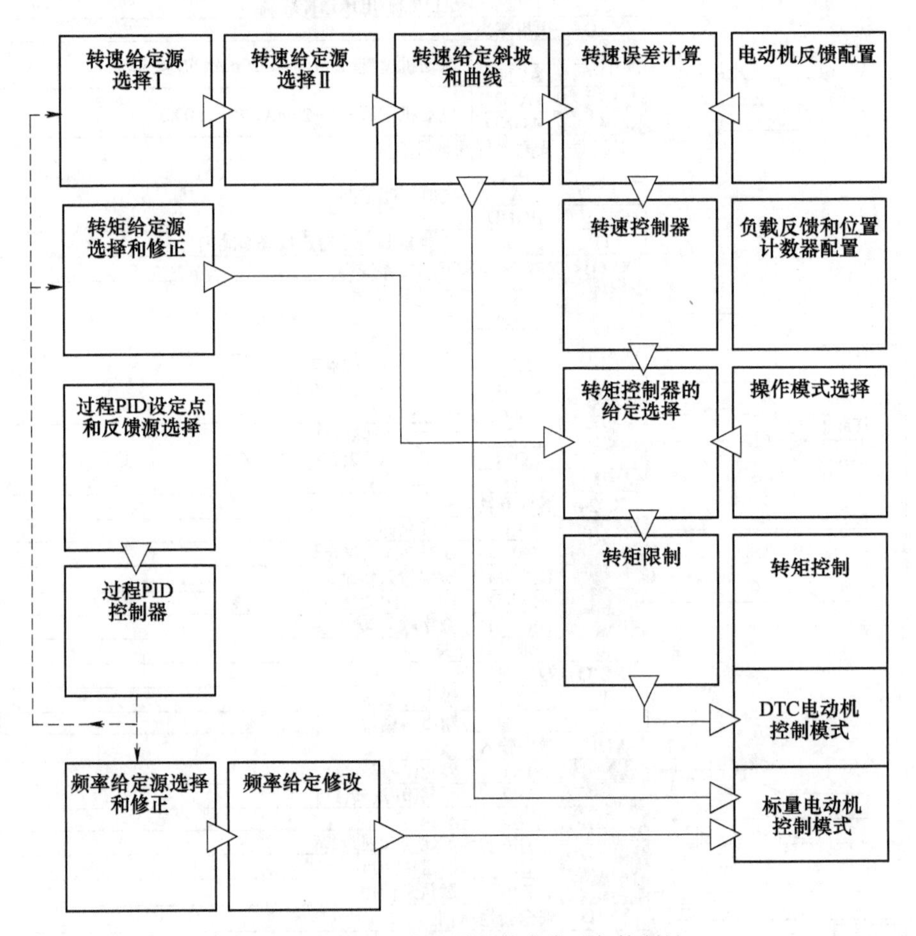

图 5-35　ACS880 变频器的给定类型与控制链

（4）ABB ACS880 变频器的应用宏：ACS880 系列变频器可通过调用预先编好的功能码集（也就是应用宏）来方便、快捷地起动变频器。应用宏是一组默认的参数集。在起动传动时，用户通常选择其中的一个宏作为基础，然后进行必要的改动，再将其保存为用户的参数集。应用宏可以通过参数 96. 04（宏选择）来选择（见表 5-10），通过参数组 96（系统）中的参数来设置用户参数集。

表5-10　ACS880变频器的宏选择设置

参数编号	取值	宏选择	说　明
96.04	1	工厂宏 FACTORY SETTING	用于一般工业应用
	2	手动/自动宏 HAND/ AUTO CONTROL	用于本地和远程操作
	3	PID 应用宏 PID CONTROL	用于闭环控制的过程
	4	转矩应用宏 TORQUE CONTROL	用于需要转矩控制的过程
	5	顺序应用宏 SEQUENTIAL CONTROL	用于按预设的恒定速度运行的过程
	6	现场总线	系统保留

（1）工厂宏：适用于相对直接的速度控制应用，例如输送带、泵和风机以及测试台。在外部控制中，控制地为 EXT1。传动为速度控制，参考信号连接到模拟输入 AI1 上。起动/停止信号连接到数字输入 DI1，方向信号连接到 DI2。故障通过 DI3 进行复位。DI4 控制加速度/减速度时间设置 1 和 2 之间的切换。通过参数 23.12~23.19 定义加速和减速时间和斜坡形状。DI5 激活恒速 1。

（2）手动/自动宏：适用于使用两个外部控制设备的速度控制应用中。传动从外部控制地 EXT1（手动控制）和 EXT2（自动控制）进行速度控制。控制地的选择是通过数字输入 DI3 完成的。EXT1 的起动/停止信号连接到数字输入 DI1，方向信号连接到 DI2。对于 EXT2，起动/停止命令通过 DI6 给出，方向通过 DI5 给出。EXT1 和 EXT2 的参考信号分别连接到模拟输入 AI1 和 AI2。恒速（默认 300rpm）可通过 DI4 激活。

（3）PID 应用宏：适用于过程控制应用中，例如压力、液位或流量闭环控制系统，如供水系统中的增压泵、水池的液位控制泵、区域供热系统的增压泵、传送带上的物料流量控制等。过程给定值连接到模拟输入 AI1，过程反馈值连接到 AI2。如果通过 AI1 向传动提供一个直接速度给定值。PID 控制器将失效，传动不再控制过程变量。直接速度控制（控制地 EXT1）与过程变量控制（EXT2）之间的选择是通过数字输入 DI3 来完成的。EXT1 和 EXT2 的停止/起动信号分别连接到 DI1 和 DI6。恒速（默认 300rpm）可通过 DI4 激活。

（4）转矩应用宏：适用于需要电动机转矩控制的应用中。这些都是典型的张力应用，其中的机械系统需要恒定张力来维持。转矩给定值通过模拟输入 AI2 给出，通常作为电流信号，范围是 0~20mA（对应于额定电动机转矩的 0~100%）。起动/停止信号连接到数字输入 DI1，方向信号连接到 DI2。通过 DI3，可以选择速度控制来代替转矩控制。也可以通过 Loc/Rem 键（控制盘或 PC）改为本地控制。默认情况下，本地控制为速度给定；如果需要转矩给定，将参数 19.16 本地控制模式的值改为转矩。恒速（300rpm）可通过 DI4 激活。DI5 控制加速度/减速度时间设置 1 和 2 之间的切换。通过参数 23.12~23.19 定义加速度/减速度时间和斜坡形状。

（5）顺序应用宏：适用于可以使用速度给定值、多个恒速以及两个加速和减速斜坡的速度控制应用中。只有 EXT1 用于此宏。该宏提供七种预先设定的恒速，可通过数字输入 DI4~DI6 来激活（请参阅参数 22.21 恒速功能）。可以通过模拟输入 AI1 来给定外部速度，该给定只在没有恒速激活时有效（数字输入 DI4~DI6 全部关闭）。操作指令也可以通过控制盘给出。起动/停止信号连接到数字输入 DI1，方向信号连接到 DI2。两个加速/减速斜坡可通过 DI3 进行选择。可以通过参数 23.12~23.19 来设置加速/减速时间和斜坡形状。

5.7.2 三菱 FR800 变频器

日本三菱变频器是采用磁通矢量控制技术、Soft-PWM 调制原理和智能功率模块（IPM）的高性能变频器，其功率范围为 0.4~315kW。其最新的变频器产品为 FR 800 系列，相较于上一代 FR 700 系列产品，具有更快的响应和更高的运行速度。为了满足不同的工业现场应用，三菱 FR 800 变频器分为两个产品系列。

（1）FR-A800：针对大多数一般工业应用负载，适用于对负载要求高，精度要求高的机械设备，如：电梯、机床、起重机等大型机械设备。

（2）FR-F800：适于风机和泵类负载，能够将水泵、风机、空调器等的转动频率非常快的设备控制在一个相对平稳的频率，且不影响设备的正常工作，从而实现对电动机转速的调节，提高电气传动系统的运行效率。

三菱 FR-A800 变频器可以选择 *V/F* 控制（初始设定）、先进磁通矢量控制、实时无传感器矢量控制、矢量控制、PM 无传感器矢量控制等控制方式。

（1）*V/F* 控制：当频率（*F*）可变时，控制频率与电压（*V*）的比率保持恒定。

（2）先进磁通矢量控制：可以通过对变频器的输出电流实施矢量演算，分割为励磁电流和转矩电流，进行频率和电压的补偿以便流过与负载转矩相匹配的电动机电流，提高低速转矩。同时实施输出频率的补偿（转差补偿），使电动机的实际旋转速度与速度指令值更为接近。在负载的变动较为剧烈等情况下有效。

（3）实时无传感器矢量控制：通过推断电动机速度，实现具备高度电流控制功能的速度控制和转矩控制。有必要实施高精度、高响应的控制时，请选择实时无传感器矢量控制，并实施离线自动调谐。适用于下述的用途：

1）负载的变动较剧烈但希望将速度变动控制在最小范围；

2）需要低速转矩时；

3）为防止转矩过大导致机械损坏（转矩限制）；

4）想实施转矩控制。

（4）矢量控制：安装 FR-A8AP，并与带有 PLG 的电动机配合可实现真正意义上的矢量控制运行。可进行高响应、高精度的速度控制（零速控制、伺服锁定）、转矩控制、位置控制。相对于 *V/F* 控制等其他控制方法，控制性能更加优越，可实现与直流电动机同等的控制性能。适用于下列用途：

1）负载的变动较剧烈但希望将速度变动控制在最小范围；

2）需要低速转矩时；

3）为防止转矩过大导致机械损坏（转矩限制）；

4）想实施转矩控制和位置控制；

5）在电动机轴停止的状态下，对产生转矩的伺服锁定转矩进行控制。

（5）PM无传感器矢量控制：通过与比感应电动机效率更高的PM（永磁铁）电动机组合，能够更高效地实现速度控制精度高的电动机控制。无须PLG等速度检测器，而是通过变频器的输出电压和输出电流推测电动机的旋转速度。另外，为了以最大限度发挥电动机的效率，控制PM电动机，将加负载时的电流抑制在所需的最低限度。使用IPM电动机MM-CF时，只需进行IPM参数初始设定即可实现PM无传感器矢量控制。

5.7.3 英泰P2系列变频器

英泰P2系列变频器是英国Invertek公司生产制造的一款高性能变频器。P2变频器为快速安装和调试进行了专门设计，为工业应用提供了高性价比的解决方案。英泰Optidrive P2功率范围为0.75~250kW，标配60s150%过载能力，确保变频器适合重载应用。IP55防护等级使变频器更加适合苛刻的工业应用环境，扩展I/O和通信接口使变频器以最少的调试时间灵活快速地接入变化多端的控制系统。英泰变频器简单的参数结构和默认的出厂参数设定确保最小的调试时间。

P2变频器适合以下多种不同类型的电动机，只需改变单一参数的设定即可。此技术允许同一台变频器适用于非常广泛的应用场合，使得OEM客户和最终用户使用最先进的电动机控制技术带来的节能优势。

1）标准交流感应电动机是目前世界上应用最多的电动机，这些电动机成本低，性能优秀可靠，维护周期长。随着日益提高的能效要求，电动机厂家近些年改善了设计。Optidrive P2提供优化的控制，在老一代电动机和高效电动机应用中，提供最大电动机效率控制。可以运行在V/F控制模式，或者第三代高性能矢量控制模式，开环高达零速200%转矩输出。

2）永磁同步电动机较比标准感应电动机有更高的电动机效率，使用永磁电动机消除了励磁电流，降低了损耗。永磁电动机在很多领域具有多年应用，但是都需要编码器反馈。Optidrive P2设计用于永磁电动机，开环控制无须编码器，使得用户在获得电动机能量效率的效益时，无须复杂的位置反馈。

3）直流无刷电动机（BLDC）类似于永磁电动机，然而控制方法上有一定差异去优化其性能。Optidrive P2能灵活地控制此类电动机，只需要简单的参数修改，因此为OEM客户在多样的应用场合提供了更大的灵活性和可靠性。

4）同步磁阻电动机（SynRM），不要与开关磁阻电动机混淆，与感应电动机具有相似的定子结构，然而转子却本质不同，其目的是提高电动机整体效率。同步磁阻电动机是变转矩应用场合的理想选择。P2变频器可以控制同步磁阻电动机，实现节能效益。

P2变频器内置Modbus RTU和CANopen总线协议，适用于大部分的通信需求。同时，通过扩展选件也支持很多其他的总线通信，例如Profibus，ProfiNet，Ethernet，Modbus TCP，DeviceNet，EtherCat等。

内置PLC编程功能，用户可以很灵活地进行变频器功能定制，二次开发适合自己的专用功能。和通用PLC类似，能进行逻辑和数学运算，可以替代小型PLC加变频器的应用，使控制系统更加简单，减少故障点。

智能无线调试工具，专门开发的智能蓝牙模块，使调试更加的简单。NFC功能快速参数传输，批量应用时可以快速复制参数。支持手机APP连接变频器快速调试，使现场调试更加便捷。

强大的性能和简单应用的特点使得P2在很多领域广泛应用，例如：应用在起重机上，专用的起重机控制算法，开环状态下零赫兹高达200%的转矩输出。卷绕设备中，基于张力或摆臂反馈PID闭环张力控制，优化的开环转矩输出，或者闭环反馈下提供更宽的速度范围。紧急情况下安全转矩关断能立刻禁止变频器输出。

参考文献

[1] 满永奎，韩安荣．通用变频器及其应用［M］.3版．北京：机械工业出版社，2011.
[2] 满永奎．Electric Machinery Fundamentals［M］.5版．北京：清华大学出版社，2013.
[3] PAUL KRAUSE，OLEG WASYNCZUK，SCOTT SVDH. 电机原理及驱动分析［M］.3版．满永奎，边春元，译．北京：清华大学出版社，2015.
[4] 张兴，张崇巍．PWM整流器及其控制［M］. 北京：机械工业出版社，2003.
[5] ANDRZEJ M. TRZYNADLOWSKI. 异步电机的控制［M］. 李鹤轩，等译. 北京：机械工业出版社，2003.
[6] 吴守箴，等．电气传动脉宽调制控制技术［M］. 北京：机械工业出版社，2003.
[7] 李永东．交流电机数字控制系统［M］. 北京：机械工业出版社，2002.
[8] 胡崇岳. 现代交流调速技术［M］. 北京：机械工业出版社，1999.
[9] 西门子电气传动有限公司. SINAMICS S120功能手册，2018.
[10] 西门子电气传动有限公司. SINAMICS S120 AC驱动设备手册，2019.
[11] 西门子电气传动有限公司. SINAMICS S120入门手册，2008.
[12] ABB电气传动有限公司. ACS880-01变频器硬件手册，2016.
[13] ABB电气传动有限公司. ACS880基础控制程序固件手册，2015.
[14] 三菱电机株式会社. 三菱通用变频器A800使用手册，2014.
[15] 英泰驱动控制（沈阳）有限公司. P2变频器中文说明书V3.0，2019.

第6章

高压变频器

高压大功率交流电动机是工业生产的重要设备，应用范围十分广泛。现代工业领域中，拥有大量的大功率风机泵类设备，例如钢铁工业的轧钢机、高炉鼓风机、炼钢制氧机和除尘风机，石油化工生产用的压缩机，电力工业的给水泵和引风机，煤矿的排水泵和排风扇，油田高压注水泵，城市供水泵以及电气化铁路的电力机车等，所用驱动电动机都是400~40000kW、3~10kV的大功率高压交流电动机，它们消耗的能源占电动机总能耗的70%以上，如不用调速装置，将使电能造成很大的浪费。据统计高压电动机用电量占总的电动机用电量2/3以上，在此形势下，开发生产和推广应用节电效益非常显著的高压变频器十分必要。顺便指出，人们通常所称的高压变频器，实际上电压一般为2.3~10kV，国内主要为3kV、6kV和10kV，按国际惯例和我国国家标准，供电电压大于或等于10kV时称高压，小于10kV时称中压。因此，从严格意义上讲，额定电压为10kV和10kV以下的变频器应分别称为高压变频器和中压变频器。10kV以内的变频器被称为高压是相对于380V以下的低压通用型变频器而言的，和真正的高压变频器相比还只能称为中压，故国外常称为中压变频器。

6.1 高压变频器的结构

受功率器件耐压能力的限制，高压变频调速系统的拓扑结构与低压变频调速系统相比有很大的不同，至今尚未形成较为统一的结构，在性能指标及价格上也各有差异。高压变频调速技术因具有开放式的结构、灵活多变的组合方式等特点，使得与其相关的研究方兴未艾，新的技术成果不断涌现。

到目前为止，高压变频器按结构特点可分为两类结构方式：第一类为高-低-高方式，第二类为高-高方式，两类高压变频器的主电路拓扑结构如图6-1所示。

6.1.1 高-低-高方式变频器

这是早期高压变频器的实现方式，实际上仍是采用通用变频器实现调速，在电力电子功率器件耐压问题没有解决之前，高-低-高方式高压变频器得到了应用。在通用变频器输入侧加一台降压变压器，将电网输入的高压降到一般低压（380V或690V），在变频器输出和负载电动机之间加滤波器和一台升压变压器，将变频器

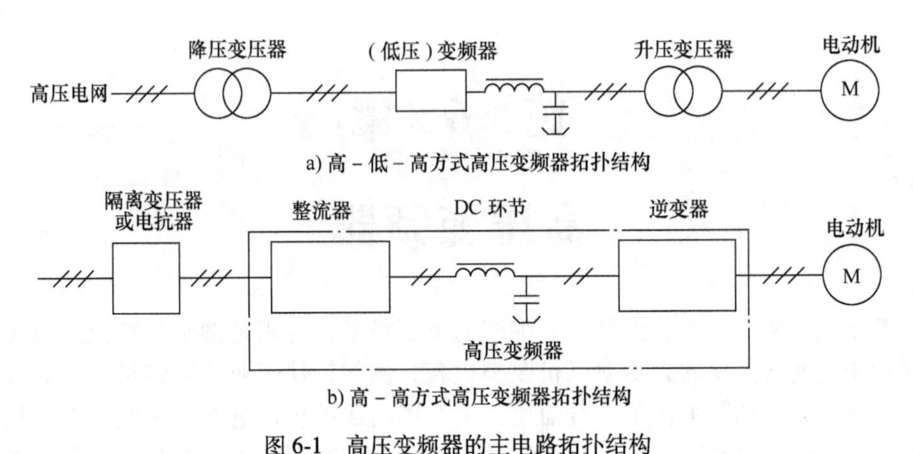

a) 高－低－高方式高压变频器拓扑结构

b) 高－高方式高压变频器拓扑结构

图 6-1 高压变频器的主电路拓扑结构

的输出电压变换为负载电动机所需要的电压，因此亦称为间接式高压变频调速。

这类变频装置除了一台低压变频器，还需要两台变压器和一组滤波器，比较适合用于改造项目。如果某厂内原装有变频器及低压配电电源，采用此种装置，只需加一台升压变压器和滤波器，便可驱动高压电动机工作，原有电动机电缆无须改动，投资相对较低，且方案成熟。一般来说，此种变频装置比较适合于调速比要求不高的风机和泵类负载场合，功率一般在1500kW以下，采用价格不高的低压通用变频器和输出变压器，虽然系统总效率略有下降，但其价格相对其他形式高压变频器较低；且低压变频器的维修比较方便，从经济上考虑，再加上节省电费的补偿，仍不失为一种实用的选择。

高-低-高式高压变频调速系统有四个主要设计环节：降压变压器、低压变频器、滤波器和升压变压器。其中低压变频部分也可采用一些多重化的方法，以降低电流中的谐波，例如：可采用三电平的低压变频器或多台低压变频器并联运行。

正如前面分析所说，高-低-高式高压变频器实际上是降压变压器、低压变频器、升压变压器的组合，工作原理简单，价格也相对较低。但硬件设备体积比较庞大，中间环节多，运行效率相对较低，由于升压、降压变压器和滤波器的损耗，长期运行费用较高，目前这种方式正逐渐退出使用。

6.1.2 高-高方式变频器

随着逆变器件耐压等级和功率等级的提高，采用适当的技术措施进行串、并联或者多重化，使变频器能够达到需要的电压等级和容量等级，就能够使高压变频器的基本结构原理与低压变频器一样，不再需要两次改变电压，可以从电网直接接入变频器来驱动高压电动机，这样的方式就称为高-高式高压变频器，亦称直接式高压变频器。

高-高式高压变频器的核心问题是如何提高整流及逆变部分的耐压能力，使用高耐压大容量器件和逆变器件的串联是提高耐压能力的两个思路。直接使用高耐压大容量器件是最简单的思路。普通晶闸管已经能够达到10kV/10kA的耐压和容量水平，用于部分高压变频器已经足够。这种变频器通常做成电流型脉冲幅度调制（Pulse Amplitude Modulation，PAM）方式，并常常采用多重化技术，与低压电流型PAM变频器在原理上没有本质差别。采用串联方式提高耐压水平，需要考虑均压问题。采用门极可关断晶闸管GTO，通过器件筛选配对，可以串联提高耐压水平。整流部分一般不采用器件直接串联，而是单元串联方式，即每个整流桥由整流变压器的一个二次绕组独立供电，在直流端进行串联，这样每个整流器件的耐压要求由变压器二次电压决定，不存在均压问题。将IGCT用于功率单元串联式变频器，在同样的电压等级和容量等级时可以减少串联级数，降低器件数量和结构复杂程度。

除耐压和容量问题外，可靠性方面的要求也是高压变频器的一个重要方面，因为高压变频器驱动的高压电动机拖动的负载常常是关键性的工业设备。较大的耐压裕量、电流裕量和功率裕量，以及良好的冷却措施是提高可靠性的重要因素。高压变频器在功率很大时，常常采用强制水冷方式，这是低压变频器很少采用的。

总之，在选择高-低-高方式或高-高方式的高压变频器时应考虑到电动机容量、空间场所、环境要求及成本高低等方面要求。一般情况下，电动机容量在800kW以下，空间场所不受限制时，可以采用高-低-高式变频器，这种系统价格便宜、技术成熟、可靠性高，但需多加变压器，所以系统效率稍低，占地面积相对较大。对于6kW/2000kW以上的高压电动机调速，应采用高-高方式高压变频器，目前主要有电流源型高压变频器、三电平电压源型PWM变频器和单元串联多电平电压源型变频器等，以后几节将对这几种结构的高压变频器进行介绍。

6.2 电流源型高压变频器

电流源型高压变频调速系统是高压变频调速领域最早的产品，如我国宝钢2号高炉引进了两套日本制造的容量为1650kVA的矢量控制电流源型变频调速装置。电流源型变频器（Current Source Inverter，CSI）采用大电感作为中间直流滤波环节。整流电路一般采用晶闸管作为功率器件，少数也有采用GTO的，主要目的是采取电流PWM控制，以改善输入电流波形。逆变部分一般采用晶闸管或GTO作为功率器件。由于存在着大的滤波电抗器和快速电流调节器，所以过电流保护比较容易。当逆变侧出现短路等故障时，由于电抗器存在，电流不会突变，而电流调节器则会迅速响应，使整流电路晶闸管的触发延迟角迅速后移，电流被控制在安全范围内。通常把滤波电抗器分为两半，上下直流母线分别串接一半，实现了对接地短路的保护。电流源型变频调速系统的优点是工作可靠，能量可以回馈电网，系统可以四象限运行。

电流源型变频调速系统种类较多，有相当一部分采用半控型晶闸管器件，目前主要在高压或大中容量的场合应用，逆变电路的结构主要有串联二极管式、负载换相式、输出滤波器换相式和采用全控型器件的PWM式等。其中，前三种电流源型变频的逆变功率器件都采用晶闸管，由于晶闸管是半控型器件，其关断比较复杂，所以一般以晶闸管作为逆变桥开关器件时，电流源均工作于120°导通型。PWM式电流源型变频器采用GTO作为功率器件，逆变器一般采用电流PWM控制方式。在系统控制上，电流源型变频器在一般应用时采取电压-频率协调控制，必须设置电压环，以实现输出电压的闭环控制。

电流源型变频器对电网电压的波动较为敏感，一般当电网电压下降15%时，变频器就会跳闸停机。

6.2.1 晶闸管电流源型变频器

电流源型变频器采用交-直-交间接变换技术，图6-2所示为其基本原理图，先将输入A、B、C三相交流电整流为直流电后，再通过三相桥式逆变电路逆变为需要的U、V、W三相交流电输出。与交-直-交电压源型变频器不同，交-直-交电流源型变频器的中间直流滤波环节采用的是一个大电感，所以对负载而言，该电路表现为电流源性质，故称之为电流源型变频器。

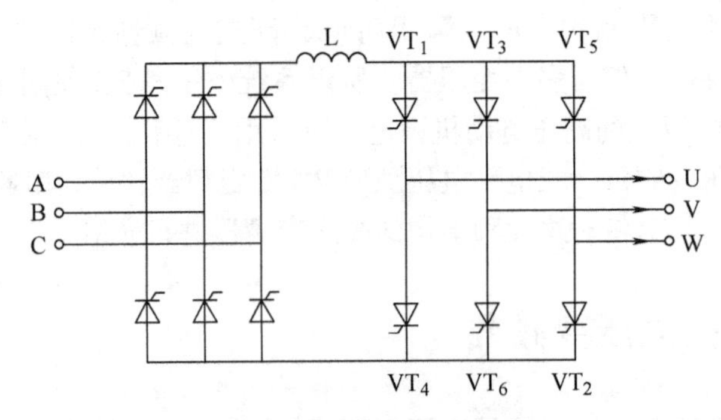

图6-2 电流源型变频器原理

该电路由三相可控整流电路、直流电抗器滤波电路、三相桥式逆变电路三部分组成。其中逆变桥采用120°导通型控制方式，六个晶闸管在同一时刻保证两个晶闸管导通，每个晶闸管导通120°，在负载侧形成正负交变的电流波形，如图6-3所示。

图中，$U_{g1} \sim U_{g6}$为逆变侧的六个晶闸管的门极触发信号，$VT_1 \sim VT_6$为各个晶闸管的导通时刻，各信号按照U_{g1}-U_{g2}-U_{g3}-U_{g4}-U_{g5}-U_{g6}的次序输出，各信号相位互差60°，各信号持续120°，晶闸管的导通次序为VT_1-VT_2-VT_3-VT_4-VT_5-VT_6。同一时刻只有两个晶闸管导通，每个晶闸管导通120°，从而在逆变器的输出侧得到图6-3所示的正负各占120°的电流波形输出。

晶闸管电流源型变频器的优点在于，采用晶闸管作为开关器件，耐压较高，串联相对比较容易，同时中间直流环节采用大电抗器作为滤波环节，可以减小谐波畸变并抑制 di/dt，即使出现负载短路、逆变桥某个器件损坏等故障时，电流也不会突然增大，所以系统的可靠性较高。同时该电路可以非常方便地实现四象限运行，转矩响应快。而且，晶闸管器件生产技术成熟，可以达到其他电力电子器件尚不能达到的电压和容量，具有最高的功率等级（12kV/6kA），所以晶闸管电流源型变频器在一些高压、大功率、位能性负载的调速系统，特别是同步电动机变频调整系统中仍有优势。

随着电力电子器件的不断发展，许多新型器件性能不断完善，可靠性不断提高，不少全控型器件在耐压及额定电流等方面指标均已接近晶闸管量级，所以当前电流源型变频器的主流已是采用全控型器件（如 GTO、IGCT、SGCT 等）构成 PWM 式电流源型逆变器。

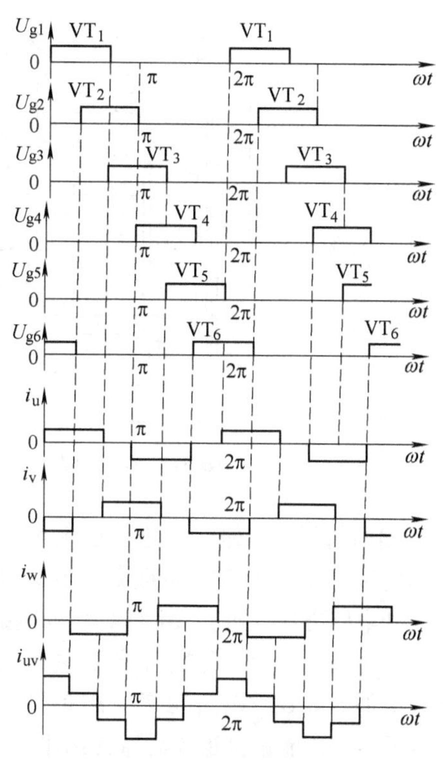

图 6-3 120°导通型电流源型变频器逆变侧控制波形

6.2.2 PWM 式电流源型变频器

如果电流源型变频器的逆变桥采用全控型器件，则逆变桥也可以采用 PWM 控制，此类变频器称为 PWM 式电流源型变频器。晶闸管电流源型变频器低速时谐波增大，转矩脉动明显，与此相比，PWM 式电流源型变频器有很多优点。目前，越来越多的大容量的电流源型变频系统采用 GTO-PWM 控制。

GTO-PWM 式电流源型变频器采用 GTO 作为逆变部分的功率器件，如图 6-4 所示。其电路结构为交-直-交电流源型，逆变器功率开关采用 GTO 串联形式，省去了强迫换流电路，简化了主电路结构。逆变器输出端的电容器用于吸收 GTO 关断时产生的过电压，也对输出的 PWM 电流波形起到滤波作用。由于采用 PWM 技术，输出谐波降低，滤波器可大大减小。

GTO 是在晶闸管基础上发展起来的全控型电力电子器件，目前的电压电流等级可达 6000V/6000A。GTO 开关速度较低，损耗大，需要庞大的缓冲电路和门极驱动电路，这使得系统的复杂性增加、成本提高，应用受到限制。GTO 中数千只独立的开关单元做在一个硅片上，由于开关不均匀，需要缓冲电路来维持工作，以限制器件承受的 du/dt，缓冲电路一般采用 RCD 型结构，二极管和电容必须有与

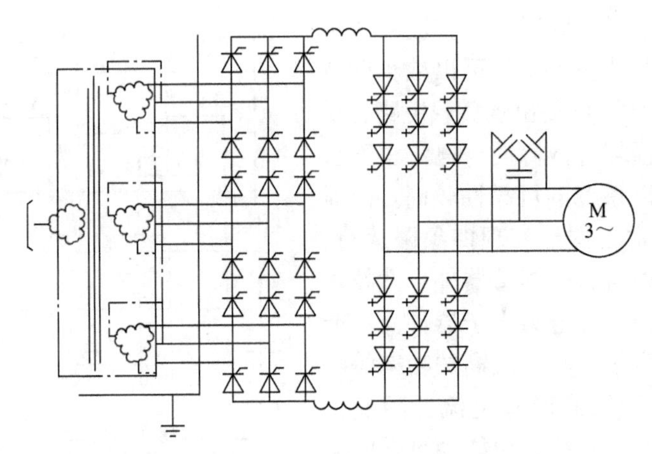

图 6-4 GTO-PWM 式电流源型变频器主电路结构

GTO 相同的耐压等级，二极管要求用快速恢复二极管。缓冲电路的损耗产生热量，影响器件的可靠运行，并且影响变频器的效率。为了降低损耗，可采取能量回馈型缓冲电路方案，通过 DC/DC 变换电路把缓冲电容中储存的能量返回到中间直流环节，降低了损耗但增加了装置的复杂性。GTO 的开关频率较低，一般在几百赫兹，比如 300Hz，在大功率应用条件下，考虑到 GTO 的开关特性及损耗等因素，GTO-PWM 电流源型变频器通常选用的开关频率在几百赫兹左右。因此，所采用的 PWM 控制策略，应在这种较低的开关频率下，达到较好的调制性能。若整流电路也采用 GTO 作电流 PWM 控制，可以得到较低的输入电流谐波和较高的输入功率因数，当然系统的成本也会相应增加。在电流型变频器中，直流环节的电流和逆变器频率是两个关键的控制参量，其中可以通过控制前端 GTO 整流器改变电流。

GTO 电流源型变频器可以说是晶闸管变频器的改进，目前 GTO 的最高研究水平为 6kV/6kA 以及 9kV/10kA，实用水平为 6kV/3kA，采用器件串联方式，装置容量可达 7500kVA 以上。但 GTO 作为高压变频调速系统的电力电子器件仍有需要改进的地方，ABB 公司的高压变频器 PowerFlex7000 系列，用新型功率器件—对称门极换流晶闸管（SGCT）代替 GTO，具有集成门极驱动、开关频率高等优点，简化了驱动和吸收电路，提高了系统效率，6kV 系统每个桥臂采用 3 只耐压为 6500V 的 SGCT 串联。采用功率器件串联的二电平逆变电路方案，结构简单，使用的功率器件少。但器件串联带来静态和动态均压的问题，且二电平输出的 du/dt 会对电动机的绝缘造成危害，要求提高电动机的绝缘等级。

GTO-PWM 式电流源型变频器输出滤波电容的容量低，因此电容的滤波效果差，输出电流波形的质量低。电动机电流质量的提高可以通过 GTO 采用谐波消除的电流 PWM 开关模式来实现。在低频时，输出电流每个周期内相应的 PWM 波形个数较多，谐波消除会比较有效。但是，由于受到 GTO 开关频率的限制，高速时谐波消除效果大大下降。如果需要降低或消除 PWM 电流源型变频器的输入输出的低次谐波，可采用双边 PWM 式电流源型变频器，其电路如图 6-5 所示。变频器的整流部分与逆变部分均采用全控型器件 GTO 构成，而且在输入侧接入一组星形联结的滤波电容，对输入电流进行滤波的同时，还用来吸收由整流侧 GTO 关断时引起的过电压（为整流侧 GTO 换相提供通路）。

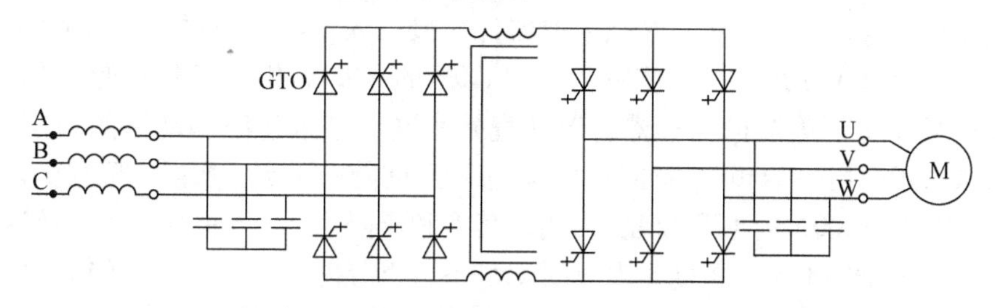

图 6-5　双边 PWM 式电流源型变频器原理图

双边 PWM 式电流源型变频器需要采用全控型器件，现有的全控型器件中，GTO 的门极功率很大，其驱动与保护电路也很复杂，故使用的较少，而 IGCT、SGCT 为近些年发展起来的新型器件，市场销量不是特别大，价格较贵，IGBT、MOSFET 等器件在电流源型变频器使用中需要串联二极管，同时其耐压和电流容量均远远不如晶闸管，所以在高压电流源型变频器中最常用的还是晶闸管，晶闸管电流源型变频器的输入和输出谐波可以通过加装输入输出滤波器及采用输入、输出多重化的办法来加以改善。

6.3　三电平电压源型高压变频器

若使用低压功率器件设计制造高压变频器，需要功率器件串联使用，这会使器件的数量增加，电路复杂，可靠性降低。为了避免或减少器件的串、并联使用，国际上很多大公司致力于开发高耐压、低损耗、高速度的功率器件。如西门子公司研制的高压 IGBT，耐压可达 6kV；ABB 公司研制的 IGCT，耐压达 6.5kV，开关频率为 10kHz，关断时间小于 3μs，其功率密度大，可靠性高，非常适用于高压、大容量的变流装置。

人们在研制高耐压器件的同时，对变频器主电路结构的研究也有所突破，为了避免器件串联引起的动态均压问题，同时降低输出谐波和 du/dt，逆变器部分可以采用三电平方式，也称 NPC（Neutral Point Clamped，中心点箝位）方式，三电平逆变器如图 6-6 所示。逆变部分功率器件可采用 GTO、IGBT 或 IGCT，视电压及功率大小而定。根据目前 IGCT 及高压 IGBT 的耐压水平，三电平变频器产品

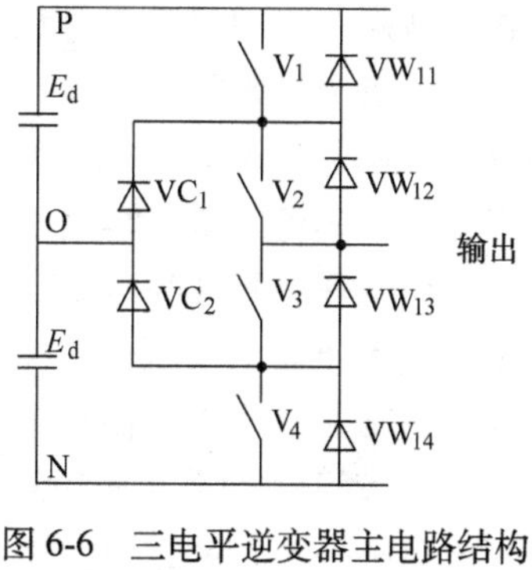

图 6-6　三电平逆变器主电路结构

的输出电压等级一般为2.2kV、3.3kV和4.16kV。

IGBT广泛应用在各种电压源型PWM变频器中，具有开关快、损耗小、缓冲及门极驱动电路简单等优点，但电压电流等级受到导通压降限制。IGBT目前做到3300V/1200A。3300V的IGBT组成三电平变频器，输出交流电压最高为2.3kV，若需要求更高等级输出电压，必须采取器件直接串联，比如用两个3300V的IGBT串联作为一个开关使用，一共使用24个3300V的IGBT，组成三电平变频器，可做成4160V输出电压等级的变频器。器件直接串联就带来稳态和动态的均压问题，这样就失去了三电平变频器本身不存在动态均压问题的优点，所以一般很少采用。

以3300V/1200A的IGBT模块为例，其饱和压降为3.4V左右，开通延迟时间280ns，上升时间180ns，关断延迟时间1550ns，下降时间200ns，开通每脉冲损耗1400mJ，关断每脉冲损耗1300mJ。集成在模块内的反并联续流二极管，正向压降2.8V，峰值反向恢复电流1700A，反向恢复电荷710μC。

集成门极换流晶闸管（Integrated Gate-Commutated Thyristor，IGCT）是在晶闸管技术的基础上，结合GTO和IGBT的技术开发的新型电力电子器件，保留了GTO高电压、大电流、低导通压降的优点，又改善了其开关性能。主回路与IGBT三电平PWM相似，更适合高压、大容量的变流设备。与GTO相比，IGCT具有开关损耗低、门极控制方便、关断速度快、主回路连接简单等优点。

目前使用的IGCT最大容量约为6000V/4500A。用于三电平逆变器时，输出最高交流电压为4160V，如需要更高的输出电压，比如6kV交流输出，只能采取器件直接串联。以5500V/1800A（最大可关断阳极电流值）的逆导型IGCT为例，通态平均电流为700A，通态压降为3V，通态阳极电流上升率530A/μs，导通延迟时间小于2μs，上升时间小于1μs，关断延迟时间小于6μs，下降时间小于1μs，最小通态维持时间10μs，最小断态维持时间10μs，导通每脉冲能耗小于1J，关断每脉冲能耗小于10J。内部集成的反并联续流二极管（快恢复二极管），通态平均电流290A，通态压降5.2V，反向恢复电流变化率小于530A/μs，反向恢复电流小于780A。

三电平技术就是使用较低耐压的功率器件，直接应用于更高电压等级的主电路拓扑技术。所谓三电平是相对于通用变频器中常用的两电平方案而言。两电平方案中，每个桥臂的输出电位相对于直流中性点而言只有两种可能，即输出正电平（P）或输出负电平（N），而三电平电路由于其特殊的电路结构，除P、N两种电平输出外还可以实现零电平（O）输出。相对于两电平电路结构而言，三电平电路可以使主开关器件的电压降低一半，由于输出多了一个电平，可以使du/dt降低一半，从而使输出电压谐波减小，电动机的轴电压和轴电流大大降低，所有这些优点，使其非常适用于高压变频调速技术。但是它同时也带来了一些问题，如中点电压平衡问题及控制算法复杂问题等，研究灵活简便的控制方法也因此成为三电平电路的一个发展方向。

现有的电力电子器件的耐压水平很适合三电平 NPC 电路，且电容电压的均衡问题也可以通过控制解决，因此三电平逆变器在大功率交流电动机调速的很多领域都得到应用。如果采用交流电动机的矢量控制理论和直接转矩控制理论，则可以很大程度的提高大功率交流电动机调速系统的性能和可靠性，可见，三电平拓扑结构与高压大电流 IGBT 和 IGCT 结合具有广阔的应用前景。

6.3.1　三电平高压变频调速系统主电路

图 6-7 所示为一种三电平变频调速系统的主电路结构。该整流电路采用 12 脉波二极管整流器，逆变部分采用 PWM 三电平逆变电路，功率器件可以采用 IGCT，由于受到器件开关损耗，尤其是关断损耗的限制，IGCT 的开关频率为 600Hz 左右。每一相的上、下桥臂各有两个功率器件串联，每个功率器件都有反并联二极管，每一相上、下桥臂的中点通过箝位二极管与直流侧电容的中点连接。

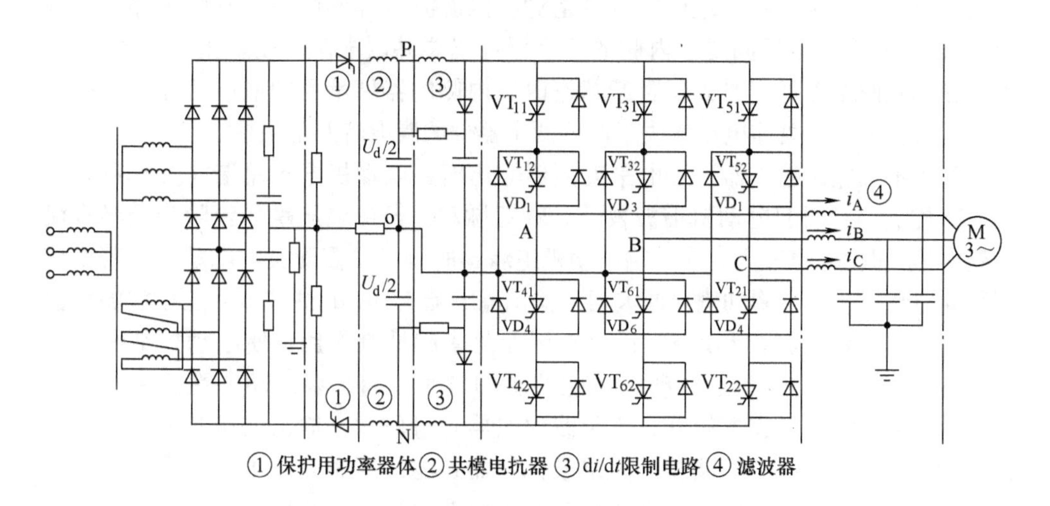

图 6-7　三电平变频调速系统主电路结构

直流环节主要包括两组分压电容、di/dt 限制电路、共模电抗器、保护用 IGCT 等。其中两组电容分压，得到中心点。IGCT 器件本身不能控制 di/dt，所以必须外加 di/dt 限制电路，该限制电路主要由 di/dt 限制电抗器、与之反并联的续流二极管和电阻组成，主要作用是将逆变器 IGCT 反并联续流二极管的反向恢复控制在安全运行范围内，并限制短路时的电流上升率。共模电抗器一般应用在变压器与变频器分开安置，且变压器二次侧和整流桥输入之间电缆较长时的情形，当变压器和变频器一起放置时，可以省去。其作用主要是承担共模电压、限制高频漏电流，因为当输出设置滤波器时，由于滤波电容的低阻抗，电动机承受的共模电压极小，共模电压由输入变压器和逆变器共同承担，当变压器与变频器之间电缆较长，线路分布电容较大，容抗下降，导致变压器承受的共模电压下降，逆变器必须承受较高的共模电压，为避免影响功率器件安全，故设计共模电抗器来承受共模电压。另外高频的共模电压还会通过输出滤波电容、变压器分布电容、电缆分布电容形成通路，产生高频漏电流，影响器件安全，此时共模电抗器也起到抑制高频漏电流的作用。保护用IGCT的作用是当逆变器发生短路等故障时，切断短路电流，起到相当于快速熔断器的作用。由于逆变电路采用IGCT作为功率器件，而IGCT本身不像IGBT那样存在过电流退饱和效应，可以通过检测集电极电压上升来进行短路检测，并通过门极关断进行保护，所以必须通过霍尔电流传感器，检测到过电流，然后通过串联在上下直流母线的两个保护用IGCT进行关断。由于直流环节存在共模电抗器和 di/dt 限制电抗器，导致整流桥输出和滤波电容之间存在较大阻抗，这样电网的浪涌电压要通过整流桥形成浪涌电流，再通过滤波电容吸收的效果大大降低，为了保护整流二极管免受浪涌电压的影响，在整流桥输出并联了阻容吸收电路。箝位二极管保证了桥臂中最外侧的两个IGCT承受的电压不会超过一半的直流母线电压，确切地说，应该是对应侧滤波电容的电压，所以最外侧的两个IGCT不存在过电压问题。内侧的两个器件仍要并联电阻，以防止产生过电压。因为在同侧两个器件同时处于阻断状态时，内侧的器件承受的电压可能超过一半的直流母线电压，具体电压取决于同侧两个器件的漏电流匹配关系。

如果不加输出滤波器，三电平变频器输出时，电动机电流总谐波失真可以达到17%左右，会引起电动机谐波发热，转矩脉动。输出电压跳变台阶为一半直流母线电压，du/dt 也较大，会影响电动机绝缘，所以一般需配特殊电动机。若要使用普通电动机，必须附加输出滤波器。输出滤波器有 du/dt 滤波器和正弦波滤波器两种，du/dt 滤波器容量较小，只对电压变化率起抑制作用，使电动机绝缘不受 du/dt 的影响，对电动机运行动态性能的影响较小，如果系统动态性能要求较高时，适合采用，而且成本较低。正弦波滤波器容量较大，输出电压波形可大大改善，接近正弦波，由于滤波器的阻抗较低，而且滤波器中点接地，使电动机承受的共模电压很小，电动机绝缘不受影响。正弦波滤波器的滞后作用会影响系统的动态响应，同时由于滤波器对输出电压的衰减作用，也会限制变频器的最低运行频率。由于滤波器采取低通设计，还限制了变频器的输出上限频率。滤波器在满载时的损耗会降低变频系统效率0.5%左右。

图6-8所示为三电平变频器输出电压和经滤波器后输出至电动机的电压波形。图6-9a和6-9b所示分别为未经滤波和经滤波后电压的谐波分布图。滤波前，输出总电压谐波失真为29%，经过滤波后，可降低到4%左右，电动机的电流谐波失真可从17%降低到2%左右。

6.3.2 三电平高压变频器基本原理

二极管箝位的三电平电路原理图如图6-10所示。图中，每相逆变桥由四个开关管（及其续流二极管）及两个箝位二极管组成，三相桥臂共用了12个电力电子

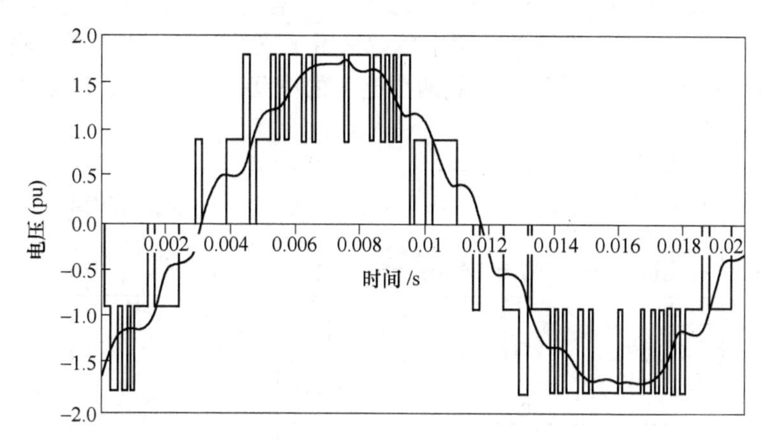

图 6-8　三电平变频器输出电压和滤波后电压

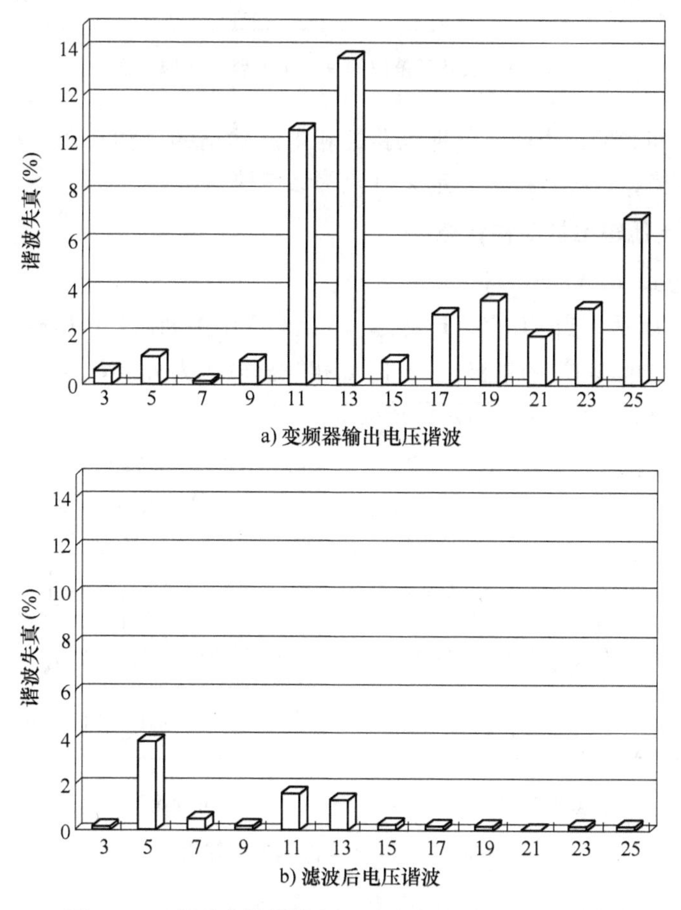

图 6-9　三电平变频器输出电压谐波和滤波后电压谐波

开关（及其续流二极管）和6个箝位二极管，所有这些管子的耐压要求相同。三相桥的输出（u、v、w）接负载，图中负载采用Y联结，也可以采用△联结。各组箝位二极管的中间抽头均连到直流侧两个电容的中间抽头（O）。直流侧两个电容的参数是相同的。

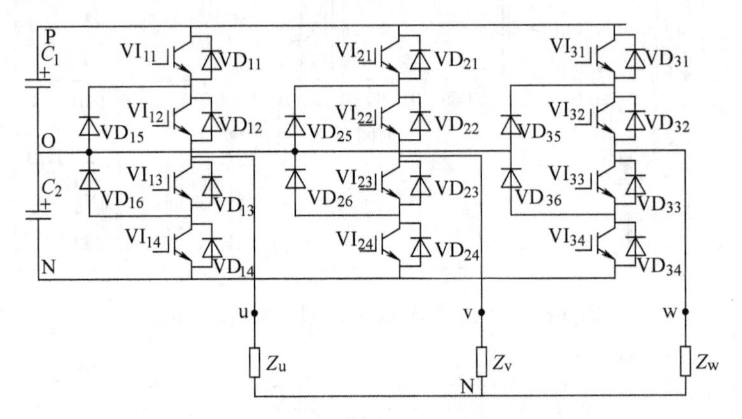

图6-10 二极管箝位的三电平电路工作原理图

下面以u相为例，说明三电平电路的相电压输出的三种（P、O、N）状态及各状态间的切换，三种状态中均定义O点为参考地。

（一）相电压输出的三种状态

1. 输出为正（P）

如图6-11所示，当VI_{11}和VI_{12}导通，VI_{13}和VI_{14}关断时，u相输出端接到直流母线的正端P（电容C_1的正极），此时u相输出电压为$U_u=U_d=U_{c1}$，称之为输出正电压（P状态），此时又分为两种情况。

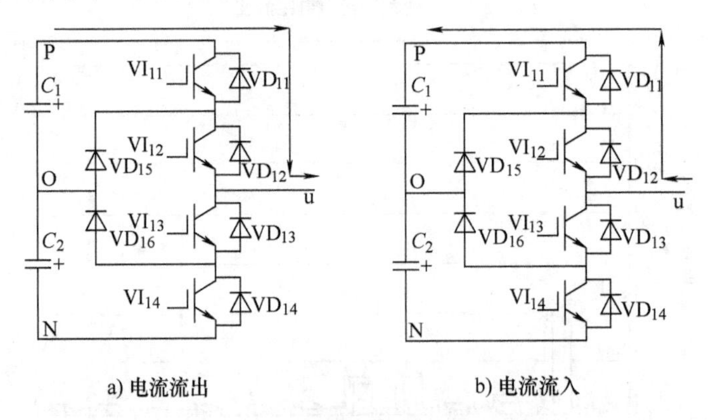

图6-11 三电平电路P状态输出

图6-11a所示为电流由u端流出，此时电流由P端流出，经VI_{11}和VI_{12}到u端，再经其他两相流回到N、O或P端。此时VI_{11}和VI_{12}导通，VD_{11}和VD_{12}不导通；图

6-11b 所示为电流由 u 端流入，此时电流从 u 相负载由 u 端流入，经 VD_{11}和 VD_{12}到 P 端。此时 VD_{11}和 VD_{12}导通，VI_{11}和 VI_{12}应承受由 VD_{11}和 VD_{12}导通引起的反向电压，尽管栅极有开通信号，实际上不导通。

2. 输出为零（O）

如图 6-12 所示，当 VI_{12}和 VI_{13}导通，VI_{11}和 VI_{14}关断时，u 相输出端接到直流母线的中点 O（电容 C_1 的负极），此时 u 相输出电压为 $U_u=0$，称之为输出零电压（O 状态），此时又分为两种情况。

图 6-12a 所示为电流由 u 端流出，此时电流由 O 端流出，经 VD_{15}和 VI_{12}到 u 端，再经其他两相流回到 N 或 O 或 P 端。此时 VD_{15}和 VI_{12}导通，VT_{13}、VD_{13}、VD_{12}不导通；图 6-12b 所示为电流由 u 端流入，此时电流从 u 相负载由 u 端流入，经 VI_{13}、VD_{16}到 O 端。此时 VI_{13}、VD_{16}导通，其余开关管均不导通。

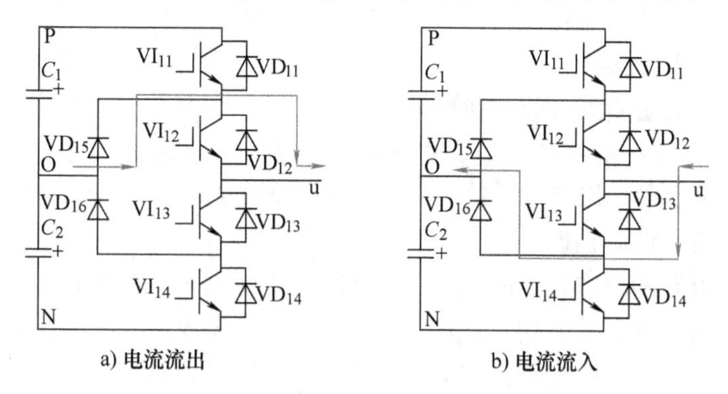

图 6-12 三电平电路 O 状态输出

3. 输出为负（N）

如图 6-13 所示，当 VI_{11}和 VI_{12}关断，VI_{13}和 VI_{14}导通时，u 相输出端接到直流母线的负端 N（电容 C_2 的负极），此时 u 相输出电压为 $U_u=-U_d=-U_{c2}$，称之为输出负电压（N 状态），此时又分为两种情况。

图 6-13a 所示为电流由 N 端流出，经 VD_{14}、VD_{13}到 u 端，再经其他两相流回到 N 或 O 或 P 端。此时 VD_{13}、VD_{14}导通，其余开关管均不导通；图 6-13b 所示为电流由 u 端流入，经 VI_{13}、VI_{14}到 N 端。此时 VI_{13}、VI_{14}导通，其余开关管均不导通。

（二）工作状态的切换

三电平每相逆变桥中 P 状态时是 VI_{11}和 VI_{12}导通，O 状态是 VI_{12}和 VI_{13}导通，N 状态是 VI_{13}和 VI_{14}导通。P-O 和 O-N 之间切换时，各有一个电力电子器件开和关，P-N 两个状态直接切换时，则各有两个电力电子器件开和关，逆变桥中的四个电力电子器件的工作状态均发生变化，这实际上就相当于两电平的工作方式，同时进行这种切换时还要考虑到贯穿（即四个电力电子器件均未关断导致直通短路）问题，相应死区时间也需较大，电力电子器件的开关频率较其他两种切换方式提

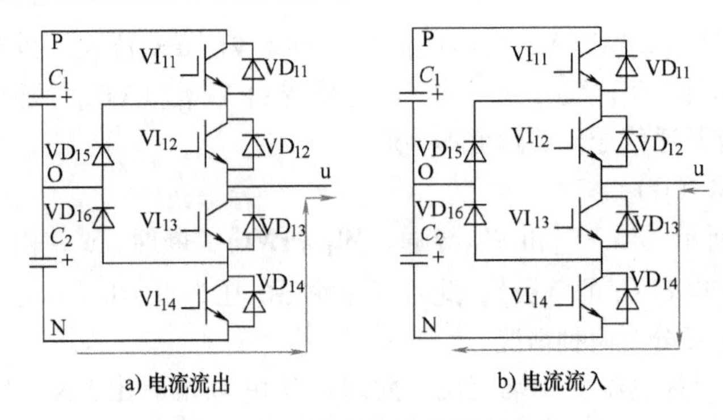

a) 电流流出　　b) 电流流入

图 6-13　三电平电路 N 状态输出

高了一倍，所以 P-N 之间直接切换一般极少使用，在三电平的算法设计中应注意避免在 P 和 N 间直接切换。

1. P-O 状态间的切换

P-O 状态间的切换又可分为四种情况：

（1）由 P 状态切换到 O 状态，电流由 u 端流出：此时相当于是从图 6-11a 切换到图 6-12a 的状态。切换前 VI_{11}、VI_{12} 导通，电流路径为 P-VI_{11}-VI_{12}-u 端。切换时需将 VI_{11} 关断、VI_{13} 开通。

与两电平电路的状态切换时相同，在 VI_{11} 开通转到 VI_{13} 开通时，同样需要考虑到贯穿问题，所以同样需要留有死区。如果 VI_{11} 关断与 VI_{13} 的开通同时进行，则有可能由于 VI_{11} 还没有彻底关断，VI_{13} 已开通，形成 P-VI_{11}-VI_{12}-VI_{13}-VD_{16}-O 的电流路径，导致贯穿。

在图 6-11a 的状态，电路路径为 P-VI_{11}-VI_{12}-u，此时关断 VI_{11}，电流换流到 O-VD_{15}-VI_{12}-u，待 VI_{11} 彻底关断后，再将 VI_{13} 开通，完成切换，此状态电流并不流经 VI_{13}。

（2）由 P 状态切换到 O 状态，电流由 u 端流入：此时相当于从图 6-11b 切换到图 6-12b 的状态。切换前，VI_{11}、VI_{12} 导通，电流路径为 u-VD_{11}-VD_{12}-P。切换时，将 VI_{11} 关断，此时由于电流流经 VD_{11}，并不流经 VI_{11}，事实上 VI_{11} 由于承受的是 VD_{11} 导通造成的反压，本身就未开通，所谓的关断就是将其开通的栅极信号变成关断的栅极信号，之后将 VI_{13} 开通，电流由原来的路径切换到 u-VI_{13}-VD_{16}-O，完成切换。

（3）由 O 状态切换到 P 状态，电流由 u 端流出：此时相当于是从图 6-12a 切换到图 6-11a 的状态。切换前，VI_{13}、VI_{12} 导通，电流路径为 O-VD_{15}-VI_{12}-u，此时关断 VI_{13}，由于原来电流就不流经 VI_{13}，所以 VI_{13} 的关断对原来的电流路径并未产生影响，之后将 VI_{11} 开通，将形成新的电流路径 P-VI_{12}-VI_{11}-u，由于新的路径比原来的路径中增加了一个电容电压，所以电流很快从原来的路径转移到新的路径中，完成切换。

（4）由O状态切换到P状态，电流由u端流入：此时相当于从图6-12b切换到图6-11b的状态。切换前，VI_{13}、VI_{12}导通，电流路径为u-VI_{13}-VD_{16}-O，此时关断VI_{13}，VI_{13}的关断将迫使电流由原来的电流路径转移到新的电流路径u-VD_{12}-VD_{11}-P，之后再将VI_{11}开通，完成切换。

2. O-N状态间的切换

O-N状态间的切换又可分为四种情况：

（1）由O状态切换到N状态，电流由u端流出：此时相当于是从图6-12a切换到图6-13a的状态。切换前VI_{12}、VI_{13}导通，电流路径为O-VD_{15}-VI_{12}-u。切换时需将VI_{12}关断，将VI_{14}开通。

在图6-12a的状态，电流路径为O-VD_{15}-VI_{12}-u，此时关断VI_{12}，强迫电流换相到N-VD_{14}-VD_{13}-u，待VI_{12}彻底关断后，再将VI_{14}开通，完成切换，此状态电流并不流经VI_{14}而是流过VD_{14}。

（2）由O状态切换到N状态，电流由u端流入：此时相当于是从图6-12b切换到图6-13b的状态。切换前VI_{12}、VI_{13}导通，电流路径为u-VI_{13}-VD_{16}-O。切换时将VI_{12}关断，之后将VI_{14}开通，电流由原来的路径切换到u-VI_{13}-VI_{14}-N，由于新的路径较原来的路径中增加了一个电容C_2的电压，所以电流由原来路径完全换到新的路径中来，完成切换。

（3）由N状态切换到O状态，电流由u端流出：此时相当于是从图6-13a切换到图6-12a的状态。切换前VI_{13}、VI_{14}导通，电流路径为N-VD_{14}-VD_{13}-u，此时关断VI_{14}，由于原来电流就不流经VI_{14}，所以VI_{14}的关断对原来的电流路径并未产生影响，之后将VI_{12}开通，将形成新的电流路径O-VD_{15}-VI_{12}-u端，由于新的路径比原来的路径中增加了一个电容电压，所以电流很快从原来的路径转移到新的路径中，完成切换。

（4）由N状态切换到O状态，电流由u端流入：此时相当于是从图6-13b切换到图6-12b的状态。切换前VI_{13}、VI_{14}导通，电流路径为u-VI_{13}-VI_{14}-N，此时关断VI_{14}，VI_{14}的关断将迫使电流由原来的电流路径转移到新的电流路径u-VI_{13}-VD_{16}-O，之后再将VI_{12}开通，完成切换。

其他两相的工作状态以及状态间的切换与此相似。

综上所述，通过控制各功率器件VI_{11}～VI_{14}的开通、关断，就可以在桥臂输出点获得三种不同输出电平（$+U_d$，0，$-U_d$），见表6-1。

表6-1　三电平变频器每相输出电压组合表

VI_{11}	VI_{12}	VI_{13}	VI_{14}	输出电压	状态代号
ON	ON	OFF	OFF	$+U_d$	P
OFF	ON	ON	OFF	0	O
OFF	OFF	ON	ON	$-U_d$	N

由表6-1看出，功率开关VI_{11}和VI_{13}状态是互反的，VI_{12}与VI_{14}也是互反。同时规定，输出电压只能是$+U_d$到0，0到$-U_d$，或相反地变化，不允许在$+U_d$和$-U_d$之间直接变化。所以不存在两个器件同时导通或同时关断，也就不存在动态均压问题。

对于由三个桥臂组成的三相逆变器，根据三相桥臂U，V，W的不同开关组合，最终可得到三电平变频器的$3^3=27$种开关模式，见表6-2。

表6-2 三电平变频器输出状态表

PPP	PPN	PPO	PON	POO	PNN	POP	PNP	PNP
OOO	OPN	OPO	OON	OPP	ONN	OOP	ONC	ONP
NNN	NPN	NPO	NON	NPP	NOO	NOP	NNO	NNP

采用中性点箝位方式的变频器与普通的二电平PWM变频器相比，输出相电压电平数由2个增加到3个，线电压电平数则由3个增加到5个，每个电平幅值相对降低，由整个直流母线电压变为一半的直流母线电压，在同等开关频率的前提下，可使输出波形质量有较大的改善，使输出波形更逼近标准正弦波，输出du/dt也相应下降为原来的一半，如果增加每个单元中串联的开关器件数，还可以在输出电压波形中产生更多的电平数，从而使输出波形更加接近标准正弦波。在相同输出电压条件下，这种结构还可使功率器件所需耐压降低一半。为了减少输出谐波，希望有较高的开关频率，但受到器件开关过程的限制，开关频率过高还会导致变频器损耗增加，效率下降，所以功率器件开关频率一般为几百赫兹。三电平变频器若不设置输出滤波器，一般需采用特殊电动机，或普通电动机降额使用。

随着输出电压的增高，相应电平数也要增加，此时需要大量的箝位二极管，而电路结构将变得复杂。这一缺陷可以用电力电子积木（Power Electronics Building Block，PEBB）技术加以解决，但电路的开关控制逻辑却依然十分复杂。

6.3.3 三电平空间电压矢量控制算法

近些年来，空间电压矢量（Space Vector，SV）算法以其优越的性能和简便的算法在变频调速领域得到了极其广泛的应用，基于空间电压矢量控制的多电平逆变电路，特别是三电平逆变电路已进入实用化阶段，对其进行研究和分析很有实际意义。一般认为多电平逆变器是建立在三电平逆变器的基础上，按照类似的拓扑结构拓展而成的。电平数越多，所得到的阶梯波电平台阶越多，从而越接近正弦波，谐波成分越少。但这种理论上可达到任意N电平的多电平逆变器，在实际应用中由于受到硬件条件和控制复杂性的制约，通常在满足性能指标的前提下，并不追求过高的电平数，而以三电平最为实际。国外也有对七电平及更高电平的研究，但都还不成熟，特别受硬件条件和控制性能的限制，还处于理论研究阶段。

空间矢量控制是从电动机的角度出发，着眼于如何使电动机获得幅值恒定的圆形磁场，即正弦磁通。它以三相对称正弦电压供电时交流电动机的理想磁链圆为基准，用逆变器不同的开关模式所产生的实际磁链去逼近圆形磁链，由它们比较的结果决定逆变器的开关状态。由于这种控制算法把逆变器和电动机看成一个整体来处理，所得模型简单，便于微型计算机实时控制，并具有转矩脉动小，噪声低，电压利用率高的优点。

三电平 SVPWM 逆变器与二电平 SVPWM 逆变器在 SVPWM 调制的原理上是一致的，但由于三电平电路本身电平数比两电平电路有所增加，三电平 SVPWM 算法中的空间电压矢量的数量也由原来的 8 个增加为 27 个，使得 SVPWM 算法的灵活性大大增强，但同时三电平 SVPWM 也存在着算法复杂和中点电压波动等问题。

1. 三电平空间电压矢量的合成

两电平电路中常用的空间电压矢量的算法可以移植到三电平电路中。两电平电路中，每相桥臂均可以有两种工作状态，这样三相逆变桥共可合成 $2^3=8$ 种状态，其中模大于 0 的有 6 种，其余两种电压矢量的模等于 0，称其为零矢量。三电平电路中，每相桥臂均可以有三种工作状态，这样三相逆变桥共可以合成 $3^3=27$ 种工作状态，其中存在一些重叠的电压矢量，实际的空间电压矢量共有 19 种，其中一个为零矢量。

下面推导 PNN 矢量的合成过程，其他矢量读者可以自行推导。

大家知道，三相电动机的三相绕组在空间布置上互差 120°，由此可以画出三相电动机三相绕组的电压矢量的正方向的空间位置，如图 6-14a 所示。

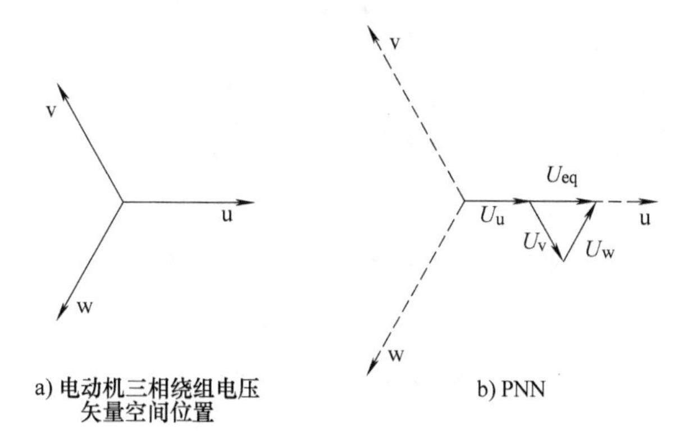

图 6-14 空间电压矢量的合成

当三相电动机采用三相三电平式逆变器供电时，逆变器每相的输出电压只可能有三种工作状态，当输出为正（P）时其输出电压的方向为正方向，幅值为 U_d，当输出为零（O）时其输出电压的幅值为 0，位于原点，当输出为负（N）时其输出电压的方向为正方向的反方向，幅值为 U_d。

由此可以得到输出状态为 PNN 时的三相的三个空间电压矢量的示意图，如图

6-14b 所示。

从图 6-14b 可以看出，对于不同的工作状态，电压合成空间矢量的大小有所不同，而且它们在坐标系中的空间位置也不同。若把逆变器的 27 种工作状态下的电压合成空间矢量都按上述方法一一画出，可得如图 6-15 所示的 27 个电压合成空间矢量的分布情况。把这些电压合成空间矢量的顶点相连，可形成一个外正六边形与一个内正六边形。外正六边形的顶点与原点相连有 6 个幅值最大的矢量，称为外电压矢量（大矢量），幅值都为 $2U_{\mathrm{d}}$。外正六边形每边的中点与原点间形成 6 个中电压矢量（中矢量），幅值都为 $\sqrt{3}U_{\mathrm{d}}$。内正六边形各顶点与原点间形成 12 个矢量（其中两两重叠，实际的电压矢量有 6 种），其幅值都为 U_{d}，是外电压矢量幅值的一半，所以可称为内电压矢量（小矢量），而且每个矢量都表示两种工作状态，如 POO 与 ONN 处于同一顶点（两矢量重合），但工作状态不同。三个零电压矢量 PPP、NNN 与 OOO 都落在原点上。总体来说，27 种工作状态形成了 4 类电压合成空间矢量，即外电压矢量（幅值为 $2U_{\mathrm{d}}$）、中电压矢量（幅值为 $\sqrt{3}U_{\mathrm{d}}$）、内电压矢量（幅值为 U_{d}）与零电压矢量（幅值为零）。如不计重合矢量，独立的矢量只有 19 个，分别表示为 $U_0 \sim U_{18}$（从内到外按逆时针方向旋转）。

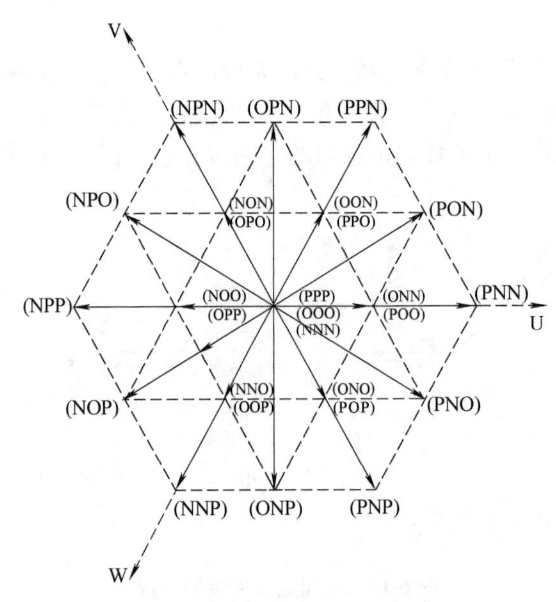

图 6-15 电压合成空间矢量分布图

2. 三电平逆变器 SVPWM 的控制算法

与两电平 SVPWM 相比，三电平电路的空间电压矢量增加为 27 个，这为控制算法的优选提供了很大的选择空间，为设计人员提供了很大的自由度，同时也增加了设计的复杂程度，目前这方面的研究成果很多，业界同仁们提出了许多种算法，在此对一些常见的算法作一些简单介绍。

所谓的控制算法，核心问题就是空间电压矢量的选择，也就是当等效矢量运行到哪个区间时采用哪几个空间电压矢量来合成的问题。仿照两电平SVPWM的做法，可以以六个大矢量PNN（$\boldsymbol{U}_7$）、PPN（$\boldsymbol{U}_9$）、NPN（$\boldsymbol{U}_{11}$）、NPP（$\boldsymbol{U}_{13}$）、NNP（$\boldsymbol{U}_{15}$）、PNP（$\boldsymbol{U}_{17}$）为边界，将整个六边形分为六个等边三角形（称为六个扇区）。这六个扇区除了其所包含的电压矢量不同外，其形状及组成等均具有一定的对称性，只需研究其中一个扇区，所得到的结论具有一定通用性，稍作改动就可推广到其他三角形中。

三电平逆变器的SVPWM算法主要包括参考矢量所在扇区号的判断及工作模式判断，开关矢量的选择优化，开关矢量作用时间计算，以及所选矢量作用顺序的确定。

为了减小谐波和开关次数，原则上，参考矢量在哪个扇区，就用哪个扇区的矢量来合成，当假定电动机U相正方向为坐标系X轴的正方向时，这几个矢量的数学表达式可以表示为

$$U_r = Ue^{j\theta} = U(\cos\theta + j\sin\theta)$$

至于利用扇区内的哪几个矢量及各矢量的作用时间的计算，则各有各的算法，但总的来说，采用空间电压矢量算法来计算三电平逆变电路要遵循以下几个步骤：

1）根据当前需要输出电压的幅值U以及初始相位角和当前运行的时刻，确定当前的参考电压矢量所在的位置，从而得到参考电压矢量$U_r = Ue^{j\theta}$；

2）确定U_r落在哪一个扇区，进而根据各自算法的不同确定其落在哪个小区间；

3）确定用哪几个空间电压矢量来合成$\boldsymbol{U}_r$；

4）根据U_r以及各空间电压矢量的表达式计算相应空间电压矢量的作用顺序以及各自的作用时间；

5）考虑窄脉冲、开关次数等各种问题，最终确定各空间电压矢量所对应的开关组合以及相应组合的作用时间和次序。

在第Ⅰ扇区中，如图6-16所示将U_2、U_8以及U_1、U_8和顶点连起来，则可以进一步将第Ⅰ扇区分为四个小区间，如图6-16中的1、2、3、4所示。

若参考电压矢量$U_r = Ue^{j\theta}$包含在小区间1中，U_r就用U_0、U_1、U_2的时间线性组合来近似等效，U_0、U_1、U_2的作用时间可由下式来求解：

$$\begin{cases} U_rT_s = U_0T_0 + U_1T_1 + U_2T_2 \\ T_s = T_0 + T_1 + T_2 \end{cases} \tag{6-1}$$

其中，$T_s = T_N/2$，T_N为开关周期。

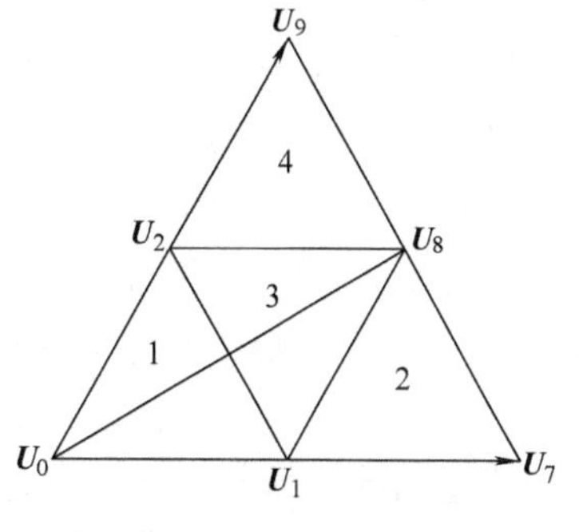

图6-16　传统算法Ⅰ扇区区间划分示意图

可以得到：

$$\begin{cases}U(\cos\theta+\mathrm{j}\sin\theta)T_s=0T_0+U_dT_1+U_d(1/2+\mathrm{j}\sqrt{3}/2)T_2\\T_s=T_0+T_1+T_2\end{cases}\tag{6-2}$$

解得

$$\begin{cases}T_1=\dfrac{2U}{\sqrt{3}U_d}T_s\sin\theta\\T_2=\dfrac{2U}{\sqrt{3}U_d}T_s\sin\left(\dfrac{\pi}{3}-\theta\right)\\T_0=T_s-T_1-T_2\end{cases}\tag{6-3}$$

当参考电压矢量 U_r 位于小区间 2 时，用 U_1、U_7 和 U_8 来合成

$$\begin{cases}U_rT_s=U_1T_1+U_7T_7+U_8T_8\\T_s=T_1+T_7+T_8\end{cases}\tag{6-4}$$

当参考电压矢量 U_r 位于小区间 3 时，用 U_1、U_2 和 U_8 来合成

$$\begin{cases}U_rT_s=U_1T_1+U_2T_2+U_8T_8\\T_s=T_1+T_2+T_8\end{cases}\tag{6-5}$$

当参考电压矢量 U_r 位于小区间 4 时，用 U_2、U_8 和 U_9 来合成

$$\begin{cases}U_rT_s=U_2T_2+U_8T_8+U_9T_9\\T_s=T_2+T_8+T_9\end{cases}\tag{6-6}$$

再由式（6-4）或式（6-5）或式（6-6）将各个电压的作用时间计算出来，查得各空间电压矢量所对应的开关组合，用程序实现即可。

事实上，由于每种内六角形矢量都对应两种开关状态，零矢量对应三种开关状态，按照上述方法计算完成后，还要考虑用哪种开关组合。在选择空间电压矢量时，必须遵守以下两点：一是在矢量切换时，每相的开关工作状态只能从 P-O、O-N（或反之），不允许 P 与 N 间的直接切换；二是尽量满足空间电压矢量切换时，被切换的开关器件只有一个，以降低开关损耗。至于组合电压空间矢量的形成方法，以及为形成这一组合矢量所采用的有关固有电压合成空间矢量及其工作时间，有多种计算方法，其原理此处不作赘述。

3. 将三电平 SVPWM 分解为两电平 SVPWM 的简化算法

三电平 SVPWM 的空间电压数量多，计算复杂，选择判断也多，程序实现起来也很麻烦，参考文献［9］将图 6-15 所示的三电平空间电压矢量图分解为图 6-17 所示的六个小的六边形，每一个六边形就是一个直流母线电压为 U_d 的两电平空间电压矢量图的一部分，分别以每个小六边形的中点作为两电平的空间电压矢量图的原点，就可以用两电平 SVPWM 的算法来处理三电平 SVPWM 的问题，使计算得到简化。

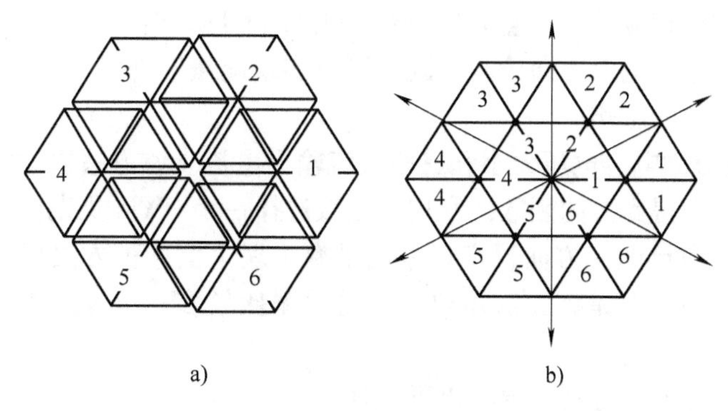

图6-17　简化的三电平空间电压矢量示意图

以图6-17所示的小六边形1为例，如图6-18所示，设在三电平下的参考空间电压矢量为V^*，当它落在小区间1时，将其减去一个偏移矢量U，就得到了新的空间电压矢量$U^* = V^* - U = V^* - U_d$，再通过两电平的空间电压矢量计算方法就可以得到$U_0$、$U_1$、$U_2$的作用时间$T_2$、$T_1$、$T_8$，事实上它们就是原有的三电平空间电压矢量$U_2$、$U_1$、$U_8$的作用时间。通过这种算法，只需确定参考电压矢量落在哪个区间，再减去相应区间的偏移矢量，就可以将三电平空间电压矢量作用时间的计算转化为相应的两电平空间电压矢量的计算，使计算得到简化。

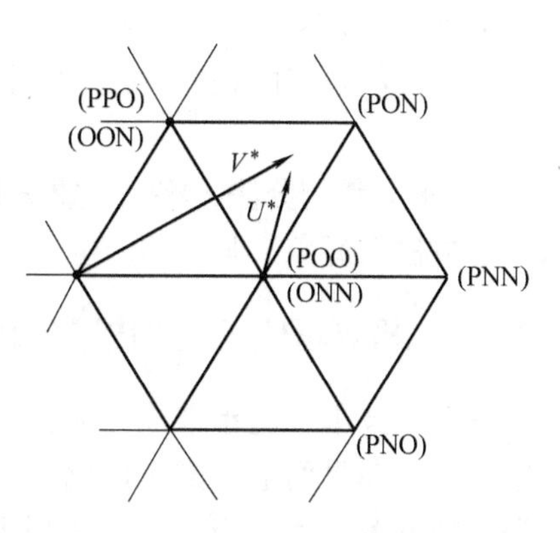

图6-18　三电平空间矢量转换为两电平空间电压矢量

4. 三电平SVPWM控制中的一些问题

在三电平SVPWM控制算法设计中，还有几个方面的问题需要加以特别关注，如谐波问题、减小开关次数的问题、中点电压平衡问题、窄脉冲问题等，其中最关键的是中点电压平衡问题和窄脉冲问题。

控制中点电压平衡的方法主要有以下四种：

1）开环控制，通过交替选择正负小矢量，不需要检测直流母线电压和输出端电流，实现简单。但是由于无法补偿中矢量对中点电压的影响，所以只能通过中矢量自身的对称性，在一个完整的输出电压周期内，完成中点电压平衡，但这种平衡是一种稳态下的平衡，所以中点电压存在很大的低频纹波，需要选用较大的滤波电容，成本高、体积大。

2）实时检测直流侧电容电压大小，如果出现不平衡，则根据中点电压的偏离方向，合理调整相应的小矢量PWM脉冲的作用时间，进行中点电压补偿。

3）检测直流侧电容电压大小和直流侧中点电流方向，然后根据中点电压的偏离方向，合理调整相应的小矢量PWM脉冲的作用时间，进行中点电压补偿。这种方法由于增加了中点电流方向检测，因此可以实现能量双向流动的中点电压调整，而且不受功率因数的影响。

4）检测直流侧电容电压大小和三相交流输出电流。该方法通过实时检测三相交流输出电流方向得到方向函数，利用该函数选择一个PWM周期内不同电压矢量作用时间来控制中点电流方向，实现电压平衡。理论上这种方法更好，它能计算出补偿的具体时间，但是该方法需要采样的数据比较多，计算量比较大，对软硬件的要求较高。

消除输出窄脉冲的方法主要有以下三种：

1）简单处理法，对过窄的脉冲或削去，或加宽至最小脉冲宽度，此种方式可用于IGBT变频器。

2）零序电压注入法，向三相调制波中注入一定的谐波或直流电压，来消除窄脉冲。

3）重矢量切分法，将一个重矢量（零矢量和小矢量）切分为两种或三种工作状态的方法来避免窄脉冲的产生。

6.3.4 二极管箝位三电平电路的软开关技术

软开关技术近些年来成为业内研究的一项热点内容，各种技术方案和拓扑结构很多，尤其是两电平逆变电路以及斩波电路中的软开关研究成果很多，在开关电源中软开关技术的应用已比较成熟，但是在多电子电路中软开关技术的应用尚处于研究阶段。

在普通的电力电子电路中，电力电子器件在电压很高或电流很大的条件下，通过控制极控制进行强行开通或者关断，在开关过程中电力电子器件两端的电压以及流过的电流均不为零，从而造成很大的开关损耗，在开关频率越来越高的今天，开关损耗已成为影响电力电子装置效率的最重要因素。另外，在开关过程中，还会产生较大的尖峰电压，严重时会超过器件的安全工作区，上述两个原因也成为影响器件可靠工作的主要因素。

软开关电路是相对于传统的将直流电压强迫关断的硬开关电路而言的，其主要特点是电压或电流过零时导通或关断，这样不致造成开关损耗。对于高压变频器来说具有特别重要的意义，因为高压变频器通断的是高压、大电流，硬开关损耗必定很大，若采用软开关电路就可以减少损耗，提高变频器效率。

软开关技术就是在原来的电路中增加一些较小的电感、电容等谐振元件，构成辅助换相电路，在开关过程前后引入谐振过程，器件开通前电压先降为0，或者器件关断前电流先降为0，就可以消除开关过程中电压电流的重叠，从而大大减小甚至消除了开关损耗，这样的电路就是软开关电路。软开关电路中的典型开关过程如图6-19所示。

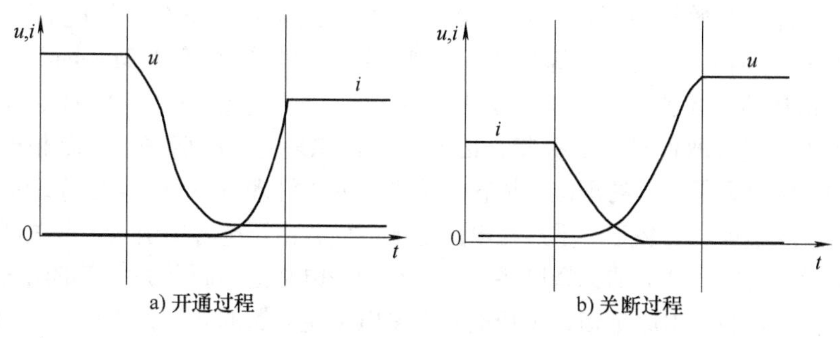

a) 开通过程 b) 关断过程

图 6-19 软开关的开通过程和关断过程

二极管箝位式三电平逆变电路中的软开关技术方案很多，大多是将两电平逆变电路中的软开关方案移植过来，图 6-20 所示为直流环节谐振软开关三电平逆变器，所谓直流环节谐振软开关是在开关过程中通过谐振电路将直流环节电压降为0，从而达到软开关的目的。

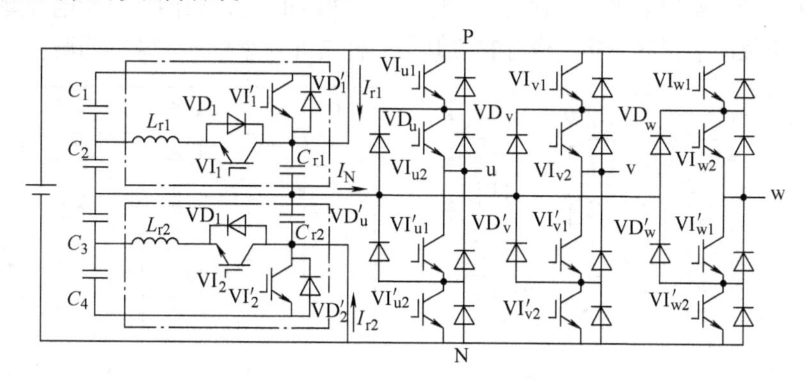

图 6-20 直流环节谐振软开关三电平逆变器

该电路采用模块化设计，元器件数量较少，参数选择及调试简单，且不会因谐振造成电路中电力电子器件的电流和电压的提高；但相应的控制的复杂程度增加，因为两个谐振开关的开关时间需要进行分别控制，并实现同步。

6.3.5 三电平变频器的派生方案

三电平的概念可扩展到更多电平，形成多电平方案。电平数越多，输出波形会越好。电动机和电网电压越高，要求每一相串联功率器件的个数越多，箝位二极管及直流侧分压电容器的个数也随之增多，当然控制的复杂性也相应地增加了。图 6-21 所示为采用二极管箝位式七电平变频器，直流侧由六个电容串联构成，每个电容上的电压为 1/6 电源电压，通过开关器件的不同组合使输出电压产生不同的电平。其原理与三电平变频器大同小异，输出电压的阶数更多、波形更好，在相同器件耐压下，可输出更高的交流电压，适合做成更高电压等级的变频器。

除了采用二极管箝位式的三电平或多电平变频器外，还有采用电容飞跨箝位式的多电平变频器，飞跨电容型多电平逆变器是1992年由T. A. Meynard等人提出来的，其拓扑结构如图6-22所示，从图中看出，飞跨电容型多电平逆变器的主电路只是用飞跨电容取代箝位二极管，因此其工作原理与二极管箝位电路相似，这种拓扑结构虽然舍去了大量的箝位二极管，但又引入了许多电容。对高压系统而言，电容体积大、成本高、安装难。不过在电压合成方面，由于电容的引入，开关状态的选择更加灵活，使电压合成的选择增多，通过在同一电平上不同开关状态的组合，可使电容电压保持均衡。由此可知，飞跨电容型多电平逆变器的电平合成自由度和灵活性高于二极管箝位型多电平逆变器，其优点是开关方式灵活、对功率器件的保护能力较强，既能控制有功功率，又能控制无功功率，适合高压直流输电系统等。但其控制方法非常复杂，主要缺点体现在：第一，需要大量箝位电容，一个N电平的飞跨电容型逆变器，每相桥臂需（N−1）×（N−2)/2个箝位电容，直流侧需（N−1）个分压电容；第二，大量电容的使用不仅使系统的成本增高，也使产品的组装困难；第三，控制方法复杂，实现困难，且存在电容电压不平衡的问题；第四，飞跨电容型逆变器和二极管箝位型逆变器一样，也存在着开关器件的导通负载不一致的问题。

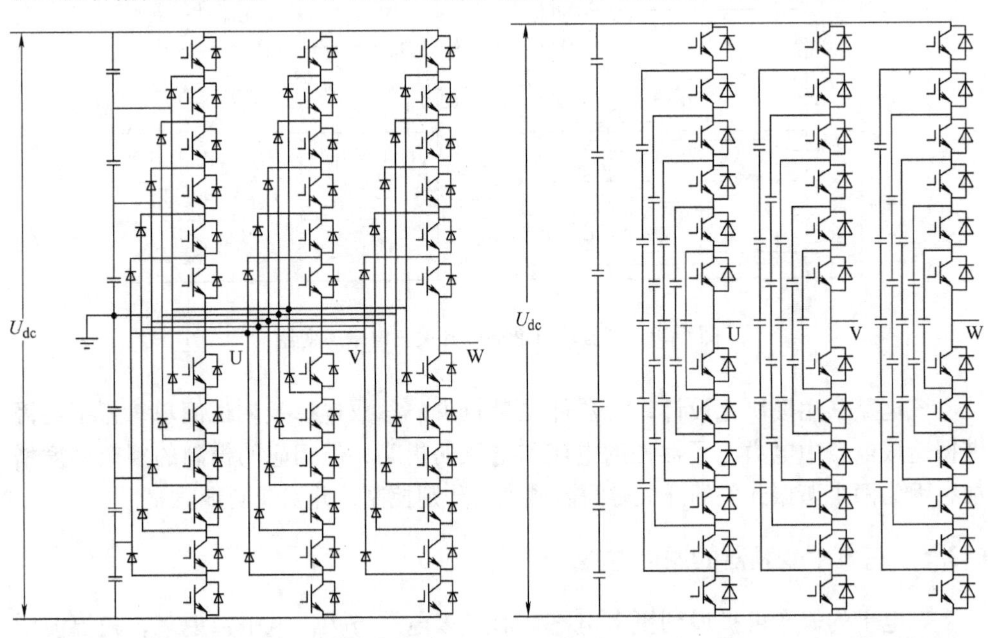

图6-21 二极管箝位式七电平变频器　　　图6-22 电容飞跨箝位式七电平变频器

其功率器件不是简单的串联，而是通过电容箝位，实现结构上的串联，同时保证了电压的安全分配。这种结构没有传统结构中的各级功率器件上的众多分压分流装置，消除了系统可靠性低的因素，从而使系统结构简单、可靠，易于维护。

图6-23所示为二极管/电容混合箝位型多电平拓扑结构的单相电路，可以比较好地解决单纯的二极管箝位型多电平电路的内侧开关的耐压问题及直流侧电容的

电压平衡问题。

6.3.6　PWM整流器

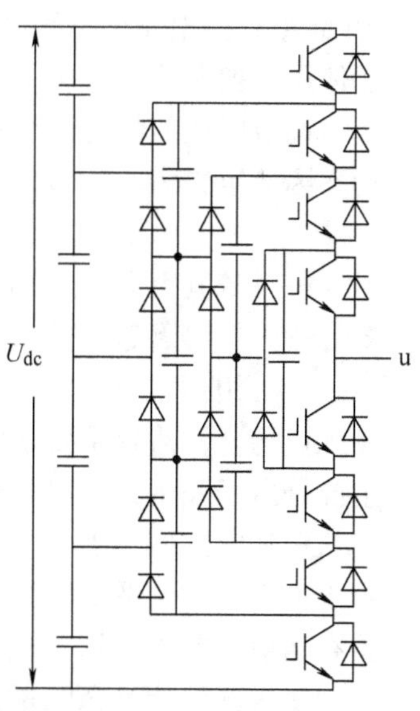

图6-23　二极管/电容混合箝位型多电平拓扑结构的单相电路

目前，电压源型变频器的整流侧通常采用二极管不可控整流或晶闸管相控整流。由于二极管的单向导电性，变频器直流侧的能量不能回馈到电网，虽然在额定负载时功率因数接近1，但存在较大的输入谐波电流，除非采用多重化，否则必须采取谐波滤波器等措施。晶闸管相控整流电路的输入电流滞后于电压，滞后角度的大小随着触发延迟角的增大而增大，功率因数也随之降低，同时，输入电流中的谐波分量也相当大，因此功率因数很低。在高压变频调速系统的应用中，这些问题更为突出。

如果整流部分也采用由全控型电力电子器件构成PWM型整流电路，其结构与逆变电路基本对称，如图6-24所示。这样通过适当控制PWM整流电路，可使输入电流接近正弦波，且与输入电压同相位，输入功率因数可调，也可等于1，且能量可双向流动，直流侧电压可以控制，利于提高系统的动态性能。将PWM型整流电路应用到高压变频调速系统中，能够解决对电网的谐波污染问题，且使其能够应用于大惯性、要求高动态性能或电动机需要四象限运行的场合，提高系统的动态性能。但相对于二极管整流电路而言，这种结构比较复杂，成本较高，而且效率也低于普通二极管整流电路，所以一般只用在轧机、卷扬机等要求四象限运行和较高动态性能等二极管整流结构无法实现的场合。对风机、水泵等普通负载，还是适合采用多重化的二极管整流电路。

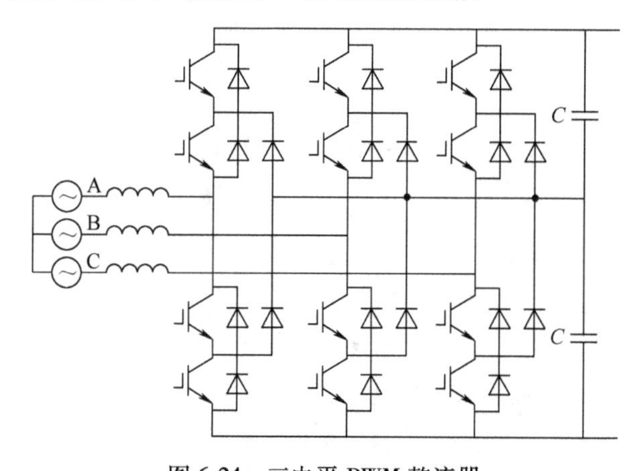

图6-24　三电平PWM整流器

PWM 型整流电路能量可以回馈电网，则系统可以四象限运行。输入谐波低，可不必使用外加谐波吸收装置。功率因数可调（可以调节到1），节省无功补偿电路，也可调节成超前的功率因数，对电网起到部分无功补偿的作用。

功率因数定义为

$$\cos\varphi = \upsilon\cos\alpha$$

式中 υ——基波因数，是基波电流有效值和总电流有效值之比；

$\cos\alpha$——位移因数，或基波功率因数，取决于基波电流相对于基波电压的相移。

在工业场合，前者主要是由于采用各种变流器后产生的谐波电流失真引起的，后者主要是由于采用大量电感性负载（如异步电动机）引起的。所以功率因数的控制要从上述两方面入手。

由于采用了三电平 PWM 整流电路，整流器三相输入端和三电平变频器三相输出端具有相似的电压波形，输入侧的电感（也有用高阻抗输入变压器的漏感代替的，比如变压器设计为20%的漏感）能起到很好的滤波作用，对高次谐波电流的抑制作用尤为明显，输入电流谐波失真为3%左右。有些方案，除了电感，还加上电容，组成 LC 滤波电路，输入谐波电流失真可达1%以下。在降低输入谐波的同时，还解决了由于输入电流畸变引起的功率因数下降问题。

对于功率因数的控制，可通过图 6-25 所示的功率因数控制电路实现。通过锁

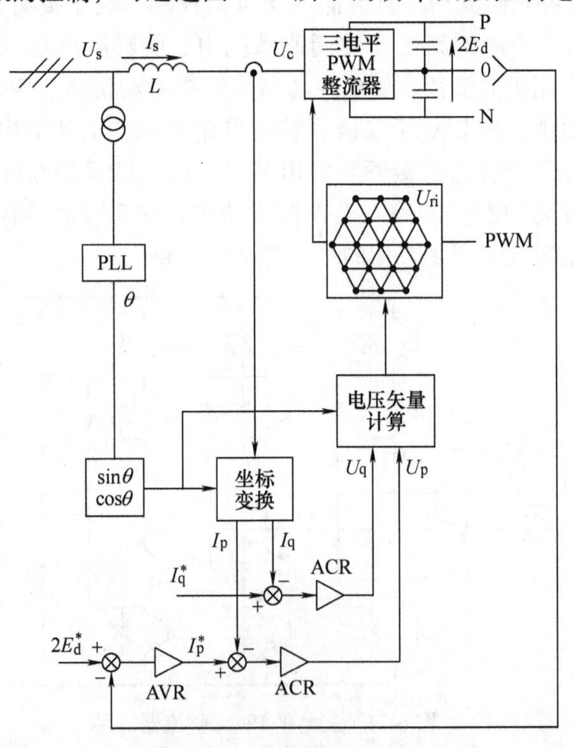

图 6-25 输入功率因数控制原理

相环（PLL）电路，得到电网三相电压合成空间矢量 U_s的位置角信号 θ，采取类似矢量控制中磁场定向的办法，将输入电流空间矢量按电网电压空间矢量位置（参考坐标）进行定向，在电网电压矢量同步旋转坐标系上，将输入电流矢量 I_s分解为与电网电压矢量同向和与之垂直的两个分量，前者代表输入电流的有功分量，后者代表无功分量。在图中，直流母线电压给定信号 $2E_d^*$ 与直流母线电压反馈信号 $2E_d$，经过直流母线电压调节器 AVR，输出电流有功分量的给定值 I_p^*（通过调节输入电流的有功分量，即可调节直流母线电压），该给定值与根据实际检测得到的电流经坐标变换得到的电流有功分量反馈值 I_p 进行比较，经过电流调节器 ACR，输出 U_p。电流无功分量的给定值 I_q^* 与根据实际检测电流经过坐标变换得到的电流无功分量反馈值 I_q 进行比较，经电流调节器 ACR，得到 U_q。U_p和 U_q经过电压矢量计算，得到整流器输入的空间电压矢量 U_c，控制整流器功率开关的动作。

当 $I_q^*=0$ 时，控制输入功率因数为1；当 I_q^* 为恒定值时，为恒无功功率控制模式；当 I_q^* 跟随 I_p^* 正比变换，其比值保持恒定时，可实现恒功率因数控制方式。

6.4 单元串联多电平电压源型高压变频器

单元串联多电平高压变频调速技术是在高压变频领域占绝对优势的一种技术，当前国内应用得最多最好的是这类产品，所有国内的高压变频厂家大都采用这种技术方案。在此项技术研制和生产上，国内的厂家及研究单位一直处于国际先进水平，是国内电力电子领域少有的几项一直处于国际先进水平的有重大意义的产品之一。

单元串联式多电平高压变频调速技术的名称有多种叫法，如 H 桥串联多电平、级联式多电平、串联倍压、具有独立电压源的多重化等。

6.4.1 单元串联多电平变频器原理

单元串联多电平变频器采用若干个独立的低压 PWM 变频功率单元串联的方式实现直接高压输出。各功率单元通常采用隔离变压器供电，变压器二次绕组采用延边三角形联结，各绕组存在一个相位差以实现输入多重化，达到抑制谐波的目的，不必采用输入谐波滤波器和功率因数补偿装置。输出通常采用移相式 PWM，以实现较低的输出电压谐波，较小的 du/dt 和共模电压，不存在由谐波引起的电动机附加发热和转矩脉动，可以使用普通的异步电动机。

单元串联多电平变频器原理如图 6-26a 所示。6kV 输出电压等级的变频器主电路结构如图 6-26b 所示。电网电压经过二次侧多重化的隔离变压器降压后给功率单元供电，每个功率单元为由低压 IGBT 功率器件组成的三相输入、单相输出的交-直-交 PWM 电压源型逆变器结构（见图 6-26c），将相邻功率单元的输出端串接起来，形成 Y 联结结构，实现变压变频的高压直接输出，供给高压电动机。每个功率单元分别由输入变压器的一组二次绕组供电，功率单元之间及变压器二次绕组之间相互绝缘。

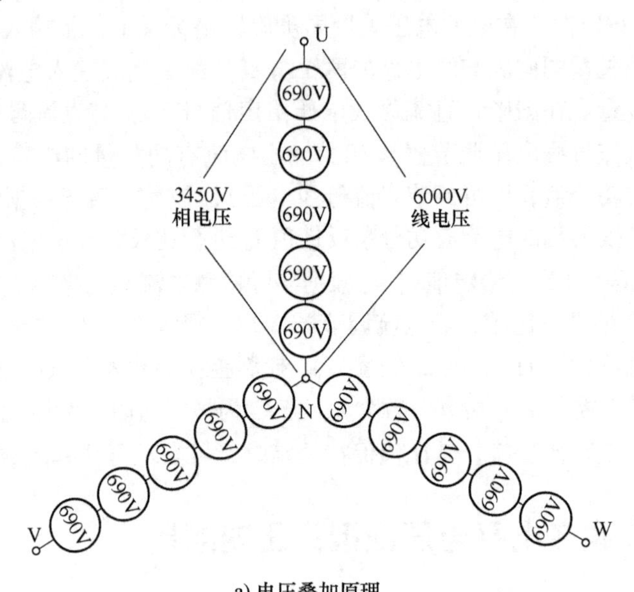

a) 电压叠加原理

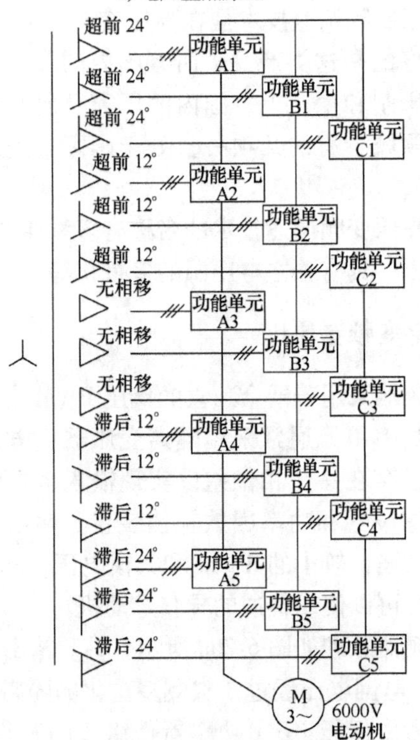

b) 主电路结构

图 6-26 单元串联多电平变频器

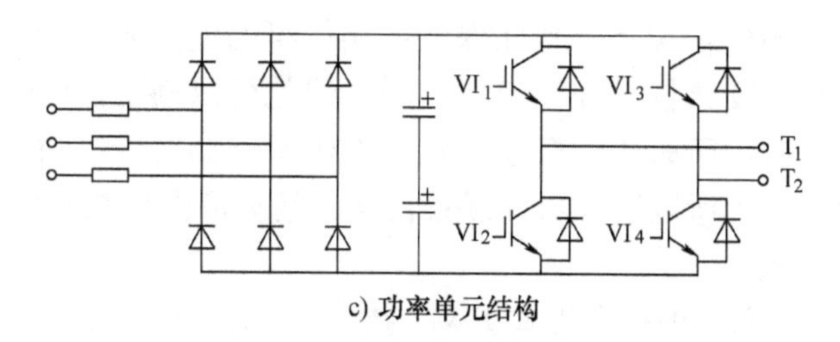

c) 功率单元结构

图 6-26 单元串联多电平变频器（续）

对于额定输出电压为6kV 的变频器，每相由 5 个额定电压为 690V 的功率单元串联而成，输出相电压最高可达 3450V，线电压可达 6kV 左右，每个功率单元承受全部的输出电流，但只提供 1/5 的相电压和 1/15 的输出功率。当每相由 3 个额定电压为 480V 的功率单元串联时，变频器输出额定电压为 2300V；当每相由 4 个额定电压为 480V 的功率单元串联时，变频器输出额定电压为 3300V；当每相由 5 个额定电压为 480V 的功率单元串联时，变频器输出额定电压为 4160V；当每相由 5 个额定电压为 1275V 的功率单元串联时，变频器输出额定电压为 10kV 左右。所以，单元的电压等级和串联数量决定变频器输出电压，单元的电流额定决定变频器输出电流。由于不是采用传统的器件串联的方式来实现高压输出，而是采用整个功率单元串联，所以不存在器件串联引起的均压问题。由于串联功率单元较多，对单元本身的可靠性要求很高。这种变频器的一个发展方向是采用额定电压较高的功率单元，比如额定电压为 1275V 的单元，单元内可采用 3300V 的 IGBT，以达到在满足输入、输出波形质量要求的前提下，尽量减少每相串联单元的个数，降低成本，提高可靠性。

输入变压器实行多重化设计，以达到降低输入谐波电流的目的。以 6kV 变频器为例，各功率单元由输入隔离变压器的 15 个二次绕组分别供电，15 个二次绕组采用延边三角形联结，分成 5 个不同的相位组，每组之间存在一个 12°的相位差，形成 30 脉波的二极管整流电路结构，所以理论上 29 次以下的谐波都可以消除，输入电流波形接近正弦波，总的谐波电流失真可低于 1%，如图 6-27 所示。图 6-26b 中以中间△形联结为参考 0°，上下方各有两套，分别超前 12°、24°和滞后 12°、24°的 4 组绕组。所需相位差可通过变压器的不同联结方式来实现。即使对于每相 3 个功率单元串联的结构（2300V 电压等级），整流电路是 18 脉波结构，输入谐波电流失真也在 3%以下。在变压器二次绕组分配时，组成同一相位组的每三个二次绕组，分别给分属于电动机三相的功率单元供电，这样，即使在电

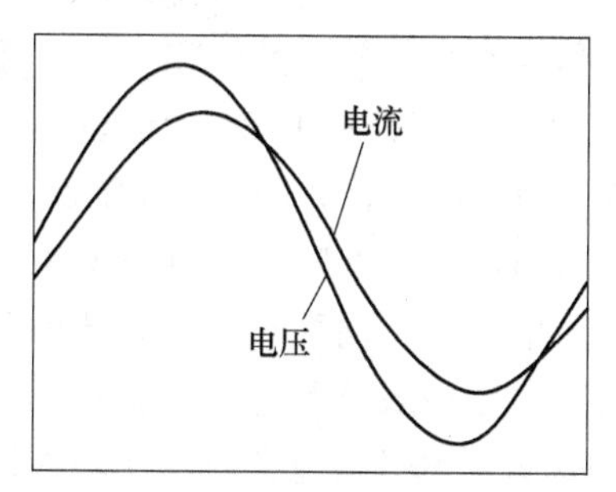

图 6-27 单元串联多电平变频器输入波形

动机电流出现不平衡的情况下，也能保证各相位组的电流基本相同，达到理想的谐波抵消效果。这种变频器不加任何谐波滤波器就可以满足供电部门对电压和电流谐波失真的要求。由于采用二极管整流的电压源型结构，电动机所需的无功功率可由滤波电容提供，所以输入功率因数较高，基本可保持在0.95以上，不必采用功率因数补偿装置。

逆变器输出采用多电平移相式PWM技术，所谓“移相式”是指同一相中各功率单元输出相同幅值和相位的基波电压，但串联各单元的载波之间互相错开一定电角度，使得叠加以后输出电压的阶梯数增加，等效开关频率提高，输出电压非常接近正弦波，电流谐波明显减少。图6-28所示为6kV电压等级变频器的输出电压和电流波形。每个电平台阶只有单元直流母线电压大小，du/dt很小，对电动机绝缘十分有利，对电动机无特殊要求，可用于普通笼型异步电动机，且不会产生输出电缆较长时行波反射引起的浪涌电压增加而造成电动机绝缘破坏问题，所以对变频器输出至电动机之间的电缆长度没有特殊限制。功率单元采用较低的开关频率，以降低开关损耗，且可以不用浪涌吸收电路，提高变频器的效率。由于采取多电平移相式PWM，等效输出开关频率很高，且输出电平数增加，可大大改善输出波形，降低输出谐波，谐波引起的电动机发热、噪声和转矩脉动都大大降低。

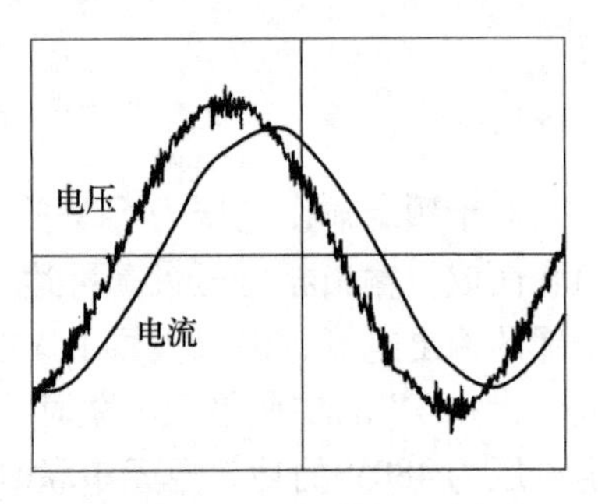

图6-28 单元串联多电平变频器输出波形

与采用高压器件直接串联的变频器相比，采用这种主电路拓扑结构会使器件的数量增加，装置的体积大、重量大、成本高，对于6kV变频器，共使用60个低压IGBT，但低压IGBT门极驱动功率较低，其峰值驱动功率不到5W，平均驱动功率不到1W，驱动电路非常简单。由于开关频率很低，且不必采用均压电路和浪涌吸收电路，图6-28中单元串联多电平变频器输出波形显示系统在效率方面仍具有较大的优势，满载时，变频器效率可达98.5%以上，包括输入变压器和变频器的总体效率一般可高达97%。由于功率单元采用电容滤波的电压源型结构，变频器可以承受30%的电源电压下降而继续运行（降额运行），并且在电网瞬时断电5个周期内还能满载运行。功率单元中采用目前低压变频器中广泛使用的低压IGBT功率模块，技术成熟、可靠，通过改变串联单元的个数适应不同的输出电压要求。在满足系统输入、输出波形质量要求的前提下，采用额定电压较高的功率单元，可以减少串联功率单元数目，提高可靠性，降低成本。

由于采用二极管不可控整流电路结构，所以能量不能回馈电网，不能四象限运行，且无法实现制动，主要应用领域为风机和水泵。但变频器对浪涌电压的承受能力较强，雷击或开关操作引起的浪涌电压可以经过变压器（变压器的阻抗一般为 8%左右）产生浪涌电流，经过功率单元的整流二极管，给滤波电容充电，滤波电容足以吸收进入到单元内的浪涌能量。另外，变压器一次侧安装了压敏电阻浪涌吸收装置，起到进一步保护作用。而一般的电流源型变频器，输入阻抗很高，对浪涌电压的吸收效果就远远不如电压源型变频器。

功率单元与主控系统之间通过光纤进行通信，以解决强弱电之间的隔离问题和干扰问题。由于各功率单元具有相同的结构及参数，可以互换，维修也比较方便，每个单元与系统的联系仅为有 3 个交流输入、2 个交流输出电气连接端和 1 个光纤插头端，所以功率单元的更换十分方便。采用功率单元自动旁路技术可使变频器在功率单元损坏的情况下继续运行（降额运行），大大提高系统的可靠性。还可以实现冗余功率单元设计，即使在功率单元损坏的前提下，还能满载运行。

6.4.2 多重化整流电路

为减少输入谐波电流，将几个桥式整流电路按某种方式联结，构成多重化整流电路，采用自换相整流电路可以提高位移功率因数。多重化输入变压器的设计方法很多，下面介绍其中一种多重化的原理。

为简化分析，在下面分析中不考虑变压器漏抗引起的重叠角，并且假设整流变压器各绕组的线电压之比为 1∶1。假定直流环节电流为恒定值，这种条件一般在电流源型变频器中近似成立，在电压源型变频器中，直流环节电流则为脉动状，通过设置适当的 LC 滤波器，直流电路脉动可以很小。

1. *移相 30°构成的 12 脉波整流电路*

图 6-29 所示为这种电路的原理图，整流变压器二次绕组分别采用星形和三角形联结，构成相位差 30°、大小相等的两组电压，加到两组整流桥上。因绕组联结不同，变压器一次绕组和两组二次绕组的匝数比如图所示，为 $1:1:\sqrt{3}$ 。

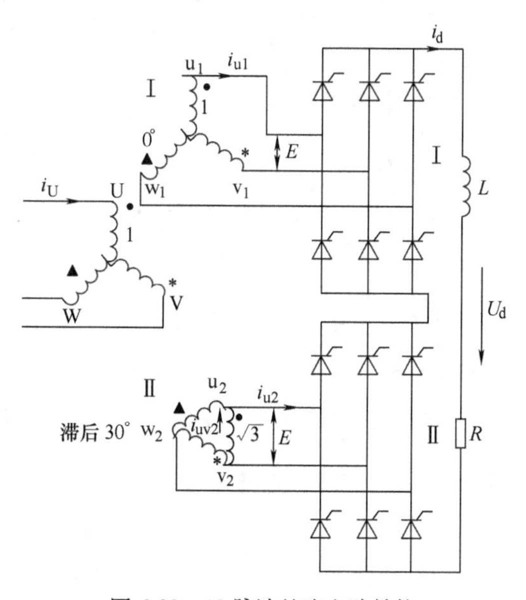

图 6-29 12 脉波整流电路结构

图 6-30 所示为该电路输入电流波形图。其中，图 c 的 i'_{uv2} 是第Ⅱ组整流桥 i_{uv2} 折算到变压器一次侧 U 相绕组中的电流。图 6-30d 中输入电流 i_U 为图 6-30a 的 i_{u1} 和图 c 的 i_{uv2} 之和。

对图 6-30 波形 i_U 进行傅里叶分析，可得其基波幅值 A_1 和 n 次谐波幅值 A_n，分别如下：

$$A_1 = \frac{4\sqrt{3}}{\pi} I_d \tag{6-7}$$

$$A_{12k\pm1} = \frac{1}{12k \pm 1} \frac{4\sqrt{3}}{\pi} I_d \quad (k = 1,2,3,\cdots) \tag{6-8}$$

即输入电流谐波次数为 11，13，23，25，35，37，…。其幅值与次数成反比而降低。

该电路的其他特性如下：

输入电流有效值 $I_1 = 1.577I_d$

输入电流总畸变率 $THD_i = 0.1522$

位移因数 $\cos\varphi_1 = \cos\alpha$

基波因数 $\upsilon = (A_1/\sqrt{2})/I_1 = 0.9886$

功率因数 $\lambda = \upsilon\cos\varphi_1 = 0.9886\cos\alpha$

2. 移相 20°构成的 18 脉波整流电路

图 6-31 所示为其电路图，其中整流桥采用简化画法。对于整流变压器来说，采用星形、三角形联结组合无法移相 20°，这里第Ⅰ、Ⅲ绕组采用了延边三角形曲折联结。这种联结的每相由对应于一次侧不同相的绕组串联而成，改变所取绕组的匝数比可以实现任意角度的相移。以一次侧每相绕组为 1 时，通过求解图 6-31 中第Ⅰ组桥 u_1 相绕组的三角形可得图中绕组 N_x、N_y 的匝数分别为

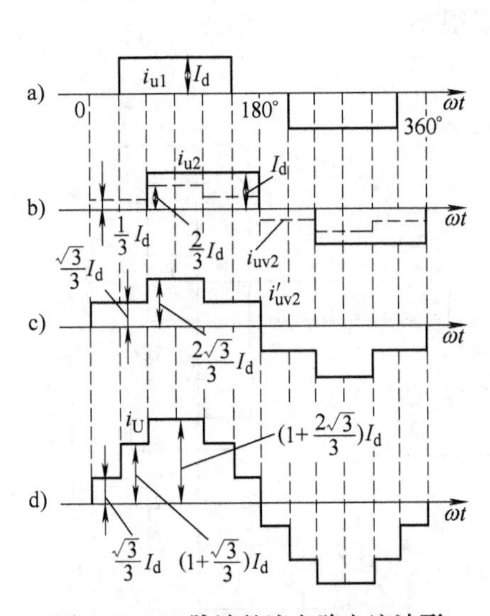

图 6-30　12 脉波整流电路电流波形

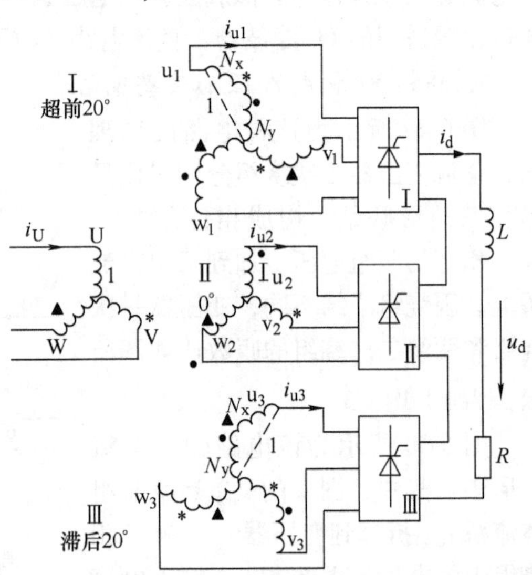

图 6-31　18 脉波整流电路结构

$$\begin{aligned} N_x &= \frac{\sin 20°}{\sin 120°} = 0.395 \\ N_y &= \frac{\sin 40°}{\sin 120°} = 0.742 \end{aligned} \tag{6-9}$$

图 6-32 所示为整流变压器一次侧输入电流 i_U 波形，其基波和谐波幅值分别为

$$A_1 = \frac{6\sqrt{3}}{\pi} I_d \tag{6-10}$$

$$A_{18k \pm 1} = \frac{1}{18k \pm 1} \frac{6\sqrt{3}}{\pi} I_d \quad (k = 1,2,3,\cdots) \tag{6-11}$$

即输入电流谐波次数为 17、19、35、37、53、55、…。其幅值与次数成反比而降低。该电路的其他特性如下：

输入电流有效值 $I_1 = 2.351 I_d$

输入电流总畸变率 $THD_i = 0.1011$

位移因数 $\cos\varphi_1 = \cos\alpha$

基波因数 $\upsilon = (A_1/\sqrt{2})/I_1 = 0.9949$

功率因数 $\lambda = \upsilon\cos\varphi_1 = 0.9949\cos\alpha$

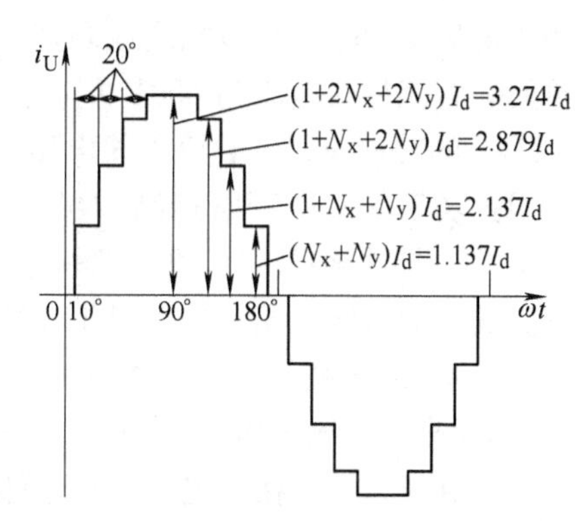

图 6-32 18 脉波整流电路输入电流波形

从以上分析可以看出，采用多重联结方法可以大幅度减少输出电流的谐波含量，从而提高了功率因数。值得注意的是，整流电路的输出电压是各三相整流桥输出电压之和，但输入电流有效值小于各输入电流有效值之和。这是因为直流输出电压是平均值，而输入电流却是相位不同的电流分量相加后再求有效值。

通过两个相角差 30°的变压器绕组分别供电的两个三相整流电路可构成 12 脉波整流电路，其网侧电流仅含 $12k\pm1$ 次谐波；类似地，通过依次相差 20°的三个变压器绕组分别供电给三个三相整流可构成 18 脉波整流电路，其网侧电流仅含 $18k\pm1$ 次谐波；通过依次相差 15°的四个变压器绕组分别供电给四个三相整流桥就可获得 24 脉波整流电路，其网侧电流仅含 $24k\pm1$ 次谐波；通过依次相差 12°的五个变压器绕组分别供电给五个三相整流桥就可获得 30 脉波整流电路，其网侧电流仅含 $30k\pm1$ 次谐波。

综上所述，以 m 个相位依次相差 $\pi/3m$ 的变压器绕组分别供电给 m 个三相整流桥就可获得 $6m$ 脉波整流电路，其网侧电流仅含 $6mk \pm 1$ 次谐波，而且各次谐波电流的有效值与其谐波次数成反比，而与基波电流有效值的比值是谐波次数的倒数。另外，其位移功率因数均为 $\cos\alpha$，不随整流脉波数的增加而提高，但基波因数随着整流脉波数的提高而提高，所以总体输入功率因数也跟着提高。对于二极管不可控整流电路而言，相电流相对于相电压的延迟角度 α 一般小于 15°，对应的位移功率因数大于 0.966，所以采用多重化（18 脉波以上）的二极管整流电路，总的输入功率因数基本上可保持在 0.95 以上。

6.4.3 多电平移相式 PWM 控制

功率单元结构如图 6-26c 所示，变压器二次绕组经过熔断器，接到三相二极管

整流桥的输入侧，整流后经滤波电容滤波形成直流母线电压，由于输入变压器阻抗设计得较大，所以直流环节不必设置低压变频器那样的预充电限流电阻。当功率单元额定电压为690V时，直流母线电压为900V左右。逆变器由4个耐压为1700V的IGBT模块组成H桥式单相逆变电路，通过PWM控制，在T_1和T_2两端得到变压变频的交流输出，输出电压为单相交流0~690V，频率为0~50Hz（根据电动机的额定频率，可以相应地调整，最高达120Hz）。对于额定电压为480V的功率单元，直流母线电压为600V左右，可采用1200V的IGBT模块。对于额定电压为1275V的功率单元，直流母线电压为1800V左右，可采用3300V的IGBT模块。

根据功率单元逆变电路结构可知，每个功率单元存在4种不同的开关组合：VT_1和VT_4同时导通，T_1、T_2之间输出正的直流母线电压；VI_2和VT_3同时导通，输出负的直流母线电压；VI_1和VT_3同时导通，或者VI_2和VT_4同时导通，输出电压为0。所以，4种不同的开关状态，输出3种不同的电平，分别为$+U$、0和$-U$（U为单元直流母线电压）。实际上，为了防止同一桥臂上下管子同时导通，必须设定互锁延时，即存在一定的死区时间，在死区时间内，上下桥臂IGBT均处于截止状态，输出电压由输出电流的方向决定（电流方向决定电流流经哪个续流二极管，从而决定输出电压极性），严格来说，此时输出电压处于不可控状态，当然也不外乎上述三种电平。由于单元内PWM的载波频率较低，所以死区电压引起的误差占的比例很小，可以忽略不计，不必采用像低压变频器那样的死区电压误差补偿电路。

如果设逆变单元串联级数为N，输出总电平数为M，则$M=2N+1$。对于2300V电压等级的变频器，每相由三个功率单元串联而成，串联而成的相电压共有7种不同的电平：0，$\pm U$，$\pm 2U$，$\pm 3U$。对于6kV电压等级的变频器，则有0，$\pm U$，$\pm 2U$，$\pm 3U$，$\pm 4U$，$\pm 5U$共11种电平，而对应的线电压则有21种电平，如图6-33所示。而一般的三电平变频器输出相电压仅有3种电平。输出电压电平数越多，输出电压波形越接近正弦波。

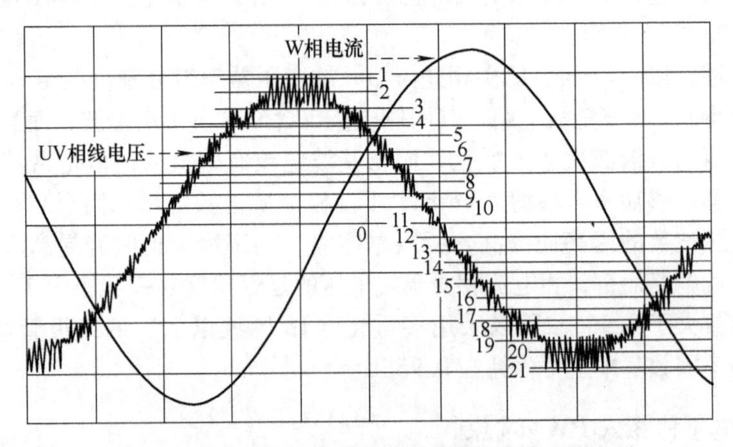

图6-33 6kV单元串联多电平变频器输出线电压电平

下面以2300V电压等级的变频器为例，分析多电平PWM控制原理。

由于每相由3个功率单元串联而成，如图6-34所示，采用3对（每对含正反相信号）依次相移为120°的三角载波和参考波进行调制，参考波由主控系统给出。RU表示U相的参考波形，载波频率为600Hz，当输出参考波频率为60Hz时，每个参考波周期内刚好有10个载波波形。L_1为RU与第一个载波（无相移）比较结果，当RU大于载波时，L_1为高电平，RU小于载波时，L_1为低电平。L_1用来控制U相第一功率单元U_1中左桥臂VT_1、VT_2的通断，L_1为高电平时，VT_1导通，VT_2截止，T_1为正直流母线电位，L_1为低电平时，VT_1截止，VT_2导通，T_1为负直流母线电位。RU和第一个载波的反向信号比较产生的R_1用于控制VT_3、VT_4的通断，当RU大于反向载波时，R_1为低电平，反之，R_1为高电平。R_1为高电平时，VT_3导通，VT_4关断，反之亦然，由此可决定输出电压波形，实际上，L_1与R_1之差，就代表了输出端T_1与T_2之间的电压波形，也即U相第一单元的输出电压u_{U1}。u_{U1}具有0，$+U$和$-U$三种电平。根据同样道理，u_{U2}和u_{U3}分别表示U相的第二和第三功率单元的输出电压波形，它们是用移相120°和240°的两对载波分别和U相参考波RU比较的结果。u_{U1}、u_{U2}和u_{U3}串联相加，即得到U相的相电压输出波形u_{UN}，u_{UN}有7种不同的电平。

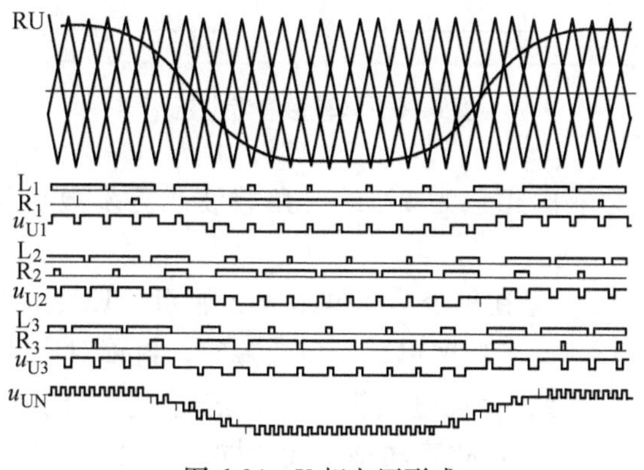

图6-34 U相电压形成

V相和W相的调制采用同样的原理（见图6-35），只是参考波RV、RW依次相移120°。u_{UN}与u_{VN}之差，形成电动机线电压u_{UV}。应该注意的是u_{UN}是U相输出对单元串接后形成的中心点N的电压，而不是对电动机中心点的电动机相电压。

改变参考波的幅值和频率，即可实现变压变频的高压输出。实际上，为了提高电压利用率，参考波并非严格的正弦波，而是注入一定的谐波（比如三次谐波）成为“马鞍形”的波形（见图6-36），以降低参考波峰值，而三次谐波电压是共模电压，电动机内部不会产生电流，所以不会影响电动机的运行。

对于3300V电压等级的变频器，每相由4个功率单元串联而成，采用4对依次相移为90°的三角载波和参考波进行调制。对于电压等级为4160V、6kV和10kV的

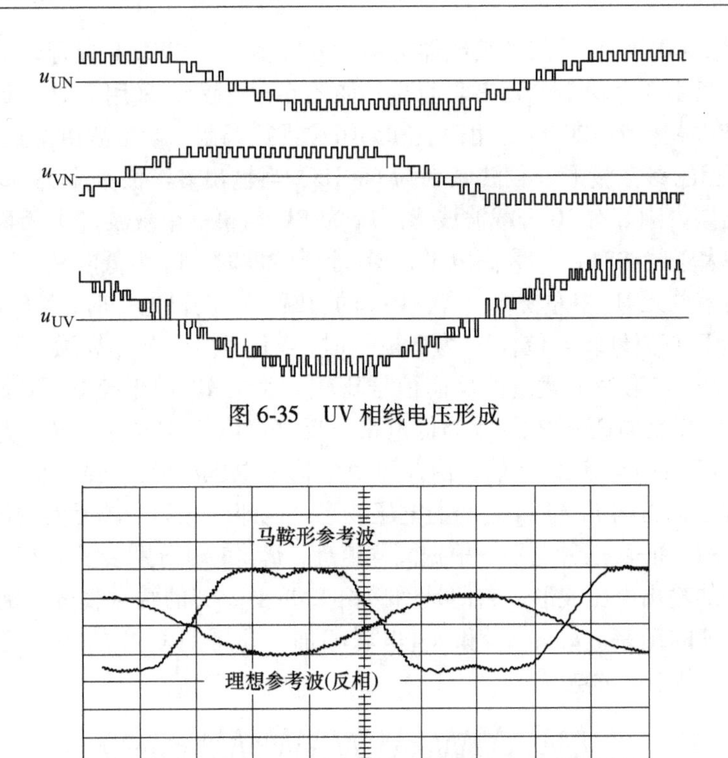

图 6-35 UV 相线电压形成

图 6-36 马鞍形参考电压

变频器，则采用 5 对依次相移为 72° 的三角载波或更多数目的相应相移的三角载波。

功率单元旁路技术，是在每个功率单元输出端 T1，T2 之间并联一个双向晶闸管（或反并联 2 个 SCR），当功率单元发生故障时，封锁对应功率单元 IGBT 的触发信号，然后让 SCR 导通，保证电动机电流能流过，仍形成通路。当然，为了保证三相输出电压对称，在旁路故障功率单元的同时，另外两相对应的两个功率单元也同时旁路。对于 6kV 的变频器而言，每相由 5 个功率单元串联而成，当每相 1 个单元被旁路后，每相剩下 4 个功率单元，输出最高电压为额定电压的 80%，输出电流仍可达到 100%，这样，输出功率仍可达 80%左右，对于风机、水泵等平方转矩负载而言，转矩仍可达 92%以上，基本能维持生产要求，大大提高系统运行的可靠性。然后可以在生产允许的条件下，有准备地停止变频器，更换新的功率单元或对单元进行维修。如果负载十分重要，还可以进行冗余设计，安装备用功率单元。例如，对 6kV 的变频器，本来每相由 5 个功率单元串联而成，现可以设计成每相 6 个功率单元串联，正常工作时，每个单元输出电压仅为原来的 5/6，如果出现功率单元故障，一组单元（每相各一个）被旁路后，单元的输出电压恢复正常，总的输出电压仍可达到 100%，变频器还能满载运行。

6.4.4 其他派生的单元串联式多电平技术方案

在单元串联多电平电压源型变频的功率单元的拓扑结构上做一些改动和优化，就可以得到许多扩展技术，下面对其中一些实用的方案做一个简单介绍。

1. 功率单元采用多电平结构的技术方案

经典的功率单元串联多电平的技术方案中，功率单元采用的是交-直-交式，逆变器采用的是单相全桥的结构，俗称H桥式，这种方案每个功率单元的输出有+、-、0三个电平，当采用每相8个单元串联时，整机可以实现相电压17个电平，线电压33个电平的输出。

国内外有一些厂家将功率单元作了一些改进，将H桥换为三电平功率单元逆变的结构，其功率单元原理图如图6-37所示。其每个功率单元的输出则可以达到±2、±1、0五种电平信号。

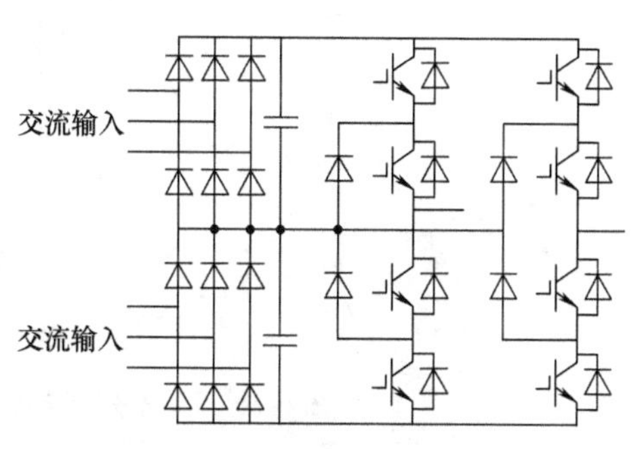

图6-37 单相三电平桥式逆变功率单元原理图

当采用三电平功率单元时，每相只需要4个功率单元，就可以使整机实现相电压17个电平、线电压33个电平的输出，功率单元数量减少使整机结构简单、体积减小，且其采用的电容、IGBT等主要元器件的参数与H桥基本相同。但每个单元增加了四个箝位二极管，使成本稍有增加。

总体来讲，这种方式结合了三电平的简单与功率单元串联式多电平的优良性能两个方面的优势，有一定的优越性和使用价值，采用这种技术方案的产品在国内和国外都有生产。例如，TMdrive-XL系列五电平电压源变频器就是采用了这种结构，如图6-38和图6-39所示。

2. 非对称结构功率单元串联式多电平变频调速系统

在H桥式功率单元中，每个功率单元需要三条输入线，整机共需要72条输入线，造成变压器二次侧引线太多、结构复杂，散热设计、各组二次输出电压和阻抗的一致性得不到保证。

针对上述问题，参考文献［6］采用了一种新型的非对称结构功率单元串联多电平变频调速系统的拓扑结构，其功率单元结构如图6-40所示，采用这种拓扑结构，每相只需要4个功率单元就可以实现线电压33个电平的输出，而且变压器二次侧绕组只需12组即可。在保证整机性能指标不降低的情况下，可以使整个装置的结构简化、体积减小、成本降低。

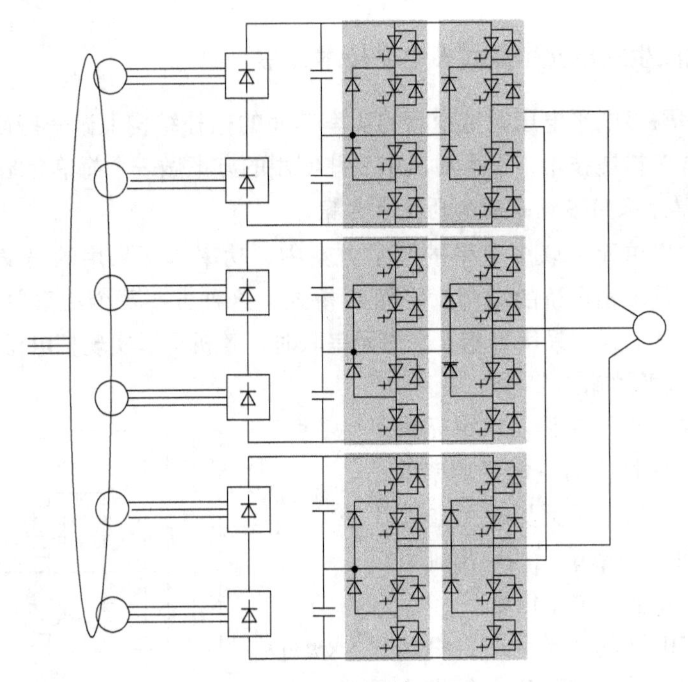

图 6-38　XL 系列五电平电压源变频器拓扑结构

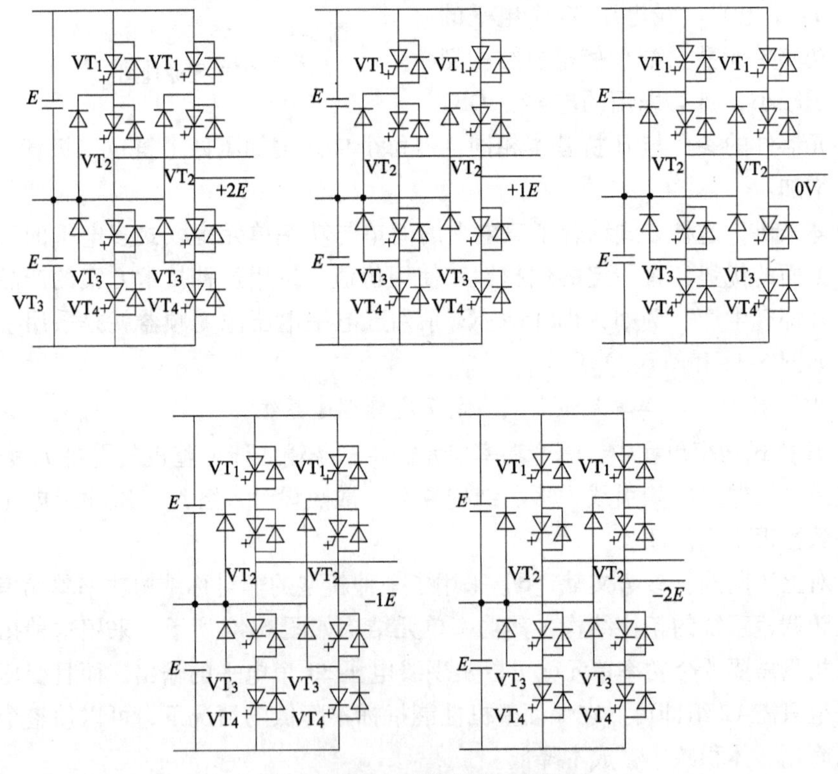

图 6-39　五电平输出的切换过程

3. 混联式多电平技术方案

参考文献［11］提出来一种混联式多电平技术方案，其主体结构如图6-41所示。该逆变器同样采用功率单元串联的拓扑结构，每一相的三个功率单元的中间直流电压不同，U_1、U_2、U_3 电压按照1∶2∶4的关系分布，同时各个功率单元依直流电压的不同也采用不同电压等级的电力电子器件。

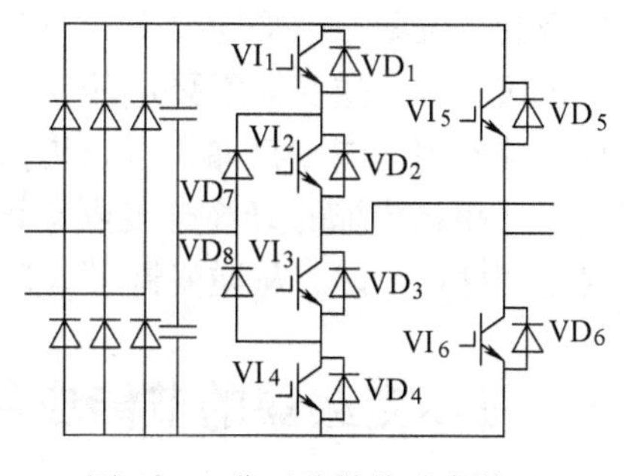

图6-40　非对称结构功率单元

参考文献［7］提出了另一种新颖的混合级联式多电平拓扑结构，如图6-42所示。该结构将传统的H桥逆变器（主逆变器）

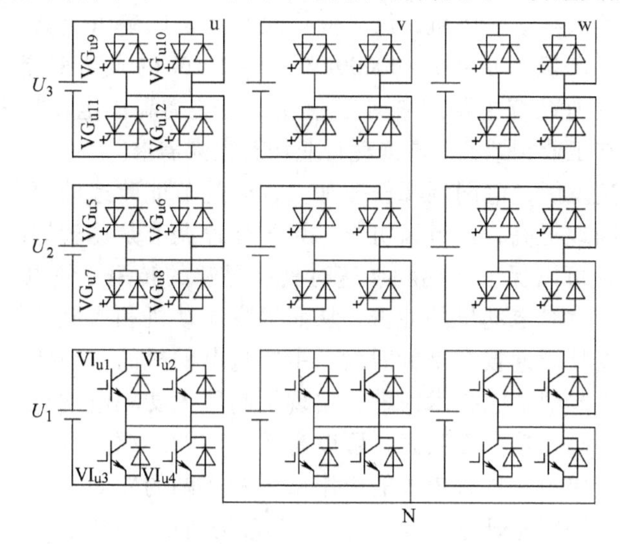

图6-41　混联式多电平技术方案主体结构图

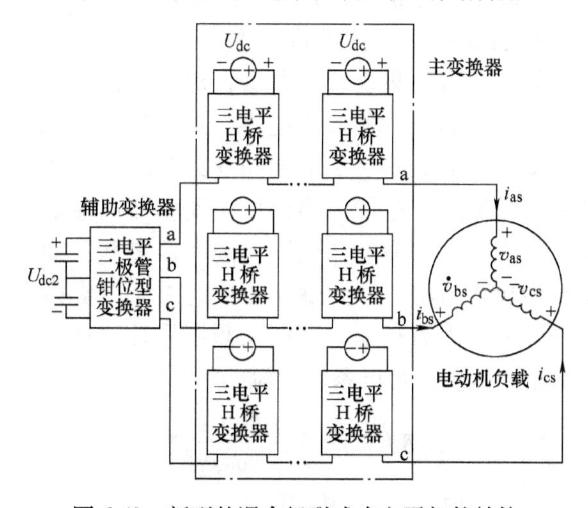

图6-42　新型的混合级联式多电平拓扑结构

和二极管箝位型三电平逆变器（从逆变器）结合起来，串联为电动机供电，而这其中仅仅只有主逆变器需要电压源。这种新型的拓扑结构由于增加了从逆变器作为辅助单元用于能量存储，可以提高系统的效率，一定程度上实现电动机的四象限运行。相比传统的H桥逆变器，该拓扑可以减少输入电压源的数目；当电动机以稳定速度运行时，从逆变器可以为负载提供无功能量。

6.5 高压变频器的节能应用

在工业领域大功率的传动机械中，大功率风机、水泵占据主要地位。例如钢铁工业的高炉鼓风机、除尘风机；石油化学工业的大型输油泵；化工生产的压缩机；电力工业的给水泵、引风机；煤矿的排水泵和排风扇以及城市建设的自来水供水泵等，驱动电动机都是400~40000kW、3~10kV的大功率高压交流电动机。高压大功率变频调速系统主要用来对工业领域的这类高压电动机进行调速控制，所以高压变频器在工业领域各个高能耗行业均有很大需求。

电力工业迅速发展，电网调峰任务加大，因此节能改造的潜力大，且高压变频器的性价比不断地提高，进行风机与水泵的变速调节是比较好的节能方案。另外，变频装置特性可以保证起动和加速时具有足够的转矩，使电动机实现“软”起动，以消除起动时对电动机的冲击，从而提高电动机和机械的使用寿命，保证电网稳定。高压变频调速技术是针对大、中容量电动机的一项节能新技术，是现代电气传动的发展趋势。它技术成熟，实现了高压大功率电动机的无级调速，起动性能优异，效率高、功率因数高，可以有效地节约能源，提高产品的产量和质量，大幅降低生产成本，具有较大的应用市场和广阔的发展空间，大功率高压变频技术已经成为交流调速研究的热点之一，其市场前景十分广阔。

目前我国电能利用率还非常低，浪费严重，特别是风机、水泵大都采用风门、阀门调节流量，如果高压变频调速技术得以推广，不仅能满足工艺流程的要求，而且可以提高功率因数，节电效果也非常显著，对我国能源的合理利用、环境保护都有十分重大的意义。变频器中的滤波电容与电动机进行无功能量交换，因此变频器实际输入电流减小，从而减小了电网与变频器之间的线损和供电变压器的铜耗，同时减小了无功电流上串电网。因此使用变频器调速节能是最佳的节能方法，这时的节能量应是线路上的能耗与变频调速节能之和。如果原电动机系统的功率因数较高，变频器投入后功率因数变化不大，可不考虑因数变化后线损的影响。如果原电动机系统功率因数很低，使用变频器后补偿功率因数带来的节能是不能忽视的。提高功率因数后，配电系统电流的下降率为

$$\delta_1(\%) = 1 - \frac{\cos\varphi_1}{\cos\varphi_2} \tag{6-12}$$

式中　$\cos\varphi_1$——补偿前电动机的运行功率因数；

$\cos\varphi_2$——补偿后电动机的功率因数。

配电系统功耗的下降率为

$$\delta_P(\%) = 1 - \frac{\cos^2\varphi_1}{\cos^2\varphi_2} \tag{6-13}$$

6.5.1 泵与风机的主要特性及工作点

泵与风机是将原动机的机械能转换为被输送流体（液体与气体）的压能与动能的一种动力设备。通常输送液体的机械设备称为泵，而输送气体的机械设备称为风机。流量、能头（压头）、功率和效率是泵与风机的四个重要参数。

1. 流量

流量指单位时间内泵与风机输送流体的数量，用 Q 来表示，常用单位为 m^3/s、m^3/h 等。

2. 能头（压头）

泵提供的能量通常用能头来表示，称为扬程，即指单位重量液体通过泵后的能量增加值，用符号 H 表示，单位为 m。风机提供的能量通常用压头来表示，称为全压，即指单位体积气体通过风机后的能量增加值，用符号 p 表示，单位为 Pa。

3. 功率

有效功率：指单位时间内通过泵或风机的流体所获得的功，即其输出功率，用 P_e 表示，单位为 kW。

对泵：

$$P_e = \frac{\rho g Q H}{1000} \tag{6-14}$$

对风机：

$$P_e = \frac{Qp}{1000} \tag{6-15}$$

式中 ρ——密度（kg/m^3）；

g——重力加速度（$9.81m/s^2$）；

H——扬程（m）。

轴功率是指原动机传到泵与风机轴上的功率，又称为输入功率，用 P 来表示。

$$P = P_g\eta_d = P'_g\eta_g\eta_d \tag{6-16}$$

式中 P_g——原动机输出功率（W）；

η_g——原动机效率；

η_d——传动装置效率；

P'_g——原动机所测输入功率。

4. 效率

效率是风机与泵总效率的简称，指泵与风机输出功率与输入功率之比的百分数，反应泵与风机在传递能量过程中轴功率有效利用的程度，用符号 η 表示。

$$\eta = \frac{P_e}{P} \times 100\% \tag{6-17}$$

6.5.2 泵与风机的变频调速节能原理

泵与风机在使用过程中重点需要调节流量参数，常采用节流调节与调速调节两种方法。节流调节是指保持泵与风机的转速恒定，通过改变管路上阀门的开度来调节流量。阀门开大，流量增加；阀门关小，流量减小。节流调节时若采用出口挡板控制，当开度减小时，阻力增加，不适宜流量的大范围调节，且在低速区域轴功率减少不多，从节能的角度来看并不可取。若采用入口挡板控制，则可以增加控制流量调节范围，减小开度时轴功率大体与流量成正比下降，节能效果也有所提高。调速调节是指保持阀门开度（管路状态）不变，通过改变泵与风机的转速来调节流量。转速升高，流量增加；转速降低，流量减少。变速调节分为第一类变速调节和第二类变速调节，其中第一类变速调节包括液力耦合器调速和电磁调速；第二类变速调节包括定子绕组变极对数变速、变压调速、变频调速、转子绕组串级调速和转子绕组串电阻调速。

采用节流调节时，节流损耗消耗大量的能量，不能满足节能降耗的技术要求，而且在夜间用水量少时，管网的压力增大，从而增加了对管路性能的要求。利用变频器进行调速控制是解决上述问题的一种经济而有效的方法。

由泵与风机的相似定律可知，当改变电动机转速以改变泵与风机转速时，其效率基本不变，但泵与风机的流量、扬程、轴功率都随着转速的变化而变化，且有如下关系：

$$\begin{aligned} q_{v2}/q_{v1} &= n_2/n_1 \\ P_2/P_1 &= (n_2/n_1)^3 \\ H_2/H_1 &= (n_2/n_1)^2 \end{aligned} \tag{6-18}$$

即流量 q_v 与转速成正比，扬程（压力）H 与转速的平方成正比，功率与转速的立方成正比，故可得到功率 P 与流量 q_v 存在如下关系：

$$P_2/P_1 = (n_2/n_1)^3 = (q_{v2}/q_{v1})^3 \tag{6-19}$$

即功率与流量的立方成正比。

根据 q_v、H 值可计算泵与风机的功率，即：

$$P = \frac{\rho q_v H}{102\eta} \tag{6-20}$$

式中 P——功率（kW）；

q_v——流量（m^3/s）；

H——扬程（m）；

ρ——密度（kg/m^3）；

η——使用工况点的泵与风机总效率（%），$\eta=\eta_p\eta_b$；

η_p——泵与风机本身的效率（%）；

η_b——调速机构效率（%）。

泵与风机的变速调节因具有显著的节能效益，得到了越来越广泛的应用。但一个值得注意的问题是：变速调节的节能效益与管路特性具有密切的关系，也就是说不同的管路特性，变速调节的节能效益不同，搞清楚管路特性对泵与风机变速调节节能效益的影响，对于正确运用变速调节是必要的。

图6-43所示为扬程和流量的特性曲线，图中，横坐标表示流量q_v的百分值（%），100%表示额定流量；纵坐标表示扬程（全扬程）H的百分值（%），100%表示额定扬程。标有“100%速度”的曲线是泵的转速为额定转速时的扬程-流量特性；标有“管路阻力曲线”是开度最大（即调节阀完全打开）时的负载曲线，两条曲线的交点（C点）即工作点，对应的流量为额定流量（100%），扬程为额定扬程（100%）。

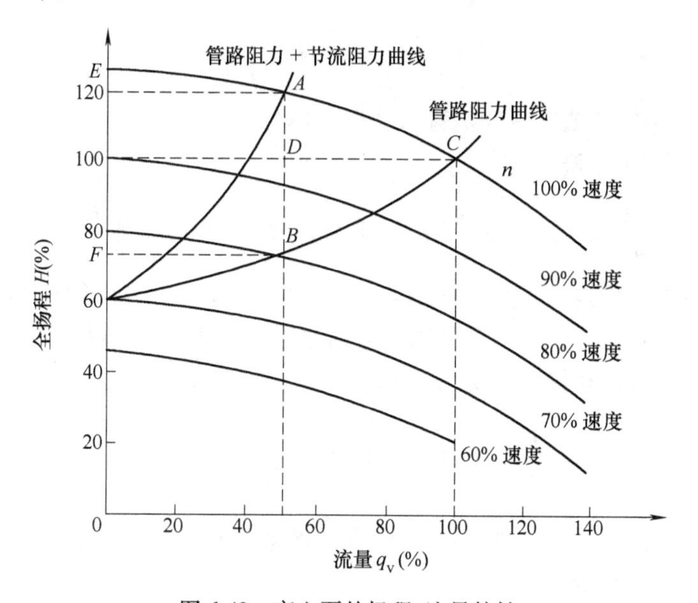

图6-43 离心泵的扬程-流量特性

假设要求流量q_v为50%，分别分析节流调节和变速调节两种情况下的能量损耗。

若采用节流调节方式，转速保持“100%速度”不变，将调节阀的开度减小以增大调节阀的流阻，从而达到减小流量的目的，这时，新的负载曲线为“管路阻力+节流阻力曲线”，其与“100%速度”的曲线的交点A点即为此时工作点。与工作点C点相比较，工作点A点的扬程损失增加，大小为AD线段。可见，采用节流调节方式，当流量减小时，扬程损失（即能量损失）增大。

若采用变速调节方式，负载特性为图6-43中的“管路阻力曲线”。调节阀开度大小保持不变，通过降低调节泵的转速来减小流量，当转速降为“80%速度”时，流量q_v为50%，此时工作点为B点，与A点相比扬程损失减少，大小为AB线段。可见，采用变速调节时轴功率的面积比采用节流调节时显著减少，节省的轴功率为图6-43中的矩形ABFE的面积，采用变速方式调节流量，节能效果十分显著。

6.5.3 泵与风机的变频节能计算

对风机、水泵常用阀门、挡板进行节流调节，增加了管路的阻尼，电动机仍旧以额定速度运行，这时能量消耗较大。如果对风机、泵类设备进行调速控制，不需要再用阀门、挡板进行节流调节，将阀门、挡板开到最大，管路阻尼最小，能耗也大为减少。对风机、泵类，采用挡板调节流量对应电动机输入功率P_L与流量q_v的关系（GB 12497《三相异步电动机经济运行》强制性国家标准实施监督指南）：

$$P_L = \left[0.45 + 0.55\left(\frac{q_V}{q_{Ve}}\right)^2\right]P_e \tag{6-21}$$

式中 P_e——额定流量时电动机输入功率（kW）；

q_{Ve}——额定流量（m^3/s）。

节流调节时$\frac{q_V}{q_{Ve}}<1$，$0.55\left(\frac{q_V}{q_{Ve}}\right)^2<0.55$，故$0.45+0.55\left(\frac{q_V}{q_{Ve}}\right)^2<1$，即节流后电动机的负载小于额定负载，由式（6-21）可知，节流后消耗的功率也比额定功率小。当挡板或阀门全关时，泵与风机空载运行，消耗的功率最少，等于$0.45P_e$。

记调速调流时电动机输入功率为P_T，则由式（6-19）得：

$$\frac{P_T}{P_e} = \left(\frac{q_V}{q_{Ve}}\right)^3 \quad 即\ P_T = P_e\left(\frac{q_V}{q_{Ve}}\right)^3 \tag{6-22}$$

由式（6-21）和式（6-22）可得电动机调速调节流量相比节流调节流量所要节约的节电率（K_i）为

$$K_i = \frac{\Delta P}{P_L} = \frac{P_L - P_e\left(\frac{q_V}{q_{Ve}}\right)^3/\eta_b}{P_L} = 1 - \frac{\left(\frac{q_V}{q_{Ve}}\right)^3}{\eta_b\left[0.45 + 0.55\left(\frac{q_V}{q_{Ve}}\right)^2\right]} \tag{6-23}$$

由（6-19）式可知采用电动机变速调节后，电动机消耗的功率和额定功率的比值与实际流量和额定流量比值的三次方相等，由于变频调速效率高，本身的损耗相对很小，变频器的效率一般为95%~98%，采用变频调速，泵与风机的效率几乎不变，其特性近似满足相似定律，即满足（6-19）式的关系，因此式（6-23）能较准确地计算泵与风机电动机变频调速调节相比节流调节所要节约的节电率。

以具体实例分析变频调速调节流量相比节流调节和其他两种调速调节的节电率。某厂离心风机电动机功率1120kW，实际用风量为0.7，年工作4800h，准备投资改造为变频器驱动，变频器的效率为96%，电价0.80元/kW·h，估算各种变速调节方式的节率和年节电费。

1. 变频调速调节与节流调节

由题意知 $q_V/q_{Ve}=0.7$，由式（6-23）得变频调速调节流量相比节流调节的节电率为

$$K_i = 1 - \frac{0.7^3}{0.96 \times (0.45 + 0.55 \times 0.7^2)} = 0.50 \tag{6-24}$$

由式（6-21）得：

$$P_L = (0.45 + 0.55 \times 0.7^2) \times 1120 = 806\text{kW} \tag{6-25}$$

采取风门调节风量时风机所需的轴功率为806kW，变频器调速器调风时相对调节风门调风量的节电率为50%。

年节电量为

$$4800 \times 806 \times 0.5 = 1934400\text{kW} \cdot \text{h} \tag{6-26}$$

年节电费为

$$0.8 \times 1934400 = 1547520\text{元} = 154.752\text{万元} \tag{6-27}$$

由此可判定该厂离心风机采用变频器驱动后，年节电量1934400kW·h，年节电费154.752万元，技术经济效益可观。

采用变频调速系统年用电量为

$$4800 \times 806 - 1934400 = 1934400\text{kW} \cdot \text{h} \tag{6-28}$$

2. 变频调速与第一类变速调节

第一类变速调节不改变原动机的转速，也就是说主动轮的转速是不变的。第一类变速调速虽比不上变频调速，但比节流调节仍有优势。在调速过程中从动轮的转速发生变化，从动轮受的力矩也发生变化，但在忽略各种阻力矩后从动轮上的力矩 T_2 应近似等于主动轮力矩 T_1，即：

$$T_2 \approx T_1 \tag{6-29}$$

由题意知 $\dfrac{n_2}{n_1}=\dfrac{q_{V2}}{q_{V1}}=0.7$ 在第一类变速调节系统中，原动机通过主动轮输入功率，从动轮获得输出功率。故它的调速效率应等于输出、输入功率之比，即可由下式计算：

$$\eta_b = \frac{P_1}{P_2} = \frac{n_2 T_2}{n_1 T_1} = \frac{n_2}{n_1} = \frac{q_{V2}}{q_{V1}} = 0.7 \tag{6-30}$$

式中　η_b——调速效率；

P_1 ——主动轮输入功率；

P_2 ——从动轮输出功率。

即效率等于从动机转速与主动机的转速之比。从动机转速越低，调速效率越低，转速差越大，浪费能源越大。与之相比变频调速是一种改变旋转磁场同步速度的方法，是不耗能的高效调整方式。

第一类变速调速的节电率仍可用式（6-23）计算，得液力耦合器调速系统相对于调风门调节风量的节电率为

$$K_i = 1 - \frac{0.7^3}{0.70 \times (0.45 + 0.55 \times 0.7^2)} = 0.32 \tag{6-31}$$

年节电量为

$$4800 \times 806 \times 0.32 = 1238016\text{kW} \cdot \text{h} \tag{6-32}$$

年节电费为

$$0.8 \times 1238016 = 99.04128\text{元} \approx 99\text{万元} \tag{6-33}$$

由此可判定该厂离心风机采用液力耦合器调速系统驱动后，年节电量1238016kW·h，年节电费约99万元。

采用液力耦合器调速系统年用电量为

$$4800 \times 806 - 1238016 = 2630784\text{kW} \cdot \text{h} \tag{6-34}$$

相对采用液力耦合器调速系统，采用变频调速系统节电率为

$$K_i' = \frac{2630784 - 1934400}{2630784} = 0.26 \tag{6-35}$$

即采用变频调速系统相对于液力耦合器调速系统的节电率为26%。

3. 变频调速与电动机串电阻调速系统

绕线式电动机最常用改变转子电路的串接电阻的方法调速，绕线式电动机输入的电磁功率 P_1 为

$$P_1 = P_2 + P_s \tag{6-36}$$

式中 P_2——电动机输出功率；

P_s ——电动机转子电阻上消耗的转差功率。

转子串接电阻调速效率为

$$\eta_b = \frac{P_2}{P_1} = \frac{P_2}{P_2 + P_s} \tag{6-37}$$

由题意知 $\frac{n_2}{n_1} = \frac{q_{V2}}{q_{V1}} = 0.7$

设电动机转子电阻上消耗的转差功率增加65%，即 $P_s = 0.65P_2$，由式（6-37）得串接电阻的方法调速效率为

$$\eta_b = \frac{1}{1 + 0.65} = 0.61 \tag{6-38}$$

由式（6-23）得串接电阻的方法调速相对调风门调节风量时的节电率为

$$K_{\mathrm{i}} = 1 - \frac{0.7^3}{0.61 \times (0.45 + 0.55 \times 0.7^2)} = 0.22 \qquad (6\text{-}39)$$

年节电量为

$$4800 \times 806 \times 0.22 = 851136\mathrm{kW \cdot h} \qquad (6\text{-}40)$$

年节电费为

$$0.8 \times 851136 = 680908.8 \text{元} \approx 68 \text{万元} \qquad (6\text{-}41)$$

由此可判定该厂机离心风机采用电动机串电阻系统驱动后，年节电量 851136kW · h，年节电费约 68 万元。

采用串接电阻的方法调速电动机年用电量为

$$4800 \times 806 - 851136 = 3017664\mathrm{kW \cdot h} \qquad (6\text{-}42)$$

相对采用串接电阻的方法调速系统，采用变频调速系统节电率为

$$K_{\mathrm{i}}' = \frac{3017664 - 1934400}{3017664} = 0.36 \qquad (6\text{-}43)$$

即若采用变频调速系统相对于电动机串接电阻调速系统的节电率为 36%。

综上所述，可得出采用变频调速调节相对于节流调节、第一类变速调节和电动机串电阻调节的节能对照表，见表 6-3。

表 6-3　变频调速调节相对于节流调节、第一类变速调节和电动机串电阻调节的节能对照表

	变频调速调节	节流调节	第一类变速调节	电动机串电阻调节
年用电量/（kW · h）	193440	3868800	2630784	3017664
改用变频调速调节后年节电量/（kW · h）	/	1934400	696384	1083264
改用变频调速调节后年节电费/（万元）	/	154.752	56	87
改用变频调速调节后节电率（%）	/	50	22	36

6.5.4　高压变频器调速的意义

与传统的交流拖动系统相比，利用变频器对交流电动机进行调速控制的交流拖动系统有许多优点，如节能，容易实现对现有电动机的调速控制，可以实现大范围内的高效连续调速控制，容易实现电动机的正反转切换，可以进行高频度的起停运转，可以进行电气制动，可以对电动机进行高速驱动，可以适应各种工作环境，可以用一台变频器对多台电动机进行调速控制，电源功率因数大，所需要电源容量小，可以组成高性能的控制系统等。

1. 节约电能

靠开关阀门来调节流量，不仅浪费电能，而且会产生“憋泵”现象。采用变频器后，根据所需流量调节转速，实现调速节能运行，是变频器应用的一个最典型的优点，也成为节约能源的有效措施，尤其是对于在工业中大量使用的风扇、鼓风机和泵类负载来说，节能效果非常明显。很多用户实践的结果证明，节电率一般为10%~30%，有的高达60%，更重要的是生产中一些技术难点也得到解决。

另外，变频器采用了阻容滤波，相当于在电动机与电网之间加入了一级容性隔离，使整个系统的功率因数大为提高，功率因数可提高到0.95以上，达到节能的效果。1995~1997年3年间我国风机、水泵变频调速技术改造投入资金3.5亿元，改造总容量达100万kW，年节电7亿kW·h，平均投资回收期约2年。

2. 延长设备的使用寿命

采用变频调速保持水压基本恒定，不会出现水压过高的现象，使管道的压力一直维持在合理的范围内，管接件所承受的压力减小，延长更换周期，减少维修成本，并且避免了管道崩裂事故。

采用变频器对电动机进行驱动时，由于可以将变频器的输出频率降到很低时起动，电动机的起动电流很小，起动过程平缓，可运行在最佳工作状态，不再产生“憋泵”现象，运行损耗小，发热大为降低，不仅可以进行较高频度的起停运转，而且延长了电动机和泵的使用寿命。

此外，变频器调速还具有调速性能佳、调速方便经济、调速范围宽、易实现正反转切换、高速驱动、可改善环境等优点。因此，高压变频调速性能优越于其他调速方式，是现代化大型企业广泛采用的一种节能控制手段，越来越广泛地应用在电力、冶金、石化、水泥、矿山等需要用到高压电动机驱动的各个行业，实现节能减排，适应性强，使得高效、合理地利用能源（尤其是电能）成为了可能。随着变频技术的不断提高和电力行业人员对其认识的不断加深，变频技术必将在电力行业有更广阔的应用前景。

6.6 高压变频器的现场应用

在高压变频器的应用领域，TMEIC的产品可以说是在世界的高端，下面介绍其产品几个实际应用例子。

6.6.1 TMEIC MVG2高压变频器在丰南高炉电动机起动的应用

河北纵横集团丰南钢铁有限公司炼铁工程新建4座高炉，并配套鼓风机站，设置5台电动高炉鼓风机设备，4用1备。高炉鼓风机为全静叶可调轴流式风机，每台鼓风机均由38000kW/10kV/1500rpm高压同步电动机驱动，电动机为交流无刷励磁方式，其中3台38000kW高压同步电动机为TMEIC电动机。

1. 高炉鼓风变频软起动必要性

电动机工频直接起动时，至少会有$6I_N$以上的冲击电流；大功率高压电动机如果直接工频起动，则其冲击电流会导致电动机发热及内部机械结构的破坏，同时大的冲击电流易造成系统电网电压波动、严重时会影响其他设备的安全稳定运行，并且电动机对应的上级变压器为满足起动冲击电流需增大容量从而增加了用户运营及投入成本。

炼铁过程实质上是将铁从其自然形态矿石等含铁化合物中还原出来的过程，高炉是用于冶炼液态铁水的主要设备；鼓风机是高炉最重要的动力设备，它不但提供高炉冶炼过程中所需的氧气，而且提供克服高炉料柱阻力所需的气动力；高炉鼓风机能否顺利起动，关系到高炉炼铁生产的正常运行。

本项目采用 TMEIC 提供的 TMdrive-MVG2-SS 系列高压变频器，完成 5 台高炉鼓风机电动机软起动并切换到工频运行。

2. TMdrive-MVG2-SS 原理及技术性能

TMdrive-MVG2-SS 高压变频器采用若干个 PWM 变频功率单元串联的方式实现直接高压输出。该变频器具有对电网谐波污染极小，输入功率因数高，输出波形质量好，不存在谐波引起的电动机附加发热、转矩脉动、噪声、dv/dt 及共模电压等问题的特性，不必加输出滤波器，就可以使用普通的电动机。其输入侧电压、电流波形如图 6-44 所示。

逆变器输出采用多电平移相式 PWM 技术，10kV 输出相当于 17 电平，输出电压非常接近正弦波，dv/dt 很小。

电平数的增加有利于改善输出波形，由谐波引起的电动机发热、噪声和转矩脉动都大大降低，所以这种变频器对电动机没有特殊要求，可直接用于普通电动机，不需要输出滤波器。图 6-45 所示为变频器输出电压、电流波形。

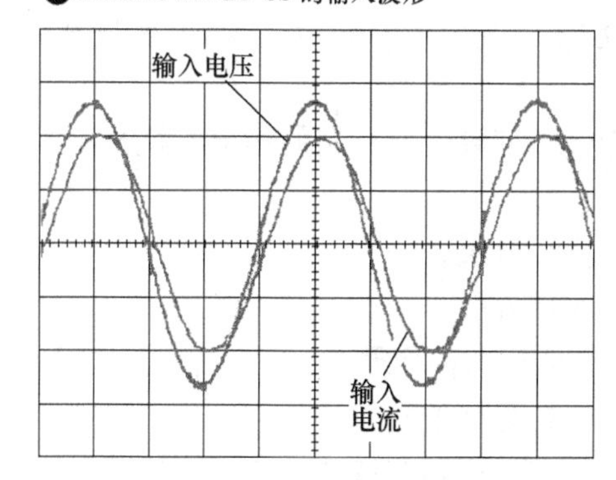

图 6-44　TMdrive-MVG2-SS 输入侧电压、电流波形

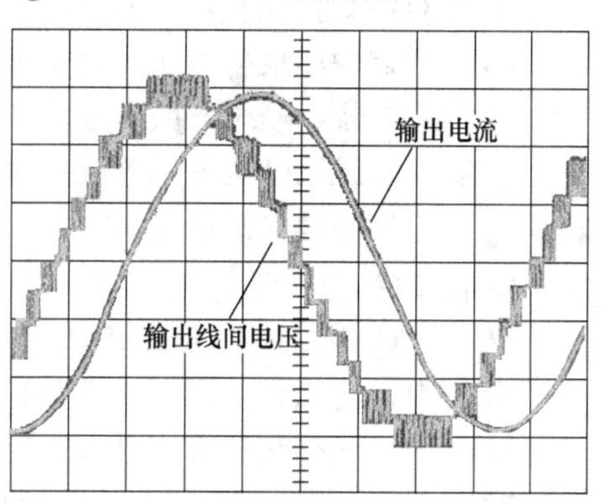

图 6-45　变频器输出电压、电流波形

技术性能达到：

1）直接10kV高-高方案，无需升压变压器，简单可靠；

2）电压源型高压变频器静止软起动系统；

3）起动电流小，单位电流输出转矩高；

4）低频起动转矩大，有效克服负载静力矩；

5）起动重复性能好，起动次数无限制；

6）变频器为单元串联电压源型，抗电网电压波动能力强；

7）电网侧功率因数高达0.96以上；

8）输入输出谐波极低，对电网及电动机无影响；

9）48脉冲及以上整流，输入谐波小于2%，不用采取任何措施，就能满足国标对谐波的限制要求；

10）变频器内置软件同期功能及外部硬件同期装置，具备双同期功能，可以方便地实现电动机在电网-变频器之间平滑切换；

11）内置多种电动机参数功能，可以方便地实现多种不同参数电动机的软起动，方便未来系统扩展；

12）完美正弦波形输出，dv/dt不大于500V/μs，共模电压不大于100V；

13）变频器长期闲置不用确保可靠性措施：

14）变频器系统中有预充电电路，可以降低上高压时对系统的冲击，做到软上高压电。

3. 一次主回路配置

本项目目前共有五台高炉电动鼓风机（四用一备），变频软起动采用二拖六方案，预留第六台鼓风机电动机软起动主回路及相应的控制接口。

本项目软起动系统配套两台东芝三菱TMEIC公司生产的型号TMdrive-MVG2-SS-12640kVA/10kV高-高电压源型多电平串联变频器，每台变频器均具备一拖六分别软起动六台高炉鼓风机电动机能力，两台变频器互为备用，二套一拖六系统合并在一块完成用户要求的二拖六软起动功能。二拖六主回路系统如图6-46所示。

整个软起动系统主要包括如下设备：

1）二套TMdrive-MVG2-SS-12640kVA/10kV变频器及配套的输出电抗器柜、同期装置等组成变频器软起动系统；

2）KG_1、KG_2为二套变频器10kV输入高压开关；

3）KO_1、KO_2为二套变频器10kV输出高压开关；

4）ML_1~ML_6为六台高压电动机10kV工频运行高压开关；

5）KD_1~KD_6为变频器输入电源切换10kV高压开关；

6）MV_1~MV_6为六台高压电动机变频软起切换10kV高压开关；

7）M_1~M_6为六台高炉鼓风机用10kV高压同步电动机；

8）起动控制PLC对变频器与外围设备进行逻辑控制，实现开关柜之间的联锁

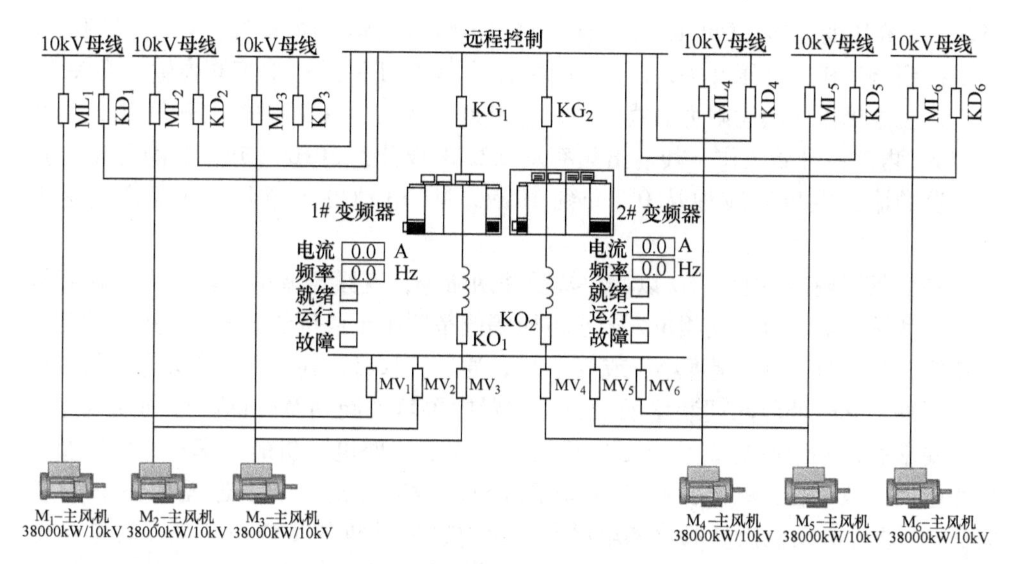

图6-46　二拖六主回路系统图

切换；工频开关 ML_1、ML_2、ML_3、ML_4、ML_5、ML_6 其分别对应的 MV_1、MV_2、MV_3、MV_4、MV_5、MV_6 之间必须满足：只有 MV_1、MV_2、MV_3、MV_4、MV_5、MV_6 合闸后，ML_1、ML_2、ML_3、ML_4、ML_5、ML_6 才能具备合闸条件；MV_1、MV_2、MV_3、MV_4、MV_5、MV_6 之间不能同时合闸，KG_1、KG_2 之间不能同时合闸，KO_1、KO_2 之间不能同时合闸。

以一台变频器驱动一台电动机为例，主回路如图6-47所示。图中 TMEIC TM-

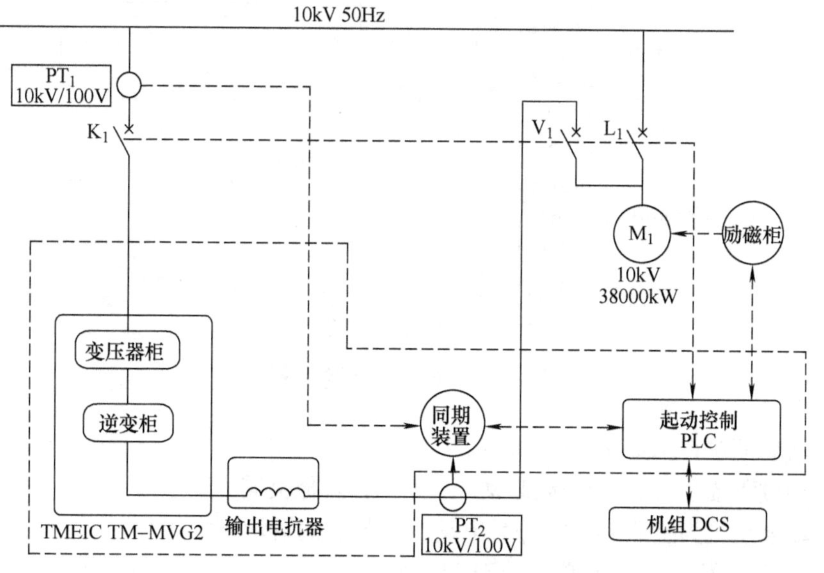

图6-47　变频器驱动电动机系统框图

MVG2 为高压变频器，Output Reactor 为输出电抗器，M_1 为电动机，V_1 为变频器输出电抗到电动机的高压开关，L_1 为电动机工频运行开关，K_1 为变频器输入开关。

以机组提供的起动阻力曲线起动，合变频器输入开关 K_1 和输出开关 V_1，变频器带 M_1 电动机开始工作，其输出频率从 0Hz 逐步升到 50Hz（升速时间可设定），变频器的输出电压对应地从 0V 升到 10kV，M1 电动机已经开始在额定转速下运行。

在变频器输出接近 50Hz 以后，接受并网命令，变频器调整其输出逐步达到输出电压和输入电网电压同相位，要求电压幅值精度小于或等于 $3\%U_N$、频率精度小于或等于 0.3Hz、相位精度小于或等于 5°，通过变频器达到电动机变频电源与工频电源同期，此时外部同期装置触发，变频器内置软件同期及外部硬件同期装置均满足要求后，起动控制 PLC 合工频开关 L_1，由于这时电动机的频率和相位以及幅值和电网一致，合工频开关 L_1 对电动机和电网没有冲击（切换过程在 2s 内自动完成），这时电动机由变频器和电网共同供电，电动机的负载由变频器转移到电网，断开变频器输出开关 V_1，整个 M_1 电动机负载由电网承担，电动机 M_1 起动完毕。

整个起动过程对电网无冲击，起动时工频投切电流小于 1.2 倍的负载空载运行电流。同步切换的参考波形如图 6-48 所示。

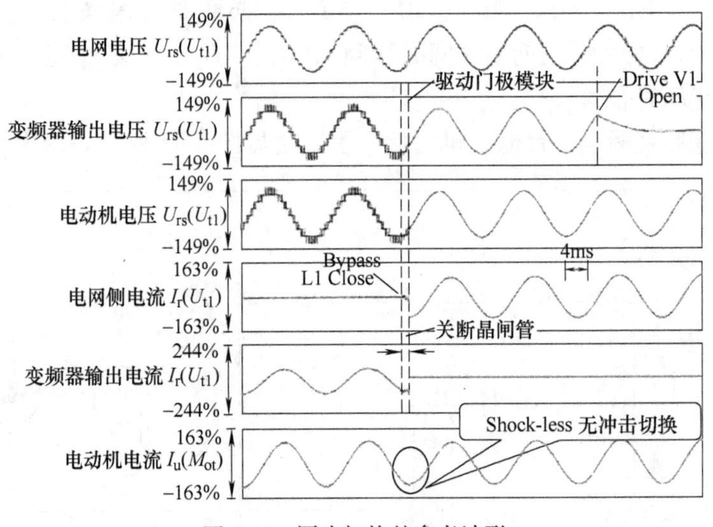

图 6-48 同步切换的参考波形

起动顺序逻辑图如图 6-49 所示。

起动过程描述（以 1#变频起动 M1 为例，其他类同）

保证电动机为空载起动，并且电动机冷却、润滑均正常；

用户 DCS 发允许 1#变频起动 M1 指令；

软起控制 PLC 判断 KD1、KG1、KO1、MV1 位置，如均处于分闸位置，发合

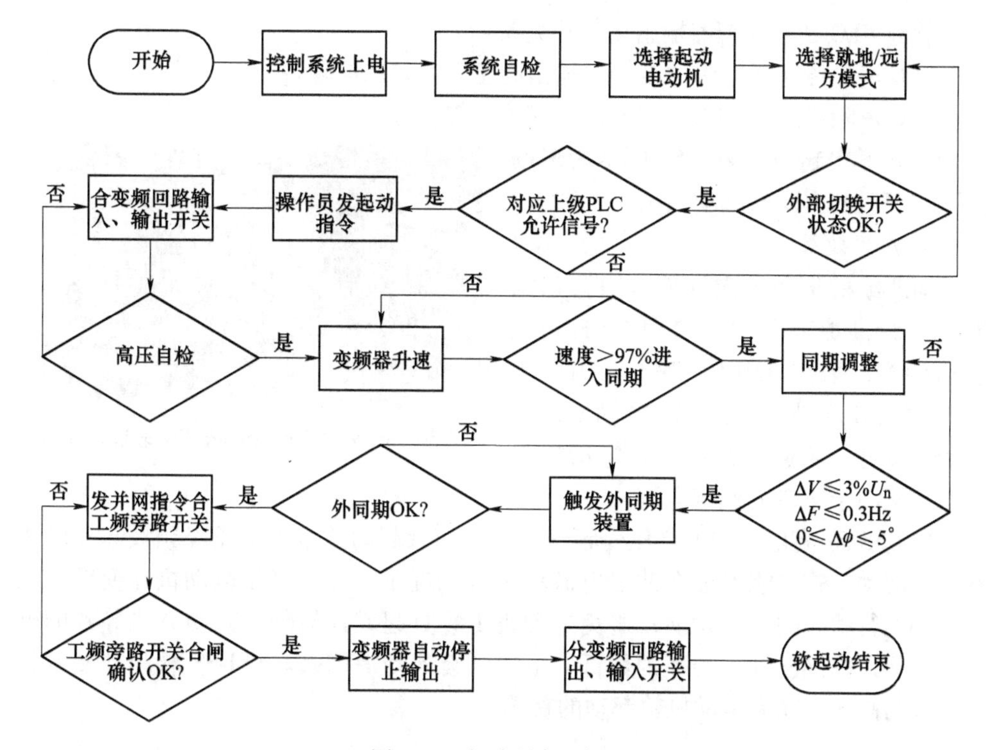

图 6-49 起动顺序逻辑图

KD1、KG1、KO1、MV1 指令，顺序合闸相应开关；

此时如果 KD1、KG1、KO1、MV1 高压开关位置不正确，PLC 应该发出报警指令，并且排除高压开关故障；

变频器送高压后，发变频器准备好指令至用户 DCS；PLC 同时检测到 KD1、KG1、KO1、MV1 闭合，并且 KD1、KG1、KO1、MV1、ML1 均正常（无报警及故障信号），PLC 发出 M1 起动准备好信号至操作台；

起动 M1；

用户 DCS 发送变频器起动指令至软起 PLC；

变频器输出励磁给定值调节励磁柜输出励磁电源给同步电动机交流无刷励磁系统，变频器拖动电动机从 0 转速至额定转速，输出频率及电压也相应升至额定频率、额定电压；

当变频器输出电压与输出电压同频、同相后，变频器输出切换允许信号至 PLC；

软起 PLC 确认内、外同期装置都发出同期结束信号后，合 ML1；

软起 PLC 接受“ML1”已合闸状态后，发出“切换完成”信号至用户 DCS；

软起 PLC 发出变频器停止指令；

软起 PLC 清除“BYPON”同步切换指令；

软起 PLC 断开变频器输出高压开关 MV1；

PLC 清除传递至 VFD “变频器输出高压开关状态信号”；

PLC 清除传递至 VFD “工频高压开关状态信号”；

准备下次起动。图 6-50 所示为现场 TMEIC 变频器 VSI 软起动系统。

图 6-50 现场 TMEIC 变频器 VSI 软起动系统

4. 应用效果

河北纵横集团丰南钢铁有限公司炼铁工程 5#高炉于 2019 年 2 月 22 日正式投运生产，采用 TMEIC TMdrive-MVG2-SS 变频器软起动对应的 M4 电动机，起动效果良好。软起动过程中，电动机最大电流不大于 40%的额定电流。

VSI-SS 高-高电压源型高压变频器同步投切软起动技术为降压降频大起动转矩静止软起动方式，能保证在冲击电流小于 I_N 情况下，完成高压电动机在变频和工频两种运行状态间无扰切换；避免电动机工频直起或其他降压起动方式导致的电动机发热、电网波动、功率因数低、不能频繁起动等问题。VSI-SS 软起动技术将逐步成为高压大功率电动机软起动的首选。

6.6.2 TMEIC 传动系统在选矿大型磨机系统的应用

近年来，随着经济的发展，对金属的需求量持续增大，金属矿的采矿和选矿成为传动领域新的增长点。在选矿业中，破碎是所有选矿中最重要的环节之一，高效的破碎是选矿厂增效降耗的关键。随着磨机规格的不断增大，磨机的驱动成为了磨机系统中的重点。尤其是双电动机的驱动形式，对驱动系统提出了更高的要求。TMEIC 总结国内外在大型磨机上的驱动经验，完成了磨机的驱动由传统的工频运行到变频运行的升级解决方案，实现了重载软起动、调速运行、可控停机、板结自动检测和板结抖开等众多工频运行时无法实现的功能，并且具有更好的双驱负载平衡效果，机械结构上具有更加简洁、容易维护的特点，所以变频传动取代工频传动成为大型磨机传动新的发展方向。

1. 大型磨机传动系统背景

磨机系统的传动系统，主要经历了以下三个阶段：

（1）高速电动机+齿轮箱+小齿轮：在这个阶段，采用高速电动机通过齿轮箱减速后驱动小齿轮，这种驱动方式，因为电动机和小齿轮之间齿轮箱，具有占地空间大、维护量大、传动效率低等缺点，只适合小功率的磨机传动，在大型的磨机传动领域，几乎没有。

（2）低速电动机+空气离合器+小齿轮：采用低速电动机的工频运行方式，需要在电动机和负载之间设立空气离合器，电动机空载软起动后，通过空气离合器加载负载。这种传动方式，需要中空轴的电动机，压缩空气通过电动机轴连接到空气离合器中，控制空气离合器的开合状态。每次起动，空气离合器都会有一定的磨损，所以空气离合器的维护量比较大，并且需要配置空压机为空气离合器提供压缩空气，设备配置比较复杂。目前大多数已经投运的单驱磨机都是采用这种驱动方式。双驱的磨机也有采用这种驱动方式的，一般都是GE提供的Q轴电动机驱动方案，来适应双驱的出力负载平衡，这种Q轴电动机的出力负载平衡精度比较差，会对小齿轮产生不同程度的损害，并不是双驱的理想驱动方式，所以最近几年新上的大型磨机双驱的传动系统已经几乎没有再采用这种传动方案。

这种工频运行的传动方案，需要配置电动机软起动和空气离合器，并且这种传动方式只能自由停机，不能做可控停机。自由停机时，磨机筒体会在重力的作用下往复摆动，摆动过程中，小齿轮和大齿轮反复碰撞会损害小齿轮的表面，造成小齿轮损坏。目前国内已经出现这种小齿轮损坏的情况。

（3）变频器+低速电动机+小齿轮：采用变频驱动，整个磨机的机械传动系统就比较简洁了，低速电动机+限力矩联轴器+小齿轮，变频器驱动系统，具有重载软起动、调速运行、可控停车的特点，可控停车的过程中，小齿轮和大齿圈之间不会发生碰撞，不会造成小齿轮损坏。在双驱的传动系统里，采用变频器驱动的方式，负载平衡度非常高，一般负载不平衡度小于5%，不会对小齿轮造成损害，变频器+低速电动机+小齿轮的解决方案是目前大型磨机传动系统的主流传动技术。

大型磨机的传动，一直是磨机厂商和磨机的最终用户关注的重点，在磨机规模不断变大的同时，磨机的驱动系统规模也越来越大，单边驱动已经不适合大型磨机的驱动，双电动机的驱动就成为大型磨机传动系统的必要。

2. TMEIC的传动系统介绍

作为全球唯一一家全部使用自产的大功率电力电子器件的变频器供应商，TMEIC目前可以提供两种驱动方案，两种方案的差异是采用不同系列的变频器。一种是采用单元串联多电平的TMdrive-MVG2[4]系列变频器，一种是采用5电平的TMdrive-XL75[5]系列变频器，电动机均采用低速直联同步电动机，电动机一般采用额定频率为工频的电动机。

图6-51所示为采用TMEIC的TMdrive-MVG2系列完美无谐波的核心器件为三菱电动机第七代IGBT的单元串联多电平电压源交-直-交变频器的解决方案，变频器输出电压可以选择10kV或者6kV输出。10kV变频器采用48脉冲整流，不会有谐波和无功对电网产生的影响。变频器一般采用强迫风冷散热，驱动同步电动机，电动机采用自润滑电动机，自润滑电动机不需要低压润滑油站，只需要高压顶升油站，在转速超过30%左右时，高压顶升油站即可停止运行，减少系统在常态运行需要的辅，提高了系统的可靠性，减少维护的工作量。

图6-52所示为采用TMEIC的TMdrive-XL75系列的以东芝独有的IEGT为核心

逆变器件的五电平电压源交-直-交变频器的解决方案，变频器采用水冷散热，输出电压为6.6kV。电网侧采用36脉冲整流，不会有谐波和无功对电网产生的影响。电动机采用自润滑低速同步电动机。

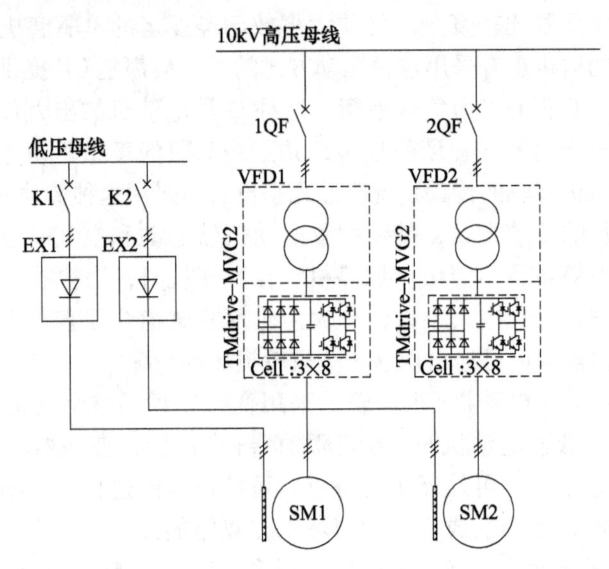

图6-51　TMEIC的TMdrive-MVG2变频器+同步电动机传动方案单线图

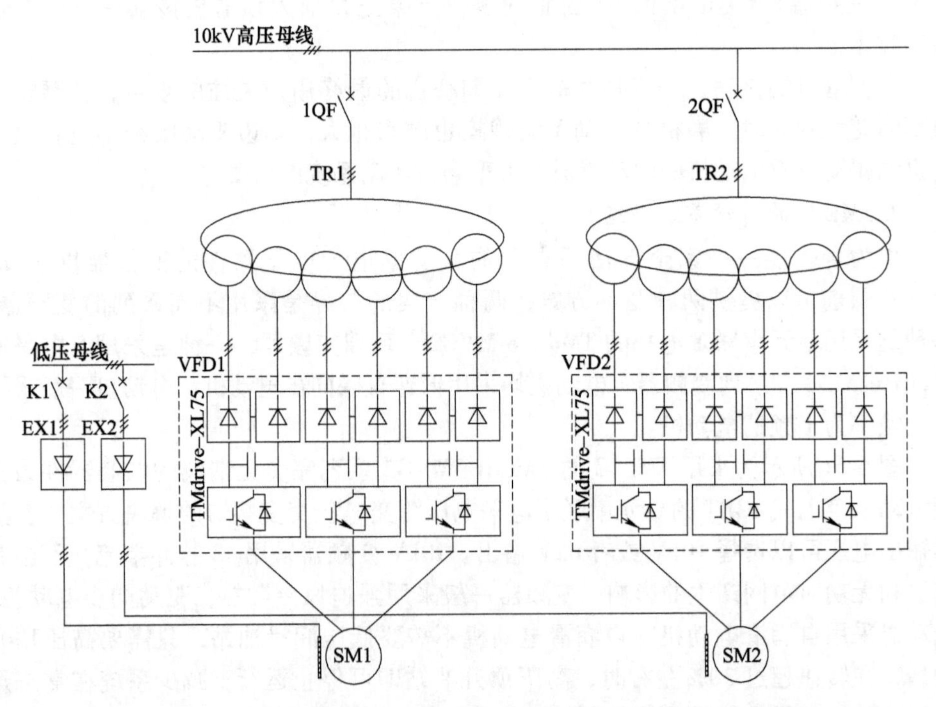

图6-52　TMEIC的TMdrive-XL75变频器+同步电动机传动方案单线图

3. 应用案例介绍

目前TMEIC在国内有两个大型磨机驱动的运行现场，一个是紫金矿业的紫金山金铜矿铜三选厂的一台半自磨机和一台球磨机的传动系统，另一个是紫金矿业的多宝山铜矿的一台半自磨机和两台球磨机的传动系统，下面分别详述两个应用案例。

案例一：紫金山金铜矿铜三选厂半自磨机和球磨机传动系统

铜三选厂的半自磨机和球磨机是2016年8月份开始安装调试，2016年10月正式投运的。铜三选厂的半自磨机设计给料量为4.5万t/天，型号为Φ11.0×5.4m，驱动形式为双电动机驱动，电动机功率2×6500kW，额定转速187.5r/min。球磨机型号为Φ7.9×13.6m，驱动形式为双电动机驱动，电动机功率2×8500kW，额定转速176.5r/min。TMEIC提供了包含电动机、变频器、励磁系统、润滑系统和PLC控制系统在内的整体传动系统。传动系统的调速范围为70%~110%。铜三选厂现场如图6-53所示。图片左侧为半自磨机，右侧为球磨机。

半自磨机传动系统核心部分为：电动机6500kW/10kV/50Hz/32p交流无刷励磁同步电动机2台，TMdrive-MVG2-9000kVA-10kV/10kV变频器2台，PLC控制系统一套。

图6-53　铜三选厂现场照片

球磨机传动系统核心部分为：电动机8500kW/10kV/50Hz/34p交流无刷励磁同步电动机2台，TMdrive-MVG2-11000kVA-10kV/10kV变频器2台，PLC控制系统一套。

核心功能如下：

（1）重载软起动：整个传动系统具有150%1分钟的过载能力，变频器采用有速度传感器的矢量控制，具有起动转矩大，低速运行平稳的特点。

（2）可控停机：变频器控制磨机系统停机，不会产生筒体摆动，不会造成小齿轮和大齿圈的打齿撞击。

（3）点动和定位控制：可以点动，也可以设定筒体旋转角度，做定位控制。

（4）慢传功能：磨机在维护和检修时，可以用变频的慢传功能取代机械的慢驱。

（5）双驱负载平衡：变频器采用主从控制的方式，主机采用转速控制，从机采用转矩控制，从机跟踪主机的转矩，达到两台电动机的转矩保持一致的效果，使得双驱负载平衡，不平衡度小于1%。

（6）板结检测：起动时，PLC控制系统通过检测筒体的旋转角度和电动机的转矩，经过板结检测算法来判断筒体内的物料是否产生板结，若产生板结现象，主动停止起动过程并报警。

（7）板结抖开：检测到板结后，起动板结抖开程序，变频器采用输出转速叠加的方式让筒体和板结的物料产生剪切力，抖开结块的物料。

重载起动和可控停机的速度曲线如图6-54所示。

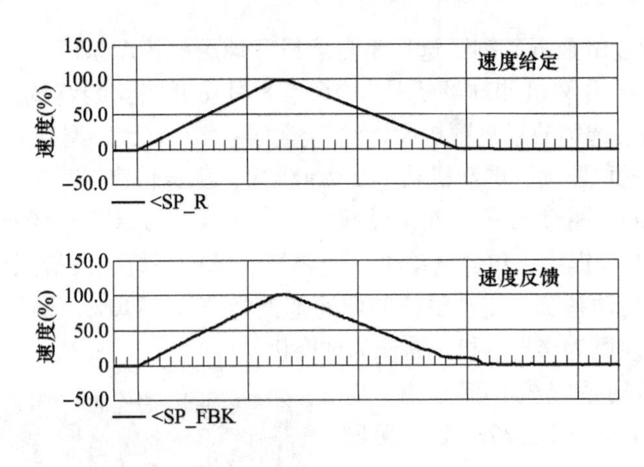

图6-54 软起动和可控停机的速度图

案例二：多宝山铜矿的半自磨机和球磨机传动系统

多宝山铜矿的半自磨机和球磨机是2018年5月开始安装调试，2018年10月份正式投运的。多宝山铜矿的选矿厂半自磨机设计给料量为4万吨/天，使用了一台半自磨机配两台球磨机的磨矿方式，半自磨机的型号Φ10. 97×7. 16m，驱动形式为双电动机驱动，电动机功率2×9000kW，额定转速176. 5rpm。球磨机型号为Φ7. 92×14. 32m，驱动形式为双电动机驱动，电动机功率2×9000kW，额定转速176. 5rpm。TMEIC提供了包含电动机、变频器、励磁系统、润滑系统和PLC控制系统在内的整体传动系统。传动系统的调速范围为70%~110%。

磨机传动系统核心部分为：电动机9000kW/10kV/50Hz/34p交流无刷励磁同步电动机6台，TMdrive-MVG2-11000kVA-10kV/10kV变频器6台，PLC控制系统三套。

TMEIC提供的大型磨机传动整体解决方案，主要有以下特点：

1）提升了选厂粉磨的自动化水平；

2）提升了选厂粉磨的效率，现场可以根据矿石的特性和衬板的磨损情况，在70%~110%的范围内调节磨机的转速，达到最佳的磨矿效率；

3）减少了选厂对机械设备的维护工作量；

4）提高了对电气设备维护人员的技术水平和素质的要求。

综上所述，TMEIC提供的大型磨机传动系统的整体解决方案，具有技术先进成熟、设备稳定可靠、服务及时周到、系统性价比高的特点，是大型磨机传动首选的整体解决方案。

6.6.3　TMEIC传动在大型提升机系统的应用

近年来，随着环保政策的要求越来越严格，小型矿井的关停，大型矿井的生产就成为了矿业生产中的重点。对于井工矿的开采，提升机成为采矿运输中的重中之重。大型提升机传动系统需要满足以下一些条件：

1）变频器适应频繁起动停机；

2）变频器必须为四象限变频器；

3）变频器必须采用矢量控制或者DTC控制；

4）变频器过载能力强，一般要求为电动机额定电流200%以上；

5）变频器适应低频运行。

大型提升机传动方案：

目前主流的大型提升机传动系统整体解决方案主要是定子绕组低速直联同步电动机的驱动，TMEIC的解决方案是采用两台独立的变频器驱动电动机定子的两套不同绕组。传动系统的方案如图6-55所示。

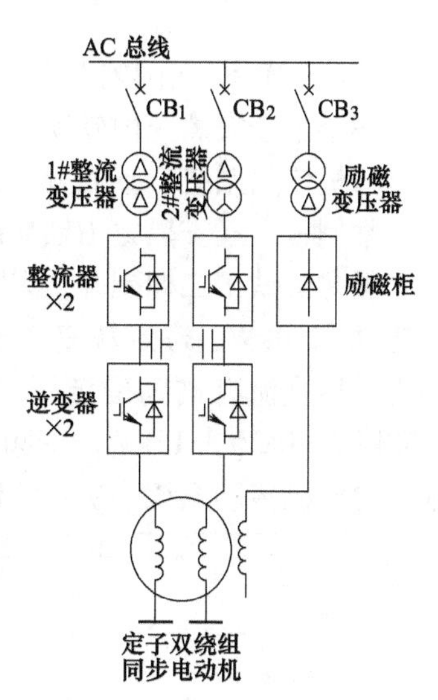

图6-55　传动系统方案单线图

系统中采用IEGT或IGBT作为核心大功率开关器件，电动机的两套绕组具有同相位。

采用两台变频器驱动双绕组电动机，具有全载全速和全载半速功能。在全载全速状态，两台变频器同时驱动两套绕组，两套绕组都有额定电流和额定电压，电动机能达到额定转速、输出额定转矩和额定功率；在全载半速状态，一台变频器退出运行，电动机的两套绕组串联使用，两套绕组上都有额定电流和1/2额定电压，电动机能输出额定转矩和1/2的额定功率，提升机属于恒转矩负载，1/2的额定功率对应1/2的额定转速，此时系统运行在全载半速状态。全载全速运行状态如图6-56所示，全载半速运行状态如图6-57所示。

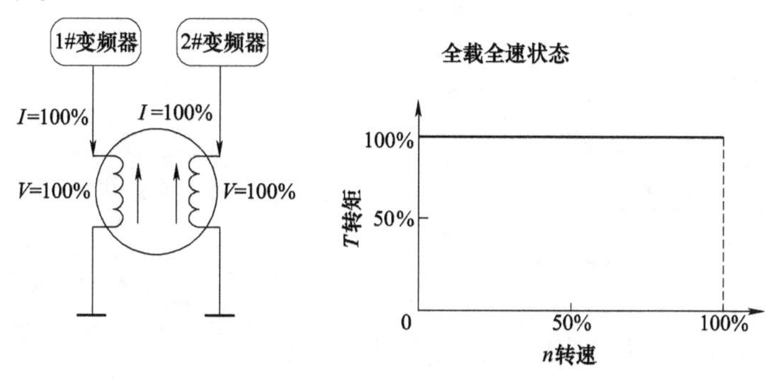

图6-56　全载全速运行状态

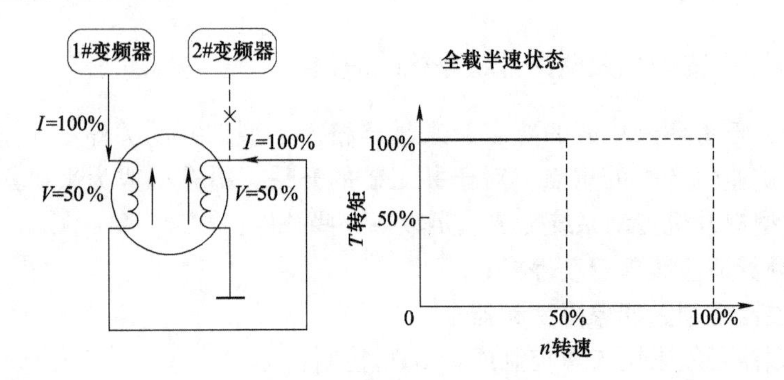

图 6-57 全载半速运行状态

目前TMEIC在国内有多个大型提升机驱动的运行现场，现在主要介绍两个现场，一个是迁安黑龙山铁矿副井提升机传动系统，另一个是栖霞五彩龙金矿混合井提升机传动系统，下面分别详述两个应用案例。

案例一：迁安黑龙山铁矿副井提升机传动系统。

黑龙山铁矿二期副井，采用JKMD-3.25×4落地式多绳摩擦提升机，电动机额定功率1250kW，额定转速58r/min，电网电压10kV，电动机额定电压3.15kV，电动机采用直流有刷励磁定子双绕组同步电动机，TMEIC采用两台TMdrive-MVe2-1250kVA-10kV/3.15kV的变频器共同拖动同一台电动机的两套绕组。黑龙山铁矿副井提升机传动系统一次单线图如图6-58所示。

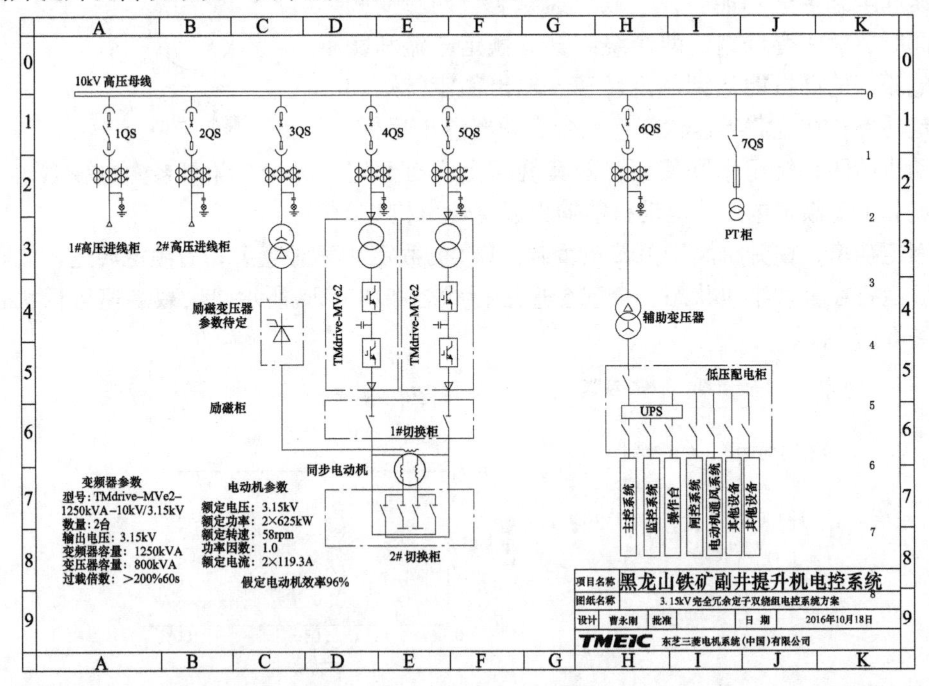

图 6-58 黑龙山铁矿副井提升机传动系统一次单线图

黑龙山铁矿二期属于新建项目，2018年年底开始安装调试，现场调试运行效果良好，运行至今，稳定可靠，得到了客户的认可，客户对变频器的性能、稳定性、可维护性都非常满意。两台变频器共同运行的全载全速的运行曲线如图6-59所示，红色为运行曲线，两条蓝色直线之间的状态，为零速悬停状态。

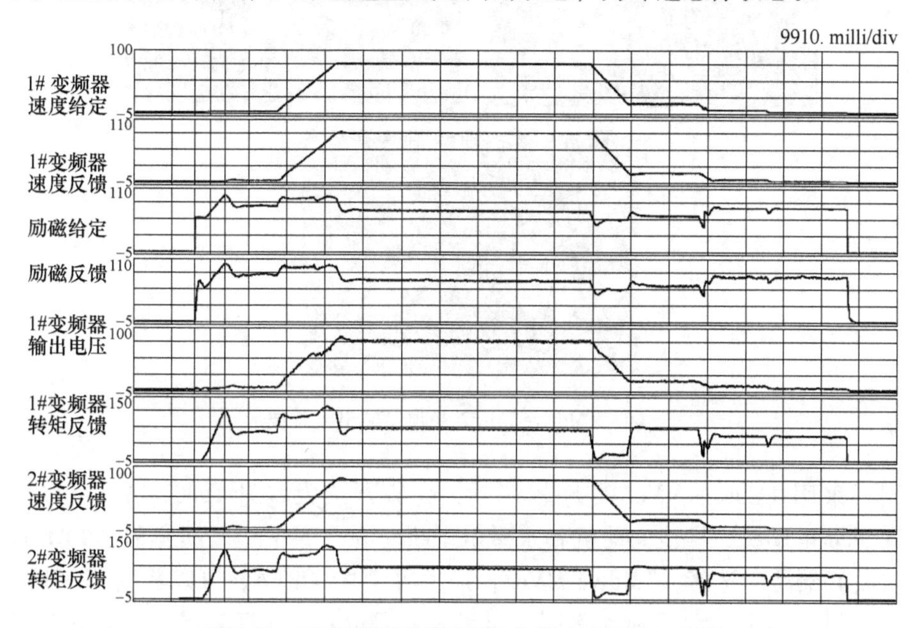

图6-59 两台变频器同时驱动全载全速的特性曲线

案例二：栖霞五彩龙金矿混合井提升机传动系统。

栖霞五彩龙金矿混合井为JKMD-3.25×4PIII落地式多绳摩擦提升机，电动机额定功率1120kW，额定电压3.15kV，额定转速53rpm，电网电压10kV，电动机采用直流有刷励磁定子双绕组同步电动机，TMEIC采用两台TMdrive-MVe2-1120kVA-10kV/3.15kV的变频器共同拖动同一台电动机的两套绕组。项目2019年年初安装调试完成，运行至今，稳定可靠。

TMdrive-MVe2输出波形好，对电动机无特殊要求，并且输入侧功率因数可设置，可以设置成超前，在线可以对电网进行无功补偿，最大无功补偿量为额定容量的80%。

TMdrive-MVe2变频器输出电压波形如图6-60所示，从左至右分别为3kV、6kV和10kV电压等级输出的波形。

通过这两个应用案例，案例一运行近2年、案例二运行近1年的时间，TMEIC变频器稳定可靠、性能优异，完全满足提升机工艺要求。

TMEIC在提升机应用中有完整的传动解决方案，380~690V电压等级，可以采用TMdrive-10e2的产品驱动，这种变频器最大容量2400kVA，具有额定容量150% 1min的过载能力，可以驱动高速异步电动机和永磁同步电动机。在1140V电压等

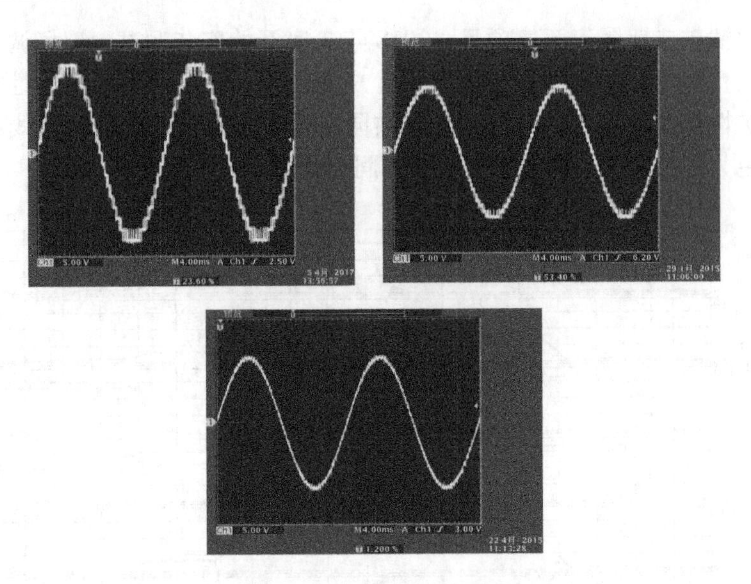

图 6-60　TMdrive-MVe2 变频器输出电压波形

级，可以采用 TMdrive-MVe2 变频器驱动，变频器最大容量 1630kVA，可以驱动 800kW 同步电动机、异步电动机和永磁电动机。在 3. 3kV 电动机等级，TMEIC 具有 3 种变频器可以选择，TMdive-MVe2，最大容量 4500kVA，可以驱动 2250kW 的同步电动机，异步电动机和永磁同步电动机；TMdrive-50 变频器，具有 3MVA 和 6MVA 两档，具有额定容量 150%1min 的过载能力，可以驱动同步电动机和异步电动机；TMdrive-70e2 变频器，具有 6MVA-36MVA 的容量，具有额定容量 150%1min 的过载能力，可以驱动同步电动机和异步电动机。在 4. 16kV、6kV、6. 6kV、10kV 和 11kV 的电压等级，可以选用 TMdrive-MVe2 变频器。

TMEIC 系列变频器参数表见表 6-4。

表 6-4　TMEIC 系列变频器参数表

	TMdrive-10e2		TMdrive-50		TMdrive-70e2		TMdrive-MVe2	
额定电压和容量	460V	1800kVA	3400V	3MVA	3650V	6MVA	1. 14kV	1630kVA
						9MVA	3. 3kV	4500kVA
						12MVA	4. 16kV	5950kVA
	690V	2400kVA		6MVA		18MVA	6kV	8580kVA
						24MVA	6. 6kV	9440kVA
						27MVA	10kV	7330kVA
						36MVA	11kV	8070kVA
冷却方式	风冷		水冷		水冷		水冷	
核心器件	IGBT		IGBT		IEGT		IGBT	

综上所述，TMEIC 提供的大型提升机传动系统的整体解决方案，具有技术先进成熟、设备稳定可靠、服务及时周到、系统性价比高的特点，是大型提升机传动首选的整体解决方案。

6.6.4 TMEIC 公司 XL 系列五电平电压源型变频器的应用

案例一：在杨凌液化天然气（LNG）应急储备调峰项目上，针对 MR 压缩机的控制，TMEIC 采用了 XL 系列水冷五电平电压源型变频器和高压 EXP（正压通风）防爆同步电动机的变频调速控制方案。同步电动机额定功率为 26500kW，电压为 7000V。XL85 五电平电压源型变频器单机容量为 30MVA。机组于 2015 年已正式投运。杨凌 LNG 应急储备调峰项目液化处理能力 200 万 m^3。

TMEIC 基于变速驱动系统（VSDS）的解决方案：

30.5MVA 油浸式变压器

变频驱动装置 TMdrive-XL85（GCT）水冷变频器

26.5MW 同步电动机，7000V 4 极

MR 压缩机：DresserRand

TMdrive-XL85 基本特点如下：

36 脉冲二极管整流，输入谐波极低，不需要输入滤波器，电压源技术，输入功率因数很高，无须额外的功率因数补偿装置，5 电平拓扑结构，输出线电压为 9 电平，输出波形好，无须 dv/dt 滤波器，采用高压 GCT 器件，5 电平结构无须功率器件直接串联就可以输出 30MVA 容量等级，系统结构简单，逆变器件数量少（整机只有 24 个 GCT 器件），效率高。

TMEIC 变频调速系统在杨凌 LNG 项目上至今运行情况稳定良好，整个系统节能可达 30%，为用户节约了大量经济成本。

案例二：在西气东输管道线路上的应用。在中石油管道项目西气东输二线和三线的 11 个压气站上，TMEIC 共配套了 43 套 XL75 系列五电平电压源变频器和高速同步电动机。XL75 变频器的单机容量为 20MVA，高速同步电动机功率为 18MW，转速 4800/5200/5460rpm。从 2011 年投运至今运行状况良好。

西气东输项目二线-西段，从中国西部到东部的天然气管线，超过 4000 公里。TMEIC 基于变速驱动系统（VSDS）的解决方案：21MVA 油浸式变压器，变频驱动装置 TMdrive-XL75（IDGT）水冷变频器，18MW 高速同步电动机，防爆类型 EXP，4800~5460rpm，PLC 柜，涌流阻尼系统等。

TMEIC 公司的变频器和高速同步电动机在西气东输二线和三线项目上运行情况良好，为我国的天然气输送工程做出了贡献，多次受到中石油西部管道公司的好评。

参考文献

[1] 张皓，续明进，杨梅．高压大功率交流变频调速技术［M］. 北京：机械工业出版社，2006.
[2] 倚鹏．高压大功率变频器技术原理与应用［M］. 北京：人民邮电出版社，2008.
[3] 张承慧，崔纳新，李珂．交流电机变频调速及其应用［M］. 北京：机械工业出版社，2008.
[4] 韩安荣．通用变频器及其应用［M］. 2版．北京：机械工业出版社，2000.
[5] 曾允文．变频调速技术基础教程［M］. 北京：机械工业出版社，2009.
[6] 胡天彤，白首华．一种非对称多电平变频器的拓扑结构研究［J］. 大众科技，2010，(132)：139-140.
[7] 饶建业，李永东．一种混合级联型多电平逆变器拓扑结构［J］. 电工技术学报，2009，24(3)：104-109.
[8] 张文钢，黄刘琦．水泵的节能技术［M］. 上海：上海交通大学出版社，2010.
[9] JAE HYEONG SEO，CHANG HO CHOI，DONG SEOK HYUM. A New Simplified Space-Vector PWM Method for Three-Level Inverters［J］. IEEE Transactions on Power Electronics，2001，16(4)：545 - 550.
[10] 魏新利，何卫东，张军．泵与风机节能技术［M］. 北京：化学工业出版社，2010.
[11] 张杰，邹云屏，张贤．混合级联多电平逆变器研究［J］. 电力电子技术，2003，37(4)：16-19.
[12] YUAN X，BARBI I. A new diode clamping multilevel inverter［C］. Applied Power Electronics Conference and Exposition，1999.
[13] CARRARA G，GARDELLA S，et al. A New Multi-Level PWM Method：A Theoretical Analysis［J］. IEEE Transations on Power Electronics. 1992，7(3)：497-505.
[14] 王成智，何英杰，等．二极管箝位型多电平有源电力滤波器的仿真［J］. 电力系统自动化，2006，30(10)：64-68.
[15] PAN Z，PENG F Z，et al. A diode-clamped multilevel converter with reduced number of clamping diodes［C］. Applied Power Electronics Conference and Exposition，2004：820-824.
[16] WENHUA L，GANGUI Y，et al. A generic PWM control method for flying capacitor inverter［C］. Applied Power Electronics Conference and Exposition，2004：1686-1690.
[17] 曹永刚，邵贤强，李海涛．TMEIC传动系统在选矿大型磨机系统的应用［R］. 东芝三菱电机工业系统（中国）有限公司应用报告，2019.
[18] 曹永刚，范少泉，李海涛．TMEIC传动在大型提升机系统的应用［R］. 东芝三菱电机工业系统（中国）有限公司应用报告，2019.

第 7 章

通用变频器的应用

由于交流电动机结构简单、坚固耐用、无须换向装置，可适用于各种工作环境，所以以通用变频器为核心的交流调速系统的应用，得到了突飞猛进的发展。通用变频器已经在机械、冶金、化工、纺织、印染、制药、造纸、建材等各个行业，为了满足生产工艺需求，得到了广泛的应用。同时在节能领域、可再生能源领域等，也发挥着不可缺少的作用。下面列举几个实际应用案例使读者对变频器的应用有一个大概了解。而实际上变频器的应用特别广泛，本书不可能面面俱到。

7.1 通用变频器在风机水泵负载中的应用

泵类负载和风机负载是目前工业现场中应用最多的设备，虽然泵和风机的特性多种多样，但是主要以离心泵和离心风机应用为主。这两种设备的工作特性基本相同，所以下面的特性分析主要以泵特性为主。利用通用变频器对泵进行控制，主要通过对其流量的控制而有效地节能，这是通用变频器最广泛的一种应用。

7.1.1 泵的特性分析与节能原理

泵是一种平方转矩负载，其转速 n 与流量 Q、扬程 H 及泵的轴功率 N 的关系如下：

$$Q_1 = Q_2\left(\frac{n_1}{n_2}\right) \quad H_1 = H_2\left(\frac{n_1}{n_2}\right)^2 \quad N_1 = N_2\left(\frac{n_1}{n_2}\right)^3 \tag{7-1}$$

上式表明，泵的流量与其转速成正比，泵的扬程与其转速的平方成正比，泵的轴功率与其转速的立方成正比。当电动机驱动泵时，电动机的轴功率 P（kW）可按下式计算：

$$P = \frac{\rho QH}{\eta_C \ \eta_F} \times 10^{-2} \tag{7-2}$$

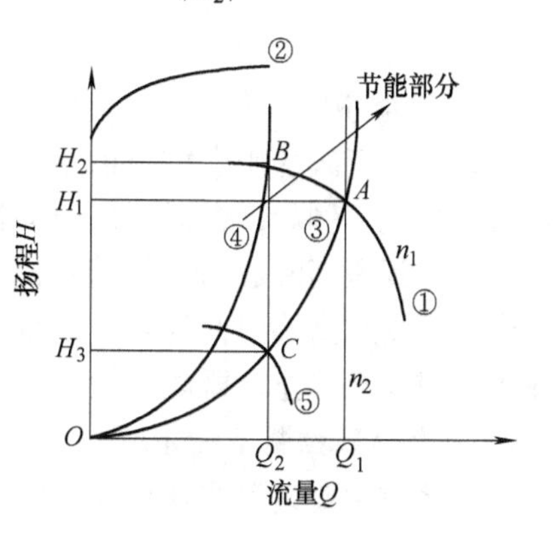

图 7-1　泵的扬程-流量曲线

图 7-1 所示为泵的流量 Q 与扬程 H 的关系曲线。图中，曲线①为泵在转速 n_1 下扬程-流量（H-Q）的特性；曲线⑤为泵在转速 n_2 下扬程-流量（H-Q）的特性；曲线②为泵在转

速 n_1 下功率-流量（P-Q）的特性；曲线③、④为管阻特性。假设泵在标准工作点 A 点效率最高，输出流量 Q 为100%，此时轴功率 P_1 与 Q_1、H_1 的乘积面积 AH_1OQ_1 成正比。根据生产工艺要求，当流量需从 Q_1 减小到 Q_2 时，如果采用调节阀门的方法（相当于增加管网阻力），使管阻特性从曲线③变到曲线④，系统由原来的标准工作点 A 变到新的工作点 B 运行。此时，泵扬程增加，轴功率 P_2 与面积 BH_2OQ_2 成正比。如果采用变频器控制，泵转速由 n_1 降到 n_2，在满足同样流量 Q_2 的情况下，泵扬程 H_3 大幅降低，轴功率 P_3 与面积 CH_3OQ_2 成正比。轴功率 P_3 和 P_1、P_2 相比较，将显著减小，节省的功率损耗 ΔP 与面积 BH_2H_3C 成正比，节能的效果是十分明显的。

7.1.2 变频器恒压供水系统

恒压供水是指用户端不管用水量大小，总保持管网中水压基本恒定，这样，既可满足各部位的用户对水的需求，又不使电动机全速空转，造成电能的浪费。为实现上述目标，需要变频器根据给定压力信号和反馈压力信号，调节水泵转速，从而达到控制管网中水压恒定的目的。变频器恒压供水系统如图7-2所示。下面以某工业厂区变频器恒压供水系统为例，说明变频器用于泵类负载的应用。

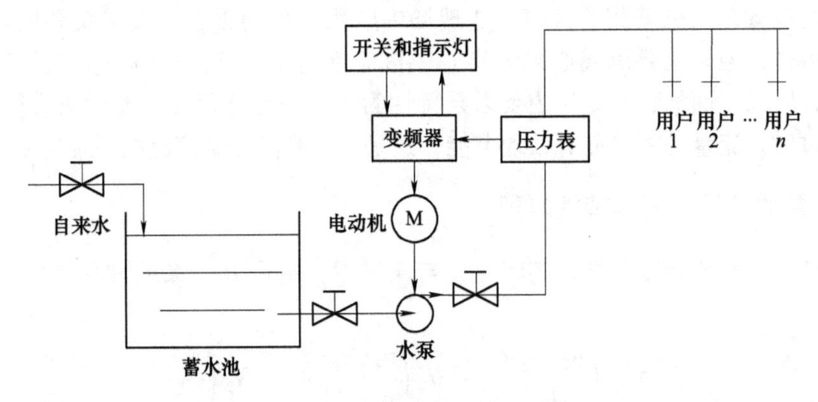

图7-2 变频器恒压供水系统

1. 应用环境简介

该工业厂区的用水需求以生活用水为主，所以人们用水量在不同时间段有着显著的变化。例如，白天上班时间段的用水量要多于晚上下班后，中午午餐期间用水量达到最高峰。为了保持管网中水压恒定，变频器需要控制水泵以不同的转速供水，用水高峰时高速供水，保证用水需求；当无人用水时，变频器保持低频输出，或完全停止，既能维持管道内压力，又能极大地节约能源。

2. 变频器控制系统介绍

该系统主要以科来沃电气CLV-1系列通用变频器，外部开关与指示灯，以及压力表组成。控制系统结构示意图如图7-3所示。相较于传统的“变频器-微电脑

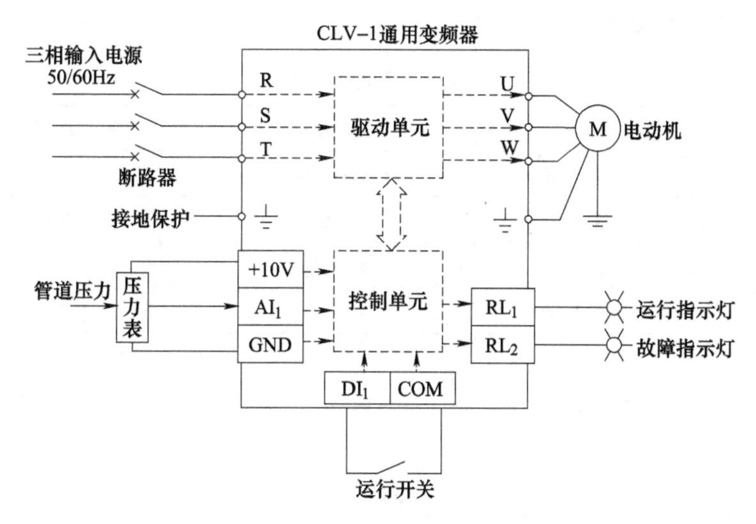

图 7-3 恒压供水控制系统结构图

PID 控制器”供水系统，该系统采用了将 PID 控制功能集成到内部的科来沃（CLV）通用变频器，直接将压力反馈信号接入变频器，计算出合适的输出频率。即该供水系统由变频器独立完成水泵的控制，实现管道内的水压恒定，而不必额外采用控制器，节约能源的同时减少硬件设备，提升可靠性。该系统运行方式如下：

1）当整个系统准备就绪后，闭合运行开关，变频器得到运行信号 DI_1，控制电动机逐渐加速至需要的给定频率；当需要停止运行时，断开运行开关，变频器控制电动机逐渐减速至停止。

2）给定频率由变频器内置的 PID 算法自动算出，根据给定压力和反馈压力的差值，计算出能够维持压力基本恒定的给定频率。

3）给定压力是由工程师直接修改变频器的相关参数进行设置，其数值是根据管道实际情况选定的。

4）反馈压力是通过压力表转换的信号得到的，压力表如同一台变阻器，根据管道压力改变电阻值；接入+10V 电压后，就可以利用电阻分压得到模拟量信号 AI_1，作为反馈信号。

5）当管道内压力发生突变或异常时，变频器可以根据压力反馈信号值来判断出系统出现故障，停止电动机运行，及时地保护水泵乃至整个系统。这种保护措施可有效地避免管道泄漏、爆裂、堵塞等情况带来的损害。

6）变频器正常运行时，输出继电器信号 RL_1 使运行指示灯点亮；变频器故障报警时，输出继电器信号 RL_2 使故障指示灯点亮；运行开关、运行/故障指示灯安置在系统电气柜的外表面，方便操作人员控制和查看。

7）变频器内部有运行状态记录和故障记录，方便检修人员查看。

3. 变频器参数设定，见表7-1

表7-1 变频器参数设定

参数	描述	范围	设定值
F-01	上限频率	F-02～500Hz	50Hz
F-02	下限频率	0Hz～F-01	0Hz
F-05	加速时间	0～500s	5s
F-06	减速时间	0～500s	15s
F-07	停机方式	0、1	1：自由停车
F-08	运行命令给定方式	0、1、2	1：端子模式
F-09	目标频率给定方式	0～6	5：PID设定
F-10	电动机额定功率	根据功率等级变化	4kW
F-11	电动机额定电压	0～500V	380V
F-12	电动机额定电流	根据功率等级变化	8.8A
F-13	电动机额定频率	0～500Hz	50Hz
F-14	电动机额定速度	1～65535	1435r/min
F-15	电动机控制方式	0、1	1：V/F控制
F-45	PID给定方式	0～3	0：参数值设定
F-46	PID参数值给定	0～100%	80%
F-47	PID反馈源	0～4	0：AI1
其余参数保持出厂默认			

通用变频器以其简单易用、性能优秀等特点广泛地应用于各大领域，供水系统仅是通用变频器应用领域的分支之一。为了使经济效益最大化，占用空间最小化，客户使用方便化，提高可靠性，现场运行免维护等，目前已经有公司在开发集成度更高、智能化程度更高的专用控制器。例如，沈阳科来沃公司与浙江慧动公司通力合作，开发出的CLV-P2S1水泵专用变频器，它将变频器、电动机和水泵集成在一起，如图7-4所示，在家庭用水领域有着广泛应用。

图7-4 CLV-P2S1水泵专用变频器

1. 应用环境简介

在我国长江以南地区和东南亚等国家的供水系统中，小型供水压力罐代替了蓄水池和高位水塔成为家庭用水首选。

压力罐属于闭式水循环，利用罐内空气的可压缩性来平衡水量及压力，投资小、占地少，配合水泵和变频器可以经济高效地实现家庭供水。

2. 供水系统介绍

该供水系统如图 7-5 所示，相比于依靠通用变频器运作的供水系统，它有以下几种特点：

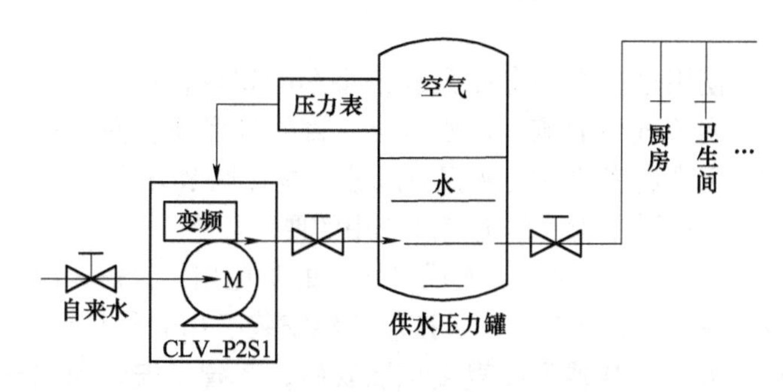

图 7-5 水泵专用变频器供水系统

（1）集成度高：变频器和水泵集成为一体，方便选型和安装，用户无须考虑变频器和水泵的型号搭配，也不必请专业工程师来安装和接线。即使是使用中损坏也容易拆卸和替换。

（2）操作极简：通用变频器的操作已经非常简单，但仍需设置一些参数才能正常使用。而 CLV-P2S1 变频器已与水泵合而为一，所以出厂时就把参数设置完成。简洁的操作面板甚至可以让用户无须阅读使用手册就可放心使用。

（3）功能专一：水泵专用变频器可以去除掉通用变频器中与供水无关的功能，简化结构，节约成本，提高可靠性。而在供水系统中一些智能化、人性化的功能又默认打开，真正地做到专用于供水。

（4）足压休眠，耗能骤减：因为家庭用水量毕竟有限，当压力罐中水量充足且压力平稳时，变频器会自动进入休眠状态，完全关断输出。相比于有的使用通用变频器的供水系统需以低速运行维持压力，水泵专用变频器可做到停止运行，能源节约的程度更上一层。

（5）超载降频，贴心防护：家庭用水量也偶尔有突增的情况，例如节日期间家庭聚会等，突增的用水量可能造成水泵超载。对于通用变频器而言，水泵超载后会报警停机从而保护水泵；而水泵专用变频器可做到自动降频运行，既避免水泵超载损坏，又保证用户持续有水，让每个家庭在任何时候用水都省心、放心。

3. 变频器相关属性

（1）功率等级：0.37~2.2kW；

（2）输入：单相输入，200~240VAC，50Hz/60Hz；

（3）输出：三相输出，0~250VAC，0~500Hz；

（4）变频器参数：依照配套的水泵特性出厂内置。

7.1.3 变频器在风机上的应用

和水泵类似，风机的风量与风机的转速成正比，风机的风压与风机转速的平方成正比，风机的轴功率等于风量与风压的乘积，故风机的轴功率与风机的转速的立方成正比。

大多数风机在使用过程中都存在大马拉小车的现象，加上生产、工艺等方面的要求，需要经常调节气体的流量、压力等；目前很多场合使用的风机仍然是通过调节挡风板或阀门开启度的方式来调节风量。这种调节方式，不仅浪费了电能，而且调节精度差，很难满足现代化生产及应用的要求。

英泰E3系列变频器内置专门针对风机水泵的宏应用，只需要改变一个参数即可切换到风机应用模式。在云南很多养殖场已经安装了几千台1.5kW英泰E3 IP66变频器，高防护等级的变频器可以直接挂墙安装，节省了安装和维护成本。电动机采用高效的永磁电动机，运行平稳可靠，噪声小。图7-6所示为变频器接线图。

（一）E3变频器应用特点

（1）调试简单：极简单的基本参数设置，默认设置适合大部分应用。

（2）应用宏：只需要设置一个参数，即可自由切换一般工业负载、风机负载和水泵负载。

（3）电动机类型：可以精确可靠地控制IE2、IE3和IE4电动机，采用无传感器矢量控制模式简单可靠地控制感应电动机（IM）、永磁电动机（PM）、无刷直流电动机（BLDC）和同步磁阻电动机（SynRM）。

（4）防护等级：可选IP20和IP66防护等级，其中IP66变频器外壳采用抗紫外线和油脂的PC塑料制造。高标准的全涂层散热器，完全防尘和喷淋式防水的标准，特别适合高标准卫生要求的行业。

（5）选件齐全：特殊应用场合需求的选件，比如通信扩展、外部IO扩展、变频器参数快速复制、手机APP快速调试等。

另外，E3系列包含了专用于单相电动机控制的变频器。单相输出变频器采用革命性的电动机控制策略，使单相电动机获得可靠的起动特性。同样内置了PI控制器，C1类EMC滤波器和制动单元。紧凑型小尺寸设计适合狭小的安装空间，高防护等级适合恶劣的工业环境。

E3系列变频器内置了节能专用算法，特别适合风机泵类负载。在沈阳某商场风机改造项目上的应用，变频器根据商场客流量和不同时段的排风需求改变风机速度，直接为客户节能达80%以上。间接节能包括负压减小后，大大减少了商场夏季空调和冬季供暖的损耗，这部分节能甚至比风机本身的节能效果更大。同时，减少了电动机维护成本，变频改造后避免了直接起动造成的冲击，增加了电动机寿命。改造完成后已经无故障运行两年多的时间，可靠的运行节省了人工检修的

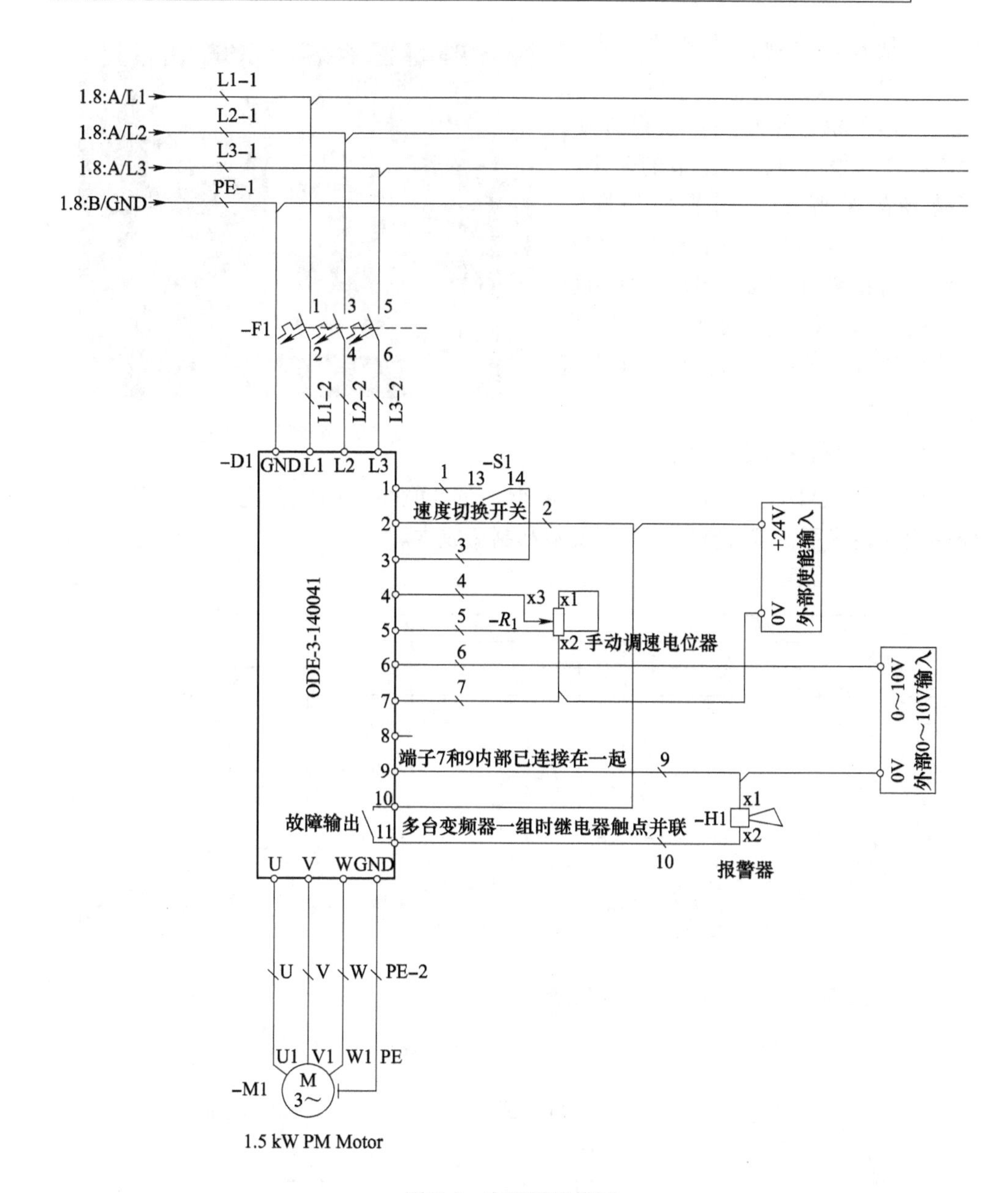

图 7-6　变频器接线图

成本。图 7-7 所示为改造后的现场图片，图 7-8 所示为变频器接线图。

近年来通用变频器越来越多地广泛应用在各个领域，通用变频器有其通用性的优点，但是随着科技的发展和专业人士的不断探求，专用变频器以其强大的优势在激烈的市场竞争中越来越受到使用者的青睐。

沈阳科来沃公司研发的 F2S2 型风机专用变频器在国内外各大养殖场通风环境

中广泛应用，受到使用者的一致好评。F2S2型风机专用变频器针对性强、操作简单、控制和安装更方便，用户在现场仅需要根据季节的变化和养殖场的温湿度来调节变频器的“+”、“-”按键即可，节省安装和调试的时间和精力，减少用户在使用过程中的附加损耗，降低制造成本，提高经济效益。风机专用变频器操作流程如图7-9所示。

图7-7　变频器安装图

（二）专用变频器的优势

（1）体积精小：专用变频器体积精小，而且能与电动机实现一体化安装，方便客户安装使用，节省空间，降低安装和制造成本。

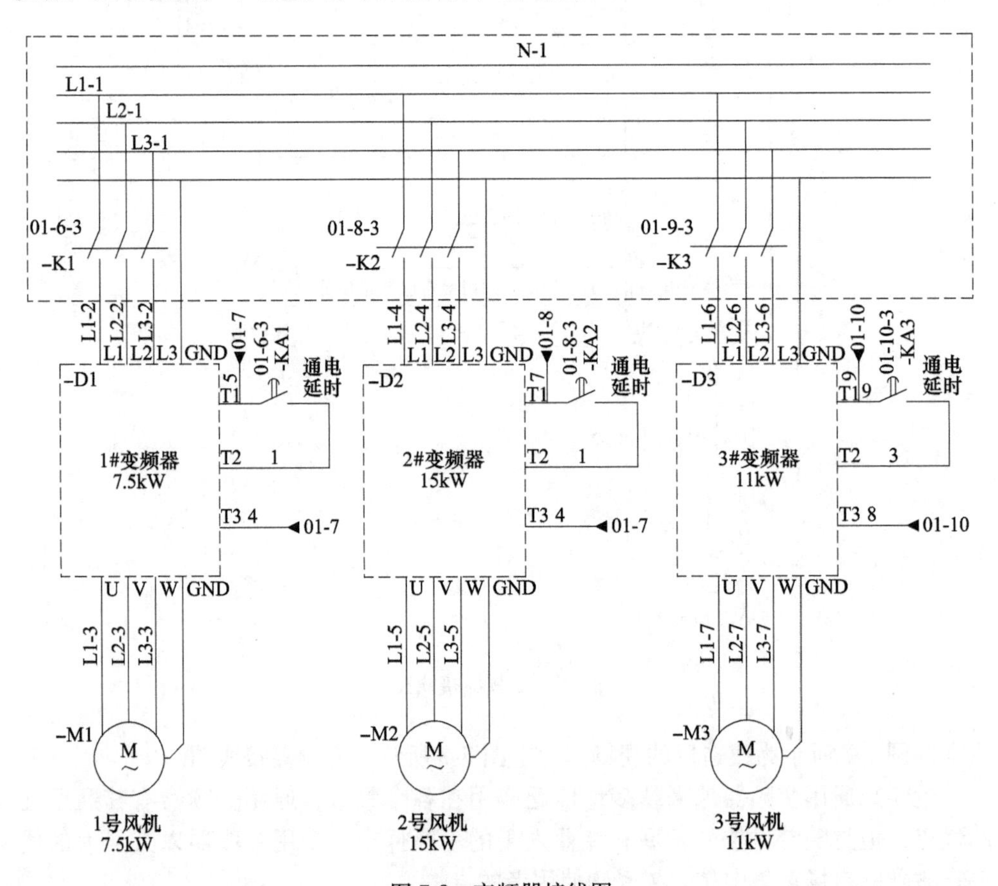

图7-8　变频器接线图

（2）操作简单：相对于通用变频器，专用变频器属于定制产品，针对性更强，实用性更强。虽然内部结构复杂，但现场操作简单，仅需要起停和调速即可，提高风机设备的自动化程度，节省人力成本；同时节省调试时间，更多的工作都由生产厂家和设计工程师在出厂之前完成，解决了用户在使用时由于对变频器的不了解而带来的困扰。以下表7-2的参数均由生产厂家出厂前设定完成，现场无须更改，方便快捷，因为专用，所以更专业。

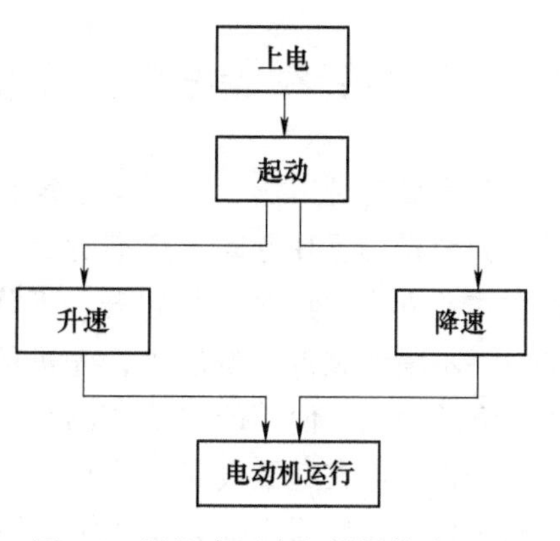

图7-9 风机专用变频器操作流程图

表7-2 风机专用变频器参数设置表

代码	描述	范围	设定值
P01	目标频率	0～P04	60
P02	正反转	0～1	0
P03	加减速时间	0～99.9	10
P04	电动机额定频率	50～99.9	60
P05	电动机额定电压	100～240	230
P06	电动机额定电流	1～10	8

（3）节能环保：科来沃公司研发的F2S2型风机专用变频器控制三相电动机，相较于直接起动的单相电动机在节能环保方面有着得天独厚的优势，电动机最大运行频率60Hz。而且起动平稳，噪声低。表7-3所示是和单相电动机运行对比节能表。

表7-3 风机专用变频器耗能对比值

运行频率/Hz	电动机电流/A	每天节能/kW·h	每年节能/kW·h
30	2.7	28.8	10512
40	3.5	24.5	8942.5
50	4.8	17.3	6314.5
60	5.8	11.8	4307

（4）经济性强：专用变频器的性价比更高。相比于通用变频器，省去了很多通用的附加功能，更加经济实惠，产品制造成本低。其功能更有针对性，贴合消费者的需求，降低日常维护和维修的成本，提高运行效率。

7.2 通用变频器在起重设备上的应用

起重设备是工业、交通、建筑企业中实现生产过程机械化、自动化，减轻繁重体力劳动，提高劳动生产率的重要工具和设备。起重设备有很多种，一般都是间歇作业方式对物料进行起升、下降、水平移动。随着科学技术的发展，起重设备也在不断地完善和发展中，先进的电气、光学、计算机技术在起重设备上得到了持续的应用，使其趋向更高的自动化程度和工作效率，更简化的操作和更安全可靠的性能。在起重设备中应用的变频器，都是各变频器公司的高性能产品，也体现了各公司在通用变频器性能上的最高水平。

7.2.1 通用变频器在行吊上的应用

本节以鞍山某现场安装的32吨吊车为例，介绍通用变频器在行吊中的应用。每台吊车使用了3台英泰P2变频器，提升变频器37kW，大车变频器15kW，小车变频器5.5kW。以提升部分为例，变频器主接线图如图7-10所示。实现了三段速控制，变频器内置故障输出和抱闸输出控制。P2变频器内置制动单元，因此外部只需要加制动电阻即可。变频器输出和电动机之间安装电抗器，提高电动机电缆的长度，有效抑制了变频器的输出谐波。调试提升应用时要非常小心，必须注意以下关键问题。

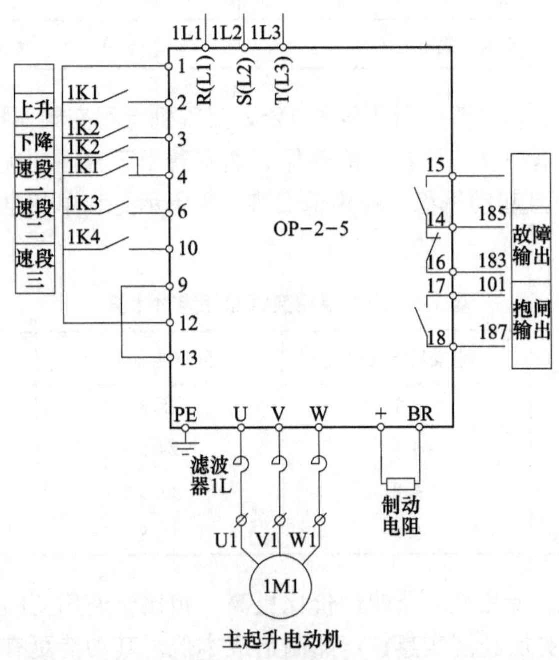

图7-10 变频器主接线图

1. 变频器的选择

提升应用中必须考虑设计的极限容量，确保安全地运行。很多情况下，提升电动机是根据间歇工作制选择的，因此电动机可能短暂或不频繁地超额定电流或功率运行。所以在选择变频器时需要至少高于电动机一个功率等级。现场设计的提升电动机功率为30kW，因此变频器功率选择37kW。

对于有非常大的负载峰值需求，或者有很高的安全要求，应该适当地选择高于电动机两个功率等级的变频器。例如对于30kW的电动机，选择45kW的变频器，这能确保变频器不会接近极限运行，保证安全运行。

2. 制动电阻的选择

所有的提升应用必须要安装制动电阻或者能量回馈装置，目前使用较多的还是安装制动电阻。在选择制动电阻时，必须符合实际应用的要求，也就是满载连续运行在最大提升范围内，制动电阻能够消耗掉所产生的能量。根据应用经验，制动电阻可以根据电动机50%工作周期的功率选择，例如对于一个30kW的电动机，制动电阻的容量应该是30kW的50%工作制情况下的容量。基于经验和正确的信息，能够更精确地计算阻值，设备厂家也会给出建议。阻值的选择基于变频器允许的最小阻值，变频器说明书中会给出推荐值。制动电阻应该连接在变频器端子“+”和“BR”之间。

3. 开环或闭环运行

P2变频器可以开环应用在提升应用上（无编码器），有可能的话建议使用闭环（有编码器），这样会更加安全。使用编码器能够监控变频器运行速度和抱闸投入情况下的速度偏差。当运行在没有编码器反馈的情况下，首先考虑确保安全的系统设计。当调试系统时，确保电动机抱闸释放时变频器输出频率一直保持在2Hz以上。

当运行在提升模式下，电动机抱闸由继电器输出2（端子17和18）直接控制，为了确保安全操作，当运行在提升模式下变频器假设一个预定义运行状态，以下参数设置无效：

P1-06：禁止能量优化器；

P2-09 & P2-10：禁止频率跳变功能；

P2-26：禁止起动检测功能；

P2-27：禁止待机模式；

P2-36：起动模式一直是边沿触发；

P2-38：掉电将自由停止（电动机抱闸将投入）；

P4-06 & P4-07：转矩限制固定在最大允许值；

P4-08：最小转矩限制设为0；

P4-09：最大再生转矩固定在最大允许限制值。

4. 电动机运行方向

当运行在提升模式，电动机必须连接变频器以便变频器接收到正转命令时，提升机械的动作是向上运行的。如果需要，为了确保正确的旋转方向可以改变电动机接线的相序。

5. 内置PLC功能的使用

英泰P2变频器内置PLC功能，能够定制一些客户专用的功能。例如在调试期间客户提出了主钩速度太慢的问题。但是系统设计的额定速度是50Hz，更改系统设计的话硬件成本和时间成本都超出了预算，而且设备已经安装到了现场，实际实施起来难度很大。

为了解决客户的这个问题，利用P2变频器内部PLC功能，每次提升或下放时，根据电流自动检测重物的重量。速度会随着载重的变化而变化，但是考虑到机械结构的限制，最高速度限制在80Hz，和原系统相比，相当于轻载或空载速度提升了60%，极大地提高了生产效率。

为了确保安全地运行，在提升模式下正确地调试变频器很重要，下面是调试提升应用时应该注意的事项。

1）最大运行速度应该保证正常运行和电动机的安全。不建议在没有机械抱闸的情况下运行在非常低的速度，也不建议零速时提着负载。

2）不建议超速运行，当电动机运行在额定速度以上，转矩减小，这样做可能导致危险发生。当在轻载或空载情况下超速运行，必须有安全的系统设计确保正确的操作。

3）时间通常应该设置一个比较高的值来确保可靠平滑地运行，允许有足够的操作控制时间。

①通常，这个值的范围在5~10s比较好，极短的加速时间将会增加机械部件的冲击，可能使提升很难控制。

②减速时间应该在没有系统部件过度拉紧变形或损坏的前提下足够短。

针对调试中遇到的常见问题，见表7-4。

表7-4 常见问题及措施

现象	解决方案
抱闸释放期间负载下落	确保电动机能产生大于100%的转矩，否则增加P2-07 增加转矩预值P6-15，确保抱闸释放前产生了足够的转矩 如果抱闸释放后变频器还保持在抱闸释放速度，减小抱闸释放延时时间P6-13 增加速度环增益P4-03
负载电流过高	抱闸释放后加速期间，如果电动机转矩超过125%，增加加速时间P1-03 匀速运行期间，如果负载转矩超过100%，确保电动机和变频器功率匹配且参数输入正确 停止期间，调整抱闸投入延时时间P6-14，确保变频器保持输出一定的时间提着负载

（续）

现象	解决方案
“SP-Err” 速度故障报警	编码器速度偏差超过了 P6-07 设置的值 检查编码器接线是否正确，根据使用手册说明安装 检查电动机额定速度 P1-10（RPM）和编码器 PPR 值 P6-06 参数是否正确 检查运行时编码器反馈是否正确 增加编码器偏差值 P6-07（%） 增加速度环增益 P4-03
O-I 或 hO-I	过电流报警 使能或起动命令时报警：检查电动机和电动机电缆是否短路 抱闸释放前报警：减小抱闸释放速度 P2-07 抱闸释放时报警：增加抱闸释放转矩预值 P6-15

7.2.2 通用变频器在塔吊上的应用

塔式起重机简称塔机，亦称塔吊，塔吊是建筑工地上最常用的一种起重设备。用来吊运施工用的钢筋、木楞、混凝土、钢管等施工的原材料。本节以英泰 P2 变频器为例介绍通用变频器在塔吊上的应用。

塔机工作机构主要包括：起升机构、回转机构、变幅机构等。传统的塔机是工频电网供电，交流电动机调速是通过绕线式电动机串电阻的方法起动和调速的。虽然结构简单，但故障率较高，导致生产效率较低。

1. 安全性低

一般工频塔机只有一种安全起升制动器。动力不足时不及时调整，在作业过程中就有可能因制动力不足而发生溜钩事故。另外，工频塔机控制工频直接起动、制动器（抱闸）强制制动，具有较大的冲击，对钢丝绳有潜在的损伤。

2. 适应性差

施工现场一般是临时电网，电压波动较大。电动机电压下降，出力就会大幅下降，导致出力不足，无法起动或在运行中因欠电压产生危险；工频起动的电动机，起动电流为电动机额定电流的 4~7 倍，进一步增加了电网的欠电压风险。

3. 易损件寿命短

工频塔机控制接触器，需要带大电流切换，必须定期更换；因为制动器（抱闸）是在电动机高速运转过程中打开和闭合的，制动器磨损也很快，寿命很短。

变频调速是当今最先进的交流调速方式，变频调速技术应用越来越广泛。国内塔机起升机构变频调速的应用已多年，效果良好。它的优点是实现零速制动，运行平稳无冲击，能延长结构和传动件的寿命，对钢丝绳排绳和寿命大有裨益，同时提高了塔机的安全性和可靠性。

（一）机械结构与工作原理

塔机工作原理与变频调速：

1. 起升机构

起升机构用于提起和下放重物，是塔机最基本和最主要的作业机构。起升机构的最大特点是具有位能负载，安全问题是起升机构的关键。起升机构的一般工作过程是：起升手柄推到需要的档位（一般应从1档开始，逐渐加档，防止对机构的冲击过大），电动机得电驱动减速箱的高速轴，同时常闭电磁制动器得电，驱动制动器打开，电动机的驱动力通过减速箱传递到卷筒，再通过钢丝绳来驱动起升吊钩，实现重物的上升和下降。起升制动器为常闭式制动器。

2. 回转机构

塔机的回转机构负责起重臂的左、右旋转运动。回转机构最大的特点是惯量很大。回转机构由电动机驱动，经立式液力耦合器和减速齿轮，带动回转小齿轮，再驱动与小齿轮啮合的大齿圈，从而带动安装在大齿圈上的塔机的上部旋转。回转机构中使用常开的电磁制动器，在回转机构断电后能够使塔臂处于自由旋转状态，降低大风对塔机的影响。

3. 变幅机构

塔机的小车变幅机构控制吊钩沿塔臂水平移动。小车变幅机构是塔机三种机构中最简单的。其应用中需要关注的是在向外变幅的过程中，如果力矩大于塔机允许的最大力矩，应该立刻停止向外变幅，防止出现安全事故。司机室内的联动台一般分为两个：起升联动台和回转变幅联动台，这种设计使得起升、回转和变幅三个机构可同时使用。

塔机的一般操作过程为：司机通过联动台起升手柄，控制重物离开地面到一定安全高度，然后通过变幅和回转手柄控制重物定位到目标位置，再通过起升手柄控制重物下放到目标位置。先进的塔机也有使用无线或有线遥控器在塔底控制塔机运行。

（二）电气系统设计

电气系统采用了触摸屏HMI、可编程控制器PLC、变频器VFD等主要电气设备。电气设备之间通过现场总线连接，即减少布线节省工程时间，又增加了控制的可靠性。控制系统框图如图7-11所示。

HMI人机界面是Human Machine Interface的缩写，又称用户界面或使用者界面。是系统和用户之间进行交互和信息交换的媒介，它实现信息的内部形式与人类可以接受形式之间的转换。HMI人机界面用于连接可编程序控制器（PLC）、变频器、直流调速器、仪表等工业控制设备，利用显示屏显示，通过输入单元（如触摸屏、键盘、鼠标等）写入工作参数或输入操作命令，实现人与机器信息交互的数字设备，由硬件和软件两部分组成。硬件部分包括处理器、显示单元、输入单元、通信接口、数据存储单元等，其中处理器的性能决定了HMI产品的性能高低，是HMI的核心单元。根据HMI的产品等级不同，处理器可分别选用8位、16

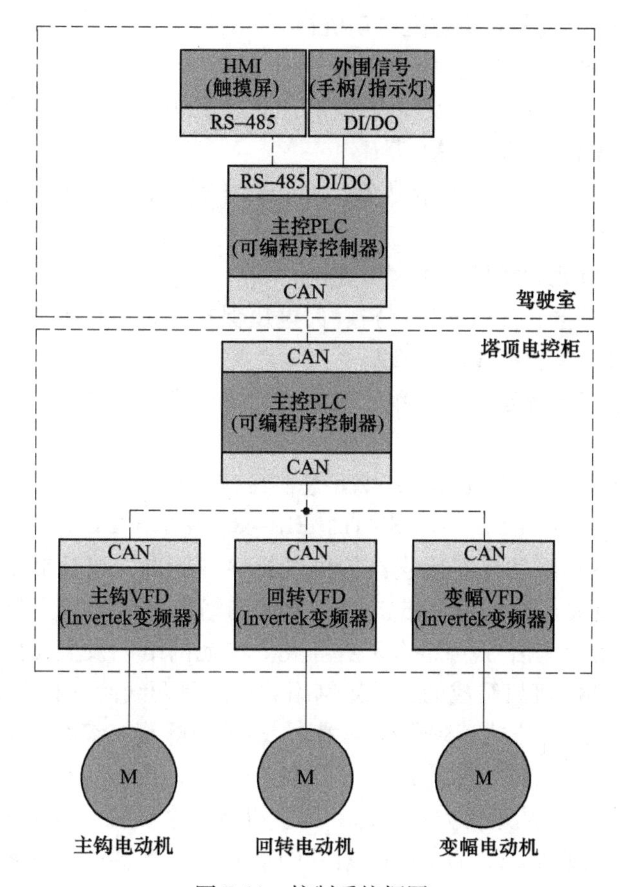

图 7-11　控制系统框图

位、32 位的处理器。HMI 软件一般分为两部分，即运行于 HMI 硬件中的系统软件和运行于 PC 机 Windows 操作系统下的画面组态软件。

PLC 可编程序控制器是 Programmable Logic Controller 的缩写，IEC（国际电工委员会）于 1987 年对可编程序控制器下的定义是：可编程序控制器是一种数字运算操作的电子系统，专为在工业环境下应用而设计；它采用一类可编程的存储器，用于其内部存储程序，执行逻辑运算、顺序控制、定时、计数和算术操作等面向用户的指令；并通过数字式或模拟式输入/输出控制各种类型的机械或生产过程。PLC 的应用范围非常广泛，在国内外大量应用于钢铁、石化、机械制造、汽车装配、电力系统等各行业的自动化控制领域。

VFD 变频器是 Variable Frequency Drive 的缩写，又称 VSD 调速器（Variable Speed Drive）。本系统采用了英国 Invertek 变频器，其具有如下特点：

1）专用提升控制算法；

2）无传感器矢量控制，支持多种电动机类型如交流感应电动机、永磁同步电动机、直流无刷电动机和同步磁阻电动机；

3）过载能力强，150%过载60S，200%过载4S；

4）标配 Modbus RTU 和 CANopen 通信，通过扩展插件可支持更多通信协议如 Profibus DP/ProfiNet IO/EtherCAT 等；

5）内置 PLC 编程功能，包含逻辑控制、数学运算、比较器、定时器、计数器和变频器专用功能；

6）内置制动单元和机械抱闸逻辑控制；

7）保护功能齐全，如过电压保护、欠电压保护、过电流保护、失速保护、高温/低温保护、STO 保护和编码器诊断等；

8）内置电动机自整定功能，用于整定电动机定子和转子阻抗和感抗，以及转子位置等；

9）高防护等级，IP55 壳体封装满足恶劣工况环境。

RS-485，又名 TIA-485-A、ANSI/TIA/EIA-485 或 TIA/EIA-485。是一个定义平衡数字多点系统中的驱动器和接收器的电气特性的标准，该标准由电信行业协会和电子工业联盟定义。使用该标准的数字通信网络能在远距离条件下以及电子噪声大的环境下有效传输信号。RS-485 使得廉价本地网络以及多支路通信链路的配置成为可能。RS-485 接口组成的半双工网络，一般是两线制（以前有四线制接法，只能实现点对点的通信方式，现很少采用），多采用屏蔽双绞线传输。这种接线方式为总线式拓扑结构在同一总线上最多可以挂接 32 个结点。在 RS-485 通信网络中采用了 Modbus RTU 主从通信方式，即一个主机带多个从机。本系统中触摸屏 HMI 与下级可编程序控制器 PLC 通信，采集外围信号、变频器等相关数据，供塔机操作员参考。

CAN，Controller Area Network 的缩写，是 ISO 国际标准化的串行通信协议。CAN 总线是德国 BOSCH 公司从 20 世纪 80 年代初为解决现代汽车中众多的控制与测试仪器之间的数据交换而开发的一种串行数据通信协议，它是一种多主总线，通信介质可以是双绞线、同轴电缆或光导纤维。通信速率最高可达 1Mbit/s。由于其高性能、高可靠性、实时性等优点，现已广泛应用于工业自动化、多种控制设备、交通工具、医疗仪器以及建筑、环境控制等众多部门。本系统中主控 PLC 与辅助 PLC、辅助 PLC 与变频器之间都采用了 CAN 总线，用于将手柄及其他外围控制信息传送给变频器，从而控制变频器的起停与调速；同时将变频器的电压、电流、转速、转矩及状态等数据传送给触摸屏 HMI。

（三）变频器控制接口

以主钩变频器结构为例，变频器的起停控制、速度参考、状态及数据反馈通过 CAN 总线处理，限位、抱闸及保护信号通过变频器 IO 端子实现。由于是提升机构，在重物下放时需要制动单元和制动电阻进行能耗制动。变频器主接线图如图 7-12 所示。

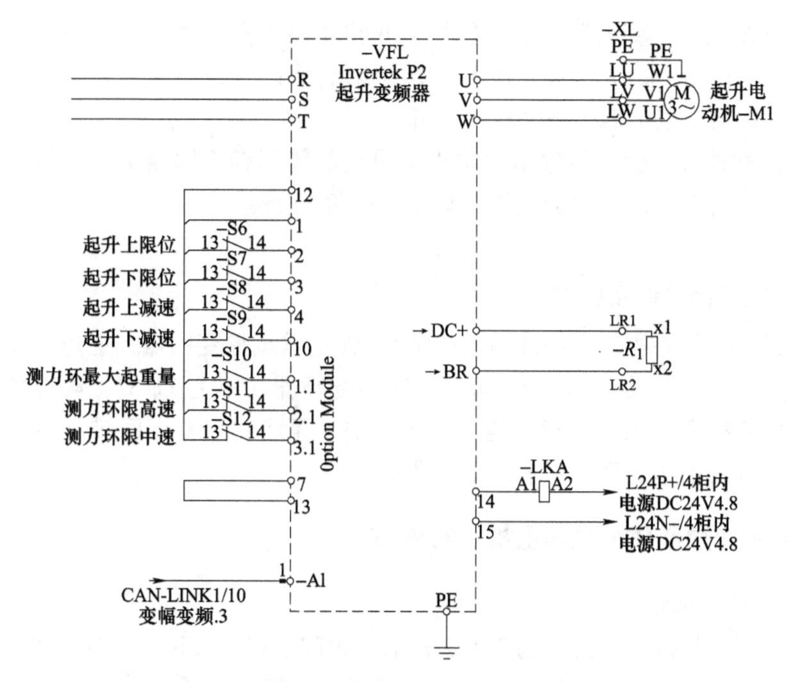

图 7-12　变频器主接线图

（四）变频器抱闸控制

塔吊主钩起升控制中，为防止溜钩，制动器开闭闸信号至关重要。开闸时必须保证变频器输出足够大转矩后才开闸，闭闸时要在变频器接近零速，且有一定转矩时就闭闸。为保证电动机在低转速时大转矩输出，变频器采用无传感器矢量控制或闭环矢量控制。P2 矢量变频器内置了开闭闸控制逻辑，如图 7-13 所示。

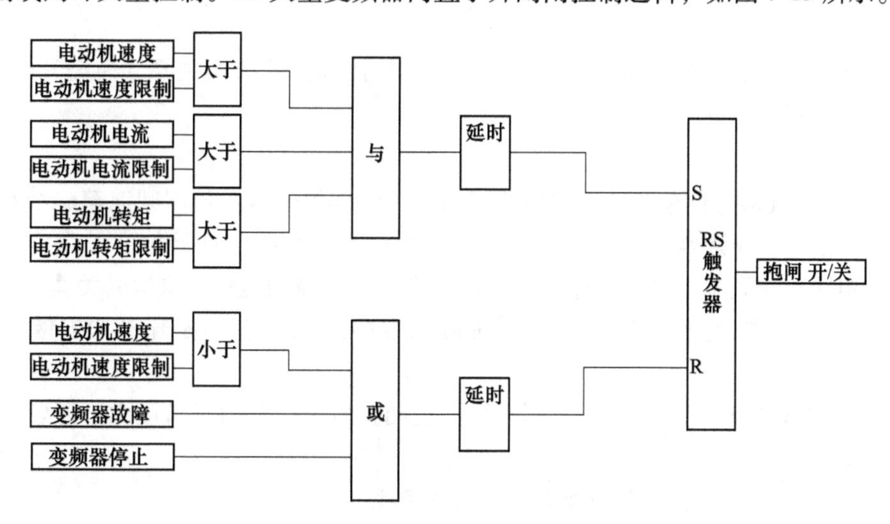

图 7-13　变频器抱闸开闭逻辑

（1）开闸条件：变频器有运行信号；变频器输出电流大于设定的开闸电流限制值；变频器输出转矩大于设定的开闸转矩限制值；变频器输出频率大于设定的开闸频率限制值；以上四个条件缺一不可。

（2）闭闸条件：变频器输出频率小于设定的闭闸频率限制值，且有变频器停机信号；变频器停机；变频器故障；以上三个条件任意一个存在，变频器都送出闭闸信号。

（五）变频器选型及应用

某现场30T的塔机，全部选用了英泰P2矢量重载型变频器，主钩变频器功率为160kW，回转变频器功率为18.5kW，变幅变频器功率为11kW。从现场运行效果来看，主钩提升平稳、低频力矩大、响应快、无溜钩现象；回转及变幅起停控制平顺；控制效果达到客户要求，用户满意。

7.2.3 通用变频器在桥式起重机上的应用

1. 桥式起重机概述

桥式起重机是桥架在高架轨道上运行的一种起重机，又称行车或天车。

行车的桥架沿铺设在两侧高架上的轨道纵向运行，起重小车沿铺设在桥架上的轨道横向运行，构成一矩形的工作范围，就可以充分利用桥架下面的空间吊运物料，不受地面设备的阻碍。

桥式起重机可分为普通桥式起重机、简易梁桥式起重机和冶金专用桥式起重机三种。

行车驱动方式基本有两类：一为集中驱动，即用一台电动机带动长传动轴驱动两边的主动车轮；二为分别驱动，即两边的主动车轮各用一台电动机驱动。

2. 基本构成

行车主要功能为水平面的运动和垂直方向的提升，其结构主要分为提升机构、大车和小车三大部分。

3. 工作原理

1）提升机构是行车传动机构最关键部分，包含提升电动机、减速箱、绞盘和滑轮组，由于行车通常自己配备制动刹车，所以在整个控制中最核心的是实现变频器转矩输出与刹车离合的时序控制。能否彻底杜绝溜钩是提升机构的关键。

2）小车主要用来实现提升机构在横梁方向运动，整个提升机构安装在小车上。

3）大车是实现整个行车在车间导轨上运动，由于行车横梁跨度大，通常大车由两个电动机驱动。

4. 桥式起重机起升机构对变频器的技术要求

1）开、抱刹车制动逻辑正确，不能出现溜车和倒冲现象；

2）低频起动力矩大，起停和正常运行平稳舒适；

3）重载慢行，轻载快行，具有轻负载适应自调功能；

4）环境适应性强（电网、粉尘、温度）。

5. 桥式起重机变频控制技术难点

（1）零速抱闸：绝大部分国产厂家均无法实现零速抱闸，均采用预估时间提前抱闸方式，但不同负载情况下抱闸时间不同，因而易产生下溜，且导致刹车片磨损较大。

（2）零速开闸：绝大部分国产厂家无法做到零速开闸，均采用力矩补偿方式，但因负载是变动的，易产生下溜（补偿力矩不足）或倒冲（补偿力矩过大）现象。

（3）抑制振动，平稳起动（低频起动力矩不足导致起动时振动）。

6. 桥式起重机变频控制技术优点

（1）安全性角度：变频控制系统保护功能强大，具有自诊断保护功能。可以有效地避免因缺相、过电流，过电压等电气故障而损坏设备，变频器能及时进行自我保护，停止输出并及时抱闸。

（2）舒适性角度：起、停平稳，起停时及制动时平缓、舒适，缓解机械的冲击，增加运行的平稳性。

（3）易操作性角度：电控系统设计高低2种运行速度，重载低速、轻载高速，提高工作效率；同时也便于安装和检修。

（4）其他：电网波动±20%内仍可正常运行；电动机起动电流小，减少了对电网的冲击，缓解了工地用电设备的影响，不会因远距离供电电缆产生的电压降而使电动机起动困难。

7. 库马克ES850系列变频器在行车的应用优势

1）专用的提升控制程序，调试简单方便快捷；

2）更完善的松抱闸控制逻辑，杜绝溜钩和倒冲；

3）过负载过转矩检出功能，防止规格范围外或机械故障时操作；

4）紧凑结构设计，内置选配制动单元，节省安装空间；

5）响应速度快，大起动转矩，较好地抑制起动时振动现象；

6）高性能矢量控制技术，实现更加平稳运行；

7）可支持三路自定义继电器端子功能；

8）可支持多种电动机的驱动控制（三相异步、永磁同步、伺服电动机）

7.2.4 通用变频器在建筑起重机上的应用

一、起重机械

起重机械是一种间歇动作非连续搬运的机械，它具有工作重复短暂的特性。

起重机由三个基本部分组成：

（1）工作机构：起重机械的执行机构，使被吊运的重物获得必要的升降、水平移动和旋转，从而实现物品的装卸、运输、钢架的安装等要求。塔式起重机常用的工作机构有起升机构、变幅机构、回转机构，即所谓的三大机构。

（2）钢结构：是起重机械的骨架，决定了起重机械的结构造型，是用来支撑工作机构、物品的重力和自身重力以及外部载荷等，并将这些重力和载荷传递到起重机械的支撑基础。

（3）动力部分：此部分为起重机械提供工作动力，如电动机控制、照明、联络等。

起重应用可以做如下细分：

（1）工业起重机：这些是用于生产的起重机。工业起重机可分为两类：标准起重机和特种起重机。标准起重机包括电动葫芦、悬臂起重机、部分桥式起重机和门式起重机。特种起重机包括桥式起重机和门式起重机的其他部分。这些是为特定用途设计的起重机，需要特定的结构（机械结构和电气结构）。

（2）建筑起重机：主要用于建筑场合的起重机。主要有塔式起重机、自立式塔式起重机、动臂起重机。

（3）物流起重机：起重机不用于施工或生产。这类起重机主要是港口起重机：船到岸、岸到船的货运起重机（例如：桥式起重机、集装箱龙门起重机和散料装/卸船机）。

二、塔式建筑起重机的特点

塔式起重机种类繁多、形式各异、大小不一，性能也不相同。但通过分析可发现它们之间仍然存在着共同之处。

1）按回转部分装设的位置不同，可分为上回转塔式起重机和下回转塔式起重机两类。

2）按起重机有无运行机构，可分为移动式塔式起重机和固定式塔式起重机两类。

3）按照塔机变幅方式不同，可分为动臂变幅起重机和小车变幅起重机。

在起重机上一般常见的运动有：

（1）垂直运动（提升）：这个运行主要是负责保持负载悬挂，并对负载进行提升和下放的垂直移动。

（2）小车平移：起升单元沿着主梁或吊臂的水平移动。

（3）大车平移：起重机整体沿轨道的水平移动。

（4）回转运动：旋转单元在水平支撑部件上做一定角度或全回转运行。

（5）变幅运行：可以向塔架方向升高或降低的铰链式起重臂，改变起重机的径向范围。

在塔式起重机中的这些运动控制，已经全部采用交流电动机的变频控制，具有运动平稳、安全可靠的特点。

三、起重机对变频控制的要求和特点

1. 起重机对变频控制的特点

1）起重机/港机设备振动大，经常工作在恶劣的环境中（粉尘、潮湿、盐碱）。

2）在电源质量上普遍存在变压器容量小、动力电缆线路长、截面小、在大型设备起动时，经常造成瞬间欠电压。电压波动范围大。

3）起动转矩大，通常超过150%以上，若考虑提升时电压降低及超载试验的要求，至少应在起动加速过程中提供200%转矩。

4）由于起重机/港机设有机械制动装置，必须充分考虑电动机起停与制动器的动作时序，防止溜车。

5）当提升或下降时，重物产生的位势负载使电动机处于发电状态，能量要向电源侧回馈。由于大多数通用变频器没有电能回馈能力，此时必须通过制动单元，将这部分能量经制动电阻以热能形式释放掉。

2. 使用在起重机上的变频器应满足重工业需要

1）集成式输入交流电抗器对噪声较大的电源能起到特别安全的作用。

2）环境温度范围广（不降低额定值的条件下最高可达 50℃）。

3）整个范围的集成式制动斩波器。

4）通过闭环、开环矢量控制，200%起动转矩。

5）电动机参数自动识别。

6）可选涂层板。

7）电压范围 380~500V，-10%~10%。

8）具有专用的起升控制防溜车程序。

四、塔机起升变频控制系统结构

起升机构最主要的特点是势能负载。因此，在起升、下放和保持的过程中确保重物不溜钩是起重机构设计（包括机械和电气）的重点。大汉科技股份有限公司塔机采用施耐德变频器，变频器在塔机起升应用如图 7-14 所示

大汉科技股份有限公司 6010 塔机技术参数：QTZ80（6010）　起重量 6t、臂长 60m 、幅值 1t、提升速度 80 m/min、自由高度 40m 等。

塔机起升机构电气控制系统包括 PLC 控制器，起升控制变频器、起升电动机、减速机、卷筒。起升控制电气原理主电路图如图 7-15 所示，起升交流电动机 MOTOR 型号 YZTPF-200L-8-26kW，额定电压 380V，额定功率 26kW，额定电流 58A。起升变频器 HINV 型号：ATV71HD30N4Z，额定电压 380V，额定功率 30kW，额定电流 61A。电动机采用闭环控制，PG 为增量编码器，制动电阻 *R*，制动抱闸 BRAKE，制动电动机 BRAKE MOTOR 散热风机电动机 FAN。在起升控制中速度控制分为：

（1）上升加速：电动机工作于第一象限（需要最大电动力矩）；

（2）上升恒速：电动机工作于第一象限（需要恒定电动力矩）；

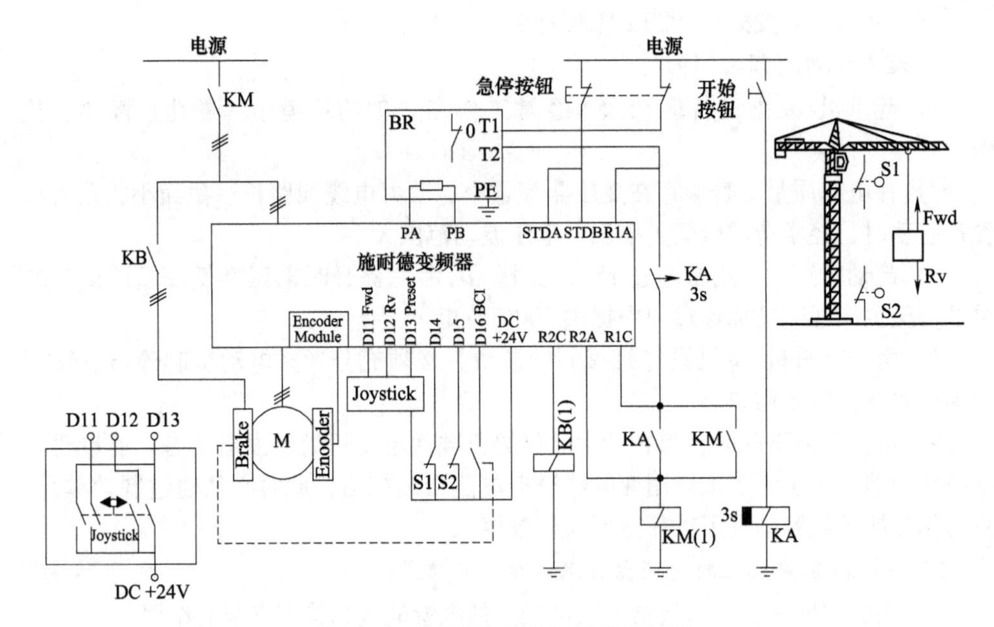

图 7-14 变频器塔机控制系统结构图

（3）上升减速：电动机工作于第一象限（根据惯量和减速度）；

（4）下降加速：电动机工作于第四象限（根据惯量和减速度）；

（5）下降恒速：电动机工作于第四象限（需要恒定制动力矩）；

（6）下降减速：电动机工作于第四象限（需要最大制动力矩）。

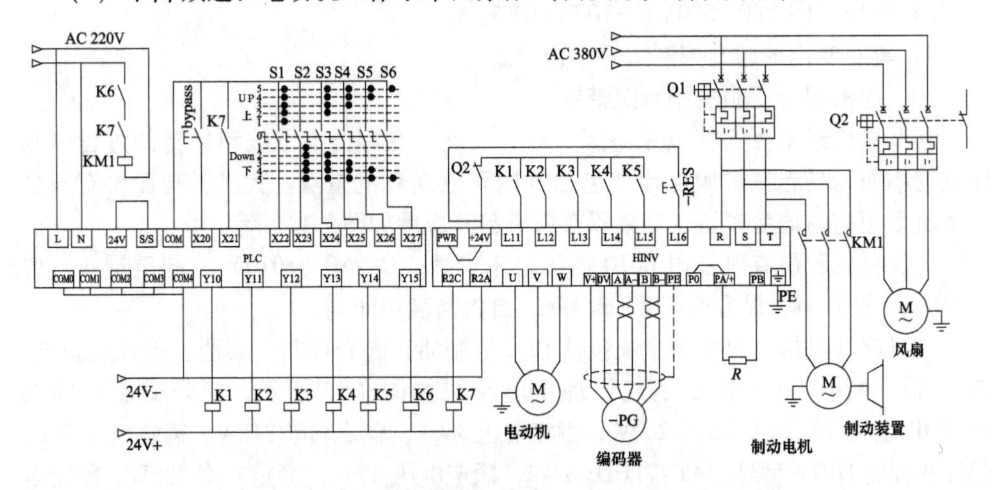

图 7-15 起升变频器控制电气原理主电路和控制电路图

大汉科技有限公司 PLC 采用麦格米特 MC10 MC100-3624BTA，PLC 端子分配见表 7-5。

表 7-5 PLC 端子分配

输入端子	输入端子功能	输出端子	输出端子功能
X20	旁路按钮	Y10	起升变频器正转起动
X21	制动抱闸反馈	Y11	起升变频器反转起动
X22	起升信号 S1	Y12	起升变频器多段速控制 1
X23	起升信号 S2	Y13	起升变频器多段速控制 2
X24	起升信号 S3	Y14	起升变频器多段速控制 3
X25	起升信号 S4	Y15	起升电动机抱闸开闸
X26	起升信号 S5		
X27	起升信号 S6		
X17	回转风标制动按钮	Y0	回转变频器正转起动
X30	回转信号 S7	Y1	回转变频器反转起动
X31	回转信号 S8	Y16	回转变频器多段速控制 1
X32	起升信号 S9	Y17	回转变频器多段速控制 2
X33	起升信号 S10	Y20	回转变频器多段速控制 3
X34	起升信号 S11	Y21	回转电动机抱闸开闸
X35	起升信号 S12		

PLC 输入端子 X20 端子 BYPASS 按钮为短接起升上限位和变幅内限位功能；X21 端子制动抱闸反馈为电动机抱闸开闸后的反馈信号，用于确认抱闸开闸。X22 端子、X23 端子、X24 端子、X25 端子、X26 端子、X27 端子为起升手柄信号；手柄信号有空档、上升五档、下降五档。

PLC 的输出端子 Y10 为变频器正转起动信号，Y11 为起升变频器反转起动信号，Y12 为起升变频器正转起动信号，Y15 为起升变频器电动机抱闸开闸信号，Y12、Y13、Y14 为起升变频器多段速信号。

通过手柄信号控制变频器的上升和下降的五档速度。起升控制变频器采用闭环矢量控制，采用增量编码器反馈电动机速度，编码器型号：KUBLER 5820。起升变频器设置参数见表 7-6。

表 7-6 起升变频器参数设置

功能码	名称	设置	单位	备注
nPr	电动机额定功率			见电动机铭牌（电动机功率和）
UnS	电动机额定电压	380	[v]	见电动机铭牌
nCr	电动机额定电流		[A]	见电动机铭牌（电动机功率和）
FrS	电动机额定频率	50	[Hz]	见电动机铭牌
nSP	电动机额定速度		[RPM]	见电动机铭牌

（续）

功能码	名称	设置	单位	备注
tFr	最大输出频率	50	[Hz]	见电动机铭牌
ACC	加速时间	2	[S]	根据情况可做调整
dEC	减速时间	2	[S]	根据情况可做调整
r2	继电器 R2 分配	[BLC] 制动接触器控制		
SP2	预置速度 2	8	[Hz]	1 档根据情况可做调整
SP3	预置速度 3	25	[Hz]	1 档根据情况可做调整
SP4	预置速度 4	50	[Hz]	2 档根据情况可做调整
SP5	预置速度 5	75	[Hz]	3 档根据情况可做调整
SP6	预置速度 6	100	[Hz]	4 档根据情况可做调整

变频器的抱闸控制时序如图 7-16 所示。

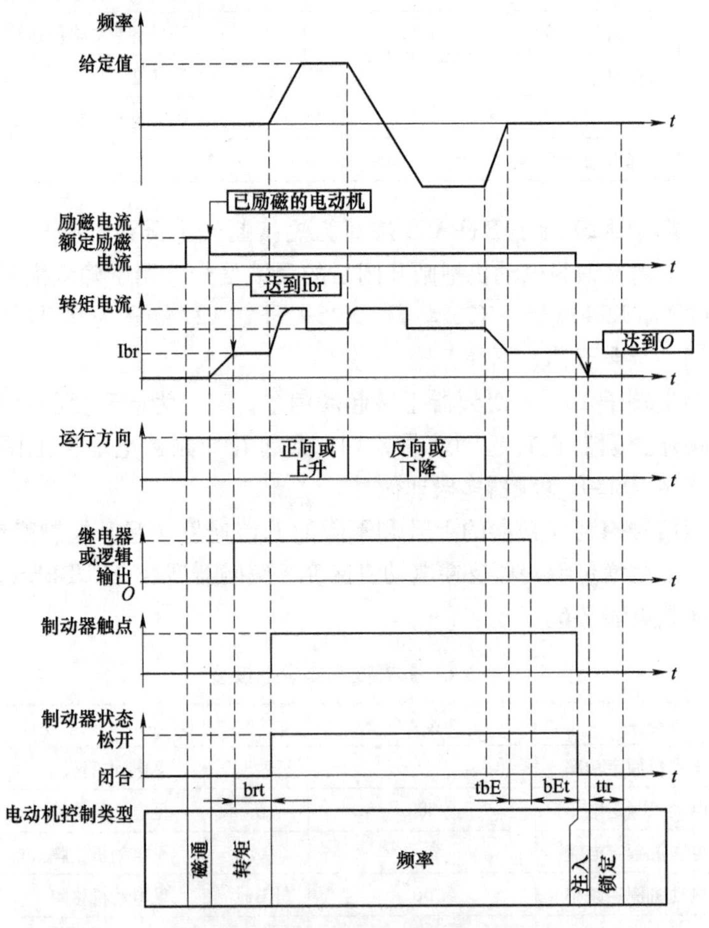

图 7-16 变频器的抱闸控制时序

（1）制动脉冲（bIP）：确保旋转方向 FW 与载荷上升的方向对应。载荷下降与载荷上升的情况大不相同，设置 bIP = 2 Ibr（例如：有载荷上升与无载荷下降）。

（2）制动器松开电流（Ibr 与 Ird，如果 bIP = 2Ibr）：将制动器松开电流调节至电动机上指示的额定电流。在调试期间，为了保持载荷平稳而调节制动器松开电流。

（3）加速时间：对于提升应用来说，建议将加速斜坡设置为大于 0.5s。确保变频器不会超过电流限幅。此建议同样适用于减速斜坡。注意：对于提升运动，应当使用制动电阻器。

（4）制动器松开时间（brt）：根据制动器的类型进行设置，是机械制动器松开所需的时间。

（5）制动器松开频率（bIr），仅在开环模式下：设置为［Auto］，必要时可以调节。

（6）制动器闭合频率（bEn）：设置为［Auto］，必要时可以调节。

（7）制动器闭合时间（bEt）：根据制动器的类型进行设置，是机械制动器闭合所需的时间。

五、塔式起重机的回转涡流控制模块控制系统

塔式起重机中回转控制要求平稳，停车时大臂不摆动，重物回转运动时摆动量小。系统采用变频控制，用一台变频器拖动两台电动机的一拖二控制方法，同时对两台电动机加有涡流控制器主电路图，如图 7-17 所示。图中 SINV 为施耐德 ATV71 变频器，R 为制动电阻，WL-55A 为涡流控制器，MOTOR1 为交流电动机，EDD1 和 EDD2 为涡流线圈。T_1 为控制变压器，D_1 为整流模块，BRAKE 为电动机的机械抱闸。

回转控制电动机型号：YTRFW132M2-4F1，380V，7.5kW，16.9A，1260r/min，1 台，带制动器。YTRFW132M2-4F2，同功率电动机 1 台，不带制动器。

变频器采用施耐德 ATV71 变频器，型号：ATV71HD15N4Z，380V，15kW。

WL-55A 为塔机回转涡流控制器，偏置电压为 AC12～28V，输入电压控制信号 DC0～10V，涡流输出电压 DC0～20V，工作电压 AC48V。接线图如图 7-18 所示。

变频器拖动 2 台电动机，电动机在低速档变频运行时，给定一个涡流电压，随着变频器输出频率的增加，涡流电压逐步减小，用变频器的输出模拟量作为涡流控制器的给定值，控制涡流电压值的大小。

回转变频器为开环一拖二控制，回转控制 PLC 端子分配见表 7-5，手柄控制信号和变频器多段速控制与起升控制相似。在回转控制系统中采用涡流控制，使得塔机大臂停车平稳，控制效果好。

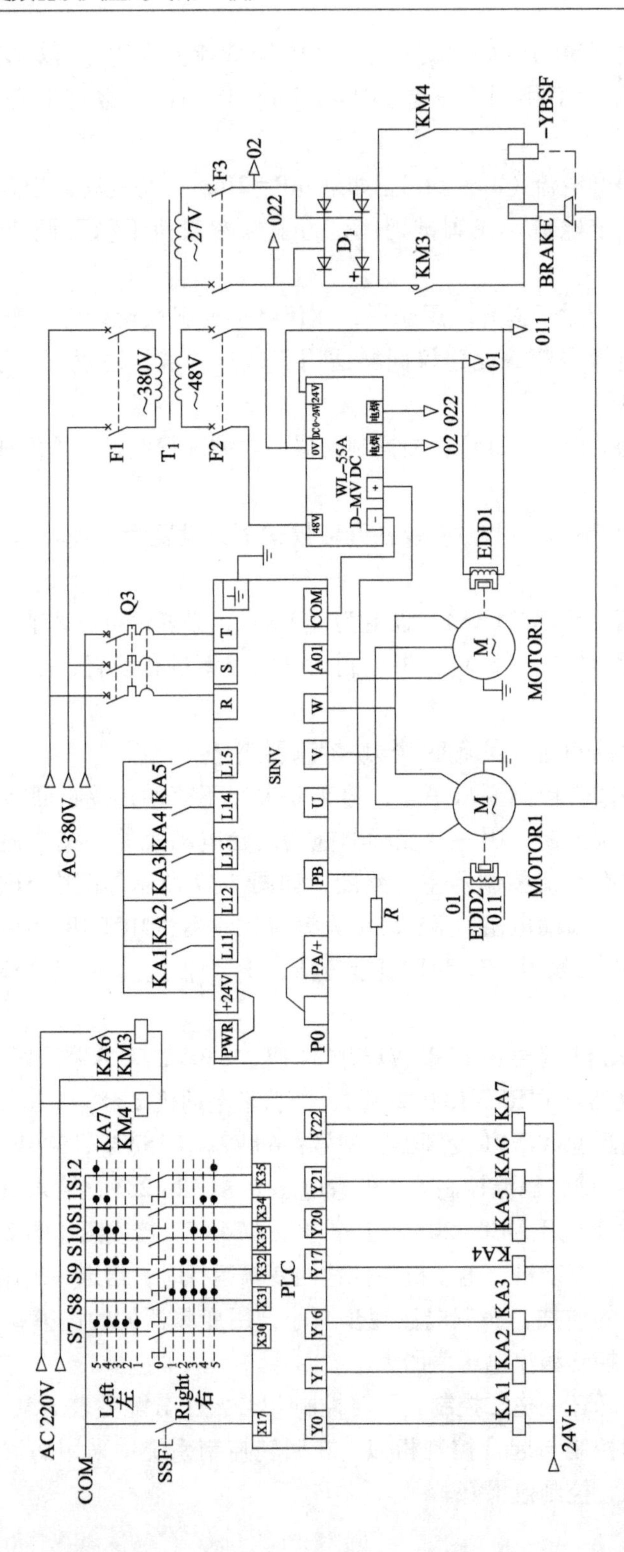

图 7-17 回转变频器及涡流控制主电路和控制电路

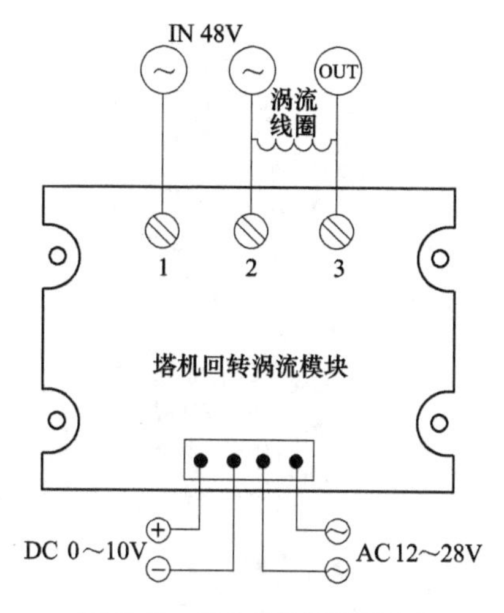

图 7-18　涡流控制器接线图

7.3　通用变频器在纺织行业的应用

7.3.1　纺织行业的应用背景

在我国的纺织行业中，设备品种繁多，结构复杂，很多纺织机械从工艺要求上都需要调速。

近年来随着纺织机械机电一体化技术水平的不断提高，交流变频调速已广泛应用在纺织设备上。变频器性能好，采用高可靠性的交流异步电动机，是一种优秀的变频调速方法，目前，它不仅在纺织行业的设备改造中得到了快速的推广和应用，而且在大多数新开发的纺织机械产品中几乎无一例外地应用了交流异步电动机变频调速装置，包括整经机、倍捻机、开清棉机、梳棉机、条卷机、精梳机、并条机、粗纱机、细纱机等，另外针织机、无纺布、化纤机械、印染机械上也大量使用了变频器。

7.3.2　变频器在整经机上的应用

整经机自筒子架上筒子引出的经纱，先穿过夹纱器与立柱间的间隙经过断头探测器，向前穿过导纱瓷板，再经导纱棒，穿过伸缩筘，绕过测长辊后卷绕到经轴上。经轴可由变速电动机直接拖动，最后由收卷电动机卷绕到卷轴上。

1. 整经机的系统介绍

图 7-19 所示为整经机系统示意图，下面分别对其中各部分进行介绍。

（1）筒子架：没有很高的控制精度要求，一般由变速电动机提供的张力实现自动放线，在出线口安装有断头探测器。

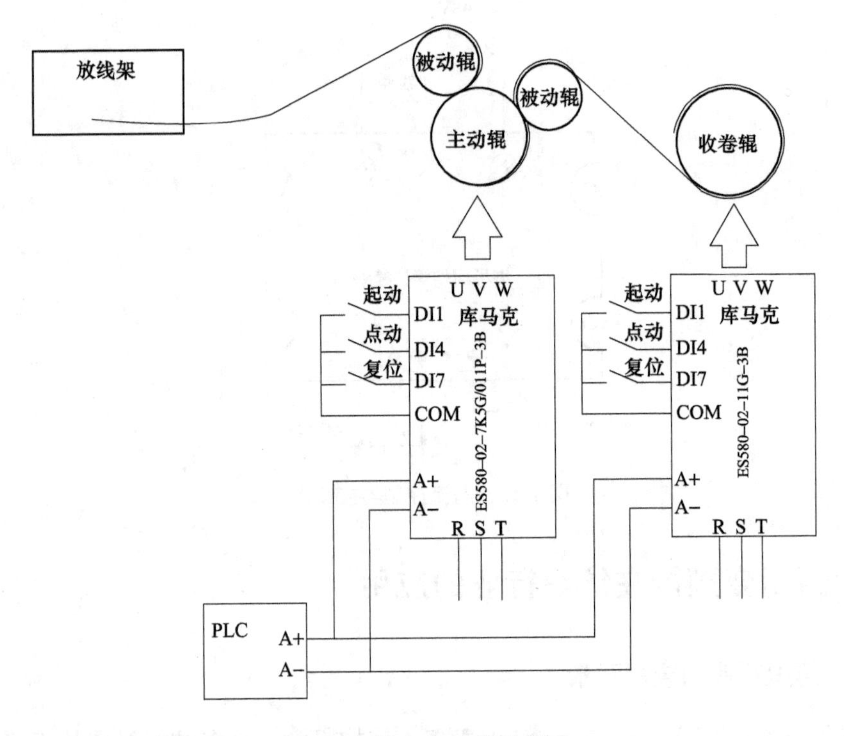

图 7-19 整经机系统示意图

（2）变速电动机：一般带有一个主动辊，同时机械上有多个被动辊，被动辊一般通过自身的重力，或者通过气缸提供压力。主动辊与被动辊之间的压力带动经线，以保证正常的放线。同时为整个系统提供速度，以保持一定的生产效率。同时与收卷辊之间保持一定的张力，以保证正常生产及经线上一定的张力。

（3）收卷辊：收线部分用一台小功率电动机拖动，保证收卷辊与主动辊之间有一定的张力。

2. 整经机变频控制技术需求

1）需要低频大力矩输出。起动时，速度响应快；

2）设备运行平稳，在整个系统运行过程中，不能出现过电压；

3）设备停机时，保证系统线速度同步，张力一定，保证系统不松线；

4）高可靠性，能够适应现场恶劣使用环境。

3. 库马克 ES850 系列变频器在整经机上的应用

整经机工艺特点是在整个运行过程中需要保证速度稳定，收卷保持恒定的张力收卷，以满足生产需求。同时考虑到产能产效以及提高控制精度，主机与收卷电动机均采用闭环矢量控制，从而保证线速度与张力的稳定。

控制主动辊变速电动机变频器参数设置参考表7-7，和控制收卷辊变频器参数比较，只需要修改电动机额定参数和加减速时间等。

表7-7　收卷辊变频器参数设置

类别	参数地址	参数内容	设定值
电动机额定参数	P63.00	电动机额定功率	22kW（按电动机铭牌设置）
	P63.01	电动机额定电压	380V
	P63.02	电动机额定电流	42.7A（按电动机铭牌设置）
	P63.03	电动机额定转速	1470rpm（按电动机铭牌设置）
	P63.04	电动机额定频率	50Hz（按电动机铭牌设置）
	P63.07	电动机驱动方式	闭环矢量
电动机自学习	P62.00	电动机的极对数	2
	P62.01	电动机空载电流	12.60
	P62.02	电动机定子相电阻	0.133
	P62.03	电动机转子相电阻	0.092
	P62.04	电动机定子相电感	55.60
	P62.05	电动机漏感系统	6.60
编码器参数	P61.00	编码器分辨率	1024
	P61.01	电角度偏移量	0.00
	P61.02	编码器信号相位	翻转
	P61.03	编码器计数方式	正交
	P60.00	载波频率	8.00
通信参数	P51.00	通信modbus	使能
	P51.01	通信地址	2
	P51.03	校验方式	8、E、1
基本参数	P24.00	转矩给定	现场总线给定2
	P24.05	转矩加速时间	0.70
	P22.00	加速时间	0.50
	P22.01	减速时间	6.00
	P11.02	远程控制1	转矩
	P10.00	控制地1起动功能	2
	P10.01	控制地1的输入1	DI1

7.3.3　变频器在倍捻机上的应用

倍捻机是一种加捻设备，把相对松散的纤维须条加以适当的捻度使其成纱或者把纱丝捻合成股线，最终使纱线具有一定的物理特性和一定的外观，如纱线的强度、弹性、光泽等。主要加工棉、麻、毛、丝等天然纤维和各种化学纤维。主要由锭子机构、横动机构、卷绕机构组成，分别由不同电动机独立驱动。图7-20所示为倍捻机双电动机对拖系统示意图。

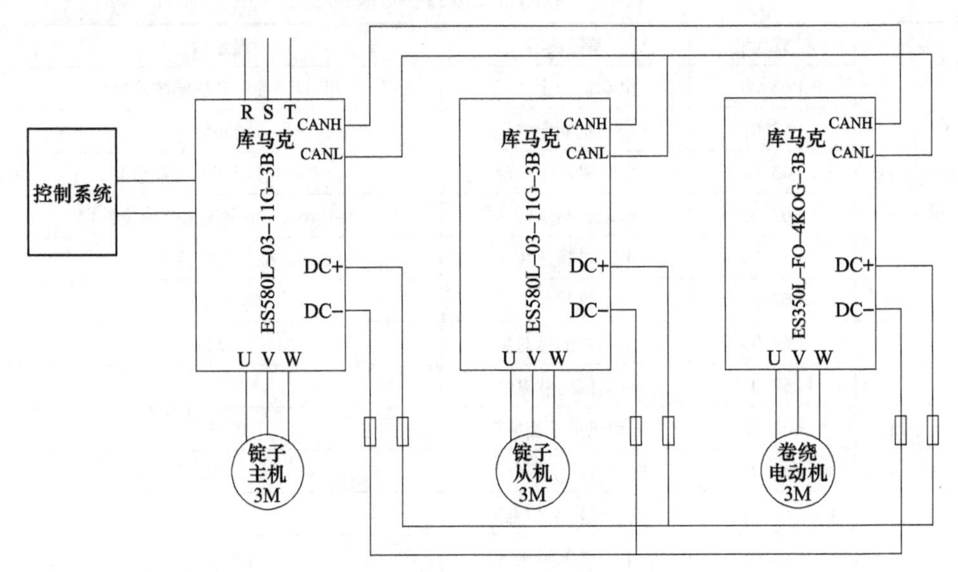

图7-20　倍捻机双电动机对拖系统示意图

1. 永磁同步电动机驱动

永磁同步电动机转子由永磁体组成，平稳运行时没有转子电阻损耗，功率因数高，不需要无功励磁电流，因超高的效率获得了大家的青睐，但其控制方式复杂，控制不当会造成节能低下、电动机反转、电动机退磁等现象发生。

2. 锭子系统双电动机驱动

双电动机拖动方式在提高产品质量实现最大节能的同时也给力矩分配带来了困扰，因机械结构的差异会造成一台电动机负载较重另一台负载较轻等情况，长期运行电动机发热严重，事倍功半。

以上两种锭子驱动控制方式，在倍捻机纺织机械设备中已经得到广泛稳定应用。主要应用特点：

1）采用共直流母线的多电动机传动控制方式；

2）起停、断电同步功能，晃电不停机功能设定；

3）锭子双变频器同步控制运行力矩均匀分配；

4）倍捻机专用工业参数应用宏，一键式设定。

7.3.4　变频器在开清棉机上的应用

开清棉机是将原棉或各种短纤维加工成纱，需经过一系列纺纱过程，开清棉工序是纺纱工艺过程的第一道工艺。主要的作用是将原棉或各种短纤维打松、除去原棉中的除杂、将各种原料按配棉比例充分混合，最后制成一定重量、一定长度且均匀的棉卷，供下道工序使用。当采用清梳联时，则输出棉流到梳棉工序各台梳棉机的储棉箱中。

7.3.5 变频器在细纱机上的应用

纺纱过程中把半制品粗纱或条子经牵伸、加拈、卷绕成细纱管纱的纺纱机器、条子在粗纱机上牵伸加拈制成粗纱，精梳机将纤维梳理制成精梳条子，针梳机将条子并合，针排牵伸改善条子结构，粗纱在环锭细纱机上进一步加拈纺成细纱，细纱机是纺纱的主要机器。

传统细纱机机械多数都未使用变频器调速，产品质量和机械维护是不可回避的两大问题。细纱机变频改造让该行业在产能、节能方面都有了很大的提升空间。细纱机变频改造应用的主要优势：

1）能够根据落纱的大、中、小纱张力变化规律实现自动无级调速，实现优质高产和减轻车工劳动强度将起到积极作用；

2）节约原料与电能，采用变频器控制+永磁同步电动机可最大潜力挖掘设备能效，充分利用和提高功率因数，从而达到节电的目的。

7.3.6 纺织专用变频器

由于纺织设备的特殊性和环境与其他的设备不一样，纺织设备的棉绒会把变频器的散热孔堵塞，造成变频器过热而过载，使变频器不能正常工作。为此专为纺织设备设计了一种专用的变频器，这就是纺织专用变频器。

目前，有大散热片穿墙式安装（风扇可选）专用变频器，已经在细纱机设备上广泛应用。而即将推出的高防护高散热型专用变频器，将应用在更恶劣的高温、潮湿、棉绒多的纺织应用现场。

7.4 通用变频器在拉丝机行业的应用

7.4.1 拉丝机概述

拉丝机也被叫作拔丝机，是在工业应用中使用很广泛的机械设备，广泛应用于机械制造、五金加工、石油化工、塑料、竹木制品、电线电缆等行业。

拉丝机按其用途可分为金属拉丝机（用于标准件等金属制品生产预加工）、塑料拉丝机（用于塑料制品行业中以涤纶、尼龙、聚乙烯、聚丙烯、聚酯切片等为原料生产各种空心、实心圆丝或扁丝进行深加工的专用成套设备）、竹木拉丝机（用于竹木制品行业中制作筷子、牙签、烧烤棒等拉出竹丝、木丝进行再加工的专用设备）等。

从拉丝机内部控制方式和机械结构可划分为最常用的水箱式及直进式两种。

7.4.2 变频器在水箱式拉丝机上的应用

1. 水箱式拉丝机系统概述

水箱式拉丝机是由多个拉拔头组成的小型连续生产设备，通过逐级拉拔，并将拉拔头置于水箱中，最后将钢丝拉到所需的规格。收线部分用1台小功率电动机拖动，需要保持收卷时线上张力恒定，若这一段张力波动，收卷的工字轮上的绕线将会不均匀。

水箱式拉丝机的收卷环节是此设备控制系统中的核心环节，该环节也直接影响着钢丝的质量。对于收卷来说，通常有两种控制方式：

1）采用张力辊调节，收卷时的张力由张力辊自身的配重来保证。

2）采用转矩控制，收卷时的张力由转矩给定的大小决定，但会因为卷径的变化而导致收线张力的不均衡。

2. 水箱式拉丝机结构

水箱式拉丝机由放线架、水箱拉丝、收卷辊三部分组成。

（1）放线架：没有很高的控制精度要求，一般由拉丝环节提供的丝线张力拉动材料，实现防线架自动防线。

（2）水箱拉丝：拉伸部分由多个拉拔头模具组成，将模具置于水箱中，通过逐级拉拔，最后将钢丝拉到所需的规格。通过每一级的拉拔后，钢丝的线径发生了变化，所以每个模具工作线速度也应有变化。整个拉拔工艺需要一台电动机提供驱动动力，工作时需要冷却液进行散热。

（3）收卷辊：收线部分用一台小功率电动机拖动，需要保持线上张力恒定，如果张力出现波动，收卷辊上的绕线将会不均匀，甚至有断料停车的可能性。水箱式拉丝机的收卷环节是此设备控制系统的核心环节，一般采用收卷辊控制机构PID调整来实现恒线速度收卷。

3. 水箱式拉丝机的工作原理

牵引拉伸变频器执行线速度指令，并为整个系统提供动力，使线从水箱里拉拔出来。通过端口将线速度传到收线变频器，同时反映当前同步收卷的摆杆位置信号反馈至收卷变频器，通过自动卷径计算和PID调节实现速度模式下的张力控制。

收卷变频器在工作期间自动调节收卷电动机运行的速度，跟随拉伸变频器的线速度变化和收卷轴卷径的变化，使张力摆杆始终处于平衡位来实现同步收线控制。

4. 水箱式拉丝机技术要求

1）需要低频大力矩输出。低频点动穿模时要有足够的力矩，速度响应快；

2）主机起停时绝不允许发生断线的现象，包括空盘到满盘任意状态起动平稳，如出现断线故障应迅速报警且紧急停车；

3）设备运行平稳，在稳速运行时，摆杆不能抖动和上下大幅度摆动；

4）设备停机时，保证系统线速度同步不断线；

5）高可靠性，能够适应现场恶劣使用环境。

5. 库马克 ES580 系列变频器在水箱式拉丝机上的应用

水箱式拉丝机为恒转矩负载，需要低频大力矩输出。采用库马克 ES580 系列通用矢量型变频器+三相异步电动机控制。以主机拉伸电动机为 7. 5kW，收卷电动机为 2. 2kW 为例，其控制电路如图 7-21 所示。

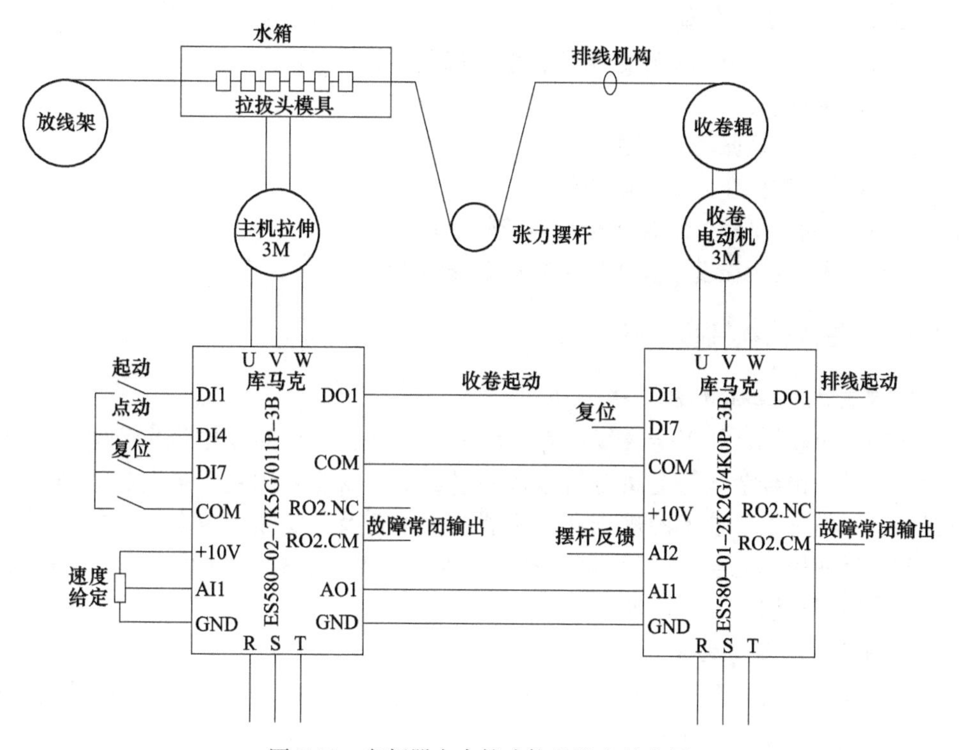

图 7-21　变频器在水箱式拉丝机上的应用

主要参数设置：

（1）主机拉伸设定参数：

P10. 08=DI4，点动信号端子选择；

P22. 00=40. 00s，加速时间设定；

P22. 01=4. 00s，减速时间设定；

P63. 00~63. 05 电动机额定参数，根据现场实际设定；

P14. 45，DO1=0（点动联动使能），DO1=1（点动联动被屏蔽）根据实际需要设定。

（2）收卷变频设定参数：

P13. 11=2V，AI2 的最小输入电压，根据摆杆下限值设定；

P20.00=2000rmp，允许的最高速度，根据需要设定；

P20.03=0，反转禁止；

P21.00=AI1 换算值；

P21.01=P04.04，速度给定 Ref2 选择 PID 输出；

P21.02=ADD，速度给定 Ref1+Ref2；

P22.00=0.10s，加速时间；

P22.01=0.10s，减速时间；

P27.00=1，PID 使能；

P63.00~63.05 电动机额定参数，根据现场实际设定。

主要应用特点：

1）主从同步恒张力控制稳定；

2）断线检测停车功能，响应快；

3）低频起停平稳，稳速运行后电流较小；

4）摆杆稳定无振荡，实现完美恒线速度收卷。

7.4.3 直进式拉丝机的介绍

1. 直进式拉丝机概述

直进式拉丝机是加工金属线材常用的一种设备，其可对高中低碳钢丝、不锈钢丝、铜丝、铝合金丝等金属材料进行伸线加工。以前采用直流电动机调速实现拉拔工艺，随着工艺技术的进步和变频器的大量普及，变频调速在直进式拉丝机中得到广泛使用。配合 PLC 给定信号，实现拉拔材料、操作和生产过程自动化、恒线速度闭环控制、自动计米等功能。

2. 直进式拉丝机构成

直进式拉丝机主要构成包括：放线辊、活套、拉丝模和卷筒、张力摆臂、排线设备和收线设备等几部分。

根据要生产线材的规格，在各道卷筒前面安装相应的拉丝模，拉丝模由大到小，最后一道拉丝模规格为所需产品线径规格。

钢丝经过放线设备通过活套进入拉丝模及卷筒1，由于活套可以自由打滑，因此卷筒1给定一个速度就行了，不需要 PID 调整。

两卷筒之间有张力摆臂，从卷筒2开始，变频器会根据摆臂反馈信号作 PID 速度调整，以保证各个卷筒之间张力恒定。收卷方案比较多，一般采用速度 PID 收卷和张力收卷方案。

3. 直进式拉丝机工作原理

直进式拉丝机简图如图 7-22 所示，一般通过放线辊采用被动放线的模式放线。材料经过定滑轮逐级缠绕在多个拉伸卷筒（转鼓）上，每一级经过模具后，被拉伸到设定的粗细，然后经过排线轮缠绕到收线架。

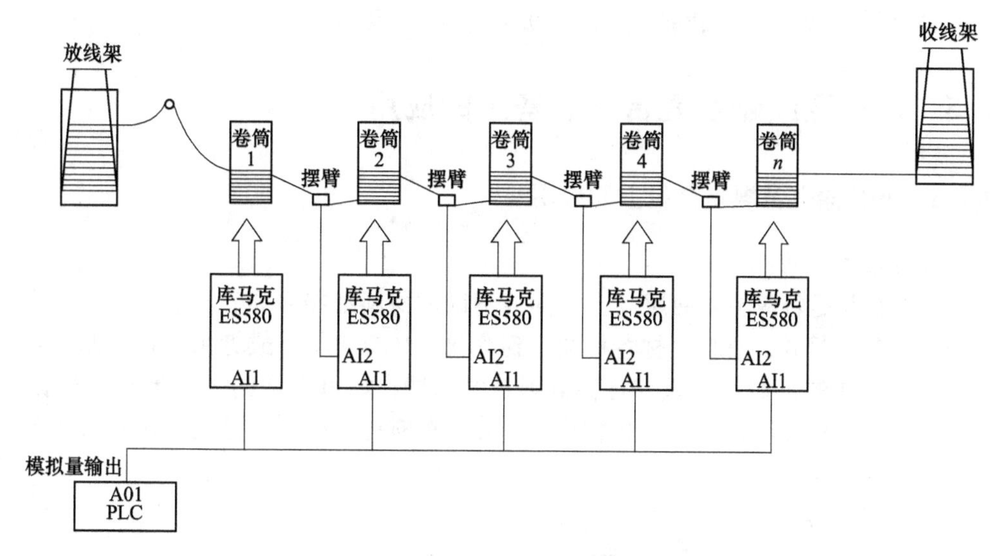

图 7-22　直进式拉丝机简图

直进式拉丝机多数采用 PLC 做控制系统，然后通过变频器驱动每台电动机，每台电动机都独立带动一个卷筒（转鼓），每个卷筒之间有一拉伸模具，卷筒间以一定比例的速度运转，加上卷筒之间的摆臂对速度进行微调，让每个卷筒间含有速度差，从而实现对材料的拉拔。

（1）穿模：穿模开始通过手工打磨材料，经过模具，然后点动第一道卷筒，使材料缠绕在卷筒上；这样逐级地将材料牵引到收卷轮。整个工艺过程中要求电动机低速运行且低速运行力矩大而稳定，运行转速稳定。点动时只有前级及当前卷筒运行，后级卷筒不能运行，同时要求每个卷筒都能单独点动。

（2）拉伸：整个穿模工艺完成后，逐渐将速度升速到设定值。升速时，要求整个系统运行平稳，电流波动小，不会因为负载大小变化而波动幅度大。速度波动小，通过摆臂在中间位置保证稳定电压在 5V（0～10V 范围 5V 设定为平衡位置），通过 PID 来调整使电动机运行响应快而稳定。

（3）收卷：一般有两种方式，一种是需要收集到工字轮上，收集到工字轮上面的都需要通过排线机构，这种方式一般要求恒张力或者恒线速度收卷；另外一种是直接收集到收线架上面，此种方式机械结构，电气控制方式都较为简单，只需要收卷电动机以一定的速度将材料收卷到收卷辊上，收卷辊上的材料收到一定量后，因自身重力的原因落到收线架上。

（4）主要应用特点：

1）速度响应快，PID 控制优良，摆臂可快速达到平衡位置且无波动；

2）断线检测功能，避免各卷筒因为断料引起的飞车；

3）起动和停车时，摆臂能及时响应，保持张力恒定，速度稳定提升和下降；

4）低频力矩大，过载能力强，点动穿模顺畅且无故障。

7.5 通用变频器在复合机设备上的应用

7.5.1 变频器在常规复合机上的应用

1. 复合机概述

复合机就是将两层或两层以上相同或不同的材料如布和布、布和纸、布和人造革以及各种塑料、橡胶片材卷材加热到溶化、半溶化状态或者用一种特制黏合剂复合为一体的机械。使原有材料得到新的功能，如薄膜和铝箔、薄膜、纸张、无纺布等就经常会用到。亦可和胶片、海绵、布料等复合。常见的软包装材料基本上都是复合成品。

2. 工作原理

复合机工作原理如图7-23所示。

（1）一放、二放、收卷：采用异步电动机，所有电动机带编码器，变频做闭环控制。其中二放变频器需要力矩控制具备力矩控制模式。

（2）复合：采用同步电动机，为整个系统的速度及牵引，以保证一定的生产效率。

（3）摆辊：为各个电动机之间提供一定的张力，维持整个系统的运行，在整个系统各个运行阶段摆辊的摆动幅度要微小。

（4）涂布：将糊状聚合物、熔融态聚合物或聚合物熔液涂在布或者塑料薄膜上。

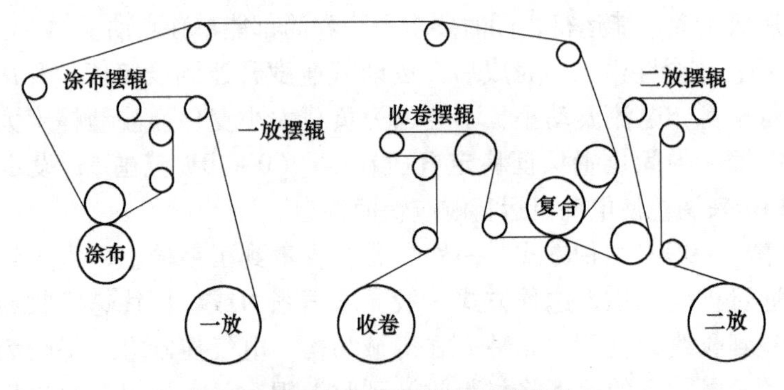

图7-23 复合机工作原理示意图

3. 复合机变频控制技术需求

1）要保证在各段材料张力恒定、速度同步、响应快；

2）起停要平稳无冲击，材料不得起皱；

3）能够平滑无级调速，线速度恒定均匀；

4）所有电动机要实现正反转，所有变频器必须有两路-10~10V模拟量输入，保证整个系统正反转速度及正反力矩的给定；

5）运行时摆辊摆动幅度要小。

4. 库马克850系列变频器在复合机上的使用优势

1）优异的矢量开环、闭环控制性能，起动平稳无反转现象；

2）先进的驱动控制方式，适配永磁同步电动机可实现同等负载电流最小，达到高节电率；

3）可支持速度控制和转矩控制模式；

4）标配卷曲行业专用参数，可用于高精度的收放卷和恒张力控制应用；

5）可支持四种编码器做闭环控制（差分、集电极开路、正余弦、旋转变压器式）。

7.5.2　变频器在淋膜机上的应用

1. 淋膜机概述

通过将PE颗粒在挤出机里面熔融加热成为熔体，之后通过挤出机模头流出，经过基材表面时冷凝热压，将两层材料结合在一起，以提高基材的抗拉强度、气密性和防潮性的塑料机械设备，行业又称挤出复合机、流延机、挤出流延机、流延复合机、涂膜机等。

2. 淋膜机行业用途

（1）食品类：面条捆扎带、雪糕包装、奶粉包装、茶叶包装、瓜子袋、面包袋。

（2）木制品类：压舌板包装、冰勺包装、牙签包装。

（3）纸类：铜版纸包装、轻涂纸包装、复印纸（中性纸）。

（4）生活类：湿巾袋、食盐包装、纸杯纸。

（5）药包装：医用器材包装、中药包装、农药包装、兽药包装。

（6）其他类：试机纸、航空袋、轴承包装、不锈钢材料包装、一次性旅游用品。

3. 工作原理

淋膜机工艺流程：放卷—预热—电晕—淋膜—冷却—切边—收卷。如图7-24所示。

（1）放卷：

1）放卷部分采用中心卷取，选择具有闭环控制和张力控制的ES850系列变频器。

2）速度给定采用A+B的方式，即A通道为控制器给定，B通道通过张力摆杆反馈值进行PID运算给定，满足系统速度快速响应与线速度同步。

3）自动换卷采用“预驱动”功能，根据当前线速度与初始卷径自动运算预驱

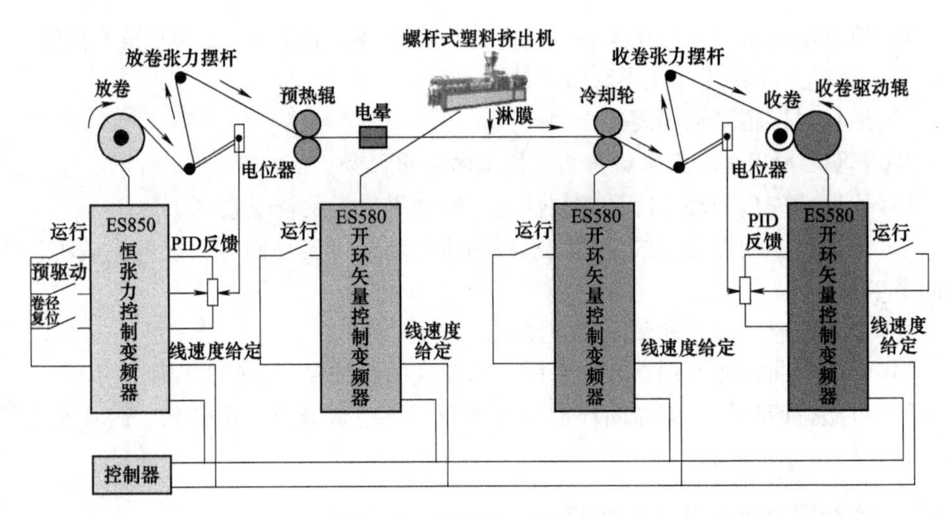

图 7-24 淋膜机工艺流程图

动频率，使换卷时同步。

（2）预热：为防止急热，淋膜前先对材料预热。预热部分采用 ES580 矢量控制变频器。

（3）电晕：由于各类聚乙烯（PE）为非极性分子，在 PE 膜的表面难以附着极性的油墨分子。所以在进行 PE 膜印刷之前进行电火花处理（或者叫电晕处理），使其形成极性的表面层以提高与极性油墨的结合牢度。

（4）淋膜：在螺杆作用下将熔融塑料通过固定形状的挤出口挤出，挤出机螺杆主机选用 ES580 矢量控制变频器，控制器根据设定淋膜厚度、材料宽度与材料线速度自动计算给定螺杆主机频率。

（5）冷却：冷却材料，便于下道工序进行。冷却轮采用 ES580 开环矢量控制变频器，直接由控制器根据线速度给定频率。

（6）切边：

1）去除材料边缘无加工部分；

2）切边速度与系统线速度同步。

（7）收卷：收卷部分采用表面收卷，由驱动辊带动收卷辊转动，不需计算卷径。驱动辊采用 ES580 开环矢量控制变频器，以 A+B 的方式给定速度，A 频率由控制器根据线速度给定，B 频率通过张力摆杆反馈值进行 PID 计算给定（若要获得较高的响应速度，可选用 ES850 做闭环矢量控制）。

4. 淋膜机变频控制技术需求

1）起停平稳，整机运行线速度稳定无波动；

2）闭环矢量控制稳速精度高，响应快；

3）支持速度和转矩控制模式，转矩控制稳定；

4）低频大力矩，控制永磁同步电动机起动无反转。

5. 库马克ES850系列变频器在淋膜机的应用特色

现场为医用纱布高精度转矩收放卷应用。主要组成部分为收卷结构、放卷结构、牵引结构、淋膜结构，四种结构均需要变频器控制电动机运行，但是牵引电动机和淋膜电动机对速度控制的要求不高，只做一般的开环控制。收卷和放卷电动机对速度精度的要求比较高，因机器对所收卷的物料没有定性，所以有时收密度大的料，有时收密度小的料，即使收同一种料，料卷由小到大，对控制的电动机和变频也是一种考验，收密度大的料要保证起动转矩大能收的动，收密度小的料要保证转矩精度高，不然会出现断料的情况。

（1）放卷：ES850L+集电极编码器做矢量闭环控制（速度控制模式）；

（2）收卷：ES850L+集电极编码器做矢量闭环控制（转矩控制模式）；

（3）牵引：ES580L做矢量开环控制（速度控制模式）；

（4）淋膜：ES580L做矢量开环控制（速度控制模式）。

主要应用特色：

1）可支持三相异步、永磁同步、伺服电动机的驱动控制；

2）速度控制模式，稳速精度高；

3）转矩控制模式，转矩响应快，稳定波动小；

4）低速大力矩，不论卷径大小起停平稳无反转。

7.6 通用变频器在立体车库中的应用

7.6.1 立体车库简介

机械车库，全称为机械式立体停车库，通常又被称为立体车库，是一种可以有效节省土地资源、操作简便的停车设备。

在国家质量监督检验检疫总局颁布的《特种设备目录》中，将立体车库分为九大类，具体是：

1. 升降横移类

车停放在指定位置，利用载车板的起落或横移对车辆进行存取业务的立体车库。由于形式比较多，规模可大可小，对地的适应性较强，多种操作方式可选配，操作简便，因此使用十分普遍。但是每组设备必须留有至少一个空车位，链条牵动运行过程不具有防止倾斜坠落功能。

2. 简易升降类

该类车位分成上、下二层或二层以上，借助升降机构或俯仰机构使汽车存入或取出的简易机械式停车设备。该类车库结构简单、操作容易，适于地上室外广场、地下室、小别墅住宅。但是三层以上升降运行时摆动幅度过大，风力过大时容易发生摇晃，存在一定的安全隐患。

3. 垂直循环类

采用垂直方向做循环运动来存取车辆的机械式停车设备。该类车库占地面积小，两个泊位面积即可停放十几辆。而且投入成本低、建设周期短、自动控制、操作简单。

4. 水平循环类

采用水平循环运动的车位系统来存取停放车辆的机械式停车设备。各载车板以两列或多列方式水平排列，并循环移动。载车板以圆弧运动方式循环者称为圆形循环式；以直线运动方式循环者称为箱形循环式。

该类车库的特点是可以省去进出车道，建于狭长地形的地方，降低通风装置的费用，若多层重叠可为大型停车场。但因一般只有一个出入口，所以存取车时间较长。

5. 多层循环类

采用通过使载车板作上下循环运动而实现车辆多层存放的机械式停车设备。各载车板以两层或多层方式排列，在相邻两层间的两端设有车辆升降机，同层载车板可在该层内作水平循环移动。载车板在设备两端以圆弧运动方式升降者称为圆形循环式；以垂直运动方式升降者称为箱形循环式。车辆入库方式与水平循环相同。

该类车库的特点是无须坡道、节省占地、自动存取，建于地形细长且地面只允许设置一个出入口的场所。但是此类车库的设备结构复杂，相对比较故障率高，集中取车时取车时间较长。

6. 平面移动类

在同一层上用搬运机或起重机平面移动车辆或泊车板平面横移存取车辆，亦可搬运机和升降机配合实现多层平面移动存取车辆的机械式停车设备。

该类型车库可以减少车道面积、增加停车密度、提高空间利用率。平面移动式停车设备又分为单层平面横移、多层平面移动。其停车设备可建在地上、地下，设备安全、可靠、自动化程度高、存取车效率高。但是设备结构复杂、前期投入高、维护成本高。

7. 巷道堆垛类

以巷道堆垛机或桥式起重机将搬运器上的车辆水平且垂直移动到存车位，并用存取机构存取车辆的机械式停车设备。

巷道堆垛类立体停车库设备是20世纪60年代后欧洲根据自动化立体仓库原理设计的一种专门用于停放小型汽车的立体停车设备。是一种集机、光、电、自动控制为一体的全自动化立体停车设备。根据场地的不同可设置在室外（一般采取全封闭式）、室内、地上或地下。存车容积率高、安全可靠，载车板的升降和行走同时运行，可实现多个人同时存取车。全封闭式管理，保障人、车安全。但是设备结构复杂，设有完善的闭锁和监测系统，采用足够的安全措施和消防系统，相对比较故障率高。

8. 垂直升降类

垂直升降类汽车停车设备亦可称为塔式立体停车设备，通过提升机的升降和装在提升机上的横移机构将车辆或载车板横移，实现存取车辆的机械式停车设备。停车位分横置式、纵置式和圆周式三种。

整个存车库可多达20~25层，空间利用率最高。适宜建筑在高度繁华的城市中心区域以及车辆集中停放的集聚点。

9. 汽车专用升降机

汽车专用升降机是专门用作不同平面的汽车搬运的升降机，它只起搬运作用，无直接存取的作用。可以代替汽车进出车库的斜坡道，大大节省空间，提高车库利用率，汽车专用升降机常用于地下或楼层、屋顶或建筑内自走式车库存取汽车的搬运。

7.6.2　立体车库的控制系统

目前的大多数立体车库采用的都是自动控制系统，主要由调度控制、人机交互、安全检测、执行机构四部分组成。控制系统框图如图7-25所示。

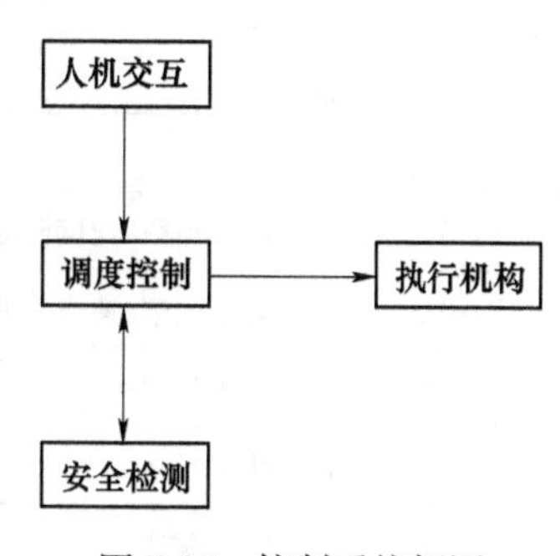

图7-25　控制系统框图

调度控制是整个车库控制系统的核心，无论哪种类型的立体车库都需要调度控制，除了存取车的逻辑处理外，调度控制需要和人机界面交换信息，输出故障信息，控制执行机构动作等。

人机交互部分根据不同类型的车库或简单或复杂，可能只有按钮指示灯，也可能是一套复杂的人机交互界面。

安全检测部分主要是由传感器和为保障人车安全而安装的一些设备。例如车的长宽高检测光电开关、距离和位置检测传感器、人车安全传感器。

执行机构主要包括搬运器和升降机等，执行机构执行调度控制中心发送的指令，将车运送至指定的车位或从车位取出，完成存取车任务。

另外还有一些车库安装了监控系统，能够知道每个车位的具体情况。目前，更智能的一些车库，能够将车进出车库的信息，例如图片或视频通过短信或者手机软件的方式发送到车主绑定的手机上。

7.6.3　变频器在平面移动类车库中的应用

平面移动类车库是立体车库中自动化程度比较高的一种车库，变频器主要应用在执行机构中，下面以英泰P2变频器为例，讲述变频器在升降机和搬运器上的应用。

1. 变频器在汽车升降机上的应用

汽车升降机类似于电梯，这就要求应用在升降机上的变频器必须安全可靠。英泰P2变频器是一款高性能的变频器，内置了升降机专用的提升模式，而且内置了PLC编程模式，可以进行无传感器位置控制。以下是变频器在升降机中应用原理，控制中心通过Modbus方式和变频器通信：

1）初始状态下变频器自学习得到从底层到顶层的距离，然后自动计算每一层的减速位置；

2）接收调度中心的调度指令，解析出指令中的楼层信息；

3）根据楼层信息得出要运行的距离；

4）根据计算出的位置数据，自动判断减速位置并进行减速，遇到平层开关停止，从而实现精确的平层。

平面移动车库升降机参数见表7-8，主程序控制框图如图7-26所示。

表7-8 平面移动车库升降机参数

基本参数设定		
参数	描述	设定值
P1-01	最大频率/速度限制	1500r/min
P1-02	最小频率/速度限制	0Hz
P1-03	加速时间	5.0s
P1-04	减速时间	1.2s
P1-05	停止模式	2：减速停止
P1-07	电动机的额定电压	380V
P1-08	电动机的额定电流	43.7A
P1-09	电动机的额定频率	50Hz
P1-10	电动机的额定转速	1500r/min
P1-12	控制方式选择	4：总线控制
P1-13	变频器IO定义	0：用户自定义
P1-14	进入扩展参数的密码	201
扩展参数设定		
参数	描述	设定值
P2-15	继电器1输出功能选择	0：变频器运行
P2-18	继电器2输出功能选择	4：电动机速度≥限制值
P2-19	继电器2上限	3.0%
P2-20	继电器2下限	2.0%

（续）

参数	描述	设定值
P2-23	零速保持时间	1.0s
P4-01	电动机控制模式	0：矢量速度控制
P4-07	最大电动机转矩限制值	200%
P4-09	发电模式最大转矩限制值	150%
P5-01	变频器地址	8
P5-03	ModbusRTU 波特率	0：9.6 kbit/s
P6-10	PLC 功能使能	1：使能
P6-13	抱闸释放延时时间	0.5s
P6-15	抱闸释放转矩预值	30%
P6-19	制动电阻阻值	27Ω
P6-20	制动电阻功率	6.00kW
P9-03	正转输入源	17：用户寄存器 1
P9-04	反转输入源	18：用户寄存器 2
P9-10	速度源	7：用户速度

Modbus 地址

寄存器	功能	功能码	格式	比例
1	变频器控制命令字	03、06	字	0：运行/停止 1：快速停止 2：故障复位 3：自由停止
2	频率设定	03、06	S16	500=50.0Hz -500=-50.0Hz
3	转矩设定	03、06	U16	2000=200.0%
4	Modbus 加减速时间	03、06	U16	3000=30.00s
6	变频器状态和故障码	03	字	
7	输出频率	03	S16	500=50.0Hz
8	输出电流	03	U16	100=10.0A
9	电动机转矩	03	U16	1000=100.0%
10	输出功率	03	U16	1000= 10.00kW
51	用户寄存器 1	03、06	S16	
52	用户寄存器 2	03、06	S16	

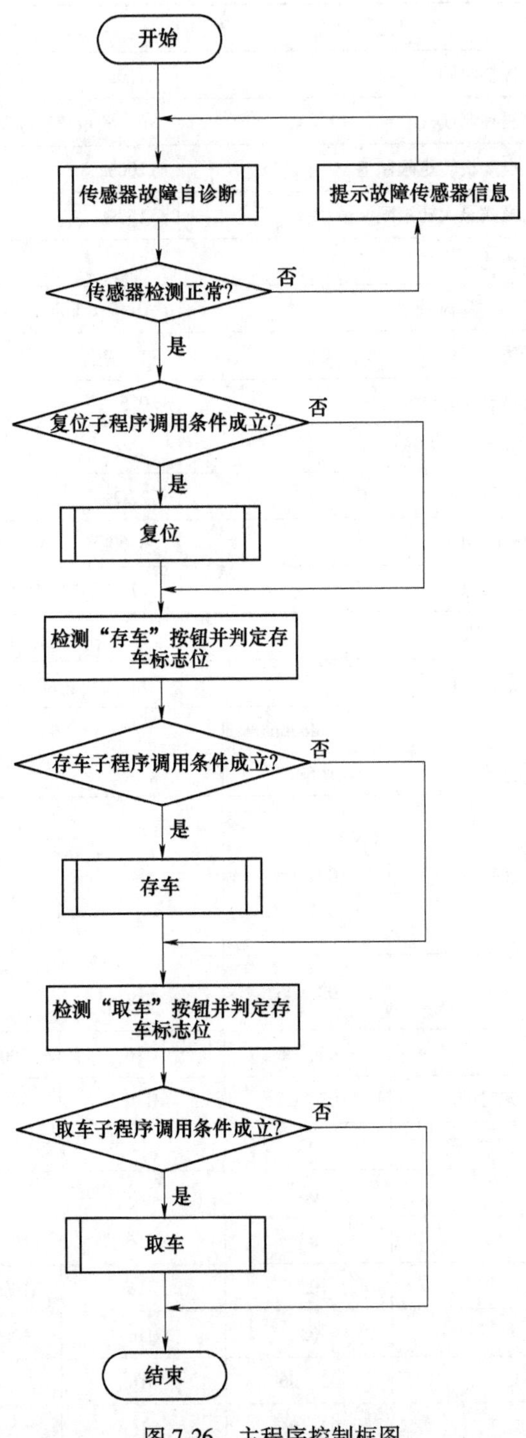

图7-26 主程序控制框图

2. 变频器在搬运器上的应用

搬运器上同样使用了英泰 P2 变频器，搬运器上变频器的设置和升降机上的类似，只是搬运器是水平移动，升降机是垂直提升。同样，控制中心通过 Modbus 方式和变频器通信：

1）初始状态下变频器自学习得到同一层第一个车位和最后一个车位的距离，然后自动计算每一个车位的减速位置；

2）接收调度中心的调度指令，解析出指令中的车位信息；

3）根据车位信息得出要运行的距离；

4）根据计算出的位置数据，自动判断减速位置并进行减速，遇到车位对位开关停止，从而实现精确的对位。

参数设置和 Modbus 地址表见表 7-8，区别是电动机额定参数和加减速时间等不同。

7.6.4　变频器在垂直循环类车库中的应用

垂直循环类车库由于占地面积小、结构简单、稳定性高，因此得到了很广泛的应用。图 7-27 所示为垂直循环立体车库应用图。

图 7-27　垂直循环立体车库应用图

由于英泰 P2 变频器内置了 PLC 编程功能，通过编程功能为垂直循环类车库应用开发了专用程序，能使控制系统变得非常简单，同时提高了系统的稳定性。整个控制系统由 P2 变频器和手操器组成，手操器和变频器之间通过 Modbus 通信连接。

1）变频器自学习每一个车位号并记录；

2）用户刷卡或者输入车位号；

3）变频器控制执行机构运行到指定车位；

4）根据车位位置计算减速位置；

5）根据对位传感器精确对位停止。

参数设置和 Modbus 地址列表，参见前文的平面移动类车库应用举例。英泰 P2 变频器在这类车库中应用有以下特点：

1）系统简单，稳定性高；

2）取消了外部 PLC，减少了故障率；

3）变频器能够在掉电时记录车位号，避免了乱层问题；

4）实现零速停车，对机械设备没有冲击，增加了设备使用寿命。

7.6.5　变频器在旋转转台上的应用

和垂直循环立体车库应用类似，转台是在水平方向转动，利用英泰P2系列变频器内置PLC功能，可以轻松定制转台应用专用程序。英泰和沈阳某转台生产厂家达成了战略合作协议，前期联合开发的转台专用功能使控制系统极度的简化，大大提高了可靠性。图7-28所示为汽车旋转台应用图。

图7-28　汽车旋转台应用图

转台应用特点：

（1）开环控制：利用无传感器开环矢量控制，稳定、高精度地控制电动机运行。

（2）内置PLC：利用内部PLC编程，结合开环矢量控制技术，轻松地实现开环位置控制。可以任意设置转台的旋转角度，而且停止位置精度高。

（3）系统简单：原系统使用PLC控制器、通用变频器和多个位置开关。使用P2变频器的改进系统只需要一个变频器和一个位置开关，系统最大限度地简化，安装调试非常简单，减少了生产制造和维护成本。

（4）故障点少：原系统如果要增加停止位置，就需要增加位置开关，同样故障点也就增加了。英泰专用解决方案，使用开关位置控制技术，只需要一个位置开关，增加停止位置只需要修改软件，这样大大减少了故障点，增加了系统的可靠性。

（5）特殊需求：在一些特殊需求的场合，比如多电动机同步运行、速度和转矩同步控制、冗余热备功能等，P2变频器也能轻松胜任。

7.7　通用变频器在抽油机上的应用

在油田的生产中，随着油井内部压力的降低，自喷期过后，就需要人工举升。所采用的设备被称为抽油机。常见的抽油机有游梁式抽油机、螺杆泵抽油机、电潜泵抽油机等。这些设备在工作中为了达到最佳泵效，都需要根据油井的液位变化而相应调整速度。变频器在抽油机方面的应用，为节能降耗和工艺调整发挥了巨大的作用，同时在安全生产、延长机械设备寿命方面也起到了重要的作用。下面针对螺杆泵和游梁式抽油机的运行特点来介绍一下变频器在抽油机上的应用。

7.7.1　变频器在螺杆泵抽油机上的应用

螺杆泵抽油机使用的是单螺杆泵。如图7-29所示为螺杆泵结构图。由于螺杆与衬筒内壁的紧密配合，在泵的吸入口和排出口之间，就会被分隔成多个密封空间。随着螺杆的转动，这些密封空间在泵的吸入端不断形成，将吸入室中的液体封入其中并自吸入室沿螺杆轴向连续地推移至排出端，将封闭在各空间中的液体不断排出，犹如一螺母在螺纹回转时被不断向前推进的情形那样，这就是螺杆泵的基本工作原理。螺杆泵优点是损耗小、经济性能好、压力高而且均匀、流量均匀、转速高、能与原动机直联。螺杆泵比较简单，其性能和工作寿命取决于定子的构成材料弹性体特性，受包括摩擦磨损，气态碳氢化合物扩散到弹性材料中改变机械特性和工作温度的影响。其运行速度受限制于转子动平衡。抽油杆长度可达数千米，惯量大负载波动大。油气伴生、供液量波动、注蒸气热采等工作状况使井况复杂。在这种条件下，在不影响设备寿命，不影响设备安全性和可靠性的前提下实现最高效率的生产，设备需要实时性的调速控制。如果发生沙卡或者抽空，很有可能发生扭断井杆的事故，所以安全保护的控制功能也是至关重要的。为了更好地满足生产安全以及工艺需求，变频器在螺杆泵上的应用应该处理以下几个问题：

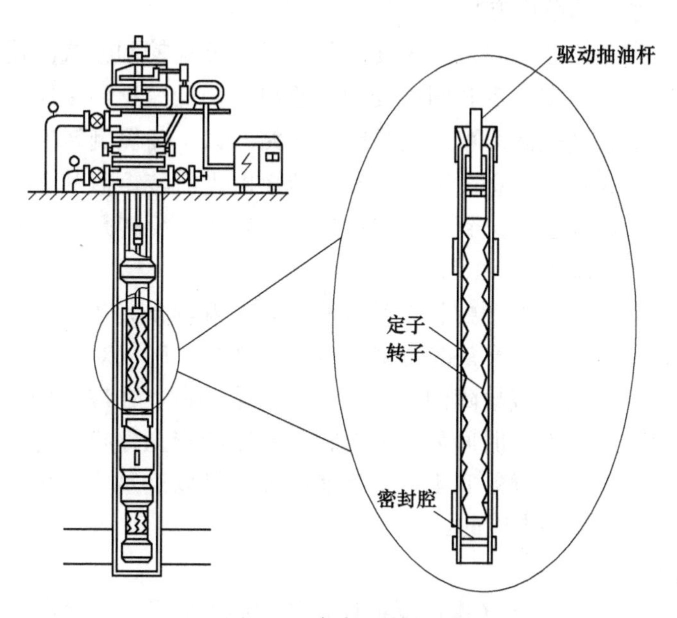

图7-29　螺杆泵结构图

（1）起动过程的柔性起动：起动的阶段，由于油柱的势能以及井杆惯量的作用，起动转矩要求高。电动机工频直接起动，起动电流大，机械冲击非常大，往往导致皮带打滑、冒烟，使抽油机寿命受到很大的影响。为了避免直接起动使皮带打滑的剧烈冲击的现象发生，变频器的加速起动方式成为解决起动问题的最佳解决方案。

(2) 实时智能调速控制：运行阶段，由于井况非常复杂。主要影响因素包括液位变化、油气伴生、油水伴生、出沙等。抽油机的速度是需要随时调节才能够实现最大泵效的安全生产需求。

很多自动控制系统选用井口流量计、液面传感器来监测液面位置和供液量。同时监测电动机电压、电动机电流、电动机速度、电动机转矩、抽油杆扭矩、管网压力，构成闭环的控制系统。由于具有传感器的控制系统较无传感器的控制系统的可靠性低很多，而且造价高、维护复杂，所以无传感器的内部闭环控制更受青睐。

(3) 停车过程中的转矩控制：螺杆泵抽油机停止过程中，当电动机速度降到零后，抽油杆上依然蓄积着扭转弹性变形能量。如果任由其自然释放，所产生的倒转惯量很可能使连接螺母松脱，导致抽油杆脱节。为了避免这种状况出现，螺杆泵抽油机设计了防倒转刹车或者防倒转棘轮。但是这种安全机械结构在抽油机出现卡死故障时却隐藏着巨大的安全隐患，人工释放卡死的螺杆泵抽油机曾经有伤害事故发生。取消防倒转机械结构便可消除生产安全隐患。机械方面已经有使用盘式液压制动系统的解决方案。

电气解决方案介绍如下两种：速度控制方式和转矩控制方式。速度控制方式是在速度达到零以后，在一定时间内变频器给出一个低速反转控制，然后自由停车。这种方式的优点是控制简单，但是需要初始调试，确保倒转速度与时间符合井况。转矩控制方式是在停止过程中，控制转矩由当前转矩值减速减小到零的过程。电动机的运行速度会减速到零，然后反转再停止。反转是由于井杆的反向扭矩大于电动机的扭矩所致。

(4) 上限转矩限制控制：螺杆泵抽油机在抽空和沙卡发生时，电动机转矩会急剧上升，导致机械故障，严重时可能发生断杆现象。所以对于上限转矩的控制是保证安全生产，避免机械故障的行之有效的安全手段。在应用中，达到上限转矩并且以下限速度运行设定时间后，需要控制变频器安全停机。避免超转矩运行造成的机械故障。通过变频器实现以上控制功能，可以满足安全生产、提高设备寿命、提高生产率、节约电能的目的。

1. 变频器的选型

变频器类型的选择：选择螺杆泵抽油机使用的变频器，在遵循一般性野外环境选用原则以外，我们还需要特别关注变频器的转矩控制能力。由于 U/f 控制模式的变频器只有上限转矩的限制功能，而没有与转矩控制有关的性能，所以为了更好地控制螺杆泵抽油机，我们最好选择矢量控制模式的变频器或者直接转矩控制变频器。具有转矩控制能力的变频器能实现实时自动速度控制的功能，而且实现停止过程的转矩控制。为了适应速度控制的实时性，最好选择具有数据通信接口的变频器，这样可以提高数据获取和控制响应的速度以及准确性。

变频器容量的选择：传统的螺杆泵抽油机的电动机负载率一般在 30%以下，这是由于设计者当时没有考虑使用变频器，考虑到保证电动机足够的起动转矩和非正常工作状态留有相对大的裕量。所以针对螺杆泵抽油机，可以考虑选用一些容量小的变频器。

2. *应用举例*

系统构成主要由数字控制器、变频器、执行机构三大部分组成。

（1）数字控制器：通过 RS-485 通信接口与变频器相连接，读取变频器内部关于电动机转速与转矩的数据进行分析处理，其主要作用是实现停止时的转矩斜坡给定和安全停车时的转矩控制，并且在设备正常工作时依据转矩变化进行运行速度的调整，实现对抽油机优化运行的控制。

介绍一种简单的在实践中使用的无传感器实时调节运行速度的控制方法。

$$运行频率 = 基础频率 - \frac{浮动频率 \times (电动机输出转矩 - 基础转矩)}{电动机额定转矩}$$

式中　运行频率——是变频器输出的运行频率，该频率是随着电动机实际转矩的变化而变化的；

基础频率——油井在优化状态下的运行频率，比如动液面合理、管路压力合理、油气比和油水比合理，产液量符合理论供液量的优化状态下的运行频率；

基础转矩——油井在优化状态下的运行平均转矩，即变频器初始优化标定阶段，在基础频率下输出的平均转矩；

浮动频率——是当输出转矩变化 100%时输出频率的变化量；

电动机输出转矩——电动机运行状态输出的真实转矩；

电动机额定转矩——电动机铭牌上的转矩值。

例如：初始优化标定时，基础频率为 30Hz，基础转矩为 30%，浮动频率为 50Hz，运行中输出转矩达到 50%，此时变频器的实际输出频率为

$$运行频率 = 30\text{Hz} - \frac{50\text{Hz} \times (50\% - 30\%)}{1} = 30\text{Hz} - 10\text{Hz} = 20\text{Hz}$$

（2）变频器：选用英泰（Invertek）生产的 ODP-2-44220-3KF42-TN 矢量变频器，其显著的特点是速度与转矩可以同时分别控制。

（3）执行机构：是 18.5kW 普通 Y 系列 6 级感应电动机，应用这种控制系统的螺杆泵抽油机作业量减少，没有出现机械故障，调试方便，运行稳定可靠。在安全生产和提高运行效率方面获得预期的效果。

变频器参数设定见表 7-9。

表 7-9 变频器参数设定

基本参数设定

参数	描　述	设定值
P1-01	最大频率/速度限制	50Hz
P1-02	最小频率/速度限制	0Hz
P1-03	加速时间	5.0s
P1-04	减速时间	5.0s
P1-05	停止模式	2：减速停止
P1-07	电动机的额定电压	380V
P1-08	电动机的额定电流	42A
P1-09	电动机的额定频率	50Hz
P1-10	电动机的额定转速	0rpm
P1-12	控制方式选择	4：总线控制
P1-13	变频器 IO 定义	17
P1-14	进入扩展参数的密码	201

扩展参数设定

参数	描　述	设定值
P2-15	继电器1输出功能选择	0：变频器运行
P2-18	继电器2输出功能选择	12：故障
P2-23	零速保持时间	2.0s
P4-01	电动机控制模式	0：矢量速度控制
P4-07	最大电动机转矩限制值	200%
P4-09	发电模式最大转矩限制值	150%
P5-01	变频器地址	1
P5-03	Modbus RTU 波特率	0：9.6kbit/s

Modbus 地址

寄存器	功能	功能码	格式	比例
1	变频器控制命令字	03、06	字	0：运行/停止 1：快速停止 2：故障复位 3：自由停止
2	频率设定	03、06	S16	500=50.0Hz -500=-50.0Hz
3	转矩设定	03、06	U16	2000=200.0%
4	Modbus 加减速时间	03、06	U16	3000=30.00s

（续）

寄存器	功能	功能码	格式	比例
6	变频器状态和故障码	03	字	
7	输出频率	03	S16	500=50.0Hz
8	输出电流	03	U16	100=10.0A
9	电动机转矩	03	U16	1000=100.0%
10	输出功率	03	U16	1000= 10.00kW

7.7.2 变频器在游梁式抽油机上的应用

游梁式抽油机以其结构简单、制造容易、维修方便、使用可靠及可以长期在油田全天候运转等优点在油田被广泛应用。但是游梁式抽油机也有其自身的缺点，如惯性载荷大、动载大、平衡困难、上下冲程转矩波动大、效率较低、在长冲程时体积较大、笨重，以及设备投产后更新难度大等。

游梁式抽油机靠抽油杆的上下运动将原油抽到地面的管网中，抽油机在上冲程时，提升油柱所需要的功率大，而下冲程时不需要动力可自行下落。为了使负载均匀，一般配有某种平衡机构，如平衡块。不同的油井其负载曲线不同，主要与井况和平衡有关。

游梁式抽油机的负载曲线有以下特点：

1）抽油机的负载呈周期性波动，波动频率常用冲次表示，常规抽油机的冲次一般是每分钟6~12次，即波动周期5~10s。

2）平衡转矩近似为正弦曲线，而油井负载转矩在每一周期内并不规则，对电动机形成的总负载转矩曲线有时可能出现负转矩。

抽油机往往选用异步电动机来驱动。由于抽油机机械特性的不均衡性，在实际选配电动机时为了起动顺利，必须按最大转矩选配，而且要留有裕量，因此有大马拉小车的现象；另外考虑到油井工况异常，如砂卡、结蜡时，不致因为起动困难烧毁电动机的因素；还有，当油井因修井等原因负载变大时，不频繁更换电动机，而人为地又增大了裕量，加剧了大马拉小车这一现象。常规抽油机电动机低负载运转造成电动机效率低，功率因数低。

在过去，U/f控制模式变频器在游梁式抽油机上得到了一些应用。但是，当负载出现负转矩时，电动机回馈能量，使变频器中间回路直流电压升高。这个升高直流电压必须被限定在一定范围内，否则将损坏变频器。常用的方法是采用制动电阻消耗回馈的能量，但是这造成了能量的浪费。随着技术的飞速发展，英泰高性能矢量控制变频器的出现，为我们提供了一个完美的解决方案。

首先我们了解一下抽油机的工作特点。如图7-30所示。

游梁式抽油机是一种改形的四连杆机构，其整机结构特点像一架天平，一端是抽油载荷，另一端具有平衡配重载荷。对于支架来说，如果抽油载荷和平衡载

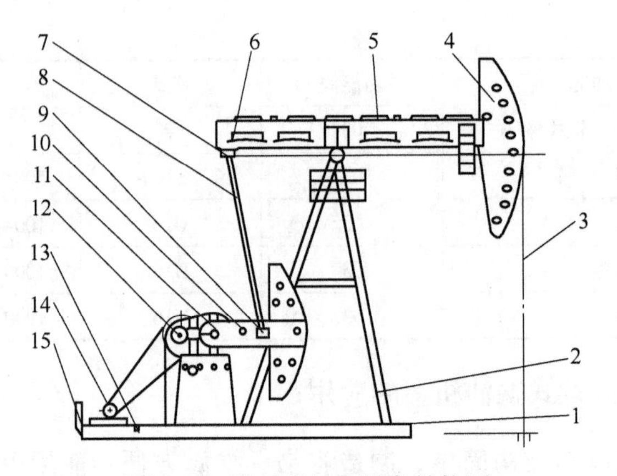

图 7-30 抽油机地面设备结构图

1—底座 2—支架 3—悬绳器 4—驴头 5—游梁 6—横梁轴承座 7—横梁 8—连杆 9—曲柄销装置 10—曲柄装置 11—减速器 12—制动保险装置 13—制动装置 14—电动机 15—配电箱

荷形成的转矩相等或变化一致，那么用很小的动力就可以使抽油机连续不间断地工作。但是配重转矩是以近似正弦曲线的规律周期性变化的，所以每周期有两个位置，在图 7-31 中 2s 和 5s 附近出现负载转矩小于配重转矩的情况，此时电动机处于发电状态。如果此时能控制变频器使电动机运行不进入发电状态，那么根据能量守恒原理，就可以达到节能的目的。

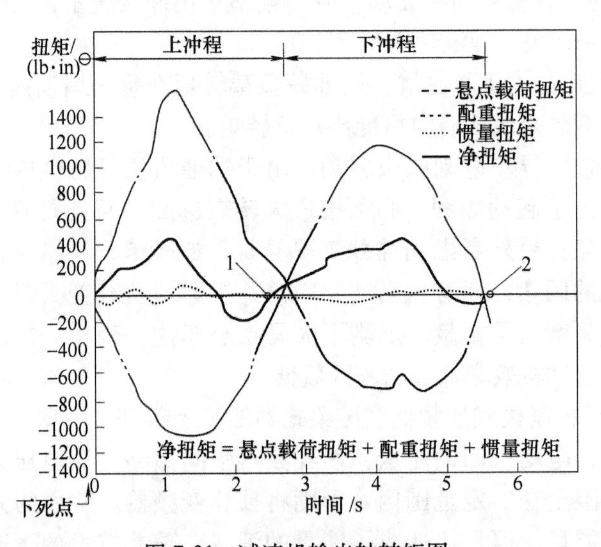

图 7-31 减速机输出轴转矩图

为了达到设想的运转效果，接下来了解一下电动机发电的原因。通常情况下，

⊖ 1lbf · in = 0. 112985N · m。

交流感应电动机的旋转磁场的转向与转子一致。电动状态时，旋转磁场的转速大于转子转速，但是如果旋转磁场转速小于转子转速，电动机将处于制动状态，被称为回馈制动，电动机处于发电状态。当异步电动机拖动位能负载下放重物时，就是这种工作状态。通过了解电动机工作原理，可以知道，如果转子速度小于或等于旋转磁场的速度，那么电动机就不会发电。因此只要通过变频器控制电动机的旋转磁场在任何时刻都大于或等于转子转速就解决了游梁式抽油机的电动机发电问题。英泰高性能矢量控制变频器提供了速度与转矩解耦控制能力。在游梁式抽油机的运行中以提高旋转磁场转速的措施，消除转子速度超过旋转磁场的过程，这样便可以消除电动机发电现象。

以上控制保证了节能运行，此外，高性能变频器在游梁式抽油机上的应用还有以下特点以及优点：

（1）柔性驱动：其特点是该驱动系统消除了对游梁式抽油机的机械冲击。

（2）功率因数提高：无须添加任何补偿措施，功率因数可以达到 0.7 以上。

（3）调速方便：由于选用了变频调速，使速度调整极为方便。取消了调整冲次需要的皮带轮备件以及更换时的不便和停工。当井下油层降低时，降低频率可以节省电能；当井下油量丰富时，提高频率可以增加产油量，提高生产效率。

（4）减小设备维护费用：由于游梁式抽油机的柔性运行，所有的传动部件都大幅度减小冲击载荷，极大地延长了设备寿命，减小了维护费用和运行成本。

（5）减小输配电容量：由于起动电流得到很大的降低，功率因数得到明显提高，输配电的容量可以降低。

以上提及的驱动优点以外，英泰变频器无传感器的内部闭环自动控制，为数字化油田提供了一个非常简单和可靠的解决方案。比如，将较为全面的相关数据通过通信网络及时准确地传送给上位机。通过变频器我们可以采集到电动机的转矩、功率、电流等电动机参数，通过这些参数可以分析出周期，上、下冲程时间，可以计算出产液量等数据。

1. *应用实例*

原有 22kW 驱动的游梁式抽油机，采用 15kW 电动机以及变频器拖动系统的具体实施案例。

某原有抽油机的负载率在 15%，功率因数 0.338，发电功率 0.68kW。经过分析，考虑到修井、作业等非平衡状态的高起动转矩状况，我们相对保守地选用了 15kW 变频调速拖动装置。采用英泰高性能矢量变频器 ODP-2-44150-3KF42-TN，驱动 Y180L6 普通交流感应电动机。如图 7-32 所示。

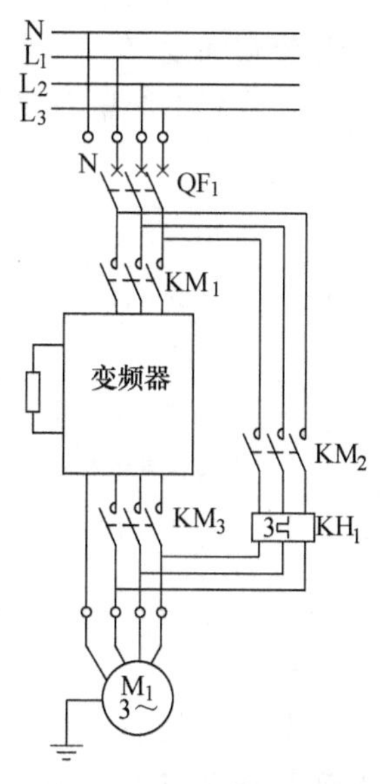

图 7-32　抽油机变频器驱动控制主回路

2. 设备的调试

1）矢量型变频器的应用与 U/f 模式变频在调试上有一点明显的区别，那就是矢量控制变频器需要被驱动电动机的特性参数。其中基本参数包括额定电压、额定电流、额定功率、额定转速等，这些可以通过电动机铭牌获得。高级参数需要电动机的电感、电阻等，这些可以由变频器的自检过程获得。有了这些电动机的具体参数，矢量型变频器才能够对电动机的转矩电流和励磁电流解耦控制。矢量型变频器初始调试需要正确输入铭牌的额定数据，将电动机的额定电压、额定电流、额定频率或额定转速分别输入到参数 P1-07、P1-08、P1-09 和 P1-10 中。将电动机铭牌功率因数输入 P4-05。如果铭牌没有标出功率因数，英泰变频器可以通过将参数 P4-05 设置为 0 而自动测试电动机功率因数。针对电动机定子电阻、转子电阻、定转子电感、漏感等参数是需要变频器检测的。所以英泰矢量型变频器设有电动机参数自检测功能码。将参数 P4-02 设置为 1 便可以进行以上参数的检测。电动机可带载荷检测，对于电动机负载状态电动机参数自检测没有特殊要求。

2）变频器与电动机匹配以后，要进行电动机运转方向的调整。

3）游梁式抽油机的配平状态对运行有极为重要的影响，所以配平过程是必须进行的。配重块的调整原则是在井下液面恢复到静液面位置后，起动抽油机，调整上冲程与下冲程的峰值转矩相同。运行中下冲程转矩和上冲程转矩的比在 90%～80%为最佳。配重位置是固定的，如果出现抽油杆重、配重轻的现象，需要降低冲次，如果相反则加快冲次。

4）如果控制设备有定时间抽或自动间抽装置，还要根据每口井的不同数据进行优化调整和设定。

应用效果的简单对比见表 7-10。

表 7-10 改造前后对比数据表

使用仪器		遥测电脑测井仪 HIOKI 3169 电力测试仪		
检测结果	检测项目	单位	安装前检测数据	安装后检测数据
	冲程/冲次	m/min	3/5.23	3/5.47
	小时消耗有功电量	kW · h	3.228	2.794
	小时反送有功电量	kW · h	0.686	0.00
	有功功率	kW	2.542	2.794
	无功功率	kvar	6.41	2.79
	功率因数	—	0.338	0.707

变频器在抽油机上的应用是大有可为的。未来的发展趋势是高防护等级，具有自动调速及自动停抽功能的变频器电动机一体机的应用。这种一体机可以大大降低抽油机的设计余量，选材面加宽。可以在材料、配电等多方面带来巨大的节约。由于抽油机体积重量的相应减小，运输安装费用会大大降低。通过自动调速

实现随动平衡，设备初次调试后无须调整平衡块，这会大大减少工人劳动强度。

7.7.3　变频器在天平式抽油机上的应用

天平式抽油机工作时，以增加或减少配重块的方式实现机械系统平衡，驱动电动机正转或反转通过驱动轮牵引绳使驴头进行顺时针或逆时针旋转，带动抽油杆上下往复运动，驱动抽油泵实现采油目的。图7-33所示为英泰变频器在天平式抽油机上的应用。

图7-33　天平式抽油机

应用特点

（1）油井自学习：根据每个油井的不同情况，首次调试时执行变频器自学习程序，保存冲程数据。

控制系统设计有手自动切换功能，在特殊情况，比如修井时，需要切换到手动模式，这时变频器可以低速大转矩输出，适应特殊情况的应用要求。

（2）生成示功图：常规示功图的绘制需要用专业仪器和专业工作人员在现场进行操作，P2变频器能够实时地输出转矩和功率以及位置数据，只需要采油工在监控画面上或在现场打开手持器便可直接显示出示功图。

（3）恒液面采油：每口油井由于地质情况以及渗油能力的不同，都有其最佳的工作液面。抽油机在工作时动液面会发生波动，抽油机上下运行功率就会发生变化，通过电气控制系统调节抽油机冲次，增加或减少产液量使渗入油井的液量和采出液量达到平衡，使动液面保持相对恒定，达到采油系统效率最优化，节省电能。在采油过程中，当动液面降低时，电动机输出功率增大，需减少冲次，反之则增加冲次，使动液面保持恒定，实现当油井渗油能力强时多采油，渗油能力弱时少采油。

（4）计算产液量：通过软件对示功图进行识别分析，计算泵的吸入因数、排出因数和充满因数，油泵直径、活塞冲程长度、光杆冲程、冲次带入公式计算泵的排液量，从而求出折算有效的排量，可以满足生产量，实现指导调整开发方案的要求。

7.8　通用变频器在太阳能农田灌溉中的应用

7.8.1　太阳能供电系统

太阳能是大自然赐予的一种取之不尽、用之不竭、无污染的绿色能源，但它具有随机性、间歇性的特点。由于各地区在地球上所处经纬度不同，各地平均日照射量和日照时间有很大差别。

太阳能供电系统一般由太阳能电池组件、太阳能控制器、蓄电池储能装置等组成。图7-34所示为太阳能光伏发电系统框图。太阳能是一种可再生的新能源，在人们生活、工作中有广泛的作用，其中之一就是将太阳能转换为电能，太阳能发电分为光热发电和光伏发电。通常说的太阳能发电指的是太阳能光伏发电，具有无动部件、无噪声、无污染、可靠性高等特点，在偏远地区的通信供电系统中有极好的应用前景。

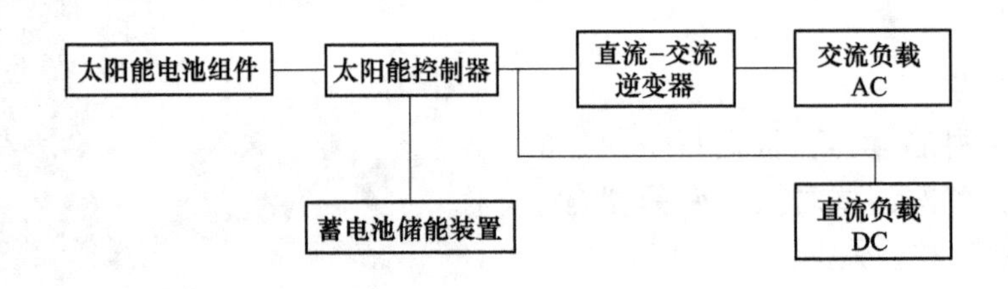

图7-34　太阳能光伏发电系统框图

（1）太阳能电池组件：太阳能电池组件是太阳能供电系统中的核心部分，也是太阳能供电系统中价值最高的部分。其作用是将太阳的辐射能量转换为电能，或送往蓄电池中存储起来，或推动负载工作。太阳能电池组件的质量和成本将直接决定整个系统的质量和成本。

（2）太阳能控制器：太阳能控制器的作用是控制整个系统的工作状态，并对蓄电池起到过充电保护、过放电保护的作用。在温差较大的地方，控制器还应具备温度补偿的功能。

（3）蓄电池储能装置：一般为铅酸电池，小微型系统中，也可用镍氢电池、镍镉电池或锂电池。其作用是在有光照时将太阳能电池组件所发出的电能储存起来，到需要的时候再释放出来。

（4）逆变器：逆变器是将直流电转换成交流电的设备。由于太阳能电池和蓄电池是直流电源，而负载是交流负载时，逆变器是必不可少的。逆变器按运行方式，可分为独立运行逆变器和并网逆变器。独立运行逆变器用于独立运行的太阳能电池发电系统，为独立负载供电。并网逆变器用于并网运行的太阳能电池发电系统。逆变器按输出波形可分为方波逆变器和正弦波逆变器。方波逆变器电路简单、造价低、但谐波分量大，一般用于几百瓦以下和对谐波要求不高的系统。正弦波逆变器成本高，但可以适用于各种负载。

除了独立的太阳能供电系统，还有利用太阳能发电并网的应用。图7-35所示为光伏发电并网系统框图。

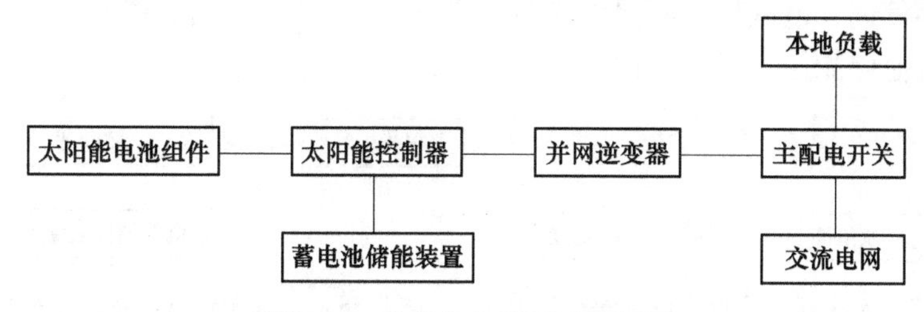

图7-35　光伏发电并网系统框图

7.8.2　变频器直流供电及应用

我们都知道现在的变频器大部分采用的都是交直交的结构，也就是输入电源是工频交流电，经过变频器的整流部分变为直流电，再经过变频器的逆变电路输出幅值和频率可变的交流电。本节将以英泰P2太阳能系列变频器为例介绍变频器的太阳能供电系统在农田灌溉中的应用。

在全球范围内，已经成功安装了许多使用英泰变频器的灌溉水泵，这些水泵的动力是由光伏板提供的，对于太阳能泵的低成本市场是一个很好的通用解决方案。一般的变频器应用在这种场合会以直流母线电压作为反馈源，工作在PI模式下，根据直流母线电压来调速。P2太阳能变频器采用高效的最大功率点跟踪（MPPT）算法，可以提供比在PI模式下更高的泵送能力。

1. 直流供电

单个的太阳能电池板由于电压低、功率低，不能单独使用。为了获得合适的电压输出，电池通常是串联的。如图7-36所示，这样输出的电压是多个电池板的电压总和。

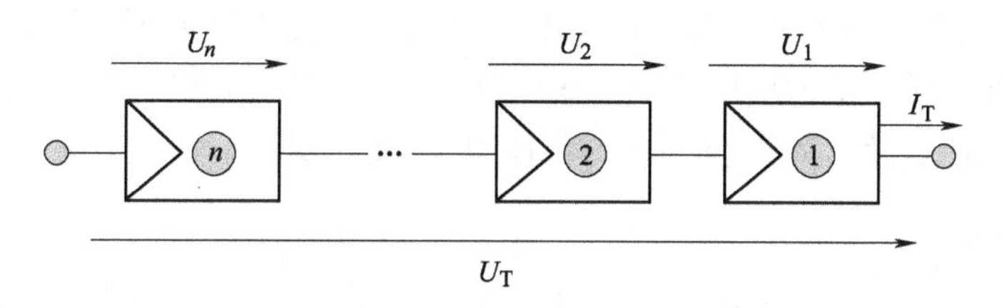

图7-36　电池板串联结构

对于直流供电的变频器来说，供电电压和稳定性非常重要。由于太阳能供电系统受光照强度和时间的影响，输出电压是波动的，这就需要根据不同的应用要求设计不同的光伏供电系统。

其中最简单的供电系统就是光伏输出直接给变频器供电，这样的系统输出完全取决于光照。在光照充足的时候，变频器可以全速运行；在光照不足或者没有光照的时候，变频器降速或者停止运行。图7-37所示为光伏直接输出供电系统框图。

在很多偏远、电网供电不足的地区，常见的是使用电池储能系统，图7-38所示为光伏电池储能供电系统框图。

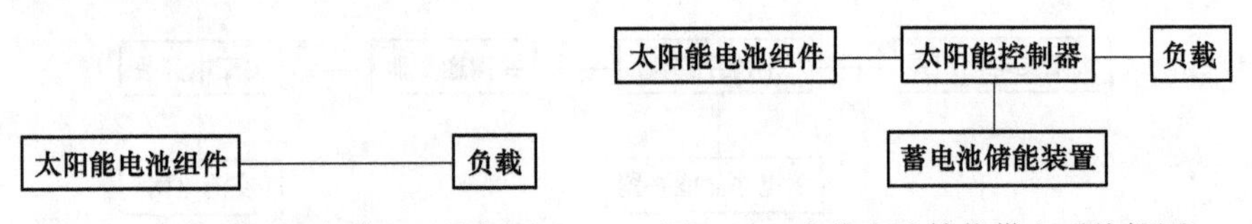

图7-37 光伏直接输出供电系统框图　　图7-38 光伏电池储能供电系统框图

另外，在一些需要稳定输出的场合，会使用光伏系统和电网混合供电的方案，在光照充足时选择光伏供电，在光照不足时自动切换到电网供电。

2. MPPT算法

所谓MPPT，其英文全称是Maximum Power Point Tracking，中文名称为最大功率点跟踪。太阳能光伏阵列的输出特性具有非线性的特点，并且输出受太阳辐照度、环境温度和负载影响，只有在某一输出电压值时，光伏阵列的输出功率才能达到最大值，这时光伏阵列的工作点就达到了输出功率电压曲线的最高点，称之为最大功率点。为了有效地利用光伏电池，对光伏发电进行最大功率点的跟踪就显得尤为重要。图7-39所示为光伏阵列电压-电流、功率的曲线图，从图中可以找到最大功率点。

图中$I_{sc,cel}$是短路电流，也就是此时的电压为零，这是可以获得的最大电流；$U_{oc,cel}$是开路电压，此时从电池获得的电流为零，它是电池在无负载连接且电流为零时所能获得的最大电压。

最大功率：$P_{cel}=I_{P,cel}\cdot U_{P,cel}$

最大或峰值功率P_{cel}是光伏电池在标准入射辐射条件下所能产生的最大功率，是将峰值电压乘以峰值电流得到的。

英泰P2太阳能系列变频器能够在不同的照射和温度条件下，不断地修改系统负载，以实现随时的最大输出功率。在任何条件下，MPPT都是获得光伏电池最大抽水供应的最佳选择。图7-40所示为电压-功率曲线图。

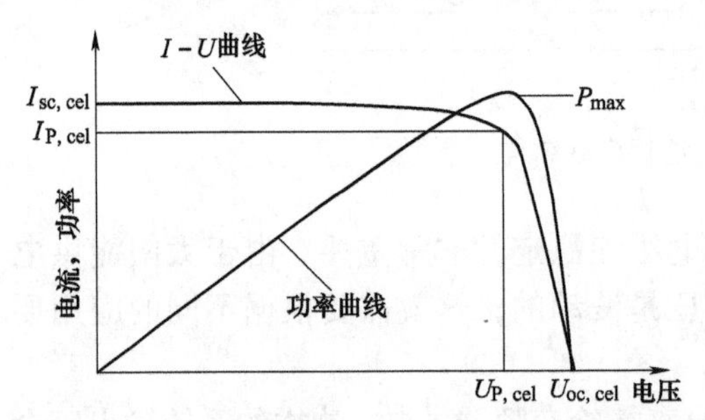

图7-39 光伏阵列电压-电流、功率曲线图

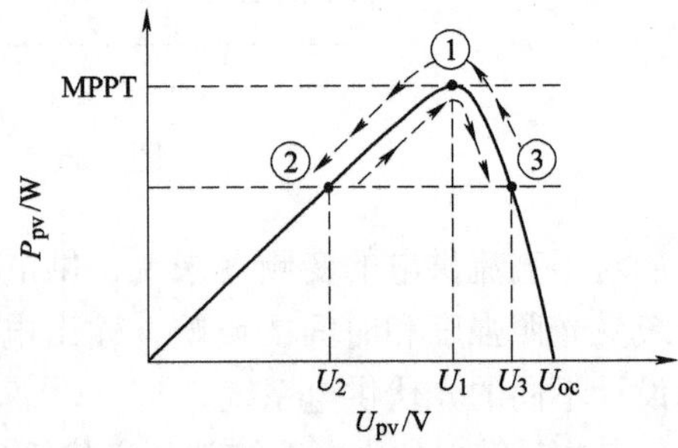

图7-40 电压-功率曲线图

假设一个运行在最大功率点的太阳能泵应用，如上图7-40的①点所示。如果

负载稍微增加（在相同的环境条件下），光伏阵列的电压将会降低，因此可用的功率也会降低。如果变频器没有通过降低输出速度来对功率的降低做出快速反应，阵列电压可能会崩溃为零。MPPT算法不仅要根据环境条件优化泵的输出，而且要在有足够能量的情况下提供稳定的运行。

3. P2太阳能变频器农田灌溉应用

英泰为太阳能供电的应用开发了专用变频器，提供两种电压等级的变频器供选择。输出电压为AC0~250V的变频器，需要185~410V的直流电源供电，推荐的供电电压值为DC325V。输出电压为AC0~480V的变频器，需要DC345~800V的直流电源供电，推荐的供电电压值为DC565V。

在一些偏远、日照充足的地区，利用太阳能进行农田灌溉是理想的选择，英泰太阳能变频器为这种应用提供了很好的解决方案。其中比较简单的一种应用便是光伏阵列直接给变频器供电，把水抽到升高的水箱中。这些能量被储存为势能，当阀门打开时，这些势能就会释放出来，水就会因为重力而流动。当太阳照射在太阳能电池板上时，水泵将水送至水箱。无论是否有太阳，水都可以从升高的水箱中释放出来。如图7-41所示为光伏阵列直接供电系统。

另外还有一些系统除了光伏供电，还包括除了太阳能以外的其他发电方式，这些发电机可以是其他产生清洁能源的系统，如风能，或连接到燃烧发动机的发电机。在这种情况下，系统相互补充，在不同的环境条件下提供负载所需的能量，或在黑暗中提供能量。如图7-42所示为混合供电系统。

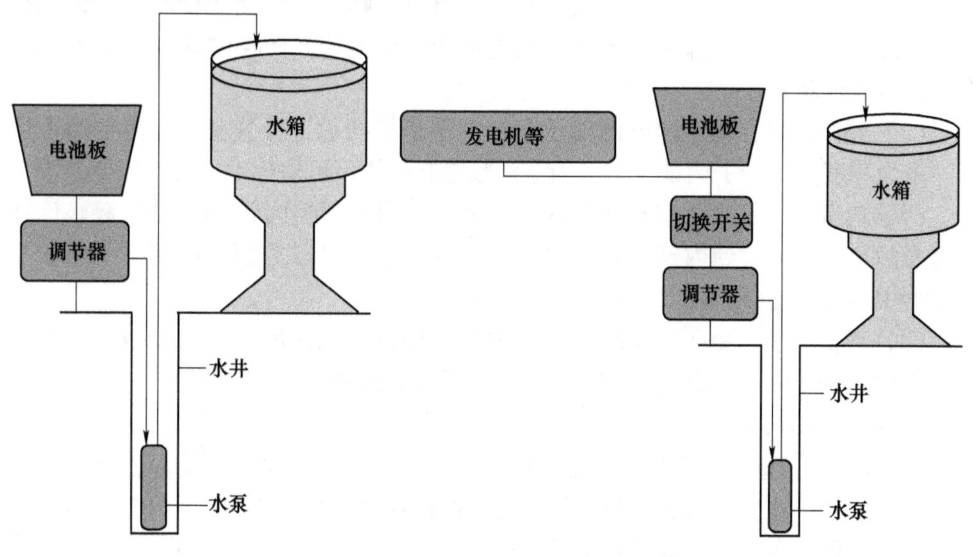

图7-41　光伏阵列直接供电系统　　图7-42　混合供电系统

另外，结合P2太阳能系列变频器内置的PLC功能，可以根据客户的要求加入一些个性化的控制需求，比如控制一些执行机构或者电磁阀等。也可以接入压力传感器，为本地压力控制或者远程监控提供服务。

7.9 通用变频器的高频应用

对于通用变频器来说一般都是应用在低频场合，很多变频器公司也都专门开发了高频变频器产品。但是针对高频专用市场开发的变频器，价格昂贵、使用复杂、售后服务成本很高。而且高频变频器开发技术难度大，这就导致了极少的厂家垄断了高频变频器市场。另外由于高频的一些特殊应用，很多国家是限制高频控制器出口的。

英泰在通用变频器的基础上兼顾了高频应用需求，只需要通过软件升级的办法即可将通用变频器升级为高频变频器。升级后的变频器最高输出频率可达2000Hz，涵盖了大多数的主轴应用。英泰P2系列变频器以低成本的解决方案提供了高性价比的服务。图7-43所示为P2变频器在高速磨床上的应用。

图7-43 P2变频器高速磨床应用

1. 高速磨床应用特点

（1）稳定可靠：P2属于高性能系列变频器，卓越的性能在主轴应用上同样表现出色。和原系统变频器相比，无论是噪声，还是稳定性方面都更加出众。通过检测输出电流，同样的输出频率下，P2变频器电流控制更好。

（2）调试简单：简单的电源端子和控制端子接线后，设置基本的参数即可运行，很大程度上减少了调试成本。加上参数复制模块，可快速地设置变频器参数。

（3）内置PLC：为了节省客户的工作量，利用变频器内置PLC的优势，计算好需要的数据直接放到内部寄存器中，外部控制系统可以方便地调用，无须在总控制器中运算。这样，大大节省了总控制器的时间。

（4）通信扩展：由于原系统PLC的限制，通信总线使用cc-link协议，因此变频器增加了cc-link通信选件，很方便地集成到控制系统中。

2. 常见问题的解决措施

1）控制器给运行命令后变频器未响应。这个问题一般是由于变频器参数设置不正确造成的，首先确认变频器控制模式是否是总线模式（P1-12=4）。然后确认硬件使能信号存在，也就是控制端子1和2短接。

2）变频器无法设置频率到500Hz以上。这是由于载波频率P2-24未设置到最大值，导致额定频率无法设置超过500Hz。

3）无法读取到最大速度变频器内部数据。确认参数P6-10=1，使能变频器

PLC 功能，因为一些数据是通过变频器内部 PLC 计算的，因此要使能 PLC 功能。

4）运行后在某个固定频率下有振动。这是由于设备产生了共振引起的，建议使能变频器跳跃频率功能，将产生共振的频率段跳过，消除稳定运行产生共振的现象。

5）无法通过 cc-link 通信模块找到变频器。模块插入变频器后两个指示灯（RUN 和 ERR）不亮属于正常。确认变频器参数 P0-71 是否识别了模块，如果显示 cc link 则说明变频器正确识别了模块并对模块进行了初始化配置。这里有一点关键的配置是外部总控 PLC 要给变频器分配 2 个站。

7.10 通用变频器的轴发及 DC-DC 电源应用

通用变频器作为电动机驱动器，可以驱动交流异步电动机、永磁同步电动机、同步电动机、同步磁阻电动机等。在各个行业都获得了成功的应用。变频器的输出可以输出客户要求的频率和交流电压，也是一种交流电源，变频器作为交流电源也越来越获得广泛的应用，同时变频器在 DC-DC 变换上也获得成功的应用。变频器作为电源，使用 AFE 软件可用于风力发电并网、太阳能发电并网、柴油发电机并网等功能，不但可以实现在线并网和断网，也可实现孤岛发电运行。变频器使用岸电软件可以实现岸电电源功能，结合轴发软件可以实现船舶应用中的轴发应用。变频器不但可以实现交流变换，还可以实现 DC-DC 变换，实现直流电压的变换和电能的传送，应用于直流系统、直流电池备用系统、飞轮储能系统等现场。

西门子、ABB、Danfoss 等公司变频器都有共直流母线产品，在此介绍 Danfoss 变频器的共直流母线产品在电源上的应用，NX 变频器功率为 0.25kW~5.3MW，NX 变频器具有符合 IEC61131-3 的编程平台 VACON-Programmer，可以根据各行业的要求，用变频器开发出各种行业应用宏。

共直流母线产品包括实现整流功能的交流→直流产品，分为二极管整流模块 NFE 和 AFE 整流，其中 AFE 模块可实现能量的双向流动。逆变器单元 INU 模块部分实现把直流电转换为交流电，可以驱动交流电动机。制动斩波器模块 BCU 用于把电动机制动时发出的电能消耗到制动电阻上。如图 7-44 所示为 NX 系列共直流母线产品。

在 NX 系列共直流母线产品中 AFE 模块、INU 模块、BCU 模块的硬件结构是相同的，内部的功率管都是 IGBT 模块，针对这些相同的硬件结构变频器使用 VACON-Programmer 编写不同的系统和应用宏，就分别实现了 AFE、INU、BCU 不同的功能。

7.10.1 轴带发电机应用

船舶电源来源于船舶上柴油发电机组，过去一般采用轴带发电机 S/G 对电能

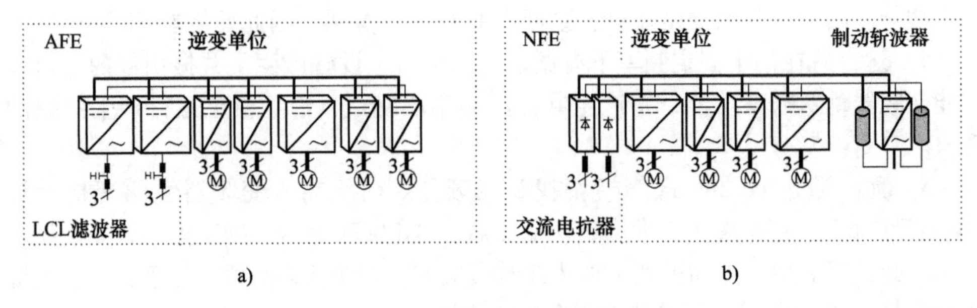

a)　　b)

图7-44　NX系列共直流母线产品

的需求变化进行补偿，轴带发电机由主推进器的主机带动，在船舶不需要全速推进时，就可以把主推进器的动力通过轴带发电机转化为电能补充到船舶电网中，可以节省船上的柴油发电机运行时间。供电系统如图7-45所示。电网需要恒定的电压和频率，由于发电机输出电压的频率和主机的转速成正比，为保证电网的频率主机就必须以固定速度运行，这就影响船舶速度的调节。采用并网变流器可以在保证推进器保存100%节距的前提下，对轴发电机转速进行优化，在提高能效的同时，确保船上电网电压及频率的恒定，以支持柴油发电机组的运转。

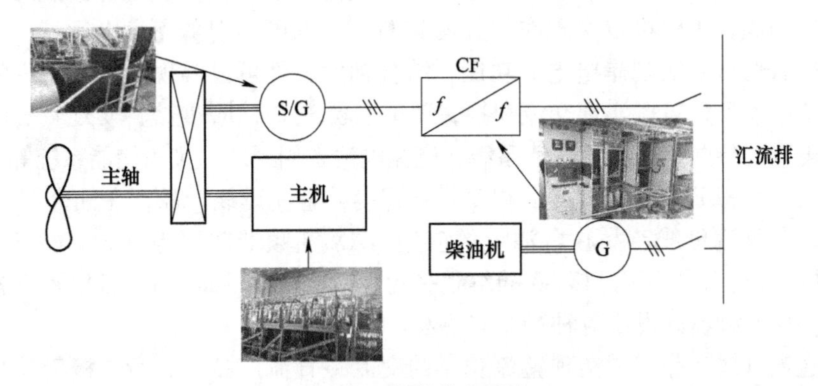

图7-45　船舶供电系统

以NXP并网变流器为核心的轴带发电机系统如图7-46所示，由轴带发电机SG、发电机侧的变流器U_1、U_1连接的DU/DT滤波器L_1、网侧的变流器U_2、输出侧的LCL滤波器、隔离变压器T_1组成。轴带发电机可以是感应式、永磁式或者同步发电机，系统在发电机侧有接触器KM_4，在网测有接触器KM_5，起到隔离与保护作用。发电机侧变流器U_1是具有ARFIFF30内置软件的NXI逆变器。在电网侧变流器U_2是具有ARFIFF03内置软件的NXI逆变器。KM_3是旁路开关。在整个船舶的供电系统中，G_1、G_2是发电机组，为船舶用电设备提供电源。U_3、U_4是控制电动机的变频器，T_2为给船舶其他用电负载U_5提供电源的变压器。在船舶的电网中有PMS系统，PMS负责轴发系统与柴发电网的并网运行中网侧的负载变化控制和整个船网动力的能量分配管理。

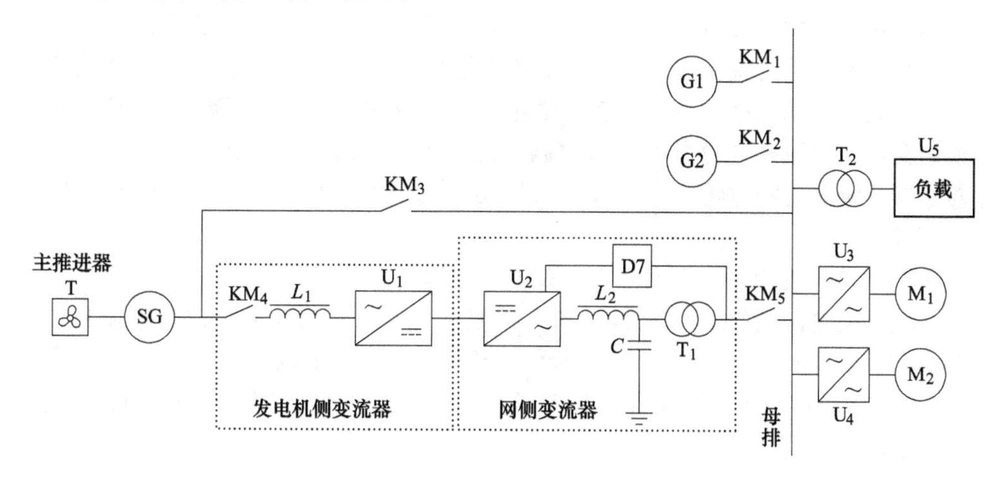

图 7-46　轴带发电机系统组成

轴带发电机系统可以工作三种模式：

（1）发电机模式：PTO = Power Take Out，把能量由轴带发电机 SG 发电并传输至船舶电网，由变流器 U_2 实现并网发电。

（2）电动机模式 1：PTI = Power Take in-Boost，把船舶电网能量传输至发电机侧，在此模式下，主机和轴带发电机混合推动主轴，提高了船舶主推进器的扭矩。此模式变流器 U_1 工作在转矩控制方式。

（3）电动机模式 2：PTI-0-Speed，此模式轴带发电机是船舶主轴的唯一驱动发电机，船舶的主机不工作。此模式逆变器 U_1 是工作在速度控制方式，此模式可在主机出现故障时确保船舶安全返港。

在网侧变频器与电网之间有 LCL 滤波器和隔离变压器 T_1，这样在输出电压上会造成一定的压降。负载越大，压降也越大，在额定负载电流下压降可能达到几十伏特，这样并网发电会存在问题，这个压降需要补偿，以便达到电网要求。系统采用电压闭环控制完成电压补偿。使用变频器的 OPT-D7 卡。D7 卡可以检测隔离变压器 T_1 输出的电压和相位，反馈给逆变器 U_2，逆变器 U_2 以此作为电压控制 PID 的反馈信号，在逆变器 U_2 内部完成电压稳定的 PID 控制。保证隔离变压器输出电压波动小于 1V。

在某船舶上应用此轴带发电机系统带负载测试，监控船舶电网负载变化的过程中，变频器的输出频率、输出电压、输出功率的快速响应稳定输出，达到船舶 CCS 认证要求。

7.10.2　变频器 DC-DC 电源应用

电动机供电的后备电源有交流备用电源、UPS 交流供电备用电源、电池直接供电的直流后备电源、具有DC-DC变流控制的直流电池后备电源。NXP逆变器内置特殊专用软件后成为DC-DC变流器。电池的直流电经过DC-DC变流器输送到控制电动机的变频器的直流母线端，经过逆变器给电动机提供能量，具有无缝切换、电池放电具有恒流控制、恒压控制、恒功率控制模式，同时DC-DC变流器可以给电池组充电，电池充电也具有恒流控制、恒压控制、恒功率控制模式。DC-DC变流器控制系统需要的电池组数量少，系统功率范围可以很大，满足大功率电动机控制要求。

DC-DC电压变换——BOOST-BUCK变换原理

直流开关电源的DC-DC变换如图7-47所示，当开关管V导通时，电流I方向如图7-47a所示方向，电感L存储能量；当开关管V关断时，电流I方向如图7-47b所示方向，电感L释放能量，同时给电容C充电，输出端输出直流电压U_{out}，方向如图所示。

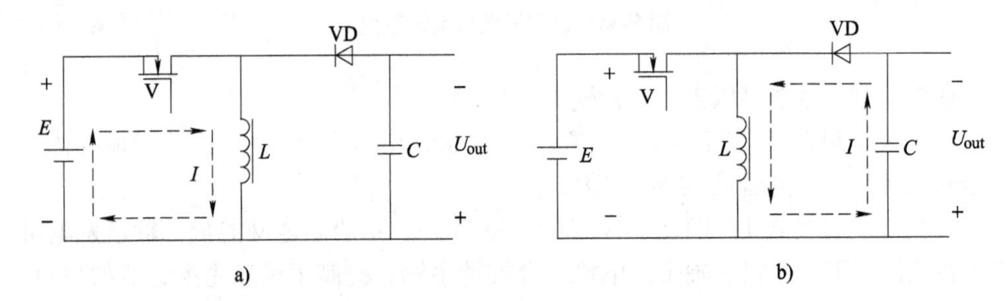

图7-47　直流开关电源的DC-DC变换

输出电压为

$$U_{out}=\frac{T}{1-T}U_{in}$$

式中　T——开关管V导通的占空比；

U_{in}——为输入电源E电压。

当$T>0.5$时为BOOST控制，输出为升压；当$T<0.5$时为BUCK控制，输出为降压；变频器输出为三相桥式逆变电路，在IGBT功率管V上都并联有反向二极管VD，变频器构成的DC-DC变流器可以给电池充电，也可以让电池放电，DC-DC给电池充电的电路如图7-48所示。

变频器的直流母线电压为U_{DC}，当IGBT管V1导通时，电流I_1方向如图7-48a所示方向，电流增加，电感L存储能量，同时给电池E充电，电路平衡方程为

$$U_{DC}=L\frac{di}{dt}+U_{bat}$$

式中　U_{bat}——电池E电压；

U_{DC}——变频器直流母线电压；

L——变频器输出端接的线圈电感值；

当 IGBT 管 VI_1 关断时，二极管 VD_2 与电感 L、电池 E 构成电流流通回路，电流 I_2 方向如图 7-48b 所示方向，电流减小，电感 L 释放能量，同时也给电池 E 充电。

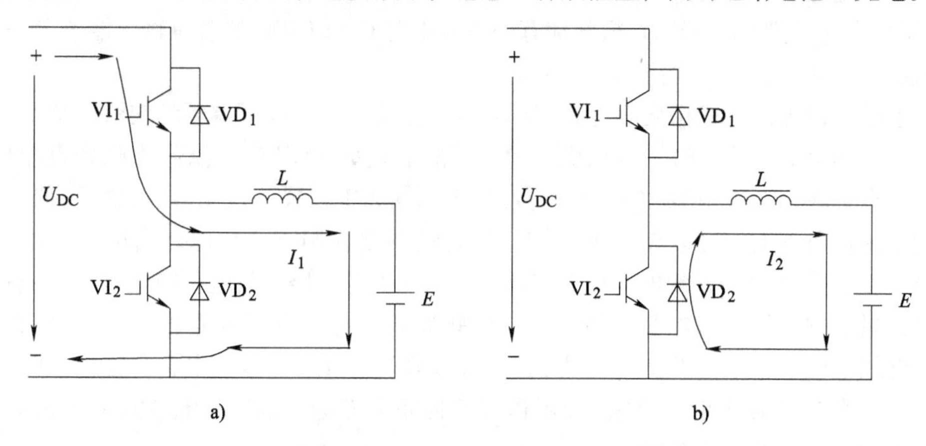

图 7-48　变频器 DC-DC 输出给电池充电原理

电池 DC-DC 放电过程如图 7-49 所示。

当 IGBT 管 VI_2 导通，VI_1 关断时，电池 E、电感 L、VI_2 形成回路，电流 I_2 方向如图 7-49a 所示方向，电流增加，电感 L 存储能量，电池放电，把电能存储到电感 L 中。

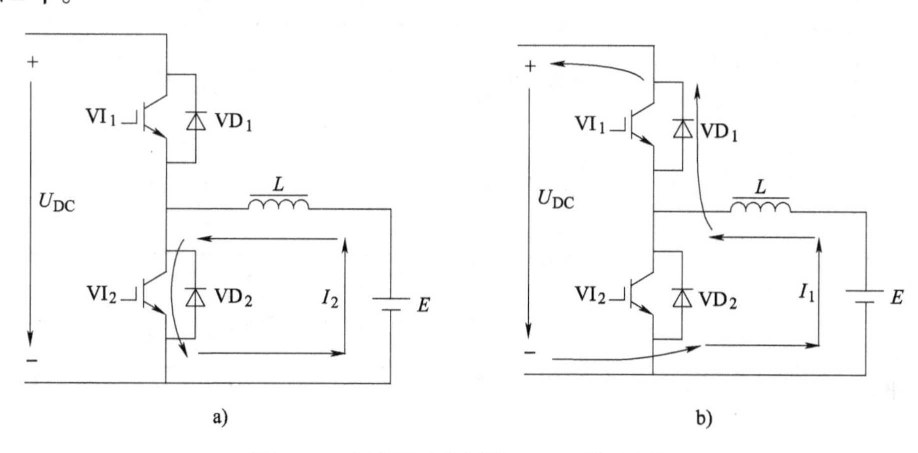

图 7-49　电池通过变频器 DC-DC 放电原理

当 IGBT 管 VI_2 关断时，电池 E、电感 L、二极管 VD_1、变频器直流母线电源 U_{DC}形成回路，电流 I_1 方向如图 7-49b 所示方向，电流减小，电感 L 释放能量，电能经过二极管 VD_1 释放到变频器直流母线上，实现把电池能量释放到变频器直流母线上，即电池放电，把电池的电能送到变频器的直流母线上。

用变频器控制电动机，具有电池作为后备电源，DC-DC 变流控制系统结构如

图7-50a所示。DC-DC变流器为NXP逆变器内置ADFIF101软件，此软件完成DC-DC控制。DC-DC变流器三相输出接三个单独的电感L，熔断器FU_2、FU_3、FU_4用于保护，电感经过熔断器接电池的正极，电池的负极接DC-DC变流器的直流输入端子DC-，在电池的正极与负极间加有一滤波电容C，DC-DC的直流输入端子DC+、DC-接变频器的直流母线端子DC+、DC-。

系统正常工作时三相交流电AC380V供电给变频器，变频器驱动交流电动机工作，当三相交流电停电时，电动机不允许停机，此时DC-DC变流器检测到直流母线电压有下降，下降到DC-DC变流器参数P 2.5.2.1设置的直流母线欠电压值时，起动电池供电，电池可以在恒电流控制或者恒功率控制方式放电，当电池放电到DC-DC变流器参数设置的电池最低电压P 2.5.4.1时，停止放电。在电池能量放完之前如果变频器的交流电又开始供电，变频器直流母线电压恢复正常，当变频器直流母线电压达到P 2.5.3.1设置值时，DC-DC开始给电池充电，如图7-50b所示，电池充电控制也可以在恒流或者恒功率控制下充电。电池充电达到P 2.5.4.2设置值时会停止给电池充电。

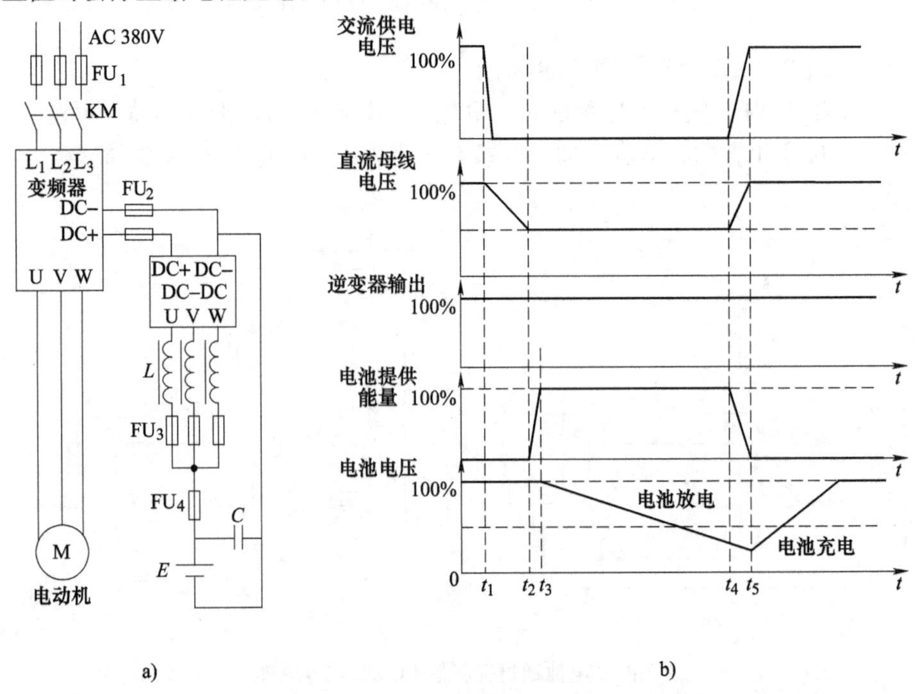

图7-50　具有电池备用电源DC-DC变流控制系统及电池充放电时序图

变频器实现DC-DC变换，作为电源的指标就是纹波大小能否达到直流电源指标。为减小DC输出的纹波，在变频器的三相输出加交流电抗器L和滤波电容C，滤波器的拓扑结构为变频器三相输出分别接三个独立的电感L，相位互差120°进行交错输出，这是一种从频谱中部分消除某些谐波的方法。一个标准的三相逆变器单元，每一个都有一个120°的相移三角载波。交错输出后结果是最大的峰间纹波减少到1/3单相电流纹波。因此，当电流总和乘以3倍时，最大相对输出电流纹波降低到单相电流纹波1/9。并且纹波的等效波动频率是开关频率的3倍。

DC-DC变流器设置参数见表7-11，参数P2.1.4位DC-DC控制方式，是对电池充放电控制方式，0为恒流模式，1为恒压模式，2为恒功率模式；参数P2.5.1.2和P2.5.1.3为电池的充放电电流限制值；参数P2.5.2.1为变频器直流母线电压欠电压值，当直流母线电压低于此参数设定值时，DC-DC就控制电池开始放电，给变频器直流母线供电，电池放电电流大小由参数P2.5.1.3和参数P2.5.4.1控制，当电池电压小于P2.5.4.1设置值时，DC-DC控制停止电池放电；参数P2.5.3.1为变频器直流母线电压过电压值，当直流母线电压高于此参数设定值时，DC-DC就控制停止电池放电，当交流供电电源使直流母线电压达到此参数设置值时，DC-DC控制给电池充电，电池充电电流大小由参数P2.5.1.2和参数P2.5.4.2控制，当电池电压高于P2.5.4.2设置值时，DC-DC控制停止电池充电。

表7-11　DC-DC变流器主要设置参数表

代码	参数	最小值	最大值	出厂值	说明
P2.1.1	电池额定电流/A	0.0	型号	型号	电池额定电流
P2.1.2	电池额定电压/V	200	797	400	电池额定电压
P2.1.3	电池额定功率/kW	0	32000	0	电池额定功率
P2.1.4	控制模式	0	2	0	0=恒流模式 1=恒压模式 2=功率模式
P2.5.1.1	电流限制值/A	0	型号	型号	充放电总电流限制值
P2.5.1.2	充电电流限制值（%）	0	300	105	电池额定电流的百分比
P2.5.1.3	放电电流限制值（%）	0	300	105	电池额定电流的百分比
P2.5.2.1	欠电压参考值（%）	0	320	65	直流母线电压的百分比
P2.5.3.1	过电压参考值（%）	0	320	118	直流母线电压的百分比
P2.5.4.1	电池最小电压 V_{dc}	50.0	1100.0	200.0	电池放电限制电压值
P2.5.4.2	电池最大电压 V_{dc}	50.0	1100.0	749.0	电池充电限制电压值

变频器通过内置DC-DC软件，完成DC-DC电压变换，具有功率大、产品性能稳定可靠、备用电源在线切换、没有电压跌落的特点，可以实现现场要求苛刻的工业设备控制要求。

7.11　通用变频器的其他应用

7.11.1　变频器在棒线材生产线上的应用

轧钢厂棒线材生产线传动目前主流采用交流传动系统，2010年前国内棒线材交流传动基本采用外资品牌变频器，外资品牌变频器备件采购周期长、采购价格高、变频器发热量高、风扇运行噪声大。为了解决外资品牌交流变频器一次投资大、备件采购周期长、采购价格高等问题，中冶京诚-京诚瑞达公司基于多年冶金行业变频器方案设计和现场应用的诸多经验，研发了 HCE880 系列变频器，并成功应用于冶金行业多条轧钢生产线以及多个冶炼车间。可完全替代外资品牌同类产品，能够无缝对接传动与 PLC 之间的通信，变频器体积小、风扇噪声小，且具有远程监控的功能，能够远程监控变频器的运行状况，极大地降低了设备的故障率。

某轧钢厂棒线材主轧线共 18 架轧机，分 6 段母线，1~3 号飞剪分在 6 段母线不同的 3 段母线间，整流部分采用整流回馈单元，有利于节省能量。整流器进线侧设置空开和阻抗电压 4%的进线电抗器，采用双整流并联组成公共母线结构。本文以第二组公共母线结构为例，5~7 号轧机逆变器传动和 1 号飞剪逆变器传动共同连接在该组直流母线下，结构图如图 7-51 所示，其他组别与此类似。

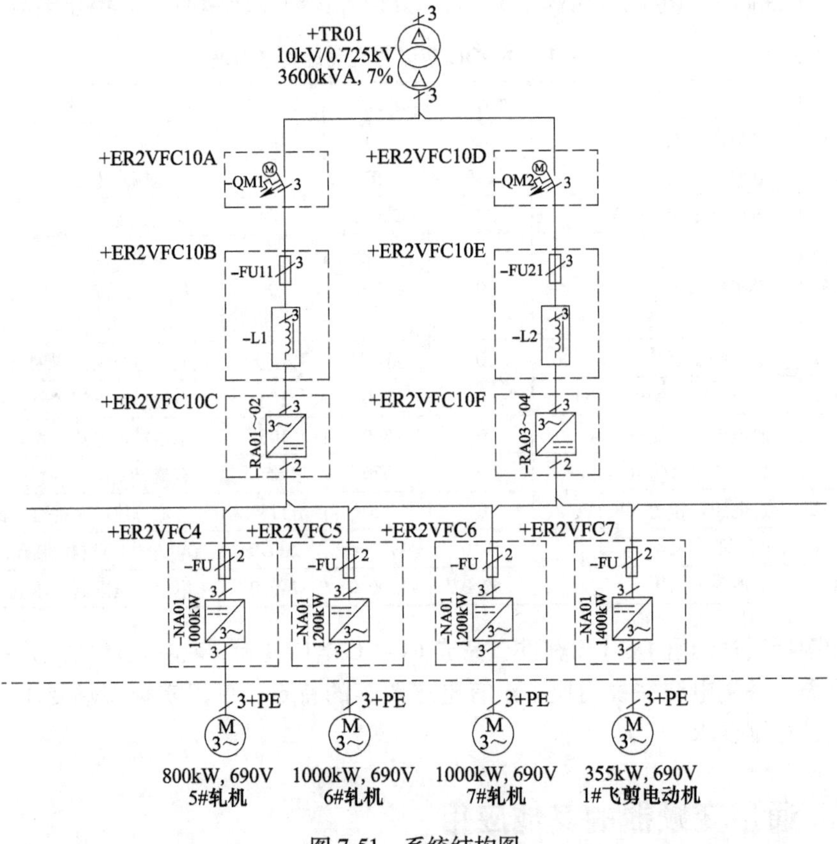

图 7-51　系统结构图

HCE880 系列变频器能够无缝地与自动化控制系统连接，本工程上位机采用 SIEMENS 公司 S7-400 系列 PLC。西门子 S7-400 系列 PLC 具有较高的数值运算能力，可以完全满足目前棒材及高速线材的生产线，轧制各种不同规格的粗中精轧轧机速度数值计算的需要，数据处理环节采用 STL 语言编辑，逻辑控制按照顺序控制进行程序的编写。

HCE880 变频器接收自动化控制系统发送的控制命令，例如合闸、使能、急停及速度等命令带动现场电气设备按要求运行。其中控制字的编写逻辑如图 7-52 所示，主给定（速度给定）图如图 7-53 所示。

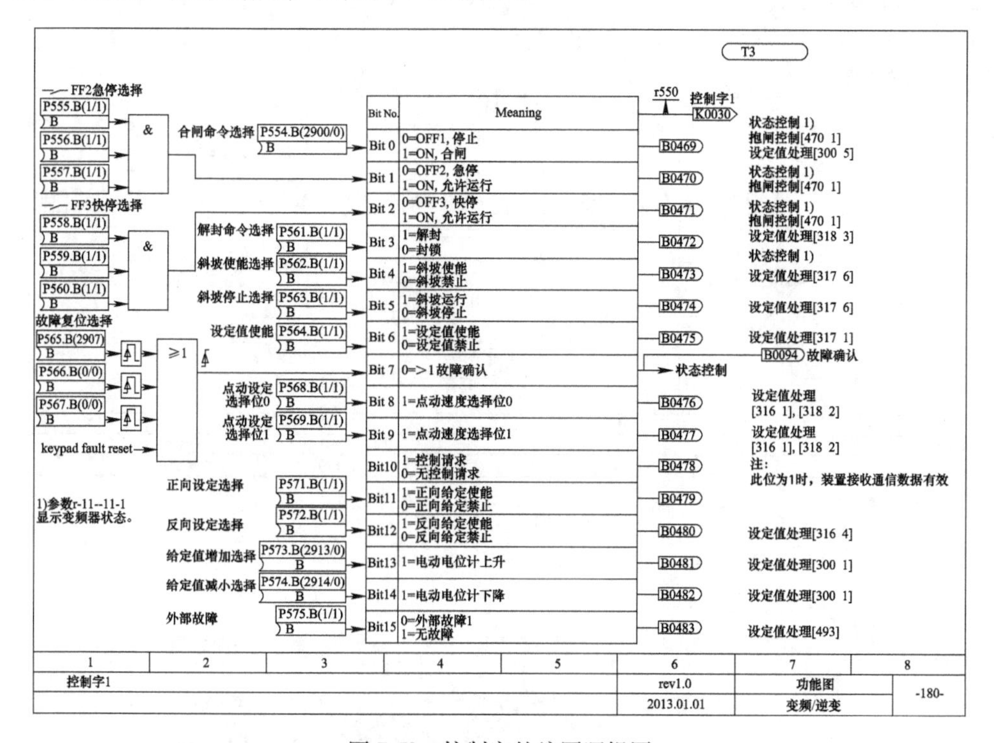

图 7-52　控制字的编写逻辑图

HCE880 变频器参数的监控与修改使用京诚瑞达公司研发的监控软件 CERI DriveMonitor 实现，如图 7-54 所示。

HCE880 变频器的功能参数中，通信、控制字、状态字、速度给定、速度反馈等基本控制参数均可以通过 CERI DriveMonitor 修改和设定，包括变频器的起动、控制，运行状态监控，曲线录制，数据分析等。

在传动系统的实际运行过程中，通过 CERI DriveMonitor 录制实际运行曲线如图 7-55 所示，通过实际测量，可知系统的响应速度、稳态精度、转矩波动完全满足轧钢要求，各项指标与国际同类产品相比已经达到国际先进水平。

从 HCE880 变频器投入使用的效果来看，该系列变频器设备运行稳定、控制精度高、维护方便、投资节省、工艺先进，且备件采购周期短、备件数量少，为生产企业带来巨大收益。

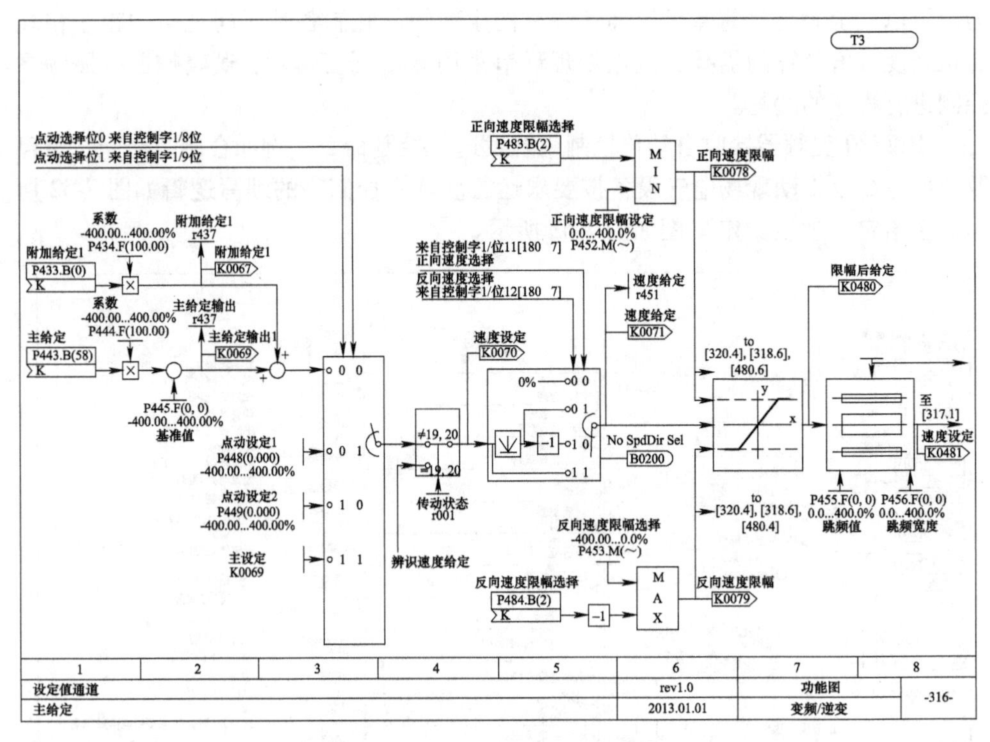

图 7-53 主给定（速度给定）图

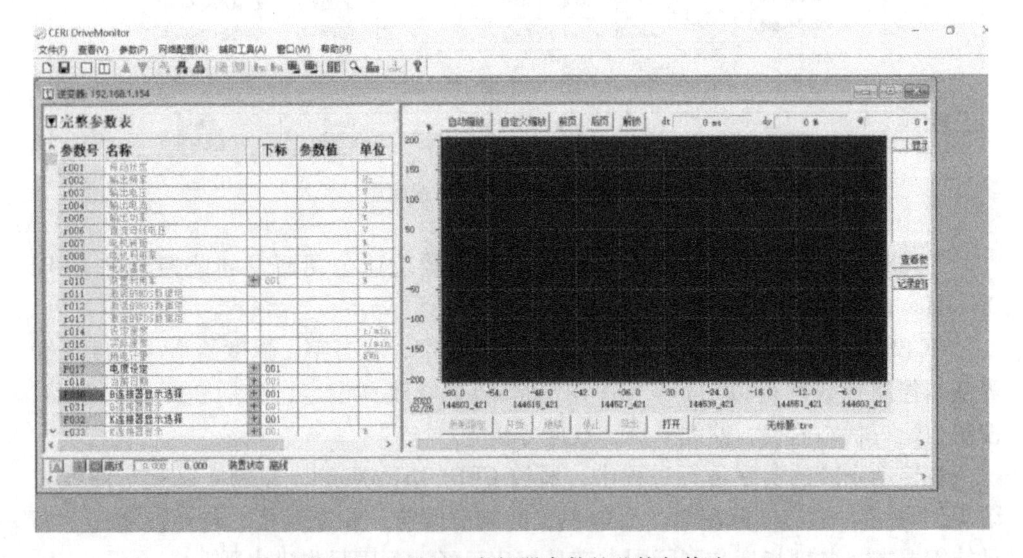

图 7-54 HCE880 变频器参数的监控与修改

HCE880 系列变频器目前已经在国内外成功应用于 12 条整线棒线材生产线，服务于国内外 40 多家企业，总应用量达到了 4000 多套，优异的性能、及时周到的

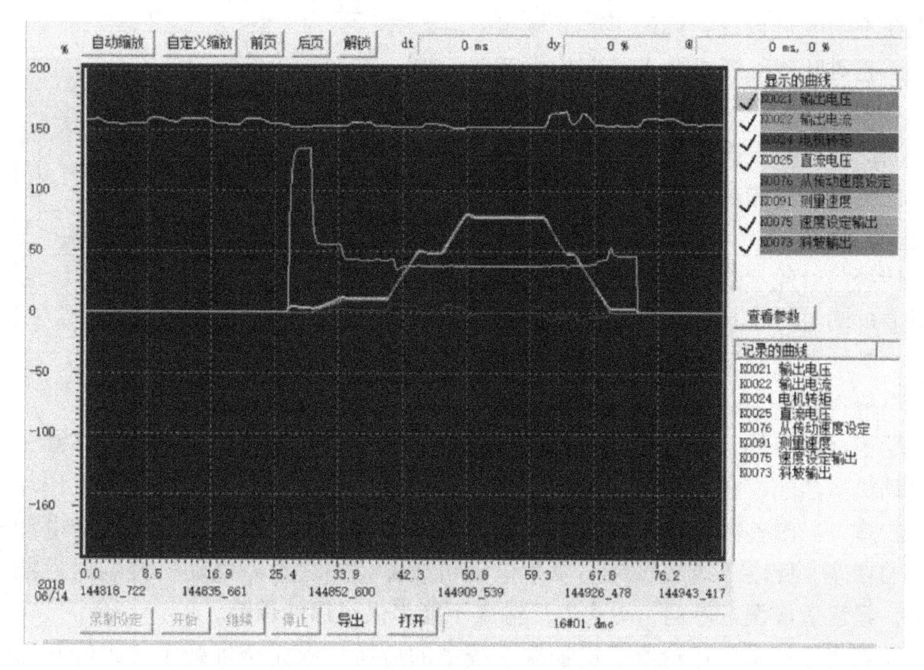

图 7-55　HCE880 变频器实际运行曲线

售后服务以及配套的远程诊断系统为该系列变频器进一步服务国内外冶金行业生产企业打下基础。

7.11.2　通用变频器在叶轮给煤机中的应用

随着电力事业的发展与人们对用电量需求的不断增加，大容量、大机组火力发电厂一直占据主导地位。在我国的火力发电厂，燃料主要以煤为主，原煤的运输、堆卸、配给等环节是保证机组正常运行发电的基本条件。

在火力发电厂输煤系统中，叶轮给煤机作为从卸煤沟煤槽向输煤皮带拨煤的唯一给煤设备，其工作稳定性直接影响到火力发电系统的安全连续运行。早期叶轮给煤机均采用人工手动操作，效率低、劳动强度大、电动机实时工频运行、高消耗、低产能。随着变频技术的不断发展和完善，变频器越来越多地应用在给煤设备上，减轻人力工作强度、稳定设备运行、节省能源的消耗。

1. 概述

叶轮给煤机主要工作于火力发电厂缝隙式煤沟中。叶轮给煤机用其放射状的叶片，可沿煤沟纵向轴道行走或停在一处将煤定量、均匀、连续地拨到输煤皮带上，使储存在煤沟中的煤通过输送皮带就能连续、均匀、定量地输送到下一处理系统中，其工作原理如图 7-56 所示。

2. 叶轮给煤机变频调速的发展

近年来，我国叶轮给煤机控制技术得到了迅速发展，一些叶轮给煤机生产厂家也在不断改进设计、修改工艺。输煤系统工艺对叶轮给煤机要求是在出力范围内能够实现无级调速，并且稳定运行，因此叶轮给煤机主电动机调速与控制的优劣是评价输煤设备性能的重要标准之一。

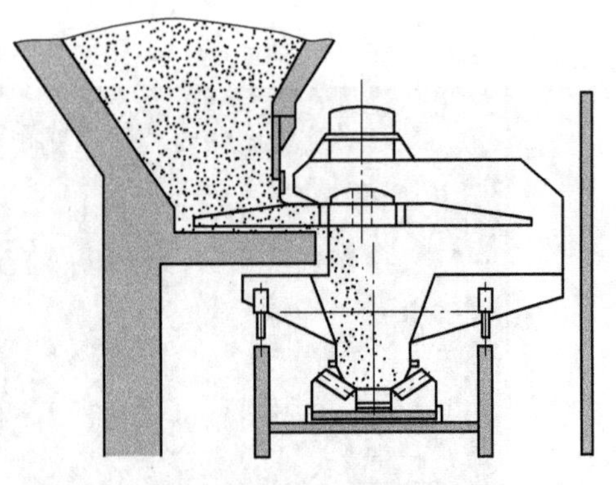

图 7-56　叶轮给煤机工作原理图

传统的叶轮给煤机驱动与调速装置为滑差电动机（又称电磁调速电动机）调速。其缺点是驱动系统能耗高、效率低、电能损耗较大，其调速效率也随着转速的下降而降低，是一种低效耗能型调速方式。而且滑差电动机故障率高，滑差电动机虽然能够在一定的范围内实现无级调速，但由于给煤机所处的工作环境粉尘较多，其滑差离合器无法密封，极易因现场粉尘大、湿度高引起动静电动机之间的堵塞，使内部线圈短路而发生电动机故障，加之滑差电动机控制器性能不稳定，经常造成设备停运，对火电厂输煤不能提供可靠的保障。

随着变频技术在叶轮给煤机控制系统中的应用，则完全屏蔽了传统叶轮给煤机调速方式中的主要缺点，同时实现大范围内的高效连续调速控制、实现给煤量的精准控制；保障给煤机额定出力的稳定运行，实现简单操作就可以完成电动机的正反转切换。还可以进行高频率的起停运转，进行电气制动，对电动机进行高速驱动。由于变频器的加、减速时间可以任意设定，设备在运行时的加、减速度也比较平缓，起动电流较小，解决大负载起动时对电网的冲击。

变频器保护功能很强，在运行过程中能随时检测到各种故障，显示故障类别，检测到严重故障时能立即封锁输出电压。这种“自我保护”的功能，不仅保护了变频器，还保护了电动机不易损坏。采用变频调速不但能实现无级调速，而且根据负载的特性不同，通过适当调节电压和频率之间的关系，可使电动机始终运行在高效区，并保证良好的动态特性，降低能量损耗，节约电能，同时延长机械设备的使用寿命，避免过度磨损。

3. 叶轮给煤机现场使用条件和控制要求

叶轮给煤机通常安装在地下 10m 的汽车卸煤沟中。煤沟一般为混凝土结构，黑暗狭长、阴暗潮湿。叶轮给煤机控制系统设计必须考虑其现场使用条件及相关电气元件和变频器的使用条件。

因此叶轮给煤机电气控制系统使用的控制柜也需要特殊设计，叶轮给煤机的控制箱分为两个独立的腔室，左边的腔室内布置有 PLC、载波通信装置、空气开关、接触器、热继电器、中间继电器、按钮指示灯等逻辑控制与通信功能元件。右侧腔室内单独布置有变频器，因为变频器在工作时会产生热量，这些热量必须及时地排出才能使变频器正常工作。如果封闭在狭小空间内，变频器散热风扇排出的热量，无法通过箱体表面快速地交换出去，散热效果不好。综合以上考虑，将就地子机控制箱的右侧腔室使用法兰安装形式的设计，将变频器的风扇散热部分放置到柜体后半部分的开放空间，即背板和底板有面积较大的开孔，使得风扇排出的热量充分散发，同时冷空气及时地通过风扇进入热交换循环。此设计能够在达到良好散热的同时，使变频器电路部分与粉尘完全隔离，保证变频器的稳定运行。

电厂叶轮给煤机控制系统具有两种控制方式，就地手动和远方自动。

就地手动控制模式一般用于设备安装调试或检修时在机旁操作设备。当控制模式选择开关拨到“就地手动”模式的位置时，通过变频器的应用宏“电动电位计”功能，实现按动“叶轮升速”按钮或“叶轮降速”按钮，逐渐增大或降低转速，可以调节原地定点给煤量。叶轮电动机转速调节范围为 300~1470r/min，实现叶轮给煤机在最小出力和额定出力之间的无级调节，满足火电厂配煤和供煤的双重需求。

远方自动控制模式为正常工作模式，将控制模式选择开关拨到“远方自动”模式，在此工作模式下，叶轮电动机的起停、叶轮电动机的转速调节、行走电动机起停，均由远方输煤程控室发送起停控制命令，调速由程控室发送 4~20mA 模拟量信号给变频器，实现叶轮给煤机在最小出力和额定出力之间的无级调节，同时变频器还可以实时输出给煤机的瞬时电动机转速和电动机运行电流，便于电厂运行人员在程控室监视实时给煤量、累计给煤量和叶轮给煤机的运行状态。此功能大大改善电厂运行人员的工作环境，保证了现场运行人员的身体健康。其工作流程如图 7-57 所示。

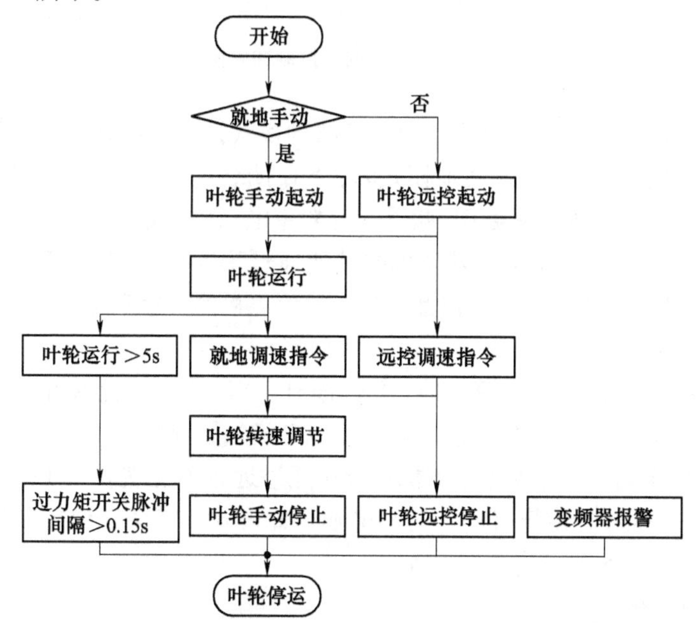

图 7-57　叶轮给煤机工作流程图

4. 变频调速系统控制电路设计

变频调速控制回路如图7-58所示。

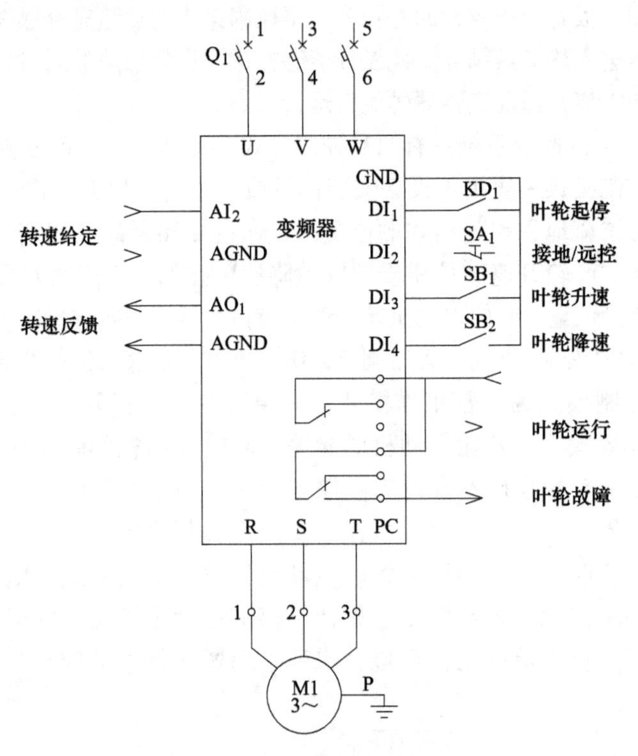

图7-58 变频调速控制回路图

1）变频器的起停和调速由就地和远控两种模式控制，两种模式的选择由变频器外部输入端子决定。当选择就地模式时，SA_1 闭合，DI_2 接通，此时叶轮起停继电器 KD_1 触点闭合，则变频器 DI_1 接通，叶轮主电动机开始旋转。

2）在就地模式下，叶轮主电动机的转速通过手动按下按钮 SB_1、SB_2 使之闭合，变频器分别接通 DI_3、DI_4，以此实现叶轮给煤机的升速和降速。此模式下模拟量转速调节无效。

3）当选择开关置于远控模式时，SA_1 断开，DI_2 断开，此时叶轮起停继电器 KD_1 触点闭合，则变频器 DI_1 接通，叶轮主电动机开始旋转。

4）在远控模式下，叶轮主电动机的转速通过远方程控室改变4~20mA模拟量信号的大小来实现叶轮给煤机的升速和降速。此模式下按动就地控制箱“升速”、“降速”按钮 SB_1、SB_2 转速调节无效。

输出控制回路

1）变频器在正常运行状态时，变频器内部继电器触点1闭合接通，对外输出叶轮运行信号。当变频器检测到电动机运行主电路中出现过载、过电流、欠电压、堵转等设定需要报警的故障时，变频器内部继电器触点2闭合接通，将叶轮电动机综合故障信号送给控制箱内PLC和远方程控室，用来做逻辑判断。

2）在任何模式下，当变频器运行后，都会经由变频器内部 AO_1 和 AO_2 端子送出对应电动机当前转速和电流的4~20mA模拟量信号，便于远方程控室运行人员实时监测叶轮给煤机当前出力情况和运行状态。

参考文献

[1] 满永奎，韩安荣．通用变频器及其应用［M］.3版．北京：机械工业出版社，2011.

[2] 彭鸿才．电机原理及拖动［M］.2版．北京：机械工业出版社，2003.

[3] 邬亦炯，刘卓钧．采油工程原理与设计［M］. 东营：中国石油大学出版社，2003.

[4] 刘家春，李黎武，黄兆奎．水泵风机与站房［M］. 北京：中国建筑工业出版社，2008.

[5] 中国重型机械工业协会停车设备管理委员会．机械式立体停车库［M］. 青岛：海洋出版社，2001.

[6] 孟长明．纺织机械基础［M］. 北京：中国纺织出版社，2014.

[7] 靳瑞敏．太阳能光伏应用：原理·设计·施工［M］. 北京：化学工业出版社，2017.

[8] 深圳市库马克新技术股份有限公司．ES350_ 580_ 850硬件手册（中文版），2017.

[9] 英泰驱动控制（沈阳）有限公司. P2变频器中文说明书 V3.0，2019.

第 8 章

变频器的通信与网络

8.1 概述

随着工业现场控制技术的不断发展，通过变频器实现电动机的变频调速已经成为电动机调速的主要方式。目前许多变频器都附带了串行通信功能，这样由变频器与上位控制器组成的串行通信控制系统比传统的端子接线控制方式有了更强的抗干扰能力、更高的传输速率，并且可以很方便地实现远程上位控制器对多台变频器参数的监控和故障诊断等，以实现工业现场的物联管控。

工业上与变频器进行串行通信的上位机主要有两种：

（1）采用工控机与变频器通信：工控机的操作比较灵活，支持各种高级语言，但是由于价格高昂又不利于机电工程师编程，且硬件使用上存在各种缺陷，使得此种方式较少使用于可靠性要求较高的控制系统。

（2）采用可编程序控制器（PLC）的串行通信口与变频器通信：由于 PLC 的高可靠性和新型人机界面（HMI）——触摸屏技术的普及，用 HMI+PLC 对变频器进行串行通信控制方式的应用越来越广泛。

随着分布式控制系统的发展，需要一种能适合远程数字通信的总线。一个控制系统常常由几台、几十台，甚至更多的变频器组成各种形式的分布式调速系统，变频器独立完成本地子系统的功能，控制站负责调速系统的管理。所有的变频器连接成网络互通信息，为完成整体目标而相互协调配合，达到更高的控制水平和管理层次。系统的通信因此成为控制系统协调一致的关键环节。

现场总线（Field Bus）是近年来迅速发展起来的一种工业数据总线，它主要解决工业现场的智能化仪器仪表、控制器、执行机构等现场设备间的数字通信以及这些现场控制设备和高级控制系统之间的信息传递问题。目前，变频器集成或外配提供的总线通信接口主要有：RS-232/RS-485、Modbus、CAN、CANopen、Profibus、ProfiNet、EtherCAT 等。

本章主要介绍变频器的通信网络基础和现场总线技术，并给出了几种变频器总线通信应用举例。

8.2　变频器调速系统通信网络基础

8.2.1　通信网络模型与通信方式

一、通信网络的开放系统互连模型

要实现不同厂家生产的智能设备之间的通信，就要有一套通用的计算机网络通信标准，否则代价会很昂贵。国际标准化组织 ISO 提出了开放系统互连模型 OSI，作为通信网络国际标准化的参考模型，它详细描述了软件功能的 7 个层次，如图 8-1 所示。

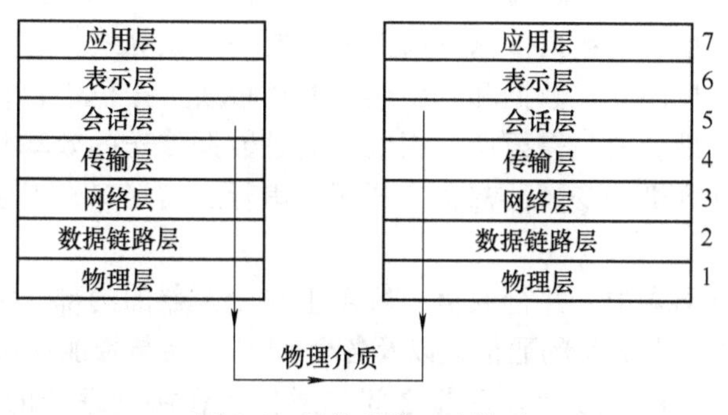

图 8-1　开放系统互连模型

（1）物理层：物理层的下面是物理媒体，如双绞线、同轴电缆等。物理层并不是物理媒体本身，它只是开放系统中利用物理媒体实现物理连接的功能描述和执行连接的规程。物理层为用户提供建立、保持和断开物理连接的功能，RS-232C、RS-422A、RS-485 等就是物理层标准的接口。

（2）数据链路层：数据以帧为单元传送，每一帧包含一定数量的数据和必要的控制信息，如同步信息、地址信息、差错控制和流量控制信息。数据链路层用于建立、维持和拆除链路连接，实现无差错传输的功能，在点到点或点到多点的链路上，保证信息的可靠传递。数据链路层负责在两相邻节点间的链路上实现差错控制、数据成帧、同步等控制。

（3）网络层：网络层规定了网络连接的建立、维持和拆除的协议。网络层的主要功能是报文包的分段、报文包阻塞处理和通信子网内路径的选择。

（4）传输层：传输层完成开放系统之间的数据传送控制，主要功能是开放系统之间数据的收发确认。同时还用于弥补各种通信网络的质量差异，对经过下三层之后仍然存在的传输差错进行恢复，进一步提高可靠性。

（5）会话层：会话层的功能是支持通信管理和实现最终用户应用进程的同步，按正确的顺序收发数据，进行各种对话。

（6）表示层：表示层用于应用层信息内容的形式变换，如数据加密/解密、信息压缩/解压和数据兼容，把应用层提供的信息变成能够共同理解的形式。

（7）应用层：应用层作为OSI的最高层，为用户的应用服务提供信息交换，为应用接口提供操作标准。

二、网络通信方式

1. 并行通信与串行通信

并行数据通信是以字节或字为单位的数据传输方式，处理数据的是8根或16根数据线、一根公共线，还需要数据通信联络用的控制线。并行通信的传输速度快，但是传输线的根数多、成本高，一般用于近距离数据的传送，如打印机与计算机之间的数据传送。

串行数据通信是以二进制的位（bit）为单位的数据传输方式，每次只传送一位，除了地线外，在一个数据传输方向上只需要一根数据线，这根线既作为数据线又作为通信联络控制线，数据和联络信号在这根线上按位进行传输。串行通信需要的信号线少，最少的只需要两三根线，但是数据传送的效率较低，适用于距离较远的场合。计算机和变频器都备有通用的串行通信接口，工业控制中一般使用串行通信。

在变频器及其网络中，并行通信一般发生在变频器的内部，它指的是多处理器变频器中多台处理器之间的通信，以及各个CPU单元与智能模块的CPU之间的通信。多处理器变频器中多台处理器之间的通信是在协处理器的控制和管理下，通过共享存储区实现多处理器之间的数据交换的；CPU单元与智能模块CPU之间的通信则是经过背板总线通过双口RAM实现通信的。

串行通信的传输速率的单位是波特，即每秒传送的二进制位数，其符号为bit/s。常用的标准波特为300bit/s、600bit/s、1200bit/s、2400bit/s、4800bit/s、9600bit/s和19200bit/s等。不同的串行通信网络的传输速率差别极大，有的只有数百bit/s，高速串行通信网络的传输速率可达100Mbit/s。

在串行通信中，通信的速率与时钟脉冲有关，接收方和发送方的传送速率应相同。但是实际的发送速率与接收速率之间总是有一些微小的差别，如果不采取一定的措施，在传送大量的信息时，将会因积累误差造成错位，使接收方收到错误的信息。为了解决这一问题，需要使发送过程和接收过程同步。按同步方式的不同，可将串行通信分为异步通信和同步通信。

2. 异步通信与同步通信

异步通信的信息格式如图8-2所示，发送的数据字符由一个起始位、5~8个数据位、一个奇偶校验位（可以没有）和停止位（1位、1位半或两位）组成。在通信开始之前，通信的双方需要对所采用的信息格式和数据的传输速率做相同的约定。接收方检测到停止位和起始位之间的下降沿后，将它作为接收的起始点，在每一位的中点接收信息。由于一个字符包含的位数不多，即使发送方和接收方的收发频率略有不同，也不会因两台设备之间的时钟周期的误差积累而导致错误。

异步通信传送附加的非有效信息较多，它的传输效率较低，一般用于低速通信。

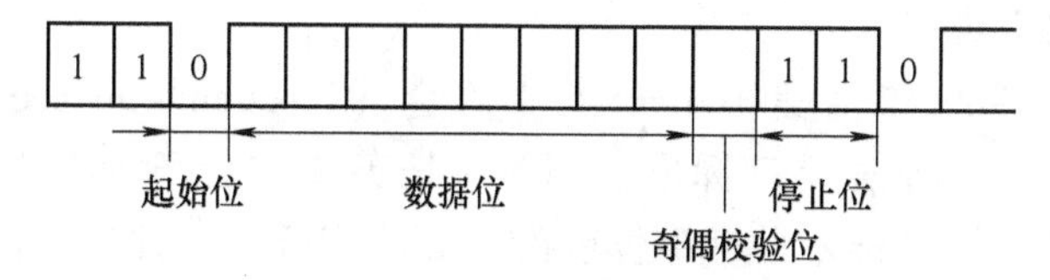

图 8-2 异步通信的信息格式

同步通信以字节为单元（一个字节由 8 位二进制数组成），每次传送 1~2 个同步字符、若干个数据字节和校验字符。同步字符起联络作用，用它来通知接收方开始接收数据。在同步通信中，发送方和接收方要保持完全的同步，这意味着发送方和接收方应使用同一个时钟脉冲。在近距离通信时可以在传输线中设置一根时钟信号线。在远距离通信时，可以通过调制解调方式在数据流中提取同步信号，使接收方得到与发送方完全相同的接收时钟信号。

由于同步通信方式不需要在每个数据字符中加起始位、停止位和奇偶位，只需在数据块（往往很长）之前加一两个同步字符，所以传输效率高，但是对硬件的要求较高，一般用于高速通信。

3. 单工与双工通信方式

单工通信方式只能沿单一方向发送和接收数据。双工方式的信息可沿两个方向传送，每个站点既可以发送数据，也可以接收数据。双工方式的信息又分为全双工和半双工两种方式。

（1）全双工方式：数据的发送和接收分别由两根或两组不同的数据线传送，通信的双方都能在同一时刻接收和发送信息，这种传送方式称为全双工方式，如图 8-3 所示。

（2）半双工方式：用同一根线或同一组线接收和发送数据，通信的双方在同一时刻只能发送数据或接收数据，这种传送方式称为半双工方式，如图 8-4 所示。

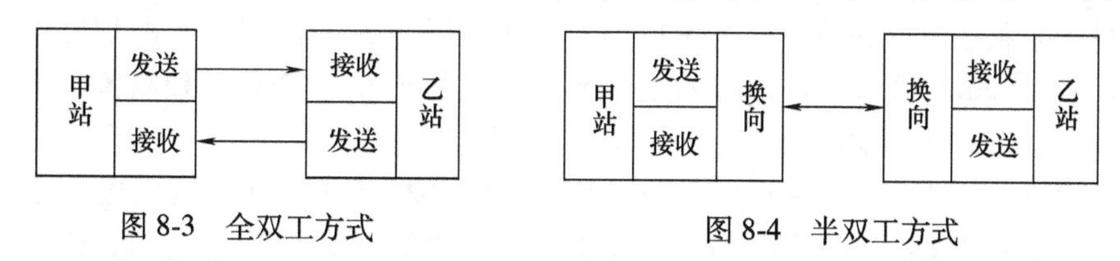

图 8-3 全双工方式　　图 8-4 半双工方式

8.2.2 串行通信接口

由于串行通信方式使用线路少、成本低，特别是在远程传输时，更避免了多条线路特性的不一致，因而它被广泛采用。在串行通信时，要求通信双方都采用一个标准接口，使不同的设备可以方便地连接起来进行通信。目前，变频器集成或外配模块或板卡提供的总线通信接口主要有：RS-232/RS-485、CAN、Modbus、

Profibus、CANopen、ProfiNet、EtherCAT 等。

一、RS-232C 接口

RS-232C 是 1969 年由美国电子工业协会（Electronic Industries Association，EIA）所公布的串行通信接口标准。“RS”是英文“推荐标准”一词的缩写，“232”是标识号，“C”表示此标准修改的次数。它既是一种协议标准，又是一种电气标准，它规定了终端和通信设备之间信息交换的方式和功能。

RS-232C 标准最初是为远程通信连接数据终端设备 DTE（Data Terminal Equipment）与数据通信设备 DCE（Data Communication Equipment）制定的。目前 RS-232C 标准广泛地用于计算机与终端或外设之间的近距离通信。

实际上 RS-232C 的 25 条引线中有许多是很少使用的，在计算机与终端通信中一般只使用 3~9 条引线。RS-232C 最常用的 9 条引线的信号内容见表 8-1。

表 8-1　RS-232C 最常用的 9 条引线的信号内容

引脚序号	信号名称	符号	流向	功能
2	发送数据	TxD	DTE→DCE	DTE 发送串行数据
3	接收数据	RxD	DTE←DCE	DTE 接收串行数据
4	请求发送	RTS	DTE→DCE	DTE 请求 DCE 将线路切换到发送方式
5	允许发送	CTS	DTE←DCE	DCE 告诉 DTE 线路已接通，可以发送数据
6	数据设备准备好	DSR	DTE←DCE	DCE 准备好
7	信号地			信号公共地
8	载波检测	DCD	DTE←DCE	表示 DCE 接收到远程载波
20	数据终端准备好	DTR	DTE→DCE	DTE 准备好
22	振铃指示	RI	DTE←DCE	表示 DCE 与线路接通，出现振铃

接口的电器特性在 RS-232C 中任何一条信号线的电压均为负逻辑关系，用−15~−5V表示逻辑状态“1”，用+5~+15V 表示逻辑状态“0”，这样在线路上传送的电平可高达±12V，较之小于+5V 的 TTL 电平来说有更强的抗干扰性能。噪声容限为 2V，即要求接收器能识别低至+3V 的信号作为逻辑“0”，高到−3V 的信号作为逻辑“1”。RS-232C 的最大通信距离为 15m（实际上可达约 30m），最高传输速率为 20kbit/s，只能进行一对一的通信。

RS-232C 接口连接器一般使用型号为 DB-25 的 25 芯插头座，通常插头在 DCE 端，插座在 DTE 端。变频器一般采用 DB-9 的 9 芯插头座。距离较近时，因为不使用对方的传送控制信号，只需 3 条接口线，即“发送数据”“接收数据”和“信号地”，传输线采用屏蔽双绞线，如图 8-5 所示。RS-232C 容易受到公共地线上的电位差和外部引入的干扰信号的影响。

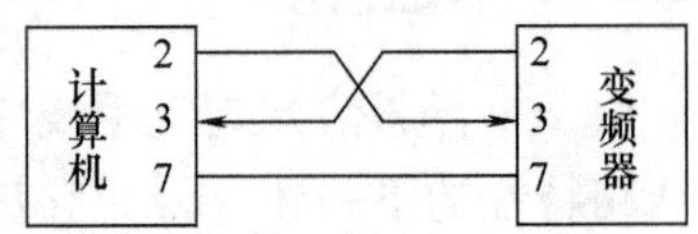

图 8-5　RS-232C 的信号连接

RS-232C 应用极广，但存在以下不足：

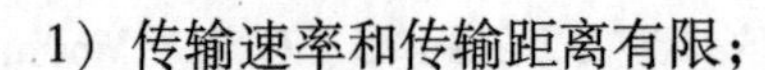

1）传输速率和传输距离有限；

2）每根信号线只有一根导线，公用一根信号地；

3）接口采用不平衡单端收发器，易产生信号间干扰。

改善 RS-232C 的传输质量可采取以下措施：

1）采用每根信号线选用双绞线，每米 20~40 绞；

2）采用隔离器，如变压器隔离；

3）选用高质量电缆，分布电容越小越好；

4）采用可靠的隔离接口，提供噪声滤波和隔离。

经过改进的 RS-232C 实际的传输速率有所提高，可从最高 19.2kbit/s 提高至 28.8kbit/s、38.4kbit/s、57.6kbit/s、115.2kbit/s。应该注意的是，传输速率与所用电缆有关，允许的最大电缆电容为 2500pF。要使用高的传输速率，必须选用电容尽可能低的电缆。

二、RS-422A/485 接口

RS-422A 和 RS-485 接口标准均采用平衡驱动差分接收电路，其收发不共地。这可以大大减少共地所带来的共模干扰。

RS-422A 与 RS-485 的区别是前者为全双工型（即收、发可同时进行），后者为半双工型（即收、发分时进行）。RS-422A 采用两对平衡差分信号线，如图 8-6 所示；RS-485 只需其中的一对，如图 8-7 所示。在 RS-485 互连中，某一时刻两个站中只有一个站可发送数据，而另一个站只能接收数据，因此，发送电路必须由使能端加以控制。

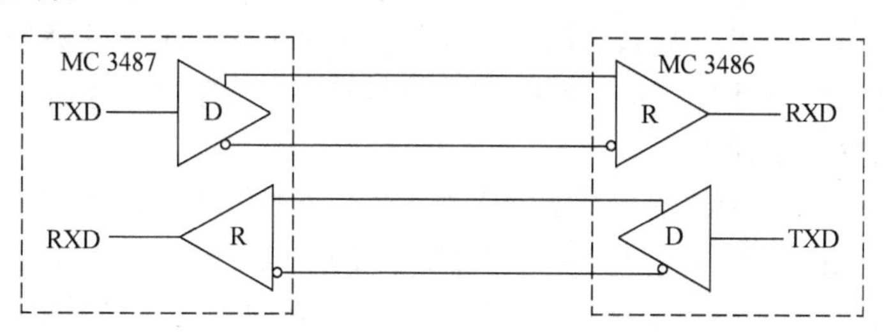

图 8-6　RS-422A 点对点互连图

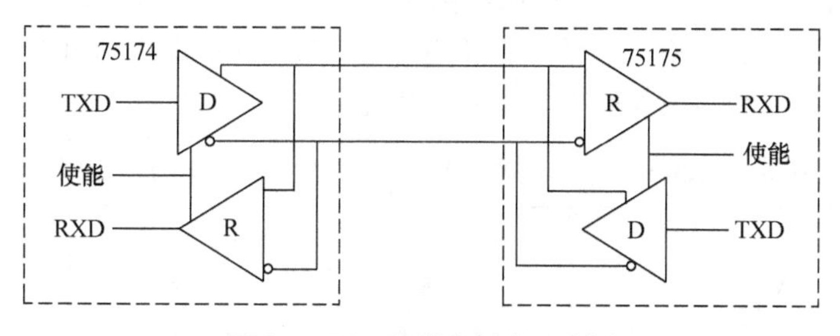

图 8-7　RS-485 的点对点互连图

RS-422A/485 的驱动电路相当于两个单端驱动器，当输入同一信号时，其两个输出是反相的，差分接收器只接收差分输入电压，差分接收器可以区分0.2V以上的电位差，故即使存在共模干扰信号，也可进行长距离传输。

RS-422A/485差分信号的传输线为双绞线，常用的2芯双绞线的电阻值为100Ω，因此，两根信号线之间连接的匹配电阻为100Ω。更为常用的端接方法是在每根信号线与地之间连接50Ω的电阻，这种方法有助于两根信号线保持平衡。

RS-485为半双工，只有一对平衡差分信号线，不能同时发送和接收。使用RS-485通信接口和双绞线可组成串行通信分布式网络，如图8-8所示。系统中最多可有32个站，新的接口器件已允许连接128个站。

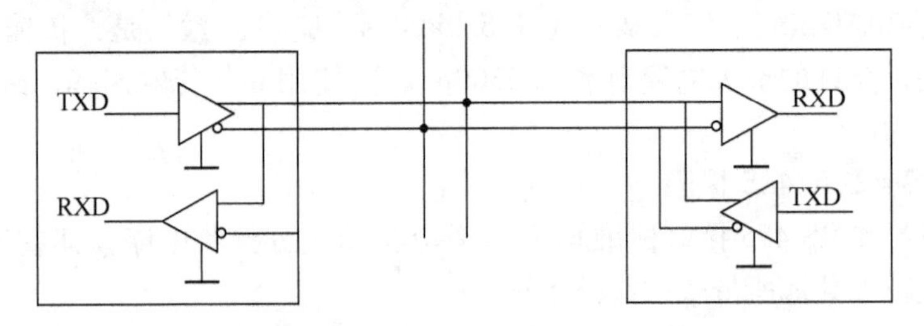

图8-8 RS-485通信接口和双绞线组成串行通信网络

RS-485的电气特性：发送端，逻辑“1”以两线间的电压差为+2～+6V表示；逻辑“0”以两线间的电压差为-6～-2V表示。接收端，A比B高200mV以上即认为是逻辑“1”；A比B低200mV以上即认为是逻辑“0”。接口信号电平比RS-232C降低了，就不易损坏接口电路的芯片，且该电平与TTL电平兼容，可方便与TTL电路连接。RS-485接口是采用平衡驱动器和差分接收器的组合，抗共模干扰能力强，即抗噪声干扰性好。

因为RS-485接口具有良好的抗噪声干扰性、长的传输距离和多站能力等优点，使其成为首选的串行接口。而RS-485接口组成的半双工网络，一般只需两根连线，所以RS-485接口均采用屏蔽双绞线传输。RS-485接口连接器采用DB-9的9芯插头座，智能终端RS-485接口采用DB-9（孔）。在工业环境中，一般希望用最少的信号线完成通信任务，所以，在变频器网络中应用串行总线RS-485比较普遍。

表8-2所示为三种串行通信接口EIA RS-232C、RS-422C和RS-485的驱动台数、物理连接距离和传输速率等主要性能参数。

表8-2 RS-232C、RS-422C和RS-485的主要性能参数对照表

电气接口性能	RS-232C	RS-422C	RS-485
驱动接收方式	单端	差分	差分
可连接的台数	1台驱动器 1台接收器	1台驱动器 10台接收器	32台驱动器 32台接收器
最大传输距离/m	15	1200	1200

（续）

电气接口性能	RS-232C	RS-422C	RS-485
最大传输速率/(bit/s)	20k	10M	10M
驱动器输出最大开路电压/V	±25	在输出之间为 6	在输出之间为 6
驱动器加载输出最小电压/V	±5～±15	在输出之间为 1.5	在输出之间为 1.5
驱动器输出阻抗/Ω	300	100	54
驱动器输出电路最大电流/mA	±500	±150	±150
驱动器输出摆动速率	30V/μs	不必控制	不必控制
接收器输入阻抗/kΩ	3～7	≥4	>12
输入电压阈值/V	-3～3	-0.2～0.2	-0.2～0.2
输入电压范围/V	-25～25	-7～7	-7～12

三、CAN 通信接口

CAN 是控制器局域网络（Controller Area Network）的简称，是由以研发和生产汽车电子产品著称的德国 BOSCH 公司开发的，并最终成为国际标准（ISO 11898），是国际上应用最广泛的现场总线之一。CAN 总线协议已经成为嵌入式工业控制局域网的标准总线，它的出现为分布式控制系统实现各节点之间实时、可靠的数据通信提供了强有力的技术支持。CAN 典型的应用协议有：SAE J1939/ISO11783、CANopen、CANaerospace、DeviceNet、NMEA 2000 等。

CAN 是一种有效支持分布式控制或实时控制的串行通信网络，只有 2 根线与外部相连，通信介质可以是双绞线、同轴电缆或光导纤维，通信距离最远可达 10km（速率低于 5kbit/s），速率可达到 1Mbit/s（通信距离小于 40m）。CAN 总线通过 CAN 收发器接口芯片 82C250 的两个输出端 CANH 和 CANL 与物理总线相连。CANH 端的状态只能是高电平或悬浮状态，CANL 端的状态只能是低电平或悬浮状态。这就保证了当系统有错误而出现多节点同时向总线发送数据时，不会导致总线呈现短路，从而损坏某些节点的现象。而且 CAN 节点在错误严重的情况下具有自动关闭输出功能，以使总线上其他节点的操作不受影响。

CAN 总线通信接口中集成了 CAN 协议的物理层和数据链路层功能，可完成对通信数据的成帧处理，包括位填充、数据块编码、循环冗余检验、优先级判别等工作。CAN 协议的一个最大特点是废除了传统的站地址编码，而代之以对通信数据块进行编码。采用这种方法的优点可使网络内的节点个数在理论上不受限制，数据块的标识符可由 11 位或 29 位二进制数组成，因此可以定义 2 或 2 个以上不同的数据块，这种按数据块编码的方式，还可使不同的节点同时接收到相同的数据，这一点在分布式控制系统中非常有用。数据段长度最多为 8 个字节，可满足通常工业领域中控制命令、工作状态及测试数据的一般要求。同时，8 个字节不会占用总线时间过长，从而保证了通信的实时性。CAN 协议采用 CRC 检验并可提供相应的错误处理功能，保证了数据通信的可靠性。

CAN总线采用多主竞争式总线结构，具有多主站运行和分散仲裁的串行总线以及广播通信的特点。CAN总线上任意节点可在任意时刻主动地向网络上其他节点发送信息而不分主次，因此可在各节点之间实现自由通信。

CAN总线采用位仲裁实现总线分配的方法，可保证当不同的站申请总线存取时，明确地进行总线分配。这种位仲裁的方法可以解决当两个站同时发送数据时产生的碰撞问题。不同于Ethernet网络的消息仲裁，CAN的非破坏性解决总线存取冲突的方法，确保在不传送有用消息时总线不被占用。甚至当总线在重负载情况下，以消息内容为优先的总线存取也被证明是一种有效的系统。虽然总线的传输能力不足，所有未解决的传输请求都将按重要性顺序来处理，不会因过载而崩溃。

8.2.3 变频调速系统通信抗干扰技术

随着电力电子技术、微电子技术及控制理论的发展，变频器以高效率的驱动性能、良好的控制特性以及优越的节能特性等优点，已被广泛应用于各种电动机速度控制领域。变频器作为电力电子设备，其内部的电子元器件、控制芯片等核心部件，易受外界的电气干扰。因变频器本身的整流和逆变部分工作时具有陡峭的上升沿和下降沿，故在其输入、输出侧电压、电流中含有丰富的谐波污染和高频噪声，使其成为严重的射频干扰产生源。由这种传导和辐射引起的电磁干扰会导致通信及灵敏的数控电路误动作，从而恶化了电磁环境。因此变频调速系统在投入工作时，既要防止外界对变频器的干扰，又要抑制变频调速系统对外界产生的电磁干扰。在实际使用过程中，经常遇到变频器谐波干扰问题。因此，抗干扰措施（尤其是对如何解决传导发射CE101、CE102超标的问题）的设计对于变频调速系统的设计是一个重要的课题。

1. 变频调速系统干扰的传输途径及危害

变频调速系统的对外干扰主要在3个有足够功率流动的主电路中产生，即变频器的输入电路、连接到直流电路上的制动电路以及变频器的输出电路。作为干扰源，其干扰途径一般分为传导、辐射和传导辐射同时衍生等，主要途径如图8-9所示。

从图中可以看出，变频调速系统产生的传导干扰反馈到电网，对电源输入端所连接的电子设备有很大的影响，同时输出端产生的传导干扰使直接驱动的电动机铜损、铁损大幅度增加，影响了电动机的运转特性。变频器产生的辐射干扰对周围的电子接收设备产生强烈的污染影响。

2. 变频调速系统干扰的抑制措施

在制定抑制干扰措施时，首先要找到干扰源和干扰发生的失效机理。优先按照在源处抑制的原则进行处理。在分析失效机理时，首先要分清干扰是属于传导还是辐射，而且对于传导干扰还需分清共模和差模。这样才能采用简单而有效的低费用抑制技术对干扰进行针对性的处理。

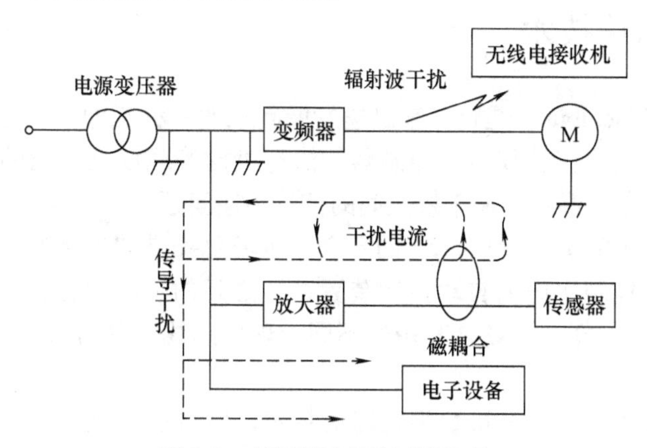

图 8-9 变频调速系统干扰途径

变频器在工作时，整流与逆变等非线性部分在开关状态下，上升和下降沿有陡峭的电流斜率是高次谐波和高频噪声的产生源，主要以传导发射和电磁场形式辐射的电磁干扰为主。在变频调速传动系统电磁兼容性设计中，主要技术有屏蔽、接地、滤波几大技术，如图 8-10 所示。

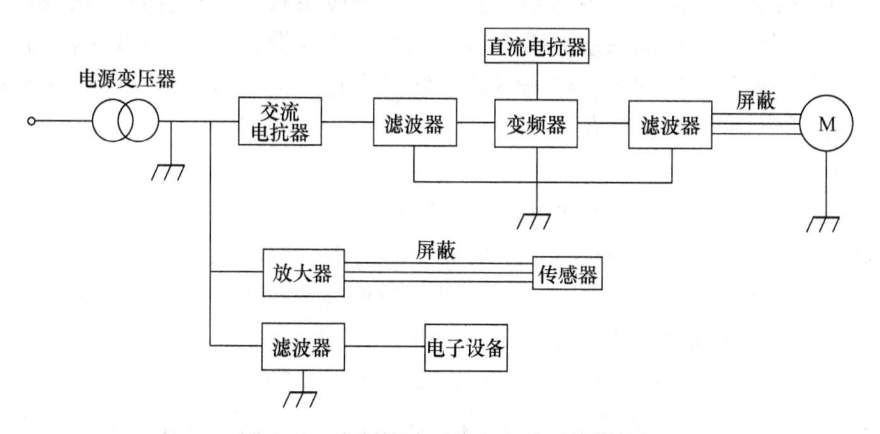

图 8-10 变频调速系统主电路干扰措施

对于变频器产生的电磁场辐射电磁干扰，一般采用变频器本身及输出线进行屏蔽的方式处理，并且输出线与其他弱信号线进行分别配线，附近的其他敏感电路也最好进行屏蔽处理。对于变频器产生的传导发射干扰导致 CE101、CE102 超标，主要采用电抗器、滤波器和良好的接地方式相结合，把有用信号以外的频谱分量加以控制。同时传导发射干扰也是属于比较复杂和难以控制的干扰模式。在工程实践中对电磁兼容要求高的设备一般需要着重解决的是传导发射干扰。

实践证明，适当选配滤波器、电抗器与变频器配套使用能有效减小传导发射干扰，并可提高变频器的功率因数，可较好地解决 CE101、CE102 问题。

8.3 现场总线技术

现场总线（Fieldbus）是近年来迅速发展起来的一种工业数据总线，它主要解决工业现场的智能化仪器仪表、控制器、执行机构等现场设备间的数字通信以及这些现场控制设备和高级控制系统之间的信息传递问题。

根据国际电工委员会 IEC 1158 的定义，现场总线是“安装在生产过程区域的现场设备仪表与控制室内的自动控制装置系统之间的一种串行、数字式、多点通信的数据总线”。根据使用场合和用途不同，现场总线又分为 H1 低速现场总线和 H2 高速现场总线。

现场总线技术采用计算机数字化通信技术，使自控系统与现场设备加入到工厂信息网络，成为企业信息网络的底层，使企业信息沟通的覆盖范围一直延伸到生产现场。现场总线技术是实现工厂底层信息集成的关键技术，是支撑现场级与车间级信息集成的技术基础。

8.3.1 常用的现场总线种类

变频器是运动控制系统中的功率变换器，是应用较广的工业自动化装置，目前在大部分总线网络控制系统中都有各种系列的变频器，变频器在网络中的参数设计是控制系统的重要内容，也是保证系统可靠运行的关键。目前，与变频器相关的常用现场总线种类主要有：

1. Modbus

Modbus 是一种基于主/从结构的开放式串行通信协议，是 Modicon 公司（现在的施耐德电气 Schneider Electric）于 1979 年为使用可编程序逻辑控制器（PLC）通信而发表。Modbus 已经成为工业领域通信协议的业界标准（De facto），并且现在是工业电子设备之间常用的连接方式。Modbus 比其他通信协议使用的更广泛的主要原因有：1）公开发表并且无版权要求；2）易于部署和维护。

Modbus 允许多个（大约 240 个）设备连接在同一个网络上进行通信。Modbus 协议目前存在用于串口、以太网以及其他支持互联网协议网络的版本。

大多数 Modbus 设备通信通过串口 EIA-485 物理层进行。

2. CANopen

CANopen 是一种架构在 CAN 上的高层通信协定，包括通信子协定及设备子协定，常在嵌入式系统中使用，也是工业控制常用到的一种现场总线。

CANopen 实现 OSI 模型中的网络层及以上层的协定。CANopen 标准包括寻址方案、数个小的通信子协定，以及由设备子协定所定义的应用层。CANopen 由非营利组织 CiA 进行标准的起草及审核工作，基本的 CANopen 设备及通信子协定定义在 CiA 301 中。针对个别设备的子协定以 CiA 301 为基础再进行扩充，如针对 I/

O 模组的 CiA401 和针对运动控制的 CiA402。

3. Profibus

Profibus 是由 Siemens（西门子）公司提出并极力倡导的德国国家标准 DIN19245 和欧洲标准 EN50170，是一种开放而独立的总线标准，在机械制造、工业过程控制、智能建筑中充当通信网络。Profibus 由 Profibus-DP、Profibus-PA 和 Profibus-FMS 三个系列组成。

Profibus-PA（Process Automation）用于过程自动化的低速数据传输，其基本特性同 FF 的 H1 总线，可以提供总线供电和本质安全，并得到了专用集成电路（ASIC）和软件支持。

Profibus-DP 与 Profibus-PA 兼容，基本特性同 FF 的 H2 总线，可实现高速传输，适用于分散的外部设备和自控设备之间的高速数据传输，用于连接 Profibus-PA 和加工自动化。

Profibus-FMS 适用于一般自动化的中速数据传输，主要用于传感器、执行器、电气传动、PLC、纺织和楼宇自动化等。实现对变量的访问、程序调用、运行控制及事件管理等。

后两个系列采用 RS-485 通信标准，传输速率为 9.6kbit/s～12Mbit/s，最大传输距离在 9.6kbit/s 下为 1200m，在 12Mbit/s 下为 200m，可采用中继器延长至 10km，传输介质为双绞线或者光缆，最多可挂接 127 个站点。介质存取控制的基本方式为主站之间的令牌方式和主站与从站之间的主从方式，以及综合这两种方式的混合方式。Profibus 是一种比较成熟的总线，在工程上应用十分广泛。

4. ProfiNet

ProfiNet 由 Profibus 国际组织（PI）推出，是新一代基于工业以太网技术的工业自动化通信标准。ProfiNet 是适用于不同需求的完整解决方案，其功能包括 8 个主要的模块，依次为实时通信、分布式现场设备、运动控制、分布式自动化、网络安装、IT 标准和信息安全、故障安全和过程自动化，并且完全兼容工业以太网和现有的现场总线（如 Profibus）技术。ProfiNet 将工厂自动化和企业信息管理层 IT 技术有机地融为一体，同时又完全保留了 Profibus 现有的开放性。

为满足不同现场应用对通信系统实时性的不同要求，根据响应时间不同，ProfiNet 网络支持下列 3 种通信方式：1）TCP/IP 标准通信，TCP/IP 是针对 ProfiNet CBA 及工厂调试用，其反应时间约为 100ms；2）实时（RT）通信，ProfiNet 提供了一个优化的、基于以太网第二层（Layer2）的实时通信通道，是针对 ProfiNet CBA 及 ProfiNet IO 的应用，其反应时间小于 10ms；3）同步实时（IRT）通信，IRT 是针对驱动系统的 ProfiNet IO 通信，其反应时间小于 1ms。

ProfiNet 提供工程设计工具和制造商专用的编程和组态软件，使用这种工具可以从控制器编程软件开发的设备来创建基于 COM 的自动化对象，这种工具也将用于组态基于 ProfiNet 的自动化系统，使用这种独立于制造商的对象和连接编辑器可减少开发时间。

ProfiNet 支持工具调用接口（TCI），每一个设备制造商用任何支援 TCI 机能的软件进行现场设备的参数化和诊断，无须退出程序。

ProfiNet 有许多的应用行规，例如针对编码器的应用行规，也有针对运动控制（Profidrive）及机能安全（Profidrive）的应用行规。

5. EtherCAT

EtherCAT（以太网控制自动化技术）是一个开放架构，以以太网为基础的现场总线系统，其名称的 CAT 为控制自动化技术（Control Automation Technology）字首的缩写。EtherCAT 是确定性的工业以太网，最早是由德国的 Beckhoff 公司研发。

EtherCAT 的拓扑可以用网络线、分枝或是短线（stub）作任意的组合。有 3 个或 3 个以上以太网接口的设备就可以当做分接器，不一定要用网络交换器。由于使用 100BASE-TX 的以太网物理层，两个设备之间的距离可以到 100m，一个 EtherCAT 区段的网络最多可以有 65535 个设备。

EtherCAT 的周期时间短，是因为从站的微处理器不需处理以太网的封包，所有程序资料都是由从站控制器的硬件来处理。此特性再配合 EtherCAT 的机能原理，使得 EtherCAT 可以成为高性能的分散式 I/O 系统。

EtherCAT 同时支援 CANopen 设备行规及 Sercos 驱动器行规。

6. CC-Link

CC-Link 是 Control&Communication Link（控制与通信链路系统）的缩写，在 1996 年 11 月，由三菱电机为主导的多家公司推出。在其系统中，可以将控制和信息数据同时以 10Mbit/s 高速传送至现场网络，具有性能卓越、使用简单、应用广泛、节省成本等优点。其不仅解决了工业现场配线复杂的问题，同时具有优异的抗噪性能和兼容性。CC-Link 是一个以设备层为主的网络，同时也可覆盖较高层次的控制层和较低层次的传感层。

7. DeviceNet

DeviceNet 总线由开放式设备网络供应商协会（ODVA）管理，定义 OSI 模型七层架构中的物理层、数据链路层及应用层。DeviceNet 为简单设备提供成本节省的联网解决方案，能够从多个厂商所提供的智能型传感器/执行器采集数据；提供主从（Master/slave）、逢变则报（Change-of-State）和对等通信能力；生产者/客户网络服务支持在同一链路上完整实现设备组态、实时控制、信息采集等全部网络功能；应用 DeviceNet 接口的设备；可降低成本、减少布线、方便安装。

DeviceNet 网络采用通用工业协议（CIP），其基于 CAN 技术，传输率为 125~500kbit/s，每个网络的最大节点为 64 个。位于 DeviceNet 网络上的设备可以自由连接或断开，不影响网上的其他设备。DeviceNet 网络是灵活、开放的网络技术，能够连接来自多个不同厂商的设备。

DeviceNet 网络现已广泛用于制造业、过程自动化、楼宇、电力、煤炭等工业领域。

8. 基金会现场总线（FF）

FF是以美国Fisher-Rousemount公司为首的联合了横河、ABB、西门子、英维斯等80家公司制定的ISP协议和以Honeywell公司为首的联合欧洲等地150余家公司制定的WorldFIP协议于1994年9月合并的。该总线在过程自动化领域得到了广泛的应用，具有良好的发展前景。

FF采用国际标准化组织ISO的开放化系统互联OSI的简化模型（1、2、7层），即物理层、数据链路层、应用层，另外增加了用户层。FF分低速H1和高速H2两种通信速率，前者传输速率为31.25kbit/s，通信距离可达1900m，可支持总线供电和本质安全防爆环境。后者传输速率为1Mbit/s和2.5Mbit/s，通信距离为750m和500m，支持双绞线、光缆和无线发射，协议符合IEC1158-2标准。FF的物理媒介的传输信号采用曼彻斯特编码。

8.3.2　现场总线控制系统的特点

1. 信息集成度高

现场总线可以从现场设备中获取大量丰富的信息，它不单纯取代4~20mA信号，还可以实现现场设备状态、故障、参数信息的传递。系统除了完成远程控制，还可以完成远程参数化工作。现场总线能够很好地满足工厂自动化、CIMS系统的信息集成要求，实现办公自动化与工业自动化的紧密结合，形成新型的管控一体化的全开放工业控制网络。

2. 开放性、互操作性、互换性、可集成性

不同厂家的产品，只要使用同一总线标准，就具有互操作性、互换性，设备具有很好的可集成性。系统为开放式，允许其他厂商将自己专长的控制技术，如控制算法、工艺流程、配方等集成到通用的系统中。

3. 系统的可靠性高、维护性能好

现场总线采用总线方式替代一对一的I/O连接，对于大规模的I/O系统来说，减少了由于接线点造成的不可靠因素。同时，系统具有现场设备的在线故障诊断、报警、记录功能，可完成现场设备的远程参数设定、修改等参数化工作，也增强了系统的可维护性。

4. 实时性好、成本低

现场总线处于通信网络的最底层，完成具体的生产和协调任务，在结构层次上简化，因而实时性好、造价相对低廉。对大范围、大规模的I/O的分布式系统来说，省去了大量的电缆、I/O模块及电缆铺设的工程费用，降低了系统和工程的成本。

现场总线是现场设备互联的最有效手段。它能最大限度地发挥和调度现场及设备的智能处理功能，它在控制设备和传感器之间提供给用户的双向通信能力是

以往任何体系机构都无法提供的。

现场总线以开放的、独立的、全数字化的双向多变量通信代替0~10mA或4~20mA现场仪表信号。现场总线I/O集检测、数据处理、通信为一体，可以代替变送器、调节器、记录仪等模拟仪表。使用现场总线后，自控系统的配线、安装、调试和维护等方面的费用可以大大降低。

8.4 总线控制变频系统

现场总线技术是控制、计算机、通信技术的交叉与集成，涉及的内容十分广泛。自动化系统的网络化是发展的大趋势，现在网络技术日新月异，发展十分迅猛，一些具有重大影响的网络新技术必将进一步融合到现场总线技术之中，这些具有发展前景的现场总线技术有：智能仪表与网络设备开发的软硬件技术；组态技术，包括网络拓扑结构、网络设备、网段互联等；网络管理技术，包括网络管理软件、网络数据操作与传输；人机接口、软件技术；现场总线系统集成技术。

目前，国内外自动化控制系统应用的现场总线主要有Profibus、Modbus、LONWorks、FF、HART、CAN等，多采用一种现场总线；也有两种或者两种以上的现场总线系统共存的情况，这时可以通过总线桥原理来实现现场总线之间的调配。变频器作为自动化控制系统的关键设备，同样需要提供相应的总线通信接口，接入到现场总线控制网络，甚至是工业以太网络中，从而构成总线控制变频系统。

8.4.1 总线控制变频系统的构成

总线控制变频系统的特点，就是通过总线可以控制和监控变频器，如图8-11

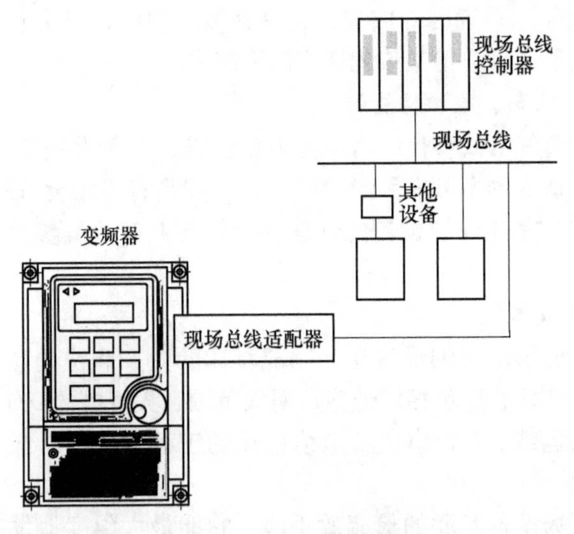

图8-11 现场总线适配器

所示。在该系统中，如果变频器要与现场总线控制系统很好地进行融合，就必须使用专用的现场总线适配器。一般而言，变频器的现场总线模块的应用范围很广，变频器可以与不同的可编程序控制器主站进行连接，因此用户有很大的自由性来选择与变频器相配合的自动化系统。

总线控制变频系统具有以下特点：

1. 对传动进行控制

通过现场总线可以沟通上位控制系统和变频器传动之间的联系。通过传递控制字可以实现对传动的多种控制功能，如起动、停止、复位、控制斜坡发生器的斜率及传递与速度、转矩、位置等有关的给定值或实际值等。

2. 对传动进行监测

传动内部的转矩、速度、位置、电流等一系列参数或实际值都可以设定循环发送模式，以满足生产过程中快速的数据传送。

3. 对传输进行诊断

准确可靠的诊断信息可以从传动设定的报警、极限和故障字中获得，这样就可以降低传动的停机时间，因而减少生产的停工时间。

4. 对传动参数的处理

生产过程中所有参数的上传或下载都可以通过读/写参数来完成。

5. 升级简单

串行通信简化了模块化机械设计的升级问题，使得以后的升级更为简单。

6. 减少安装时间和成本

（1）在电缆方面：用双绞线替换了大量传统的传动控制电缆，不但降低了成本，而且提高了系统的稳定性。

（2）在设计方面：由于软、硬件采用了模块化结构，所以缩短了现场总线控制安装的工期。

（3）在调试和装配方面：由于采用了模块化的机械配置，所以可以对系统中功能各自独立的部分进行预先调试。模块化的结构使得系统的安装变得简单快捷。

8.4.2 Profibus 现场总线技术在输煤系统变频控制中的应用

一、系统介绍及存在问题

皮带给煤机是大中型燃煤电厂必不可少的重要辅助设备。其在输煤专业的主要作用是作为煤源设备，要求必须具备良好的煤量调节能力。20 世纪末期之前的大多数燃煤电厂皮带给煤机都采用电磁离合调速控制方式，这种控制工艺手段的弊端较多，一是调速范围窄，煤量控制模糊，无法做到精确控制；二是煤量调节方式简单，只能在就地进行调节，无法实现中央集控室的实时调节及在线监控。随着电力市场化体制改革的深入及装机容量的不断增加，加之能源市场供应体系的日益复杂，燃煤混配工作开展的好坏已成为制约企业经济效益提高的一个重要因素。这样，原有控制方式就远远不能满足现实需求。为此，将设备控制方式改造成变频调速方式，并利用变频器通信接口与 Profibus 总线实现良好通信，实现远方精确调节煤量及实时在线监控功能。

二、变频系统改造的实施

1. PLC 控制及通信系统

（1）系统方案设计：输煤系统中央控制单元有 2 套 PLC 控制系统（S5 系统及 S7-300 系统），通过工业以太网与上位机构成控制核心。利用 S7-300 系统中 CPU315-2DP 的 Profibus-DP 通信能力，架构 Profibus 总线控制环节，在原有系统的基础上实现给煤机远方变频控制工艺。系统组态如图 8-12 所示。图中标为 RS-485 的设备为 Profibus 模板，它安装于变频器正面，通过 RS-485 串行接口实现与变频器的通信。

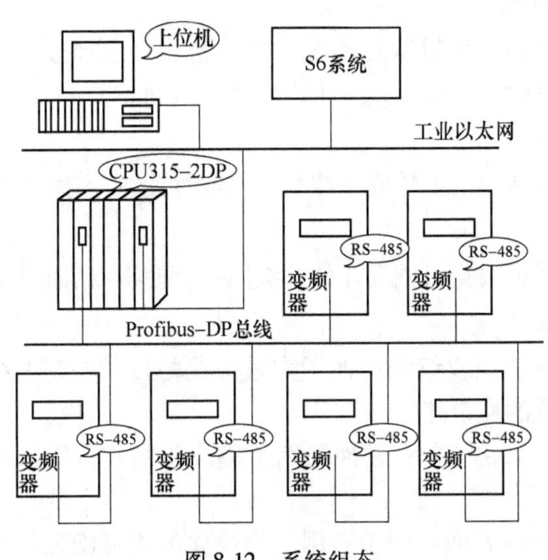

图 8-12 系统组态

（2）软件编制：采用西门子 STEP7 第 5.02 版编程软件，完成系统的组态和工艺逻辑编程。而变频器部分除了常规设置参数外，还设置了专门用于 Profibus-DP 总线控制所需的几个参数，包括改变用户访问级 P003 = 3；确定变频命令源 P0700 = 99；确定变频运行的主设置值 Pl000 = 6；参数 P719 一定要设成 66；确定变频站地址 P719 = 1 ~ 125。

2. 电气设计

分别为每台皮带给煤机设计安装 1 台变频动力控制柜。设有就地/远方操作模式，并可实现无扰动切换。各台变频器采用内置的 RS-485 接口通过 Profibus 模板与 Profibus-DP 现场总线良好通信至中央集控单元，实现远方煤量精确调节及就地设备运行工况等实时指令与数据的传输。

3. Profibus-DP 现场总线的应用

Profibus-DP 现场总线是用 SINEC L2 局域网的部件进行设计的，它使用 Profibus-DP 协议型，该协议是用于分布式 I/O 的模型。它允许少量数据的高速循环通过。如将每台变频器看成一个单独的分布式 I/O 单元，则该系统就简化为在原来系统的基础上增加几个分布式 I/O 单元而已。这样，PLC 和分布式 I/O 具有的高度一致性，在本分支中同样适用。

（1）集中的组态：在使用的西门子 STEP7 第 5.02 版本中，已经有将 MMX440 变频器看成一个独立元的功能，因此，硬件的组态与就地设备的安装位置及安装方式无关。

（2）集中和分布的编程：自动化系统都采用 STEP7 编程，与组态无关，这样允许在编程时不考虑未来的硬件组态。

（3）集中和分布的整体性能：SIMATIC S7 提供有效的系统支持，包括用软件定义变频器的参数、数据之间的交换能力和易于连接的功能模块。

（4）通过 Profibus-DP 进行编程、调试和起动：分布式的自动化系统需要有分布调试的可能性。通过 STEP7，用 CPU 的编程口，同样可以实现对现场的集中编程、诊断和起动。在本系统中采用 S7-300PLC　Profibus-DP 接口通信方式，且在 MMX440 上具有 RS-485 接口，从而可以方便实现变频器给定的数字化控制。

通过这些特性，就可以像以往使用分布式 I/O 系统一样组态并控制多台 MMX440 变频器，同时还可以利用其特点实现系统的闭环控制。

4. 上位机功能的扩展

皮带给煤机煤量调节指令及设备运行状况回馈信号都是一些可变量。如果单纯地在 PLC 控制系统中实现所要完成的功能，势必要增加模拟量输入输出模块及装置，这样不但增加了资金的投入，还会使系统变得更为复杂。而用上位机相关功能，可以很简便地处理模拟量数据，并通过工业以太网与 S7 系统实现数据共享，从而使得系统控制方式更为灵活，人机对话方式更为友好。

8.4.3　CC-Link 现场总线技术在调和罐变频控制中的应用

一、CC-Link 总线概况

（一）CC-Link 的通信原理

CC-Link 的底层通信协议遵循 RS-485，具体通信方式如图 8-13 所示。

一般情况下，CC-Link 主要采用广播-轮询的方式进行通信。具体的方式是：主站将刷新数据（RY/RWw）发送到所有从站，与此同时轮询从站 1；从站 1 对主站的轮询做出响应（RX/RWr），同时将该响应告知其他从站；然后主站轮询从站 2（此时并不发送刷新数据），从站 2 给出响应，并将该响应告知其他从站；依此

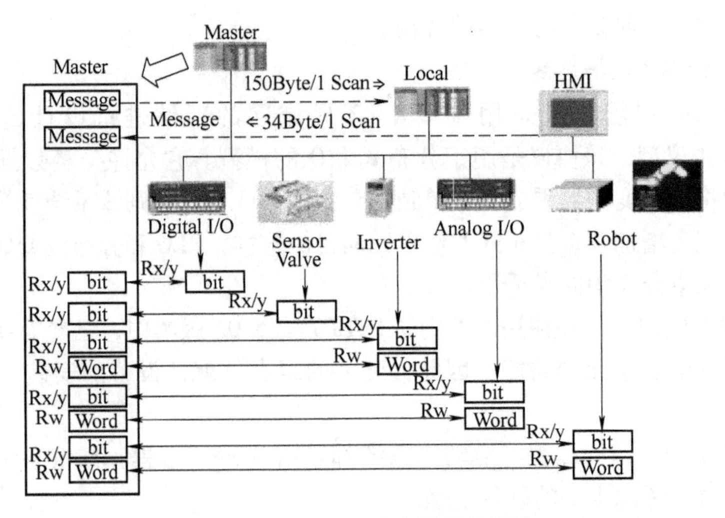

图 8-13 CC-Link 的底层通信协议

类推，循环往复。除了广播-轮询方式以外，CC-Link 也支持主站与本地站、智能设备站之间的瞬时通信。从主站向从站的瞬时通信量为150Byte/数据包，由从站向主站的瞬时通信量为34Byte/数据包。瞬时传输不会对广播轮询的循环扫描时间造成影响。

所有主站和从站之间的通信进程以及协议都由三菱现场网络处理器（LSI-MFP）控制，其硬件的设计结构决定了 CC-Link 的高速稳定的通信。

（二）CC-Link 的性能

一般工业控制领域的网络分为 3~4 个层次，分别是上位的管理层、控制层和部件层。部件层也可以再细分为设备层和传感器层。CC-Link 是一个以设备层为主的网络，同时也可以覆盖较高层次的控制层和较低层次的传感器层。

1. CC-Link 的网络结构

现场总线 CC-Link 的一般系统结构如图 8-14 所示。在一般情况下，CC-Link 整个一层网络可以由 1 个主站和 64 个子站组成。它采用总线方式通过屏蔽双绞线进行连接。网络中的主站由三菱电机 FX 系列以上的 PLC 或计算机担当。子站可以是远程 I/O 模块、特殊功能模块、带有 CPU 的 PLC 本地站、人机界面、变频器、伺服系统、机器人及各种测量仪表、阀门、数控系统等现场仪表设备。如果需要增强系统的可靠性，则可以采用主站和备用主站冗余备份的网络系统构成方式。采用第三方厂商生产的网关还可以实现从 CC-Link 到 ASI、S-Link、Unit-Wire 等网络的连接。

2. CC-Link 的传输速度和距离

CC-Link 具有高速的数据传输速度，最高可以达到 10Mbit/s。其数据传输速度随距离的增长而逐渐减慢。传输速度和距离的对应关系见表 8-3。

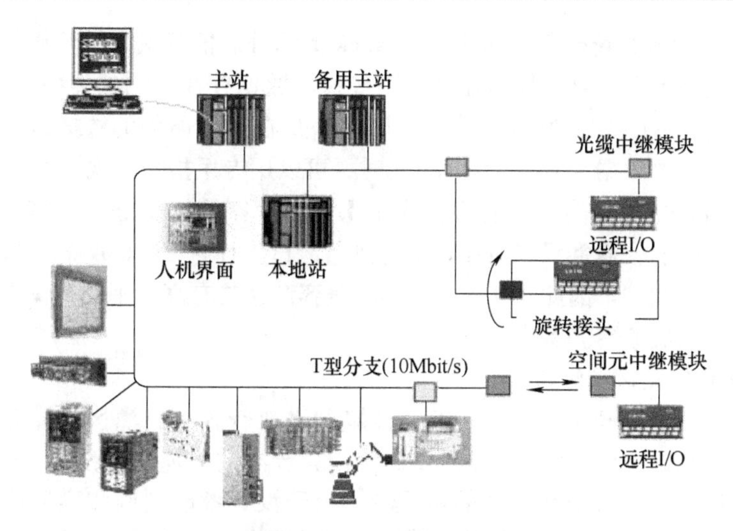

图 8-14 现场总线 CC-Link 的一般系统结构

表 8-3 传输速度和距离的对应关系

传输速度/(bit/s)	不带中继器	带光中继器	带 T 型分支
10M	100m	4300m	110m
5M	150m	4450m	1650m
2.5M	200m	4600m	2200m
625k	600m	5800m	6600m
156k	1200m	7600m	13200m

CC-Link 的中继器目前有多种，包括 T 型分支中继器、光缆中继器、红外中继器等。

3. CC-Link 丰富的功能

（1）自动刷新、预约站功能：CC-Link 网络数据从网络模块到 CPU 是自动刷新完成的，不必有专用的刷新指令。若要安排预留以后需要挂接的站，则可以事先在系统组态时加以设定。当此设备挂接在网络上时，CC-Link 可以自动识别，并纳入系统的运行，不必重新进行组态，保持系统的连续工作，方便设计人员设计和调试系统。

（2）完善的 RAS 功能：RAS 是 Reliability（可靠性）、Availability（有效性）、Serviceability（可维护性）的缩写。

（3）互操作性和即插即用功能：CC-Link 提供给合作厂商描述每种类型产品的数据配置文档。这种文档给出的内存映射表用来定义控制信号和数据的存储单元（地址）。然后，合作厂商按照这种映射表的规定，进行 CC-Link 兼容性产品的开发工作。以模拟量 I/O 开发工作表为例，在映射表中，位数据 RX0 被定义为“读准备好信号”，字数据 RWr0 被定义为模拟量数据。

（4）循环传送和瞬时传送功能：CC-Link的两种通信模式为循环通信和瞬时通信。循环通信是数据一直不停地在网络中传送。数据存在不同的类型，可以共享，由CC-Link核心芯片MFP自动完成。瞬时通信是在循环通信的数据量不够用，或需要传送不太大的数据（最大960Byte）时，可以用专用指令实现一对一的通信。

（5）优异的抗噪性能和兼容性：为了保证多厂家网络良好的兼容性，一致性测试是非常重要的，通常只是对接口部分进行测试。而且CC-Link的一致性测试程序包含了抗噪声测试。因此，所有CC-Link兼容产品具有高水平的抗噪声性能。

二、变频系统改造的实施

1. 系统介绍及存在问题

在对润滑油进行调制过程中，调和油罐的进口管路来自灌区的储罐，调和液由自压压入调和罐。出口由一台37kW的交流异步电动机拖动一台37kW的离心泵以额定转速运转。此系统在设计的过程中，由于没有考虑到调和罐液位为纯滞后和无自衡过程及进口管路所连接的储罐随着液位变化的压力变更导致流速的变化，所以经常会出现油罐被抽干的现象，导致调和过程不能顺利进行。鉴于此，采用对出口电动机主回路增加变频器，使电动机由工频运行模式改造为变频运行，并在调和罐中增加投入式差压传感器来测量液位。通过PLC控制变频器运行。由于现场离电控室距离在200m左右，并且变频器安装在电控室内的配电屏上，所以采用现场总线网络实现现场控制箱与电控室内的变频器和远程I/O的连接。通过此种方法，极大地节约了连接电缆的成本和施工的费用，可靠性很高。

2. 系统构成

CC-Link网络由主站（如Q series CPU、A series等）、从站（远程数字I/O、远程模拟I/O、远程高速计数模块、远程操作员面板、远程RS-232接口、变频器等）组成。主站与从站的通信由2块主-从通信模块完成，主站与从站均连在一根双绞线上，主站靠站地点来辨识从站，每一个从站都有一个不同的站号，主站发送的信息，只有相同的站号方可接受。主站与从站的通信刷新速率极高，从而保证了信号的实时性。

选用三菱Q系列CPU模块及其扩展模块，见表8-4。

表8-4 控制模块类型表

模块名称	模块型号	模块数量	备注
主站CPU模块	Q00J	1	三菱Q系列
主站开入模块	QX40	1	Q系列16点开关量输入模块
主站开出模块	QY10	1	Q系列16点开关量输出模块
主站模拟量输入模块	Q64AD	2	4点模拟量输入模块（全功能）
CC-Link主站模块	QJ61BT11	1	CC-Link主站模块
远程站模块	AJ655BTBI-16T	2	远程I/O站16点输入晶体管模块
变频器控制模块	A7NC	4	CC-Link变频器控制模块

本系统选择三菱Q系列PLC及其扩展模块，采用CC-Link专用主站模块和远程I/O站及变频器专用智能站构建CC-Link网络。三菱Q系列PLC可以容易地实现对总线连接及通信可靠性测试，并具有上电自动在线、自动屏蔽出错站等人性化功能，为系统的设计和调试带来极大方便。

3. 控制策略及实现

根据现场的工艺缺陷，采用串联调节控制，调和罐液位串联调节控制示意图如图8-15所示。要求使被控液位稳定在接近罐顶的某一位置，并且鲁棒性要好，对于入口的流量和流速变化有较好的适应性和控制作用。根据工艺要求可得到本系统为典型的定值控制系统，需要稳定在扰动作用下的罐内液位。PID控制是迄今为止最通用的控制方法，各种DCS、智能调节器等均采用该方法或其较小的变形来控制。

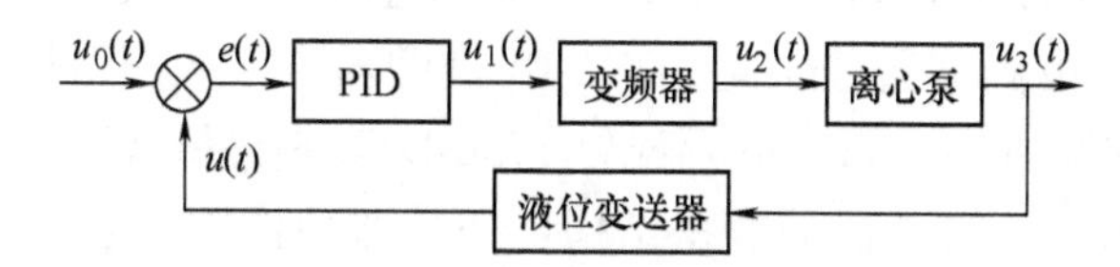

图8-15　调和罐液位串联调节控制示意图

Q系列PLC中内部带有PID调节功能，通过调用相应指令设置比例、积分、微分系数，来实现PID功能。如图8-15所示，液位变送器反馈液位信息与给定值进行比较，得出偏差$e(t)$，由于液位控制系统的特点，宜用纯比例控制（P控制），如下式所示，选择较大的比例系数加快系统的调节过程和鲁棒性。

$$u(t)=K_c e(t)+u_0(t)$$

通过PLC内部的PID算法控制变频器的输出频率进而控制离心泵的转速，从而控制泵的出口流量，实时地调节系统的出入口的流量差，以实现液位稳定。

现场总线控制系统作为一种全数字化、网络化、开放化和分布式的新型控制系统，具有高度的可靠性和互操作性的特点。极大地节省了电缆的敷设和施工的费用。采用CC-Link现场总线实现PLC和变频器之间的通信控制，为控制策略的选择提供了极大的灵活性，并且对控制系统的日后扩容和被控对象在日后的增设提供了更大的灵活性。

8.4.4 DeviceNet总线技术在变频恒压供水控制系统中的应用

近年来国内大型矿井多采用美国RocKWell工业控制产品构成矿井综合自动化调度监控网络，该网络采用三层结构：信息层、控制层、设备层。在信息层采用以太网，通过TCP/IP协议，将可编程序控制器、网关、人机接口和控制软件连接至企业的信息系统；在自动化和控制层，采用ControlNet，DH+，RI/O等，实现实时I/O控制、闭锁和报文传送，保证了控制信息的实时性和确定性；在设备层，采用具有DeviceNet接口的设备，降低成本、减少布线、方便安装，并可实现故障自动诊断。三层网络间通过网关及相应通信软件，将不同速率、不同网络协议的设备网、控制网、信息网进行异型网络互连，构成企业管控一体化的基础平台。

某矿恒压供水系统由三台供水泵、压力气罐和母管压力传感器组成，三台供水泵中有变频器控制的水泵（可任意设定）、工频运行泵和备用泵各一台。

1. DeviceNet网络组成

DeviceNet网络是基础设备层的集成网络，其连接1#、2#、4#高压开关柜的分布式I/O（FlexI/O）、电力监测模块PM3K和变频泵的控制器ACS600系列变频器。

2. 变频器在网络中的配置

（1）变频器适配器的配置：变频器广泛应用于交流传动系统，可以根据不同的控制对象、不同的工作环境和网络需要配置不同的接口板或适配器。在DeviceNet网络中，变频器通过配置NDNA-01适配器卡接入网络；作为完成恒压供水子系统控制的PLC（ControlLogix）配置1756-DNB扫描模块采集网络中各节点的信息和下发控制指令。变频器的数据结构：变频器的控制参数主要包含控制字和状态字。控制字提供了变频器的控制逻辑，状态字提供变频器设备运行状态。可以利用变频器的控制字和状态字对变频器实现控制和监测。

（2）变频器在网络中的组态：作为控制DeviceNet网络中各节点设备的可编程序控制器PLC，在对网络中设备的控制时多采用主从（Master/slave）的通信方式，因此PLC对变频器采用主从（Master/slave）的通信方式。现场工程师在矿井调度中心利用DeviceNet组态软件RSNet Worx ForDeviceNet进行组态，从而使变频器内部的通信数据在PLC的Scanner模块（1756-DNB）建立相应的映象区。

主要步骤如下：

首先，用变频器上的操作面板设置通信参数，使用RSNet Worx ForDeviceNet软件，并基于RSLINX（罗克韦尔通信接口软件），在线扫描这个设备网络，确认设备“在线”，并上载变频器EDS参数。然后将变频器配置到扫描配置模块列表后，选择轮流检测通信模式，编辑相应的I/O参数，根据变频器所设置的通信参数，选择自动（或人工）映象。打开INPUT和OUTPUT标签将会看到变频器参数在Scanner模块中对应的映象地址。映象输入（INPUT）值为PLC读取变频器的运行频率，映象输出（OUTPUT）值反映PLC向变频器输入的运行频率。这时，变频器就变成PLC的从属设备，变频器通过PID调节母管压力实现恒压供水。程序编制采用RSLogix5000编程软件进行。

（3）控制程序执行过程：当PLC接收到变频器运行的返回信号后，PID调节器开始工作，系统中PID调节利用软件实现。如果用水量大则母管监测的压力信号降低，此时PID调节器进行调节，提高变频器工作频率，反之则降低变频器运行频率。PID的参数可在RSLogix5000梯形图编程软件的对话框中进行设定。

8.4.5　Profibus-Modbus 总线桥在变频器组中的应用

一、总线桥概念

基于现场总线的控制系统要求现场仪表及设备必须具有相同的现场总线接口，而目前的实际情况是多数现场设备（包括变频器等）、传统仪表不具备现场总线接口或不相同的总线接口，此外，国际现场总线标准也不一样。因此将异型总线系统及设备接入现实互连很困难。这时就需要接入总线桥，其功能就是连接两条不同的现场总线，使现场总线间能够实现相互通信。

总线桥就是一个总线转换器，一般具有以下功能：协议转换、数据转换和透明传送。一般的总线桥有三种应用方式。

1）现场总线协议桥产品。

2）通过 RS-232、RS-485 通信接口，将智能现场设备，如变频器、温度巡检仪、回路调节器连接到现场总线上。

3）现场总线网关产品。现场网关系列产品用于不同现场总线之间的接口，如 Profibus-CAN 总线桥。它可以连接 Profibus 总线、CAN 总线。现场总线网关产品还可以用于同一现场总线之间不同协议设置的转换和通信，如连接两个 Profibus 主站不同协议设置的 Profibus-DP/DP 总线桥产品。

现场总线主站转换，是分别在现场总线的主站 PLC 或 IPC 等中插入两块不同的现场总线，利用程序进行内部转换和数据库共享。

二、总线桥在变频器组中的应用

应用总线桥将具有 RS-232/RS-485、Modbus 等通信协议设备连接到 Profibus 总线，如图 8-16 所示。施耐德变频器默认采用 Modbus 协议，通过 Profibus-Modbus 总

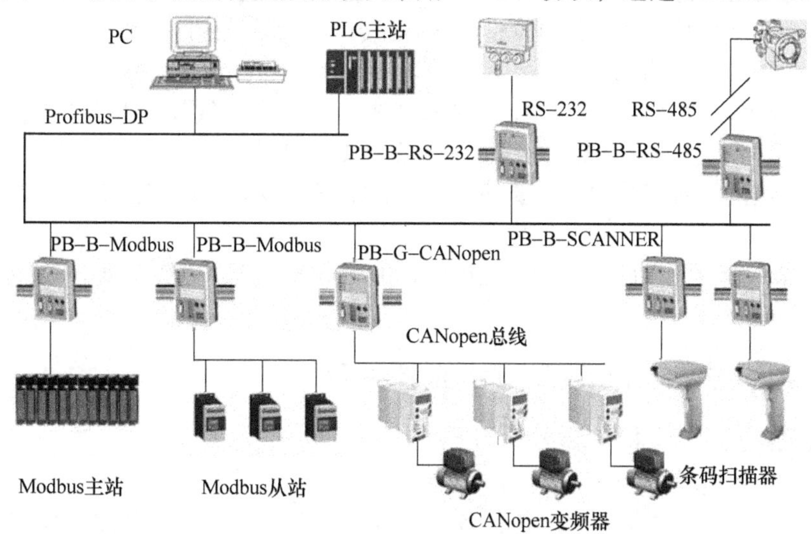

图 8-16　应用总线桥将设备连接到 Profibus 总线

线桥就可以方便地将这些变频器连入到Profibus总线中。其最大的特点在于：只需要一个总线桥就可以方便地对多台变频器进行控制，而无须每台变频器都配备总线桥或者总线适配器，这样可以大大节省成本。

（1）总线桥拨码设置：总线桥在连接两个不同的网络时，必须对所连接的不同系统参数进行相应的设置。该型总线桥在使用时可以通过拨码开关进行主/从功能设置和地址设定。

（2）变频通信控制设置：施耐德变频器的通信设置必须根据总线桥的设置进行匹配。

8.5 PLC控制变频系统

在工业自动化控制系统中，最为常见的是变频器和PLC的组合应用，并产生了多种多样的PLC控制变频器的方法，构成了不同类型的PLC变频控制系统。

PLC是一种数字运算与操作的控制装置。它作为传统继电器的替代产品，广泛应用于工业控制的各个领域。由于PLC可以用软件来改变控制过程，并具有体积小、组装灵活、编程简单、抗干扰能力强及可靠性高等特点，因此特别适用于在恶劣环境下运行。由此可见，变频PLC控制系统在变频器相关的控制中属于最通用的一种控制系统。

目前，PLC控制变频器调速方式大体分为：

1）通过变频器的控制面板或端子进行运行参数的设置，PLC通过编程输出控制起动或停止变频器，变频器运行频率设定可以通过电位器调节给定，或通过控制PLC设定运行参数，然后通过D/A转换模块输出模拟信号（DC0～10V或4～20mA）控制变频器速度，使驱动电动机按给定的速度运转。

2）由于大多数变频器都有RS-485通信接口，用于系统配置和监控，利用PLC与变频器通信控制网络功能，采用基于RS-485通信接口对变频器进行控制，给定速度指令及运行信号完全由PLC编程来完成，该方式电气设计简单、成本较低、信号传输距离较远、抗干扰能力强，适合多台变频器控制。

3）其他网络协议控制，需要外配相应总线网络接口模块或板卡，该方式成本较高。

本节就变频器与西门子PLC、施耐德PLC、台达PLC及欧姆龙PLC组成的控制系统予以介绍。

8.5.1 由变频器与西门子PLC组成的控制系统

一、西门子PLC和USS协议概况

1. 西门子PLC简介

SIMATIC系列PLC适用于各行各业及各种场合中的检测、监测及控制的自动化。其最大的特点：无论在独立运行中或相连成网络皆能实现复杂的控制功能。

SIMATIC 系列 PLC 的出色主要表现在，极高的可靠性，极丰富的指令集，易于掌握，便捷的操作，丰富的内置集成功能，强劲的通信能力，丰富的扩张模块。

在工业应用中，SIMATIC 系列 PLC 使用范围可覆盖从替代继电器的简单控制到更复杂的自动化控制，应用领域极为广泛，覆盖所有与自动检测、自动化控制有关的工业及民用领域，包括各种机床、机械、电力设施、民用设施、环境保护设备等，如冲压机床、磨床、印刷机械、橡胶化工机械、中央空调器、电梯控制、运行系统。

2. USS 协议

USS（Universal Serial Interface，即通用串行通信接口）是西门子专为驱动装置开发的通信协议。USS 用于对驱动装置进行参数化操作，即更多地面向参数设置，在驱动装置和操作面板、调试软件（如 DriveES/STARTER）的连接中得到广泛的应用。USS 因其协议简单、硬件要求较低，也越来越多地用于和控制器（如 PLC）的通信，实现一般水平的通信控制。

注意事项：

1）USS 提供了一种低成本的，比较简易的通信控制途径，由于其本身的设计，USS 不能用在对通信速率和数据传输量有较高要求的场合。在这些对通信要求高的场合，应当选择实时性更好的通信方式，如 Profibus-DP 等。

2）USS 协议是使用 PLC 的 0 端口和变频器通信的，对于有两个端口的 S7 系列 PLC 要注意不要使用错误的端口号，而且当端口 0 用于 USS 协议通信时，就不能再用于其他目的了，包括 STEP7 Micro/Win 的通信。

3）在编程时，要注意使用的 V 存储器不要与给 USS 分配的存储器冲突。

4）通信电缆的连线：PLC 端“D”型头，1 接屏蔽电缆的屏蔽层，3 和 8 接变频器的两个通信端子，在干扰比较大的场合接偏置电阻，如图 8-17 所示。

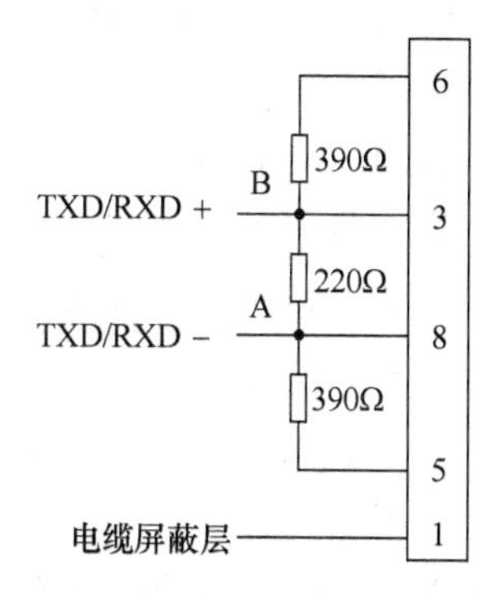

图 8-17　USS 协议硬件接线图

5）USS 的工作机制是：通信总是由主站发起，USS 主站不断循环轮询各个从站，从站根据收到的指令，决定是否响应以及如何响应。从站永远不会主动发送数据。从站只在接收到的主站报文没有错误，并且本从站在接收到主站报文中被寻址时才响应。对于主站来说，从站必须在接收到主站报文之后的一定时间内发回响应。否则主站将视为出错。

二、基于西门子 PLC 的变频器液位控制系统

（一）系统介绍

1. 系统的控制要求

1）系统要求用户能够直观的了解现场设备的工作状态及水位的变化；

2）用户可以远程自行设置水位的高、低，以及控制变频器的起动、停止；

3）变频器及其他设备的故障信息能够及时反映在远程 PLC 上；

4）具有水位过高、过低报警和提示用户功能。

2. 系统的控制结构

系统控制结构如图 8-18 所示。PLC 采集来自传感器、电动机及变频器等有关信息，变频器控制电动机。采用 PLC 输出的模拟量信号作为变频器的控制端输入信号，从而控制电动机的转速大小，并且向 PLC 反馈自身的工作状态信号。当发生故障时，能够向 PLC 发出报警信号。

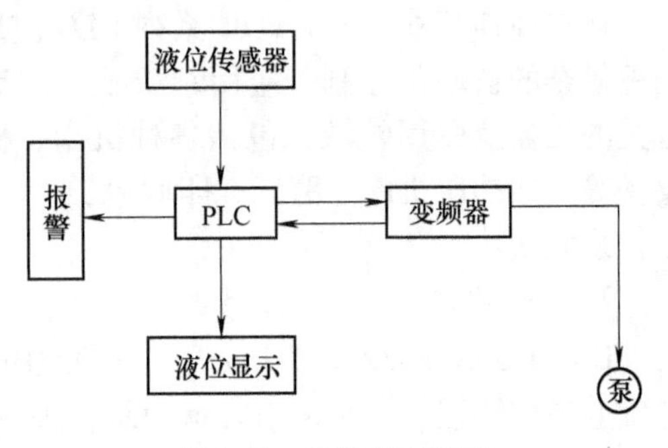

图 8-18　系统控制结构

3. 设备的选型

（1）PLC 及其扩展模块的选型：本系统包括一台电动机、一个液位传感器、一个变频器、5 个继电器，共有 18 个 I/O 点，它们构成被控对象。综合分析各类 PLC 的特点，选择西门子公司的 S7 CPU226 系列 PLC。

由于 CPU226 集成 24 输入/16 输出共 40 个数字量 I/O 点，完全能满足控制要求。另外加上一台模拟量扩展模块 EM235，以连接液位传感器。

（2）变频器模块的选型：采用 ABB 公司的 ABB ACS800 变频器。ACS800 系列传动产品最大的优点就是在全功率范围内统一使用相同的控制技术，如起动向导、自定义编程、DTC 控制、通用备件、通用接口技术及用于选型、调试和维护的通用软件工具，内容起动引导程序，调试简单，自定义编程，内置滤波器、斩波器及电抗器。

（二）控制流程和软件设计

1. 系统的控制流程

（1）程序设计前的准备工作：了解系统概况，形成整体概念，熟悉被控对象，编制出高质量的程序，充分利用手头的硬件和软件工具。

（2）程序框图设计：根据软件设计规格书的总体要求和控制系统的具体要求，确定应用程序的基本结构，按程序设计标准绘制出程序结构框图，然后再根据工艺要求，绘制出各功能单元的详细功能框图。

（3）编写程序：根据设计出的框图逐条地编写控制程序，这是整个程序设计工作的核心部分。

（4）程序测试和调试：软件测试的目的是尽可能多地发现软件中的错误，软件调试的任务是进一步诊断和改正软件中的错误。

（5）编写程序说明书：程序说明书是对程序的综合说明，是整个程序设计工作的总结。

图 8-19 所示为 PLC 水位控制流程图。

2. 程序结构

本程序分为三部分：主程序、各个子程序和中断程序。逻辑运算及报警处理等放在主程序中。系统初始化的一些工作及液位显示放在子程序中完成，用以节省时间。利用定时中断功能实现 PID 控制的定时采样及输出控制。

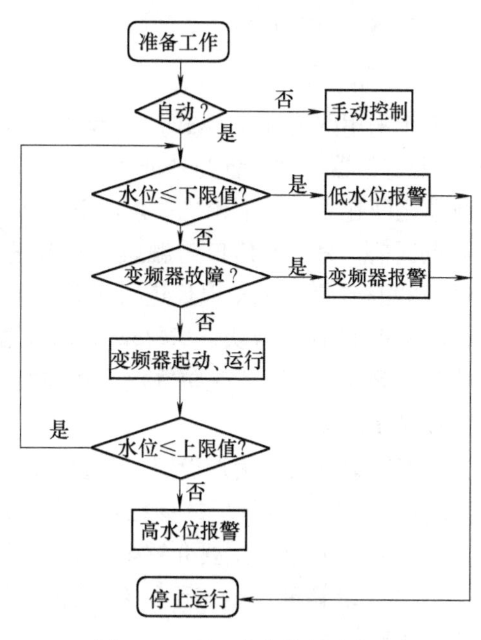

图 8-19　PLC 水位控制流程图

3. PLC 编程软件

STEP7-Micro/WIN 软件可协助用户开发应用程序，除了具有创建程序的相关功能外，还有一些文档管理等工具性功能，可直接通过软件设置 PLC 的工作方式、参数和运行监控等。

该软件可以工作于联机和离线两种工作方式。所谓联机，是指直接与 PLC 连接，允许两者之间进行通信，如上传或下载用户程序和组态数据等。离线则是指不直接与 PLC 联系，所有程序及参数暂时存磁盘，联机后再下载至 PLC。

三、基于西门子 PLC 的牵伸卷绕机系统

（一）系统介绍

牵伸卷绕机主要用于涤纶二步法生产工艺中的牵伸卷绕工序。它集机、电、气、仪于一身，具有高纺速、大卷装、屏幕设定工艺参数、纺丝工艺弹性化等特点，是一种自动化程度很高的新机型。

大型牵伸卷绕机标准机型为双面机型，由 24 节 144 锭组成。要求罗拉、热盘、冷盘、摩擦辊等传动部件按左、右侧分别由 8 台同步电动机传动，左、右槽筒各由一台异步电动机传动；要求电气控制系统既要满足全机程序动作要求，又要具备人机对话、满管自停、无级调速、丝饼成型防叠等功能。

根据设计要求，综合机器的先进性和成本因素，采用了如下配置：

1）人机对话界面采用带 RS-485 通信口的西门子 TP27 触摸显示屏。

2）调速装置选用分辨率为 0.01H_z 的 MMV 型西门子变频器，可使电动机的转速精确达到 0.3r/min，牵伸倍数和卷绕张力的误差控制在 0.02%以内。

3）控制核心选用西门子 S7-216CPU 型 PLC 及 EM232 模拟输出模块，由于 CPU216 具有 2 组通信口，因此 PLC 与触摸屏、变频器三者之间采用网络通信可简

化硬件结构，节约成本。

（二）软件编程

系统采用网络通信模式，故选用CPU216做上位机，10台变频器做下位机，将10台变频器分别设置为站址3~13（PLC站址为2，TP27站址为1），使PLC和变频器之间建立上、下位机关系。CPU216的一组通信口以USS协议与变频器进行点对点通信，另一通信口与触摸显示屏进行点对点通信。在实际操作时，由触摸屏键入的工艺参数进入PLC进行工艺运算，PLC将计算结果按站址传输给各台变频器和EM232模拟模块，EM232将PLC输入的数据转换成三角波模拟电流，输入给槽筒变频器，从而产生防叠丝干扰频率。

1. 人机界面

人机对话界面是用户设定工艺参数的关键，在系统中共有5组主菜单，分别为“系统介绍”“系统管理”“参数设定”“状态显示”“新品试验”。

1）“系统介绍”主要介绍全机的原理、结构、使用和维护指南；

2）“系统管理”是出于工艺的保密性和系统的安全性而设置的口令体系，以防止非法操作；

3）“参数设定”包括纺丝速度、预牵伸比、主牵伸比、卷绕张力、旦数、卷重、三角波幅值、三角波周期等工艺参数的设定；

4）“状态显示”画面显示机器运行时各转动部件的速度和故障报警信息；

5）“新品试验”是供用户试验新产品用的，选择这组菜单在纺丝中可随时修改或设定罗拉、热盘、冷盘、摩擦辊、槽筒的速度和防叠参数，适合化纤厂试验新产品和新工艺使用。

2. 网络通信

当系统上电后，PLC首先判断网络中的TP27是否存在并与之产生通信，通信成功，则PLC依次尝试对本网络中站址为3~13的十台变频器进行通信，并且将每台变频器与PLC通信的结果显示出来。当硬件检测成功后，触摸屏上给出“系统检测成功，允许起动”提示；否则给出相应错误及“系统检测未成功，禁止起动”提示。用户可按“帮助”按钮得到更具体的信息（包括怎样排除故障）。

在开车纺丝前，工艺员应正确设定“参数设定”菜单中的所有参数。“参数设定”画面采用口令保护，非该口令持有人员将无法进入此画面。出于用户系统的安全、可靠性考虑，“参数设定”画面中的参数只有在系统停止运行时才允许用户进行修改，在系统处于运行状态时，“参数设定”画面中的参数将被锁定，禁止修改。

“新品试验”画面区别于“参数设定”，用户在机器运行时可随时修改其工艺参数。由于PLC对此画面的参数是随时访问的，因此任一参数的改变将立即导致系统工作状态的改变。

3. 子程序

（1）满管长度：根据“参数设定”菜单设定的“旦数”“卷重”“纺丝速度”数值，PLC进行满管长度的计算，然后将计算结果送入显示缓冲区进行显示，同时送入长度存储单元作为CPU216满管控制用。计算的满管长度到达后，PLC将产生停机信号，关闭系统。

（2）“软件三角波”功能：在纺丝卷绕过程中，筒子表面后一层丝圈叠压在前一层丝圈，形成叠丝，严重影响丝饼质量。为了解决叠丝问题，需在槽筒运行的速度上叠加一个扰动速度，扰动速度是以三角波形式变化的，通过软件控制EM232输出三角波电流叠加于变频器的模拟量输入口1而实现。三角波的幅度和周期是可以改变的。一般情况下，其变化幅度为槽筒速度的1%~5%，变化周期为15~30s。

（三）使用变频器时应注意的问题

1）三角波模拟电流是输入给槽筒变频器的模拟量输入口1的，因此必须结合实际运行情况，设定变频器的参数P021~P024。

2）西门子变频器对输入的电动机技术参数要求非常严格，在电动机运行前，必须正确设定电动机的技术参数，且应进行自动测定（P088=1），否则会导致电动机运行不稳定，甚至损坏元器件。

8.5.2 由变频器与施耐德PLC组成的控制系统

一、施耐德PLC概况

1. Micro可编程序控制器

Micro可编程序控制器适于小型机械、移动系统和车辆应用。其特点：

（1）内存：最大容量可扩充至128K字。

（2）极快的响应时间：执行一条二进制指令只需0.15μs。

（3）集成模拟量输入/输出（仅TSX 37-22）：8个8位模拟量输入（电压、电流）；1个8位模拟量输出（电压）。

（4）事件触发功能，多任务应用程序。

（5）紧凑性：由预制电缆连接的高密模块。

（6）集成性：集成F-EPROM，多功能显示器。

（7）模块化：能够满足需求的半高模块。工作温度：0~70℃（安装TSX风扇模块后）。抗震性：2*g*(在任何方向，频率范围5~400Hz)。

2. Twido可编程序控制器

Twido可编程序控制器专为简易安装和小巧紧凑的机器而设计，适用于由10~264个输入/输出组成的标准应用系统。其特点：

1）本体模块：具有一体型（10、16、24、40点）和模块型（20、40点）两种本体模块，可满足不同场合，可公用相同的选件，输入/输出扩展模块和编程软件。

2）最大可以扩展7个模块，最大输入/输出点数可以达到264点。

3）TWDLCAE40DRF内置一个以太网端口。

二、基于Twido PLC的变频恒压供水系统

1. 概述

由于变频恒压供水系统具备节能、环保和可智能调整等诸多优势而广泛应用于公共事业（城市供水）、工厂、矿山、建筑等许多领域。

本变频恒压供水系统采取一台变频器、一台软起动器控制三台电动机（一拖三）的控制方式，Twido PLC通过采集管网水压及集水井液位信号运用PLC内带的PID功能对系统中的三个水泵进行自动变频调节，实现恒压稳定供水；并且能够在供水需求量极少情况下自动休眠（停止变频运行）；在长期的运行过程中，系统能够进行智能判断三台泵的起动顺序，实现均衡运行，提高整个系统的整体运行质量。

2. 系统描述

系统共三台水泵（两台55kW、一台45kW），本系统由Twido PLC 40点本体及一个两入一出模拟量扩展模块，一个XBT-N400的文本屏，一台ATV38、一台ATV48构成控制，PLC通过采集一个总管压力信号（4~20mA），一个集水井液位信号（4~20mA），及文本屏输入给定压力目标值，通过Twido PLC内部的PID算法进行运算，用模拟量信号对变频器进行频率给定调节总管压力，此系统经过PID的自整定功能得到大致的P、I、D参数，然后再进行了一些人为修整。由于此类系统要求滞后控制，PID循环时间周期值设定较大，通过整定后的控制效果极佳，能够达到0.02MPa精度范围；其中由于三台电动机功率不完全一致正好运用了ATV38变频器、ATV48软起动的电动机切换功能。

此系统操作方式分为自动控制方式和手动控制方式。手动控制方式下，可以人为起、停变频并调速；自动控制方式下，PLC自动计算各个水泵的运行时间长短，依次起动水泵直到等于水总管压力目标值，例如：一号泵已经运行了100h，二号泵运行了120h，三号泵运行了90h，则系统的起动循序是3-1-2。软起动器实现切换电动机、软起、软停等功能。

三、基于Micro PLC的高速卷绕头控制系统

1. 系统简介

化纤纺丝工艺中，聚酯切片经干燥设备除去水分后，通过螺杆挤压机加热熔融挤出，经计量泵精确计量喷丝成形，然后在恒温恒湿条件下冷却固化以及牵伸，最后通过卷绕头将纺丝成形的纤维卷绕成为成型良好的丝饼。其中，卷绕头卷绕成的丝饼需满足容量大、形状稳定、张力均匀、退绕容易等要求，具有高速度、大卷装、连续自动化等特点，是化纤纺丝机上技术构成最复杂、自动化程度最高

的关键设备。

根据纺丝工艺要求，卷绕头按纺丝速度可分为常速卷绕头（1000m/min左右）、高速卷绕头（3000～4000m/min）以及超高速卷绕头（6000～8000m/min）；根据升头落筒方式，卷绕头可分为半自动卷绕头和全自动卷绕头，其中，半自动高速卷绕头只有一个卷绕轴（卡头），具有机械结构简单、性价比好等优点，缺点是在丝饼卷绕完成后需要人工升头换筒，有废丝，不能实现生产的连续化；全自动高速卷绕头具有两个可以自动切换的卷绕轴（卡头），升头换筒过程全自动化，无废丝，可以最大限度提高生产率，是卷绕头的主要发展方向。

高速卷绕头的控制核心是通过对摩擦辊高速旋转速度（即卷绕线速度）的精密测量，准确控制卷绕轴的卷绕速度，实现纺丝卷绕的恒线速度恒张力控制。对全自动卷绕头来说，还需要实现精确的升头换筒的全自动控制。此外，还包括横动机构的三角波防叠控制、卷绕压力控制、卷绕与牵伸部分的同步控制、每个卷绕头卷绕工艺参数的设置及过程监控，以及成组卷绕头的联网集中监控等。高速卷绕头控制系统如图8-20所示。

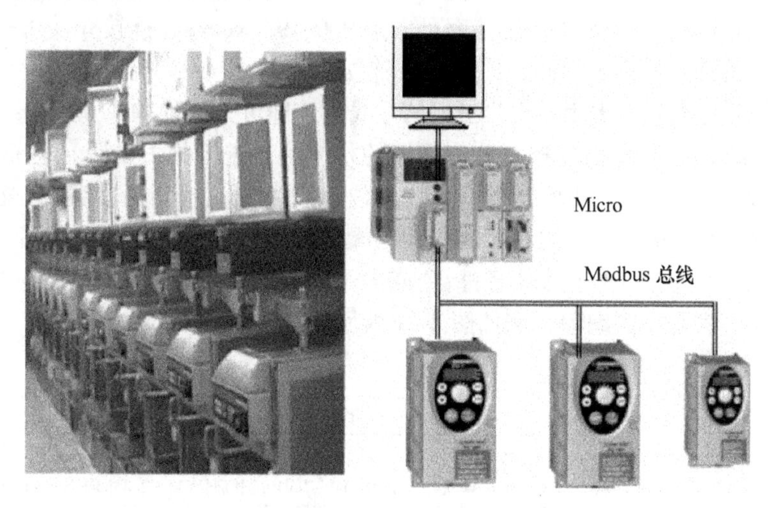

图8-20　高速卷绕头控制系统

2. 控制实现

高速卷绕头控制系统采用Micro系列PLC（TSX3722 CPU）为控制核心，采用ATV31系列经济型磁通矢量控制变频器控制卡头和横动电动机。摩擦辊转速的测量通过Micro PLC的高速计数口实现；ATV31变频器的控制采用Micro PLC的通信扩展口（插入TSXSCP114 Modbus通信扩展卡配TSXSCPCU4030通信电缆，作为主站）与ATV31内置的Modbus接口连接，构成Modbus总线，通过通信控制方式实现；卷绕头卷绕工艺参数的设置及联网集中监控则通过Micro PLC的编程口（加装TSXPACC01总线隔离盒，作为从站）与上位工控机（作为主站）的串行口连接，构成上一级 Modbus 总线实现。

Modbus 协议是一个分级结构（主从式）异步串行通信协议，可使主站对一个或多个从站进行访问，主站和从站之间允许多点连接。Modbus 协议约定，只有主站唯一对数据的交换进行管理，从站不能够自己发送信息。主站和从站可以有两种对话方式：查询方式（主站对一个从站进行对话并等待其回应）和广播方式（主站对所有从站进行对话且无须回应）。

Modbus 协议可以实现主站和多个从站之间的数据交换及检验，因而在每个从站单元中都定义有数据区以使主站能够对其中的数据进行读出和/或写入操作，Modbus 报文结构见表 8-5。

表 8-5 Modbus 报文结构

从站号（1~247）	功能代码	数据	校验码
1 个字节	1 个字节	*N* 个字节	2 个字节

ATV31 变频器内置的 Modbus 接口与 CANopen 总线接口兼容，物理层为 RS-485，采用 Modbus RTU 方式，波特率可以是 9.6/19.2kbit/s，连接介质可采用屏蔽双绞线，传输距离可达 1000m，单总线上连接数量最多为 31 台；连接时，只需将 PLC 和变频器的 DA、DB 和 0V 共三根信号线互连即可方便地构成 Modbus 总线。

应用方面，首先需要对 PLC 和变频器的相应接口进行相关设置（包括 Modbus 主/从站方式、从站号、以及波特率、数据位、停止位、校验等参数），然后通过 PLC 编程软件在 Micro PLC 内编写相关读写操作的通信程序，对多个从站的通信可以通过编写时间片程序（时钟计数指令或电子凸轮指令）分时执行上述读写操作的方式实现。读写操作编程示例如图 8-21 所示。

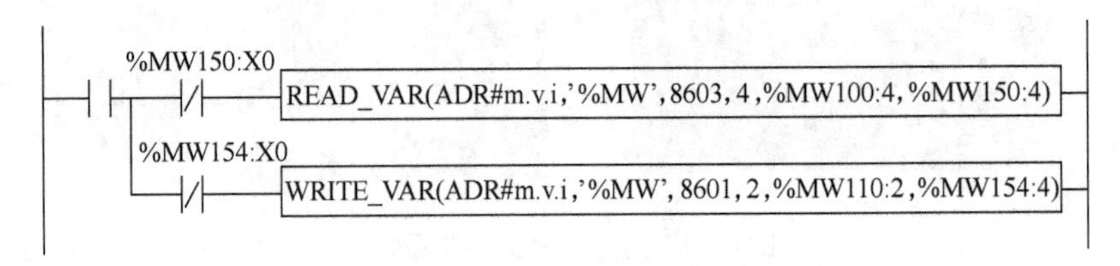

图 8-21 读写操作编程示例

图 8-21 中的 m 为模块号（Micro PLC 为 0），v 为通道号（编程口为 0，扩展口为 1），i 为从站地址（变频器从站号）。

对连网集中监控的上级 Modbus 总线，只需通过 PLC 编程软件对 Micro PLC 的编程口进行相关设置（包括 Modbus 从站方式、从站号、以及波特率、数据位、停止位、校验等参数），然后通过上位机对 Micro PLC 的相应内存区进行读写操作即可，在 Micro PLC 内无须任何编程工作。

对摩擦辊高速旋转速度（即卷绕线速度）的测量可通过 Micro PLC 的高速计数

口，应用Micro PLC的快速任务（Fast Task，定时中断服务程序）精密实现，精度达±1个脉冲；横动变频器部分的三角波防叠功能可通过PLC软件编程或ATV31变频器内置的横动功能实现；此外，Micro PLC提供的丰富的库函数（字表操作、数制转换、三角函数、浮点数运算等）及在线编程、调试工具，为高速卷绕头系统编程、调试及工艺修改提供了便利。

8.5.3　由变频器与台达PLC组成的铣边机床系统

一、台达PLC和变频器通信简介

1. 台达PLC和变频器的通信功能

台达的DVP系列PLC都具有两个通信口，COM1是RS-232，COM2是RS-485，支持Modbus ASCII/RTU通信格式，通信速率最高可达115200bit/s，两通信口可以同时使用。无须用任何扩展模块，就可以实现既可连接用于参数设置的人机界面又可用通信的方式控制变频器等其他设备。并且DVP系列PLC提供了针对Modbus ASCII/RTU模式的专用通信指令，这样在编写通信程序时就可以大大简化，无须像用串行数据传送指令RS那样要进行复杂的校验码计算和遵循复杂的指令格式。

台达的VFD系列变频器内建有单独的RS-485串口通信界面，并且也遵循Modbus ASCII/RTU通信格式（VFD-A系列除外）。基于以上特点，台达的PLC和变频器之间可以有三种方式的通信控制。一是用串行通信RS指令，但这种通信方式要遵守特定的指令格式和进行复杂的校验计算，比较繁杂；二是利用DVP系列PLC提供的Modbus专用通信指令实现，这个功能适用于全系列的DVP系列PLC；三是利用DVP系列PLC的EASY PLC LINK功能来实现，这个功能适用除ES和SS外的其他系列PLC。

2. PLC相关通信口通信格式的设置方法

台达DVP系列PLC的每一个通信口都对应有相关的特殊寄存器D和特殊继电器M，以进行通信相关的参数设置和信息的传送。

其中的D1120是16位的寄存器，通过程序设置此寄存器的数值，以便使PLC的通信协议与待通信的从机协议一致。使用DELTA的专用Modbus通信指令时，D1120高8位的数据可以不设置，可以看做全为0。比如要用的通信格式为：7位数据长、偶数、1位停止位（亦即常说的协议为：7E1），则D1120中的数据为：0000 0000 1000 0110，即D1120=86H。此外，变频器接口为RJ-11接口，和常用的电话机的接口是相同的，而PLC端是普通接线端子，因此通信连接非常简单，无须用专用接口焊接通信线。

二、基于台达PLC控制的铣边机床系统

（一）系统简介

批量加工某产品用边框板，因尺寸、材质不同导致硬度不同、加工角度多，

造成加工中铣削进给量和速度不一，利用龙门刨床或大立铣机床加工的效率不高、加工难度大、铣刀或刨刀磨损较快和加工成本高等问题。

为解决这一问题需要设计边框板专用加工机床，专用机床由机床铣头主轴、立柱升降、工作台、液压可调工装和电控箱等组成。机床的主轴传动系统由功率为 11kW 的电动机驱动，工作台通过丝杠和变速箱由 4kW 的电动机驱动，立柱升降也是通过丝杠和变速箱由 2.2kW 的电动机驱动。机床要求主轴、工作台和立柱升降均要变频调速以适应不同的加工要求，并且工作台减速换向制动平稳，立柱升降要有制动抱闸刹车功能等。

在专用卧式铣边机床电气系统设计中，台达 PLC 作为主站与多台 VFD-B 矢量变频器通过 RS-485 网络通信进行调速控制。

（二）控制系统硬件

根据设备机构动作的技术要求，利用变频器自带的 RS-485 接口，与台达 PLC 主机模块进行通信控制变频器。再通过触摸屏来监控和操作，可以直观地显示各种参数及故障。系统框图如图 8-22 所示。

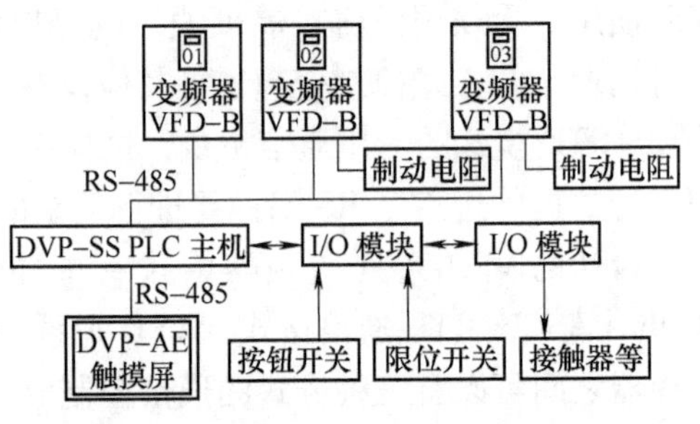

图 8-22　专用卧式铣边机床电气系统框图

整个控制系统主要由以下几部分组成：

1. 变频器

台达 VFD-B 系列变频器支持矢量闭环控制，能实现高转矩、宽调速范围驱动，有优越的防跳闸性能。由于该系列变频器低频驱动能力强，铣边机工作台对速度稳定性要求较高，并且定位模式运行时也要求低速大转矩，故本系统采用性价比较高的 VFD-B 型变频器。台达的 VFD 系列变频器内建有单独的 RS-485 串行通信口，并且也遵循 Modbus ASCII/RTU 通信格式。根据机床要求应选择三台变频器，配线连接时将各自的 RS-485 通信口并联到 PLC 的 RS-485 上即可。由于工作台往复运动和立柱升降要求有制动功能，所以应根据电动机容量合适地选择制动电阻。

2. PLC

台达的 DVP-SS 系列小型 PLC 因其运行速度快、通信组网能力强、编程灵活、仿真模拟运行方便、程序保密性强、抗干扰能力强、性能稳定可靠，成为本专用机床 PLC 的自动化控制核心。台达 DVP 系列 PLC 各型主机均内建 2 个通信口的标准配置，即一个 RS-232 和一个 RS-485 通信口，其 RS-232 口主要用于上下载程序或作为与上位机、触摸屏通信，而 RS-485 口主要用于本项目组建 485 网络，实现通信控制。

3. 触摸屏

为了操作方便和便于设置运行速度，选择一款台达触摸屏（DVP-AE，8）作为整个系统的操作设置显示单元。在触摸屏（HMI）上可以通过不同画面将 PLC 内部数据、输入（I）输出（O）状态、各个动作过程，以及全机故障查询、工艺参数等一一显示出来，实时监控全机的工作状态。除了显示功能外，还可以根据现场的情况通过 HMI 设置和修改 PLC 内部的一些需要用户设定的参数。

4. PLC 和变频器间的通信线的连接

打开变频器前盖可以看到变频器的通信接口，该接口和常用的电话机的接口是相同的，都是 RJ-11 接口。与 PLC 进行 RS-485 通信时，仅需使用编号为 3 和 4 的脚，其中 3 脚和 PLC 的“-”相连，4 脚与 RS-485 口的“+”相连即可。而在台达 PLC 主机的底端可以明显地看到 RS-485 接口只是普通的接线端子，因此通信线的制作非常简单。

（三）控制系统软件

由于本专用铣边机床机构动作并不复杂，所以如何实现 PLC 与变频器之间的通信是整个设计的重点、难点。要实现对变频器的通信控制，要对 PLC 进行通信编程，通过程序实现 PLC 与变频器信息交换的控制。

1. 参数、通信地址设定

通信时台达 VFD-B 变频器首先设定相关参数及需要使用的通信地址，表 8-6 所示为变频器需要设定的参数及说明，设定值要和 PLC 的特殊寄存器 D1120 值设置一致。每个变频器为一个子站，每个子站均有一个站号，也就是说当系统使用 RS-485 通信控制或监控时，每一台驱动器必须设定其通信地址且每个地址均为“唯一”。在设定变频器时只要将“09-00”这个参数做对应修改即可，这里将铣头主轴变频器、工作台变频器和立柱变频器的通信地址分别设为 02、03 和 04。

表 8-6　参数设置说明

参数	设置值	说　　明
02-00	04	主频率由 RS-485 通信界面操作
02-01	03	运转指令由通信界面操作，键盘操作有效
09-00	02	VFD-B 系列变频器的通信地址 02
09-01	01	通信传送速度 9600bit/s（波特率）
09-04	01	Modbus ASCII 模式数据格式（7E1）

2. 相关功能地址

当 PLC 对变频器发送指令或监视驱动状态时，就需要知道变频器所定义的相关功能的地址，本通信实例中需用到的参数地址及其功能说明见表 8-7。

表 8-7 参数地址及其功能说明

<table>
<tr><th>定义</th><th>参数地址</th><th colspan="2">功 能 说 明</th></tr>
<tr><td>变频器内部设定参数</td><td>GGnnH</td><td colspan="2">GG 表示参数群，nn 表示参数号</td></tr>
<tr><td rowspan="7">对变频器的命令</td><td rowspan="4">2000H</td><td>bit0~1</td><td>00B：无功能
01B：停止
10B：起动
11B：JOG 起动</td></tr>
<tr><td>bit2~3</td><td>保留</td></tr>
<tr><td>bit4~5</td><td>00B：无功能
01B：正方向指令
10B：反方向指令
11B：改变方向指令</td></tr>
<tr><td>bit6~15</td><td>保留</td></tr>
<tr><td>2001H</td><td colspan="2">频率命令</td></tr>
<tr><td rowspan="2">2002H</td><td>bit0</td><td>1B：E. F. ON</td></tr>
<tr><td>bit1</td><td>1B：Reset 指令</td></tr>
<tr><td>监视变频器状态</td><td>2102H</td><td>频率指令（F）</td><td></td></tr>
</table>

把说明书中通信协议定义表完全弄懂比较关键，并对这些数据字的写入和读出要应用自如，才能实现对变频器的控制和回传得到变频器的当前信息。例如，当需要变频器以 30Hz 正向运转时，就只需在变频器通信相关的参数字址 2000H 写入：0000 0000 0001 0010，即十六进制的 H12 或十进制的 K18；在 2001H 中写入 K3000；同样也可以从 2102H 读出当前频率值。

3. PLC RS-485 通信口进行初始化

台达 DVP-SS 型 PLC 的通信口都对应有相关的特殊寄存器 D 和特殊继电器 M，以进行通信相关的参数设置和信息的传送。本项目中用到 D1120、D1129、M1120。寄存器 D1120 功能是 RS-485 通信协议，在程序设计中给 1120 赋值应与变频器的通信参数设置一致。寄存器 D1129 功能是通信异常逾时时间设定，当一通信时间超过此设定值将会出现通信逾时错误。继电器 M1120 功能是设定通信保持，设定后 D1120 变更无效，在程序设计中把它置位。编程初始化程序如图 8-23 所示。

图 8-23 编程初始化程序

4. 编程设计

台达 PLC 提供了更加便利的通信指令 MODRD、MODWR 来实现数据的读、写，程序编写中不需关注传送的字符，校验码的转换等，只需要确定通信地址及写入读出的数据即可，不过在多指令读写时需要考虑通信时序问题，避免通信冲突。在专用机床的电气系统设计中采用触摸屏来进行设定，比如在画面中为主轴设定 0 Hz 的速度，对应寄存器为 D400，在画面中也可用滑动条来设定工作台和立柱移动的速度大小，分别对应寄存器为 D401 和 D402。编程设计如图 8-24 所示。

5. 关于 Modbus 通信

Modbus 通信会出现 4 种情况，正常通信完成对应通信标志 M1127、通信错误对应通信标志：M1129、M1140、M1141，所以在程序中通过对这 4 个通信标志信号的 On/Off 状态进行计数，再利用 C0 的数值来控制 4 个 Modbus 指令的依次执行，保证通信的可靠性。也就是说当 C0 = 0 时，M100 = ON 运行图 8-24 中的第一条 MODWR K2 H2001 D400 指令，其余以此类推。编程设计如图 8-25 所示。

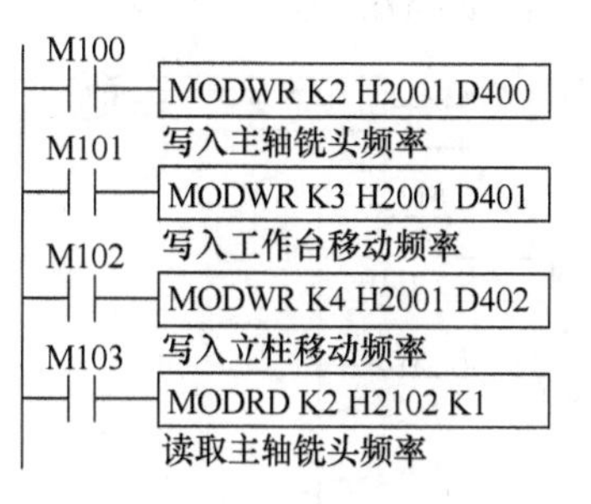

图 8-24　编程设计图

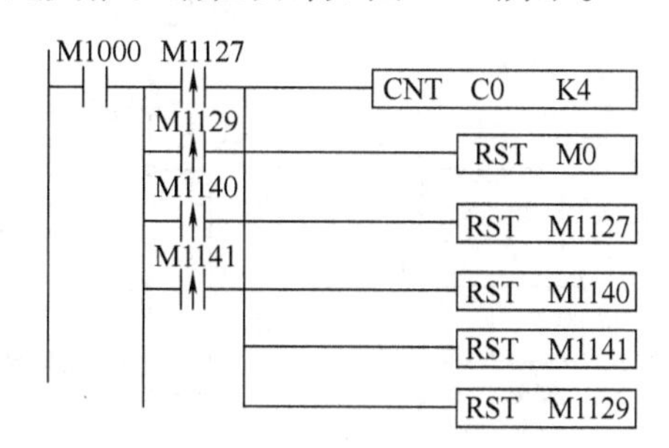

图 8-25　编程设计图

8.5.4　由变频器与欧姆龙 PLC 组成的动臂吊车控制系统

吊车广泛应用于国民生产的各个行业。从设计原理上进行观念性的改进，由原先建筑设备静臂吊车的绞缆提升改为动臂的俯仰、提升同时动作完成重载提升的功能，这项改进将明显降低设备的制造和运行成本。

动臂吊车的特点是节能、控制简便、灵活调速、精准定位、安全可靠性高等。为了实现上述功能，动臂吊车采用了触摸屏协助操作并显示、PLC 控制、变频器执行的控制方法。

（一）系统组成

1. PLC

本系统采用欧姆龙 CJ 系列 PLC 完成系统逻辑控制部分，负责处理各种信号的逻辑关系，从变频器及其他被控设备接收开关和模拟量信号，通过运算控制信号送给变频器及其他被控设备，形成双向联络关系，是系统的核心。

2. 触摸屏

选用欧姆龙的 NS 系列触摸屏作为显示和控制的终端设备，显示各被控设备的工作状态。

3. 变频器

欧姆龙通用变频器3G3RV-B4450-ZV可实现平稳操作和精确控制，使电动机达到理想输出，并将无PG的*U/f*控制、无PG矢量控制、有PG的*U/f*控制、有PG矢量控制的四种控制方式融为一体，其中有PG矢量控制是最适合吊车控制要求的。容量选择最好是采用大一数量级选配，本系统中吊车电动机采用37kW的异步电动机，因此选45kW的变频器。电气原理图如图8-26所示。

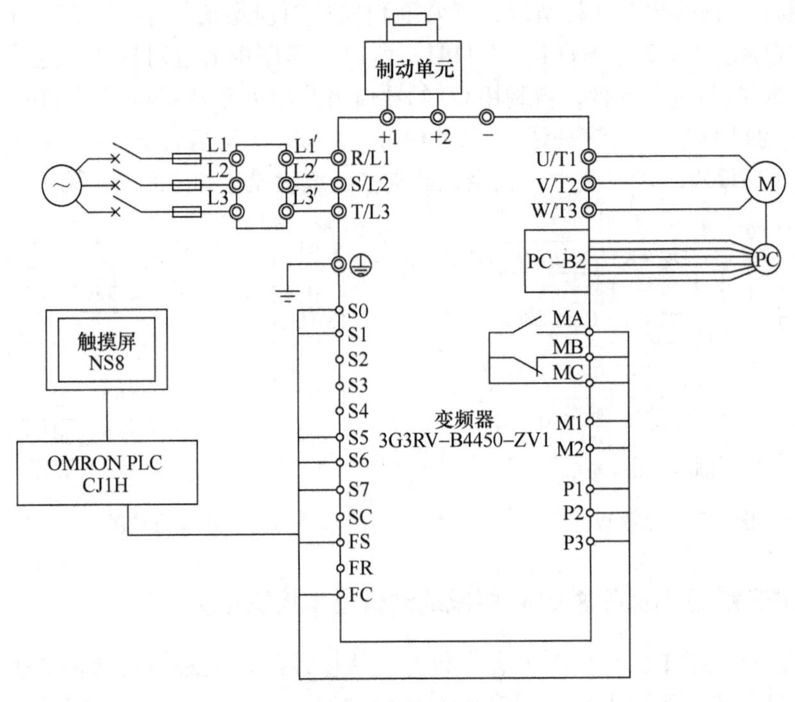

图8-26 电气原理图

4. 旋转编码器和PG卡

为满足吊车的要求，变频器要通过与电动机同轴连接的旋转编码器和PG卡完成速度检测及反馈形成闭环系统。旋转编码器与电动机同轴连接，对电动机进行测速。旋转编码器输出A、B两相脉冲，根据A、B脉冲的相序可判断电动机转动方向并根据其频率测得电动机的转速旋转编码器将此脉冲输出给PG卡，PG卡将此反馈信号送给变频器内部，进行运算调节。PG卡选择PG-B2. 光电编码器选用增量式600P/r、放大输出、A相B相C相原点信号、轴径中空型的编码器。

5. 制动单元

在变频器应用中当吊钩空载上升或重载下降时，拖动系统存在位能负载下放，电动机将处于再生发电制动运行状态，使回馈的能量通过逆变环节中并联的二极管流向直流环节给滤波电容器充电。当回馈能量较大时会引起直流环节电压升高发生故障，电动机急速减速也会造成上述现象。解决办法是在变频器直流环节并联制动单元和制动电阻。制动单元是变频器一个可选组件，内设检测和控制电路，工作时对变频器的直流回路电压进行在线检测，当电压超过设定允许值时，触发制动器晶体管导通，经电阻释放能量，维持变频器的直流母线电压在正常值内。一个制动单元可并联几个电阻，视工况而定。

6. 制动电阻

制动电阻消耗回馈电能抑制直流电压升高。当吊车减速运行时，电动机处于发电状态，向变频器回馈电能，这时，同步转速下降，交-直-交变频器的直流母线电压升高，为了能消耗回馈电能，抑制直流电压升高必须配置制动电阻。

电阻的选择非常重要，电阻选择过大则制动力矩不足，选择过小则电流过大、电阻发热等问题难以解决。一般推荐电阻功率和阻值选择，对于提升高度较大、电动机转速较高的情况可以适当减小电阻以得到较高的制动力矩；如果最小值不能满足制动力矩的话，要更换大一级功率的变频器。制动单元和制动电阻应根据回馈最大能量及时间来选用。一般制动电阻器的选择应使制动电流 I_s 不超过变频器的额定电流 I_e，制动电阻最大功率 P_{max} 要小于 1.5 倍的变频器功率与过载系数相乘。过载系数与减速时间和持续制动时间有关，具体要厂家提供电阻器过载系数及参数样本。采用制动电阻消耗电动机再生制动时送回直流回路的电能，制动过程中，当直流电路电压高于正常电压 70V 时，制动单元进行直流斩波，使制动电阻流过电流消耗再生电能。

（二）其他配件选择

1. 交流电动机

三相异步电动机

铭牌：50Hz、70A、37kW、380V、1470r/min。

2. 旋转编码器

渡边旋转编码器 600p/r、电压 DC 17~30V；

输出信号：A+、B+、C+、A-、B-、C-。

3. 液压制动器

4. 电磁制动器

5. 电磁离合器

（三）控制方法及变频器设置

1. PLC 控制方法

本系统采用欧姆龙 PLC 数字量及模拟量控制。具体控制方式如下：

（1）输入信号：变频器运行信号、报警信号、频率模拟量输入、手柄模拟量输入、外部制动信号输入等；

（2）控制对象：变频器运行信号、零伺服信号、频率模拟量、外部制动开关信号等；

（3）串行通信：与欧姆龙NS触摸屏进行数据通信。

2. 变频器设置

根据实际应用的欧姆龙变频器3G3RV-B4450-ZV1，系统的结构特点及程序设计要点，采用PLC作为逻辑控制部件变频器和PLC通信时采用模拟量。由于3G3RV-B4450-ZV1为通用型变频器，因而用在吊车控制上为了满足运行效率、灵活调速、精准定位和安全可靠的要求，其参数设置比专用型变频器要复杂得多。下面仅介绍几个主要参数的设置。

曳引电动机的转速控制应是闭环的，其转速的检测由和电动机同轴旋转的旋转编码器完成，必须保证旋转编码器和电动机连接时的同心度和可靠性，以保证速度采样的准确度。变频器其他常用参数可根据电网电压和电动机铭牌参数直接输入，也可通过自学实现，本系统是采用自学方法读入电动机参数，可以使变频器工作在最佳状态。具体方法：在完成参数设置后，使变频器对所驱动的电动机进行自学习，将曳引机制动轮与电动机轴脱离，使电动机处于空载状态，然后起动电动机，变频器便可自动识别并存储电动机有关参数，使变频器能对该电动机进行最佳控制，至此，变频器参数设置完毕。软件设计主要参数设置见表8-8。

表8-8 软件设计主要参数设置

基本参数	名称	出厂值	设定值	实现功能
Al-02	控制模式的选择	0	3	带PG的矢量控制
Cl-01	加速时间	10.0	5.0	以秒为单位设定最高输出频率从0~100%的加速时间
Cl-02	减速时间	10.0	5.0	以秒为单位设定最高输出频率从0~100%的减速时间
Tl-01	自学习式的选择	2	0	旋转形自学习
Tl-02	电动机的输出功率	45kW	37kW	以kW为单位设定电动机的输出功率
Tl-04	电动机的额定电流	100A	70A	以A为单位设定电动机的额定电流
T1-07	电动机的基本转速	1450/min	1470/min	以每分钟为单位设定电动机的基本转速
b6-01	起动时DWELL的频率	0.0	1.6	1.6Hz
b6-02	起动时DWELL的时间	0.0	3	延时3s
b6-03	停止时DWELL的频率	0.0	1.6	1.6Hz
b6-04	停止时DWELL的时间	0.0	3	延时3s
bZ-01	零速值	0.5Hz	0.5Hz	减速停止时，以Hz为单位设定开始制动时的频率
bg-01	零伺服增益	5	5	零伺服的锁定力调整用参数
bg-02	零伺服完成幅度	10	10	设定零伺服完成信号的输出幅度

（续）

基本参数	名称	出厂值	设定值	实现功能
Hl-01	端子 S3 的功能选择	24	72	零伺服指令（0%：零问题）
HZ-01	端子 M1-M2 的功能选择	0	33	零伺服完成
El-09	最低输出频率	1.2	1.5	
Fl-02	PG 断线检出时的动作选择	1	0	减速停止
FI-03	过速度发生时的动作选择	1	0	减速停止
L3-04	减速中防止失速功能选择	1	0	无效
bZ-01	零速值	0.5	1.0	

其他参数按变频器出厂值设置。

（四）设备调试出现的问题分析及解决

1. 开始开机送模拟量缓慢，运行不正常

解决方法：PLC 先提供给变频器正转/反转信号，然后提供模拟量。

2. 处于零伺服时再起动异常

解决方法：变频器处于零伺服状态下不能够再起动，程序中做零伺服状态下禁止操作。

8.6 变频器的通信与网络方案举例

8.6.1 三菱变频器、PLC 和 CC-link 总线控制系统举例

1. 对象

三菱 F700 变频器、三菱 Q00JCPU PLC、三菱 FA 电动机、AJ65SBTB2 系列 I/O 模块。系统接线一定要在电源关闭的状态下进行。

输入电信号由 Input 模块输入后，通过 A/D 转化，转化成数字信号，再由 Output 模块输出到变频器，变频器与 PLC 之间进行通信，通过 PC 将控制程序导入 PLC 中，控制电动机的运行（正转、停止、反转）。系统模拟图如图 8-27 所示，系统实物图如图 8-28 所示，实物图为东北大学三菱电动机 FA 实验室实验时照片。

2. 变频器主要参数设定

变频器参数的正确设置是系统正常运行的保证，见表 8-9。

表 8-9 变频器的主要参数设定

参数	Pr. 79	Pr. 340	Pr. 542	Pr. 543	Pr. 544
设定值	0	12	1	0	12

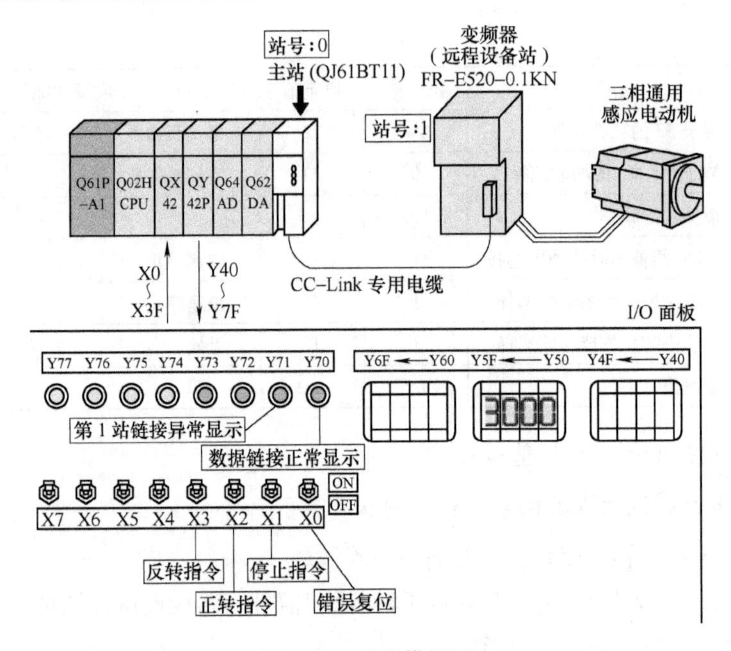

图 8-27 系统模拟图

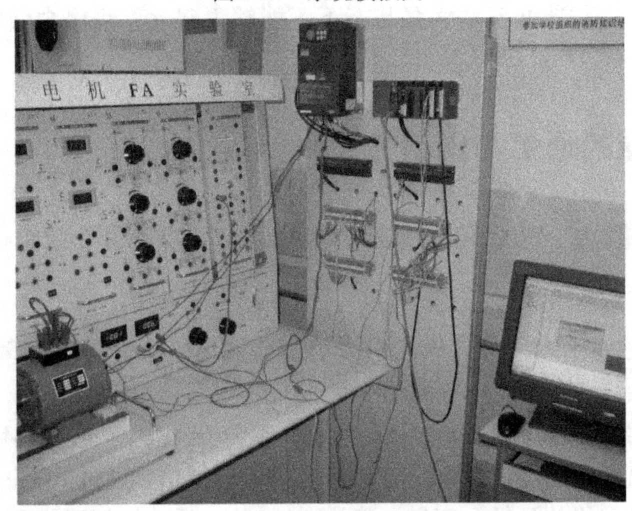

图 8-28 系统实物图

3. 顺控程序

顺控程序是由与 PLC 相连的 PC 终端直接导入，程序在 GX developer 中编写。操作、动作内容：

1）使可编程序控制器 CPU 为 RUN；

2）变频器出现错误时，进行变频器错误复位处理；

3）开始变频器的频率输出（电动机从正转/反转开始起动，设定频率）；

4）控制变频器的输出频率（与电动机的转速成正比）。低速：频率 10.00Hz，中速：频率 30.00Hz，高速：频率 40.00Hz；

5）停止变频器的频率输出（电动机空转停止）。

下面来介绍一下本系统设计的顺控程序：

1）主站的顺控程序。

CC-Link 的状态确认和输出频率的显示处理。如图 8-29 所示为 0~18 步。

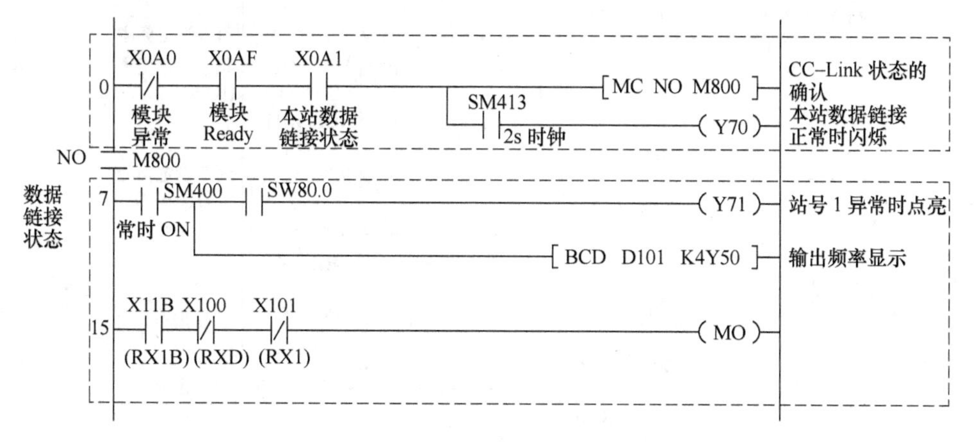

图 8-29　主站的顺控程序

2）主站顺控程序的后续部分。

a）变频器的参数设定、运行模式的设定处理，如图 8-30 所示为 19~48 步。

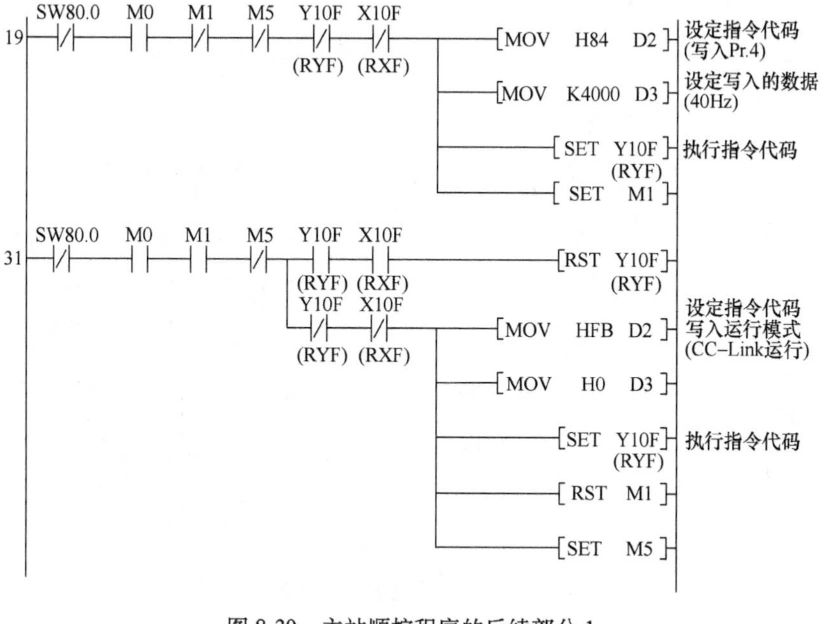

图 8-30　主站顺控程序的后续部分 1

b）变频器的初始设定完毕、频率设定以及运行开始的处理。如图8-31所示为49~89步。

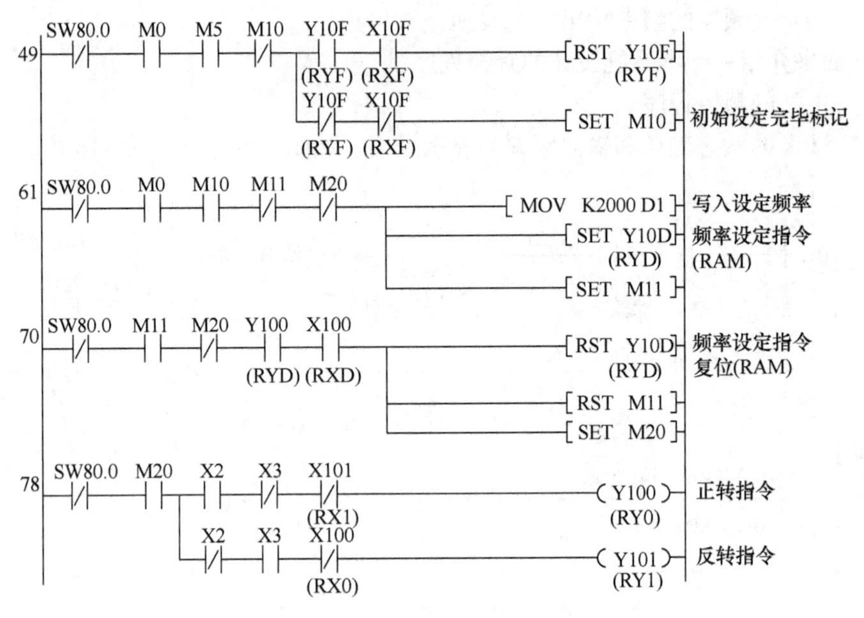

图8-31 主站顺控程序的后续部分2

c）变频器运行时的停止与速度变更处理、以及检测到错误时的错误处理。如图8-32所示为90~123步。

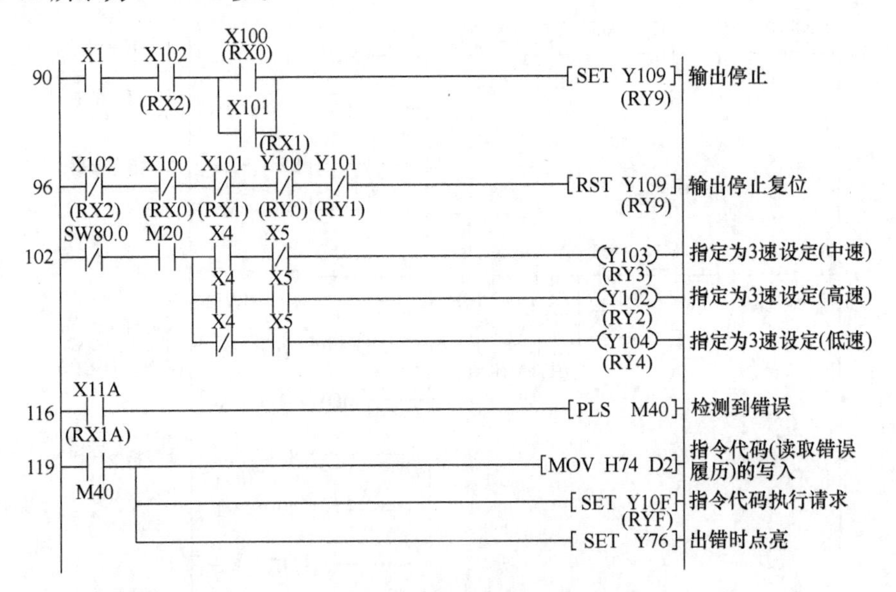

图8-32 主站顺控程序的后续部分3

3）主站顺控程序的最后部分。

变频器检测到错误时的错误处理，如图8-33所示为124~最终步。

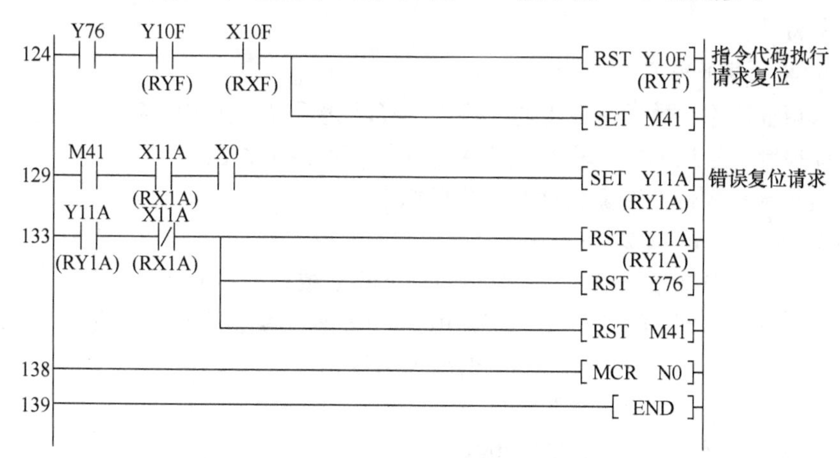

图8-33 主站顺控程序的最后部分

8.6.2 西门子S7-300 PLC和变频器的液位控制系统举例

1. 控制实验装置

双容水箱对象特性仿真实验是基于由浙江中控教学仪器厂出品的CS4000型过程控制实验装置，如图8-34所示，其中所用的PLC为西门子S7-300系列。

图8-34 试验装置实物图

系统提供一组4个有机玻璃水箱，即右边的4个水箱，每个水箱装有液位变送器；通过阀门切换，任何两组动力的水流可以到达任何一个水箱。本设计选用图中的1#水箱（左上水箱）和3#水箱（左下水箱）进行阶跃响应实验来获取双容水箱的对象特性。

2. 计算机程序编程

下水箱液位原始数据从AI1通道输入，经转化后寄存在MD24中，供上位机使用；手动控制信号从MD30输入，经转化后由AO0通道输出。

利用winCC软件对对象特性编写程序如下：

```
SY2：L    IW    2
     T    MW    20        //信号从AI0装载到MW20
     CALL“SCALE”          //调用SCALE程序块，把信号转化为0~100cm
                            的液位信号
     IN：          =MW20
     HI_ LIM：=3.000000e+001
     LO_ LIM：=0.000000e+000
     BIPOLAR：=FALSE
     RET_ VAL：=MW22
     OUT：         =MD24

     CALL“UNSCALE”        //调用UNSCALE程序块，把0~100%的控制信
                            号转化为16位数据
     IN    ：=MD30
     HI_ LIM：=1.000000e+002
     LO_ LIM：=0.000000e+000
     BIPOLAR：=FALSE
     RET_ VAL：=MW34
     OUT    ：=MW36
     L    MW    36
     T    QW    0         //把已转化的控制信号数据装载到AO0，并输出
     JU   END
```

3. 实验步骤

连接设备：

1）打开主泵的支路至上水箱的所有阀门，关闭支路上通往其他对象的切换阀门。选择1号水箱，打开V1、V4、V13，关闭其他阀门。

2）打开3号水箱泄水阀V31和1号水箱泄水阀V10，开至适当的开度，且实验时禁止改变开度，关闭上下耦合阀V32，V41和水平耦合阀。

控制台上将“左下水箱液位信号（1~5V）”连接到PLC的模拟输入模块1的

AI1 端口，将 PLC 的模拟输入模块 1 的 AI1 端口，将 PLC 的模拟量输出的 AO0 通道信号（4~20mA）连接到“控制阀开度”端子上，连接时正确连接正负极性。如图 8-35 所示为二阶串接双容水箱液位 PID 整定实验，如图 8-36 所示为实验时所得的 PID 控制响应曲线。

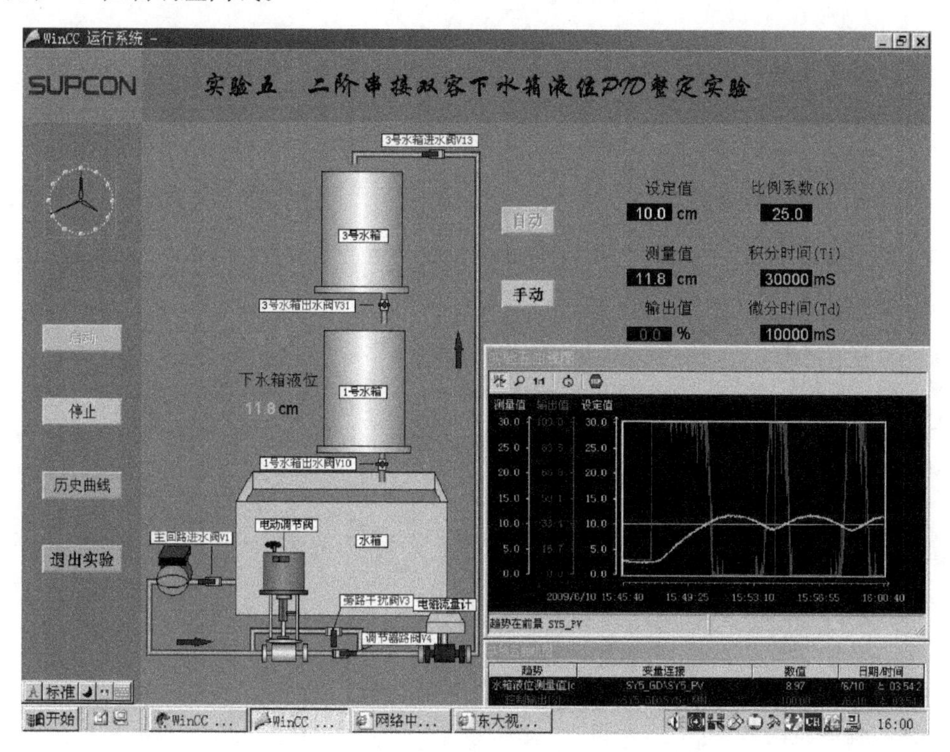

图 8-35　二阶串接双容水箱液位 PID 整定实验

8.6.3　西门子 PLC 与变频器间的 Profibus 现场总线通信举例

以 Profibus 现场总线为基础，通过网络配置、参数设定、软件编程来实现西门子 PLC 和其传动变频器之间的数据传送的通信技术，完成传动装置的自动控制。

1. 硬件要求

1）133MHz 以上且内存不小于 16MB 的编程器。

2）西门子 S7-300/400 系列 PLC，且 RAM 不小于 12KB，并带有 Profibus-DP 接口，或是 S7-400（RAM 不小于 12KB）配 CP433-5 的通信板。

3）带有 GBP 通信模块和带有 CU2/SC 的 VC 板的变频器。

2. 软件要求

1）WIN 95。

2）STEP7（V3.0 以上）。

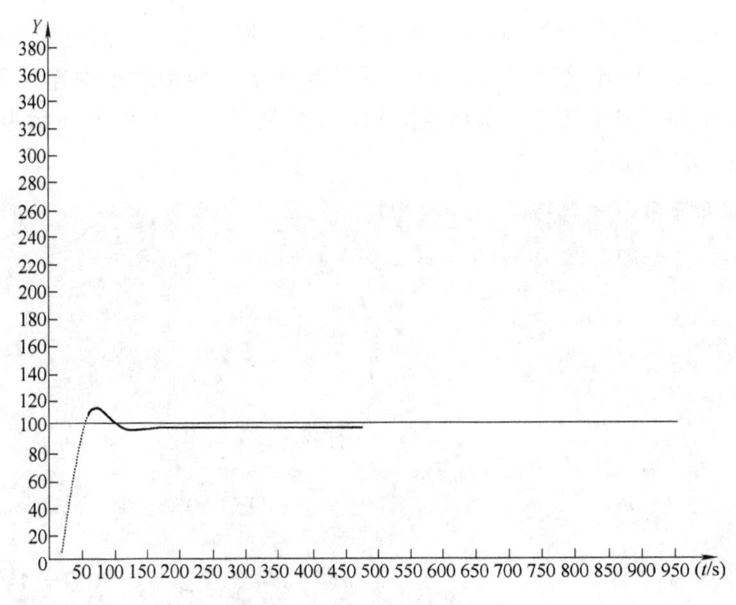

图 8-36 PID 控制响应曲线

3）安装 DVA-S7-SPS7。

3. 通信设置基本步骤

1）设置传动参数。

2）PLC 硬件配置。

3）创建数据块。

4）编写通信程序。

5）系统调试。

4. 传动参数的设置

P053=3 参数使能； P090=1 CBP 板在 2#槽；

P368=6 选择设定和命令源； P981=3 从站地址；

P544.1=3100 控制字 PZD1； P443.1=3002 主给定 PZD2；

P694.1=968 状态子 PZD1； P694.2=218 实际值 PZD2。

5. PLC 与变频器通信程序

要实现通信功能，正确的程序编写是非常重要的，下面将以西门子的 S7-315 PLC 和 6SE70 变频器为例来介绍通信的程序编写。

（1）基本配置组态和定义：基本配置组态如图 8-37 所示。

主站 Master 为 CPU 315-2 DP；从站 Slave 为 6SE70 传动装置，Profibus 地址是 3；PPO 类型为 3；总线接口是 RS-485。

（2）使用的功能块：OB1 Main cycle 主循环；SFC 14 DPRD-DAT 读数据系统功能块；SFC 15 DPWR-DAT 写数据系统功能块；DB100 数据存取（DBW0～DBW4 是

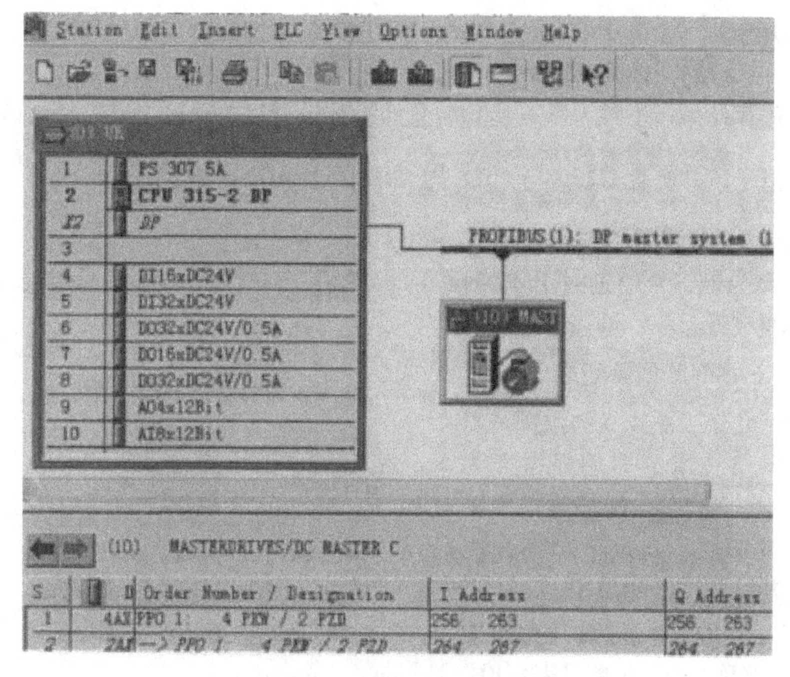

图 8-37　基本配置组态

读出，DBW5~DBW8 是写入)；MW200 MW210 通信状态显示。

6. *程序编写*

```
OB1
NETWORK1：读出数据
CALL            SFC 14
LADDR     W#16#100
RET-VAL         MW200
RECORD          P#DB100. DBX0. 0 BYTE 4
NETWORK2：   显示数据
L               DB100. DBW 0
T               MW50
NOP             0
NETWORK3：   写入数据
L               W#16#EFFF
T               DB100. DBW 5
NETWORK4：   发送数据
CALL            SFC 15
LADDR     W#16#100
```

RECORD　　　　P#DB100. DBX5. 0 BYTE 4
RET-VAL　　　　MW210

把程序存储编译下载，检查传动装置的参数设置后，即可上电进行调试。

8.6.4 西门子变频器 G120 与 1513 PLC 间的 ProfiNet 通信举例

本部分将以西门子变频器 G120 与 1513PLC 为例，介绍通过 ProfiNet 网络控制变频器起停、调速等应用。

（一）ProfiNet 网络组成

随着近几年工业 4.0 的推进与发展，工业网络技术的应用显得尤为广泛。其中，ProfiNet 网络凭借着其开放性、灵活性、高效率和高性能等特性有着极其广泛的应用。

图 8-38 所示为 ProfiNet 中最重要设备的常用名称，设备说明见表 8-10。

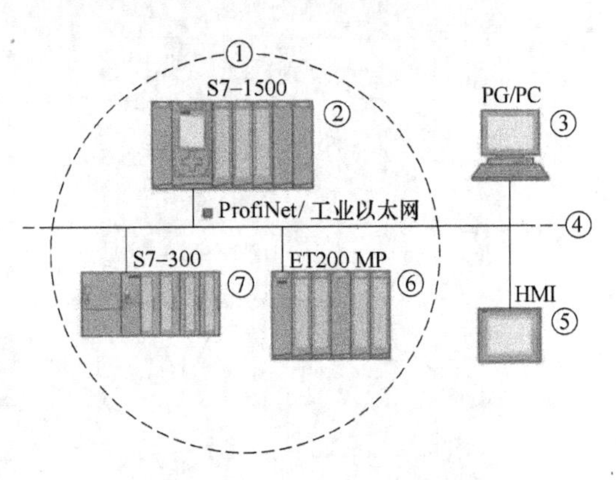

图 8-38　典型 ProfiNet 网络组成

表 8-10　ProfiNet 网络中设备说明

编号	设备类型	说　明
①	ProfiNet IO 系统	
②	IO 控制器	用于对连接的 IO 设备进行寻址的设备 意味着 IO 控制器与现场设备交换输入和输出信号
③	编程设备/PC（ProfiNet IO 监控器）	用于调试和诊断 PG/PC/HMI 设备
④	ProfiNet/工业以太网	网络基础结构
⑤	HMI（人机界面）	用于操作和监视功能的设备
⑥	IO 设备	分配给其中一个 IO 控制器（例如，具有集成 ProfiNet IO 功能的 Distributed IO、阀终端、变频器和交换机）的分布式现场设备
⑦	智能设备	智能 IO 设备

（二）G120 的 ProfiNet 通信

1. 报文

G120 的 ProfiNet 通信报文（未配置基本定位功能）主要包括以下几种：

报文 1：

	PZD01	PZD02
输入	STW1	NSOLL_ A
输出	ZSW1	NIST_ A

报文 2：

	PZD01	PZD02	PZD03	PZD04
输入	STW1	NSOLL_ B		STW2
输出	ZSW1	NIST_ B		ZSW2

报文 3：

	PZD01	PZD02	PZD03	PZD04	PZD05	PZD06	PZD07	PZD08	PZD09
输入	STW1	NSOLL_ B		STW2	G1_ STW				
输出	ZSW1	NIST_ B		ZSW2	G1_ ZSW	G1_ XIST1		G1_ XIST2	

报文 4：

	PZD01	PZD02	PZD03	PZD04	PZD05	PZD06	PZD07
输入	STW1	NSOLL_ B		STW2	G1_ STW	G2_ STW	
输出	ZSW1	NIST_ B		ZSW2	G1_ ZSW	G1_ XIST1	
	PZD08	PZD09	PZD10	PZD11	PZD12	PZD13	PZD14
输入							
输出	G1_ XIST2		G2_ ZSW	G2_ XIST1		G2_ XIST2	

报文 20：

	PZD01	PZD02	PZD03	PZD04	PZD05	PZD06
输入	STW1	NSOLL_ A				
输出	ZSW1	NIST_ A_ GLATT	IAIST_ GLATT	MIST_ GLATT	PIST_ GLATT	MELD_ NAMUR

报文 350：

	PZD01	PZD02	PZD03	PZD04
输入	STW1	NSOLL_ A	M_ LIM	STW3
输出	ZSW1	NIST_ A_ GLATT	IAIST_ GLATT	ZSW3

报文 352：

	PZD01	PZD02	PZD03	PZD04	PZD05	PZD06
输入	STW1	NSOLL_ A	PCS7 的过程数据			
输出	ZSW1	NIST_ A_ GLATT	IAIST_ GLATT	MIST_ GLATT	WARN_ CODE	FAULT_ CODE

报文353：

	PkW				PZD01	PZD02
输入					STW1	NSOLL_ A
输出					ZSW1	NIST_ A_ GLATT

报文354：

	PkW				PZD01	PZD02	PZD03	PZD04	PZD05	PZD06
输入					STW1	NSOLL_ A	PCS7的过程数据			
输出					ZSW1	NIST_ A_ GLATT	IAIST_ GLATT	MIST_ GLATT	WARN_ CODE	FAULT_ CODE

报文999：

	PZD01	PZD02~PZD12	PZD13~PZD17
输入	STW1	接收数据的报文长度	
输出	ZSW1	发送数据的报文长度	

注：1. PZD：过程数据。
2. PkW：参数通道。
3. NIST_ A：转速实际值16位。
4. NIST_ B：转速实际值32位。
5. NSOLL_ A：转速设定值16位。
6. NSOLL_ B：转速设定值32位。
7. PIST：有功功率实际值。
8. M_ LIM：转矩限值。
9. WARN_ CODE：报警代码。
10. FAULT_ CODE：故障代码。
11. IAIST：电流实际值。
12. IAIST_ GLATT：经过平滑的电流实际值。
13. MIST_ GLATT：经过平滑的转矩实际值。
14. STW1...STW3：控制字1~控制字3。
15. ZSW1...ZTW3：状态字1~状态字3。
16. MELD_ NAMUR：故障字，依据VIKNAMUR定义。
17. G1_ STW / G2_ STW：编码器1/编码器2的控制字。
18. G1_ ZSW / G2_ ZSW：编码器1/编码器2的状态字。
19. G1_ XIST1/G2_ XIST1：编码器1/编码器2的位置实际值1。
20. G1_ XIST2/G2_ XIST2：编码器1/编码器2的位置实际值2。

2. 控制字和状态字1

控制字1（STW1）

位	含义	参数设置
0	ON/OFF1	P840=r2090.0
1	OFF2 停止	P844=r2090.1
2	OFF3 停止	P848=r2090.2
3	运行使能	P852=r2090.3
4	使能斜坡函数发生器	P1140=r2090.4
5	继续斜坡函数发生器	P1141=r2090.5
6	使能转速设定值	P1142=r2090.6
7	故障应答	P2103=r2090.7
8、9	预留	
10	由 PLC 控制	P854=r2090.10
11	反向	P1113=r2090.11
12	未使用	
13	电动电位计升速	P1035=r2090.13
14	电动电位计降速	P1036=r2090.14
15	CDS 位 0	P810=r2090.15

状态字1（ZSW1）

位	含义	参数设置
0	接通就绪	P2080 [0] =r899.0
1	运行就绪	P2080 [1] =r899.1
2	运行已使能	P2080 [2] =r899.2
3	故障	P2080 [3] =r2139.3
4	OFF2 激活	P2080 [4] =r899.4
5	OFF3 激活	P2080 [5] =r899.5
6	禁止合闸激活	P2080 [6] =r899.6
7	报警	P2080 [7] =r2139.7
8	转速差在公差范围内	P2080 [8] =r2197.7
9	控制请求	P2080 [9] =r899.9
10	达到或超出比较转速	P2080 [10] =r2199.1
11	到达或超出电流或转矩比较值	P2080 [11] =r56.13/r1407.7
12	抱闸打开	P2080 [12] =r899.12
13	电动机过热	P2080 [13] =r2135.14
14	电动机正反转	P2080 [14] =r2197.3
15	CDS	P2080 [15] =r836.0

3. 控制字和状态字2

控制字2（STW2）

位	含义	参数设置
0	驱动数据组（DDS）位0	P820［0］=r2093.0
1	驱动数据组（DDS）位1	P821［0］=r2093.1
2~6	预留	
7	驻留轴已选	P897=r2093.7
8	运动到固定挡块激活	P1545［0］=r2093.8
9~11	预留	
12	主站生命符位0	P2045=r2050［3］
13	主站生命符位1	
14	主站生命符位2	
15	主站生命符位3	

状态字2（ZSW2）

位	含义	参数设置
0	DDS有效位0	P2081［0］=r51.0
1	DDS有效位1	P2081［1］=51.1
2~4	预留	
5	报警级别位0	P2081［5］=r2139.11
6	报警级别位1	P2081［6］=r2139.12
7	预留	
8	运行到固定挡块已激活	P2081［8］=r1406.8
9	预留	
10	脉冲已使能	P2081［10］=r899.11
11	预留	
12	从站生命符位0	内部互联
13	从站生命符位1	
14	从站生命符位2	
15	从站生命符位3	

4. 控制字和状态字 3

控制字 3（STW3）

位	含义	参数设置
0	固定设置值位 0	P1020［0］=r2093. 0
1	固定设置值位 1	P1021［0］=r2093. 1
2	固定设置值位 2	P1022［0］=r2093. 2
3	固定设置值位 3	P1023［0］=r2093. 3
4	DDS 选择位 0	P0820=r2093. 4
5	DDS 选择位 1	P0821=r2093. 5
6	未使用	
7	未使用	
8	工艺控制器使能	P2000［0］=r2093. 8
9	直流制动使能	P1230［0］=r2093. 9
10	未使用	
11	软化功能使能	P1492［0］=r2093. 11
12	转矩控制激活	P1501［0］=r2093. 12
13	外部故障	P2106［0］=r2093. 13
14	未使用	
15	CDS 位 1	P811［0］=r2093. 15

注：从报文 350 切换到其他报文时，变频器会将所有 p1020 的互联设为 0。例外：P2106=1。

状态字 3（ZSW3）

位	含义	参数设置
0	直流制动激活	P2051［3］=r53
1	实际转速>P1226	
2	实际转速>P1080	
3	实际电流值≥p2170	
4	实际转速>P2155	
5	实际转速≤P2155	
6	实际转速≥r1119	
7	直流母线电压≤P2172	
8	直流母线电压>P2172	
9	加速/减速已结束	
10	工艺控制器输出达到下限	
11	工艺控制器输出达到上限	
12~15	未使用	

（三）G120控制实例

1. 硬件及软件列表

软件及硬件	序列号	版本
CPU 1513-1 PN	6ES7 513-1AL02-0AB0	V2.5
PM 70W 120/230VA	6EP1332-4BA00	
SINAMICS G120 CU250S-2 PN Vector	6SL3 246-0BA22-1FAx	V4.7
TIA Portal		V15

2. 建立组态

打开TIA Portal，选择路径，输入项目名称，点击“创建”，完成创建项目，如图8-39所示。

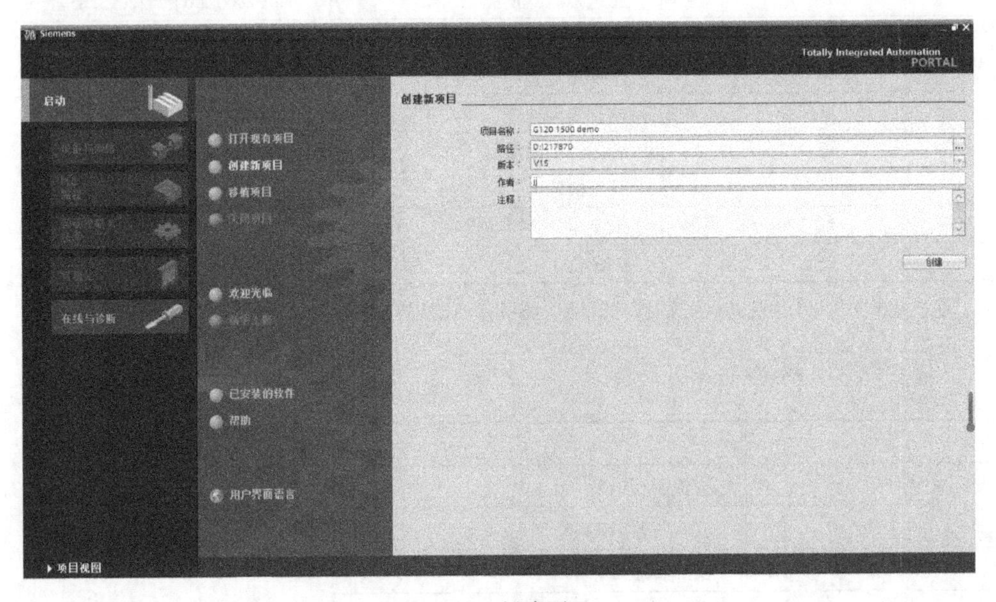

图8-39 创建项目

在页面左侧项目树中，双击“设备和网络”，在页面右侧硬件目录中，根据序列号依次添加CPU 1513-1 PN 、PM 70W 120/230VA 及SINAMICS G120 CU250S-2 PN Vector，并在网络视图中，将G120与1513PLC的网孔连接到一起，如图8-40所示。

双击G120，在属性页——常规——ProfiNet接口中，设置IP地址，保证与PLC在同一网段内。在页面右侧硬件目录下选择合适的报文（本例程以标准报文1为例），拖拽到G120的设备视图内的模块中。根据项目需求，设定I/O地址（本实例选择I：0…3/Q：0…3）。如图8-41所示。

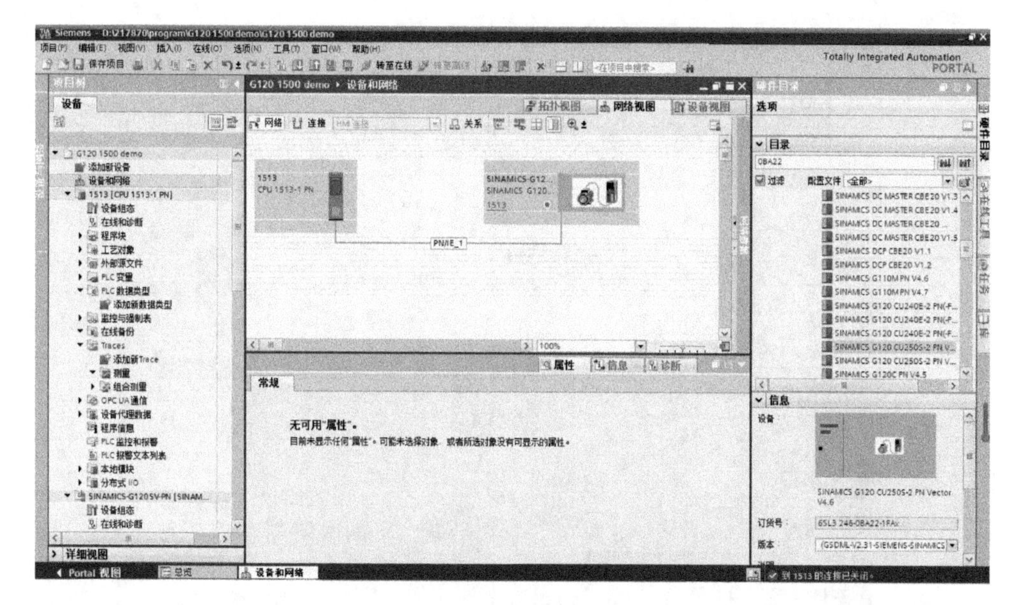

图 8-40　连接网络

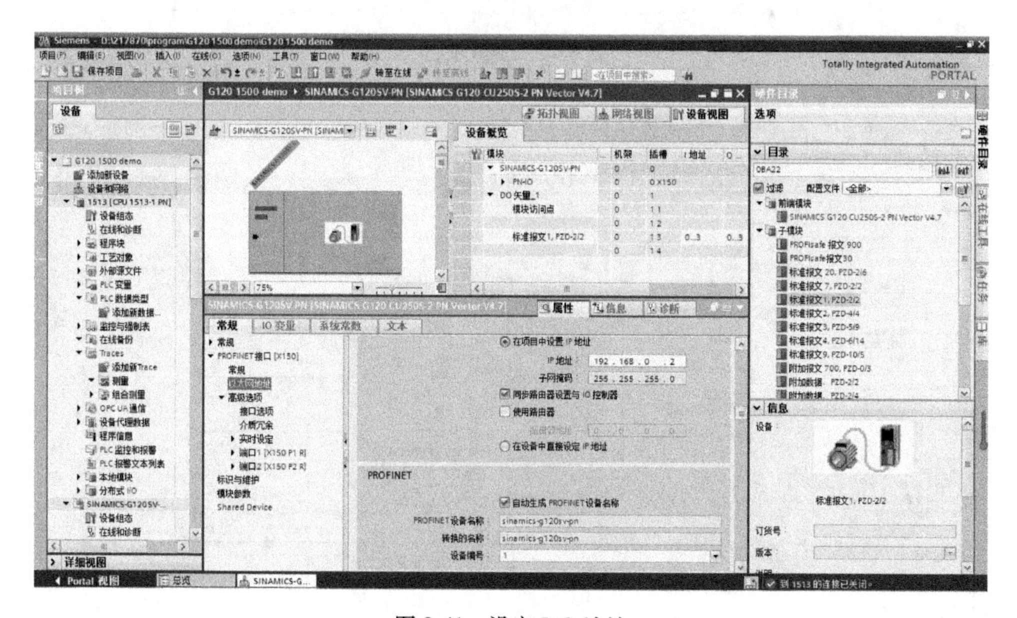

图 8-41　设定 I/O 地址

点击“保存项目”，点击项目树——设备——1513 CPU，将项目下载到 PLC 中。如图 8-42 所示。

在页面项目树中，找到设备 SINAMICS-G120SV-PN，点击下面“在线和诊断”，为 G120 分配 IP 地址和 ProfiNet 设备名称。如图 8-43 所示。

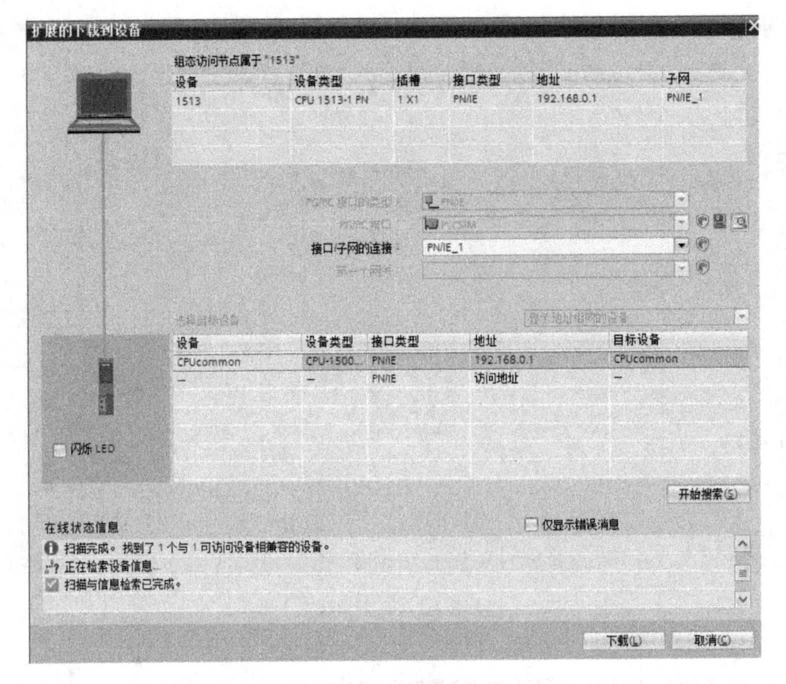

图 8-42　下载项目

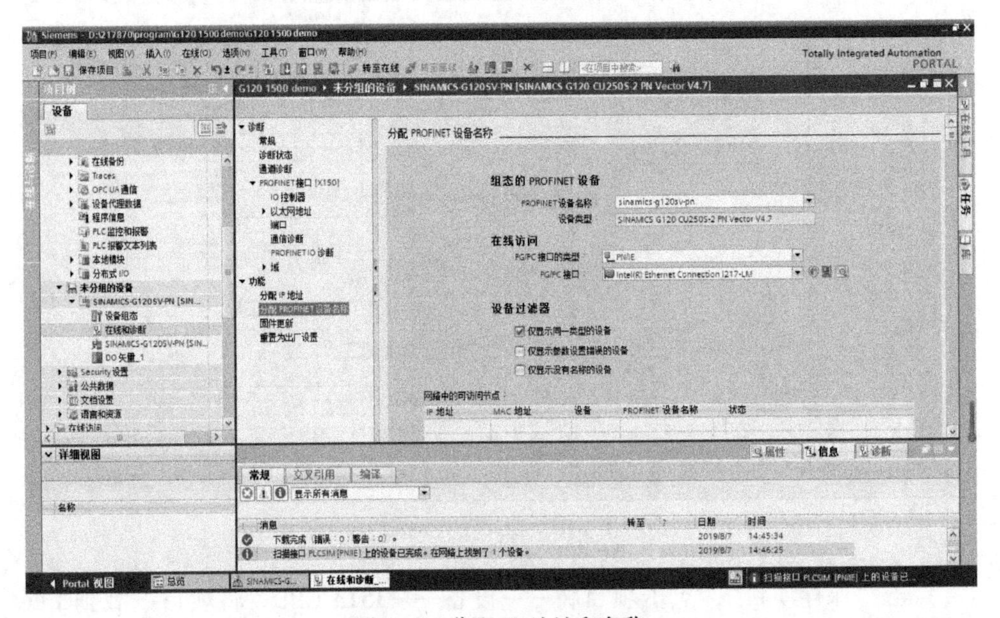

图 8-43　分配 IP 地址和名称

至此已完成 PLC 内组态及设置，下面设置 G120 内报文及通信内容。点击项目树——SINAMICS-G120SV-PN——参数，点击参数视图，将 P0922 设置为 1，即选择标准报文1。如图8-44所示。

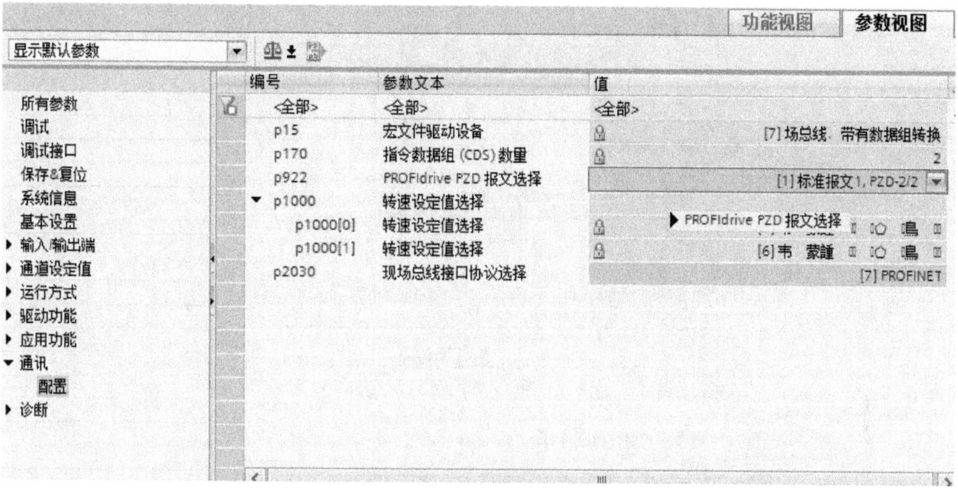

图8-44　报文及参数设置

同样方法设置如下参数：

参数	设置值	备注
P1070［0］	r2050.1	速度设定值
P2051［0］	r2089.0	状态字
P2051［1］	r63.1	实际转速

3. 变频器的起停与调速控制

根据上文对通信参数的设置以及变频器组态得出以下交互端口：

地　址	定　义
IW0	变频器发出的状态字
IW2	变频器的实际转速
QW0	发给变频器的控制字
QW2	变频器的速度设定值

其中，QW0值为047E时，为OFF1停车指令；QW0值为047F时，为正转指令；QW0值为0C7F时，为反转指令；QW2值为4000H时代表以100%速度运行，最大值可写到7FFFH（200%），通过P2000可以设置变频器以100%运行时的速度。

PLC例程如下，当仅M0.1为1时，变频器以25%速度反转；当仅M0.2为1时，变频器以25%速度正转；当M0.0为1或者M0.1 M0.2均为0时，变频器停止。如图8-45所示。

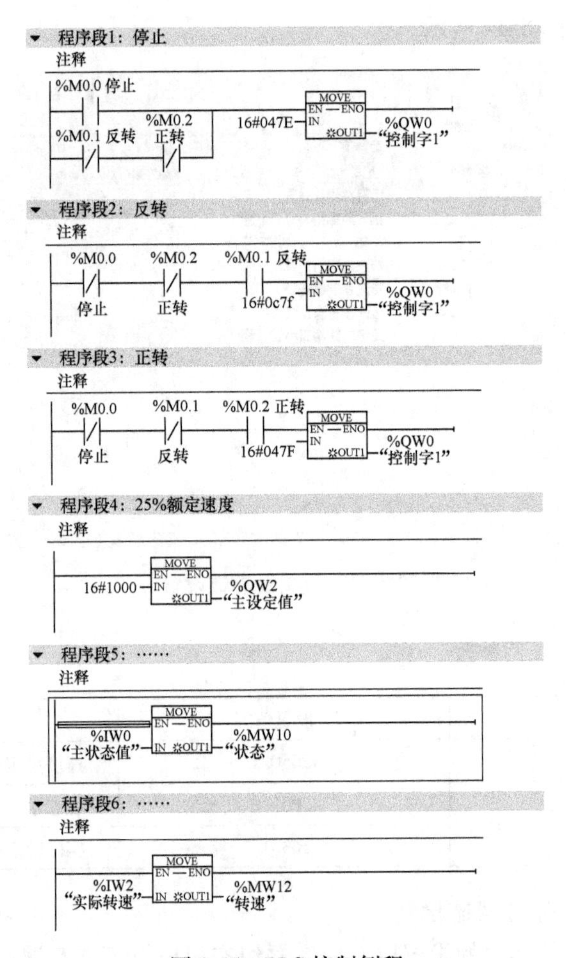

图8-45　PLC控制例程

参 考 文 献

[1] 满永奎，等．三菱Q系列PLC原理与应用设计［M］．北京：机械工业出版社，2009.

[2] 边春元，等．S7-300/400PLC实用开发指南［M］．北京：机械工业出版社，2007.

[3] 石刚．变频调速系统主电路的抗干扰措施［J］．水雷战与舰船防护，2006（2）.

[4] 缪学勤．试论十种类型现场总线的体系结构［J］．自动化博览，2003（6）.

[5] 方晓柯．现场总线网络技术的研究［D］．沈阳：东北大学，2005.

[6] 王友胜．浅谈现场总线技术及前景展望［J］．科学决策，2008（3）.

[7] 郑新庆，马建洪，等．PROFIBUS-DP总线在变频控制系统中的应用［J］．西北电力技术，2005（6）.

[8] 邓子龙，刘峰，李维军．CC-Link现场总线技术及在调和罐变频控制中的应用［J］．机械设计与制造，2008（13）.

[9] 许映魏，等．小型自动化产品应用案例文集．2006.
[10] 李方圆．变频器自动化工程实践 [M]．北京：电子工业出版社，2007.
[11] 周宇，梅顺齐．PLC 与变频器的 RS-485 串行通信控制 [J]．机械研究与应用，2009 (2).
[12] 赵雅．台达变频器和 PLC 的通信功能实现方法 [J]．变频器世界，2009 (2).
[13] 赵福杰．OMRON 变频器、PLC 在新型动臂吊车控制中的应用 [J]．变频技术专栏，2009 (5).
[14] 李庆敏．艾默生 PLC 在变频器网络控制中的通信程序设计 [J]．可编程控制器与工厂自动化，2008 (9).
[15] 刘彦伟，黄新建，戴方军．台达 PLC 通过 RS485 网络控制变频器在铣边机床上的应用 [J]．机床电器，2009 (6).
[16] 周连毅．西门子 103 与其变频器间的现场总线通讯 [J]．科技情报开发与经济，2005 (17).
[17] 刘国胜，陈长有，姜友林．基于 DeviceNet 网络中的变频器控制 [J]．陕西煤炭．2007 (3).
[18] 张斌．基于 PLC 的变频器液位控制设计 [J]．科技咨询导报，2007 (17).
[19] 基于开放式工业以太网标准的自动化 [Z/OL]．http：//www. ad. siemens. com. cn.
[20] S7-1500 与 G120 CU250S-2 PN 的 ProfiNet 通信 第 1 部分 控制变频器起停及调速 [Z/OL]. https：//support. industry. siemens. com.
[21] 变频器 SINAMICS G120，配备控制单元 CU250S-2 [Z/OL]．https：//support. industry. siemens. com.